《中国古脊椎动物志》编辑委员会主编

中国古脊椎动物志

第三卷

基干下孔类　哺乳类

主编 邱占祥 ｜ 副主编 李传夔

第三册（总第十六册）

劳亚食虫类　原真兽类　翼手类　真魁兽类　狉兽类

李传夔　邱铸鼎　等 编著

科学技术部基础性工作专项（2006FY120400）资助

科学出版社
北　京

内 容 简 介

本册志书是对2012年以前在中国（台湾资料暂缺）发现并已发表的劳亚食虫目，“原真兽目”，翼手目，真魁兽大目的攀鼩目、近兔猴形目和灵长目，及狉兽目化石材料的系统厘定总结。书中包括7目38科171属275种。每个属、种均有鉴别特征、产地与层位。在科级以上的阶元中并有概述，对该阶元当前的研究现状、存在问题等做了综述。在所有阶元的记述之后有一评注，为编者在编写过程中对发现的问题或编者对该阶元新认识的阐述。书中附有280张化石照片及插图。

本书是我国凡涉及地学、生物学、考古学的大专院校、科研机构、博物馆有关科研人员及业余古生物爱好者的基础参考书，也可为科普创作提供必要的基础参考资料。

图书在版编目（CIP）数据

中国古脊椎动物志. 第3卷. 基干下孔类、哺乳类. 第3册，劳亚食虫类、原真兽类、翼手类、真魁兽类、狉兽类：总第16册 / 李传夔等编著. —北京：科学出版社，2015.1

ISBN 978-7-03-042421-1

I. ①中… II. ①李… III. ①古动物－脊椎动物门－动物志－中国②古动物－下孔总目－动物志－中国③古动物－哺乳动物纲－动物志－中国 IV. ①Q915. 86

中国版本图书馆CIP数据核字（2014）第260467号

责任编辑：胡晓春 / 责任校对：鲁 素
责任印制：肖 兴 / 封面设计：黄华斌

科学出版社 出版
北京东黄城根北街16号
邮政编码：100717
http://www.sciencep.com

中国科学院印刷厂 印刷
科学出版社发行 各地新华书店经销
*
2015年1月第 一 版 开本：787×1092 1/16
2015年1月第一次印刷 印张：32 1/2
字数：672 000

定价：298.00元

（如有印装质量问题，我社负责调换）

Editorial Committee of Palaeovertebrata Sinica

PALAEOVERTEBRATA SINICA

Volume III

Basal Synapsids and Mammals

Editor-in-Chief: **Qiu Zhanxiang** | Associate Editor-in-Chief: **Li Chuankui**

Fascicle 3 (Serial no. 16)

Eulipotyphlans, Proteutheres, Chiropterans, Euarchontans, and Anagalids

By **Li Chuankui, Qiu Zhuding et al.**

Supported by the Special Research Program of Basic Science and Technology of the Ministry of Science and Technology (2006FY120400)

Science Press
Beijing

《中国古脊椎动物志》编辑委员会

Editorial Committee of Palaeovertebrata Sinica

本册撰写人员分工

主编　　李传夔　E-mail: lichuankui@ivpp.ac.cn

副主编　　邱铸鼎　E-mail: qiuzhuding@ivpp.ac.cn

劳亚食虫目　　邱铸鼎

童永生　E-mail: tongyongsheng@ivpp.ac.cn

“原真兽目”　　童永生

翼手目　　郑绍华　E-mail: zhengshaohua@ivpp.ac.cn

真魁兽大目（攀鼩目、近兔猴形目、灵长目）　　倪喜军　E-mail: nixijun@ivpp.ac.cn

狉兽目　　李传夔

（以上编写人员所在单位均为中国科学院古脊椎动物与古人类研究所，
中国科学院脊椎动物演化与人类起源重点实验室）

Contributors to this Fascicle

Editor　　**Li Chuankui**　E-mail: lichuankui@ivpp.ac.cn

Associate Editor　　**Qiu Zhuding**　E-mail: qiuzhuding@ivpp.ac.cn

Order Eulipotyphla　　**Qiu Zhuding**

Tong Yongsheng　E-mail: tongyongsheng@ivpp.ac.cn

Order “Proteutheria”　　**Tong Yongsheng**

Order Chiroptera　　**Zheng Shaohua**　E-mail: zhengshaohua@ivpp.ac.cn

Grandorder Euarchonta (Order Scandentia, Order Plesiadapiformes, Order Primates)　　**Ni Xijun**　E-mail: nixijun@ivpp.ac.cn

Order Anagalida　　**Li Chuankui**

(All the contributors are from the Institute of Vertebrate Paleontology and Paleoanthropology,
Chinese Academy of Sciences, Key Laboratory of Vertebrate Evolution
and Human Origins of Chinese Academy of Sciences)

总　序

中国第一本有关脊椎动物化石的手册性读物是1954年杨钟健、刘宪亭、周明镇和贾兰坡编写的《中国标准化石——脊椎动物》。因范围限定为标准化石，该书仅收录了88种化石，其中哺乳动物仅37种，不及德日进（P. Teilhard de Chardin）1942年在《中国化石哺乳类》中所列举的在中国发现并已发表的哺乳类化石种数（约550种）的十分之一。所以这本只有57页的小册子还不能算作一本真正的脊椎动物化石手册。我国第一本真正的这样的手册是1960－1961年在杨钟健和周明镇领导下，由中国科学院古脊椎动物与古人类研究所的同仁们集体编撰出版的《中国脊椎动物化石手册》。该手册共记述脊椎动物化石386属650种，分为《哺乳动物部分》（1960年出版）和《鱼类、两栖类和爬行类部分》（1961年出版）两个分册。前者记述了276属515种化石，后者记述了110属135种。这是对自1870年英国博物学家欧文（R. Owen）首次科学研究产自中国的哺乳动物化石以来，到1960年前研究发表过的全部脊椎动物化石材料的总结。其中鱼类、两栖类和爬行类化石主要由中国学者研究发表，而哺乳动物则很大一部分由国外学者研究发表。"文化大革命"之后不久，1979年由董枝明、齐陶和尤玉柱编汇的《中国脊椎动物化石手册》（增订版）出版，共收录化石619属1268种。这意味着在不到20年的时间里新发现的化石属、种数量差不多翻了一番（属为1.6倍，种为1.95倍）。

自20世纪80年代末开始，国家对科技事业的投入逐渐加大，我国的古脊椎动物学逐渐步入了快速发展的时期。新的脊椎动物化石及新属、种的数量，特别是在鱼类、两栖类和爬行动物方面，快速增加。1992年孙艾玲等出版了《The Chinese Fossil Reptiles and Their Kins》，记述了两栖类、爬行类和鸟类化石228属328种。李锦玲、吴肖春和张福成于2008年又出版了该书的修订版（书名中的Kins已更正为Kin），将属种数提高到416属564种。这比1979年手册中这一部分化石的数量（186属219种）增加了大约1倍半（属近2.24倍，种近2.58倍）。在哺乳动物方面，20世纪90年代初，中国科学院古脊椎动物与古人类研究所一些从事小哺乳动物化石研究的同仁们，曾经酝酿编写一部《中国小哺乳动物化石志》，并已草拟了提纲和具体分工，但由于种种原因，这一计划未能实现。

自20世纪90年代末以来，我国在古生代鱼类化石和中生代两栖类、翼龙、恐龙、鸟类，以及中、新生代哺乳类化石的发现和研究方面又有了新的重大突破，在恐龙蛋和爬行动物及鸟类足迹方面也有大量新发现。粗略估算，我国现有古脊椎动物化石种的总数已经超过 3000 个。我国是古脊椎动物化石赋存大国，有关收藏逐年增加，在研究方面正在努力进入世界强国行列的过程之中。此前所出版的各类手册性的著作已落后于我国古脊椎动物研究发展的现状，无法满足国内外有关学者了解我国这一学科领域进展的迫切需求。美国古生物学家 S. G. Lucas，积 5 次访问中国的经历，历时近 20 年，于 2001 年出版了一部 370 多页的《Chinese Fossil Vertebrates》。这部书虽然并非以罗列和记述属、种为主旨，而且其资料的收集限于 1996 年以前，却仍然是国外学者了解中国古脊椎动物学发展脉络的重要读物。这可以说是从国际古脊椎动物研究的角度对上述需求的一种反映。

2006 年，科技部基础研究司启动了国家科技基础性工作专项计划，重点对科学考察、科技文献典籍编研等方面的工作加大支持力度。是年 10 月科技部召开研讨中国各门类化石系统总结与志书编研的座谈会。这才使我国学者由自己撰写一部全新的、涵盖全面的古脊椎动物志书的愿望，有了得以实现的机遇。中国科学院南京地质古生物研究所和古脊椎动物与古人类研究所的领导十分珍视这次机遇，于 2006 年年底前，向科技部提交了由两所共同起草的“中国各门类化石系统总结与志书编研”的立项申请。2007 年 4 月 27 日，该项目正式获科技部批准。《中国古脊椎动物志》即是该项目的一个组成部分。

在本志筹备和编研的过程中，国内外前辈和同行们的工作一直是我们学习和借鉴的榜样。在我国，“三志”（《中国动物志》、《中国植物志》和《中国孢子植物志》）的编研，已经历时半个多世纪之久。其中《中国植物志》自 1959 年开始出版，至 2004 年已全部出齐。这部煌煌巨著分为 80 卷，126 册，记载了我国 301 科 3408 属 31142 种植物，共 5000 多万字。《中国动物志》自 1962 年启动后，已编撰出版了 126 卷、册，至今仍在继续出版。《中国孢子植物志》自 1987 年开始，至今已出版 80 多卷（不完全统计），现仍在继续出版。在国外，可以作为借鉴的古生物方面的志书类著作，有原苏联出版的《古生物志》（《Основы Палеонтологии》）。全书共 15 册，出版于 1959 – 1964 年，其中古脊椎动物为 3 册。法国的《Traité de Paléontologie》（实际是古动物志），全书共 7 卷 10 册，其中古脊椎动物（包括人类）为 4 卷 7 册，出版于 1952 – 1969 年，历时 18 年。此外，C. M. Janis 等编撰的《Evolution of Tertiary Mammals of North America》（两卷本）也是一部对北美新生代哺乳动物化石属级以上分类单元的系统总结。该书从 1978 年开始构思，直到 2008 年才编撰完成，历时 30 年。

参考我国“三志”和国外志书类著作编研的经验，我们在筹备初期即成立了志书编辑委员会，并同步进行了志书编研的总体构思。2007 年 10 月 10 日由 17 人组成的《中国古脊椎动物志》编辑委员会正式成立（2008 年胡耀明委员去世，2011 年 2 月 28 日增补邓涛、尤海鲁和张兆群为委员，2012 年 11 月 15 日又增加金帆和倪喜军两位委员，现共 21 人）。2007 年 11 月 30 日《中国古脊椎动物志》“编辑委员会组成与章程”、“管理条例”和“编写规则”三个试行草案正式发布，其中“编写规则”在志书撰写的过程中不断修改，直至 2010 年 1 月才有了一个比较正式的试行版本，2013 年 1 月又有了一个更为完善的修订本，至今仍在不断修改和完善中。

考虑到我国古脊椎动物学发展的现状，在汲取前人经验的基础上，编委会决定：①延续《中国脊椎动物化石手册》的传统，《中国古脊椎动物志》的记述内容也细化到种一级。这与国外类似的志书类都不同，后者通常都停留在属一级水平。②采取顶层设计，由编委会统一制定志书总体结构，将全志大体按照脊椎动物演化的顺序划分卷、册；直接聘请能够胜任志书要求的合适研究人员负责编撰工作，而没有采取自由申报、逐项核批的操作程序。③确保项目经费足额并及时到位，力争志书编研按预定计划有序进行，做到定期分批出版，努力把全志出版周期限定在 10 年左右。

编委会将《中国古脊椎动物志》的编写宗旨确定为："本志应是一套能够代表我国古脊椎动物学当前研究水平的中文基础性丛书。本志力求全面收集中国已发表的古脊椎动物化石资料，以骨骼形态性状为主要依据，吸收分子生物学研究的新成果，尝试运用分支系统学的理论和方法认识和阐述古脊椎动物演化历史、改造林奈分类体系，使之与演化历史更为吻合；着重对属、种进行较全面、准确的文字介绍，并尽可能附以清晰的模式标本图照，但不创建新的分类单元。本志主要读者对象是中国地学、生物学工作者及爱好者，高校师生，自然博物馆类机构的工作人员和科普工作者。"

编委会在将"代表我国古脊椎动物学当前研究水平"列入撰写本志的宗旨时，已经意识到实现这一目标的艰巨性。这一点也是所有参撰人员在此后的实践过程中越来越深刻地感受到的。正如在本志第一卷第一册"脊椎动物总论"中所论述的，自 20 世纪 50 年代以来，在古生物学和直接影响古生物学发展的相关领域中发生了可谓"翻天覆地"的变化。在 20 世纪七八十年代已形成了以 Mayr 和 Simpson 为代表的演化分类学派（evolutionary taxonomy）、以 Hennig 为代表的系统发育系统学派 [phylogenetic systematics，又称分支系统学派（cladistic systematics，或简化为 cladistics）] 及以 Sokal 和 Sneath 为代表的数值分类学派（numerical taxonomy）的"三国鼎立"的局面。自 20 世纪 90 年代以来，分支系统学派逐渐占据了明显的优势地位。进入 21 世纪以来，围绕着生物分类的原理、原则、程序及方法等的争论又日趋激烈，形成了新的"三国"。以演化分类学家 Mayr 和 Bock 为代表的"达尔文分类学派"（Darwinian classification），坚持依据相似性（similarity）和系谱（genealogy）两项准则作为分类基础，并保留林奈套叠等级体系，认为这正是达尔文早就提出的生物分类思想。在分支系统学派内部分成两派：以 de Quieroz 和 Gauthier 为代表的持更激进观点的分支系统学家组成了"系统发育分类命名法规学派"（简称 PhyloCode）。他们以单一的系谱（genealogy）作为生物分类的依据，并坚持废除林奈等级体系的观点。以 M. J. Benton 等为代表的持比较保守观点的分支系统学家则主张，在坚持分支系统学核心理论的基础上，采取某些折中措施以改进并保留林奈式分类和命名体系。目前争论仍在进行中。到目前为止还没有任何一个具体的脊椎动物的划分方案得到大多数生物和古生物学家的认可。我国的古生物学家大多还处在对这些新的论点、原理和方法以及争论论点实质的不断认识和消化的过程之中。这种现状首先影响到志书的总体架构：如何划分卷、册？各卷、册使用何种标题名称？系统记述部分中各高阶元及其名称如何取舍？基于林奈分类的《国际动物命名法规》是否要严格执行？…… 这些问题的存在甚至对编撰本志书的科学性和必要性都形成了质疑和挑战。

在《中国古脊椎动物志》立项和实施之初，我们确曾希望能够建立一个为本志书各卷、册所共同采用的脊椎动物分类方案。通过多次尝试，我们逐渐发现，由于脊椎动物内各大类群的研究历史和分类研究传统不尽相同，对当前不同分类体系及其使用的方法，在接受程度上差别较大，并很难在短期内弥合。因此，在目前要建立一个比较合理、能被广泛接受、涵盖整个脊椎动物的分类方案，便极为困难。虽然如此，通过多次反复研讨，参撰人员就如何看待分类和究竟应该采取何种分类方案等还是逐渐取得了如下一些共识：

1）分支系统学在重建生物演化过程中，以其对分支在演化过程中的重要作用的深刻认识和严谨的逻辑推导方法，而成为当前获得古生物学家广泛支持的一种学说。任何生物分类都应力求真实地反映生物演化的过程，在当前则应力求与分支系统学的中心法则（central tenet）以及与严格按照其原则和方法所获得的结论相符。

2）生物演化的历史（系统发育）和如何以分类来表达这一历史，属于两个不同范畴。分类除了要真实地反映演化历史外，还肩负协助人类认知和记忆的功能。两者不必、也不可能完全对等。在当前和未来很长一段时期内，以二维和文字形式表达演化过程的最好方式，仍应该是现行的基于林奈分类和命名法的套叠等级体系。从实用的观点看，把十几代科学工作者历经 250 余年按照演化理论不断改进的、由近 200 万个物种组成的庞大的阶元分类体系彻底抛弃而另建一新体系，是不可想象的，也是极难实现的。

3）分类倘若与分支系统学核心概念相悖，例如不以共祖后裔而单纯以形态特征为分类依据，由复系类群组成分类单元等，这样的分类应予改正。对于分支系统学中一些重要但并非核心的论点，诸如姐妹群需是同级阶元的要求，干群（“Stammgruppe”）的分类价值和地位的判别，以及不同大类群的阶元级别的划分和确立等，正像分支系统学派内部有些学者提出的，可以采取折中措施使分支系统学的基本理论与以林奈分类和命名法为基础建立的现行分类体系在最大程度上相互吻合。

4）对于因分支点增多而所需阶元数目剧增的矛盾，可采取以下折中措施解决。①对高度不对称的姐妹群不必赋予同级阶元。②对于重要的、在生物学领域中广为人知并广泛应用、而目前尚无更好解决办法的一些大的类群，可实行阶元转移和跃升，如鸟类产生于蜥臀目下的一个分支，可以跃升为纲级分类单元（详见第一卷第一册的“脊椎动物总论”）。③适量增加新的阶元级别，例如 1997 年 McKenna 和 Bell 已经提出推荐使用新的主阶元，如 Legion（阵）、Cohort（部）等，和新的次级阶元，如 Magno-（巨）、Grand-（大）、Miro-（中）和 Parvo-（小）等。④减少以分支点设阶的数量，如仅对关键节点设立阶元、次要节点以顺序先后（sequencing）表示等。⑤应用全群（total group）的概念，不对其中的并系的干群（stem group 或“Stammgruppe”）设立单独的阶元等。

5）保留脊椎动物现行亚门一级分类地位不变，以避免造成对整个生物分类体系的冲击。科级及以下分类单元的分类地位基本上都已稳定，应尽可能予以保留，并严格按照最新的《国际动物命名法规》（1999 年第四版）的建议和要求处置。

根据上述共识，我们在第一卷第一册的“脊椎动物总论”中，提出了一个主要依据中国所有化石所建立的脊椎动物亚门的分类方案（PVS-2013）。我们并不奢求每位参与本志书撰写的人员一定接受它，而只是推荐一个可供选择的方案。

对生物分类学产生重要影响的另一因素则是分子生物学。依据分支系统学原理和方法，借助计算机高速数学运算，通过分析分子生物学资料（DNA、RNA、蛋白质等的序列数据）来探讨生物物种和类群的系统发育关系及支系分异的顺序和时间，是当前分子生物学领域的热点之一。一些分子生物学家对某些高阶分类单元（例如目级）的单系性和这些分类单元之间的系统关系进行探索，提出了一些令形态分类学家和古生物学家耳目一新的新见解。例如，现生哺乳动物 18 个目之间的系统和分类关系，一直是古生物学家感到十分棘手的问题，因为能够找到的目之间的共有裔征（synapomorphy）很少，而经常只有共有祖征（symplesiomorphy）。相反，分子生物学家们则可以在分子水平上找到新的证据，将它们进行重新分解和组合。例如，他们在一些属于不同目的“非洲类型”的哺乳动物（管齿目、长鼻目、蹄兔目和海牛目）和一些非洲土著的“食虫类”（无尾猬、金鼹等）中发现了一些共同的基因组变异，如乳腺癌抗原 1（BRCA1）中有 9 个碱基对的缺失，还在基因组的非编码区中发现了特有的“非洲短散布核元件（AfroSINES）”。他们把上述这些“非洲类型”的动物合在一起，组成一个比目更高的分类单元（Afrotheria，非洲兽类）。根据类似的分子生物学信息，他们把其他大陆的异节类、真魁兽啮型类和劳亚兽类看作是与非洲兽类同级的单元。分子生物学家们所提出的许多全新观点，虽然在细节上尚有很多值得进一步商榷之处，但对现行的分类体系无疑具有重要的参考价值，应在本志中得到应有的重视和反映。

采取哪种分类方案直接决定了本志书的总体结构和各卷、册的划分。经历了多次变化后，最后我们没有采用严格按照节点型定义的现生动物（冠群）五“纲”（鱼、两栖、爬行、鸟和哺乳动物）将志书划分为五卷的办法。其中的缘由，一是因为以化石为主的各“纲”在体量上相差过于悬殊。现生动物的五纲，在体量上比较均衡（参见第一卷第一册“脊椎动物总论”中有关部分），而在化石中情况就大不相同。两栖类和鸟类化石的体量都很小：两栖类化石目前只有不到 40 个种，而鸟类化石也只有大约五六十种（不包括现生种的化石）。这与化石鱼类，特别是哺乳类在体量上差别很悬殊。二是因为化石的爬行类和冠群的爬行动物纲有很大的差别。现有的化石记录已经清楚地显示，从早期的羊膜类动物中很早就分出两大主要支系：一支通过早期的下孔类演化为哺乳动物。下孔类，按照演化分类学家的观点，虽然是哺乳动物的早期祖先，但在形态特征上仍然和爬行类最为接近，因此应该归入爬行类。按照分支系统学家的观点，早期下孔类和哺乳动物共同组成一个全群（total group），两者无疑应该分在同一卷内。该全群的名称应该叫做下孔类，亦即：下孔类包含哺乳动物。另一支则是所有其他的爬行动物，包括从蜥臀类恐龙的虚骨龙类的一个分支演化出的鸟类，因此鸟类应该与爬行类放在同一卷内。上述情况使我们最后决定将两栖类、不包括下孔类的爬行类与鸟类合为一卷（第二卷），而早期下孔类和哺乳动物则共同组成第三卷。

在卷、册标题名称的选择上，我们碰到了同样的问题。分支系统学派，特别是系统发育分类命名法规学派，虽然强烈反对在分类体系中建立绝对阶元级别，但其基于严格单系分支概念的分类名称则是“全套叠式”的，亦即每个高阶分类单元必须包括其最早的祖先及由此祖先所产生的所有后代。例如传统意义中的鱼类既然包括肉鳍鱼类，那么也必须包括由其产生的所有的四足动物及其所有后代。这样，在需要表述某一“全套叠式”的名称的一部分成员时，就会遇到很大的困难，会出现诸如“非鸟恐龙”之类的称谓。相反，林奈分类体系中的高阶分类单元名称却是“分段套叠式”的，其五纲的概念是互不包容的。从分支系统学的观点看，其中的鱼纲、两栖纲和爬行纲都是不包括其所有后代的并系类群（paraphyletic groups），只有鸟纲和哺乳动物纲本身是真正的单系分支（clade）。林奈五纲的概念在生物学界已经根深蒂固，不会引起歧义，因此本志书在卷、册的标题名称上还是沿用了林奈的“分段套叠式”的概念。另外，由于化石类群和冠群在内涵和定义上有相当大的差别，我们没有直接采用纲、目等阶元名称，而是采用了含义宽泛的“类”。第三卷的名称使用了“基干下孔类 哺乳类”是因为“下孔类”这一分类概念在学界并非人人皆知，若在标题中舍弃人人皆知的哺乳类，而单独使用将哺乳类包括在内的下孔类这一全群的名称，则会使大多数读者感到茫然。

在编撰本志书的过程中我们所碰到的最后一类问题是全套志书的规范化和一致性的问题。这类问题十分烦琐，我们所花费时间也最多。

首先，全志在科级以下分类单元中与命名有关的所有词汇的概念及其用法，必须遵循《国际动物命名法规》。在本志书项目开始之前，1999 年最新一版（第四版）的《International Code of Zoological Nomenclature》已经出版。2007 年中译本《国际动物命名法规》（第四版）也已出版。由于种种原因，我国从事这方面工作的专业人员，在建立新科、属、种的时候，往往很少认真阅读和严格遵循《国际动物命名法规》，充其量也只是参考张永辂 1983 年出版的《古生物命名拉丁语》中关于命名法的介绍，而后者中的一些概念，与最新的《国际动物命名法规》并不完全符合。这使得我国的古脊椎动物在属、种级分类单元的命名、修订、重组，对模式的认定，模式标本的类型（正模、副模、选模、副选模、新模等）和含义，其选定的条件及表述等方面，都存在着不同程度的混乱。

这些都需要认真地予以厘定，以免在今后以讹传讹。

其次，在解剖学，特别是分类学外来术语的中译名的取舍上，也经常令我们感到十分棘手。“全国科学技术名词审定委员会公布名词”（网络2.0版）是我们主要的参考源。但是，我们也发现，其中有些术语的译法不够精准。事实上，在尊重传统用法和译法精准这两者之间有时很难做出令人满意的抉择。例如，对phylogeny的译法，在“全国科学技术名词审定委员会公布名词”中就有种系发生、系统发生、系统发育和系统演化四种译法，在其他场合也有译为亲缘关系的。按照词义的精准度考虑，钟补求于1964年在《新系统学》中译本的“校后记”中所建议的“种系发生”大概是最好的。但是我国从1922年杜就田所编撰的《动物学大词典》中就使用了“系统发育”的译法，以和个体发育（ontogeny）相对应。在我国从1978年开始的介绍和翻译分支系统学的热潮中，几乎所有的译介者都延用了“系统发育”一词。经过多次反复斟酌，最后，我们也采用了这一译法。类似的情况还有很多，这里无法一一列举，这些抉择是否恰当只能留待读者去评判了。

再次，要使全套志书能够基本达到首尾一致也绝非易事。像这样一部预计有3卷23册的丛书，需要花费众多专家多年的辛勤劳动才能完成；而在确立各种体例和格式之类的琐事上，恐怕就要花费其中一半的时间和精力。诸如在每一册中从目录列举的级别、各章节排列的顺序，附录、索引和文献列举的方式及详简程度，到全书中经常使用的外国人名和地名、化石收藏机构等的缩写和译名等，都是非常耗时费力的工作。仅仅是对早期文献是否全部列入这一点，就经过了多次讨论，最后才确定，对于19世纪中叶以前的经典性著作，在后辈学者有过系统而全面的介绍的情况下（例如Gregory于1910年对诸如Linnaeus、Blumenbach、Cuvier等关于分类方案的引述），就只列后者的文献了。此外，在撰写过程中对一些细节的决定经常会出现反复，需经多次斟酌、讨论、修改，最后再确定；而每一次反复和重新确定，又会带来新的、额外的工作量，而且确定的时间越晚，增加的工作量也就越大。这其中的烦琐和日久积累的心烦意乱，实非局外人所能体会。所幸，参加这一工作的同行都能理解：科学的成败，往往在于细节。他们以本志书的最后完成为己任，孜孜矻矻，不厌其烦，而且大多都能在规定的时限内完成预定的任务。

本志编撰的初衷，是充分发挥老科学家的主导作用。在开始阶段，编委会确实努力按照这一意图，尽量安排老科学家担负主要卷、册的编研。但是随着工作的推进，编委会越来越深切地感觉到，没有一批年富力强的中年科学家的参与，这一任务很难按照原先的设想圆满完成。老科学家在对具体化石的认知和某些领域的综合掌控上具有明显的经验优势，但在吸收新鲜事物和新手段的运用、特别是在追踪新兴学派的进展上，却难以与中年才俊相媲美。近年来，我国古脊椎动物学领域在国内外都涌现出一批极为杰出的人才，其中有些是在国外顶级科研和教学机构中培养和磨砺出来的科学家。他们的参与对于本志书达到“当前研究水平”的目标起到了关键的作用。值得庆幸的是，我们所邀请的几位这样的中年才俊，都在他们本已十分繁忙的日程中，挤出相当多时间参与本志有关部分的撰写和 / 或评审工作。由于编撰工作中技术性任务量大、质量要求高，一部分年轻的学子也积极投入到这项工作中。最后这支编撰队伍实实在在地变成了一支老中青相结合的队伍了。

大凡立志要编撰一本专业性强的手册性读物，编撰者首要的追求，一定是原始资料的可靠和记录及诠释的准确性，以及由此而产生的权威性。这样才能经得起广大读者的推敲和时间的考验，才能让读者放心地使用。在追求商业利益之风日盛、在科普读物中往往充斥着种种真假难辨的猎奇之词的今天，这一点尤其显得重要，这也是本编辑委员会和每一位参撰人员所共同努力追求并为之奋斗的目标。虽然如此，由于我们本身的学识水平和认识所限，错误和疏漏之处一定不少，真诚地希望读者批评指正。

感谢 《中国古脊椎动物志》编研工作得以启动，首先要感谢科技部具体负责此项工作的基础研究司的领导，也要感谢国家自然科学基金委员会、中国科学院和相关政府部门长期以来对古脊椎动物学这一基础研究领域的大力支持。令我们特别难以忘怀的是几位参与我国基础性学科调研并提出宝贵建议的地学界同行，如黄鼎成和马福臣先生，是他们对临界或业已退休、但身体尚健的老科学工作者的报国之心的深刻理解和积极奔走，才促成本专项得以顺利立项，使一批新中国建立后成长起来的老古生物学家有机会把自己毕生积淀的专业知识的精华总结和奉献出来。另外，本志书编委会要感谢本专项的挂靠单位，中国科学院古脊椎动物与古人类研究所的领导和各处、室，特别是标本馆、图书室、负责照相和绘图的技术室，以及财务处的同仁们，对志书工作的大力支持。编委会要特别感谢负责处理日常事务的本专项办公室的同仁们。在志书编撰的过程中，在每一次研讨会、汇报会、乃至财务审计等活动中，他们忙碌的身影都给我们留下了难忘的印象。我们还非常幸运地得到了与科学出版社的胡晓春编辑共事的机会。她细致的工作作风和精湛的专业技能，使每一个接触到她的参撰人员都感佩不已。在本志书的编撰过程中，还有很多国内外的学者在稿件的学术评审过程中提出了很多中肯的批评和改进意见，使我们受益匪浅，也使志书的质量得到明显的提高。这些在相关册的致谢中都将做出详细说明，编委会在此也向他们一并表达我们衷心的感谢。

《中国古脊椎动物志》编辑委员会

2013 年 8 月

本 册 前 言

2007 年年底，在最初筹划本册编写时内容包括：食虫类、“原真兽类”、翼手类、灵长类（包含近兔猴类）、攀鼩类、狉兽类及啮型动物概述和兔形类等。至 2011 年秋，本册志书完成初稿后，遇到两个难题：一是本册志书的命名，因包含内容繁杂，找不出一个合适的名称来涵盖本册所有的分类阶元。最初曾拟援引前辈（例如杨钟健）的先例试以“小哺乳动物”名之。但这一名称确实既不够严谨，又有点名不副实。有人提出：“把一般灵长动物称为小哺乳动物已属不宜，把巨猿也称为小哺乳动物实在让人难以接受”；其次是本册包含的化石门类过于庞杂，属、种众多，篇幅过大（超过 700 页），难以与本志书其他各册保持平衡，而且读者使用时也会觉得沉重和不方便。为此，经编委会议定：删去啮型动物及兔形类部分，把它们移至第三卷第四册。这样一方面使后面两册的内容安排更加科学合理：使第三卷第四、五册全为啮型动物，即第四册为啮型类 I（除鼠超科以外的所有啮型动物）、第五册为啮型类 II（鼠超科）；同时也使本册的内容更加简练，以利读者，而本册之命名也可直书所含各高阶元的名称。当然，本册所用的高阶元名称及其所含内容在学术界也是有争议的。如食虫目，传统概念上的 Insectivora，目前已被多数学者所摒弃；我们采用了分子生物学家和一些古生物学家采用的 Eulipotyphla（将其译为劳亚食虫目）。再如，有的古灵长类学家采用了把 Plesiadapiformes 另立一目的分类方法，本册也遵从了撰稿专家的意见另立一目。又如翼手目的归属，一些古生物学家（如 McKenna and Bell，1997）把翼手目、灵长目及攀鼩目等归入魁兽大目（Archonta），而一些分子生物学家（Waddell et al., 1999）认为魁兽大目不是一个单系类群，建议把将翼手目排除在外的魁兽类称为真魁兽类（Euarchonta），而 Rose（2006）又把真魁兽类作为大目（Grandorder Euarchonta），与翼手目一起置于魁兽超目（Superorder Archonta）中。我们采用了后者的意见。狉兽目（Anagalida）是一类在古近纪业已灭绝了的亚洲土著类群，从事现生动物研究的分子生物学当然无法把狉兽包括在内。因之分子生物学的最新研究成果，即包含灵长类等的真魁兽类（Euarchonta）和啮型类（Glires）所组成的真魁兽啮型类（Euarchontaglires）自然也没有狉兽的位置。但传统的古生物学概念认为狉兽类是与啮型动物起源有关的化石类群。因此，本志书就把狉兽类安排在真魁兽类和啮型类之间。凡此种种的分类问题和争议，实超出了本册志书所能解决的范围，有些只能留待今后有关专家们做进一步研讨。而本志书所追求的只是把已有的化石研究成果如实地介绍给读者而已。

早在1992年，在日本京都参加第29届国际地质大会的“亚洲啮齿类和兔类各科的起源与分异”专题讨论会时，中国科学院古脊椎动物与古人类研究所的一些同仁就酝酿编写一部中国啮齿类和兔形类的志书，邱铸鼎并草拟了提纲和分工。后来由于拟议中的参撰人员承担的研究任务和行政工作过于繁重，这项计划搁置了整整十五年，直到2007年，中国科学院南京地质古生物研究所和中国科学院古脊椎动物与古人类研究所共同启动了“中国各门类化石系统总结与志书编研”项目，这项原拟于1992年开始的计划才得以借机再生，并扩大实施成为本志书中第三卷第三至第五册的内容。原本计划编写任务全部由从事“小哺乳动物”研究的老年科学家承担，随着近年新化石材料的大量增加和研究工作的深入，先是邀请了一些中年的学术骨干参加，继之一些从事专业研究的青年科学家也加入了编写队伍。他们的参加对本志书编撰任务的最终完成也起到了至关重要的作用。

本册编写工作起始于2007年夏，几经磋商，至该年12月19日才把编写分工和完稿期限确定下来。原计划本册应在2010年年底完成，但实际完成的时间向后拖延了两年有余。究其原因，除编写者要同时承担其他研究课题外，最大的困难是如何把近一世纪的零散的化石记述归纳和提高到大体符合当代研究水平上来。受当时条件限制，前人的记述常较简略、难于在各属各种间、在现生与化石间进行对比；图版有时又不清楚，有的标本一时又无法找到，凡此种种，要把零散的材料按照变化巨大的当代分类系统、鉴别特征逐一整理出来，实非易事。以翼手类的编写为例，几十年来可以说我国从无古生物学家认真研究过这类化石。郑绍华先生倾年余时间专心致力于搜集、比对、重新记述，乃至亲手绘制大量的素描图，才编纂出第一个比较系统的中国翼手类志；再如倪喜军先生负责的灵长类部分，其初稿撰写了近十万字，对与中国灵长类化石有关的研究历史、现状，分类演变及存在问题等都做了广泛、系统的阐述，只因受编志规范所限，才忍痛删减一半。《中国古脊椎动物志》的编撰是一个初创项目，志书的体例要在编写过程中逐渐摸索、修改，才能日臻完善，其中随着体例的调整难免还会增加额外的工作量，但参与本册编撰工作的同仁们，都能不厌其烦地一一依据体例认真修改，并最终很好地完成了任务。

本册志书是经多位专家按各自承担的门类分头撰写的，收录内容以2012年年底前已发表的化石记录为准。尽管有志书编写规则作为规范，但由于不同门类的研究程度各异，不同撰稿人在写作风格、习惯，以及依从不同的国内外专业惯例上，都还存在着某些细微的差别。我们虽然力求达到大体一致，但难免尚有疏漏，甚至有一时难以协调之处，这些都只能留待我们在后续出版的各册中加以改进，使之更加规范统一。

本册志书所以能顺利完成，首先是研究所的大力支持，《中国古脊椎动物志》编委会主任邱占祥更是鼎力相助，始终指导着本册志书的编写，并在人力、物力上予以支持；“中国各门类化石系统总结与志书编研”项目负责人，也是志书办公室的朱敏主任和张翼副主任及魏涌澎、张昭、史立群诸先生在组织和行政事务上不辞劳苦进行协调和襄助。志书是一件系统工程，几乎牵动着所内所有有关的科研人员和技术支撑人员，没有他们的配合和帮助，本册志书是不可能完成的。在编写方面，我们感谢王伴月、吴文裕、张颖奇等先生分别对稿件的初审，尤其感谢中国科学院动物研究所的冯祚建教授和美国堪萨斯大学的苗德岁博士的终审。美国纽约自然历史博物馆的孟津博士对本册的架构，特别是各高阶分类单元的概述、导言部分做了认真的审阅并提出意见和建议；王元青、邓涛先生分别编制了迄今最为系统、精确的中国古近纪和新近纪地层对比表，白滨、李强绘制了化石地点分布图；潘悦容先生把她研究和经手过的灵长类化石交本册编写者重新观察和照相。张文定、张杰先生分别摄制了大量的电镜和常规照片；谢树华先生为有关化石做了修复；标本馆的刘金毅、刘仲云、司红伟、陈津诸先生在查找、借还标本时给予了大力帮助；司红伟协助检索、制定了属、种、地层、地名、索引，并在 2011 年 8 月以后接替了李萍的工作，出色细致地完成了稿件的最后编制工作；张伟重新扫描、制作了部分素描图和修正了图版；在编写的后期，金迅、史勤勤也搁置了自己的研究项目协助本册的编辑。对上述诸位的真诚帮助和支持，我们表示由衷的感谢。最后，我们要特别感谢李萍女士，她自 2009 年 5 月至 2011 年 8 月参加编志工作，两年中，耐心地、不厌其烦地对本册全部文稿按照不断修订的编写体例做了反复多次地修改、厘定，并精心地对电镜照片、常规照片、素描图进行加工、编辑，此外还承担了编志的日常工作。可以说没有她两年的辛劳、倾入大量心血，本册志书是难以顺利完成的。

李传夔　邱铸鼎
2012 年 10 月

本册涉及的机构名称及缩写

【缩写原则：1. 本志书所采用的机构名称及缩写仅为本志使用方便起见编制，并非规范名称，不具法规效力。2. 机构名称均为当前实际存在的单位名称，个别重要的历史沿革在括号内予以注解。3. 原单位已有正式使用的中、英文名称及 / 或缩写者（用 * 标示），本志书从之，不做改动。4. 中国机构无正式使用之英文名称及 / 或缩写者，原则上根据机构的英文名称或按本志所译英文名称字串的首字符（其中地名按音节首字符）顺序排列组成，个别缩写重复者以简便方式另择字符取代之。】

（一）中国机构

***BMNH** — 北京自然博物馆 Beijing Museum of Natural History

BXGM — 本溪地质博物馆（辽宁）Benxi Geological Museum (Liaoning Province)

CQMNH — 重庆自然博物馆 Chongqing Museum of Natural History

***CUGB** — 中国地质大学（北京）China University of Geosciences (Beijing)

***DLNHM** — 大连自然博物馆（辽宁）Dalian Natural History Museum (Liaoning Province)

FJM — 奉节博物馆（重庆）Fengjie Museum (Chongqing)

***GMC** — 中国地质博物馆（北京）Geological Museum of China (Beijing)

HBM — 湖北省博物馆（武汉）Hubei Museum (Wuhan)

HICRA — 海南省文物考古研究所（三亚）Hainan Institute of Cultural Relics and Archaeology (Sanya)

***HPM** — 和政古动物化石博物馆（甘肃）Hezheng Paleozoological Museum (Gansu Province)

IMM — 内蒙古博物院（呼和浩特）Inner Mongolia Museum (Hohhot)

***IVPP** — 中国科学院古脊椎动物与古人类研究所（北京）Institute of Vertebrate Paleontology and Paleoanthropology, Chinese Academy of Sciences (Beijing)

***LZU** — 兰州大学（甘肃）Lanzhou University (Gansu Province)

***NHMG** — 广西壮族自治区自然博物馆（南宁）Natural History Museum of Guangxi Zhuang Autonomous Region (Nanning)

***NJM** — 南京博物院（江苏）Nanjing Museum (Jiangsu Province)

***NWU** — 西北大学（陕西 西安）Northwest University (Xi'an, Shaanxi Province)

***TJMNH** — 天津自然博物馆 Tianjin Museum of Natural History

WSM — 巫山博物馆（重庆）Wushan Museum（Chongqing）

***YICRA** — 云南省文物考古研究所（昆明）Yunnan Institute of Cultural Relics and Archaeology（Kunming）

YKM — 营口市博物馆（辽宁）Yingkou Museum（Liaoning Province）

YMM — 元谋博物馆（云南）Yuanmou Museum（Yunnan Province）

（有些收藏单位机构调整后，其原有标本不清楚如今收藏何处，编志者只能依原著发表时的收藏单位列在相关的属种之下，此处则未一一列出）

（二）外国机构

***AMNH** — American Museum of Natural History（New York）美国自然历史博物馆（纽约）

FS — Forschungsinstitut Senckenberg（Frankfurt a/M Germany）辛肯伯格研究所（德国 法兰克福）

MEUU — Museum of Evolution（including former Paleontological Museum）of Uppsala University（Sweden）乌普萨拉大学演化博物馆（瑞典）

***MNHN** — Muséum National d'Histoire Naturelle（Paris）法国自然历史博物馆（巴黎）

目 录

系 统 记 述

劳亚食虫目 Order EULIPOTYPHLA Waddell, Okada et Hasegawa, 1999

概述 本册采用的劳亚食虫目只包含了猬类、鼩类（含鼹类）及有关的化石类群。随着生物化石的积累和分子生物学的快速进展，传统意义上的食虫目已发生了巨大的改变。为了让读者对这一改变有一个系统的概念，我们将从食虫类的研究历史讲起，以求阐明变革的来龙去脉和本册采用“劳亚食虫目”名称的缘由。

Linnaeus（1758）将现生的猬类、鼹类和鼩类作为三个属归入 Bestiae 目（原意为野兽目）。他把具有长吻作为该目的主要特征，因此这个目还包括了猪、犰狳和袋鼠。此后，尽管研究者对哺乳动物分类不断修订，但刺猬、鼹鼠和鼩鼱这三类小型食虫动物总是归到一起。由于这些动物都是蹠行动物，Geoffroy St. Hilaire 和 G. Cuvier（1795）曾将其与熊和其他蹠行食肉类动物一起归入蹠行目（Plantigrades）。直到进入 19 世纪，这些食虫动物才自成一类，被 Illiger（1811）归入一科 Subterranea，归入为 Faculata 目。Blainville（1816）首先使用了食虫类（‘insectivore’）一词，Cuvier（1817）将之和翼手类一起归入“carnassiers”。Bowdich（1821）将食虫类拉丁化成 Insectivora [拉丁文 *insectum*（昆虫），*vorare*（食）或 *voro*（贪食）]。1822 年至 1848 年间，先后发现了树鼩类（tupaioids）的 2 个属和象鼩类（macroscelidoideans）的 3 个属，Wagner（1855）将它们都归入食虫目，同时归到这一类动物的还有飞狐猴（*Cynocephalus*，现已独立成目——皮翼目 Dermoptera）。这样，食虫目的内涵扩大了，与 Bowdich（1821）的概念有所不同。虽然它包含了其他一些小型的食虫动物，但这一归类方案得到学界共识，并在这一归类方案的基础上进一步研究小型的食虫动物，如 Peter（1864）就注意到 Bowdich（1821）所定义的食虫目缺少盲肠，而其他的小型食虫动物则有盲肠。Haeckel（1866）据此创建了两个名词：Lipotyphla（无盲肠食虫目，lipo - 希腊文，缺失，typhlos - 盲、盲肠）和 Menotyphla（有盲肠食虫目，meno - 希腊文，留有）；前者包含了无盲肠食虫类，后者则包括了有盲肠的小型食虫动物。Gill（1885）则根据牙齿形态将广义的食虫目分成重褶齿兽亚目（Zalambdodonta）和双褶齿兽亚目（Dilambdodonta）。

至此，建立在形态学基础上的现生食虫目分类系统便基本形成。在 20 世纪 40 至 70 年代，现生的食虫动物包括了以下 6 个超科，分别归入无盲肠食虫目和有盲肠食虫目：

无盲肠食虫目 Lipotyphla Haeckel, 1866

猬超科 Erinaceoidea Gill, 1872

鼩超科 Soricoidea Gill, 1872

无尾猬超科 Tenrecoidea Simpson, 1931

金鼹超科 Chrysichloroidea Gregory, 1910

有盲肠食虫目 Menotyphla Haeckel, 1866

象鼩超科 Macroscelidoidea Gill, 1872

树鼩超科 Tupaioidea Dobson, 1882

另外，也有学者把无尾猬超科和金鼹超科归入 Gill（1885）的 Zalambdodonta 亚目，其他四个超科归入其 Dilambdodonta 亚目（Simpson, 1945）。

随着古哺乳动物化石的不断发现，一些已灭绝的原始小型哺乳动物也被归入到食虫目中，如 Deltatheridioidea（三角齿兽超科）、Palaeoryctidae（古鼫科）、Apternodontidae（无跟鼩科）、Zalambdalestidae（重褶齿科）、Leptictidae（猭科）、Dimylidae（双臼齿科）、Nyctitheriidae（夜鼩科）、Pantolestoidea（大古猬超科）和 Mixodectidae（混咬齿兽科）等。此外，另有一些科、属似也可归入食虫目（Simpson, 1945）。由于食虫目包含了许多系统关系不明的小型食虫动物，致使有的学者戏称该目为“废纸篓”（wastepaper basket）。为此，Butler（1956）将象鼩超科提升为目级分类单元，1972 年又赞同将树鼩超科提升为攀鼩目（Scandentia Wagner, 1855），而把传统的食虫类归入无盲肠食虫目（Lipotyphla）。Romer（1966）将食虫目分成 4–5 个亚目，把现生食虫类和与现生种类密切相关的化石种类归入无盲肠亚目（Lipotyphla），将与现生种类亲缘关系不大密切的归入新建的原真兽亚目（Proteutheria Romer, 1966）。该亚目包括 Apatemyoidea（幻鼩超科）、Tupaioidea（树鼩超科）和本册涉及的 Leptictoidea（猭超科）。研究食虫类形态学的古生物学家相信 Lipotyphla 应是单系（monophyly）类群（见 Butler, 1956, 1972, 1988；MacPhee et Novacek, 1993）。

20 世纪 70 年代，随着分支系统学（cladistics）的兴起，食虫动物的分类又发生了很大的变化。最具代表性的是 McKenna（1975）、McKenna 和 Bell（1997）的分类。他们把 Haeckel 的 Lipotyphla 目提升为大目（Grandorder），下设三个目：金鼹目（Chrysochloridea）、猬形目（Erinaceomorpha）和鼩形目（Soricomorpha）。鼹超科（Talpoidea）被归入猬形目，无跟鼩科（Apternodontidae）则被归入鼩形目。

进入 20 世纪 90 年代，分子生物学的发展给食虫类的系统分类带来了很大的冲击。首先，根据分子系统发育学（molecular phylogenetic）的证据，非洲特有的无尾猬类和金鼹类应自立一目——非洲鼩目（Order Afrosoricida Stanhope et al., 1998），归入非洲兽超目（Superorder Afrotheria Stanhope et al., 1998b），而其余的食虫动物归入劳亚食虫目［Eulipotyphla Waddell et al., 1999，直译为真无盲肠食虫目，因该目归属于劳亚兽类（Laurasiatheria），故汉译为劳亚食虫目，以对称于非洲鼩目］。有学者提出 Afrosoricida

和 Eulipotyphla 各是单系类群，而 Lipotyphla 则是复系（polyphyly）类群（见 Douady et al., 2004）。更有甚者，有人把旧大陆鼹（*Talpa*）和翼手目的美洲食果蝠（*Artibeus jamaicensis*）构成姐妹群，因而证实 Lipotyphla 并非单系，而建议采用 Soricomorpha 一词（Mouchaty et al., 2000）。目前不少研究者认为，将 Erinaceomorpha（猬形目）和 Soricomorpha（鼩形目）提升为目级分类单元也许是较好的选择（如 Wilson et Reeder, 2005）。凡此种种均说明食虫动物的分类问题仍有很大的讨论空间。

目前，大多数学者认为无尾猬类和金鼹类起源于南大陆的可能性很大。同时，普遍认为 Insectivora 和 Lipotyphla 均是复系，不将其作为目级分类单元的名称，而多采用单系的 Afrosoricida 和 Eulipotyphla。本册志书采用了劳亚食虫目（Eulipotyphla）作为目级分类单元的名称，它只包含了猬形亚目、鼩形亚目（含鼹类）及与这两亚目密切相关的古食虫类各科。无跟鼩类（apternodontids）通常归入鼩形亚目，但 McDowell（1958）和 Asher 等（2003）的研究表明，无跟鼩类与其他确定的食虫类之间存在重要的区别，因此不能归入鼩形亚目或猬形亚目。而一些形态相差较远、系统关系不明的科则保留在 Romer（1966）的“原真兽目”（“Proeutheria”）内，期待今后能有新的研究成果，以做进一步修正。

定义与分类 劳亚食虫目由一些小型的食虫动物组成，形态上既原始又很特化，颊齿形态多为双褶齿类型（dilambdodonty）或原始的重褶齿类型（primitive zalambdodonty）。Butler（1972）提出了食虫类的 6 个非原始形态特征，1988 年又提出了食虫类 17 个形态学和解剖学特征（其中大部分特征在其他真兽类中也存在）。MacPhee 和 Novacek（1993）检验了 Butler 的 6 个非原始形态特征后指出，食虫动物的盲肠缺失和耻骨联合部退化这两个特征在真兽类中是进步特征，眼眶壁上颌骨部分增大似乎也是进步特征，但不十分肯定。至于活动的长鼻、颧弓的退化和血绒膜胎盘（haemochorial placenta）就很难说是食虫目的特征。因此，很难找到一两项食虫目与真兽类其他目相区别的形态特征。Butler（1972）曾感慨地说：“食虫目不同于其他目之处，在于没有啮齿类那样的门齿、没有蹄、没有适于抓握的手、足和没有翼等特征，所以，只能说食虫目是真兽类中不属于任何有明确特征的目。”

虽然如此，在古食虫类鉴定中，还有一些可供参考的特征：除古新世和始新世食虫类和毛猬亚科（Hylomyinae）外，通常门齿数减少，有一对上、下门齿增大，上门齿成纵向或斜向排列。除鼹科（Talpidae）外，犬齿不大，通常门齿化或前臼齿化，在某些种类中为双根齿。前面的前臼齿简单，P4 和 p4 常臼齿化，但变化较大。臼齿齿尖尖锐，齿脊明显。上臼齿四边形或三角形，原尖 V 形脊清楚，次尖常存在，也有缺失的，原小尖和后小尖在原始类型中存在，进步类型中缺失，有时在牙齿的外侧具有 W 形外脊。下臼齿三角座通常高锐，跟座低，但也有三角座和跟座几乎等高者。

分布与时代 广义的食虫类动物分布于地球除南极和澳大利亚以外的各大陆，其历史可以追溯到白垩纪。目前在我国发现的化石时代都较晚，最早只见于始新世，种类不多，材料也很少；渐新世以后属、种稍增加。与欧洲和北美相比，我国迄今发现的食虫类动物化石并不算多，仅有包括猬形亚目的两个科和鼩形亚目的5个科，以及亚目尚不确定的无跟鼩科。我国发现的这些食虫动物，似乎在其科级分类阶元上与非洲和南美洲没有任何地理分布上的关系，而与欧洲和北美的关系则较为密切。

猬形亚目 Suborder ERINACEOMORPHA Gregory, 1910

概述 猬形亚目最先由 Gregory（1910）提出，当时归入本亚目的科级单元除 Erinaceidae 外，还包括 Leptictidae 和 Dimylidae。McDowell（1958）将 Talpidae 归入本亚目。Van Valen（1967）将 Adapisoricidae、Erinaceidae、Dimylidae 和 Talpidae 归入他所定义的猬超科（Erinaceoidea），并认为 Adapisoricidae 是除重褶齿猬类以外在食虫类中处于基干位置的科。Novacek 等（1985）将古新世和始新世的猬形类归为 Erinaceidae、Dormaaliidae 和 Amphilemuridae。McKenna 和 Bell（1997）将 Sespedectidae Novacek, 1985, Amphilemuridae Heller, 1935，Adapisoricidae Schlosser, 1887，Creotarsidae Hay, 1930 和猬超科 Erinaceoidea Fischer von Waldheim, 1817 及鼹超科 Talpoidea Fischer von Waldheim, 1817 归入猬形亚目。

鉴别特征 猬形类的头骨特征是眼眶和视神经孔大，眶下管较长，颧弓完整且相当粗壮，翼蝶骨外翼突不退化，翼蝶管短，下颌髁突窄。门齿比较发育，P4 和 p4 臼齿化，但 P4 常有次尖，而后尖通常弱或缺失，p4 跟座短，跟座齿尖通常缺失，或很小，P4 和 p4 之前的前臼齿比较退化，p2 和 p3 常成单尖齿；下臼齿三角座不高，跟座宽，下前尖呈棱脊状，下内尖高，下次尖较低，m1–2 跟座往往与三角座等宽或稍宽；P3 小，常呈三角形；上臼齿外架窄，齿尖粗壮，次尖、附尖和小尖发育。

猬科 Family Erinaceidae Fischer von Waldheim, 1817

模式属 刺猬 *Erinaceus* Linnaeus, 1758

定义与分类 猬科为一类从古新世延续到现代的食虫动物，分布很广，亚洲最早出现于早始新世。该科通常分为3个亚科：毛猬亚科 Hylomyinae（相当于文献中的 Galericinae 或 Echinosoricinae 鼠猬亚科）、Erinaceinae 和 Brachyericinae，也有将 *Proterix* 自成一亚科的。古新世和始新世的化石猬形动物通常被归入 Galericinae 或者 Echinosoricinae，但也有人认为这些化石猬类很难归入上述亚科。其实，已知的原始猬形动物与上述现生的猬亚科动物是否有比较直接的亲缘关系尚属存疑，但不排除为这些动物的祖先类型。因而，这里没有将古新世和始新世的猬类归入上述亚科。有人将 Tupaiodontinae 和 Changlelestinae 也归入猬科，这两个亚科的颊齿形态很接近，下门齿中 i1 明显增大（*Changlelestes*、*Ernosorex* 和 *Ictopidium*)，与其他猬科成员的 i2 增大不同，*Changlelestes* 具有增大的镰刀状的第一上门齿（童永生、王景文，2006)，这也是鼩形动物的典型特征，因此，这里将这两个亚科从猬科中排除。

鉴别特征 头骨面部长度变异较大，枕脊存在，矢状脊有时不太发育，颧弓完全，外鼓骨环状，不与头骨愈合，听泡不完全，腹面开口，无骨质耳道（auditory meatus)，泪骨短。齿式为 3•1•3–4•2–3/2–3•1•2–4•2–3。I1 和 i2 或 i1 增大；犬齿前臼齿化，但齿根常分开；P4 四边形，无后尖，具次尖，后附尖棱强大；M1 和 M2 几乎呈方形，丘形齿，外架较窄，在大部分猬类中次尖较大，与原尖之间有弱脊相连，前、后附尖存在，中附尖不明显，原小尖退化；M3 退化甚至缺失，通常仅存 2 或 3 个齿尖；下臼齿尺寸依次向后变小，或多或少呈胖边形牙齿（exodaenodonty；指下原尖和下次尖基部有些肿大），三角座低，跟座往往比三角座大、宽，m1 下前脊强，并向前延伸，m2 和 m3 下前脊显弱，m1 和 m2 跟座后臂有坡脊、下次小尖退化，如存在，往往在牙齿中线的舌侧。

该科牙齿的构造模式图如下：

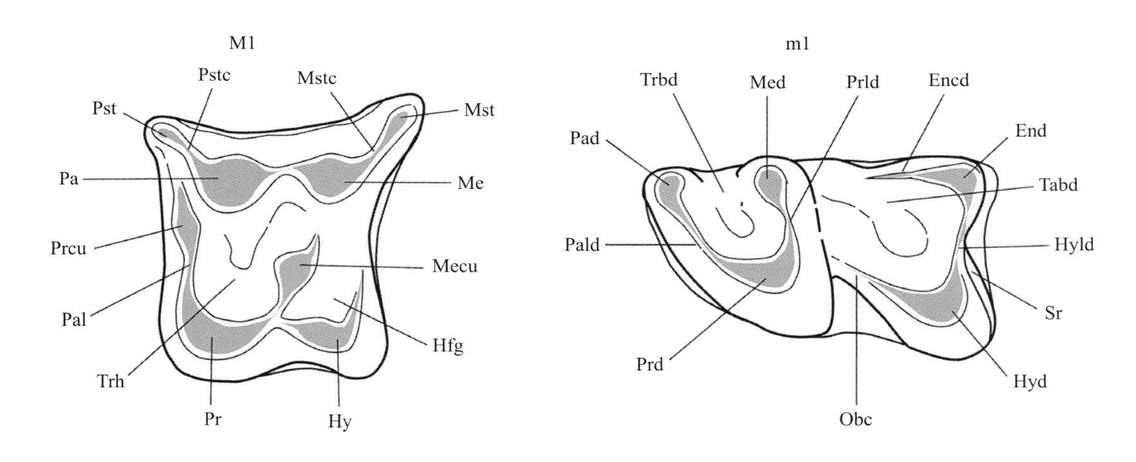

图 1　猬科第一臼齿构造模式图

Encd. 下内尖脊 （entoconid crest）; End. 下内尖 （entoconid）; Hfg. 次尖架 （hypoconal flange）; Hy. 次尖 （hypocone）; Hyd. 下次尖 （hypoconid）; Hyld. 下次脊 （hypolophid）; Me. 后尖 （metacone）; Mecu. 后小尖 （metaconule）; Med. 下后尖 （metaconid）; Mst. 后附尖 （metastyle）; Mstc. 后附尖棱 （metastylar crista）; Obc. 斜脊 （oblique crista）; Pa. 前尖 （paracone）; Pad. 下前尖 （paraconid）; Pal. 前脊 （paraloph）; Pald. 下前脊 （paralophid）; Prcu. 原小尖 （protoconule）; Pr. 原尖 （protocone）; Prd. 下原尖 （protoconid）; Prld. 下原脊 （protolophid）; Pst. 前附尖 （parastyle）; Pstc. 前附尖棱 （parastylar crista）; Sr. 坡嵴 （sloping ridge）; Tabd. 下跟凹 （talonid basin）; Trb. 齿凹 （trigon basin）; Trbd. 下齿凹 （trigonid basin）

中国已知属 *Eochenus*, *Schizogalerix*, *Lantanotherium*, *Hylomys*, *Neotetracus*, *Palaeoscaptor*, *Amphechinus*, *Mioechinus*, *Erinaceus*, *Metexallerix*, *Luchenus*，共 11 属。

分布与时代 欧亚大陆、北美、非洲，古新世至现代。

毛猬亚科 Subfamily Hylomyinae Anderson, 1879

概述 这一亚科包括现生的 *Echinosorex*，*Podogymnura* 和 *Hylomys* 属。在文献中常用 Galericinae 亚科名，不过 *Galerix* Pomel，1848 及与其相近的灭绝属（如 *Schizogalerix* Engesser, 1980）已显示出相当特化的特征（童永生、王景文，2006），可能代表渐新世—上新世早期毛猬类或猬科早期已灭绝类群的分支，所以欧洲学者（包括 Bohlin, 1942）常使用鼠猬亚科（Echinosoricinae Cabrera, 1925）一名。另外，Frost 等（1991）提到 Cabrera 1925 年已指出 Anderson 于 1879 年建立了 Hylomidae 一词。因此，Hylomidae 出现的时间早于与其同义的 Echinosoricinae，故这里使用经过正字法纠正之后的 Hylomyinae（毛猬亚科）一词。

鉴别特征 毛猬亚科的显著特点是吻部长，约占头长的 42%，齿式基本完全，i1 存在，i2 与其他下门齿大小相近；最前面的上门齿大，p3 存在，M 3 和 m3 不甚退化。

晓猬属 Genus *Eochenus* Wang et Li, 1990

模式种 中华晓猬 *Eochenus sinensis* Wang et Li, 1990

鉴别特征 尺寸与 *Tetracus* 相近，下颌骨较粗壮，颏孔位于 p2 或 p3 下方；齿式：?•1•4•3/3•1•4•3；下门齿双叶型，i2 明显大于 i1 和 i3；颊齿齿冠较低，齿尖圆钝；p1 单根；p2 双齿根；p3 很小，仅稍大于 p2，而比 p4 小很多；p4 较大，下前尖和下后尖同样发育，跟座短；下臼齿三角座较短，下后尖位于下原尖舌侧，无明显的下原脊；下次小尖从 m1 至 m3 由无到发育；下前脊在 m1 上直而短，较少前伸；在 m2–3 较低，呈弧形；C–P3 均有双齿根，P4 三齿根；M2 宽大于长，两小尖都发育，后小尖后棱短（相对于 *Eogaleridius*），次尖丘形，有弱棱与后齿带和原尖后棱相连，后附尖不明显；M3 三角形，具五尖，原小尖和后小尖均发达。

中国已知种 仅模式种。

分布与时代 吉林，中始新世。

评注 晓猬以其上臼齿次尖较小、M3 后尖小、次尖完全消失等特征与毛猬亚科中现生属不同。

中华晓猬 *Eochenus sinensis* Wang et Li, 1990

（图 2）

正模 IVPP V 8786，保存 i1–3、c 和 p2–m3 的左下颌支；吉林桦甸公吉屯大勃吉油母页岩矿，中始新统桦甸组第 III 岩性段。

副模 IVPP V 8793，一带 C、P1、P4 和 M2–M3 的右上颌；IVPP V 8787–8789：3 个保存程度不同的下颌支（其中 IVPP V 8787 保存最好），上述标本与正模产自同一地点和层位。IVPP V 8790–8792：3 个保存不完整的下颌支，产自桦甸公吉屯公郎头油母页岩矿桦甸组第 III 岩性段；IVPP V 8794，一不完整下颌支，产自村井桦甸组第 IV 岩性段。

鉴别特征 同属。

产地与层位 目前仅知产于吉林桦甸，桦甸组第 III–IV 岩性段，中始新世晚期。

评注 建名人仅指定了正模，其他标本都作为归入标本。《国际动物命名法规》（第四版）荐则 73D 的规定，“在正模已用标签标注后，模式系列中的任何剩余标本均应用标签标注以‘副模’，以辨认原始模式系列的组成部分”。上述副模中只有 IVPP V 8794 下颌支产于更高层位（第 IV 岩性段），建名人并没有明确将其排除在模式系列外，这里将其一并归入副模。

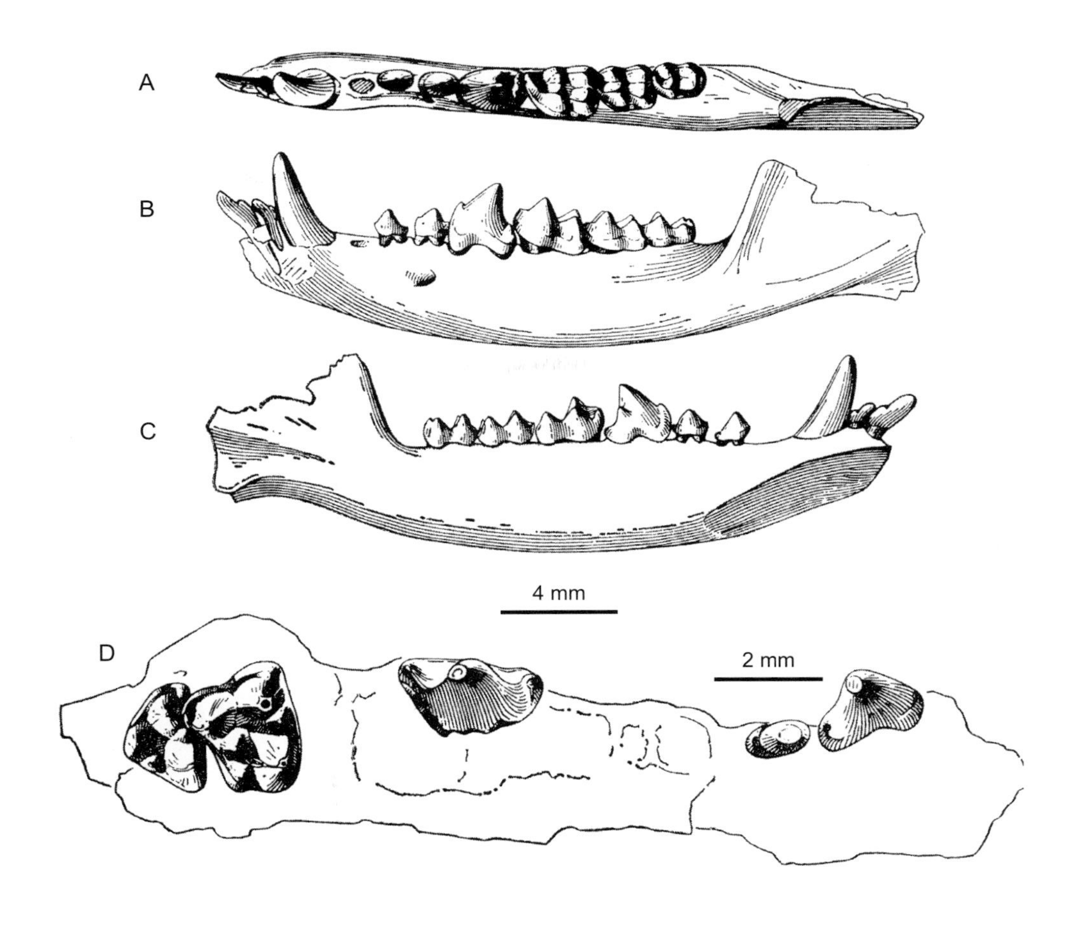

图 2 中华晓猬 *Eochenus sinensis*

A–C. 左下颌支（IVPP V 8786，正模），D. 右上颌（IVPP V 8793，副模）：A, D. 冠面视，B. 颊侧视，C. 舌侧视（均引自王伴月、李春田，1990）

裂齿猬属 Genus *Schizogalerix* Engesser, 1980

模式种 安纳托利裂齿猬 *Schizogalerix anatolica* Engesser, 1980

鉴别特征 颌骨和牙齿形态如同进步的 *Galerix* 属者。上臼齿的宽度明显大于长度，具明显的后小尖，中附尖有分开的趋向；M1 和 M2 原尖的后臂与后小尖间断开，但总与次尖相连。下颌支的前部分强烈缩短，具细弱、陡峭的犬齿齿槽。下颌水平支相当强壮。

中国已知种 仅 *Schizogalerix duolebulejinensis* 一种。

分布与时代（中国） 新疆，中中新世。

评注 *Schizogalerix* 属是一类个体较大的毛猬类动物，形态与 *Galerix* 属较为相似，但上臼齿中附尖分裂为二，这也是 *Schizogalerix* 这一属名的来源。该属生存时间为中中新世至晚中新世晚期，已知有近 10 种，主要分布在欧洲南部、北非和西亚地区。在我国只有新疆的一个种，目前发现的材料也还很少。

夺勒布勒津裂齿猬 *Schizogalerix duolebulejinensis* Bi, Wu, Ye et Meng, 1999

（图 3）

正模 IVPP V 11816.1，附有 p4–m2 和 m3 前齿根的右下颌支；新疆福海夺勒布勒津，索索泉组顶部上砂层，中中新世。

副模 IVPP V 11816.2，一枚右 M1，与正模在同一地点和层位发现；IVPP V 11817.1–4：

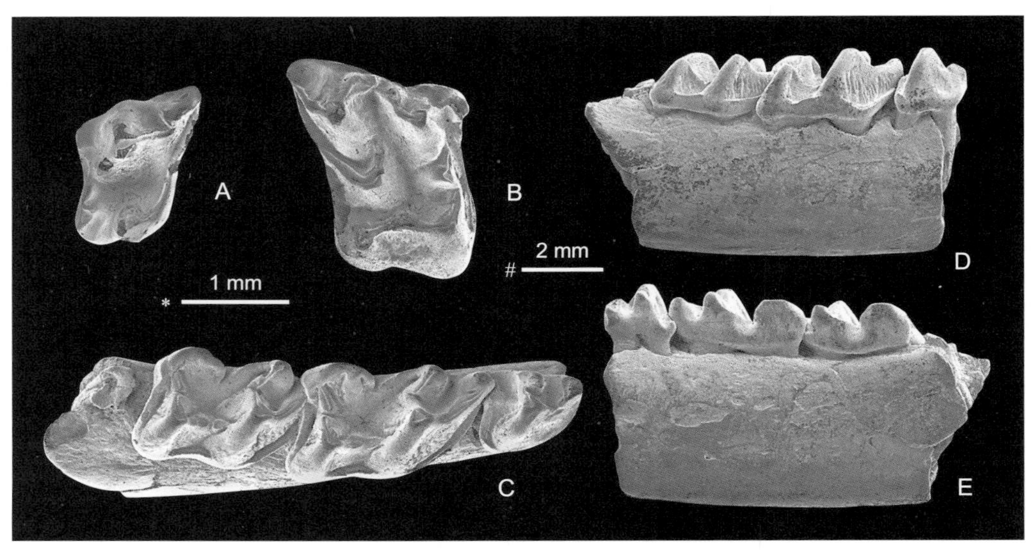

图 3 夺勒布勒津裂齿猬 *Schizogalerix duolebulejinensis*

A. 左P4（IVPP V 11817.2），B. 右M1（IVPP V 11816.2），C–E. 破损右下颌支，带p4–m2 IVPP V 11816.1 正模）：A–C. 冠面视，D. 颊侧视，E. 舌侧视；比例尺：* - A, B, C，# - D, E

一枚左 P4、一枚左 M1 和两枚残破 m1，发现于该地区模式地点之上的哈拉玛盖组底部。

鉴别特征 尺寸较该属其他种为大。P4 和 M1 呈前舌 - 后颊向对角线伸长。M1 的中附尖二分，但在基部相连，次尖无后臂，前附尖粗壮。p4 较小；m1 和 m2 的下内尖与后齿带相连，下次尖后臂长、与下内尖和后齿带交会于牙齿的后内角，下后附尖强壮。

评注 建名人仅指定了正模，其他作为归入标本。其中，IVPP V 11861.2（右 M1）不但与正模发现于同一地点和层位，而且磨蚀程度也与之相近，两者甚至可能为同一个体。其他标本虽然产自稍高层位，但建名人都作为该种成员做了测量，有的还附有照片。这里一并视作副模。

蓝猬属 Genus *Lantanotherium* Filhol, 1888

模式种 桑桑蓝猬 *Erinaceus sansaniensis* Lartet, 1851

鉴别特征 齿式：3•1•?•3/3•1•4•3。P4–M1 的原尖比次尖大且更向舌侧凸出；M1 和 M2 轮廓方形，次尖具有后边脊，后小尖孤立，位于牙齿的中心位置。c 明显加大；p4 下前尖不发育；m1–3 的三角座比跟座长，下原尖和下后尖横向对位排列；m1 和 m2 具有明显的下内尖脊和跟凹谷；m1 的下前脊延长；m2 和 m3 的三角座开放，下前尖不明显，下次尖和下内尖由纵向的脊与三角座连接。

中国已知种 仅 *Lantanotherium sanmigueli* 一种。

分布与时代（中国） 云南，晚中新世；江苏，早中新世。

评注 *Lantanotherium* 属在中新世有很广的地理分布，亚洲、欧洲、非洲和北美的中新统都有其记录。该属在我国最早出现于早中新世。李传夔等（1983）在列举江苏泗洪松林庄和双沟地点下草湾组的哺乳动物化石时，提到了归入 *Lanthanotherium* sp. 的 16 颗单个的颊齿，指出其“个体略小，尖和脊和欧洲标本也稍有差别”，但没有详细记述。*Lantanotherium* 属系 Filhol 于 1888 年所创，1891 年 Filhol 又使用了 *Lanthanotherium* 的属名，而且没有说明后者是否是 *Lantanotherium* 的笔误或印刷错误。因此，McKenna 和 Bell（1997, p. 277）认为后者为前者的次异名（Junior synomym）。不过我们将其译为“蓝猬”却是依据 *Lanthanotherium* 的拉丁语义（没注意到或遗忘），而 *Lantanotherium* 则没有这样的含义。

圣米格尔蓝猬 *Lantanotherium sanmigueli* Villalta et Crusafont, 1944

（图 4）

Lanthanotherium sanmigueli：Storch et Qiu, 1991, p. 603

正模 下颌支带 m1–2，产于西班牙 Viladecaballs 地点中新统瓦里士阶（Vallesian；

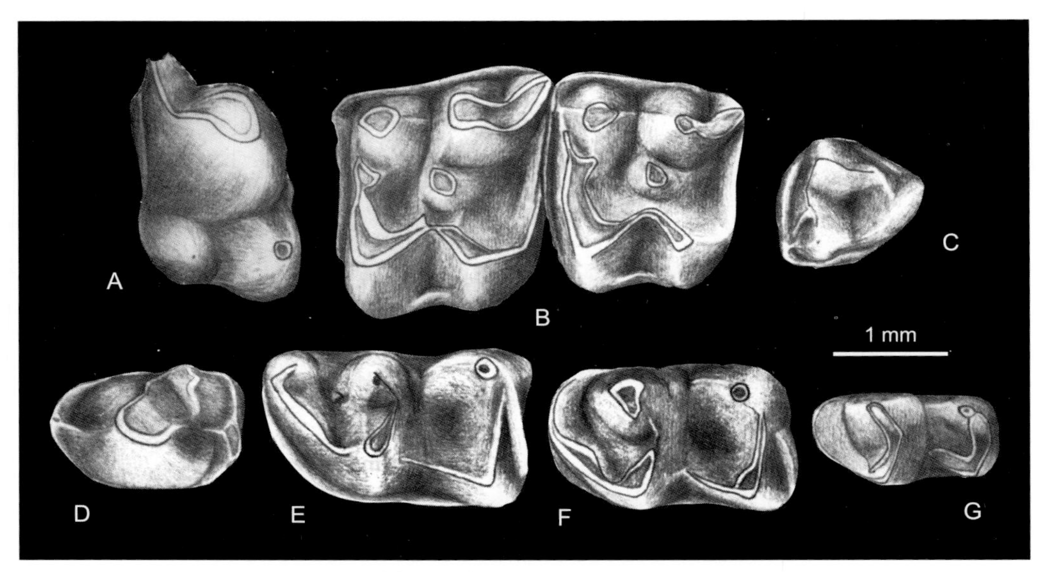

图 4　圣米格尔匿猬 *Lantanotherium sanmigueli*

A. 右 P4（IVPP V 9731.10），B. 左 M1–2（IVPP V 9731.11），C. 右 M3（IVPP V 9731.22），D. 左 p4（IVPP V 9731.29），E. 左 m1 （IVPP V 9731.32），F. 左 m2 （IVPP V 9731.35），G. 左 m3 （IVPP V 9731.40）：冠面视（均引自 Storch et Qiu, 1991）

MN9–11）中。标本应保存在萨瓦德尔博物馆，现确切存放地不明。

归入标本　IVPP V 9731.1–43，除 V 9731.24 为带 p4 及 m1 跟座的左下颌支外，其余均为单个牙齿；均产自云南禄丰石灰坝。

鉴别特征　M1 和 M2 有两个舌侧根，其间由薄板状骨相连；M3 的后尖不明显。p4 和 p3 大小近等，两者都具有双齿根；m1–2 具前凸的下内尖脊和明显且呈 U 形的舌侧后跟谷；m3 跟座的后壁没有坡嵴。

产地与层位　云南禄丰石灰坝，上中新统石灰坝组。

毛猬属 Genus *Hylomys* Müller, 1839

模式种　小毛猬 *Hylomys suillus* Müller, 1839

鉴别特征　眶下孔宽，前上颚孔短、三角形；前颌骨与额骨接触。颏孔很长。齿式：3•1•4•3/3•1•4•3。I1 不明显加大；上犬齿相对较大，双齿根；P4 弱小，具强壮的前附尖，次尖比原尖大且更向舌侧凸出；M1 明显比 M2 大，两者的后小尖嵴形、并多与原尖和次尖连接；M3 后尖和次尖分离；i1 小；i2 与 i1 大小近等、铲形；下犬齿大，齿冠伸长；p2 比 p3 小；p4 较为弱小而窄，有明显的颊侧齿带；m1 明显比 m2 大，下前脊长而前伸；m1 和 m2 均无下内尖脊；m3 的下内尖和下次尖略分开。

中国已知种　化石仅有 *Hylomys* aff. *H. suillus* 一亲近种。

分布与时代（中国） 云南，晚中新世；重庆，早更新世。

评注 *Hylomys* 为一延续至现代的毛猬属，分布于东洋区。其外形与仅存东南亚和我国西南地区的 *Neotetracus* 和 *Neohylomys* 属较为接近，但它们的牙齿形态差异明显。*Hylomys* 的牙齿形态似乎具有在进化上较为原始的性状，如齿式完整，具 4 颗前臼齿，P4 有显著的前附尖，M1 和 M2 的原尖后臂与后小尖连接，M1 比 M2 明显大，M3 的后跟分开等。

小毛猬（亲近种） *Hylomys* aff. *H. suillus* Müller, 1839

（图 5）

Galerix sp.：邱铸鼎等，1985，14页

Hylomys sp., aff. *H. suillus*：Storch et Qiu, 1991, p. 615

Hylomys aff. *suillus*：祁国琴、倪喜军，2006，229页

产自云南禄丰石灰坝石灰坝组和元谋雷老小河组的一些零星的毛猬类牙齿（IVPP V 9732.1–23），其 P4 的次尖比原尖大且更向舌侧凸出、有小的前附尖，M1 和 M2 次尖的后方具有显著的脊，M3 后尖和次尖分离，i1 和 i2 的大小和形态相近，m1 的下前脊长而前伸，m2 和 m3 的下内尖脊很弱等，牙齿的这些特征与 *Hylomys* 属的一致。但标本与现生种 *H. suillus* 的有所不同，即其 P4 的前附尖较弱，M1 和 M2 的后小尖与原尖和次尖间

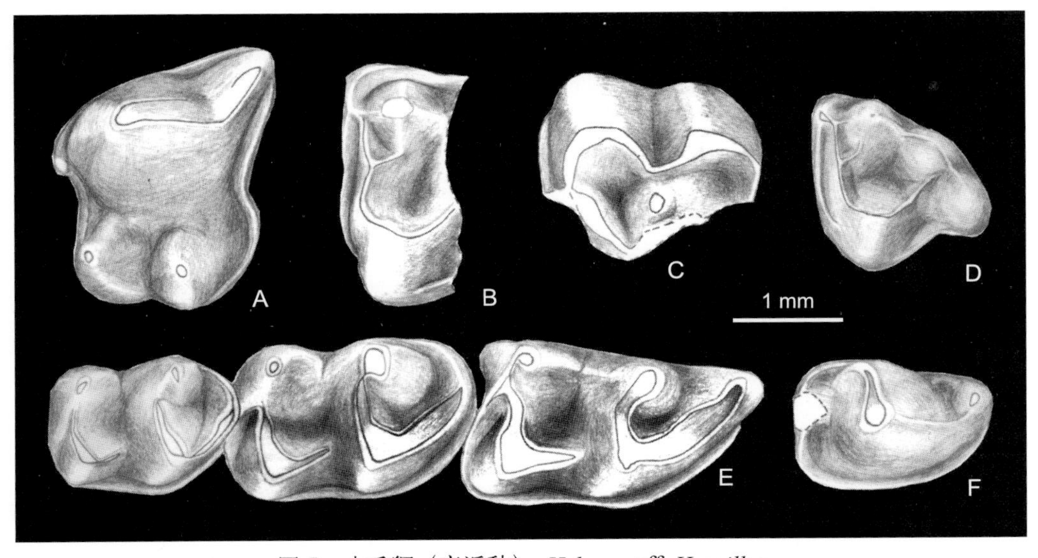

图 5 小毛猬（亲近种） *Hylomys* aff. *H. suillus*

A. 左 P4 （IVPP V 9732.7），B. 破损左 M1 （IVPP V 9732.10），C. 破损右 M1 （IVPP V 9732.9），D. 左 M3 （IVPP V 9732.12），E. 右 m1–3 （IVPP V 9732.15），F. 右 p4 （IVPP V 9732.15）：冠面视（均引自 Storch et Qiu, 1991）

的连接不那么紧密，P4 和 p4 有较连续的齿带等。上述这些相同点和不同点，说明了禄丰化石种与现生种的形态差异，同时又说明两者具有较接近的亲缘关系。

另外，郑绍华和张联敏（1991）在重庆巫山龙骨坡发现的 *Hylomys* cf. *H. suillus* 也可能说明这一属动物在我国早更新世的存在。

鼩猬属 Genus *Neotetracus* Trouessart, 1909

模式种 中华鼩猬 *Neotetracus sinensis* Trouessart, 1909

鉴别特征 眶下孔窄小，前上颚孔很长、滴状；前上颌骨与额骨不连接。颏孔小。齿式：3•1•3•3/3•1•3•3。I1 明显加大；上犬齿小，单根或双齿根；P4 粗壮，无前附尖，次尖比原尖小且不甚向舌侧凸出；M1 比 M2 的个体稍大，两者具有大、圆形且孤立的后小尖；M3 后尖和次尖常愈合；i1 很大，铲状；i2 很小；i3 比 i2 大；下犬齿小，冠面三角形；p2 和 p3 大小近等；p4 粗壮且宽，颊侧齿带无或很弱；m1 和 m2 长度近等，都有下内尖脊；m3 的下内尖和下次尖略分开。

中国已知种 仅模式种。

分布与时代（中国） 云南，晚更新世；湖北，更新世；重庆，更新世。

评注 *Neotetracus* 为一现代毛猬的单型属，分布于东洋区，形态、构造与 Hylomys 相似。两属的分类地位，即究竟是各自独立的属，还是应该把 *Neotetracus* 并入 *Hylomys* 属，在学者中尚有不同的意见。但在头骨形态、齿式和牙齿的形态特征上，*Neotetracus* 与 *Hylomys* 有较明显的不同，似乎有理由把两者确定为不同的属。

中华鼩猬 *Neotetracus sinensis* Trouessart, 1909

（图 6）

Neotetracus sinensis：邱铸鼎等，1984，282页

Neotetracus cf. *sinensis*：郑绍华、张联敏，1991，29页

Hylomys sinensis：黄万波等，2002，26页

Hylomys cf. *H. sinensis*：郑绍华，2004，80页

模式标本 现生标本，未指定，四川康定。

鉴别特征 P4 粗壮，无前附尖，次尖比原尖小且不甚向舌侧凸出；M1 个体比 M2 的稍大，两者都具有大、圆形且孤立的后小尖；M3 后尖和次尖常愈合。p4 粗壮且宽，颊侧齿带很弱；m1 和 m2 长度近等，都有下内尖脊。

产地与层位 云南呈贡三家村，上更新统；重庆巫山龙骨坡，下更新统；湖北建始

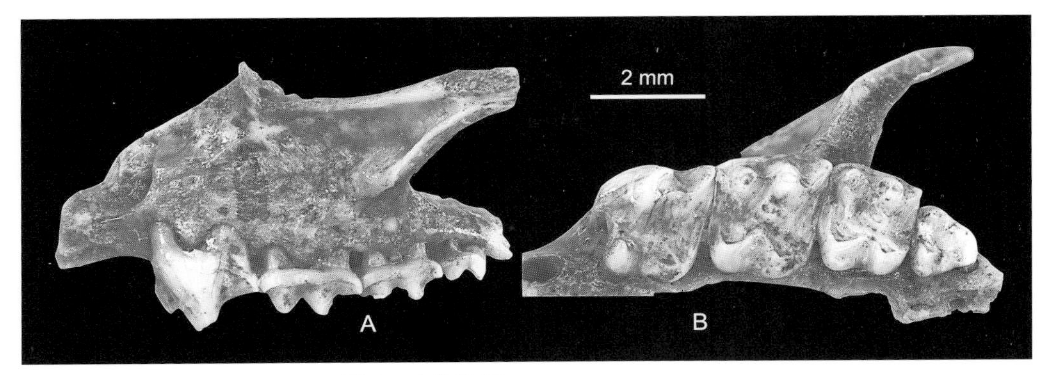

图 6　中华鼩猬 *Neotetracus sinensis*

具 P4–M3 左上颌骨（IVPP V 7599.1，云南呈贡三家村）：A. 侧面视，B. 冠面视

龙骨洞，下更新统。

评注　邱铸鼎等（1984）记述了云南呈贡三家村一件上颌（IVPP V 7599.1，见图 6）。黄万波等（2002，26 页）报道过重庆奉节兴隆中更新世的洞穴堆积物中的“*Hylomys sinensis*”，可能应归入该种，但未见到标本，描述中也未提供插图，难以准确确定。

猬亚科 Subfamily Erinaceinae Fischer von Waldheim, 1817

猬亚科动物遍布亚欧、北美和非洲，是世界上分布最广的食虫动物之一，其历史可追溯到始新世晚期（Lopatin, 2005），我国猬亚科最早出现于早渐新世。猬亚科相对于毛猬亚科比较特化：头骨，尤其面部较为宽短；最前面的上、下门齿增大；下门齿两颗；下犬齿小；臼前齿减少；P1 和 p1 缺失；上前臼齿三个；P4 次尖低；下前臼齿两个，p3 无或小，p4 下原尖比下臼齿的下原尖高，下前尖几乎与下原尖等高；下臼齿常有后齿带（坡脊）；M3 简单或缺失，如存在，成窄的椭圆形，只有两个齿尖；m3 短、低，跟座退化，甚至缺失。

古掘猬属 Genus *Palaeoscaptor* Matthew et Granger, 1924

模式种　小古掘猬 *Palaeoscaptor acridens* Matthew et Granger, 1924

鉴别特征　下齿式是 2•1•2–3•3。最前面的下门齿（i2 或 i1）增大；p4 双齿根，下前尖发育，下后尖小、低、短、变异大，具横向齿带状跟座；m3 双齿根，跟座单齿尖，相对发育。

中国已知种　*Palaeoscaptor acridens*, *P. rectus*, *P. gigas*，共三种。

分布与时代　蒙古，渐新世；中国内蒙古、新疆和甘肃，渐新世。

评注　在 Matthew 和 Granger（1924b）建立 *Palaeoscaptor* 属后，Bohlin（1942）认为该属与 *Amphechinus* 或 *Palaeoërinaceus* 属同义。后来，McKenna 和 Holton（1967）注意

到，Matthew 和 Granger 指定的 *Palaeoscaptor* 属实际上包含了两个种，其中 *P. acridens* 的 i2 和 p4 增大，其间有 5 颗牙齿，而 *P. rectus* 的 i2 和 p4 间只有 3 颗，于是将后者归入 *Amphechinus* 属。Sulimski（1970）将 *Palaeoscaptor* 降为 *Amphechinus* 属中一个亚属，但在 Sulimski（1970）的分类中仍将 *rectus* 种归入 *Palaeoscaptor* 亚属。Rich 和 Rasmussen（1973）保留了 *Palaeoscaptor* 作为属级分类单元。Ziegler 等（2007）将 *Palaeoërinaceus* 属中 m3 具单齿根的种归入 *Amphechinus*，具双根的则仍留在 *Palaeoscaptor* 属。这里采用 Ziegler 等的分类方案。

小古掘猬 *Palaeoscaptor acridens* Matthew et Granger, 1924

（图 7）

Palaeoërinaceus acridens：Bohlin, 1942, p. 14

Amphechinus acridens：Butler, 1948, p. 486; Sulimski, 1970, p. 61

正模 AMNH 19138，存 p4–m3 的左下颌支；蒙古东南部 Tsagan-Nur 盆地，渐新统三达河组。

鉴别特征 下齿式是 2•1•2–3•3，个体较小（m1 平均长为 2.7 mm），i2 和 p4 之间有 5 颗牙齿，m3 跟座发育。

产地与层位（中国） 内蒙古阿拉善左旗乌兰塔塔尔沟，下渐新统乌兰塔塔尔组。

评注 黄学诗（1984）报道在内蒙古阿拉善左旗乌兰塔塔尔沟的渐新统乌兰塔塔尔

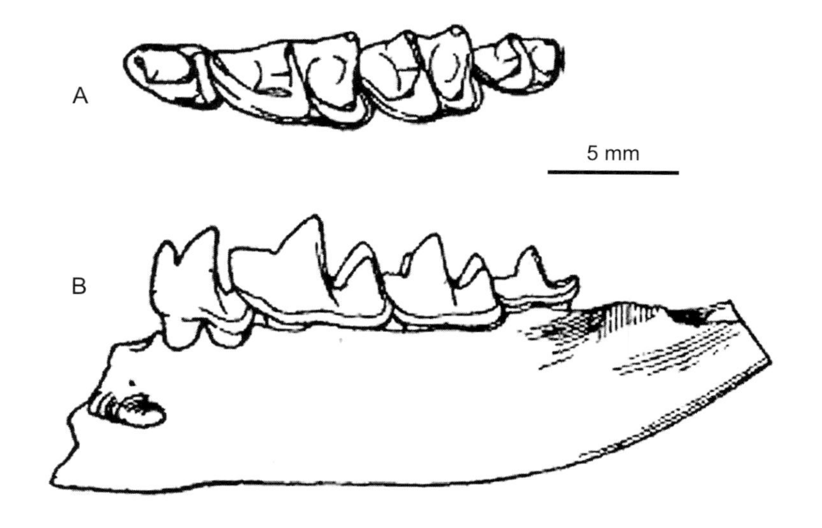

图 7 小古掘猬 *Palaeoscaptor acridens*

左下颌支带 p4–m3（AMNH 19138 正模）：A. 冠面视，B. 颊侧视（引自 Matthew et Granger, 1924）

组中发现小古掘猬（IVPP V 7339）。叶捷等（2005）和王晓鸣等（2008）报道，在新疆布尔津盆地克孜勒托尕依组和甘肃党河流域塔奔布鲁克地区叮当动物群中也发现小古掘猬相似种。

直缘古掘猬 *Palaeoscaptor rectus* **Matthew et Granger, 1924**

（图 8）

Amphechinus acridens：Teilhard de Chardin, 1926, p. 7

Amphechinus? *rectus*：McKenna et Holton, 1967, p. 8

Amphechinus rectus：黄学诗，1984，306页；Lopatin, 2006, p. 304

正模 AMNH 19146，存 m2 和 m3 的下颌支；蒙古中南部 Tsagan-Nur 盆地，渐新统三达河组。

鉴别特征 牙齿形态如 *P. acridens*，但个体大，m3 很退化，无跟座。下颌支角突长、扁平，末端细长，向下伸出后又向上弯。

产地与层位（中国） 内蒙古阿拉善左旗巴彦浩特、杭锦旗三盛公，渐新统乌兰布拉格组。

评注 Matthew 和 Granger（1924b）在报道直缘古掘猬时，仅有与 *Palaeoscaptor acridens* 比较的特征，但无插图和尺寸大小，使后人难以与之比较。McKenna 和 Holton（1967）补充了该种两个特征：m3 双齿根，最前面的下门齿和 p4 之间有三个牙齿。Lopatin（2002c）把产于同一地区三达河（Shand-Gol）组的两件标本归入直缘种，并提供了测量数据：m1–3 长为 9.0 mm，p4–m1 处下颌支高为 6.6 mm（PIN no. 475/1200）；另一件标本（PIN no. 4567/12）的 m1–3 长为 9.7 mm，p4–m1 处下颌支高为 6.6 mm。

德日进（Teilhard de Chardin, 1926）报道了三盛公（Saint-Jacques）动物群中的

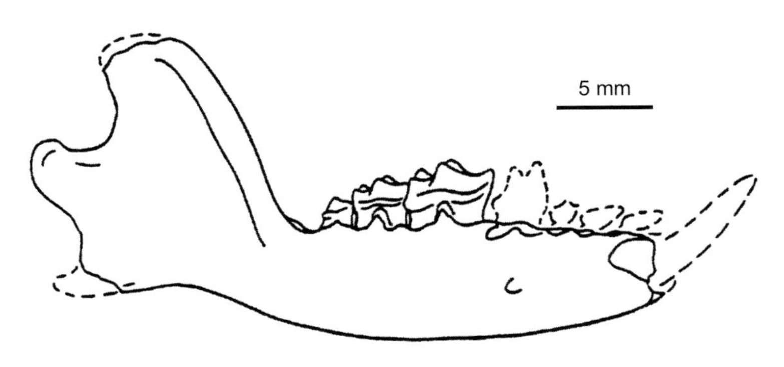

图 8 直缘古掘猬 *Palaeoscaptor rectus*

右下颌支（PIN no. 475/1200）：颊侧视（引自 Lopatin, 2002c）

P. acridens，但后来McKenna和Holton（1967）及Sulimski（1970）根据个体大小、m3跟座不大发育、前臼齿数目及下颌支形态的某些差异，将其归入*Amphechinus*? *rectus*，即*Palaeoscaptor rectus*。

黄学诗（1984）将采自内蒙古阿拉善左旗乌兰塔塔尔地区的标本归入直缘种，其m1–3长为7.5–8.1 mm，p4处的下颌支高3.9–5.1 mm。从测量数据看，乌兰塔塔尔标本牙齿较小，下颌骨较低。乌兰塔塔尔标本的i3<c，c>p2，p2和p4之间有较大的齿隙，m3双齿根，下原尖和下后尖隐约可辨，无跟座。Ziegler等（2007, p. 83）将其改为*Palaeoscaptor* cf. *P. rectus*。

王伴月等（1981）、叶捷等（2001）和王晓鸣等（2008）报道，在内蒙古千里山地区、新疆乌伦古地区铁尔斯哈巴合组和甘肃党河地区的燕丹图动物群中也发现直缘古掘猬化石。王伴月和邱占祥（2000）报道在甘肃兰州盆地峡沟动物群中发现相似种。

大古掘猬 *Palaeoscaptor gigas* (Lopatin, 2002)

（图9）

Amphechinus cf. *rectus*：黄学诗，1984，308页

Amphechinus gigas：Lopatin, 2002c, p. 304

正模 PIN no. 4567/14，存p4–m3的右下颌支；蒙古中南部湖谷地区（Valley of Lakes），渐新统三达河组。

鉴别特征 不同于已知的双猬各种在于个体大（m1–3长约12.0 mm），下颌支很高（p4–m1处高为8.0 mm）。p4下前尖比下原尖高，无下后尖；m1和m2后齿带弱；m3双齿根。

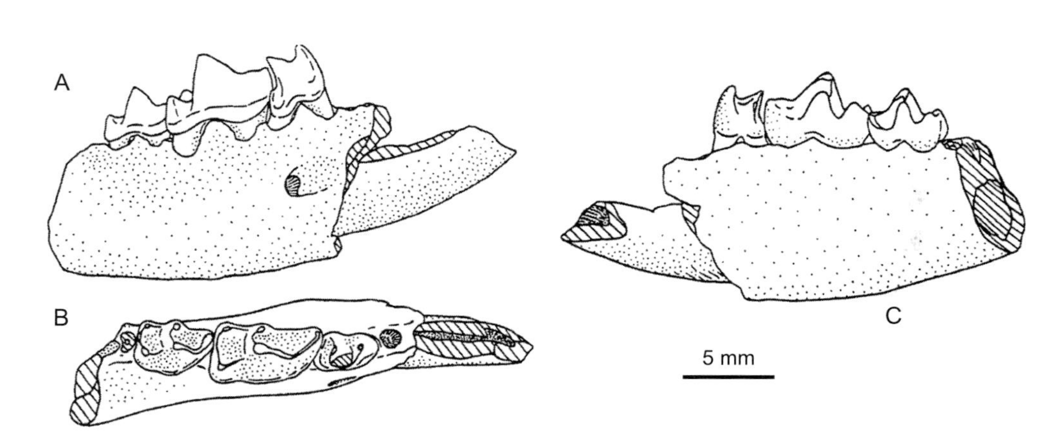

图9 大古掘猬 *Palaeoscaptor gigas*

右下颌支（PIN no. 4567/14，正模）：A. 颊侧视，B. 冠面视，C. 舌侧视（引自Lopatin, 2002c）

产地与层位（中国） 内蒙古阿拉善左旗巴彦浩特，渐新统乌兰塔塔尔组；新疆吐鲁番飞跃、大步，古新统大步组?

评注 黄学诗（1984）记述过乌兰塔塔尔的一颗下臼齿（IVPP V 7340），鉴定为 *Amphechinus* cf. *rectus*。Lopatin（2002c）把这一标本归入其新种 *A. gigas*。与 *Amphechinus rectus* 一样，*A. gigas* 有双齿根的 m3，与包括模式种在内的其他双猬各种不同，Ziegler 等（2007）将其归入 *Palaeoscaptor* 属。

翟人杰（1978）在新疆吐鲁番盆地飞跃、大步一带的桃树园子群中发现一段猬类下颌支（IVPP V 4368），鉴定为 ?*Amphechinus* sp.。吐鲁番标本的 m1 长为 5.6 mm，m1 处高为 7 mm，这一标本或许可归入大古掘猬。

双猬属 Genus *Amphechinus* Aymard, 1850

模式种 阿尔维尔耐猬 *Erinaceus arvernensis*（De Blainville, 1840）

鉴别特征 下齿式：2•1•2•3。i2（也有人认为是 i1）增大，齿根后延至 p4 之下；i3 和 c 前臼齿化，单齿根，冠低；p3 很小，锥状，侧向收缩，后端有一小附尖；p4 和前面的前臼齿之间常有齿隙；p4 半臼齿化，三角座窄，下前尖很明显，跟座短；下臼齿三角座不高，下前尖强，下次尖比下内尖低；m3 单齿根，只有三角座。

中国已知种 *Amphechinus kansuensis*, *A. minimus*, *A. bohlini*，共三种。

分布与时代 亚洲、欧洲、非洲和北美，渐新世—中新世。

甘肃双猬 *Amphechinus kansuensis* (Bohlin, 1942)

（图 10）

Palaeoërinaceus kansuensis：Bohlin, 1942, p. 23

正模 IVPP T.b. 593a，左下颌支，存 p4 和其他牙齿的齿槽；甘肃党河流域塔奔布鲁克一带燕丹图地点（现酒泉地区肃北蒙古族自治县县城西南），渐新统狍牛泉组。

鉴别特征 一种中等大小的双猬，下颌支较粗壮（p4–m1 处高：3.20 mm），p4–m3 长约 6.2 mm。i2 与 p4 之间的牙齿小，从齿槽判断，i3>c>p2；p2 和 p4 之间有明显的齿缺。

产地与层位 甘肃肃北燕丹图，渐新统狍牛泉组；内蒙古伊克昭盟千里山，上渐新统伊克布拉格组（王伴月等，1981）。

评注 步林在建种时曾提到另一件很破碎的无牙的下颌支后半段（T. b. 567）。不过他本人对此也有怀疑，虽然也提供了图片，但在图注中是打了问号的。这里没有算作模式系列中的标本。

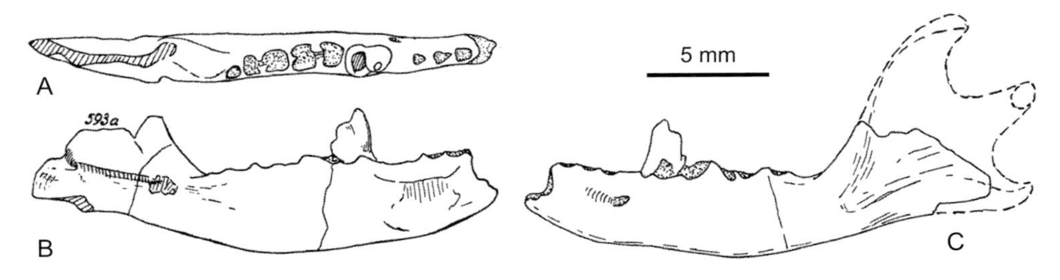

图 10　甘肃双猬 *Amphechinus kansuensis*

左下颌支 （IVPP T.b. 593a，正模）：A. 冠面视，B. 舌侧视，C. 颊侧视（引自 Bohlin, 1942）

小双猬 *Amphechinus minimus* (Bohlin, 1942)

（图 11）

Palaeoërinaceus minimus：Bohlin, 1942, p. 23

Parvericius montanus：Koerner, 1940; Rich et Rasmussen, 1973, p. 32

正模　IVPP T. b. 235，存 p4–m3 以及 c–p2 齿槽的右下颌支；甘肃党河流域塔奔布鲁克一带燕丹图地点，渐新统狍牛泉组。

鉴别特征　一种小型的双猬，下颌支纤细（p4–m1 处下颌支高：1.65 mm），水平支低，前臼齿和臼齿下方的下颌支下缘直，并与齿槽平行；相对于细长的下颌支，牙齿显得比较大，p4–m3 长度为 6 mm，与 *A. kansuensis* 相差不大。

评注　Rich 和 Rasmussen（1973）认为甘肃的 *Amphechinus minimus* 在牙齿形态上与北美的 *Parvericius montanus* Koerner，1940 相似，遂将“*minimus*”种归入 *P. montanus*。但他们也指出 *P. montanus* 下颌水平支较深，而“*minimus*”较浅。另外，考虑到两者在地理

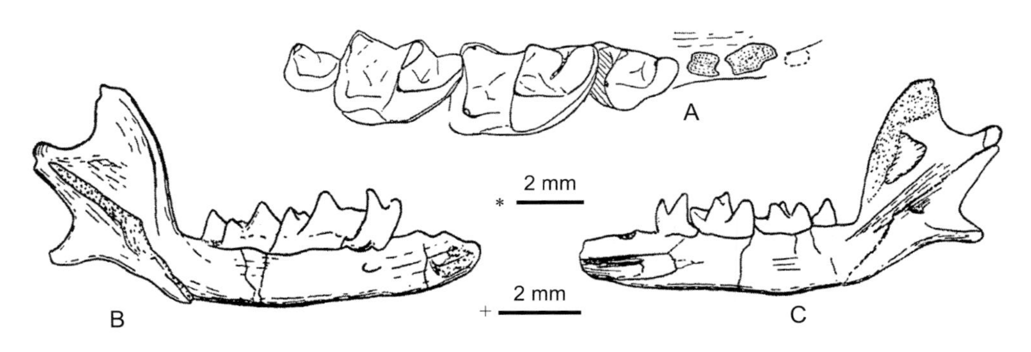

图 11　小双猬 *Amphechinus minimus*

右下颌支 （IVPP T. b. 235，正模）：A. 冠面视，B. 颊侧视，C. 舌侧视； 比例尺：* - A，+ - B, C，比例尺大小不一（引自 Bohlin, 1942）

上相距较远，地质年代也可能存在差异，至少在形态上也有所差别，仍将“*minimus*”种归入 *Amphechinus* 属。

步林同时记述了另外 3 件无牙的破碎下颌。与上一个种一样，这里也没有把它们视做模式系列。

步林双猬 *Amphechinus bohlini* Bi, 2000

（图 12）

Amphechinus minimum：吴文裕等，1998，26页

正模 IVPP V 11671.1，同一个体的左、右下颌支（左下颌支存 i1–p2 的齿根、破残的 p4–m3，右下颌支存 i1 的齿根、i2、c、p2、不完整的 p4–m2 和 m3）；新疆富蕴吃巴尔我义，下中新统索索泉组。

副模 IVPP V 11671.2–11，10 件完整程度不同的下颌支。

鉴别特征 个体中等（m1 长的均值为 2.51 mm），i2>c>p2，p2 和 p4 之间无齿隙；下颌支较粗壮，水平支在 p4–m1 下部较直，p4–m1 处下颌支高约 2.72 mm，颏孔在 p4 后齿根之下。

评注 建名人将除正模外的标本全都归入“归入标本”。鉴于这些标本都发现于同一地点和层位，而且建名人在测量中也包括了其中大部分标本的数值。这里把它们视作副模。

图 12 步林双猬 *Amphechinus bohlini*
左下颌支（IVPP V11671.1，正模）：颊侧视（引自毕顺东，2000）

中新猬属 Genus *Mioechinus* Butler, 1948

模式种 奥涅根猬 *Erinaceus oeningensis* Lydekker, 1886

鉴别特征 P4 后附尖翼区不发育，原尖位于次尖的正前方。M1 宽度大于长度，后

尖的后附尖嵴不及现生刺猬类的那样明显后掠，外缘向内凹入浅，有一嵴状的后小尖，次尖无后臂。

中国已知种 仅 *Mioechinus? gobiensis* 一种。

分布与时代（中国） 内蒙古，早中新世谢家期—晚中新世灞河期；甘肃，中中新世通古尔期。

评注 *Mioechinus* 最先发现分布于欧洲和土耳其的中中新世地层。McKenna 和 Bell（1997）把该属归入 *Hemiechinus*。我国指定为 *Mioechinus* 属的种比欧洲和中东地区的个体小很多，而且未有 i1 的发现（i1 不增大为这一属的重要特征之一），同时其牙齿形态与 *Amphechinus* 有许多相似之处。因此，我国发现的 *gobiensis* 种刺猬是否为 *Mioechinus* 属尚存疑，是否应归入 *Hemiechinus* 属或命名为一新的属也有待进一步的研究。

戈壁中新猬? *Mioechinus? gobiensis* Qiu, 1996

（图 13）

正模 IVPP V 10332，左 M1；内蒙古苏尼特左旗默尔根通古尔组第 II 层，中中新统。

副模 IVPP V 10333.1–90，90 枚脱落牙齿，与正模产自同一地点和层位。

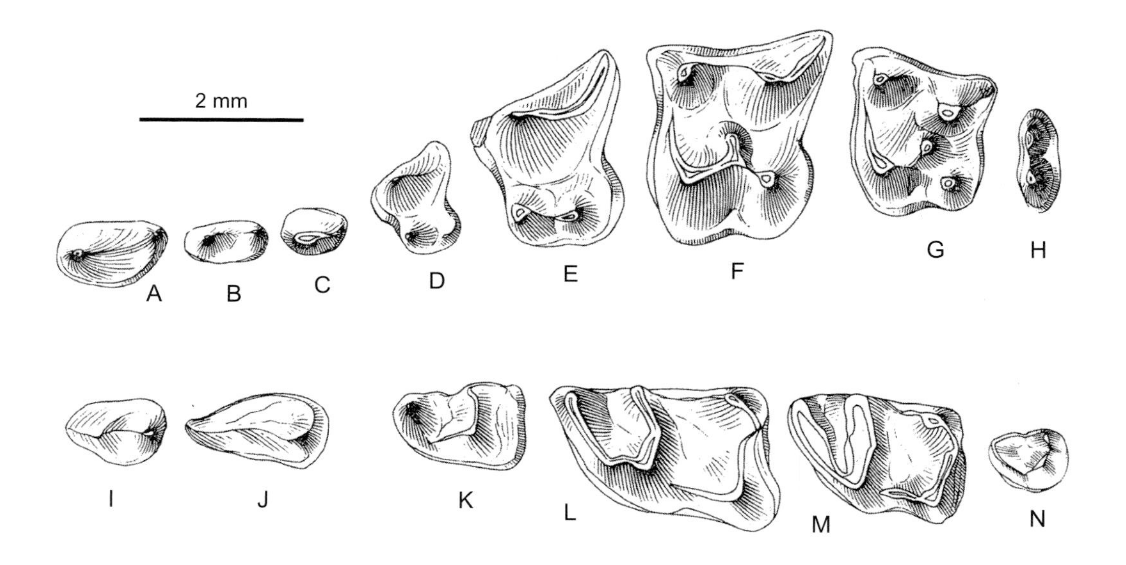

图 13 戈壁中新猬? *Mioechinus? gobiensis*

A. 左 I3 （IVPP V 10333.1），B. 左 C （IVPP V 10333.4），C. 右 P2 （IVPP V 10333.6，反转），D. 左 P3 （IVPP V 10333.8），E. P4 （IVPP V 10333.13），F. 左 M1 （IVPP V 10332，正模），G. 左 M2 （IVPP V 10333.22），H. 左 M3 （IVPP V 10333.36），I. 左 i2 （IVPP V 10333.53），J. 左 c （IVPP V 10333.58），K. 左 p4 （IVPP V 10333.64），L. 左 m1 （IVPP V 10333.70），M. 左 m2 （IVPP V 10333.74），N. 左 m3 （IVPP V 10333.79）：冠面视（均引自邱铸鼎，1996）

归入标本 IVPP V 10334.1–15，15 枚单个牙齿；产自内蒙古默尔根通古尔组第 V 层。IVPP V 12403.1–14，两件破碎的下颌支，12 枚单个牙齿；产自甘肃永登泉头沟。

鉴别特征 个体小。P3 和 P4 具有宽的次尖架；M1 和 M2 的后小尖显著并与原尖 - 次尖脊连接，次尖无后臂，偶见弱的前附尖棱，齿带发育；M3 不甚退化，具前尖，双齿根；m1 和 m2 中三角座和跟座的长度近等，有短的下内尖脊。

产地与层位 内蒙古苏尼特左旗默尔根、铁木钦，中中新统通古尔组；内蒙古苏尼特右旗推饶木、阿木乌苏，中中新统 — 上中新统；甘肃永登泉头沟，中中新统通古尔组。

评注 建名人没有指定除正模以外的模式标本，把发现于默尔根两个不同层位的 100 余枚牙齿都称为"归入标本"。在这些"归入标本"中，IVPP V 10333.1–90 与正模产自同一地点和层位，可认定为副模。产自更高层位的另外 15 枚牙齿和后来在甘肃永登泉头沟发现的 14 件标本一同作为归入标本处理。

刺猬属 Genus *Erinaceus* Linnaeus, 1758

模式种 欧洲刺猬 *Erinaceus europaeus* Linnaeus, 1758

鉴别特征 刺猬亚科中个体较大的一属。齿式：3•1•3•3/2•1•2•3。上门齿的 I1 增大，锥形；上犬齿齿根粗壮，常见双根；P2 具显著的主尖后棱；P3 外形似 P4，但无次尖；P4 前尖粗壮、比原尖甚至臼齿中的所有齿尖都高，次尖孤立、比原尖更向舌侧凸出；M1 和 M2 没有明显的原小尖，后小尖脊形，通常与原尖 - 次尖脊连接；M3 具分离的原尖、前尖及前颊侧齿带。下门齿、下犬齿和 p3 均为单齿根；i1 增大；c 前臼齿化，具显著的后跟；p3 比 p4 小很多；p4 具强大、孤立的下前尖和小的下后尖，后跟很弱；m1 和 m2 的三角座比跟座高，斜脊伸至下原尖后壁，下内尖脊极弱；m3 单齿根，常有颊侧齿带。

中国已知种 *Erinaceus koloshanensis*, *E. mongolicus*, *E. olgae*，共三化石种。

分布与时代（中国） 内蒙古，晚中新世保德期 — 上新世麻则沟期；甘肃，上新世高庄期；河北，晚上新世麻则沟期—早更新世泥河湾期；北京，中更新世周口店期；安徽，上新世；辽宁，更新世；重庆，早—中更新世。

评注 *Erinaceus* 为一仍生活于现代的猬属动物，分布于欧亚大陆和非洲，牙齿形态与 *Hemiechinus* 和 *Mesechinus* 属很相似。该属的化石最早记录于欧亚大陆的上上新统；在我国发现的化石零星，也欠缺较系统的比较研究，虽然命名了三种，但彼此区别特征的界限并不是很清楚，有待更进一步的发现和研究。另外，Teilhard de Chardin 和 Piveteau（1930，p. 120，fig. 35）记述了发现在河北阳原泥河湾刺猬的上、下各三件不完整颌骨，并定名为 *Erinaceus* cf. *dealbatus* Swinhoe, 1870。1942 年，Teilhard de Chardin（p. 18）又认为泥河湾标本为一新种（sp. nov.）。由于标本现存法国，无法核查研究。但

依 *E. dealbatus* 而论，Ellerman 和 Morrison-Scott（1951, p. 20）将该种归入 *E. europaeus dealbatus* Swinhoe 亚种，而王应祥（2003，2 页）则认为该种为东北刺猬的华北亚种（*E. amurensis dealbatus* Swinhoe，1870）。本志书在无法确定泥河湾标本的真实性质的情况下，只能记注于此，以待今后研究。

歌乐山刺猬 ***Erinaceus koloshanensis*** **Young et Liu, 1950**

（图 14）

Erinaceus koloshanensis：郑绍华、张联敏，1991，30页

正模 IVPP V 535，具 C–M2 和 i2–m3 的残破左上、下颌；重庆歌乐山，中更新统。

鉴别特征 颊齿的齿尖和齿脊通常没有现生种的粗钝。上犬齿呈粗壮的圆锥形，主尖的后脊很弱；P2 比 C 大；P3 非臼齿化；P4 的原尖和次尖弱小，前外角明显向前凸出，但无前附尖；M1 的后小尖显著，圆锥形，未与原尖 - 次尖脊连接；M2 的后小尖很小；M1 和 M2 的前尖与前附尖角间无连接的脊棱，舌侧有极弱的齿带。i2 大，近圆形，有明显的主尖；c 比 i2 稍大，两者形状相似；p4 的下前尖极弱，跟座向后外凸出；m1 和 m2 的下后边脊略呈弧形，无任何下内尖脊的痕迹。

产地与层位 重庆歌乐山，中更新统；重庆巫山龙骨坡，下更新统。

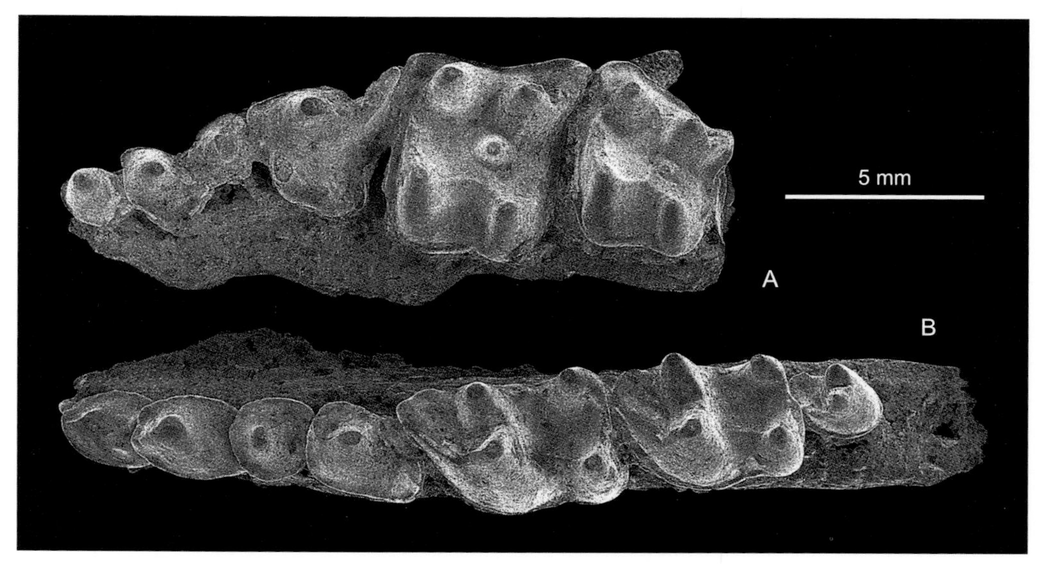

图 14 歌乐山刺猬 *Erinaceus koloshanensis*

A. 具 C–M2 破碎左上颌，B. 具 i2–m3 破碎左下颌支（IVPP V 535，正模）：冠面视

蒙古刺猬 ***Erinaceus mongolicus*** **Schlosser, 1924**

（图 15）

"*Erinaceus*" *mongolicus*：Fahlbusch et al., 1983, p. 209

Erinaceus mongolicus：Qiu et Storch, 2000, p. 182

正模 左 P4（保存在乌普萨拉大学演化博物馆，见 Schlosser, 1924b, pl. 1, fig. 4）；内蒙古化德二登图 1，上中新统。

归入标本 IVPP V 11896.1–6，一件无牙的上颌碎块，5 个单个的颊齿，采自内蒙古化德比例克。

鉴别特征 个体比现生种 *Erinaceus europaeus* 小。P4 的次尖明显，位置远离原尖；M1 四边形，前尖有弱棱与前附尖角连接，后尖有高棱与发育的后附尖相连，前尖和后尖间有一深的 V 形谷分开，齿带发育、仅在次尖和后附尖的基部中断，三齿根、舌侧根内侧有一垂直的深沟；M2 有大小近等的前附尖架和后附尖架，前附尖棱不发育，后附尖棱粗壮、但短，前脊强壮、但低，后脊弱，在原尖与次尖间的联结处有一小的后小尖，齿根和齿带如同 M1 者；p4 的下前尖高而锐利，下原尖稍高、后弯，下后尖明显小，后跟很短，颊侧齿带很发育；m3 无任何跟座的痕迹，下原尖与下后尖仅在尖端分开，颊侧齿带发育。

产地与层位 内蒙古化德二登图，上中新统；内蒙古化德比例克，下上新统。

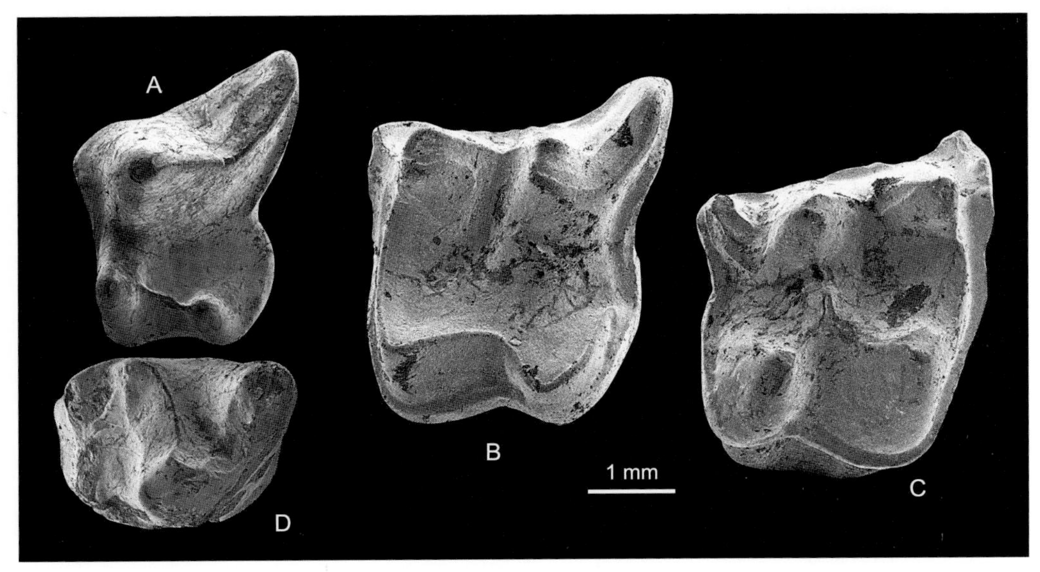

图 15 蒙古刺猬 *Erinaceus mongolicus*

A. 左 P4（模式标本，产自内蒙古化德二登图 1，未编号），B. 左 M1 （IVPP V 11986.1），C. 右 M2 （IVPP V 11896.2），D. 右 p4 （IVPP V 11896.3）：冠面视

评注 产自内蒙古二登图地点的正模只有一个P4。1980年中德古生物考察队在该地点又找到了8枚单个的牙齿，其中有一颗P4，和正模几乎一样。但这些材料没有详细研究，只是被简单地归到了"*Erinaceus*" *mongolicus*。2000年Qiu和Storch发表了在二登图东北比例克地点发现的一批材料。本种除P4外其他颊齿的描述全都基于这批牙齿。

韩氏刺猬 *Erinaceus olgae* Young, 1934

（图16）

Erinaceus sp.：Zdansky, 1928, p. 33

Erinaceus olgae：Young, 1934, p. 23; Jin et Kawamura, 1996c, p. 321

选模 IVPP C/C. 963，具I2、C、P2和P4–M3的破损右上颌骨；北京周口店第一地点，中更新统。

副选模 IVPP C/C. 962, 964–985：9件上颌，52件左、右下颌支及若干四肢骨，与正模一起采集。

鉴别特征 下颌水平支下缘平直。颊齿的齿尖和齿脊粗钝；I3三齿根，C具分开的

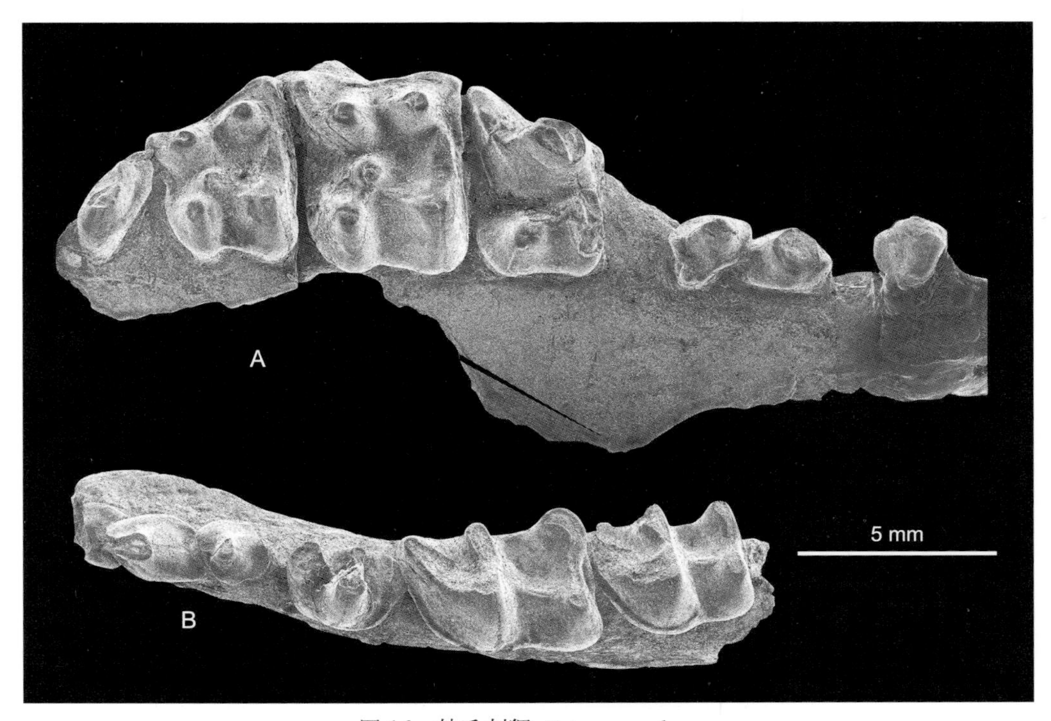

图16 韩氏刺猬 *Erinaceus olgae*

A. 破损右上颌骨，具I2、C、P2和P4–M3（IVPP C/C. 963，正模），B. 破碎左下颌支，具i2–m2（IVPP C/C. 967）：冠面视

双根，大小接近 P2；P2 三齿根；P4 具粗壮的原尖和次尖，其前外角不向前凸出；M1 和 M2 的前附尖棱缺失，后附尖棱高且与后附尖相连，具小的前附尖和较显著的后附尖，有显著而且与原尖 - 次尖嵴连接的后小尖；舌侧无齿带；M3 具明显的前齿带；p3 小，单根，内侧有弱的齿带；p4 的下前尖发育，有小的下内尖和如同现生种的后跟；m1 和 m2 无下内尖脊。

产地与层位 北京周口店第一地点，中更新统；辽宁营口金牛山，中更新统。

评注 建名人并没有指定任何模式标本。我们选定其中牙齿保存最好的一件上颌作为选模（lectotype），按《国际动物命名法规》荐则 74F 的要求，建名人建名时同时记述的产自同一地点和层位的所有其他材料被同时指定为副选模（paralectotype）。张森水等(1993)还记述了产自辽宁营口金牛山洞穴堆积中的一件韩氏刺猬的右下颌支（Y. K. M. M. 2，标本现存辽宁省营口市博物馆）。

短面猬亚科 Subfamily Brachyericinae Butler, 1948

短面猬亚科在猬科中形态很独特，其显著的特征是颧弓粗壮，颅基侧缘近平行，听泡大而鼓胀；牙齿数目高度退减，只有两个下门齿，两个上前臼齿，一个下前臼齿，没有第三臼齿；I1 和 i1 增大，P4 的次尖不小于原尖，m1 的三角座很长。

该亚科包括 4 个属，即亚洲渐新世 — 早中新世的 *Exallerix* 和 *Metexallerix*，北美中新世的 *Brachyerix* 和 *Metechinus*。我国只有发现于蒙 - 新高原地区的 *Metexallerix* 一属。

欧洲早中新世的 *Dimylechinus* 属与短面猬有某些形态相似之处，如牙齿的数目比毛猬和刺猬类的都少，也没有 M3 和 m3 等，使一些学者对是否也应该将其归入短面猬亚科有着不同的意见。但该属 P3 的原尖还很大，P4 的内半部分很窄，M2 的次尖也很大，p4 不是单尖而是有三角座，颏孔还在 p4 前端的下方等，表明它与短面猬的系统关系较远。

后短面猬属 Genus *Metexallerix* Qiu et Gu, 1988

模式种 皋兰山后短面猬 *Metexallerix gaolanshanensis* Qiu et Gu, 1988

鉴别特征 个体大。头骨上的鼻骨后端至颞嵴合并为单一顶嵴处的距离长，乳突和副枕突后伸至枕髁之后，间顶骨在两侧各有一插入顶骨和乳部之间的尖角，颧弓外侧面凹，听泡互相紧靠、不甚膨大，茎乳孔和后破裂孔有高嵴分开，枕面不很倾斜；下颌骨角突钩状，咬肌嵴高耸。齿式：3•1•2•2/2•1•1•2；上颊齿中 M1 比 P4 小；下颊齿中仅有一颗前臼齿，p4 和 m1 颊侧面上没有瘤状突起，下臼齿的三角座显著长，跟座窄于三角座，m2 稍偏离 m1 向近中方向错开。

中国已知种 *Metexallerix gaolanshanensis* 和 *M. junggarensis*，共两种。

分布与时代 甘肃，晚渐新世或早中新世；新疆，早中新世；内蒙古，早中新世。

评注 *Metexallerix* 为一灭绝属，目前只发现于我国。该属与 *Exallerix* 和 *Brachyerix* 属有较近的关系，更可能由前者演化而来。它与 *Exallerix* 属的不同是：个体较大，只有一个下前臼齿，p4 和 m1 颊侧面上没有瘤状突起；与 *Brachyerix* 和 *Metechinus* 两属的区别是：有钩状的下颌角，咬肌嵴特别高耸，M1 小于 P4，下臼齿三角座相对更长，m1 特别大；与 *Brachyerix* 相同而与 *Metechinus* 不同的是：鼻骨后端至颞嵴合并为单一顶嵴处的距离较长，乳突和副枕突向后伸至枕髁之后，间顶骨在两侧各有一插入顶骨和乳部之间的尖角，颧弓后端形成一锐两面角，其外侧面为一凹面，下臼齿跟座窄于三角座；与 *Brachyerix* 相近而不同于 *Metechinus* 的是：个体大，听泡不那么膨大、互相紧靠，茎乳孔和后破裂孔有一高耸的嵴分开，枕面不那么倾斜，m2 不那么明显地偏离 m1 而向近中方向错开。

除下述两种外，在内蒙古中部地区也发现了 *Metexallerix* 属的零星材料，但未作详细研究（Qiu et al., 2013）。

皋兰山后短面猬 *Metexallerix gaolanshanensis* Qiu et Gu, 1988

（图 17）

正模 LU LDV 860901，属于同一个体的头骨、下颌和前四个颈椎；甘肃兰州皋兰山，“五泉山系”（上渐新统或下中新统）。

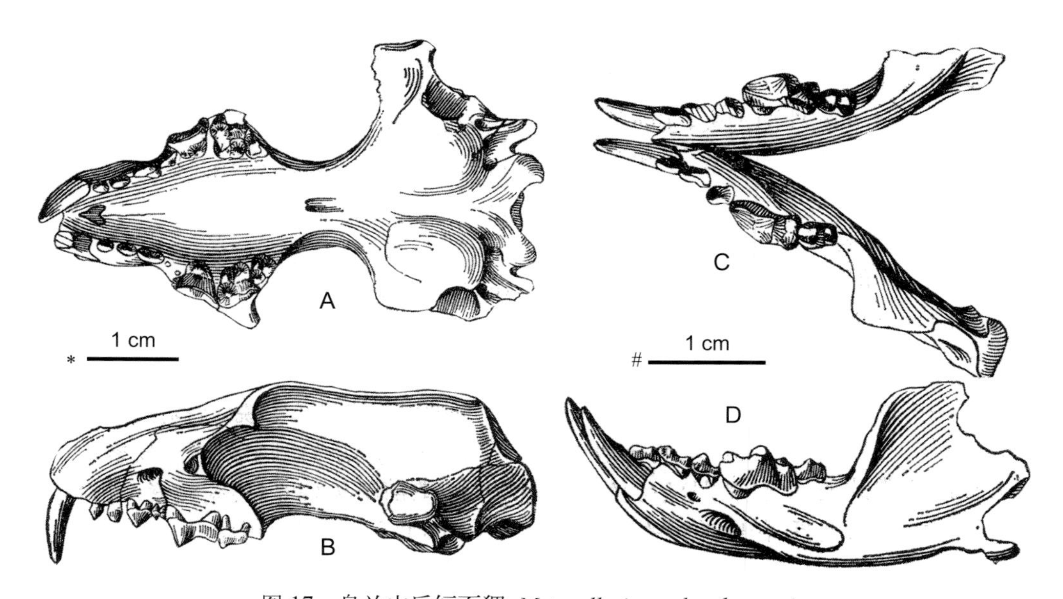

图 17 皋兰山后短面猬 *Metexallerix gaolanshanensis*

A, B. 头骨（兰州大学地质系脊椎动物化石编号 LU LDV 860901，正模），C, D. 下颌（LU LDV 860901）：A. 腹面视，B, D. 颊侧视，C. 冠面视；比例尺：* - A, B，# - C, D（均引自邱占祥、谷祖刚，1988）

鉴别特征 同属。

评注 化石发现于“五泉山系”中富含石膏的红色岩层，共生的小哺乳动物有塔塔鼠类和查干鼠类。化石层的地质年代还无法准确确定。

准噶尔后短面猬 *Metexallerix junggarensis* Bi, 1999

（图 18）

正模 IVPP V 11672.1，保存有部分右侧鼻骨、前颌骨、上颌骨及额骨、完整左齿列和右 I2–C 的破损头骨；新疆富蕴县吃巴尔我义，下中新统索索泉组 A 化石层。

副模 IVPP V 11672.2–16，3 件左、右上颌和 12 件左、右下颌支，与正模采自同一地点和层位。IVPP V 11673. 1–3，3 件左、右下颌支，产自同一地点索索泉组 B 化石层。

鉴别特征 与 *Metexallerix gaolanshanensis* 种相比：尺寸较小；P3 有弱的原尖；P4 和 M1 有前附尖；M1 大于 P4；M2、m2 分别相对于 M1、m1 较大；M2 有后附尖；m1 相对较宽；下臼齿的跟座相对于三角座较长；下颌咬肌嵴相对较弱。

评注 建名人没有指定除正模以外的模式系列标本。建名人在文中明确指出，产自

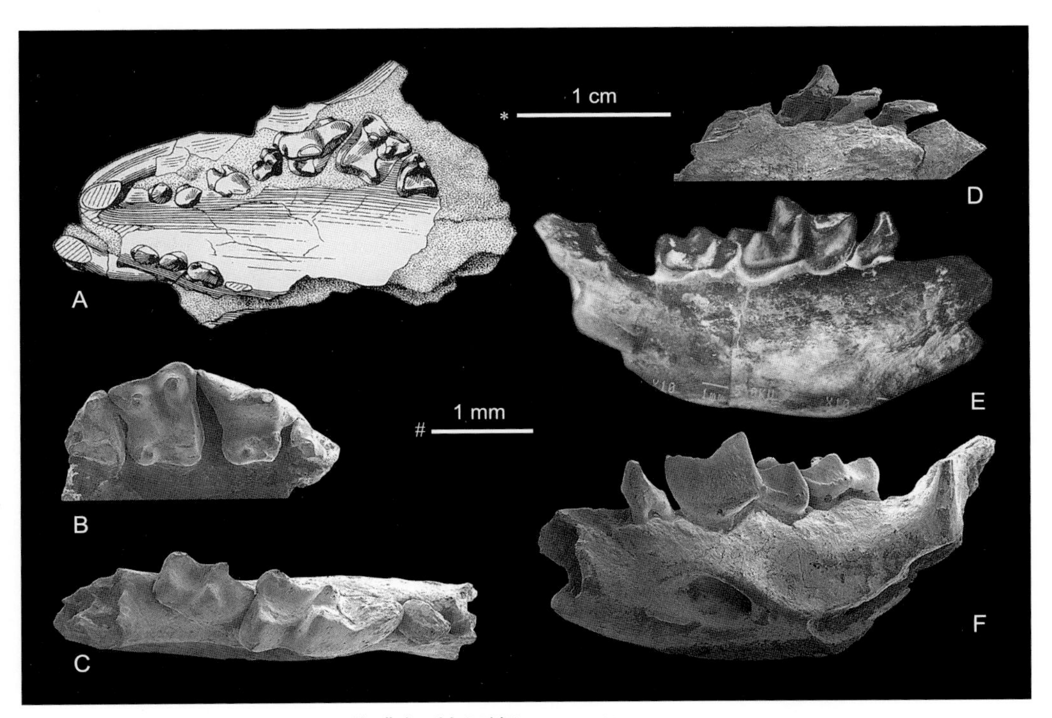

图 18 准噶尔后短面猬 *Metexallerix junggarensis*

A. 头骨（IVPP V 11672.1，正模），B. 破碎右上颌骨，带 P3–M2（IVPP V 11672.4，副模），C. 破碎右下颌支，带 p4–m2（IVPP V 11672.7，副模），D. 破碎左下颌支，带 i1–p4（IVPP V 11673.2，副模），E, F. 左下颌支，带 p4–m2（IVPP V 11673.3，副模）：A. 腹面视，B, C. 冠面视，D, F. 颊侧视，E. 舌侧视；比例尺：* - A，# - B–F（A, E 引自毕顺东，1999）

A 和 B 层的标本，“在尺寸和形态上没有明显的差异，可将其视为同一种”。因此，我们将它们全部视为副模。

亚科不确定 Incertae subfamiliae

山东猬属 Genus *Luchenus* Tong et Wang, 2006

模式种 似猬山东猬 *Luchenus erinaceanus* Tong et Wang, 2006

鉴别特征 齿式：3?•1•4•3/3•1•4•3。i1 齿根略大于 i2 和 i3 者，下犬齿退化，p1 单齿根；p2 和 p3 双齿根，具雏形的下前尖和后跟；p4 在形态和大小上与 p3 明显不同；p4 下前尖和下后尖不大，跟座短宽，后侧棱舌端常有小突起；下臼齿尺寸由前向后迅速递减，m1 和 m2 下次小尖虽小，但相当清楚，位于牙齿中线的舌侧；m3 下次小尖大，与下内尖孪生。P2 小，双齿根；P3 冠面呈三角形，三根，有雏形的次尖，P4 是最大的上颊齿，后附尖棱明显，次尖发育；M1 稍大于 M2，M1 和 M2 小尖清楚，次尖发育。

中国已知种 仅模式种。

分布与时代 山东，早始新世岭茶期。

似猬山东猬 *Luchenus erinaceanus* Tong et Wang, 2006

（图 19）

Erinaceidae new genus and species：Tong et Wang, 1998, p. 189

正模 IVPP V 10709，具 i1–m3 右下颌支；山东昌乐五图，下始新统五图组。

副模 IVPP V 10709.1，属于同一个体的左上颌和右下颌支，IVPP V 10709.2，右下

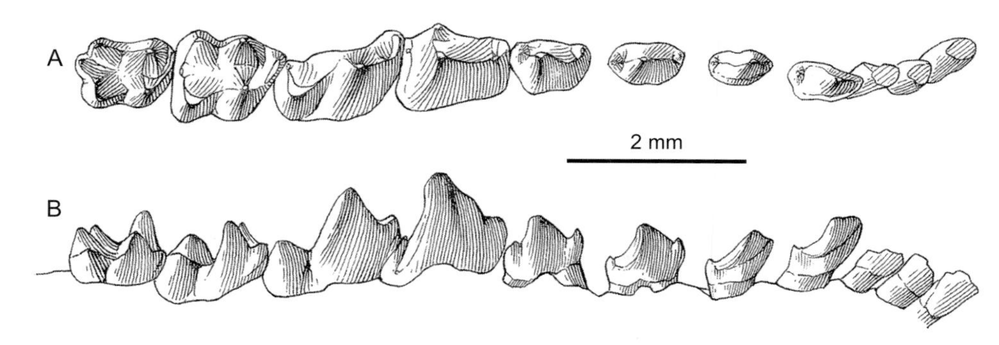

图 19 似猬山东猬 *Luchenus erinaceanus*

右下颊齿列（IVPP V 10709，正模）：A. 冠面视，B. 颊侧视（引自童永生、王景文，2006）

颌支；以上两件标本与正模产自同一地点。IVPP V 10710，右下颌支，产自西上疃煤矿。

鉴别特征 同属。

评注 建名人将除正模外的所有标本都称为归入标本，但显然把它们都看作模式系列标本，将其测量和照相。这里将它们全都归入副模。山东猬与化石半猴猬科不同，与现生 *Echinosorex*、*Podogymnura* 和 *Hylomys* 属相似，可归入猬科，但与这些现生属亲缘关系尚待探讨。

半猴猬科？ Family Amphilemuridae? Heller, 1935

模式属 半猴猬 *Amphilemur* Heller, 1935

定义与分类 在 20 世纪 80 年代以前，与猬科最接近的古近纪猬形动物常被归入 Adapisoricidae 科。Adapisoricidae 是 Schlosser 于 1887 年建立的，仅包括欧洲古新世的 *Adapisorex* 和 *Adapisoriculus*。后来，先后又有 15 个属归入这一科。Russell 等（1975）首先将 Adapisoricidae 分成两个亚科：Adapisoricinae（仅包括 *Adapisorex* 属）和 Dormaaliinae（包括原来归入 Adapisoricidae 的其他属）。后者原为 Quinet 于 1964 年建立的一个科，但 Russell 等（1975）将其降为亚科，归入 Adapisoricidae。在发现科型属 *Adapisorex* 是一种原始猬科的成员（Krishtalka, 1976a, 1977）之后，Adapisoricidae 仅限于科型属 *Adapisorex* 和 *Neomatronella* 两属，并恢复使用 Dormaaliidae 一词作为这一类原始猬形类的科名（Bown et Schankler, 1982; Novacek et al., 1985）。Storch（1996）研究了德国 Messel 地点的猬形动物 *Macrocranion* 和 *Pholidocercus* 后，认为原归入 Dormaaliidae 科和归入 *Amphilemuridae* 科的猬形动物可能密切相关，因而认为 Dormaaliidae 是半猴猬科（Amphilemuridae）的同义名。另外，*Dormaalius* 属也有可能是 *Macrocranion* 属的同义名（Smith et Smith, 1995; Smith et al., 2002）。所以，这里采用 Amphilemuridae 这一科名。

Novacek等（1985）将*Dormaalius*、*Macrocranion*、*Scenopagus*、*Ankylodon*、*Cryopholestes*、*Sespedectes*和*Proterixoides*归入Dormaaliidae，并将*Amphilemur*、*Gesneropithex*、*Alsaticopithecus*和*Pholidocercus*归入Amphilemuridae。近年美国学者（McKenna et Bell, 1997; Gunnell et al., 2008b）将北美古近纪的早期猬形动物*Scenopagus*、*Ankylodon*、*Crypholestes*、*Sespedectes*、*Proterixoides*和*Patriolestes*归入Novacek等（1985）创建的Sespedectinae亚科，并且将其提升为科级分类单元。这样，Amphilemuridae科只有欧洲古近纪的一些属。亚洲尚未发现确定的半猴科标本，仅在山东五图早始新世地层见到疑似半猴科的标本。

鉴别特征 齿式完全。下门齿小，抹刀状；下犬齿小，常前臼齿化或门齿化；p4 之前的下前臼齿通常退化、匍匐，紧密排列；p2 单齿根，p3 小，p4 跟座很短；下臼齿往后变小，三角座比较倾斜，有些前后收缩，下前脊大致横向；上臼齿有时有中附尖，外架窄。

中国已知属　*Hylomysoides* 和 *Qilulestes*，共两属。

分布与时代　欧洲和亚洲，始新世和渐新世。

类毛猬亚科 Subfamily Hylomysoidinae Tong et Wang, 2006

山东五图组中发现的两个属（*Hylomysoides*和*Qilulestes*），与欧洲归入Amphilemuridae或 Dormaaliidae 的及北美归入Sespedictidae的属在形态上有较大的区别，所以自立一亚科。其特征如下：下颊齿齿式完全，3•1•4•3。下门齿不匍匐，大小相近，齿冠呈抹刀状；下犬齿门齿化或前臼齿化；前面两个下前臼齿不匍匐，p1为单根齿，p2为双根齿；p3下前尖不发育，后跟大；p4下原尖直立、高、瘦，颊侧基部收缩，下后尖很弱，跟座窄长，跟凹封闭；3颗下臼齿齿长相近，齿尖较锐，三角座前后不大收缩，下原尖颊壁陡直，下前尖几呈锥状，下次小尖明显。

类毛猬属 Genus *Hylomysoides* Tong et Wang, 2006

模式种　齐地类毛猬 *Hylomysoides qiensis* Tong et Wang, 2006

鉴别特征　小型猬形动物（m1 长 1.3 mm），下犬齿门齿化。前面的下前臼齿简单，不匍匐；p2 具双齿根，p3 下原尖较低，具有或隐或现的下前尖，后跟大；p4 前臼齿化，下原尖高瘦、直立，下后尖不大发育，跟座延长，具椭圆形的跟凹；三颗下臼齿的长度相近，齿尖相对尖锐，三角座高、直、前后向不甚收缩，下前尖有些颊位，斜脊指向三角座后壁的中部，下内尖棱前伸到下后尖，封闭跟凹；m3 下次小尖增大，居中。

中国已知种　仅模式种。

分布与时代　山东，早始新世岭茶期。

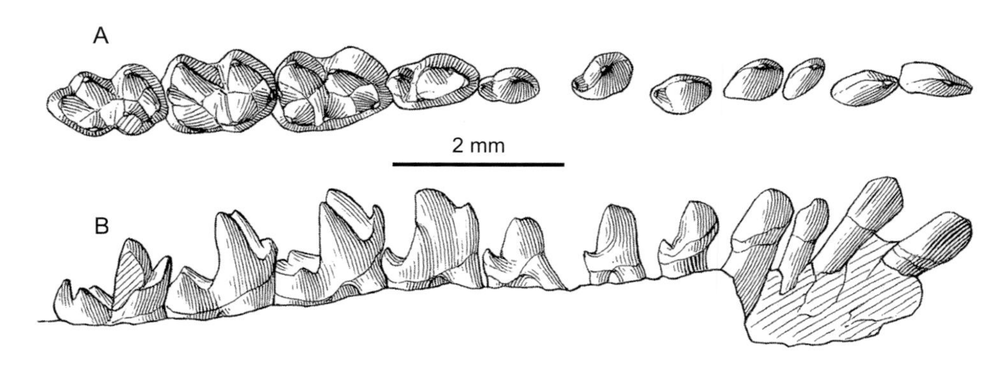

图 20　齐地类毛猬 *Hylomysoides qiensis*
左下颊齿列（IVPP V 10711，正模）：A. 冠面视，B. 舌侧视（引自童永生、王景文，2006）

齐地类毛猬 *Hylomysoides qiensis* Tong et Wang, 2006

（图 20）

正模 IVPP V 10711，左、右下颌支（左下颌支存 i1–m3，右下颌支存 i3–m3 和 i1 齿根）；山东昌乐五图，下始新统五图组。

鉴别特征 同属。

齐鲁猬属 Genus *Qilulestes* Tong et Wang, 2006

模式种 席氏齐鲁猬 *Qilulestes schieboutae* Tong et Wang, 2006

鉴别特征 小型猬形动物（m1 长 1.15 mm）。下犬齿前臼齿化；p1 单根，p2 双根，p3 齿冠较高，p4 下原尖高瘦，下前尖发育；下臼齿三角座有些向前倾斜，下前尖舌位，斜脊伸向下后尖，跟座相对窄长，跟凹不完全封闭。

中国已知种 仅模式种。

分布与时代 山东，早始新世岭茶期。

席氏齐鲁猬 *Qilulestes schieboutae* Tong et Wang, 2006

（图 21）

正模 IVPP V 10712，带 c–p1 和 p3–m2 以及 p2 的齿槽和 i2–i3 部分齿槽的右下颌支；山东昌乐五图，下始新统五图组。

鉴别特征 同属。

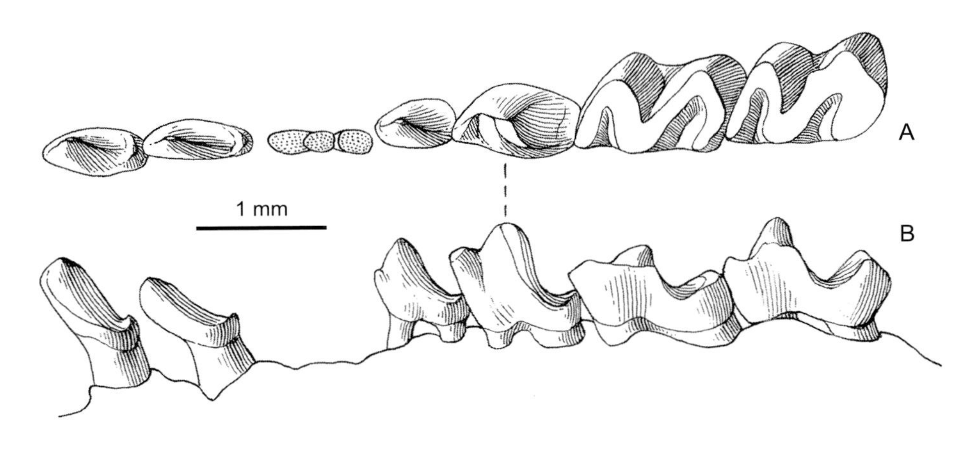

图 21 席氏齐鲁猬 *Qilulestes schieboutae*

下颊齿列（IVPP V 10712，正模）：A. 冠面视，B. 舌侧视（引自童永生、王景文，2006）

鼩形亚目 Suborder SORICOMORPHA Gregory, 1910

概述 Gregory（1910）在建立鼩形亚目时仅包括 Soricidae 和 Talpidae 两个科。后来，Butler（1956）和 McDowell（1958）又将 *Solenodon*（沟齿鼩属）和非洲的 Tenrecidae、Chrysochloridae 科归入这一亚目，但 McDowell（1958）将 Talpidae 移出本亚目。Butler（1972）将一些化石类群，如 Nyctitheriidae（夜鼩科）、Geolabididae（地钳鼩科）、Plesiosoricidae（近鼩科）和 Micropternodontidae（小跟鼩科）等归入鼩形亚目，并怀疑 Apternodontidae（无跟鼩科）也可归入鼩形亚目，但把 Tenrecidae 和 Chrysochloridae 移出另立亚目。其后，又把 Tenrecidae 移入鼩形亚目（Butler, 1988）。Schmidt-Kittler（1973）将 Dimylidae，McKenna 等（1984）将古鼫属（*Palaeoryctes*）和 Micropternodontidae 科并入鼩形亚目。至此，鼩形亚目科级的组成基本定型。在 McKenna 和 Bell（1997）的分类中，将 Soricomorpha 提升为目级分类单元，并将鼹超科移出，将 Apternodontidae 科归入，将 Tenrecidae 和 Chrysochloridae 科另成一目。

定义与分类 鼩形动物具有广泛的适应性，大多为掘地穴居，也有适于半水生生活的。其形态特征是：眼眶小，眶下管（infraorbital canal）较短，颧弓缺失（但在早期种类中仍存在），翼蝶骨的外翼突部分可能完全消失，翼蝶管（alisphenoid canal）长，下颌髁突扩大。齿式变化较大，门齿很发育且特化，常具增大的镰刀状第一上门齿。前臼齿退化，臼齿趋于双褶齿类型（dilambdodonty）或趋于原始的重褶齿类型（primitive zalambdodonty），齿尖比较尖锐，上臼齿次尖常不发育，前尖和后尖形态分两种类型，一种是孪生，一种分得很开，都有锐棱延伸到附尖，中附尖在后期种类中常存在，下臼齿为丘-棱脊型，三角座高，而跟座退化。

归入本亚目的有鼩鼱科（Soricidae Fischer von Waldheim, 1817）、鼹科（Talpidae Fischer von Waldheim, 1817）、岛鼩科（Nesophontidae Anthony, 1916）、近鼩科（Plesiosoricidae Winge, 1917）、夜鼩科（Nyctitheriidae Simpson, 1928）、地钳鼩科（Geolabididae McKenna, 1960）、小跟鼩科（Micropternodontidae Stirton et Rensberger, 1964）、昌乐鼩科（Changlelestidae Tong et Wang, 1993）等。但McDowell（1958）和Asher 等（2003）的研究认为无跟鼩类与其他确定的食虫类之间存在重要的区别，因此暂不归入鼩形亚目或猬形亚目。

夜鼩科 Family Nyctitheriidae Simpson, 1928

模式属 夜鼩 *Nyctitherium* Marsh, 1872

定义与分类 夜鼩科是一类灭绝的鼩形动物，目前在北美、欧洲和亚洲的古近纪地层都有记录。在初期的研究报告中，常将这个科的科型属 *Nyctitherium* 归入翼手类，直到 20 世纪 30 年代研究者才达成共识，将其归入食虫类。至今，该科已发现了 20 个属。Sigé（1976）在研究欧洲始新世晚期和渐新世早期的夜鼩时，将夜鼩科分为两个亚科：Nyctitheriinae 和 Amphidozotheriinae。这两个亚科的区别不大，仅下门齿和后面颊齿的形态有细微差异。两亚科的牙齿特征如下：Nyctitheriinae 的个体小或极小，具真兽类通常的完全齿式；下门齿向前方倾斜，具锯齿状齿冠，不明显增大；下犬齿和 p1 向前倾斜，单根；p3 常较短，较低；P3 三齿根，形态变异相当大；p4 和 P4 臼齿化；下臼齿三角座比跟座高；下前尖变异很大，斜脊常伸至三角座后壁，后外侧齿带消失，下次小尖适度发育，在 m3 上形成后叶；M1 和 M2 外侧齿尖圆锥状，有时呈轻微双褶齿化(dilambdodonty)；原小尖稳定，一般无原小尖脊，后小尖常存在，具后小尖脊，前齿带退化，跟座延长，次尖清楚。Amphidozotheriinae 是一类小型夜鼩类，具真兽类通常的完全齿式，下门齿向前倾斜，形态分化，有的呈齿状（dentelées）齿冠（i1），有的呈锯齿状齿冠（i2），还有的呈前臼齿化（i3），但没有一个特别发育的门齿；下犬齿前臼齿化，比其他的单根齿稍大；下前臼齿单根齿，有些退化，特别是 p3；p4 和 P4 基本臼齿化；除了 m3 明显退化外，臼齿如 nyctitheriines 者。上臼齿（除 M3 外）具有发育的后附尖棱，向后外方突出，形成翼状，有些趋于双褶齿，前齿带缺失，小尖具棱脊，跟座向后内方扩张，次尖弱或不明显。这一分类主要建立在欧洲材料基础上，北美和后来在亚洲发现的归入夜鼩科的各个属很难准确地归入上述的亚科。

Lopatin (2006) 将夜鼩科分为5个亚科：Nyctitheriinae Simpson, 1928, Amphidozotheriinae Sigé, 1976, Asionyctinae Missiaen et Smith, 2005, Eosoricodontinae Lopatin, 2005和Praolestinae Lopatin, 2006。其中，Asionyctinae、Praolestinae和Eosoricodontinae只记录于亚洲。我国目前发现Nyctitheriinae、Praolestinae和Asionyctinae三个亚科。山东下始新统发现的鼹鼩亚科（Talpilestinae）或许可归入夜鼩科，但形态比较特殊。

鉴别特征 夜鼩类与其他鼩形动物一样，眶下管比较短，可与猬形动物相区别。齿式完全：3•1•4•3/3•1•4•3（但有人认为北美古新世的 *Leptacodon tener* 可能有 5 个上前臼齿）。P4 半臼齿化，前尖高大，而后尖较小，萌芽于前尖后棱，无明显的后附尖棱，原尖前后棱相当发育。上臼齿为双褶齿类型，具高的前尖、后尖和原尖，原小尖和后小尖明显，原尖前、后棱发育，次尖架大，有小的次尖，外架宽，常具前齿带。下门齿呈多叶状（multilobed），i1 增大；下犬齿小，前臼齿化；p1 单根，p2 和 p3 小，简单；p4 大，半臼齿化，常具下前尖，但低小；下臼齿有些向舌侧倾斜，主要的齿尖比较锐利，下前尖较高、尖利，下后尖和下原尖大小相近、跟座较宽，下次小尖较明显、较靠近下内尖。

中国已知属 *Yuanqulestes*、*Asionyctia* 和 *Bayanulanius*，或许 *Talpilestes* 可归入本科。

分布与时代 欧洲、北美和亚洲，古新世和始新世。

评注 亚洲的夜鼩类除个别种类外，p4 相当简单，很可能代表一支与北美和欧洲的夜鼩类平行发展的鼩形动物。目前亚洲材料不完整，这为亚洲的夜鼩类分类位置和系统关系的探讨留下了很大的空间。尤其是山东五图发现的 *Talpilestes*，与已知的夜鼩类有较大差异，如上、下犬齿强大，P3 和 p3 不退化、比 P2 和 p2 大，P3 有后尖的雏形等，将其归入夜鼩科是否合适有待于再研究。

夜鼩亚科 Subfamily Nyctitheriinae Simpson, 1928

Van Valen（1967）首次使用夜鼩亚科一名，只包括 *Nyctitherium* 属和现归入小跟鼩科的 *Clinopternodus* Clark, 1937，并将 *Nyctitherium* 属归入 Adapisoricidae 科，与传统的夜鼩类概念相差甚远。这里的夜鼩亚科相当于传统意义上的夜鼩科（Simpson, 1945），但排除了 Sigé（1976）归入 Amphidozotheriinae 的几个属，与 McKenna 和 Bell（1997）的夜鼩亚科含义相当。夜鼩亚科以北美始新世早、中期出现的夜鼩属（*Nyctitherium* Marsh, 1872）为模式，包括 *Leptacodon* Matthew et Granger, 1921，*Remiculus* Russell, 1964，*Pontifactor* West, 1984，*Saturninia* Stehlin, 1940，*Scraeva* Cray, 1973，*Euronyctia* Sigé, 1997 和 *Yuanqulestes* Tong, 1997 七个属。其主要特征是：p2 双根；p4 次臼齿化，下前尖不退化，下后尖发育，跟座呈盆状、有三个小尖；m1 和 m2 大小相近，m3 常略大；下臼齿下次小尖几乎居中，m3 跟座延长；P4 次臼齿化；M1 和 M2 适度横宽，次尖架较大，前、后附尖区比较发育，后缘凹。

虽然夜鼩亚科化石在北美和欧洲始新世地层常有发现，但在亚洲仅发现于山西垣曲盆地中始新统河堤组。

垣曲鼩属 Genus *Yuanqulestes* Tong, 1997

模式种 邱氏垣曲鼩 *Yuanqulestes qiui* Tong, 1997

鉴别特征 下臼齿三角座强烈地向前倾斜，颊侧齿冠高，下前尖低、侧扁、向前突出，下后尖比下原尖低小，三角凹开阔，向舌侧开放，跟座比三角座短、宽，下内尖比下次尖小，下次小尖居中，下内尖脊完全，斜脊微弱，后外侧齿带弱或缺失。p4 臼齿化，下前尖几乎与下后尖等高，下后尖在下原尖后内方，下内尖无。

中国已知种 仅模式种。

分布与时代 山西，中始新世。

邱氏垣曲鼩 *Yuanqulestes qiui* Tong, 1997

（图 22）

正模 IVPP V 10182，左 m1 或 m2；山西垣曲寨里，中始新统河堤组上部。

副模 IVPP V 10182.1–8，8 颗单个的下颊齿，与正模采自同一地点和层位。

鉴别特征 同属。

评注 建名人指定了正模，但对其他标本没有指定。这里指定为副模。该种的材料仅有几颗形似 *Saturninia* 的牙齿，其性质的确定还有待新材料的补充。由于这一原因，最初垣曲种只是归入夜鼩科，没有归入任何亚科。Lopatin（2006）根据 p4 和下臼齿形态，将其归入夜鼩亚科。与其他的夜鼩亚科成员比较，垣曲种下臼齿跟座前后收缩亦相当特殊。

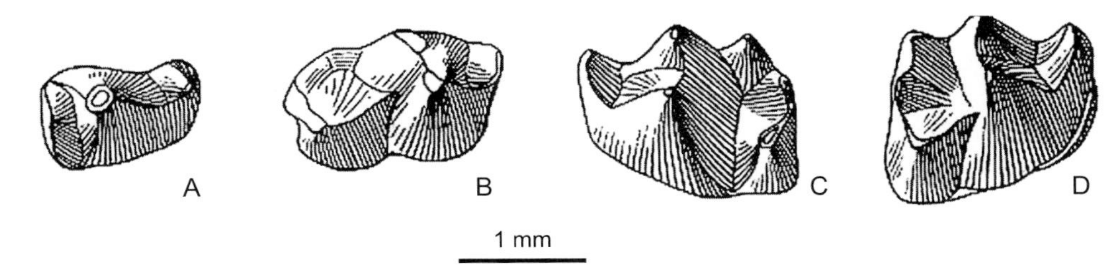

图 22 邱氏垣曲鼩 *Yuanqulestes qiui*

A. 右 p3 （IVPP V 10182.7），B. 右 p4 （IVPP V 10182.3），C. 左 m1/2（IVPP V 10182，正模），D. 右 m1/2（IVPP V 10182.1）：冠面视（均引自童永生，1997）

喜鼩亚科 Subfamily Praolestinae Lopatin, 2006

喜鼩亚科包括 *Praolestes* Matthew, Granger et Simpson, 1929 和 *Bumbanius* Russell et Dashzeveg, 1986 两属。该亚科与其他夜鼩类的不同在于其 p4 跟座简单，下臼齿具圆柱状的三角座，上臼齿横宽。根据 Lopatin（2006）研究，喜鼩亚科是一类 p4 半臼齿化夜鼩，下前尖小，下原尖强，下后尖中等发育，跟座简单，仅有一横向后缘脊；p2 和 p3 双齿根；m1=m2 ≤ m3；m1–3 三角座圆柱状，前后收缩，下原尖和下后尖高、孪生，下前尖小、与下后尖愈合，下次小尖居中；m3 跟座强烈地延长；M1 和 M2 横宽，齿冠后缘直，附尖叶（stylar lobes）小，次尖架窄。

喜鼩亚科分布于蒙古高原，我国仅见 *Bumbanius* 属。

伯姆巴鼩属 Genus *Bumbanius* Russell et Dashzeveg, 1986

模式种 稀少伯姆巴鼩 *Bumbanius rarus* Russell et Dashzeveg, 1986

鉴别特征　M1和M2相对较长，稍宽，外架相对较大，次尖架相对发育；p3无下后尖，p4较大，下前尖低，斜脊存在；m1–3三角座不如*Praolestes*属的高，m3和m2等长，m3下次小尖明显，但未形成后叶。

中国已知种　仅*Bumbanius ningi*一种。

分布与时代　内蒙古，古新世晚期。

宁氏伯姆巴鼩 *Bumbanius ningi* Missian et Smith, 2008

（图23）

正模　IMM 2004-SB-034，右？M1；内蒙古二连苏崩，上古新统脑木根组上部。

副模　IMM 2004-SB-035–050，16枚单个的上、下颊齿，与正模采自同一地点和层位。

鉴别特征　大小与模式种相近的喜鼩类，与其不同在于下臼齿三角座较高，m3下次小尖较显著，上臼齿更横宽。与喜鼩属（*Praolestes*）区别在于p4下前尖低，上臼齿不大横向扩张，并具有明显的小尖和小尖脊。不同于所有的其他喜鼩类在于前面的上臼齿次尖架较大。

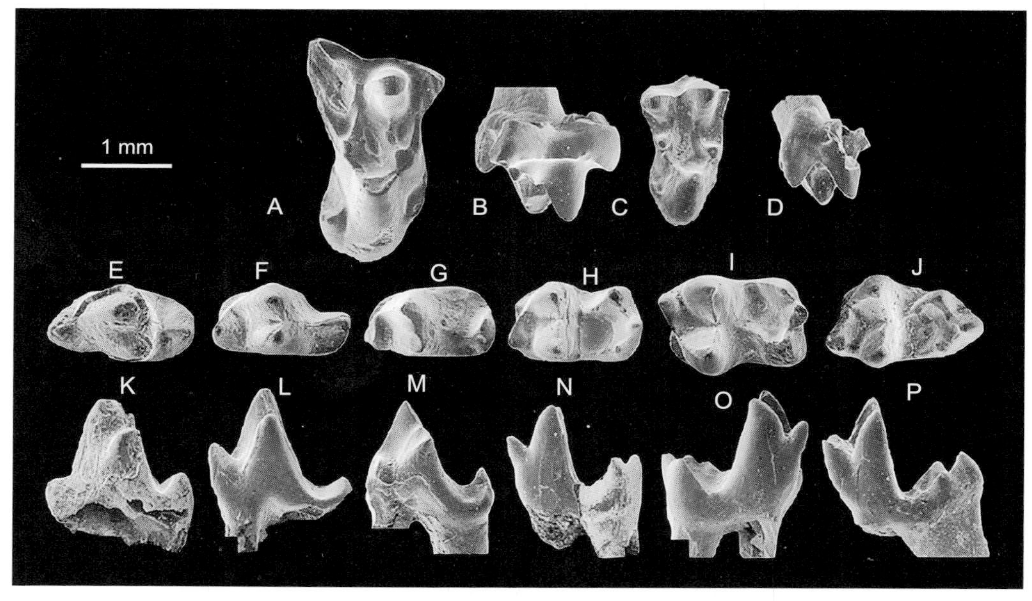

图23　宁氏伯姆巴鼩 *Bumbanius ningi*

A, B. 右M1?（IMM 2004-SB-034），C, D. 右M3（IMM 2004-SB-036），E, K. 右p4（IMM 2004-SB-037），F, L. 右p4（IMM 2004-SB-038），G, M. 右p4（IMM 2001-SB-042），H, N. 右m1（IMM 2004-SB-039），I, O. 左m2（IMM 2001-SB-043），J, P. 右m3（IMM 2001-SB-044）：除A和B为正模外，其余全为副模；A, C, E–J. 冠面视，B, D, K–P. 侧面视（均引自 Missiaen et Smith, 2008）

亚洲夜蝠亚科 Subfamily Asionyctinae Missiaen et Smith, 2005

Asionyctia 属是 Missiaen 和 Smith 于 2005 年根据产自内蒙古二连盆地苏崩的化石材料建立的，归入夜蝠类。但其 p4 下前尖小，下后尖也很退化，跟座简单，不成盆状，仅有纵向的跟脊和一个大的后跟尖，与典型夜蝠类的 p4 有明显的差别，于是指定为一新的亚科——亚洲夜蝠亚科。Lopatin（2006）将发现于哈萨克斯坦、蒙古上古新统和下始新统上部的 *Bayanulanius* Meng et al., 1998，*Voltaia* Nessov, 1987，*Jarveia* Nessov, 1987，*Oedolius* Russell et Dashzeveg, 1986 和 *Edzenius* Lopatin, 2006 等属也归入这一亚科。该亚科的特征如下：p2 和 p3 双根；p4 前臼齿化；m1 ≈ m2 ≤ m3；m3 跟座窄长，下次小尖大；P4 无后尖；M1 和 M2 横宽，后缘直，附尖区大，次尖架窄等。

这个亚科在我国已知两个属：*Asionyctia* Missiaen et Smith, 2005 和 *Bayanulanius* Meng, Zhai et Wyss, 1998。分布在内蒙古，时代为古新世晚期。

亚洲夜蝠属 Genus *Asionyctia* Missiaen et Smith, 2005

模式种 郭氏亚洲夜蝠 *Asionyctia guoi* Missiaen et Smith, 2005

鉴别特征 p1 可能缺失；p3 简单，但具有后跟；p4 比 p3 大得多，与 m1 相近，下前尖很发育，无下后尖，跟座只有一个后跟尖和连接下原尖基部的跟脊；m1–2 下前尖呈脊状，下次尖和下内尖几乎等高，下次小尖小，具下内尖脊，斜脊伸向下原尖基部，下次凹浅；m2 和 m3 三角座略前后收缩，m3 跟座延长，但较窄；P4 无后尖，原尖和后齿带不大，无小尖和次尖，前附尖小；上臼齿中央棱直，原尖不像 *Bayanulanius tenius* 那样前后收缩，次尖小，前、后小尖等大，小尖脊清楚；M3 相对延长，前附尖发育。

中国已知种 仅模式种。

分布与时代 内蒙古，古新世晚期。

评注 亚洲夜蝠属不同于其他的亚洲夜蝠亚科成员在于 p4 下前尖位置较高。不同于 *Oedolius*、*Voltaia* 和 *Bayanulanius* 在于斜脊与三角座后壁接触点位置较低，下次褶（hypoflexid）浅。与 *Oedolius* 不同在于下臼齿的下前尖不大退化和具有下内尖脊；与 *Voltaia* 不同在于 p4 跟座只有一个后跟尖。*Bayanulanius* 上臼齿原尖前后收缩，也与亚洲夜蝠不同。

郭氏亚洲夜蝠 *Asionyctia guoi* Missiaen et Smith, 2005

（图 24）

正模 IMM 2004-SB-1，左下颌支，存有 p4–m1 和 p2、p3 齿槽；内蒙古二连苏崩，

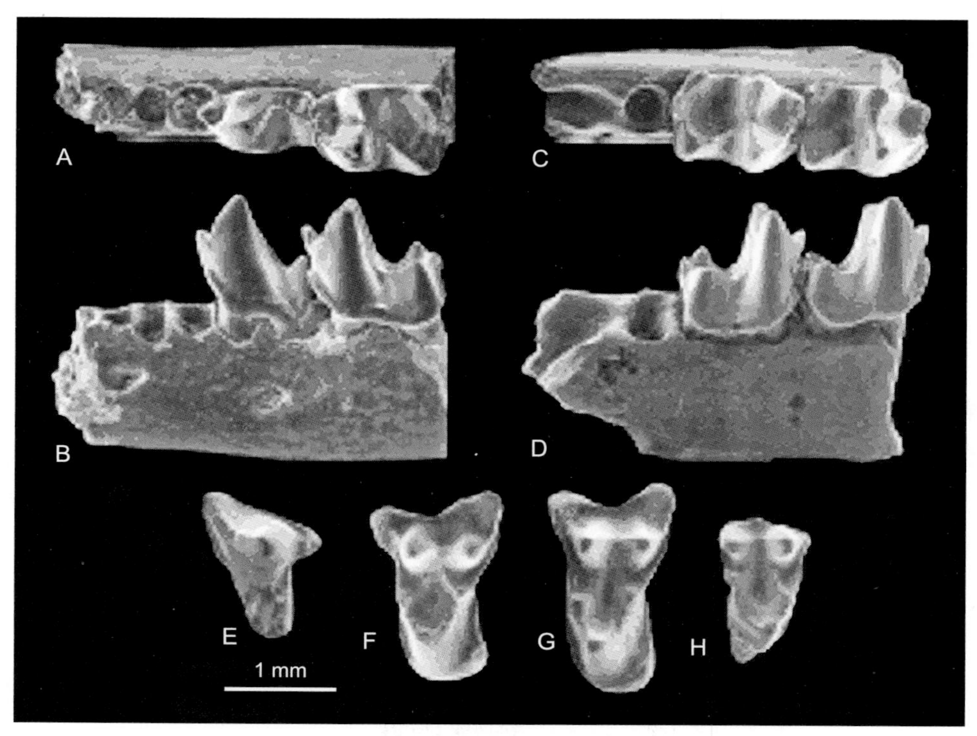

图 24　郭氏亚洲夜鼩 *Asionyctia guoi*

A, B. 左下颌支存 p4–m1 和 p2–3 齿槽（IMM 2004-SB-1），C, D. 右下颌支存 m1、m2 和 m3 齿槽（IMM 2001-SB-10），E. 右 P4（IMM 2004-SB-3），F. 左 M1（IMM 2001-SB-12），G. 左 M2（IMM 2001-SB-13），H. 不完整的右 M3（IMM 2001-SB-14）：除 A 和 B 为正模外，其余皆为副模；除 B, D 外均为冠面视（均引自 Missiaen et Smith, 2005）

上古新统脑木根组上部。

副模　IMM 2004-SB-2, 3, 9–15，3 个残破的下颌支和 6 颗单个的颊齿，与正模采自同一地点和层位。

鉴别特征　同属。

评注　Missiaen 和 Smith（2008）后来又在该地点发现了更多的材料，使上、下颌的总数达到 132 件，还有许多单个牙齿，从而使该种成为该地点标本数量最多的化石之一。

巴彦乌兰鼩属 Genus *Bayanulanius* Meng, Zhai et Wyss, 1998

模式种　袖珍巴彦乌兰鼩 *Bayanulanius tenuis* Meng, Zhai et Wyss, 1998

鉴别特征　上臼齿齿尖尖锐，棱脊锐利，原尖前后收缩，次尖小，原小尖和后小尖前后棱长，分别围成原小尖颊侧和后小尖颊侧三角形小凹；下臼齿下前尖退化，呈棱脊状（crestiform），下原尖和下后尖近于等大，斜脊强，向前内方延伸至下后尖，其末端接近下后尖顶端，形成很深的下次凹，下内尖不大，但下内尖脊高。

中国已知种 仅模式种。

分布与时代 内蒙古，古新世晚期。

袖珍巴彦乌兰鼩 *Bayanulanius tenuis* Meng, Zhai et Wyss, 1998

（图 25）

正模 IVPP V 11133，存有 M2 和 M3 的不完整右上颌和存有一颗下臼齿的下颌支碎块；内蒙古苏尼特右旗巴彦乌拉，上古新统脑木根组上部。

鉴别特征 同属。

评注 Meng 等（1998）将 *Bayanulanius tenuis* 归入夜鼩科，Lopatin（2006）根据其 M2 与 *Asionyctia guoi* 的相似性将其归入亚洲夜鼩亚科。不过，亚洲夜鼩亚科与夜鼩亚科的区别主要在前臼齿上，而袖珍巴彦乌兰鼩仅有臼齿标本。因此，将袖珍巴彦乌兰鼩归入夜鼩亚科或亚洲夜鼩亚科还需更多的材料验证。

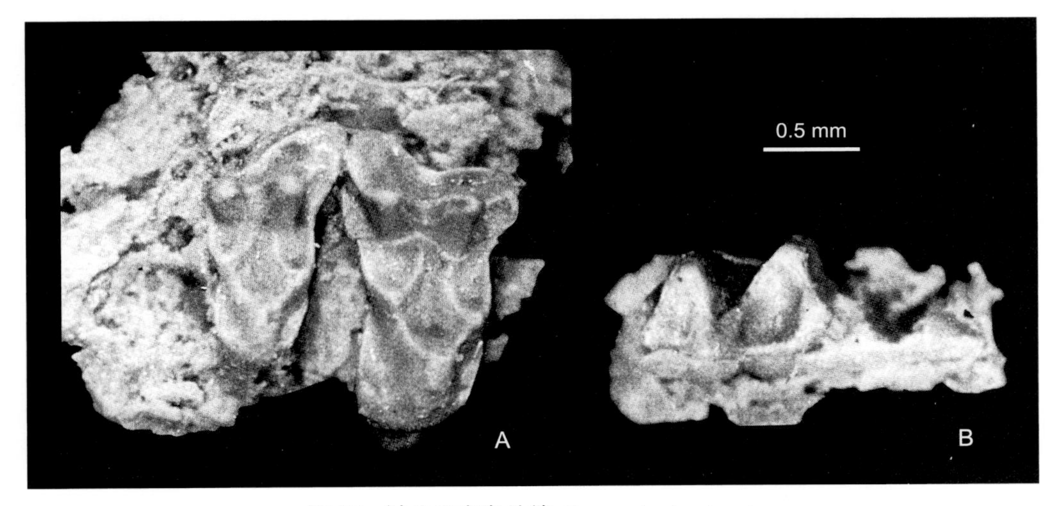

图 25 袖珍巴彦乌兰鼩 *Bayanulanius tenuis*

保存 M2–M3 的右上颌骨碎块（A）和保存 m2 的下颌碎块（B）（IVPP V 11133，正模）：冠面视
（引自 Meng et al., 1998）

夜鼩科？ Family Nyctitheriidae? Simpson, 1928

鼹鼩亚科 Subfamily Talpilestinae Tong et Wang, 2006

鼹鼩亚科不同于夜鼩科其他的两个亚科（Nyctitheriinae 和 Amphidozotheriinae）的特征在于有强大的上、下犬齿，P3 和 p3 不退化，分别明显地比 P2 和 p2 大，P3 有后尖的

锥形，p3 具双齿根，主尖高锐；此外还有上臼齿的前尖和后尖相对舌位，前后棱都发育，前尖后棱和后尖前棱分别向后外方和前外方延伸，两棱相交形成中附尖的锥形，前尖前棱和后尖后棱分别伸向前附尖和后附尖而形成 W 形的外脊；下臼齿的尺寸向后递减。鼹鼩亚科的 P4 和 p4 臼齿化程度较高，与归入夜鼩科的 Asionyctinae、Eosoricodontinae 和 Praolestinae 明显不同；后面三个亚科的 p4 简单、前臼齿化。在这一点上鼹鼩亚科更接近欧洲和北美的夜鼩科成员。

鼹鼩亚科仅有一属，产于山东五图盆地下始新统五图组。

鼹鼩属 Genus *Talpilestes* Tong et Wang, 2006

模式种 亚洲鼹鼩 *Talpilestes asiatica* Tong et Wang, 2006

鉴别特征 小型食虫类，齿式完全。3 个门齿，大小相近，I1 呈双叶形，i2 和 i3 切缘上有小突起；上、下犬齿高瘦、直立；P1 和 p1 单齿根，P2 和 p2 双齿根，P1（p1）与 P2（p2）形态相近，但后者稍大于前者；P3 可能具三齿根，并具有后尖的雏形，p3 大小介于 p2 和 p4 之间、主尖高锐；P4 和 p4 臼齿化程度高；P4 后尖小但很清楚，具明显的后附尖棱和大的次尖架，但次尖低小；p4 三角座远大于跟座，下前尖向前内方突出，下后尖大，下次小尖和下内尖小于下次尖，有延长的下内尖棱，使跟座封闭；臼齿向后尺寸递减，上臼齿前尖和后尖相对舌位，前尖和后尖间的齿谷较深，具中附尖的雏形，外脊呈 W 形脊，M1 的前尖前棱和后棱不如 M2 的发育；m1–2 三角座比跟座宽大，下前尖呈棱脊状，下后尖呈锥状，m3 跟座窄长、封闭，下次小尖在后内方。

中国已知种 仅模式种。

分布与时代 山东，早始新世岭茶期。

亚洲鼹鼩 *Talpilestes asiaticus* Tong et Wang, 2006

（图 26）

?Nyctitheriidae gen. et sp. nov.：Tong et Wang, 1998, p. 189

正模 IVPP V 10714，不完整的头骨和下颌支；山东昌乐五图，下始新统五图组。

鉴别特征 同属。

评注 《国际动物命名法规》第 34.2 条规定，拉丁化形容词种名的结尾必须与属名的性别一致。*Talpilestes* 系阳性，种名结尾亦应为阳性，亦即应为 *asiaticus*，属于强制性改变。

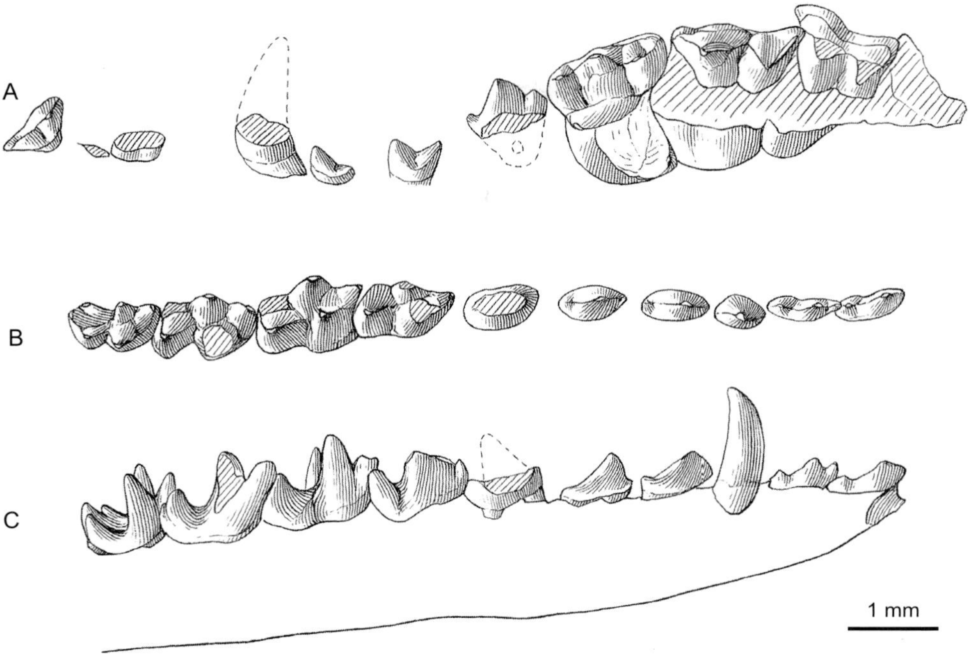

图 26　亚洲鼹鼩 *Talpilestes asiaticus*
上齿列（A）和下齿列（B, C）（IVPP V 10714，正模）：A, B. 冠面视，C. 颊侧视
（引自童永生、王景文，2006）

昌乐鼩科 Family Changlelestidae Tong et Wang, 1993

模式属　昌乐鼩 *Changlelestes* Tong et Wang, 1993

定义与分类　昌乐鼩科是一类已灭绝的鼩形类，常见于亚洲的古近纪中、晚期地层。该科的属种具有三个门齿，I1 和 i1 增大，I1 呈镰刀状，p3 之前的臼前齿向前倾斜，呈叠瓦状排列，P3–M3 和 p3–m3 的齿尖不像猬科动物的那样低壮，而较为高瘦，尤其是 P3–4 和 p3–4 的主尖更显尖锐，缺少猬科动物具有的胖边形齿（exoedaenodont）的下颊齿。昌乐鼩科的这些牙齿形态与鼩形类比较接近，但又有所差异，与猬科者有更为明显的不同。为此，童永生和王景文（1993）建立了鼩形类的这一科。对被归入昌乐鼩科中的一些属，学者中有不同意见：Matthew 和 Granger（1924b）最早记述 *Tupaiodon* 时，将其与树鼩类的 *Ptilocercus* 属对比，归入树鼩科（Tupaiidae）；Zdansky（1930）建立鼬鼩（*Ictopidium*）时，则将其归入猥科（Leptictidae）；昌乐鼩类还常被归入猬科或猬形类（如 Butler, 1948, 1956, 1988；McKenna et Bell, 1997；Storch et Dashzeveg, 1997；Lopatin, 2006；王伴月，2008），但也有个别学者提出不同意见，如 Novacek 等（1985）认为 *Ictopidium* 属是分类位置还不清楚的食虫动物，可能与古鼫类（palaeoryctids）或鼩形类有关；王伴月、李春田（1990）

在研究 *Ernosorex* 属时，也指出蕾鼩兼有猬科、近鼩类（plesiosorids）和鼩鼱科的特点。有研究者将北美始新世的 *Entomolestes* 也归入本科，但它与亚洲种类有相当大的差别。*Tupaiodon*、*Ictopidium* 和 *Ernosorex* 属的原研究者的分类与 Novacek 等的意见不同，至少说明了昌乐鼩类不是一种典型的猬形动物，也不是典型的鼩形动物。童永生和王景文（1993）将上述的亚洲食虫动物都归入昌乐鼩科，并将其分为两个支系，即以 *Tupaiodon* 和 *Ictopidium* 为代表的一支，以及以 *Changlelestes* 和 *Ernosorex* 为代表的另一支。Lopatin（2006）将昌乐鼩科降为猬科中的一个亚科，并将 *Ernosorex* 属归入鼩形亚目中的近鼩科。昌乐鼩科是鼩形类还是猬形类是目前争论的焦点，大多数学者将昌乐鼩类归入猬科，而 *Changlelestes dissetiformis* 的 I1 呈镰刀状，这是鼩形类重要特征，因此，童永生和王景文（1993, 2006）将 *Changlelestes* 属归入鼩形类。虽然与 *Changlelestes* 颊齿形态相似的 *Tupaiodon*、*Ictopidium*、*Zaraalestes*、*Anatolechinos* 和 *Ernosorex* 属还没有发现 I1，根据颊齿形态，也将它们归入鼩形类。值得注意的是，昌乐鼩科可能与北美和欧洲渐新世通常归入鼩形亚目的近鼩科（Plesiosoricidae）有着比较接近的亲缘关系，但是否是近鼩类的祖先类型尚有待进一步探讨。

鉴别特征 昌乐鼩类的齿式完全，在晚期种类中臼前齿退化，p3 之前的臼前齿向前倾斜。I1 和 i1 增大，至少发现在 *Changlelestes dissetiformis* 中的 I1 呈镰刀状；I2–3 和 p2–3 小或退化。上犬齿强，有时为双根齿，下犬齿前臼齿化或门齿化。P1–2 和 p1–2 小，p1–2 为单根齿，有时呈匍匐状；在晚期种类中前臼齿数减少，但 P3 和 p3 不退化，P3 呈直角三角形，原尖小；P4 无后尖和小尖，具有相对强大的后附尖棱；p4 下原尖高且锐，具或强或弱的下前尖和下后尖，跟座短宽。上、下臼齿向后变小；上臼齿前尖和后尖尖锐，并有清楚的中央棱（centrocrista），小尖在早期的种类中发育，在较晚的种类中退化，次尖在早期成员中不大，在后期种类中增大；M1 后附尖棱强大，但在 M2 上后附尖棱不大发育；下臼齿三角座有些前后收缩，跟凹深，下内尖高；M3 和 m3 小。

中国已知属 *Changlelestes*、*Ernosorex*、*Tupaiodon*、*Ictopidium* 和 *Anatolechinos*，共五属。

分布与时代 吉林、内蒙古、山西、山东，始新世和渐新世。

昌乐鼩亚科 Subfamily Changlelestinae Tong, 1997

昌乐鼩亚科和齿鼩亚科的主要区别是下门齿向前倾斜，i1 具有典型的指状侧缘，i2、i3 和 p2 不退化，上犬齿和 P1 单齿根，P3–M2 次尖较小，下臼齿下次小尖较明显。该亚科已知两属：*Changlelestes* Tong et Wang, 1993 和 *Ernosorex* Wang et Li, 1990。亚科的鉴别特征是 I1/i1 明显增大，i1 切割缘上有小突起，后面两个门齿（I2–3 和 i2–3）不退化；上犬齿为单根齿；P3 和 P4 在早期成员中无次尖，M1 和 M2 次尖相对较小，原小尖前棱和后小尖后棱较长，分别伸向前、后附尖；下前臼齿在早期成员中不退化，下臼齿下次小尖清楚；在 *Ernosorex* 中 p1 消失，p4 下前尖和下后尖相对较小。

昌乐鼩属 Genus *Changlelestes* Tong et Wang, 1993

模式种 深裂昌乐鼩 *Changlelestes dissetiformis* Tong et Wang, 1993

鉴别特征 齿式：3•1•4•3/3•1•4•3。I1–3 呈镰刀状，具小跟尖；I1 明显大于 I2 和 I3，呈三叶状；上犬齿强大；P1–2 小；P1 单根；P2 双根；P3–4 无次尖；上臼齿中央棱清楚，小尖发育，小尖前后棱显著，M1–2 具次尖雏形，后附尖棱相对较弱。i1 略大；i2 和 i3 不退化，切缘上有小尖；下犬齿匍匐；p1 和 p2 单根；p3 不退化；p4 下前尖发育，但低矮，下后尖不大；m1–2 斜脊伸至下后尖，下次小尖清楚、与下内尖之间有明显的凹缺。

中国已知种 仅模式种。

分布与时代 亚洲，早始新世岭茶期。

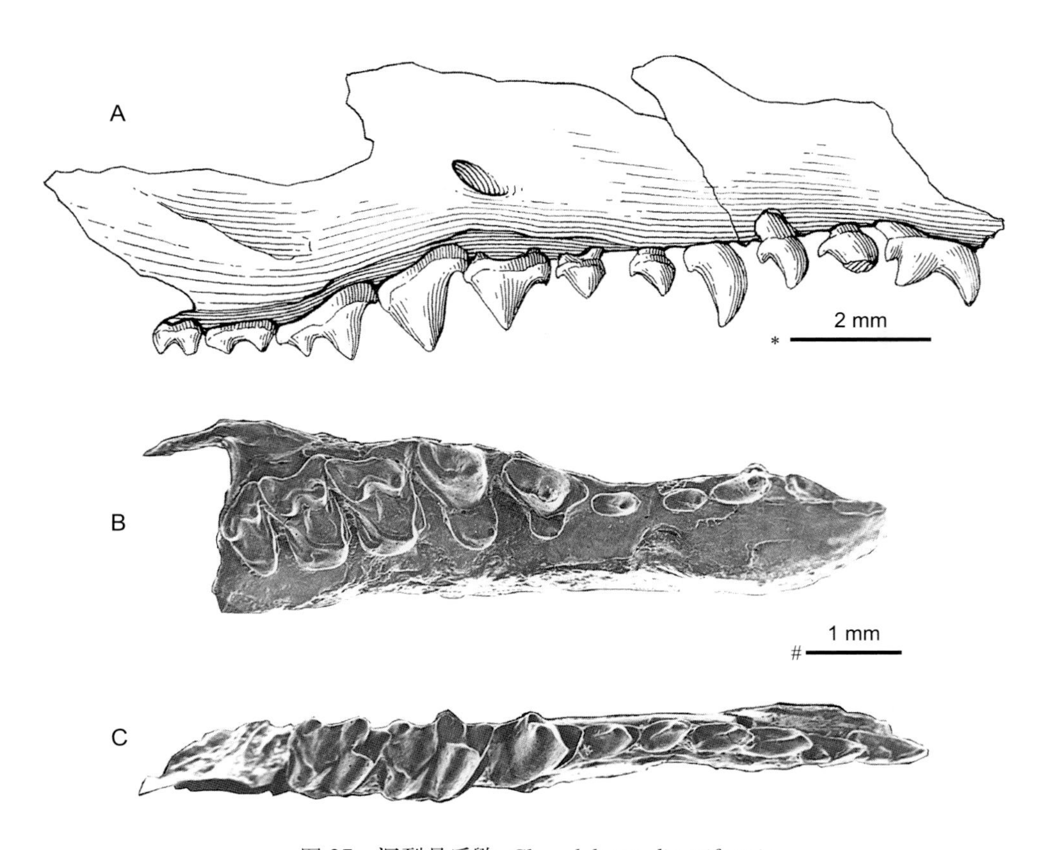

图 27 深裂昌乐鼩 *Changlelestes dissetiformis*

A. 右上颌骨（IVPP V 10713.2）和左前颌骨（IVPP V 10713.1，反转），B. 右上颌骨带 I–M3（IVPP V 10713.2），C. 右下颌支带 i2–m2（IVPP V 10713.3）：A. 颊侧视，B, C. 冠面视；比例尺：* - A，# - B, C（均引自童永生、王景文，2006）

深裂昌乐鼩 *Changlelestes dissetiformis* Tong et Wang, 1993

（图 27）

正模 IVPP V 10306.1–5，可能属于同一个体的右上颌和左、右下颌支；山东昌乐上疃东井（井深约 128m），下始新统五图组。

副模 IVPP V 10306.1–3，5 件带有部分牙齿的上、下颌骨碎块（IVPP V 10306.3 为同一个体的 3 块），与正模采自同一地点和层位。IVPP V 10307.1–2，残破的左、右下颌支，采自西北井（井深 105 m）。

鉴别特征 同属。

评注 1997 年建名人又一次至昌乐五图发掘，在西上疃煤矿发现了该种的更好的材料（IVPP V 10713.1–3）。本志的图片就是根据这些新材料制作的。

蕾鼩属 Genus *Ernosorex* Wang et Li, 1990

模式种 吉林蕾鼩 *Ernosorex jilinensis* Wang et Li, 1990

鉴别特征 大小中等的鼩形类。下颌骨前部不特别缩短，具两个颏孔；下齿式为 3•1•3?•3；下门齿和下犬齿向前匍匐，呈叠瓦状排列；i1 较大，顶部分成两叶；i2 较小，具四个疣状突起；下犬齿主尖位于牙齿的最前端，并具两个基部小尖；p1 或 p2 可能缺失；p4 三角座为单尖，呈高的三角锥形，跟座宽短，横脊状；m1 三角座明显窄于跟座，下内尖横向稍扁，有下内尖脊，颊侧转折谷很浅，下次小尖明显，后齿带从下次小尖开始往外下方延伸。

中国已知种 仅模式种。

分布与时代 吉林，始新世中期。

吉林蕾鼩 *Ernosorex jilinensis* Wang et Li, 1990

（图 28）

正模 IVPP V 8796，存 i1–2、c 和 p4–m1 的左下颌支；吉林桦甸公吉屯，中始新统桦甸组第 III 岩性段。

鉴别特征 同属。

评注 正模（IVPP V 8796）的 c 和 p4 之间有 3 个齿槽。在其他昌乐鼩类中，p3 不退化，都为双根齿，正如原作者指出的那样，吉林蕾鼩很可能只有 3 个下前臼齿。在昌乐鼩类中，莱氏鼬鼩的 p1 和 p2 都是单根齿，但 p2 比 p1 更加退化，因此，不排斥吉林蕾鼩为 p2 缺失的可能性。

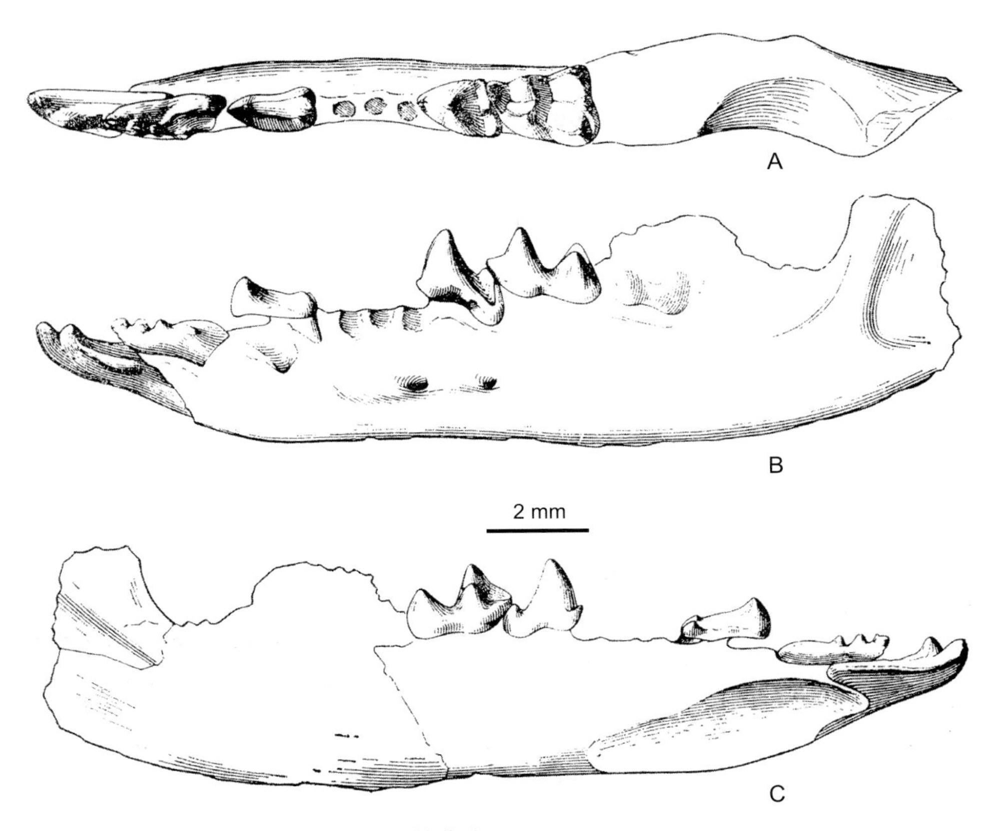

图 28　吉林蕾鼩 *Ernosorex jilinensis*

左下颌支，附有 i1–2、c 和 p4–m1（IVPP V 8796，正模）：A. 冠面视，B. 颊侧视，C. 舌侧视
（引自王伴月、李春田，1990）

吉林蕾鼩原归入鼩鼱科，McKenna 和 Bell（1997）将其归入近鼩科（Plesiosoricidae），Lopatin（2006）同意这一归类。根据 i1 增大，具指状侧缘，i2 和 i3 不退化，而是相应地增强，保存的 i2 具指状侧缘，并且下门齿和下犬齿呈叠瓦状排列，在形态上与昌乐鼩的下门齿和下犬齿接近，只是吉林蕾鼩的下门齿更加特化，归入昌乐鼩亚科似乎更合适。

齿鼩亚科 Subfamily Tupaiodontinae Butler, 1988

齿鼩亚科由 Butler（1988）建立，包含齿鼩属（*Tupaiodon*）和鼬鼩属（*Ictopidium*）两属。根据下颊齿的某些相似性，Butler 认为北美的 *Entomolestes grangeri* 属可能属齿鼩亚科。事实上 *Entomolestes* 与齿鼩类的形态差异很大，因此，后来的相关研究（如 Storch et Dashzeveg, 1997; Lopatin, 2006）都将该属排除在齿鼩亚科之外。这里的齿鼩亚科包括齿鼩属 *Tupaiodon*、*Ictopidium*、*Zaraalestes* 和 *Anatolechinos*。

鉴别特征 下门齿不具指状侧缘，其中i1明显增大，i3和i2退化，i2大于i3；上犬齿双根，P4次尖相对发育，M1、M2次尖发育，小尖清楚，其前、后棱较弱，原小尖前棱和后小尖后棱短，不伸向前、后附尖；下犬齿门齿化，较毗邻的i3和p1稍大；p2显著退化；p4下后尖和下前尖明显，m1–2下次小尖退化。

齿鼩属 Genus *Tupaiodon* Matthew et Granger, 1924

（图29）

模式种 莫氏齿鼩 *Tupaiodon morrisi* Matthew et Granger, 1924

鉴别特征 C–M3长为13 mm。上犬齿和前面的前臼齿（P1–2）小，但都具双根，前后有短的齿隙，齿尖较钝，后跟退化；后面的前臼齿（P3–4）比前面的前臼齿大得多，有明显的舌侧齿尖，P3次尖不明显，P4次尖发育，后附尖棱强大，后尖很退化；M1–2长方形，具有高瘦的齿尖，后附尖明显，次尖大，并与原尖隔离；M3三角形，无次尖和后小尖。下臼齿三角座短宽，由三个尖瘦的齿尖组成，其中下原尖稍高，跟座与三角座一样宽，跟凹较深。眶下孔在P3之上，上颌骨颧突在M2上方。

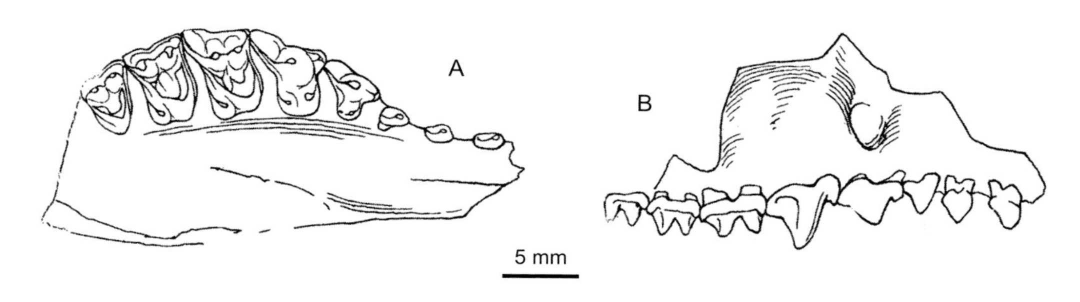

图29 莫氏齿鼩 *Tupaiodon morrisi*
破损右上颌骨（AMNH 19134）：A. 冠面视，B. 颊侧视（引自 Matthew et Granger, 1924b）

中国已知种 仅 *Tupaiodon*? sp. 一未定种。

分布与时代 北京，可能还有内蒙古，中始新世—渐新世。

评注 齿鼩最初是与攀鼩目的 *Ptilocercus* 对比，归入树鼩科（Tupaiidae）（Matthew et Granger, 1924b）。Simpson（1931）认为齿鼩在牙齿特征上与树鼩类不同，总体上倒是与原始的Gymnurinae（=Hylomyinae）亚科的 *Galerix* 接近，归入猬科。Butler（1948）进一步将齿鼩与 *Galerix* 进行比较，并把它归入Echinosoricinae（=Hylomyinae）中盔猬族（Galericini）。后来，他又将其自立一亚科Tupaiodontinae（Butler, 1988）。童永生和王景文（1993）在研究山东五图昌乐鼩（*Changlelestes*）时发现，*Tupaiodon* 和 *Ictopidium* 的上、下颊齿与昌乐鼩很相似，就将 *Tupaiodon* 和 *Ictopidium* 归入昌乐鼩科，但 *Tupaiodon*

和 *Ictopidium* 的臼前齿与昌乐鼩的差别很明显，所以分在不同的亚科。

Matthew 和 Granger（1924）记述齿鼩模式种的同时，还记述了产于蒙古境内的 Hsanda Gol 系的 *Tupaiodon? minutus*，该种现已归入 *Zaraalestes* 属（Storch et Dashzeveg, 1997）。1953 年周明镇记述了北京长辛店砾石层中发现的两颗牙齿，怀疑是一种齿鼩。1990 年，王伴月和李春田将产自吉林桦甸盆地的一段下颌支归入齿鼩属，命名为桦甸齿鼩 *Tupaiodon huadianensis*。2008 年，又将这一标本归入东方鼩属（*Anatolechinos*）。

近年，在我国渐新世地层中先后发现类似齿鼩的上、下颊齿，为了便于对比，现将模式种的正模图录于此（图 29）。

齿鼩?（未定种）*Tupaiodon*? sp.

（图 30）

产地与层位 北京长辛店附近，中始新统长辛店组；内蒙古阿拉善左旗乌兰塔塔尔组。

评注 长辛店标本仅两颗牙齿，周明镇（1953）描述如下："在新采集的哺乳类化石中，保存较完整的是一枚微小的食虫类的上臼齿。由大小及一般构造观察与蒙古 Hsanda Gol 系（渐新统）中所产的 *Tupaiodon* 的臼齿很相近似，大约代表一第二或第三右上臼齿，与蒙古所产的 *T. morrisi* 比较，齿冠的基本构造相同，祇是后齿阜不如后者的第二上臼齿发达，但较其第三上臼齿要显著得多（图 30 之 A）。此外，尚有代表另一种原始食虫类的前臼齿一枚（图 30 之 B）。"现在看来，这颗产自长辛店组的上臼齿标本如果是一种齿鼩类的话，根据其后尖（后齿阜）不大，无次尖，最有可能是 M3。在食虫目中，具有这样的 M3 形态除齿鼩类外，还会有其他科的 M3，所以原作者在齿鼩属后面加问号是很恰当的。*T. morrisi* 的 M3，及其他的昌乐鼩类的 M3 存在外齿带，而长辛店的 M3 似乎无外

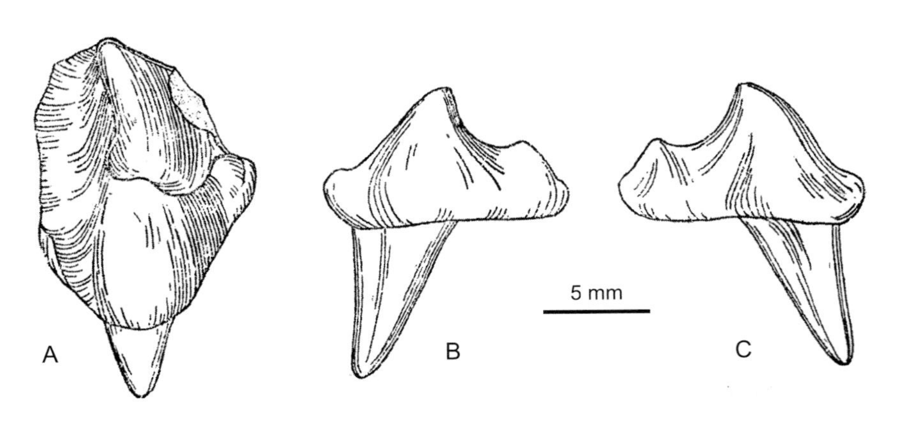

图 30 齿鼩？（未定种） *Tupaiodon*? sp.

A. 右 M3（无编号）；B, C. ?p3（无编号）：A. 冠面视，B. 颊侧视，C. 舌侧视（均引自周明镇，1953）

齿带，因此，不排除长辛店标本不是齿鼩，甚至不是昌乐鼩的可能性。长辛店组的前臼齿可能是一枚 p3，与齿鼩类 p3 区别较大，但难以归科。

另，王伴月和王培玉（1991）在报道内蒙古阿拉善左旗克克阿木的乌兰塔塔尔组底部动物群时提到发现齿鼩类 30 枚上、下颊齿，并鉴定为 *Tupaiodon*? sp.。

鼬鼩属 Genus *Ictopidium* Zdansky, 1930

模式种 莱氏鼬鼩 *Ictopidium lechei* Zdansky, 1930

鉴别特征 齿式为 ?•1•4?•3/3•1•4•3。P4 次尖低小，前附尖明显，前附尖架大；M1–2 的颊侧长大于舌侧长，次尖呈锥状、基部不膨大、尖高约为原尖高的一半，原小尖清楚、并向前尖前后侧伸出短棱，后小尖后棱短，前侧和后侧齿带完全；M2 后附尖弱；M3 仍有小的原小尖和后小尖；p3 和 p4 齿尖尖锐；p3 下前尖很小；p4 下前尖低，跟座短，后齿带舌侧部分常有小突起；m1–2 下前尖近于横向；m1 无下次小尖；m2 下次小尖细小，靠近下内尖。

中国已知种 仅模式种。

分布与时代 山西，中始新世；内蒙古，晚始新世。

评注 Sulimski（1970）记述过蒙古渐新世的"*I.*" *tatalgolensis*。从描述和插图来看，"*I.*" *tatalgolensis* 的 p3 具有下后尖棱、并有小突起，p4 下前尖发育，m1–2 三角座比较开阔，m3 下次小尖缺失或很弱等特征可同模式种相区别。新近发现，*I. lechei* 具有单根的 p1 和 p2，也与"*I.*" *tatalgolensis* 不同。因此，"*I.*" *tatalgolensis* 归入鼬鼩属并不是最合适的。也有人认为"*I.*" *tatalgolensis* 是 *Zaraalestes*（*Tupaiodon*?）*minutus* 的同物异名（Russell et Zhai, 1987, p. 324; Storch et Dashzeveg, 1997; Ziegler et al., 2007），这一可能性不能排除。

莱氏鼬鼩 *Ictopidium lechei* Zdansky, 1930

（图 31）

正模 MEUU. M3433（存瑞典乌普萨拉大学演化博物馆），不完整的左下颌支，存有 p3、p4、m2 和 m3 的三角座，在 p3 之前存有 6 个齿槽；山西垣曲盆地寨里，中始新统上部—上始新统，河堤组寨里段。

归入标本 IVPP V 10171.1–29，一件具 p3–4 和 i2–p2 齿槽的左下颌支，28 个单个的颊齿，童永生于 1980–1990 年采自河南垣曲土桥沟。

鉴别特征 同属。

评注 王伴月（2008b）将产自二连盆地上始新统的一颗左 p3（IVPP V 15535）归入

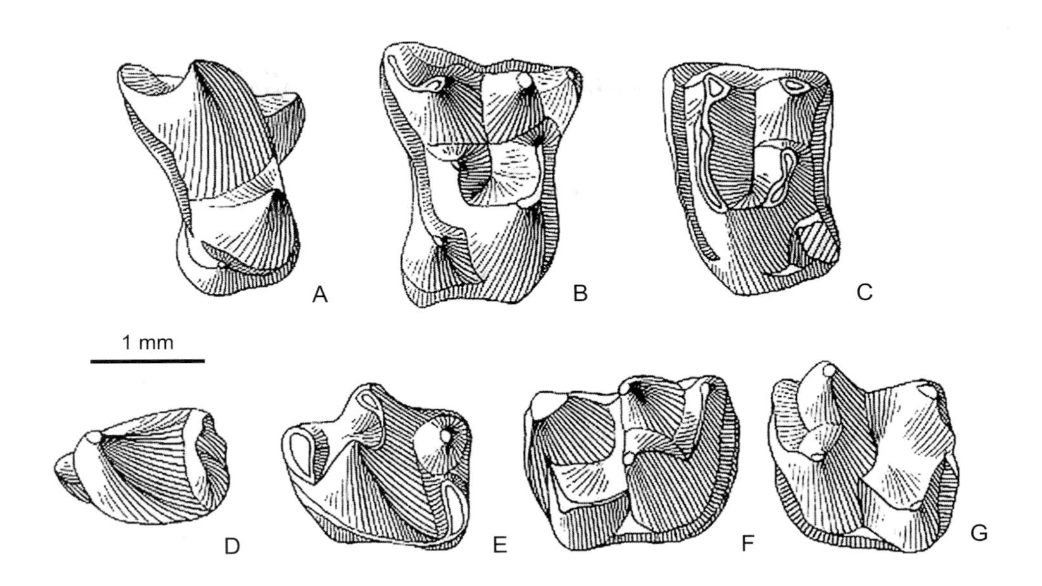

图 31 莱氏鼬鼩 *Ictopidium lechei*

A. 右P4（IVPP V 10171.17），B. 右M1（IVPP V 10171.20），C. 左M2（IVPP V 10171.23），D. 左p3（IVPP V 10171.2），E. 左p4（IVPP V 10171.5），F. 右m1（IVPP V 10171.9），G. 左m2（IVPP V 10171.10）：冠面视（均引自童永生，1997）

莱氏种。这颗牙齿与模式产地的p3有一些细微的区别，如牙齿显得延长，下前尖不呈圆锥形，跟座较宽、较窄。Lopatin（2006, Table 6）提到莱氏种在哈萨克斯坦也有发现，但未见文献。

东方鼩属 Genus *Anatolechinos* Wang, 2008

模式种 内蒙古东方鼩 *Anatolechinos neimongolensis* Wang, 2008

鉴别特征 一种较 *Tupaiodon* 稍小的猬类。颏孔位于p3前齿根下方。下齿式为3?•1•4•3。颊齿齿冠低；P3–M3前附尖低小；P3–M2后附尖棱短且低，次尖与后齿带有脊相连，舌侧无齿带；P3–4舌叶较长，具较大的次尖；P3次尖和原尖有脊相连；M1中央棱不完全，原小尖和后小尖的前、后棱短，后小尖后棱不达后齿带，次尖前颊侧棱很弱；M3原小尖和后小尖明显，后小尖后棱长；下臼齿下内尖脊短，未达下后尖；m3下次小尖靠近下内尖。

中国已知种 模式种和“*Anatolechinos*” *huadianensis*，共两种。

分布与时代 内蒙古、吉林，始新世。

内蒙古东方鼩 *Anatolechinos neimongolensis* Wang, 2008

（图 32）

正模 IVPP V 15532.1，左 M1；内蒙古二连火车站，上始新统呼尔井组。

副模 IVPP V 15532.2–24，除 15532.9 为一具 p3–m3 的右下颌支外，其余全为单个牙齿，与正模采自同一地点和层位。

鉴别特征 同属。

产地与层位 内蒙古二连、四子王旗额尔登敖包、阿拉善左旗豪斯布尔都，上始新统呼尔井组、乌兰戈楚组、查干布拉格组。

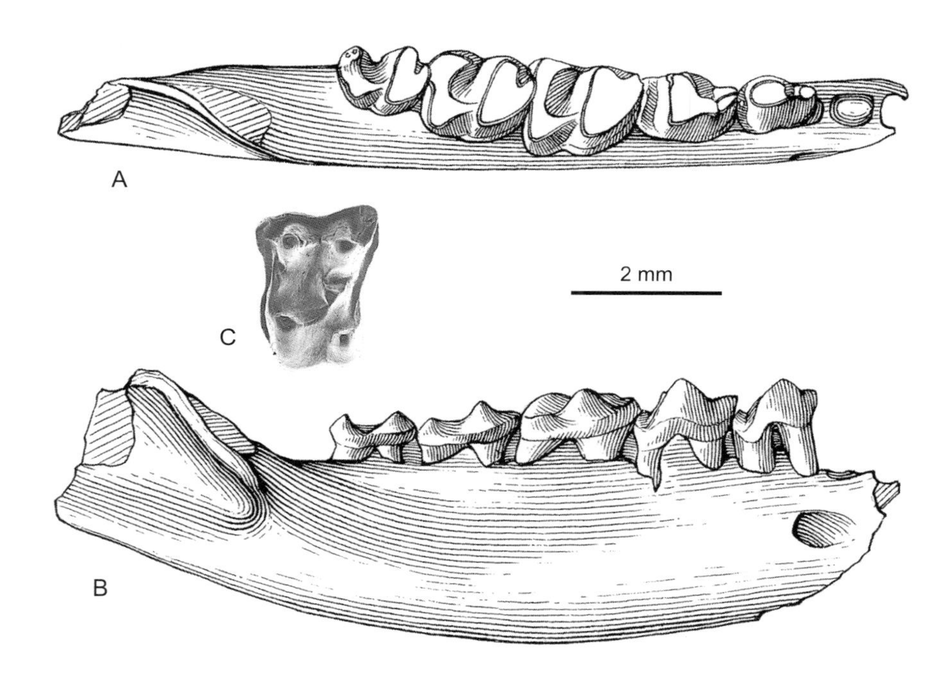

图 32 内蒙古东方鼩 *Anatolechinos neimongolensis*
A, B. 右下颌支（IVPP V 15532.9），C. 左 M1（IVPP V 15532.1，正模）：A, C. 冠面视，B. 颊侧视
（引自王伴月，2008）

桦甸"东方鼩" "*Anatolechinos*" *huadianensis* (Wang et Li, 1990)

（图 33）

Tupaiodon huadianensis：王伴月、李春田，1990，173页

"*Tupaiodon*" *huadianensis*：童永生，1997，21页

Anatolechinos huadianensis：王伴月，2008，255页

正模 IVPP V 8795，右下颌支存 p4、m1 和 m3，p4 之前存 8 个齿槽；吉林桦甸公吉屯，中始新统桦甸组第 III 岩性段。

鉴别特征 个体中等大小（m1 长 1.84 mm）。颊齿齿冠较低，齿尖和齿脊较钝。p4 三角座前后收缩，下前脊横向发育，下后尖高大，跟座横脊形，几乎与下前脊等高；m1 下前脊向前舌方延伸，三角座比较开阔，向舌侧开放，无下原脊；m3 下前脊短，呈圆弧形，下后尖比下原尖高；下臼齿具明显的外齿带。

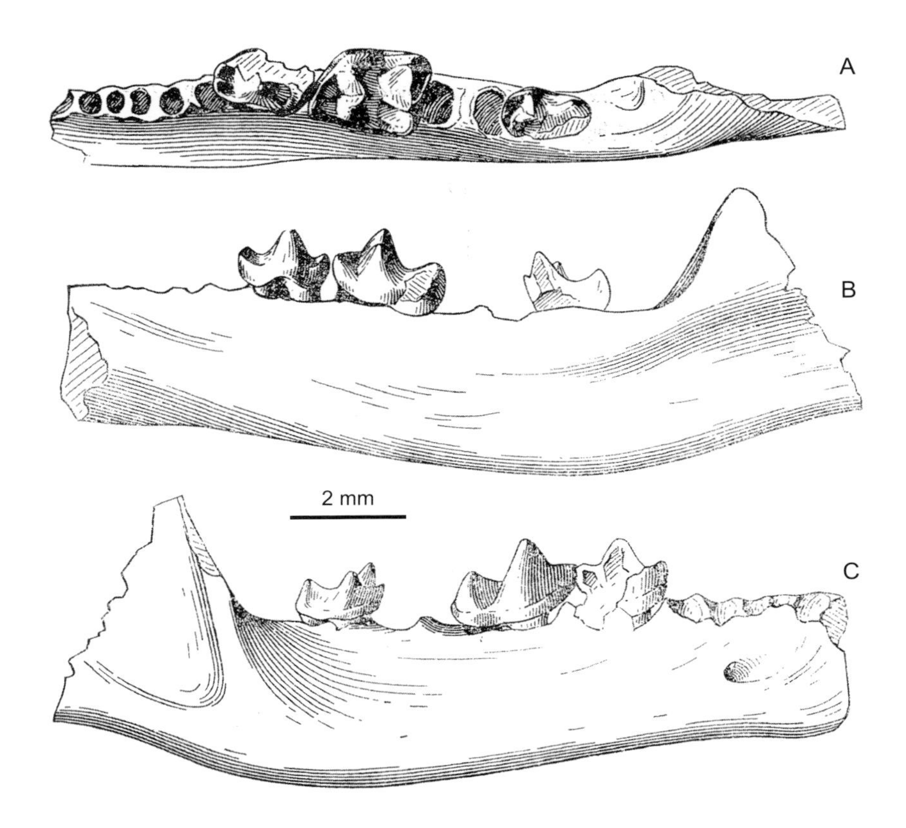

图 33 桦甸"东方鼩" "*Anatolechinos*" *huadianensis*

右下颌支（IVPP V 8795，正模）：A. 冠面视，B. 舌侧视，C. 颊侧视（引自王伴月、李春田，1990）

评注 王伴月（2008b）将吉林桦甸盆地发现并命名的 *Tupaiodon huadianensis* 归入东方鼩属，理由是颏孔位于 p3 前齿根的下方，颊齿齿冠较低，齿尖较钝，p1 和 p2 均为单齿根等。同时指出其与模式种的区别在于"下颌骨水平支高度由前往后逐渐增高，在 m3 处最高，其下缘在 m2 之前较平直，只是在 m3 的下方较圆凸，再往后转向后上方延伸；颊齿尺寸较大，但齿尖显得更低钝；p4 具明显的下边尖和外齿带等"。

桦甸标本的归类尚有争议。Storch 和 Dashzeveg（1997）认为桦甸种不应归入齿鼩属，童永生（1997）则认为可归入猬类（erinaceid），Lopatin（2004a, 2006）进一步将其归入猬科中的 Galericinae。桦甸种下颊齿齿尖比较低钝，下三角凹和下跟凹比较浅，两者高差小，下后尖和下原尖无脊相连等特征与已知的齿鼩类不同，归入齿鼩类的东方鼩属或齿鼩亚科不一定合适。

鼹科 Family Talpidae Fischer von Waldheim, 1817

模式属 鼹 *Talpa* Linnaeus, 1758

定义与分类 鼹科为一类食虫动物，全北区分布。该科出现于始新世，一直延续至今。现生种类多营穴居，视力退化，极少数适应地上疾走和习水边生活。不同的习性不仅反映在它们头骨和牙齿形态上的差异，而且也明显地反映在肢骨，特别是肱骨的特化程度上。主要根据牙齿和肱骨的构造形态，鼹科被分为 Uropsilinae、Talpinae、Desmaninae 和 Gaillardiinae 四个亚科，其中 Talpinae 广布全北区，属、种最多，可分为若干族。

鉴别特征 外形似鼠；颅骨相对长、低浅、骨缝早期愈合；听泡从原始类型的不骨化到进步类型的完全骨化，但在进步的穴居型中听泡不鼓胀；颈短；枕部圆顶形；颧突低、小，没有颧骨，颊侧上提肌起于颧突。肱骨与锁骨相关节。原始的种类中齿式完整（第一前臼齿以乳齿出现）；犬齿和前臼齿双齿根；P4 半臼齿化，舌侧很窄，上臼齿具 W 形的外齿脊、简单的原尖和发育程度不同的中附尖，无次尖；下臼齿基本上为 W 形齿，通常有显著的齿带和下内附尖，下次小尖不清楚，下后边脊直接与下次尖和下内尖连接。这一科的演化趋势通常是随着第二门齿和犬齿的增大，会逐渐使臼前齿的数目减少、齿根退化。

该科牙齿及肱骨的构造模式如图 34。

中国已知属 *Nasillus*, *Uropsilus*, *Scaptonyx*, *Scapanulus*, *Proscapanus*, *Yunoscaptor*, *Quyania*, *Yanshuella*, *Talpa*, *Parascaptor*, *Scaptochirus*, *Desmanella*, *Desmana*，共13属。

分布与时代 该科最早的可靠化石记录发现于欧洲的晚始新世地层，在亚洲和北美出现的时代似乎稍晚。其中 Talpinae 种类最多，从始新世一直延续至今，在欧洲最早发现于晚始新世，亚洲和北美最早都发现于渐新世；Uropsilinae 的种类不多，只发现于亚洲和北美，在北美出现于中新世，在亚洲的渐新世有其最早的记录，东洋界的局部地区残存了其现生的属种；Desmaninae 主要分布在旧大陆，记录于下渐新统，并一直延续至今，其中以欧洲的属种为多，北美出现于晚中新世至早上新世；Gaillardiinae 只有一属，仅见于北美的中新统。该科在我国发现有 Uropsilinae、Talpinae 和 Desmaninae 三个亚科，目前能确定的属、种最早记录于中新世。

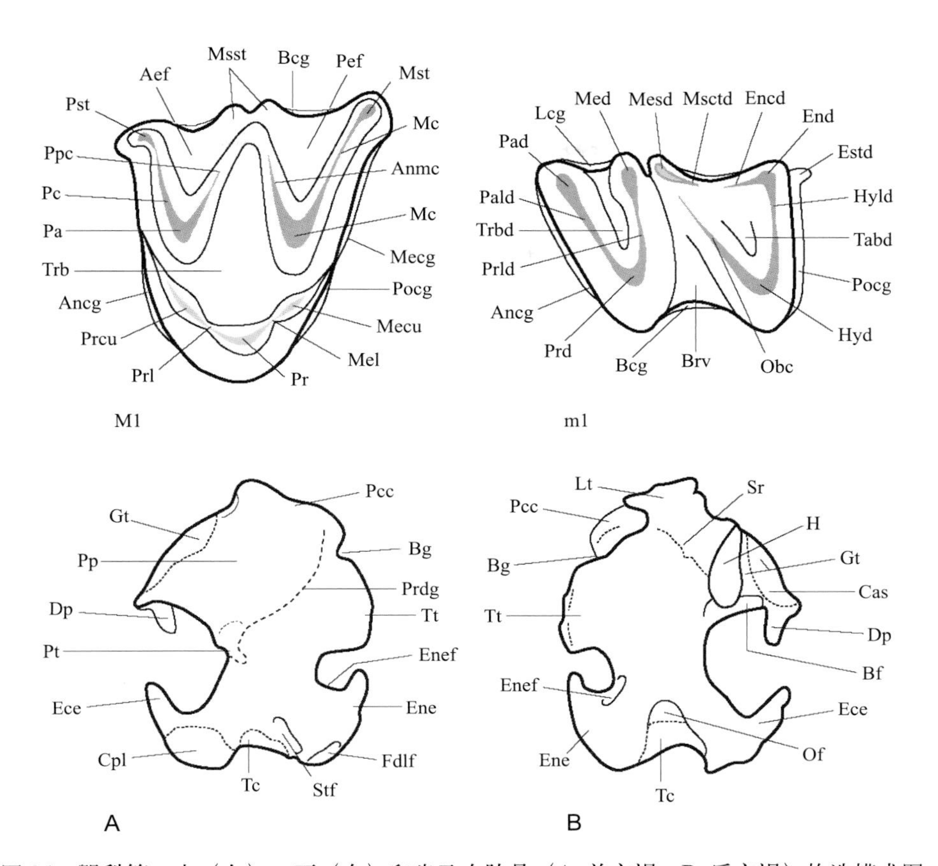

图 34　鼹科第一上（左）、下（右）臼齿及右肱骨（A. 前方视，B. 后方视）构造模式图

Aef. 前外褶 (anterior ectoflexus)；Ancg. 前方齿带 (anterocingulum)；Anmc. 后棱前支 (anterometacrista)；Bcg. 颊侧齿带或外侧齿带 (buccal cingulum)；Bf. 上臂窝 (brachialis fossa)；Bg. 二头肌沟 (bicipital groove)；Brv. 颊侧转折谷 (buccal reentrant valley)；Cas. 锁骨关节面 (clavicular articular surface)；Cpl. 肱骨小头 (capitulum)；Dp. 三角肌突 (deltoid process)；Ece. 外上髁 (ectepicondyle)；Encd. 下内尖脊 (entoconid crest)；End. 下内尖 (entoconid)；Ene. 内上髁 (entepicondyle)；Enef. 内上髁孔 (entepicondylar foramen)；Estd. 下内附尖 (entostylid)；Fdlf. 指浅屈肌韧带附着窝 (fossa for M. flexor digitorum ligament)；Gt. 大隆起 (greater tuberosity)；H. 肱骨头 (head)；Hyd. 下次尖 (hypolophid)；Hyld. 下后边脊 (hypolophid)；Lcg. 舌侧齿带或内侧齿带 (lingual cingulum)；Lt. 小隆起 (lesser tuberosity)；Mc. 后棱 (metacrista)；Me. 后尖 (metacone)；Mecg. 后齿带 (metacingulum)；Mecu. 后小尖 (metaconule)；Med. 下后尖 (metaconid)；Mel. 后脊 (metaloph)；Mesd. 下后附尖 (metastylid)；Msctd. 下后附尖脊 (metastylid crest)；Msst. 中附尖　(mesostyle)；Mst. 后附尖 (metastyle)；Obc. 斜脊 (Oblique crista)；Of. 鹰嘴窝/肘窝 (olecranon fossa)；Pa. 前尖 (paracone)；Pad. 下前尖 (paraconid)；Pald. 下前脊 (paralophid)；Pc. 前棱 (paracrista)；Pcc. 胸脊 (pectoral crista)；Prcu. 原小尖 (protoconule)；Pef. 后外褶 (posteroectoflexus)；Pocg. 后方齿带 (postcingulum)；Pp. 胸肌突 (pectoral process)；Ppc. 前棱后支 (postparacrista)；Pr. 原尖 (protocone)；Prd. 下原尖 (protoconid)；Prdg. 胸肌嵴 (pectoral ridge)；Prl. 原脊 (protoloph)；Prld. 下原脊 (protolophid)；Pst. 前附尖 (parastyle)；Pt. 胸肌结节 (pectoral tubercle)；Sr. “美洲鼹嵴”(“scalopine ridge”)；Stf. 上滑车窝 (supratrochlear fossa)；Tabd. 下跟凹 (talonid basin)；Tc. 滑车 (trochlea)；Trb. 齿凹 (trigon basin)；Trbd. 下齿凹 (trigonid basin)；Tt. 圆肌隆起 (teres tubercle)

鼩鼹亚科 Subfamily Uropsilinae Dobson, 1883

鼩鼹亚科最早可能出现于亚洲的渐新世，现生属种只残留于东洋区。该亚科是一类适应地上疾走的食虫动物，个体小，骨骼不特化，形如鼩鼱类者。肱骨狭长、远端

明显比近端宽，肱骨头圆形，与肩胛骨正常相关节。牙齿低冠，I1 和 i1 增大，M1 和 M2 具有发育的后小尖和弯凹的后缘，下臼前齿数目减退。颧弓背侧有次弓突，泪孔大如眶下孔。

鼩鼹类化石在我国能确定的属、种只见于更新世。

长吻鼩鼹属 Genus *Nasillus* Thomas, 1911

模式种 纤细长吻鼩鼹 *Nasillus gracilis* Thomas, 1911

鉴别特征 颧弓完整、纤细。牙齿形态与 *Uropsilus* 的相似。齿式：2•1•4•3/2•1•3•3。I1>I2>C；P4 呈不等边三角形；上臼齿有明显的后小尖；M3 的次尖与后尖愈合。i1 加大，凿形；i2 和 c 矮小；p3 很小，芽状；p4 长方形；下臼齿斜脊伸达下原脊后壁的中部，并在低处连接；m1 和 m2 的下内尖高而锐，下内尖脊很低。

中国已知种 化石仅 *Nasillus qiui* 一种。

分布与时代 安徽，早更新世。

评注 *Nasillus* 系一仍然生存于现世的鼩鼹属，分布于中国西南山地及缅甸东北部。一些现生动物研究者认为，该属和 *Uropsillus* Milne-Edwards, 1871 系同物异名，因 *Nasillus* 命名在先，故后一属应予废弃（Wilson et Reeder, 2005, p. 310）。但这两属在牙齿齿式和形态上有所不同，应视为独立的属。该属目前发现的化石只有下述一种。

邱氏长吻鼩鼹 *Nasillus qiui* Jin, Zheng et Sun, 2009

（图 35）

Nasillus qiui：金昌柱等，2009b，94页

正模 IVPP V 13949.1，具 c 和深度磨蚀的 p4 和 m1 的残破右下颌支；安徽繁昌，下更新统。

副模 IVPP V 13949.2–25，13 件残破的下颌支，11 枚单个颊齿，采自安徽繁昌人字洞第二至第十六层。

鉴别特征 体形小；c 颇小，偏于齿列舌侧；i3 很小，单根；c–p4 双根，p3 小于 c；p4 的下原脊发育，有浅的下后内窝；m1 的下原尖较小，外齿带较弱；m3 与 m1 近等长；下颊齿具有下内尖脊，后齿带发育。

评注 该种仅发现于安徽人字洞的上部堆积物中。建名人没有指定除正模以外的模式标本，把发现于人字洞第二至第十六水平层的标本都称为“其他材料”（IVPP V 13949.2–25），这里暂时把它们都作为副模。查人字洞的洞穴堆积总厚约 40m，顶部主要

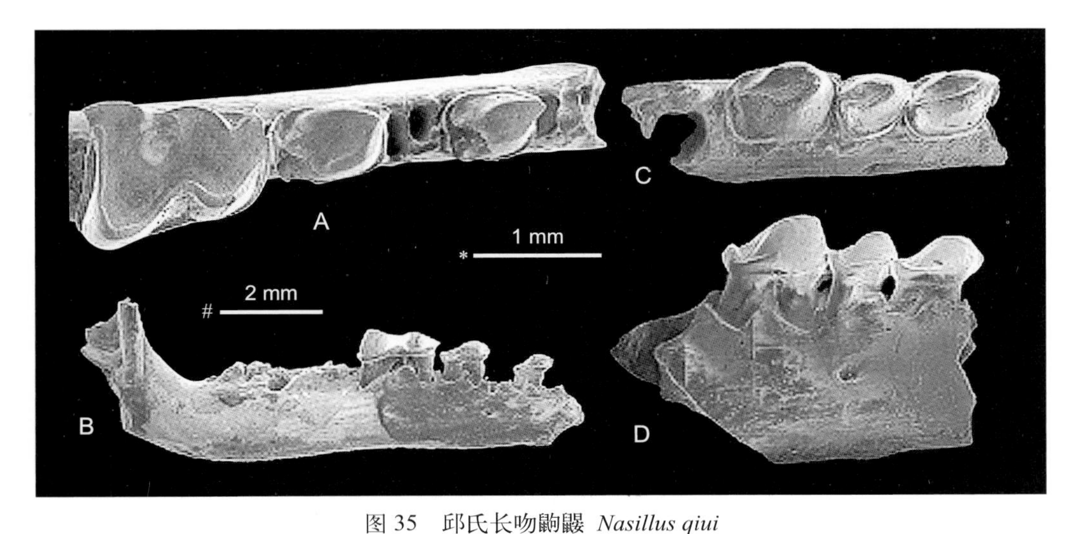

图 35 邱氏长吻鼩鼹 *Nasillus qiui*

A, B. 残破右下颌支，附 p2、p4–m1 （IVPP V 13949.1，正模），C, D. 残破右下颌支，附 p2–4（IVPP V 13949.2）：A, C. 冠面视，B, D. 颊侧视；比例尺：* - A, C, D，# - B

为含大块灰岩角砾的砂质黏土或砂质土，下部主要为砂层。顶部厚 10 余米，按岩性分为 1–7 自然层，其中 1–6 自然层上部，按 0.5 m 间距划分为 1–16 水平层（共 8 m），为主要含化石层，特别是第 9–14 水平层（相当于第 5–6 自然层）化石最为丰富。建名人将 2–16 水平层所产化石看作大体同一时代的产物。这里将与正模一起发现的其他标本视为副模。该种的化石材料较残破，赋予的特征不够清楚，能否归入该属难以判定，有待进一步的发现和研究。

鼩鼹属 Genus *Uropsilus* Milne-Edwards, 1871

模式种 少齿鼩鼹 *Uropsilus soricipes* Milne-Edwards, 1871

鉴别特征 肱骨不特化，属典型的疾走型。齿式：2•1•3•3/1•1•3•3。I1 增大；C 和 P2 小、尺寸近等；P4 前尖高、锥形，原尖显著、孤立，有明显的前齿带和发育的前附尖；上臼齿的原尖弱小，无原小尖和后小尖，但有强大、后伸的后脊和明显扩大的舌后部；M1 和 M2 呈梯形甚至方形，中附尖弱、不分开，有清楚的前齿带和外侧齿带；M1 无前棱和前外褶；从 p2 到 p4 个体递增，排列紧密；p4 具弱的后跟及纵向脊，有弱但近于连续的前齿带和后齿带；下臼齿的下齿凹在舌侧开放，斜脊伸达下原脊的中部，没有下后附尖和下后附尖脊，但有下内尖脊的痕迹；m1 的三角座宽约为跟座宽的 80% 左右；m1 和 m2 的下内附尖位置较高，前齿带、颊侧齿带和后齿带显著且近连续。下颌联合部后缘位于 p3 前部之下。

中国已知种 仅模式种。

分布与时代 重庆，早—中更新世；湖北，早更新世。

评注 *Uropsilus* 系我国特有的一个现生鼩鼹单型属，分布于川西和甘南地区。该属的习性、肱骨和牙齿形态与 *Nasillus* 属的很相似，但牙齿的数目有所不同。目前发现的化石材料也很有限。

少齿鼩鼹 *Uropsilus soricipes* Milne-Edwards, 1871

（图 36）

Uropsilus soricipes：郑绍华、张联敏，1991，44页

Uropsilus cf. *U. soricipes*：郑绍华，2004，84页

模式标本 未指定，四川宝兴穆坪，现生种。

鉴别特征 下颌支下缘在 m1 之下微向上弯曲。咬肌窝深。双颏孔，分别位于 p3 和 m1 前根之下；M1 似梯形，颊侧长于舌侧，前缘平直，后缘向前弯凹；M2 近方形，前缘微凸，有短而细的原脊和后脊；M1 和 M2 有“次尖”，无原小尖和后小尖；m1 和 m2 齿带发育、在颊侧转折谷口加厚、在下原尖之下尤为显著，斜脊伸向下原尖之后，无下内尖脊；m2 的三角座和跟座长度与宽度大致近等。

产地与层位 重庆巫山龙骨坡，下更新统裂隙堆积；重庆奉节兴隆洞，中更新统洞穴堆积；湖北建始龙骨洞，下更新统洞穴堆积。

评注 该种的化石材料发现得太少，而且标本中的齿式和牙齿形态与现生种的特征有较大的出入，其鉴定有待进一步证实。另外，黄万波等（2002，27 页）报道过重庆奉节兴隆中更新世洞穴堆积物中的“*Uropsilus soricipes*”，但未见到标本，描述中也未提供插图，难以准确确定。

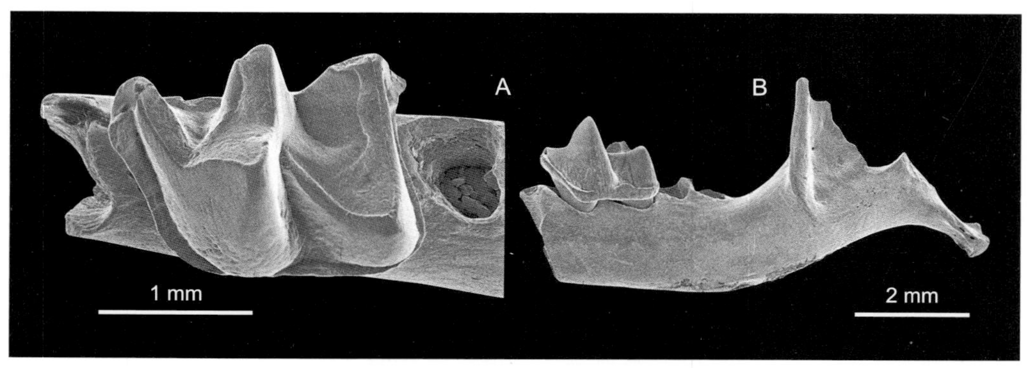

图 36 少齿鼩鼹 *Uropsilus soricipes*

残破左下颌支，附有 m2 （CQMNH CV. 987）：A. 冠面视，B. 颊侧视

长尾鼩鼹属 Genus *Scaptonyx* Milne-Edwards, 1872

模式种 长尾鼹 *Scaptonyx fusicaudus* Milne-Edwards, 1872

鉴别特征 肱骨有勾形的三角肌突，肱骨头的长轴与骨体的长轴平行。齿式：3•1•4•3/2•1•4•3。I1、C 和 c 增大；上臼前齿排列稀疏；上臼齿的原尖小而低矮，有弱小的原小尖和后小尖，但清楚的原小尖只在 M2 和 M3 中存在，中附尖不分开；M1 的前外褶很浅，前棱缺失；p2–3 很小，p4 相对很大；下臼齿斜脊伸达下后尖的基部或与下后附尖连接，齿带弱；m1 的三角座宽约为跟座宽的 76% 左右，没有下后附尖，但有下后附尖脊；m2 的三角座仅稍比跟座窄，具小的下后附尖和低的下后附尖脊；m3 也有弱的下后附尖和下后附尖脊。下颌联合部后缘位于犬齿之下，具双颏孔，后颏孔位于 m1 两齿根之间的下方。

中国已知种 仅模式种。

分布与时代 云南，晚更新世；重庆，早更新世；湖北建始，早更新世。

评注 *Scaptonyx* 为现生的单型属，是横断山地区的特有种，在我国分布于云南、贵州、四川、重庆等地。目前发现的化石也只有一种。黄万波等（2000）曾报道重庆巫山迷宫的 *Scaptonyx fusicaudus*，从其下臼齿斜脊的连接方式、下后附尖和下后附尖脊的缺失，以及 m1 三角座的宽度看，它应该被排除在 *Scaptonyx* 属之外。

长尾鼩鼹 *Scaptonyx fusicaudus* Milne-Edwards, 1872

（图 37）

Scaptonyx fusicaudus：邱铸鼎等，1984，284页

Scaptonyx fusicaudatus：郑绍华、张联敏，1991，45页

Scaptonyx sp.：郑绍华，2004，83页

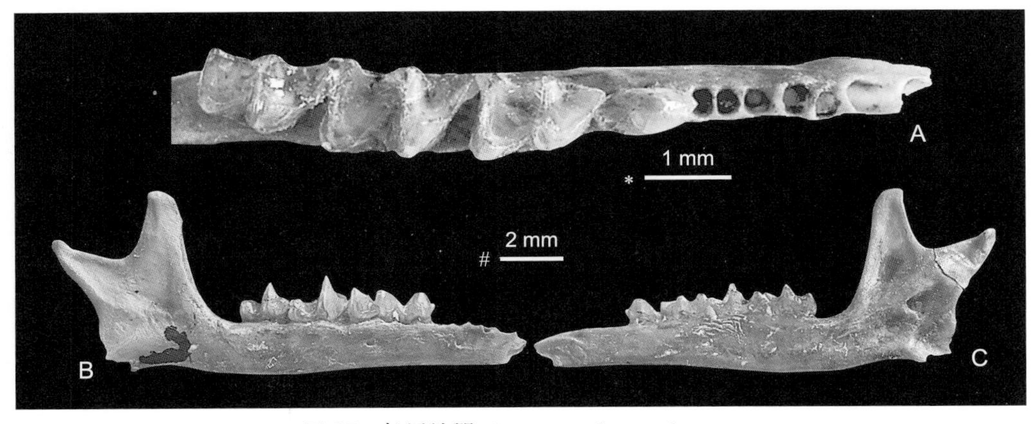

图 37 长尾鼩鼹 *Scaptonyx fusicaudus*

右下颌支（IVPP V 7609.1），云南呈贡三家村：A. 冠面视，B. 颊侧视，C. 舌侧视；比例尺：* - A，# - B, C

正模 AMNH 44518，具 i1–m3 右下颌支；青海青海湖附近，现生种。

鉴别特征 同属。

产地与层位 重庆巫山龙骨坡，下更新统裂隙堆积；云南呈贡三家村，上更新统裂隙堆积。

甘肃鼹属 Genus *Scapanulus* Thomas, 1912

模式种 欧氏甘肃鼹 *Scapanulus oweni* Thomas, 1912

鉴别特征 肱骨的近端和远端相对窄、不那么向穴居型特化，圆肌隆突长，胸嵴短、远端靠侧；齿式：2•1•3•3/2•1•3•3。I1 和 i1 增大；上犬齿及 p4 之前的前臼齿双根；P4 的原尖极弱，没有前附尖；上臼齿的后外褶很窄；上臼齿的中附尖分得很开；p4 后跟不发达；下臼齿的三角座和跟座明显前后向压扁，因而下齿凹和下跟凹很窄；m2 和 m3 的斜脊向舌侧伸至发育的下后附尖；齿带一般不显著。

中国已知种 仅 *Scapanulus* cf. *S. oweni* 一相似种。

分布与时代 安徽，早更新世。

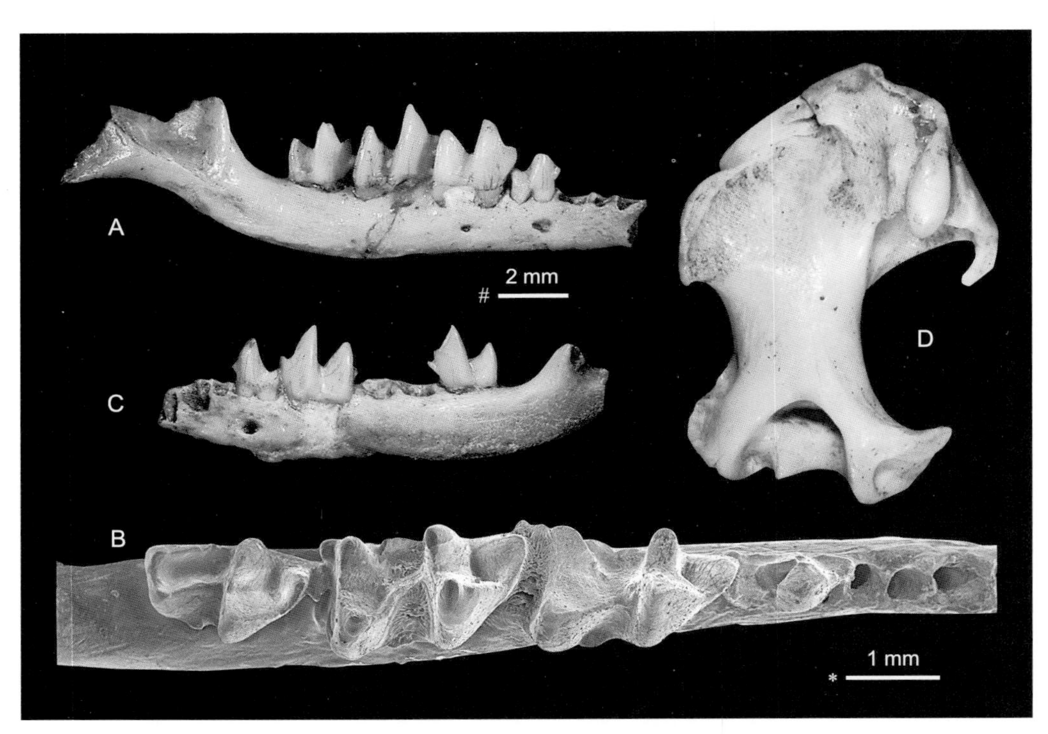

图 38 欧氏甘肃鼹（相似种）*Scapanulus* cf. *S. oweni*

A, B. 残破右下颌支，附 p4–m3（IVPP V 13950.1），C. 残破左下颌支，附 p4–m1、m3（IVPP V 13950.2），D. 右肱骨（IVPP V 13950.25）；A, C. 颊侧视，B. 冠面视，D. 后方视；比例尺：# - A, C, D，* - B（A, C, D 引自金昌柱等，2009b）

评注 *Scapanulus* 为我国特有的一个现生单型属，分布于甘南、川西及邻近地区。该属的亚科分类地位在学者中仍未取得完全一致的意见，根据其不甚特化的肱骨形态，部分研究者的意见将其归入鼩鼹亚科。

欧氏甘肃鼹（相似种） *Scapanulus* cf. *S. oweni* Thomas, 1912

（图 38）

Scapanulus cf. *S. oweni*：金昌柱等，2009b，95页

发现于安徽繁昌早更新世的一些鼹类的化石材料中（IVPP V 13950），p3 具有双根，下臼齿三角座前后明显压扁，m2 和 m3 的斜脊与下后尖连接，其形态与 *Scapanulus oweni* 种的相似，被归入该属。但标本的尺寸比现生种的大，材料又不多，尚缺乏重要鉴定特征的信息，能否归入该属或者属于该属的一个新种，有待更多材料的发现和研究。

鼹亚科 Subfamily Talpinae Fischer von Waldheim, 1817

鼹亚科为广布全北区、属种最多的鼹类，最早出现于欧洲的晚始新世，并一直延续到现代。该亚科是典型的掘洞穴居型食虫动物，个体一般较大，骨骼特化。锁骨短，有腹突；肱骨短、宽，有横的圆肌隆起和大隆起，近端明显比远端宽，大隆起上的锁骨关节面扩大成一圆凸区，胸脊上移至骨体近中面，并与圆肌隆起成一直线，圆肌隆起成一长而高的嵴，二头肌沟被小隆起缘和胸肌嵴包围，外上髁较发育，肱骨头椭圆形；肩胛骨窄，没有后肩峰突；股骨不压扁。

鼹亚科在我国出现的时代稍晚，发现化石的属、种也不是很多。

原美洲鼹属 Genus *Proscapanus* Gaillard, 1899

模式种 梅氏原美洲鼹 *Talpa meyeri* Schlosser, 1887

鉴别特征 下颌冠状突纵向较长。具穴居适应型的肱骨：骨体粗壮，圆肌隆起远端较长。齿式：3•1•4•3/3•1•4•3。P4 原尖弱小；M1 中附尖分开；i1 增大；p1 小；下臼齿斜脊的终止位置靠舌侧，通常有弱齿带；m2 和 m3 的下后尖有后脊。

中国已知种 仅 *Proscapanus* sp. 一未定种。

分布与时代（中国） 内蒙古，早 — 中中新世。

评注 *Proscapanus* 是一类个体较大、中度适应穴居的鼹类动物，在欧洲记录于下—中中新统。在我国虽然见于内蒙古的多个地点，但发现的材料都不多。

原美洲鼹（未定种）*Proscapanus* sp.

（图 39）

Talpidae gen. et sp. indet.：邱占祥等，1988，401页；Qiu, 1988, p. 834

Proscapanus sp.：邱铸鼎，1996，19页；王晓鸣等，2009，118页，图1

发现于内蒙古苏尼特左旗奥尔班早中新世奥尔班组和默尔根中中新世通古尔组的一些零星颊齿（IVPP V 10337），其形态特征排除了属于 Uropsilinae 和 Desmaninae 亚科的可能，而可归入 Talpinae 亚科中的 Scalopini 族，似乎代表了 *Proscapanus* 属在我国中新世地层中的存在。该鼹鼠的牙齿形态和尺寸与欧洲 *P. sansaniensis* 较为接近，但与 *P. primitivus* 和 *P. intercedens* 有较多的不同，很可能代表该属的一新种。其特征是下前臼齿双根；p4 没有下后尖；M2 舌侧收缩，齿尖高而尖锐，没有原小尖而仅有一极小的后小尖，中附尖明显分开。

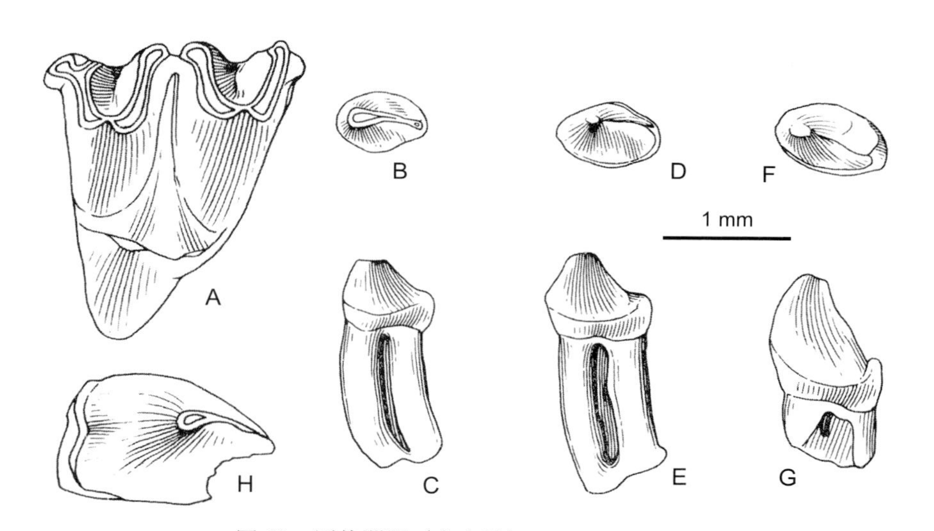

图 39　原美洲鼹（未定种）*Proscapanus* sp.

A. 右 M2（IVPP V 10337.1，反转），B, C. 右 p1（IVPP V 10337.2，反转），D, E. 左 p2（IVPP V 10337.3），F, G. 右 p3 （IVPP V 10337.4，反转），H. 右 p4 （IVPP V 10337.5，反转）：A, B, D, F, H. 冠面视，C, E, G. 颊侧视（均引自邱铸鼎，1996）

云鼹属 Genus *Yunoscaptor* Storch et Qiu, 1991

模式种　凿齿云鼹 *Yunoscaptor scalprum* Storch et Qiu, 1991

鉴别特征　小体形鼹类。下齿式：3•1•3•3（随意把失去的前臼齿称为 p1）。第一下门齿明显扩大，凿形，匍匐状；第一下门齿至 p2 都为单根，p3 和 p4 双根，个体从 p2 到 p4 递增；P4 具小而清楚的原尖。臼齿中等高冠；m2 和 m3 的斜脊伸向发育的下后附尖，下跟凹的舌侧封闭（但 m1 的开放）；m1–3 的下原尖和下次尖角形，后齿带缺失，颊侧齿带退化；M1–3 的中附尖不分，小尖多数发育弱；M2 和 M3 的前齿带和后齿带退化。下颌支的臼前齿区相当长。肢骨中度穴居适应型特化，肱骨头指向远中面，圆肌隆起长，胸嵴终止于侧方，“美洲鼹嵴”显著。

中国已知种 仅模式种。

分布与时代 云南，晚中新世。

评注 由于云鼹属具第一下门齿增大、肱骨有“美洲鼹嵴”的形态特征，因而被归入美洲鼹族（Scalopini）。其肱骨只是中等程度的穴居适应型特化，与我国现生的 *Scapanulus* 属的接近，故它易于与许多高度穴居及非穴居适应型的现生和化石鼹类相区别。该属也只有我国发现的一种。

凿齿云鼹 *Yunoscaptor scalprum* Storch et Qiu, 1991

（图 40）

Scalopini gen. et sp. indet.：邱铸鼎等，1985，15页

Yunoscaptor scalprum：Storch et Qiu, 1991, p. 615

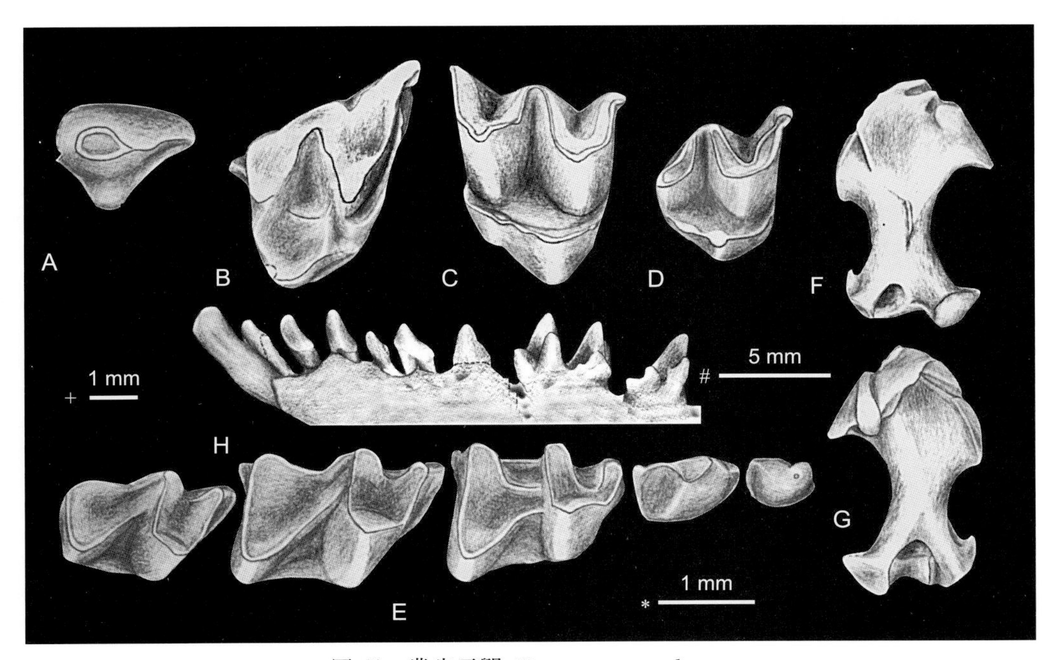

图 40 凿齿云鼹 *Yunoscaptor scalprum*

A. 左 P4 （IVPP V 9741.20），B. 左 M1 （IVPP V 9741.22），C. 右 M2 （IVPP V 9741.23），D. 右 M3 （IVPP V 9741.30），E. 右 p3–m3 （IVPP V 9741.11），F, G. 左肱骨 （IVPP V 9741.38），H. 破损右下颌支，附 i1–m2 （IVPP V 9740，正模）：A–E. 冠面视，F. 前方视，G. 后方视，H. 舌侧视；比例尺：∗ - A–E，# - F, G，+ - H （均引自 Storch et Qiu, 1991）

正模 IVPP V 9740，具 i1–p3 和破碎 p4–m2 的右下颌支；云南禄丰石灰坝，上中新统石灰坝组。

副模 IVPP V 9741.1–44，完好和破损的肱骨 6 件，牙齿 38 枚；云南禄丰石灰坝，上中新统石灰坝组。

鉴别特征 同属。

产地与层位 云南禄丰石灰坝，上中新统石灰坝组；云南元谋雷老，上中新统小河组。

鼩鼹鼠属 Genus *Quyania* Storch et Qiu, 1983

模式种 周氏鼩鼹 *Quyania chowi* Storch et Qiu, 1983

鉴别特征 很小型的鼩鼹。肱骨的适应及形态与现代鼩鼹族的相似，胸肌嵴和圆肌隆起间的凹缺不宽。齿式：3•1•3?•3/3•1•3•3。I1 明显增大；C 和 p2 不增大；上臼齿的后小尖区不明显扩张，原小尖弱。M1 有很浅的后外褶，前后棱弱或缺失。下臼齿相对低冠，斜脊终止相当靠颊侧，并以一凹缺与下原脊分开，无下后附尖，下内尖长、与下内尖脊一起几乎把下跟凹封闭。下前臼齿双根，下原尖鼓起。齿带较强大。下颌骨细弱，向前逐渐变细。

中国已知种 仅模式种。

分布与时代 华北，早中新世山旺期 — 早上新世高庄期。

评注 该属的肱骨不甚特化，适应于地上行走，可能与我国西南地区现生鼩鼹的习性相似。*Quyania* 归入鼹亚科（Talpinae）中的鼩鼹族（Urotrichini），与北美西部一些鼹类有较为密切的亲缘关系，可能是 *Neurotrichus gibbsi* 的祖先类型。鼩鼹属仅发现于我国，目前只有一个已知种。

周氏鼩鼹鼠 *Quyania chowi* Storch et Qiu, 1983

（图 41）

Quyania chowi：Storch et Qiu, 1983, p. 92

正模 IVPP V 6452，具 m2、m3 及 i1–m1 齿槽的右下颌支；内蒙古化德二登图，上中新统二登图组。

副模 IVPP V 6453.1–214，30 件破碎的上、下颌骨，174 枚牙齿，10 件破损肢骨；内蒙古化德二登图，上中新统二登图组。

鉴别特征 同属。

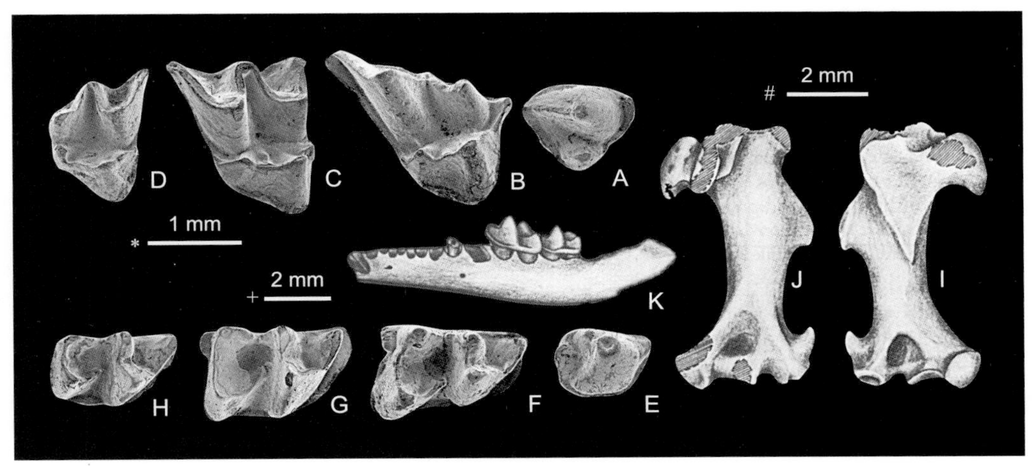

图 41　周氏鼩鼹鼠 *Quyania chowi*

A. 右 P4（IVPP V 6453.2），B. 右 M1（IVPP V 6453.3），C. 右 M2（IVPP V 6453.4），D. 右 M3（IVPP V 6453.5），E. 右 p4（IVPP V 6453.6），F. 右 m1（IVPP V 6453.7），G. 右 m2 （IVPP V 6453.8），H. 右 m3（IVPP V 6453.9），I, J. 左肱骨（IVPP V 6453.209），K. 破损右下颌支，具 m2、m3 及 i1–m1 齿槽（IVPP V 6452，正模，反转）：A–H. 冠面视，I. 后方视，J. 前方视，K. 舌侧视；比例尺：* - A–H，# - I, J，+ - K（I, K 引自 Storch et Qiu, 1983）

产地与层位　内蒙古化德二登图，上中新统二登图组；内蒙古化德哈尔鄂博，上中新统二登图组 — 下上新统。

小鼹鼠属 Genus *Yanshuella* Storch et Qiu, 1983

模式种　原麝鼹 *Scaptochirus primaevus* Schlosser, 1924

鉴别特征　小体型鼹。齿式：3•1•3?•3/3•1•3?•3。I1 明显增大；C 单根，不增大；p2 相对小；p4 之前的臼前齿单根；下臼齿无下后附尖。M1 的中附尖前后向拉长，但不分开或分开微弱；M2 和 M3 中附尖的分开弱或达到中等程度；m2 和 m3 的斜脊伸至下原脊后壁中部；上臼齿的原小尖弱或缺失；P4 的原尖清楚，前尖向前鼓起；p4 的后跟宽，下后尖小或缺失，下原尖肿胀。齿带较为发育。下颌的臼前齿区相对短且向前逐渐变细，前部牙齿匍匐；冠状突的前缘直，与水平支成直角。肱骨、尺骨和桡骨呈中度穴居适应型特化；肱骨的圆肌隆起纵向短，肱骨头指向中远端；“美洲鼹嵴”明显。

中国已知种　仅模式种。

分布与时代　华北；早中新世山旺期 — 晚上新世麻则沟期。

评注　该属的模式种最早被归入 *Scaptochirus* 属，但其牙齿和肱骨的特征（如 I1 增大，C 和上臼前齿都不增大，中度穴居适应的肱骨上有“美洲鼹嵴”）与高度穴居适应型的 *Scaptochirus* 属有很大的不同。*Yanshuella* 归入鼹亚科（Talpinae）中的美洲鼹族（Scalopini），最早出现于内蒙古早中新世，一直延续到晚上新世，但目前只有分布于中国的一个已知种。

原始小鼹鼠 *Yanshuella primaeva* (Schlosser, 1924)

（图 42）

Scaptochirus primaevus：Schlosser, 1924b, p. 3; Miller, 1927, p. 8 (part)

Erinaceidae gen. nov.?：Miller, 1927, p. 8 (part)

Yanshuella primaeva：Storch et Qiu, 1983, p. 111

选模 肱骨（见 Schlosser, 1924b, pl. 1, fig. 8，标本保存在瑞典乌普萨拉大学演化博物馆）；内蒙古化德二登图，上中新统二登图组。

副选模 种名创建人与选模同时采到的所有其他材料，包括 6 个下颌支、23 个肱骨和 1 个股骨。

归入标本 IVPP V 6455.1–526，16 件残破的上颌，52 件破损的下颌支，70 件肢骨，388 枚单个颊齿，采自内蒙古二登图 2；IVPP V 6456.1–36，2 件破损的下颌支，6 件肢骨，28 枚单个颊齿，采自内蒙古哈尔鄂博 2。

鉴别特征 同属。

产地与层位 内蒙古苏尼特右旗沙拉，上中新统；内蒙古化德二登图，上中新统二

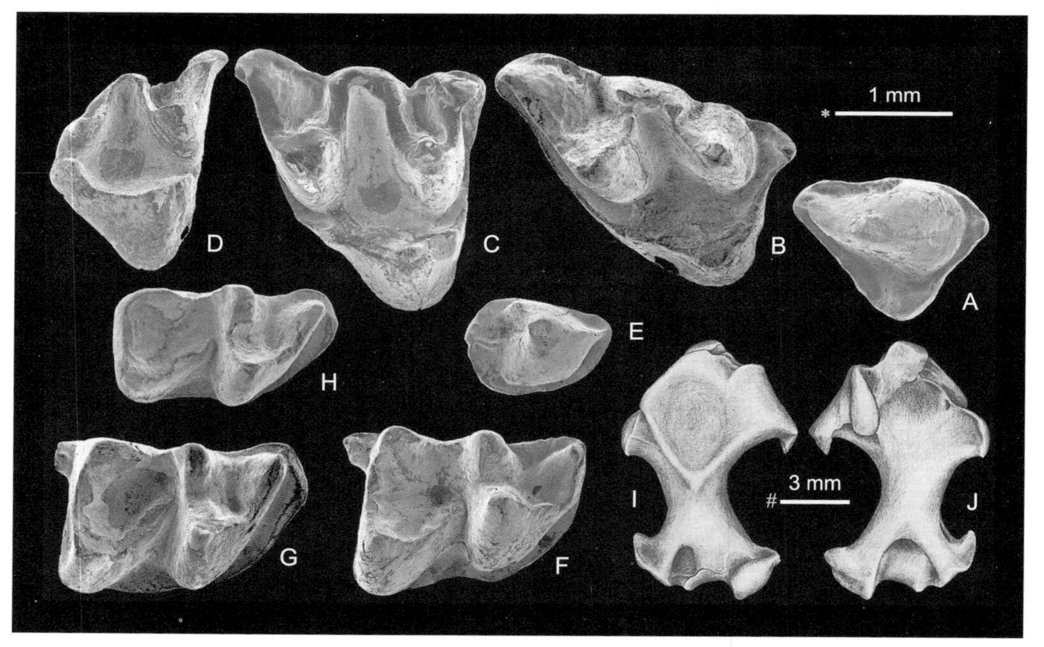

图 42 原始小鼹鼠 *Yanshuella primaeva*

A. 右 P4 （IVPP V 6455.1），B. 右 M1 （IVPP V 6455.2），C. 右 M2 （IVPP V 6455.3），D. 右 M3 （IVPP V 6455.4），E. 右 p4（IVPP V 6455.5），F. 右 m1（IVPP V 6455.6），G. 右 m2（IVPP V 6455.7），H. 右 m3（IVPP V 6455.8），I, J. 左肱骨（IVPP V 6455.457）：A–H. 冠面视，I. 前方视，J. 后方视；比例尺：* - A–H，# - I, J（I 引自 Storch et Qiu，1983）

登图组；内蒙古化德哈尔鄂博，上中新统二登图组—下上新统；内蒙古化德比例克，下上新统；内蒙古阿巴嘎旗高特格，下上新统；山西榆社高庄，下上新统高庄组；山西榆社麻则沟，上上新统麻则沟组。

评注 Storch 和邱铸鼎于 1980 年在模式产地又发现了大量该种的标本。在系统而深入地研究了全部材料后，他们指出，Miller（1927）在重新研究 Schlosser 这批材料时，将其中两件有绘图的下颌支归入到刺猬科，而将一件绘图的肱骨指定为该种的选模，并将该种改归到鼹科的 *Scapanulus* 属。Storch 和邱铸鼎根据大量新材料断定 Schlosser 所记述的材料应属同种，并为其创建了一个新属 *Yanshuella*。遗憾的是，Miller 对选模的不成功的指定成了一个不可挽回的错误（命名法规规定，一旦指定了选模，不可再改变）。我们只能把 Schlosser 材料中除选模外的所有其他标本定为副选模。该种化石在我国华北晚中新世—上新世许多地层中都有发现，是一常见种。

鼹属 Genus *Talpa* Linnaeus, 1758

模式种 欧鼹 *Talpa europaea* Linnaeus, 1758

鉴别特征 具适应穴居型的肱骨。齿式：3•1•4•3/3•1•4•3。C 和 p1 增大；P1–3 小，从前往后个体稍递增，但比 P4 明显小；P4 前尖高而尖锐，原尖弱小；上臼齿无原小尖和后小尖，但原脊和后脊明显，中附尖几乎不分开，无外侧齿带；M1 无前棱和前外褶；p2 和 p3 很小，个体近等；p4 主尖高，尖锐，后跟较长，具前边附尖；下臼齿前后向伸长，尖、脊锐利，齿尖比齿脊高而显著，齿带甚弱而不连续，下齿凹和下跟凹在舌侧开放，斜脊伸达下原脊的中部偏颊侧，没有下后附尖、下后附尖脊和下内尖脊；m1 的三角座宽约为跟座宽的 88%左右；m1 和 m2 的下内附尖位置低。下颌联合部后伸达 p1 的下方，具双颏孔，后颏孔位于 m1 前齿根之下。

中国已知种 仅 *Talpa latouchei* 一种。

分布与时代（中国） 重庆，早更新世—中更新世；湖北，早更新世；辽宁，中更新世。

评注 *Talpa* 为旧大陆分布很广的一属现生鼹类，最早化石记录于欧洲的早中新世。该属与 *Mogera*，甚至是 *Scaptochirus* 和 *Parascaptor* 等属的形态都很相似，如果没有完整齿列的发现，很难确定其属级的分类地位。我国虽然报道了 *Talpa* 属化石在一些地点的发现，如甘肃和重庆，但材料都很零星（郑绍华、张联敏，1991；郑绍华、张兆群，2001）。*Mogera* 的材料报道于辽宁本溪庙后山（辽宁省博物馆、本溪市博物馆，1986），但未见有具体的描述和图示，是否归入 *Talpa* 属或 *Mogera* 属，未见到标本，难以判断。

拉氏鼹 *Talpa latouchei* Thomas, 1907

（图 43）

Talpa latouchei：Frost et al., 1991, p. 45

模式标本 未指定，中国台湾，现生标本。

鉴别特征 I3 柱状，冠面椭圆形，单根；C 前宽后窄，单尖、双根；P1 略大于 P2，前者双根，后者单根。下颌支在 m3 下最高。颏孔大，位于 m1 下次尖之下。下臼齿高冠，无颊侧齿带，前颊侧齿带形成齿带尖；下齿凹比下跟凹窄，无下内尖脊；斜脊前端偏向下后尖。

产地与层位 重庆巫山龙骨坡，早更新世洞穴、裂隙堆积。

评注 鉴于 *Talpa* 属与 *Mogera*、*Scaptochirus* 和 *Parascaptor* 属的形态相似，目前发现的化石材料中又未见有完整的齿列，可否归入该属种，有待进一步的发现。

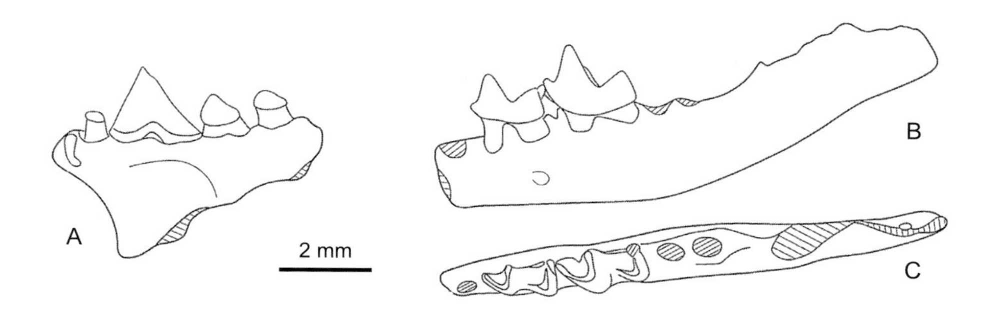

图 43 拉氏鼹 *Talpa latouchei*

A. 破损右上颌骨，带有 I3、C、P1–2（CQMNH CV. 983），B, C. 破损左下颌支，带有 m1–2（CQMNH CV. 983）：A. 舌侧视，B. 颊侧视，C. 冠面视（均引自郑绍华、张联敏，1991）

白尾鼹属 Genus *Parascaptor* Gill, 1875

模式种 白尾鼹 *Talpa leucura* Blyth, 1850

鉴别特征 头骨狭长；额骨隆起；颧弓纤细；颅骨低下宽平。具穴居适应型的肱骨。齿式：3•1•3•3/3•1•4•3。C 增大；P2 和 P3 近等大；P4 原尖弱小，有很小的前附尖；上臼齿无原小尖和后小尖，颊侧无齿带；M1 无前棱和前外褶，中附尖稍分开；M2 和 M3 的中附尖明显分开；c 小；p1 增大；p2 在齿列中最小，单根；p3 和 p4 形态相似，但前者稍小，都有明显的后跟和双齿根；下臼齿三角座和跟座近等长，下齿凹和下跟凹的舌侧开放，斜脊伸达下原脊后壁中部低处，没有下后附尖、下后附尖脊和下内尖脊；m1 和 m2 的下内附尖位置低；m2 和 m3 有显著的下前附尖。具双颏孔，前颏孔位于 p2 之下。

中国已知种 化石仅 *Parascaptor* cf. *P. leucurus* 一相似种。

分布与时代 云南，晚更新世。

评注 *Parascaptor* 为一现生鼹类的单型属，在我国分布于云南和四川的横断山地区。该属与 *Mogera*、*Talpa*、*Scaptochirus*、*Euroscaptor* 等属的形态相似，有研究者把它们都归入 *Talpa* 属（Nowak et Paradiso, 1983），我国的现生动物学者，可能主要是基于这些属的齿式和牙齿形态上的一些差异，倾向于把它们视为独立的属（王应祥，2003）。

白尾鼹（相似种） *Parascaptor* cf. *P. leucurus* (Blyth, 1850)

（图 44）

Parascaptor cf. *P. leucurus*：邱铸鼎等，1984，285页

云南呈贡三家村地点晚更新世洞穴和裂隙堆积物中发现的一些材料（IVPP V 7610），其下臼齿无下后附尖，下后附尖脊和下内尖脊缺失，斜脊连接于下原脊的中部，M2 三角形、原尖收缩、中附尖不分开，具有与云南和四川西部现生 *Parascaptor leucurus* 相似的特征。所不同的是现生种 M2 的中附尖微弱分开，可能属于较为进步的性状。

另外，黄万波等（2000）报道的重庆巫山迷宫的 *Scaptonyx fusicaudus*，从其下臼齿斜脊的连接方式、下后附尖和下后附尖脊的缺失，以及 m1 三角座的宽度看，应该归入 *Parascaptor*，而非 *Scaptonyx* 属。

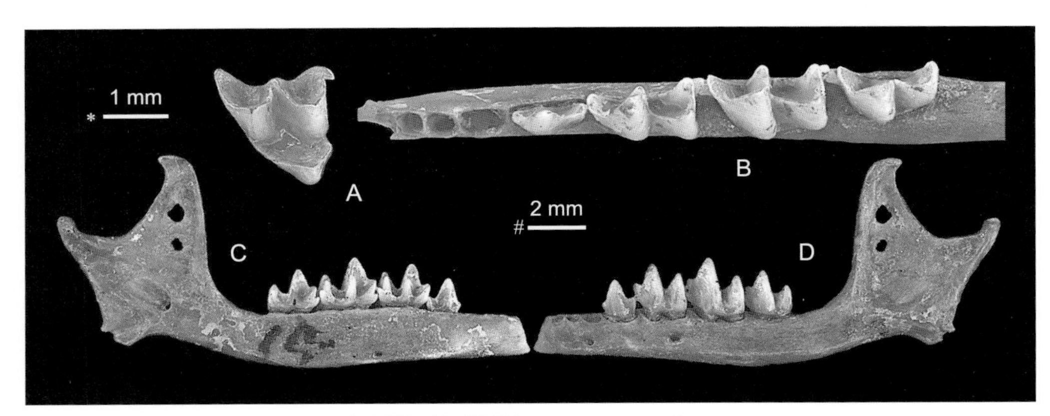

图 44 白尾鼹（相似种）*Parascaptor* cf. *P. leucurus*

A. 右M2（IVPP V 7610.2），B–D. 左下颌支（IVPP V 7610.1）：A, B. 冠面视，C. 舌侧视，D. 颊侧视；比例尺：* - A, B，# - C, D

麝鼹属 Genus *Scaptochirus* Milne-Edwards, 1867

模式种 麝鼹 *Scaptochirus moschatus* Milne-Edwards, 1867

鉴别特征 齿式：3•1•3•3/3•1•3•3。C 和 p2 增大；P2 和 P3 小、近等宽；P4 前尖高

而尖锐，原尖低而弱，无前附尖；p3 很小，p4 主尖高、尖锐，后跟短；臼齿的齿脊比齿尖显著，牙齿呈嵴形；上臼齿无原小尖和后小尖，但有强壮的原脊和后脊，中附尖略分开，颊侧无齿带；下臼齿的下跟凹比下齿凹显著，斜脊伸达下原脊后壁中部，没有下后附尖、下后附尖脊和下内尖脊，齿带极弱而不完整；m1 的三角座宽约为跟座宽的 90%；m1 和 m2 的下内附尖位置低。

中国已知种 *Scaptochirus moschatus* 和 *S. jiangnanensis*，共两种。

分布与时代 重庆，中更新世；陕西，中更新世；山西，上新世高庄期 / 麻则沟期；北京，中更新世周口店期；安徽，早更新世泥河湾期；辽宁，更新世。

评注 *Scaptochirus* 为现生鼹类的单型属，适应于掘洞穴居，在我国主要分布于北方地区。该属肱骨构造和牙齿形态与 *Mogera* 和 *Talpa* 属的很相似，甚至不少研究者认为它们可归入一个属。三者的区别似乎在于齿式的差异和牙齿形态上的一些细微不同。所发现的化石种类和材料都不是很多，对其在分类上的准确定位有必要作进一步的研究。

麝鼹 *Scaptochirus moschatus* Milne-Edwards, 1867

（图 45）

Scaptochirus primitivus：Zdansky, 1928, p. 7; Young, 1934, p. 11

Scaptochirus moschatus：Pei, 1936, p. 10；Young et Liu, 1950, p. 50；胡长康、齐陶，1978，11页

模式标本 现生标本，未定，内蒙古 Swanhwanfu（北京西北 100 km）。

鉴别特征 同属。

产地与层位 北京周口店第一、第三地点，中更新统；重庆歌乐山，中更新统；陕西蓝田公王岭，中更新统。

评注 该种发现材料最多的地点是周口店。从第一地点（Young, 1934）共采集到 36 件牙齿保存不全的下颌和 300 多件四肢骨（IVPP C/C. 910–933）；从第三地点（Pei, 1936）采集到 3 个破碎的头骨、3 件破损上颌、78 件下颌支、278 件肱骨和 172 件尺骨（IVPP C/C. 2080–2092）。

江南麝鼹 *Scaptochirus jiangnanensis* Jin, Zheng et Sun, 2009

（图 46）

Scaptochirus jiangnanensis：金昌柱等，2009b，99页

正模 IVPP V 13952.1，残破左下颌支，带 p2、p4–m1；安徽繁昌人字洞，下更新统。

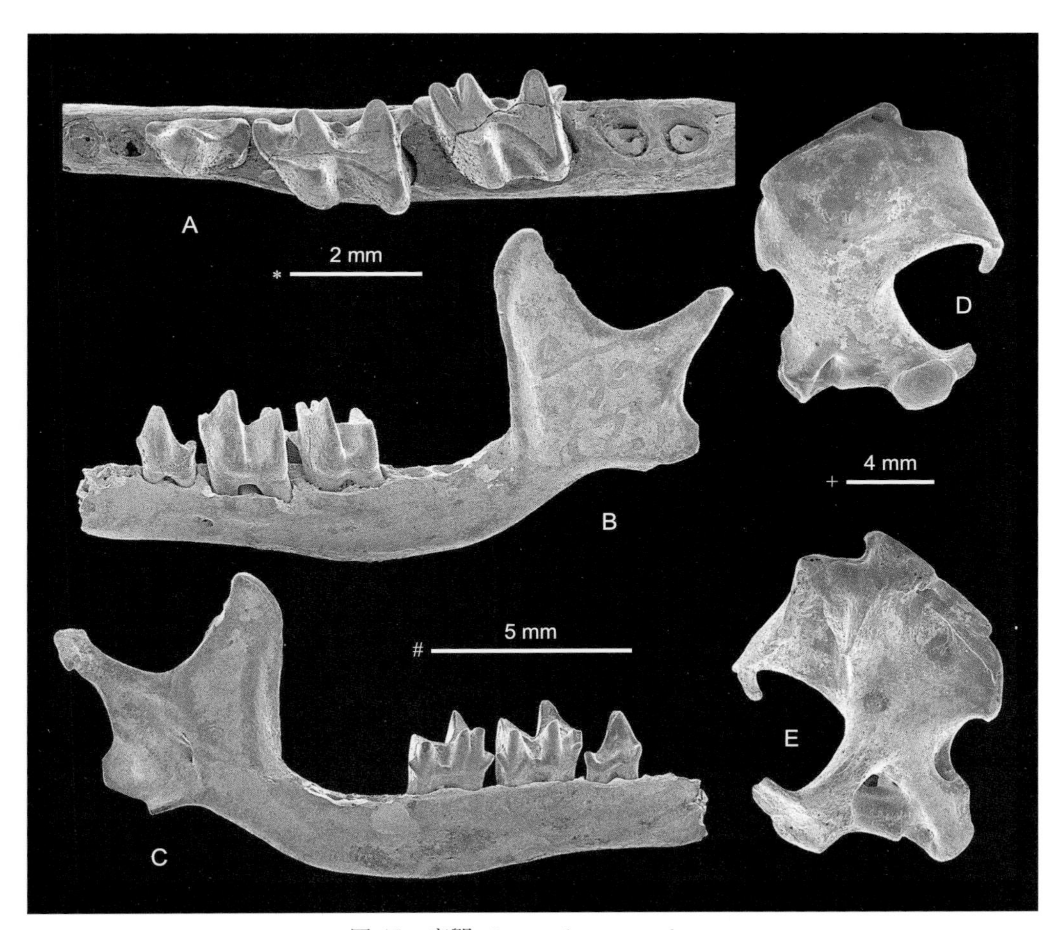

图 45　麝鼹 *Scaptochirus moschatus*

A–C. 左下颌支，附 p4–m2（IVPP C/C. 3002.2），D, E. 左肱骨（IVPP C/C. 2088.1）：A. 冠面视，B. 颊侧视，C. 舌侧视，D. 前方视，E. 后方视；比例尺：∗ - A，# - B, C，+ - D, E

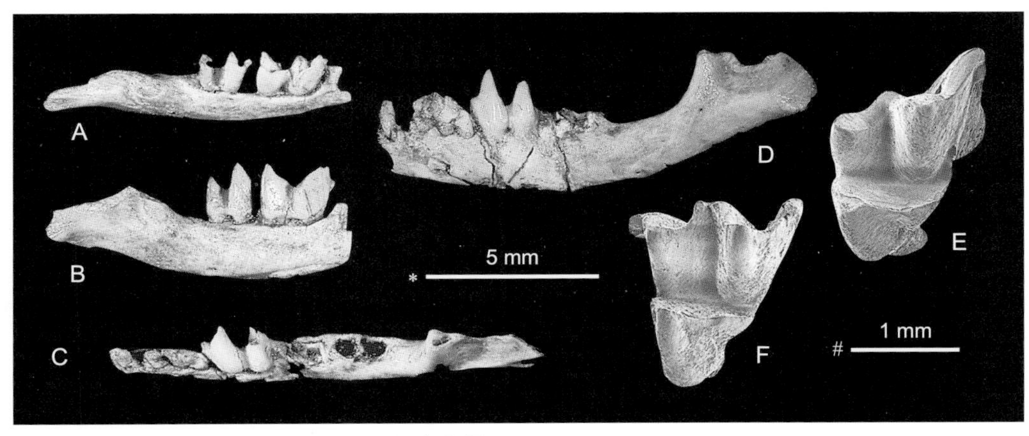

图 46　江南麝鼹 *Scaptochirus jiangnanensis*

A, B. 残破右下颌支，具 m2–3（IVPP V 13952.5），C, D. 残破左下颌支，具 p2、p4–m1（IVPP V 13952.1 正模），E. 左 M1（IVPP V 13952），F. 左 M2（IVPP V 13952）：A, C, E, F. 冠面视，B, D. 颊侧视；比例尺：∗ - A–D，# - E, F（A–D 引自金昌柱等，2009b）

副模 IVPP V 13952.2–39，1 件残破的上颌，29 件残破的下颌支，8 件肱骨，与正模一起采自安徽繁昌人字洞第二至第十六层。

鉴别特征 体形比 *Scaptochirus moschatus* 小；P4 粗壮；M1 窄长，原尖较粗壮，次尖弱；M1 不甚退化；p3 较大，跟座发育；下臼齿具下内尖脊，斜脊较靠颊侧；m3 不很退化，跟座上的下次尖与下内尖发育。

评注 该种仅发现于安徽人字洞的上部堆积物。建名人没有指定除正模以外的模式标本，把发现于人字洞第二至第十六水平层的标本都称为“其他材料”(IVPP V 13952.2–39)。查人字洞的洞穴堆积总厚约 40 m，顶部主要为含大块灰岩角砾的砂质黏土或砂质土，下部主要为砂层。顶部厚 10 余米，按岩性分为 1–7 自然层，其中 1–6 自然层上部，按 0.5 m 间距划分为 1–16 水平层（共 8 m），为主要含化石层，特别是第 9–14 水平层（相当于第 5–6 自然层）化石最为丰富。建名人将 2–16 水平层所产化石看作大体同一时代的产物。这里将与正模一起发现的其他标本视为副模。

这个种的下臼齿具有下后附尖和下内尖脊，似乎有悖于麝鼹属的特征，是否应该指定为该属，还需要更多材料进一步予以证实。

水鼹亚科 Subfamily Desmaninae Mivart, 1871

水鼹亚科最早出现于渐新世，化石全北区分布，现生种仅见于俄罗斯的伏尔加河流域和乌拉尔水系。该亚科是一类适应水边生活的鼹类动物，肱骨不甚特化，远端比近端宽，肱骨头侧扁，二头肌沟短，有指浅屈肌韧带附着窝；上臼齿有发育的后小尖。

在我国发现的属、种不多，但出现的时代从早中新世一直延续到上新世。

小水鼹属 Genus *Desmanella* Engesser, 1972

模式种 斯氏小水鼹 *Desmanella stehlini* Engesser, 1972

鉴别特征 中等大小的鼹类。齿式：?•?•?•3/2•1•4•3；i1? 增大；下犬齿退化；p2 为牙齿中的最小者；i1?–p3 单根；p4 双根；M1 和 M2 的原小尖和后小尖非常发育，并由齿脊与原尖联结，后小尖多少前后向延长，因而使牙齿的后缘中部向前凹入，中附尖分开或根本不分；M1 的后棱明显掠向后外。

中国已知种 仅 *Desmanella storchi* 一种。

分布与时代（中国） 内蒙古，早中新世山旺期 — 中中新世通古尔期。

评注 该属的亚科地位仍然悬而未决，有置于 Desmaninae 者，也有归入 Talpinae 或 Uropsilinae 者，问题的解决有待该属肱骨的发现，这里暂归入前者。*Desmanella* 属在欧洲和中东出现于中新世—早上新世，目前已发现7种；在我国最早记录于内蒙古的早中新世嘎顺音阿得格地点，命名种只有发现于通古尔的一种。

施氏小水鼹 *Desmanella storchi* Qiu, 1996

（图47）

Desmanella sp.：邱占祥等，1988，401页；Qiu, 1988, p. 834

Desmanella storchi：邱铸鼎，1996，24页

正模 IVPP V 10340，右M1；内蒙古苏尼特左旗默尔根，中中新统通古尔组。

副模 IVPP V 10341.1–12，上牙6枚，残破的下颌支1件，下牙齿5枚；与正模发现于同一地点和层位。

鉴别特征 M1的原小尖强大，后小尖明显向后延伸；原尖向舌侧凸出，与原小尖和后小尖连线构成的夹角小。轻磨蚀的M1和M2中部看不到中附尖分裂的痕迹。p4构造简

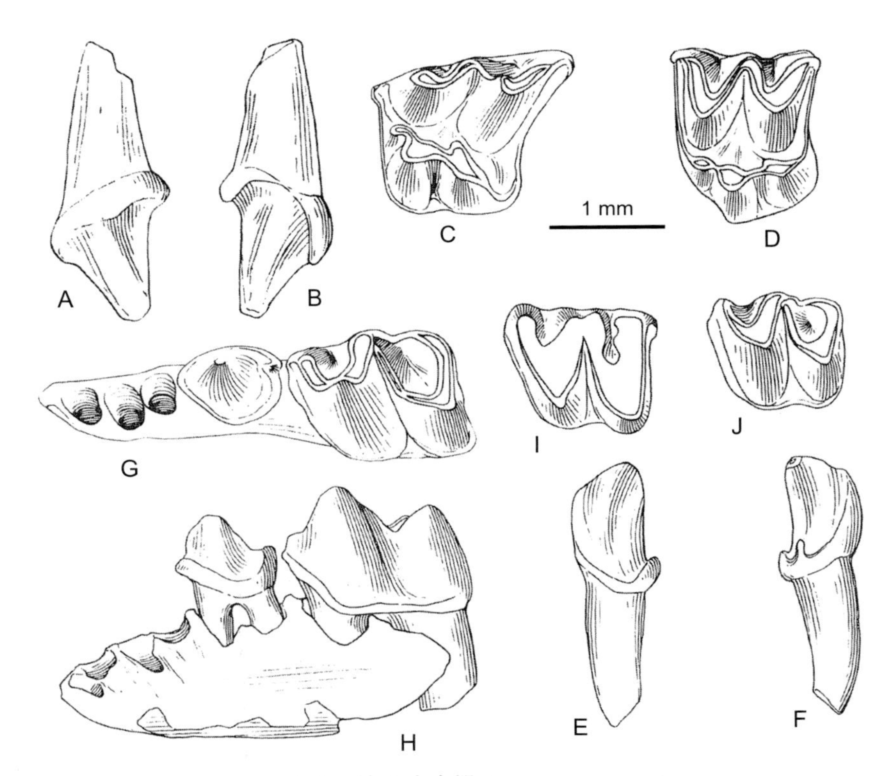

图47 施氏小水鼹 *Desmanella storchi*

A, B. 左I1? (IVPP V 10341.1)，C. 右M1 (IVPP V 10340，反转)，D. 左M2 (IVPP V 10341.4)，E, F. i2? (IVPP V 10341.8)，G, H. 破损左下颌支，附p4和m1 (IVPP V 10341.7)，I. m2 (IVPP V 10341.10，反转)，J. m3 (IVPP V 10341.12，反转)：C为正模，其他皆为副模；A, E, H. 颊侧视，B, F. 舌侧视，C, D, G, I, J. 冠面视（均引自邱铸鼎，1996）

单；m1–3 的斜脊伸达下后尖的位置高；m1 和 m2 的下后边脊与下内尖间有一极窄的沟；m3 不甚退化。臼齿齿带弱，M1 的后小尖的后脊与后齿带连接。

评注 建名人仅指定了正模，其他标本都列为“归入标本”。这里按《国际动物命名法规》的要求，把它们列为副模。

水鼹属 Genus *Desmana* Güldenstaedt, 1777

模式种 俄罗斯水鼹 *Castor moschatus* Linnaeus, 1758

鉴别特征 个体较大的水鼹。头骨前端平，在第一门齿处稍加宽；胫、腓骨一般愈合。齿式：3•1•4•3/3•1•4•3。颊齿齿带通常发育显著；颊齿的齿根数比一般鼹类的多些；犬齿和前臼齿相对较宽。I1 明显且十分宽大；P4 前端圆弧形，有显著的原尖；M1 和 M2 有明显的原小尖和后小尖，后小尖往往比原小尖大，中附尖分开；后颊侧转折谷比前颊侧转折谷大；下臼齿的下内附尖强大，斜脊伸至下后尖。

中国已知种 仅 *Desmana* sp. 一未定种。

分布与时代（中国） 内蒙古，上新世高庄期；山西，上新世高庄期 / 麻则沟期。

评注 *Desmana* 为一仍然生活于现代的鼹属，分布于欧洲靠北地区，适应水边生活。该属的化石种分布于古北区，在欧洲最早出现于早上新世。

水鼹（未定种） *Desmana* sp.

（图 48）

Desmana kowalskae：Flynn et al., 1991, p. 256

Desmana sp.：Qiu et Storch, 2000, p. 176

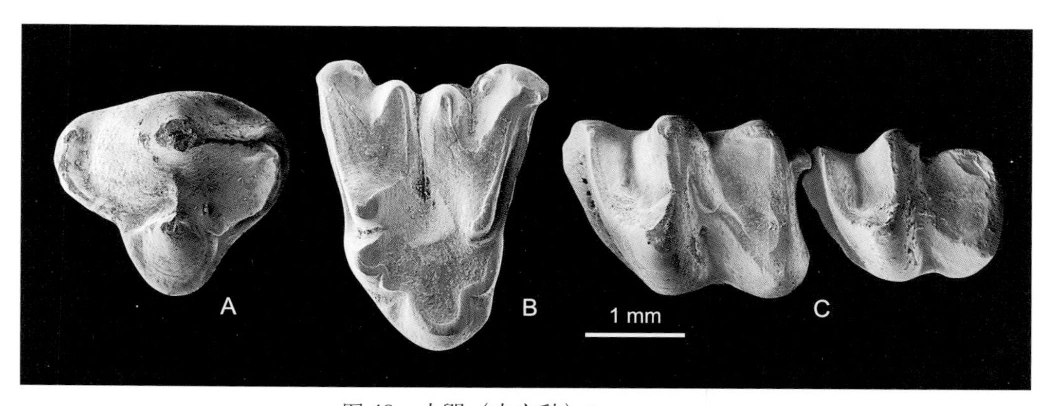

图 48 水鼹（未定种）*Desmana* sp.

A. 左 P4（IVPP V 11881.1），B. 右 M2（IVPP V 11881.2），C. 左 m2–3（IVPP V 11881.3）：冠面视（均引自 Qiu et Storch, 2000）

产自内蒙古化德比例克早上新世比例克层的一些零星食虫类材料（IVPP V 11881），尺寸较大，P4 具发育的原尖和粗壮的前尖，M2 有显著的原小尖、后小尖以及发育的颊侧齿嵴与前后齿带，m2 和 m3 的斜脊与下后尖连接、有强大的前齿带和后齿带，这些形态与现生 *Desmana* 属相应牙齿的特征一致，无疑可归入该属。但其 P4 的原尖相对较弱，位置很靠近前尖的舌侧，而且原尖和前尖间有一弱脊相连，下臼齿的齿尖和齿脊高而锐利、颊侧齿带限于颊侧转折谷、下内尖不特别伸长等特征与现生种及欧洲发现的一些化石种有较明显的差别，可能代表出现于亚洲的一新化石种，但尚需要更多材料的发现和研究。

另外，Flynn 等（1991）把发现于榆社早上新世高庄组的一枚上臼齿归入发现于欧洲的 *Desmana kowalskae*。而 *D. kowalskae* 已被认为是 *D. nehringi* 的同物异名。由于标本太少，这里同样归入水鼹属的未定种。

鼩鼱科 Family Soricidae Fischer von Waldheim, 1817

模式属 鼩鼱 *Sorex* Linnaus, 1758

定义与分类 鼩鼱科是一类分布广、种类多的食虫动物。该科动物个体小，外形似鼠，肢骨短，有长而尖的鼻子；一般喜湿润环境，多数生活在地上，少量在水中游动或掘洞。p4 的形状、下颌骨的构造、以及牙齿染色的情况是鼩鼱科化石分类的重要依据。根据这些形态特征，鼩鼱科被分为异鼩亚科（Heterosoricinae）、麝鼩亚科（Crocidurinae）、湖鼩亚科（Limnoecinae）、鼩鼱亚科（Soricinae）和别鼩亚科（Allosoricinae）五个亚科。其中 Soricinae 的属、种最多，分布也广，并分为若干族。

鉴别特征 头骨细长，吻部相对短，颅骨虽小但鼓胀，颧弓薄弱或缺失，听泡缺失，鼓骨环形，近水平位置贴近头骨，基蝶骨没有鼓翼（tympanic wing），副枕突很退化，蝶腭孔在臼齿很前的位置上。所有鼩科动物的下颌上均具有上下双重关节。胫骨和腓骨分开或愈合。I1 钩形；上臼前齿（I1 与 P4 之间的牙齿）单尖、单齿根；P4 次臼齿化，具高大、向后延伸成刀刃状的前尖，有很发育、盆状的次尖架；M1–2 方形，具 W 形的外齿脊，可具有发育并与舌侧齿带连接的次尖和嵴状的原尖，以及发育程度不同的中附尖；齿列的退化发生于一个或两个上臼前齿的退减，两个或更多下臼前齿的退减；下门齿抹刀形，匍匐生长；原始类型的臼前齿单尖、单齿根；p4 不臼齿化；m1 和 m2 的三角座和跟座相对低、高度近等，跟座上有明显的下内尖和常见伸达下内尖之后的下后边脊，颊侧转折谷深，跟座与三角座等宽或比三角座稍宽；m3 在原始类型中有发育的盆状后跟；部分种类的牙齿染色。

牙齿的形态、染色情况，下颌髁突的构造、颏孔的位置，齿尖的高度，m3 的后跟特征等，是每一亚科在属、种鉴定上的重要依据。但一般而言，如果没有颌骨及较为完整齿列的发现，对鼩鼱科动物分类位置的确定常常会有一定的困难。该科牙齿及下颌上升支的构造模式如图 49。

中国已知属 *Lusorex*, *Mongolosorex*, *Heterosorex*, *Zelceina*, *Blarinella*, *Alloblarinella*, *Sorex*, *Petenyia*, *Paenepetenyia*, *Cokia*, *Anourosorex*, *Soriculus*, *Parasoriculus*, *Chodsigoa*, *Episoriculus*, *Paranourosorex*, *Beremendia*, *Lunanosorex*, *Chimarrogale*, *Sulimskia*, *Paenelimnoecus*, *Crocidura*, *Suncus*, 共23属。

分布与时代 鼩鼱科最早出现于北美的中始新世，一直延续至今。化石分布于除大洋洲外的各个洲，其中 Limnoecinae 亚科只发现于北美，Allosoricinae 亚科仅见于欧洲。

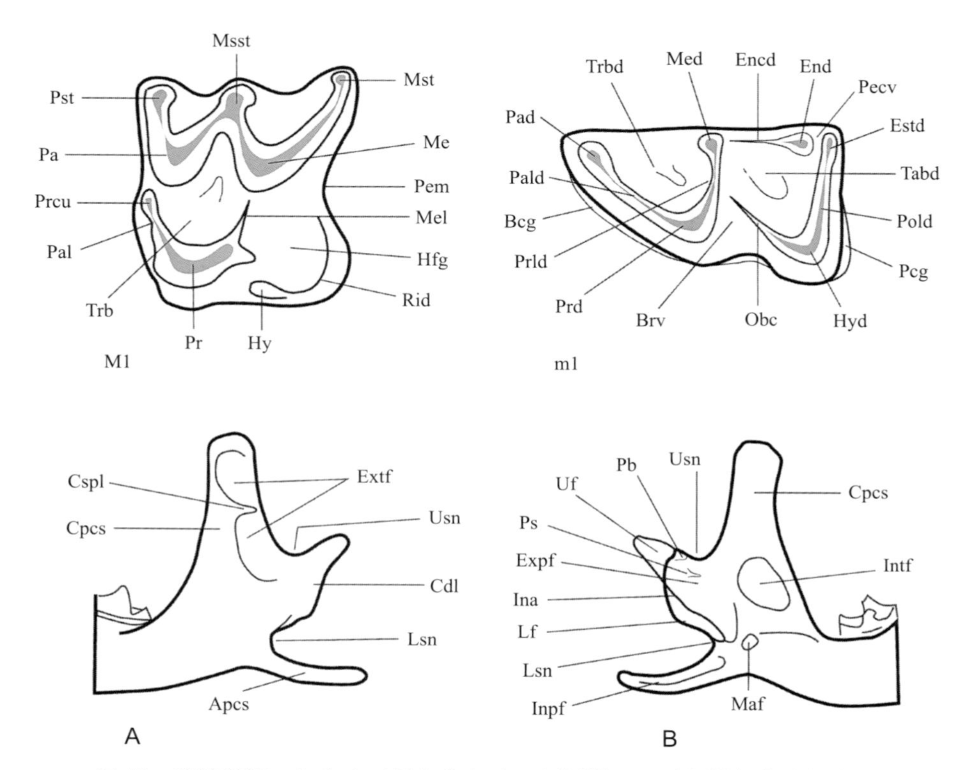

图 49 鼩鼱科第一臼齿及下颌上升支（A. 颊侧视，B. 舌侧视）构造模式图

Apcs. 角突 （angular）；Bcg. 颊侧齿带或外侧齿带 （buccal cingulum）；Brv. 颊侧转折谷 （buccal reentrant valley）；Cdl. 髁突 （condyle）；Cpcs. 冠状突 （coronoid process）；Cspl. 冠突刺 （coronoid spicule）；Encd. 下内尖脊 （entoconid crest）；End. 下内尖 （entoconid）；Estd. 下内附尖 （entostylid）；Extf. 外颞窝 （external temporal fossa）；Expf. 外翼窝 （external pterygoid fossa）；Hfg. 次尖架 （hypoconal flange）；Hy. 次尖 （hypocone）；Hyd. 下次尖 （hypoconid）；Ina. 髁关节间区 （interarticular area）；Inpf. 内翼窝 （internal pterygoid fossa）；Intf. 内颞窝 （internal temporal fossa）；Lf. 下关节面 （lower facet）；Lsn. 下乙状切迹 （lower sigmoid notch）；Maf. 下颌孔 （mandibular foramen）；Me. 后尖 （metacone）；Med. 下后尖（metaconid）；Mel. 后脊（metaloph）；Msst. 中附尖（mesostyle）；Mst. 后附尖（metastyle）；Obc. 斜脊 （Oblique crista）；Pa. 前尖 （paracone）；Pad. 下前尖 （paraconid）；Pal. 前脊 （paraloph）；Pald. 下前脊 （paralophid）；Pb. 翼疤痕 （pterygoid boss）；Pcg. 后侧齿带 （posterior cingulum）；Prcu. 原小尖 （protoconule）；Pecv. 后下内尖谷 （postentoconid valley）；Pem. 后缘弯曲 （posterior emargination）；Pold. 下后边脊 （posterolophid）；Pr. 原尖 （protocone）；Prd. 下原尖 （protoconid）；Prld. 下原脊 （protolophid）；Ps. 翼刺 （pterygoid spicule）；Pst. 前附尖 （parastyle）；Rid. 嵴 （ridge）；Tabd. 下跟凹 （talonid basin）；Trb. 齿凹 （trigon basin）；Trbd. 下齿凹 （trigonid basin）；Uf. 上关节面 （upper facet）；Usn. 上乙状切迹 （upper sigmoid notch）

该科在亚洲出现的时间可能稍晚，我国的化石种类包括 Heterosoricinae、Crocidurinae 和 Soricinae 三个亚科，目前能确定的属、种最早记录于中新世。

异鼩亚科 Subfamily Heterosoricinae Viret et Zapfe, 1951

异鼩亚科为一类灭绝了的鼩鼱类食虫动物，最早出现于渐新世。体形中等 — 非常大，性状相对原始。p4 的主尖三角形，其上没有或几乎没有后沟，齿根横向加宽甚至多有两齿根。下颌髁突下关节偏向舌侧，在下乙状切迹上其偏移下颌骨体面的程度比其他鼩鼱亚科的都大，而且与下颌水平支轴面近成直角；内颞窝无或非常浅，从不成袋状；颏孔位于 m1 中部到 m2 前根之下，在下颌骨上通常伴有凹区或有一从颏孔的前背侧伸向 p4 方向的沟，或者两种情况同时存在；下颌骨的舌侧，在 m1 或 m2 近下缘处有一功能不明的小孔；咬肌窝很发育。牙齿有一定程度的染色；P4 和 M1 后缘弯曲不明显，次尖架不向后凸出；M2 梯形或矩形，上颌颧突起于其后；m1 颊侧转折谷低，开口位置与齿带持平；m3 跟座双尖或者其下次尖和下内尖连成新月形脊。

异鼩类化石全北区分布，北美发现于下渐新统 — 下中新统，欧洲记录于中渐新统 — 下上新统。目前我国发现的属、种不多，亚科的命名种仅见于中新统，最早出现于早中新世，最晚延续到晚中新世。

鲁鼩属 Genus *Lusorex* Storch et Qiu, 2004

模式种 泰山鲁鼩 *Lusorex taishanensis* Storch et Qiu, 2004

鉴别特征 上、下第一臼齿的形态与 *Wilsonosorex* Martin, 1978 的相似，不同在于前者的中附尖不分裂，后小尖脊状、呈 Y 形，原小尖较弱，下原尖和下次尖之下的外齿带不连续，m1 和 m2 的下内尖非常尖锐且侧向压扁。个体小，大小如同 *W. bateslandensis* 者。此外，其上、下门齿都相当小，并以上臼齿具发育的小尖和下臼齿的外齿带退化而不同于异鼩亚科的其他所有属。颅后骨骼鼩鼱型。迄今所知，与鼩鼱科其他亚科者的不同，仅仅是胫骨和腓骨不愈合。

中国已知种 仅模式种。

分布与时代 山东，早中新世山旺期。

评注 内颞窝不成袋状，很显著的咬肌窝为一水平脊分开，P4 和 M1–2 的后缘弯曲不明显、次尖架不向后凸出，都表明了该属可归入异鼩类。它与北美的 *Wilsonosorex* 属似有较为接近的系统关系，可能说明在早中新世时亚洲与北美间存在小哺乳动物的迁移和扩散。该属只有在我国发现的一种，材料保存很好。

泰山鲁鼩 *Lusorex taishanensis* Storch et Qiu, 2004

（图 50）

Lusorex taishanensis：Storch et Qiu, 2004, p. 357

正模 IVPP V 13915，保存软体轮廓和右侧完整齿列的一件基本完整的骨架；山东临朐解家河，下中新统山旺组。

鉴别特征 同属。

图 50 泰山鲁鼩 *Lusorex taishanensis*

正模（IVPP V 13915，骨架）中保存较完好的齿系部分，包括破损右上门齿、右上臼前齿（A1–5）、左、右下门齿、右下臼前齿（a1–5）、m1–3、左 m2 （A），右 P4–M3 （B），右 m1–3 （C）：A. 颊侧视，B, C. 冠面视（均引自 Storch et Qiu, 2004）

蒙古鼩属 Genus *Mongolosorex* Qiu, 1996

模式种 邱氏蒙古鼩 *Mongolosorex qiui* Qiu, 1996

鉴别特征 异鼩亚科中齿冠较高的一属。下臼齿具高而连接下后尖的下内尖脊，无后下内尖谷，齿带发育，向外凸出；m1 三角座的长度明显比跟座的大；m3 跟座由尖状的下次尖和脊状的下内尖构成。牙齿染色不明显。

中国已知种 仅模式种。

分布与时代 内蒙古，早中新世山旺期 — 中中新世通古尔期。

评注 该属的确定基于有限的材料，上齿系和颌骨的特征都还不清楚，有待更多材料的发现。

邱氏蒙古鼩 *Mongolosorex qiui* Qiu, 1996

（图 51）

Dinosorex sp. nov.：邱占祥等，1988，401页；Qiu, 1988, p. 834

Mongolosorex qiui：邱铸鼎，1996，29页

正模 IVPP V 10343，右 m1；内蒙古苏尼特左旗默尔根，中中新统通古尔组。

副模 IVPP V 10344.1–4，发现于同一地点和层位的 1 枚 m2 和 3 枚 m3。

鉴别特征 同属。

评注 尽管该种现知的材料不多，但其下臼齿的形态表明它具有异鼩类特有的基本构造特征，即颊侧转折谷开口的位置与齿带的高度接近相同，前后及外齿带异常发育且连续，无后下内尖谷，m3 有不甚退化的后跟。建名人没有指定除正模以外的模式标本，都列为“归入标本”，无疑这些材料都可视为该种的副模。

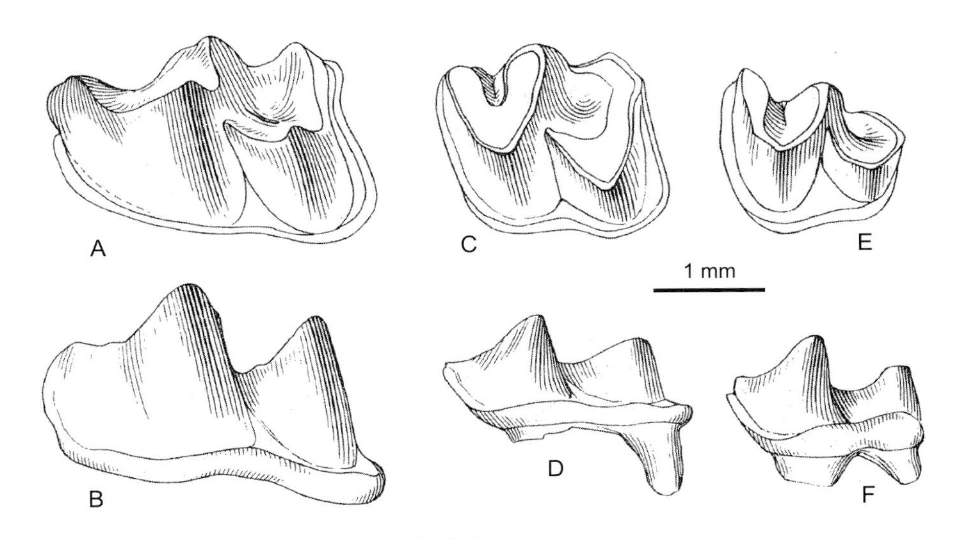

图 51 邱氏蒙古鼩 *Mongolosorex qiui*

A, B. 右 m1（IVPP V 10343，正模，反转），C, D. m2（IVPP V 10344.1，副模），E, F. 左 m3（IVPP V 10344.2，副模）：A, C, E. 冠面视，B, D, F. 颊侧视（均引自邱铸鼎，1996）

异鼩属 Genus *Heterosorex* Gaillard, 1915

模式种 豚异鼩 *Heterosorex delphinensis* Gaillard, 1915

鉴别特征 下颌咬肌窝不分开或隐约分开，颏孔位于m2三角座或跟座之下；下门齿锯齿状；下颌冠状突的顶部垂直（不向后倾斜）。p4次三角形，外缘很长，内缘短；下臼齿的下内尖脊发育，冠面视下后边脊与下内尖融会或分离；m3的跟座退化；M1和M2较长，中附尖微弱分裂，内侧尖发育弱。

中国已知种 仅 *Heterosorex wangi* 一种。

分布与时代（中国） 云南，晚中新世。

评注 *Heterosorex* 属分布于欧亚大陆。在欧洲出现于中新世，除记录于阿斯塔拉期（MN7）的模式种外，尚有出现于早中新世（MN1–3）的 *H. neumayrianus*。我国目前只有一种，为该属的最晚代表。

王氏异鼩 *Heterosorex wangi* Storch et Qiu, 1991

（图52）

Heterosoricinae gen. et sp. indet.：邱铸鼎等，1985, 15页

Heterosorex wangi：Storch et Qiu, 1991, p. 606

正模 IVPP V 9733，具m1–3的左下颌支；云南禄丰石灰坝，上中新统石灰坝组。

副模 IVPP V 9734.1–10，两下颌支，分别具a1、m1–3和c、m1–2，以及8枚牙齿；云南禄丰石灰坝，上中新统石灰坝组。

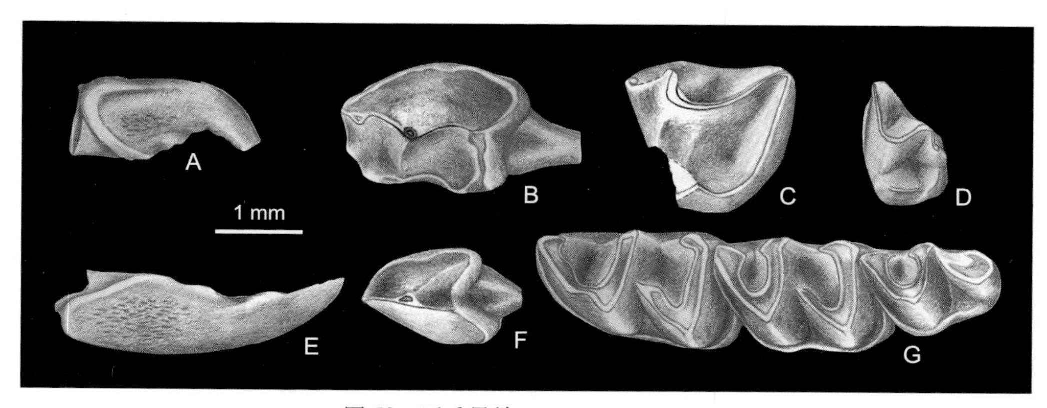

图52 王氏异鼩 *Heterosorex wangi*

A. 右上门齿（IVPP V 9734.4），B. 上臼前齿（IVPP V 9734.6），C. 左P4（IVPP V 9734.7），D. 左M3（IVPP V 9734.8），E. 右下门齿（IVPP V 9734.9），F. 下臼前齿（IVPP V 9734.10），G. 左m1–3（IVPP V 9733）：G为正模，其他皆为副模；A, E. 颊侧视，B–D, F, G. 冠面视（均引自Storch et Qiu, v1991）

鉴别特征 下颌咬肌窝不分开；下门齿和 m1 间仅有两个臼前齿；颏孔位于 m2 跟座之下；下门齿粗壮，后缘伸达 m1 三角座后方；下臼齿的下后边脊于下内尖稍后处终止，冠面视下后边脊与下内尖融会。

产地与层位 云南禄丰石灰坝，上中新统石灰坝组；云南元谋雷老，上中新统小河组。

鼩鼱亚科 Subfamily Soricinae Fischer von Waldheim, 1817

定义与分类 为广布全北区、多样性丰富的、最为常见的鼩鼱类。这一亚科的主要特征是 p4 具有舌后侧凹和齿冠的颊侧悬垂于牙根之上，下颌髁突和关节面通常分开，关节间区的舌侧有凹弯。根据咀嚼方式上的不同而反映在下颌形态上的差异，以及牙齿的形态特征和染色，这一亚科至少可分为 7 个族：Soricini Fischer von Waldheim, 1817，Blarinini Kretzoi, 1965，Soriculini Kretzoi, 1965，Beremendiini Reumer, 1984，Amblycoptus Kormos, 1926，Allosoricini Fejfar, 1966 和 Notiosoricini Reumer, 1984。

鉴别特征 该亚科的 p4 具有剪形的颊侧脊，在较进步的种类中颊侧脊与发育的后齿带形成封闭后舌侧凹的 L 形嵴；舌侧脊很退化，在进步的种类中甚至完全缺失；与同时代其他亚科的大部分属相比，p4 颊侧的冠部更为明显地悬垂于后颊侧角的牙根上；除在非典型的中新世属种中外，p4 为单根。下颌髁突关节不大分开（在较早的种类中甚至连在一起）到分得很开（现生的大部分属）；髁突上、下关节通常沿颊侧联合，而不是像麝鼩类（crocidurine）那样沿舌侧联合；具有关节间区的舌侧凹弯；有内颞窝；颏孔在许多属中比同时代麝鼩类的靠后。齿式：早中新世属、种中为：1•6•3/1•4•3，现代属、种从 1•6•3/1•2•3 到 1•3•3/1•2•3；牙齿通常染色，有的种类染色非常深，只有水鼩族（Neomyini）的个别属不染色或染色浅，不同的属染色差异明显。

中国已知属 *Zelceina*, *Blarinella*, *Alloblarinella*, *Sorex*, *Petenyia*, *Paenepetenyia*, *Cokia*, *Anourosorex*, *Soriculus*, *Parasoriculus*, *Chodsigoa*, *Episoriculus*, *Paranourosorex*, *Beremendia*, *Lunanosorex*, *Chimarrogale*, *Sulimskia*, *Paenelimnoecus*，共 18 属。

分布与时代 该亚科最早出现于欧洲的早渐新世，并一直延续到现代。亚洲和北美最早都记录于早中新世。

评注 该亚科的化石在我国晚中新世以来的地层中比较常见，属、种多，但以前所报道的重庆歌乐山的 *Nectogale* sp.（Young et Liu, 1950）属于毛猬类，而非本亚科的蹼足鼩（*Nectogale*）属。

乔斯山鼩属 Genus *Zelceina* Sulimski, 1962

模式种 似鼩乔斯山鼩 *Neomys soriculoides* Sulimski, 1959

鉴别特征 齿式：1•5•3/1•2•3。上门齿齿尖不劈裂；上颌骨的颧突起于M2之后；下门齿短，切缘上有两个小尖；P4梯形；P4–M2有中度的后缘弯曲；M1和M2具后脊，次尖架上三脊汇聚；m1和m2具低的下内尖脊；m1颊侧齿带显著；m3只有m1的一半大小，跟座很退化，没有下内尖；齿尖染色；颏孔在m1下次尖之下；髁突的关节间区窄，下关节面略微向舌侧偏移；冠状突瘦高。

中国已知种 仅 *Zelceina kormosi* 一种。

分布与时代（中国） 内蒙古，晚中新世保德期 — 早上新世高庄期。

评注 *Zelceina* 属归入鼩鼱族（Soricini），种类不多，化石分布于我国的北方和欧洲的东部。在欧洲出现于上新世卢西尼期 — 维兰尼期（MN14–16），在我国的出现似乎稍早。

科氏乔斯山鼩 *Zelceina kormosi* (Schlosser, 1924)

（图 53）

Crocidura kormosi：Schlosser, 1924b, p. 5 (part)

Blarinella kormosi：Miller, 1927, p. 8; Repenning, 1967, p. 35

"*Crocidura*" *kormosi*：Fahlbusch et al., 1983, p. 221

Zelceina kormosi：Storch, 1995, p. 227

选模 左下颌支，具m1–3（见 Schlosser, 1924b, p. 5, Pl. 1, fig. 1，标本保存于瑞典乌普萨拉大学博物馆）；内蒙古化德二登图1，上中新统二登图组。

副选模 一单独的左下门齿，可能与选模发现于同一地点。

归入标本 IVPP V 12121.1–243，11件残破的上颌，28件破损的下颌支，204枚单个颊齿，采自内蒙古二登图2；IVPP V 12122.1–10，1件破损的下颌支，9枚单个颊齿，采自内蒙古哈尔鄂博2。

鉴别特征 下门齿切缘上有3个小尖；p4多少有点呈根瘤状，舌后侧窝浅而模糊；m3的后跟有小但清晰的下内尖；P4、M1和M2的次尖不明显或很弱，舌后侧齿带脊中度发育；M1和M2的后脊非常显著；下颌骨粗壮，冠状突相对高。

产地与层位 内蒙古化德二登图，上中新统二登图组；内蒙古化德哈尔鄂博，上中新统二登图组 — 下上新统。

评注 该种最早由 Schlosser（1924b）命名，归入 *Crocidura* 属，后由 Miller（1927）

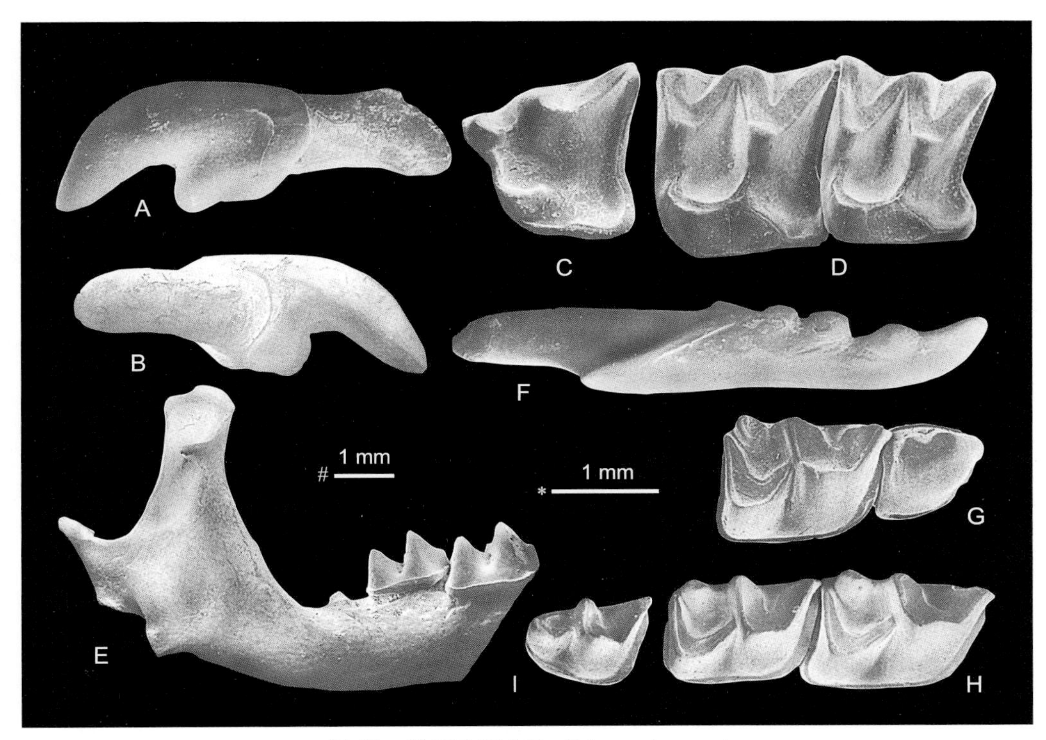

图 53　科氏乔斯山鼩 *Zelceina kormosi*

A. 左上门齿（IVPP V 12121.2），B. 左上门齿 （IVPP V 12121.3），C. 左 P4 （IVPP V 12121.4），D. 左 M1–2（IVPP V 12121.5），E. 右下颌支，附 m1–2（IVPP V 12121.13），F. 右下门齿（IVPP V 12121. 1），G. 右 p4–m1 （IVPP V 12121.7），H. 右 m1–2 （IVPP V 12121.8），I. 右 m3 （IVPP V 12121.10）：A, E, F. 颊侧视，B. 近中面视，C, D, G–I. 冠面视；比例尺：* - A–D, F–H，# - E（均引自 Storch, 1995）

移入 *Blarinella* 属，但都没有指定正模标本。Storch (1995) 对大量地模标本进行了研究后，发现该种有别于 *Crocidura* 和 *Blarinella* 属，而具有与 *Zelceina* 属一致的特征。Schlosser 描述的下颌骨无疑应视为该种的选模，而 Storch 描述采自二登图 2 和哈尔鄂博 2 地点的大量标本只能作为该种的归入标本。

短尾鼩属 Genus *Blarinella* Thomas, 1911

模式种　黑齿短尾鼩 *Blarinella quadraticauda* (Milne-Edwards, 1872)

鉴别特征　颧弓突起于 M2 之后；下颌骨粗壮；颏孔位于 m1 中部之下；内颞窝趋于卵圆形；髁突和关节面相对较大而不同于 *Sorex* 者。齿式：1•6•3/1•2•3；牙齿高度染色，如同 *Blarina* 属的一样；P4 后缘稍微弯曲，在原尖的近中侧有很显著的舌侧齿带；M1 的后缘弯曲也弱；M2 梯形；下门齿上翘，相对典型 *Sorex* 的较短，切缘上有两个低圆的小尖；下颊齿粗壮，有高但并不鼓胀的齿带；m1 和 m2 的下内尖靠近下后尖，有很高的下内尖脊；m3 三角座的退化不显著，但跟座退化，只有一个低锥形、叶状的下次尖。

中国已知种 *Blarinella quadraticauda* 和 *B. wannanensis*，共两化石种。

分布与时代 云南，晚中新世—现代；安徽，早更新世泥河湾期；湖北，早更新世；重庆，中更新世—现代。

评注 在现代的食虫动物中，*Blarinella* 为一单型属，分布于横断山脉及近邻地区。化石最早记录于云南晚中新世石灰坝组（Storch et Qiu, 1991）。该属的形态与 *Petenyia* 属的较为相似。

皖南短尾鼩 *Blarinella wannanensis* Jin, Zheng et Sun, 2009

（图 54）

Blarinella wannanensis：金昌柱等，2009b，108页

正模 IVPP V 13956.1，具门齿、P4–M2 的破损左上颌骨；安徽繁昌人字洞，下更新统。

副模 IVPP V 13956.2–26，11 件残破的头骨，13 件残破的下颌支，1 枚下门齿，采自安徽繁昌人字洞第二至第十六层。

鉴别特征 泪骨细而短；M1 原尖脊形，后方有发育、伸至次尖架的脊，但该脊未与内齿带连接，颊侧则通过原脊与前尖基部相连。与现生种 *Blarinella quadraticauda* 相比有以下不同：冠状突关节面前后向伸长；内颞窝大，前后向长度相对也大；下门齿较上翘；下臼齿的颊侧齿带较发育；m1 和 m2 的下内尖显著且与下后尖明显分开。

评注 该种仅发现于安徽人字洞的上部堆积物。建名人没有指定除正模以外的模式标本，把发现于人字洞第二至第十六层的标本都称为“其他材料”（IVPP V 13956.2–26），在此将其作为该种的副模（理由见江南麝鼹的评注部分）。

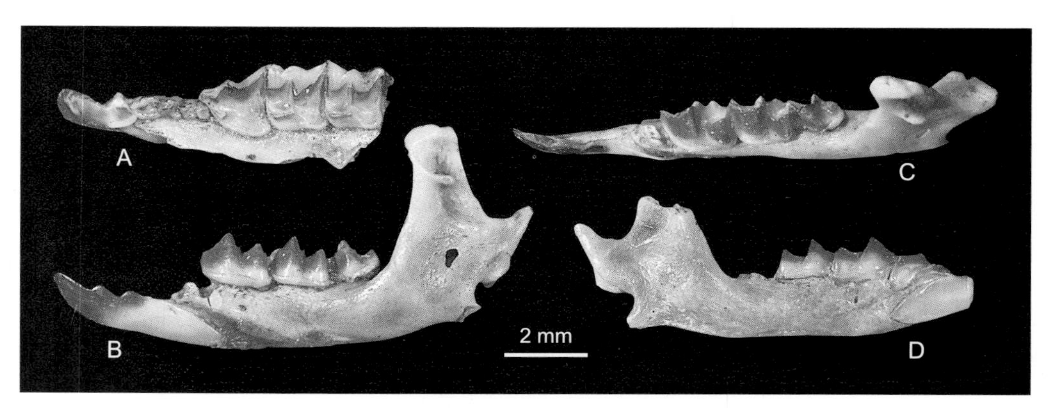

图 54 皖南短尾鼩 *Blarinella wannanensis*

A. 左上颌骨（IVPP V 13956.1，正模），B, C. 左下颌支（IVPP V 13956.2），D. 右下颌支（IVPP V 13956.3）：A, C. 冠面视，B, D. 颊侧视（均引自金昌柱等, 2009b）

黑齿短尾鼩 *Blarinella quadraticauda* (Milne-Edwards, 1872)

（图 55）

Blarinella quadraticauda：邱铸鼎等，1984，282页；黄万波等，2002，31页

模式标本 现生标本，未指定，四川宝兴穆坪。

鉴别特征 同属。

产地与层位 云南呈贡三家村，上更新统；重庆奉节兴隆洞，中更新统。

评注 *Blarinella quadraticauda* 为现生种，分布于川西地区。作为化石首次发现于云南呈贡三家村，材料颇丰富，但报道的只有一件代表性的下颌支（IVPP V 7601.1）。另外，在重庆兴隆洞发现的 9 枚脱落牙齿（FJV 0073–0077），也视作该种的归入标本。

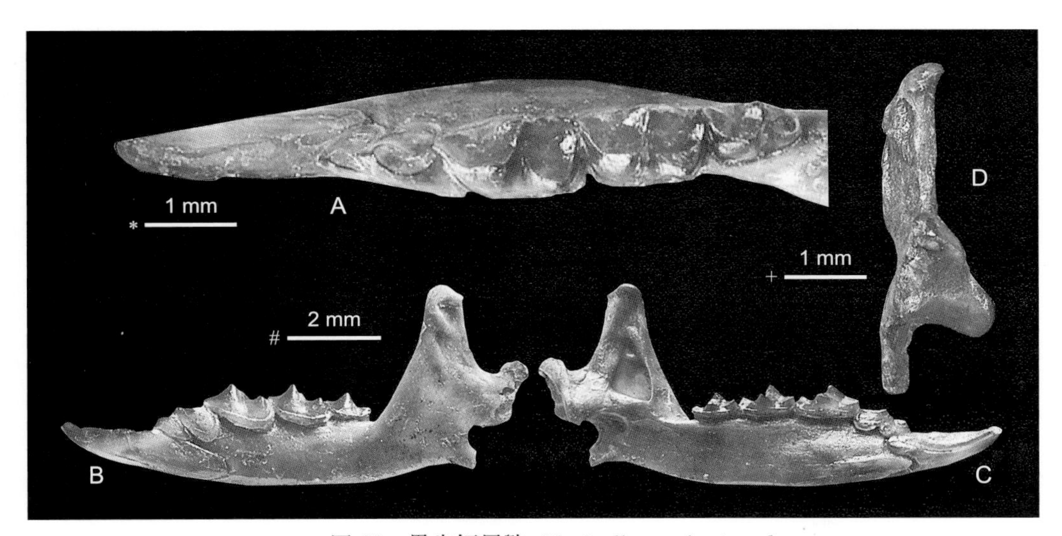

图 55 黑齿短尾鼩 *Blarinella quadraticauda*

左下颌支（IVPP V 7601.1）：A. 冠面视，B. 颊侧视，C. 舌侧面视，D. 后方视；比例尺：*-A，#-B, C，+-D

别短尾鼩属 Genus *Alloblarinella* Storch, 1995

模式种 欧洲别短尾鼩 *Blarinella europaea* Reumer, 1984

鉴别特征 m1 和 m2 的下内尖脊非常高，下原尖与下次尖和下后尖与下内尖的高度分别近等；M1 和 M2 的内脊通常高而连续；P4 冠面轮廓三角形，前附尖明显凸出，原尖退化；上、下第一和第二臼齿的冠面轮廓呈矩形；M1 和 M2 的后脊缺失或微弱；m3 相对大；上、下门齿具刮刀状的尖端；m1 和 m2 的下原尖和下次尖锐利；下颌髁突关节间区低，中部凹陷，下关节面高、背部凹入。

中国已知种 仅 *Alloblarinella sinica* 一种。

分布与时代（中国） 内蒙古，晚中新世保德期。

评注 *Alloblarinella* 属的种类不多，但在欧亚大陆均有分布，在欧洲出现于上新世的卢西尼期—维兰尼期（MN14–16），时代稍晚。该属的牙齿特征与现生的 *Blarinella* 较为相似，可能有较近的亲缘关系。它与北美新近纪的 *Blarina* 和 *Blarinoides* 属的形态也有某种相似之处，如下颌骨和臼齿的轮廓，以及 m1 和 m2 的下内尖脊、m3 后跟的退化程度等。虽然欧亚的 *Alloblarinella* 属与上述北美的两属不属于相同的族，但并不排除它们有着共同的祖先。

中华别短尾鼩 *Alloblarinella sinica* Storch, 1995

（图 56）

Alluvisorex sp.：Fahlbusch et al., 1983, p. 211

Alloblarinella sinica：Storch, 1995, p. 229

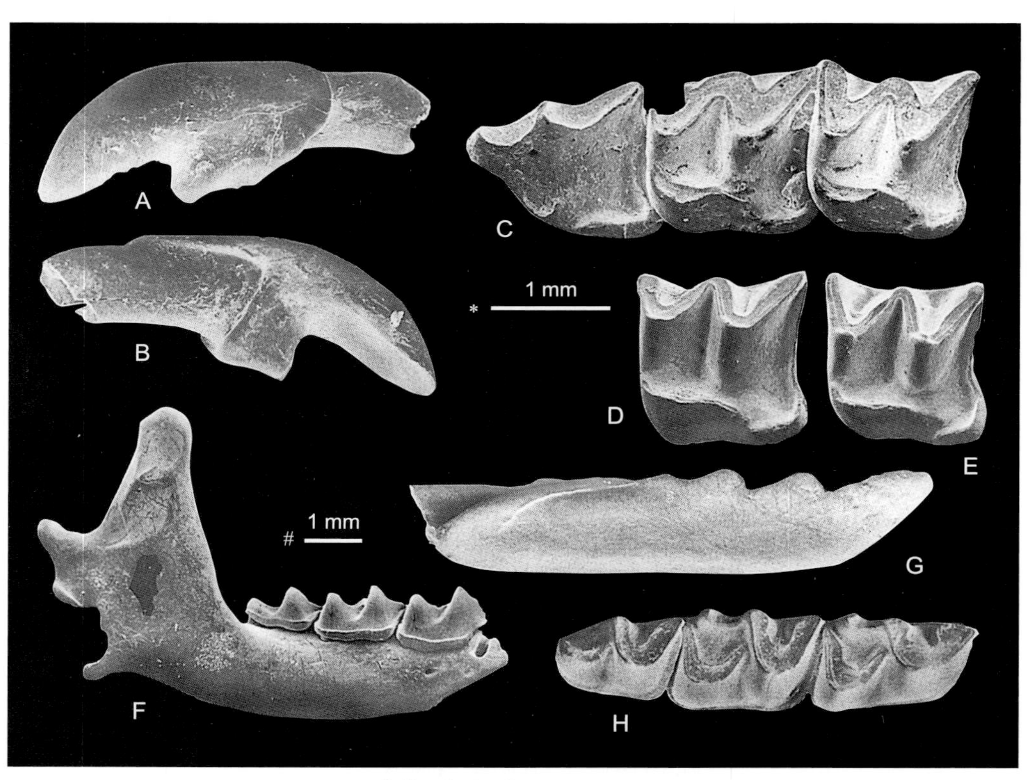

图 56　中华别短尾鼩 *Alloblarinella sinica*

A. 左上门齿（IVPP V 12124.2），B. 左上门齿（IVPP V 12124.3），C. 左 P4–M2（IVPP V 12124.4），D. 左 M1（IVPP V 12124.5），E. 左 M2（IVPP V 12124.6），F. 右下颌支，附 m1–3（IVPP V 12124.9），G. 右下门齿（IVPP V 12124. 1），H. 右 m1–3（IVPP V 12123）：除 H 为正模外，其他皆为副模；A, F, G. 颊侧视，B. 近中面视，C–E, H. 冠面视；比例尺：* - A, B–E, G, H，# - F（均引自 Storch, 1995）

正模 IVPP V 12123，具 m1–3 的右下颌支；内蒙古化德二登图，上中新统二登图组。

副模 IVPP V 12124.1–36，7 枚上门齿，3 件上颌骨碎块，3 枚下门齿，10 件破损的下颌支，以及一些脱落的臼前齿和臼齿；内蒙古化德二登图，上中新统二登图组。

鉴别特征 与 *Alloblarinella europaea* 的差异在于：个体明显小；下门齿切缘上具 3 个较低的小尖；有两个下颌孔；冠突刺向下伸达外颞窝之半；内颞窝上的隔骨板（limula）微弱或缺失；髁突关节较小。

评注 该种仅发现于内蒙古化德二登图，材料颇丰富。

鼩鼱属 Genus *Sorex* Linnaeus, 1758

模式种 普通鼩鼱 *Sorex araneus* Linnaeus, 1758

鉴别特征 齿式：1•6•3/1•2•3。下门齿末端的腹缘不甚向上弯曲（该属在旧大陆所有种的下门齿切缘上似乎都有 3 个小尖，但新大陆的种有例外）；m1 具连接下内尖和下后尖的下内尖脊；m3 有不退化的盆状跟座；P4 和 M1 的后缘弯曲明显；P4 原尖的位置没有次尖架那样靠舌侧；牙齿染色；下颌髁突关节略微或中度分开，下关节在下乙状切迹上向颊侧伸到或超越下颌骨轴面；在大部分的种中，后面视髁突关节间区都不收缩，但在小部分种中变异很大，与其他族鼩鼱的情况接近；颏孔通常在 m1 下原尖之下或其前方。

中国已知种 化石种有 *Sorex araneus*, *S. cylindricauda*, *S. ertemteensis*, *S. minutoides*, *S. minutus*, *S. pseudoalpinus*，共六种。

分布与时代（中国） 华北、东北，晚中新世 — 现代；华南，中更新世 — 现代。

评注 该属归入鼩鼱族（Soricini），全北区分布，种类多、性状原始，最早出现于晚中新世。我国最早发现于云南晚中新世中期的地层，在最晚中新世以来的动物群中较为常见。在现生种类中，该属常被分成三个或三个以上的亚属。但在化石的种类中，区别这些亚属的特征往往不易观察到，所以在化石的研究中一般都忽略对亚属的确定。

我国 *Sorex* 属的化石种，除上述各种外，文献中尚有 *S. bor* Reumer, 1984（Jin et al., 1999），但未见有具体的描述，也未见到该种的标本。

二登图鼩鼱 *Sorex ertemteensis* Storch, 1995

（图 57）

Sorex sp. II：Fahlbusch et al., 1983, p. 224

Sorex ertemteensis：Storch, 1995, p. 224；李强等，2003，108页，图1

正模 IVPP V 12116，右 P4；内蒙古化德二登图 2，上中新统二登图组。

副模 IVPP V 12117.1–217，20 余件破碎的颌骨和近 200 枚牙齿；内蒙古化德二登图，上中新统二登图组。

归入标本 IVPP V 12118.1–4，4 枚臼齿，采自内蒙古化德哈尔鄂博 2。

鉴别特征 个体中等大小。I1 齿尖劈裂；P4 前尖的后方有明显的垂沟；M1 和 M2 具有发育的原脊和后脊；下门齿的颊侧齿带明显；a1 的尖顶很接近 p4 的前缘；下臼齿的齿尖和齿脊高而锐利，颊侧齿带直而略微起伏。无后下颌孔（postmandbular foramen）；颏孔位于 m1 下原尖之下；髁突小，关节间区短；冠状突瘦高。

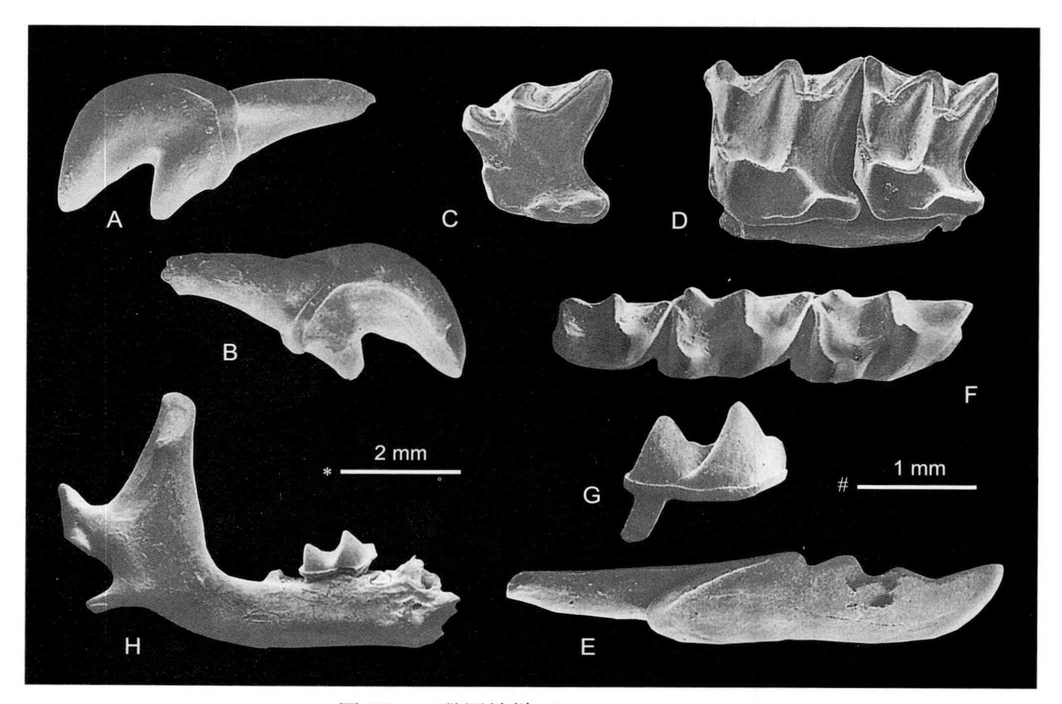

图 57 二登图鼩鼱 *Sorex ertemteensis*

A. 左上门齿（IVPP V 12117.2），B. 左上门齿（IVPP V 12117.3），C. 右 P4（IVPP V 12116，反转），D. 左 M1–2（IVPP V 12117.5），E. 右下门齿（IVPP V 12117.1），F. 右 m1–3（IVPP V 12117.6），G. 右 m1（IVPP V 12117.10），H. 右下颌支，附 m2（IVPP V 12117.12）：除 C 为正模外，其他皆为副模；A, E, G, H. 颊侧视，B. 近中面视，C, D, F. 冠面视；比例尺：* - A–G，# - H（均引自 Storch, 1995）

产地与层位 内蒙古化德二登图，上中新统二登图组；内蒙古化德哈尔鄂博，上中新统二登图组 — 下上新统；内蒙古化德比例克，下上新统；内蒙古阿巴嘎旗高特格，下上新统。

评注 该种为华北地区晚中新世至上新世动物群中较常见的食虫动物。归入标本除哈尔鄂博的 4 枚臼齿外，尚有比例克的上颌和下颌支碎块 12 件，牙齿 79 枚（IVPP V 11885.1–91），高特格有若干牙齿（未描述）。

微型鼩鼱 *Sorex minutoides* Storch, 1995

（图 58）

Sorex sp. I：Fahlbusch et al., 1983, p. 211

Sorex minutoides：Storch, 1995, p. 223

正模 IVPP V 12113，具m1的破碎右下颌支；内蒙古化德二登图，上中新统二登图组。

副模 IVPP V 12114.1–172，20 余件破损的颌骨和 100 余枚牙齿；内蒙古化德二登图，上中新统二登图组。

归入标本 IVPP V 12115.1–3，1 枚下门齿和 2 枚臼齿，采自内蒙古化德哈尔鄂博 2。

鉴别特征 个体很小。颏孔位于 p4 与 m1 之间的下方；具有后下颌孔。髁突不大，上关节面小，关节突间区短而窄小。I1 齿尖劈裂；P4 具小尖状的次尖；下门齿短粗，切缘上有锐利的小尖。

产地与层位 内蒙古化德二登图，上中新统二登图组；内蒙古化德哈尔鄂博，上中新统二登图组 — 下上新统；内蒙古化德比例克，下上新统。

评注 该种发现于华北地区晚中新世至上新世地层，也属动物群中较常见的食虫动物，常与 *Sorex ertemteensis* 共生。归入标本除哈尔鄂博 2 的 3 枚牙齿外，尚有比例克的下颌支碎块 3 件、牙齿 5 枚（IVPP V 11885.1–8）。

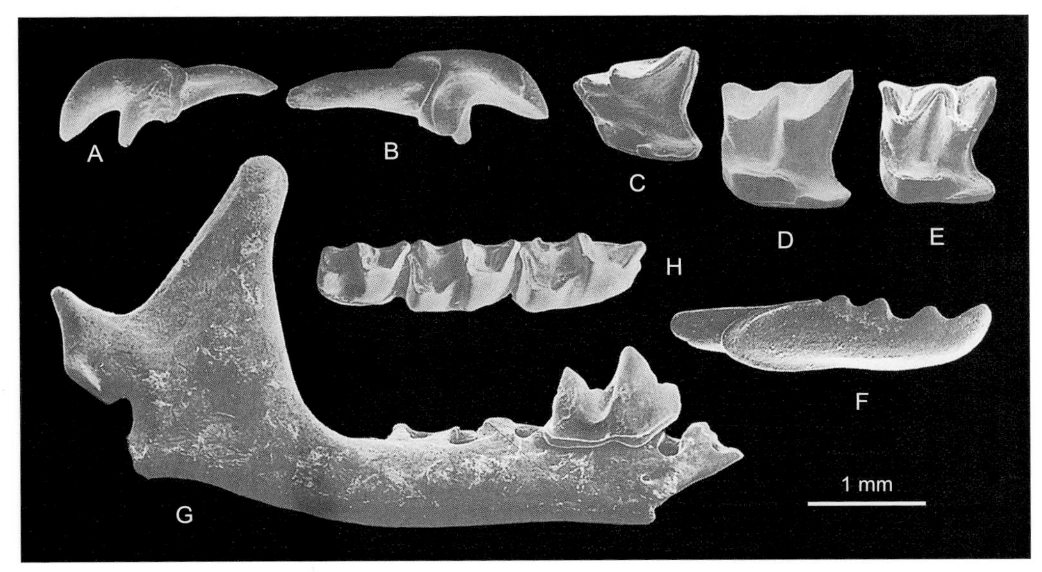

图 58 微型鼩鼱 *Sorex minutoides*

A. 左上门齿（IVPP V 12114.2），B. 左上门齿（IVPP V 12114.3），C. 左 P4（IVPP V 12114.4），D. 左 M1（IVPP V 12114.5），E. 左 M2（IVPP V 12114.6），F. 右下门齿（IVPP V 12114.1），G. 右下颌支，附 m1（IVPP V 12113），H. 右 m1–3（IVPP V 12114. 8）：除 G 为正模外，其他皆为副模；A, F, G. 颊侧视，B. 近中面视，C–E, H. 冠面视（均引自 Storch, 1995）

假高山鼩鼱 *Sorex pseudoalpinus* Rzebik-Kowalska, 1991

（图 59）

Sorex sp. III：Fahlbusch et al., 1983, p. 211

Sorex pseudoalpinus：Storch, 1995, p. 226；李强等，2003，108页，图1

正模 ISEA MF/1943/12，具 i1（破损）– m2 的破碎左下颌支；波兰 Weze 1 地点，下上新统（MN15）。

归入标本 IVPP V 12119.1–213，1 件残破的上颌，35 件破损的下颌支，117 枚单个牙齿，采自内蒙古二登图 2；IVPP V 12120.1–8，8 枚单个牙齿，采自内蒙古哈尔鄂博 2。

鉴别特征 个体中等大小。冠状突高而直；冠突刺清楚；颏孔位于 m1 前根之下；后下颌孔有或无；下颌骨和牙齿（特别是 m1–3）粗壮。P4 未形成尖状的次尖；M1 和 M2 无后脊，但有明显的次尖；下门齿切缘上有小尖；a1 长（长度与 p4 的近等），双齿尖，后边尖比前边尖小而低；m1 和 m2 的颊侧齿带很窄；m1 和 m2 的下原尖与下后尖略向后弯。下门齿颊侧齿带发育弱，但清楚。

产地与层位 内蒙古化德二登图，上中新统二登图组；内蒙古化德哈尔鄂博，上中

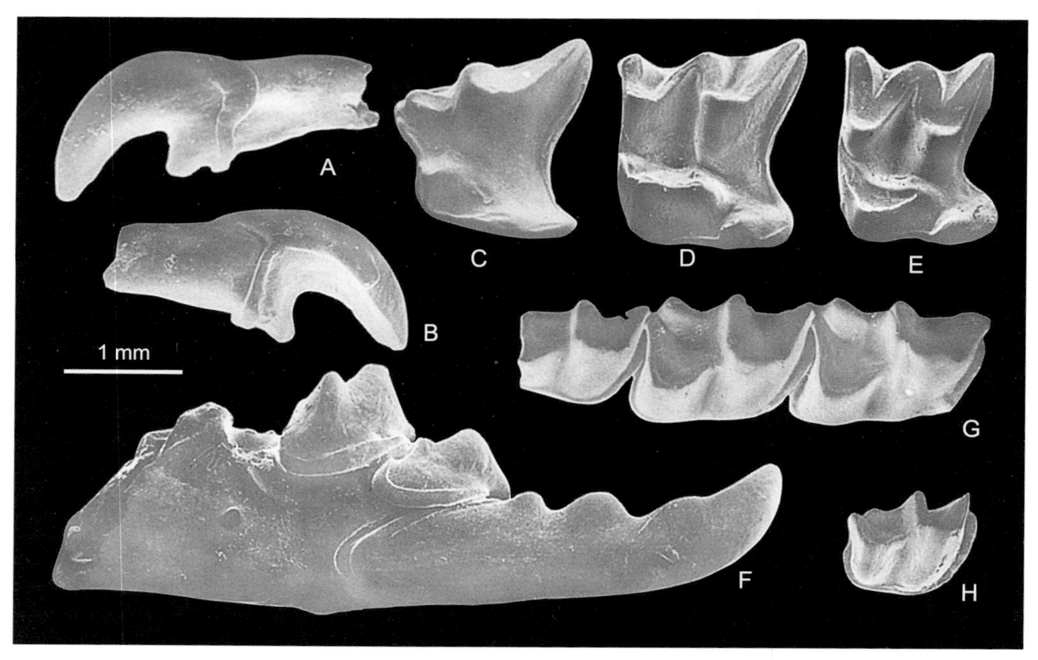

图 59 假高山鼩鼱 *Sorex pseudoalpinus*

A. 左上门齿（IVPP V 12119.2），B. 左上门齿（IVPP V 12119.3），C. 左 P4（IVPP V 12119.4），D. 左 M1（IVPP V 12119.5），E. 左 M2（IVPP V 12119.6），F. 右下颌支，附下门齿、A1 和 P4（IVPP V 12119.1），G. 右 m1–3（IVPP V 12119.7），H. 右 m3（IVPP V 12119.8）：A, F. 颊侧视，B. 近中面视，C–E, G, H. 冠面视（均引自 Storch, 1995）

新统二登图组 — 下上新统；内蒙古化德比例克、阿巴嘎高特格，下上新统。

评注 该种是华北新近纪中期动物群中十分常见的食虫动物。归入标本除二登图 2 和哈尔鄂博材料外，尚有比例克的 4 件破损的下颌和 58 枚牙齿（IVPP V 11886.1–62）；高特格有若干颌骨碎块和牙齿，但未具体描述（见李强等，2003）。

小鼩鼱 *Sorex minutus* Linnaeus, 1776

（图 60）

Sorex minutus：Jin et al., 1999, p. 8；孙玉峰等，1992，35页

模式标本 现生标本，未指定，俄罗斯巴瑙尔（Barnaul）。

鉴别特征 个体很小（M1 长 1.35 mm）。颏孔位于 M1 三角座之下；齿尖染栗红色；下门齿长 2.5 mm，切缘上有 3 个小尖；p4 的后外脊和后脊围成显著的后舌侧深凹；m1 和 m2 具有高的下内尖脊，内齿带发育。

产地与层位 辽宁大连海茂，下更新统。

评注 *Sorex minutus* 为现生种，局部分布，在我国只见于新疆天山地区，归入该种的化石标本仅有大连海茂的两件下颌支（DLNHM DH 8958-9）。

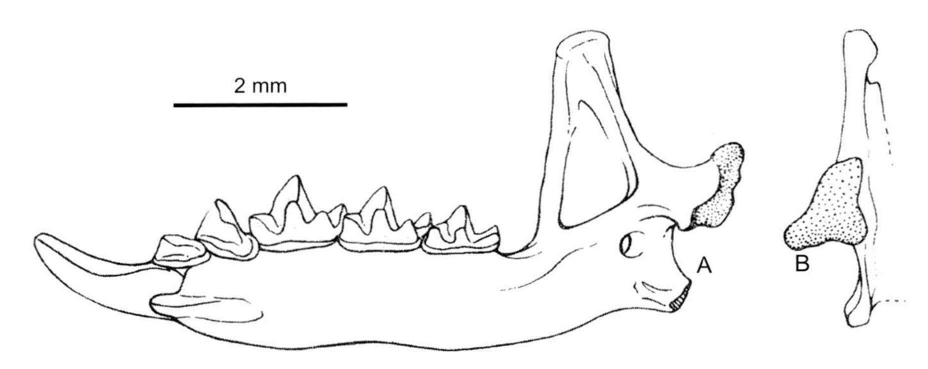

图 60 小鼩鼱 *Sorex minutus*

右下颌支 （DLNHM DH 8958）：A. 舌侧视，B. 后方视（引自孙玉峰等，1992）

普通鼩鼱 *Sorex araneus* Linnaeus, 1758

（图 61）

Sorex araneus：郑绍华、韩德芬，1993，46页；Jin et Kawamura, 1996c, p. 321；黄万波等，2002，30页

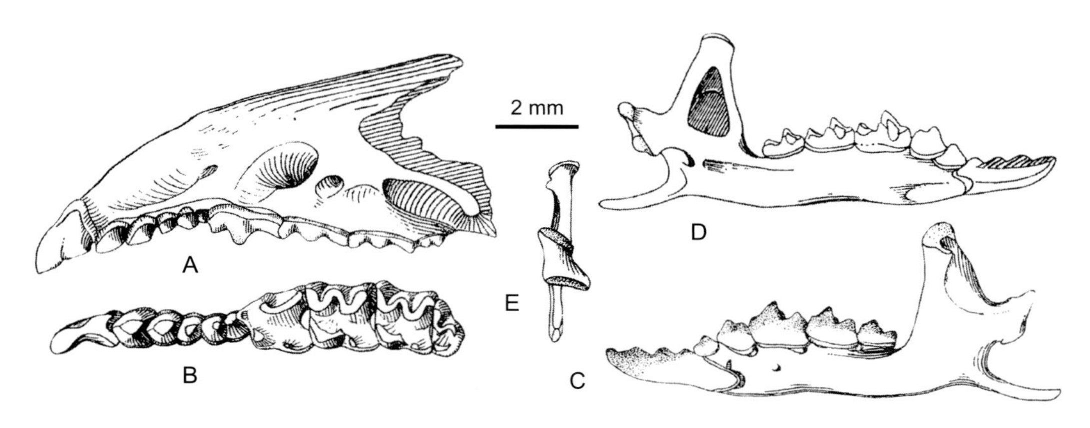

图 61　普通鼩鼱 *Sorex araneus*

A, B. 破损头骨, 具完整齿列 （辽宁营口博物馆哺乳动物化石标本编号 Y.K.M.M.3）； C–E. 左下颌支, 具完整齿列 （YKM. 3.6）; A, C. 颊侧视, B. 冠面视, D. 舌侧视, E. 后方视 (均引自郑绍华、韩德芬, 1993)

模式标本　现生标本，未指定，欧洲。

鉴别特征　个体(m1–3 长为 3.28–3.56 mm)比 *Sorex cylindric auda* 的小, 比 *S. caecufieus* 的大。上门齿分叉的后部明显较大，A1 不甚增大，A2 小于 A1；下颌下缘明显往上弯曲，外颞窝极浅，冠突刺较弱，上升支前缘不向前凸出，下颌孔位置靠后；下门齿上的三个小尖高而显著；m1 和 m2 的颊侧齿带明显弯曲。

产地与层位（中国）　重庆奉节兴隆洞，中更新统（洞穴堆积）；辽宁营口金牛山，中更新统。

评注　*Sorex araneus* 为现生种，分布于西伯利亚的欧洲部分，我国归入该种的化石标本在金牛山有 6 件破损的头骨，6 件保存尚好的下颌骨（YKM. 3–12），兴隆洞有破碎的颌骨 20 件，牙齿 20 余枚（FJV 0054–0072）。

纹背鼩鼱 *Sorex cylindricauda* Milne-Edwards, 1871

（图 62）

Sorex cylindricauda：Young, 1935, p. 248；邱铸鼎等，1984，282页；黄万波等，2002，30页

模式标本　现生标本，未指定，四川宝兴穆坪。

鉴别特征　个体中等大小，下齿列长在 6.5 mm 左右。下颌骨纤细；内颞窝大，呈三角形；髁突关节中度分开；下关节面在下乙状切迹上向颊侧伸达下颌骨轴面；后侧视髁突关节间区略微收缩。下门齿切缘上有 3 个小尖；m1 有高的下内尖脊；颊齿冠面上三分之一呈橘黄染色。

产地与层位　云南呈贡三家村，上更新统（洞穴和裂隙堆积）；重庆歌乐山、奉节兴

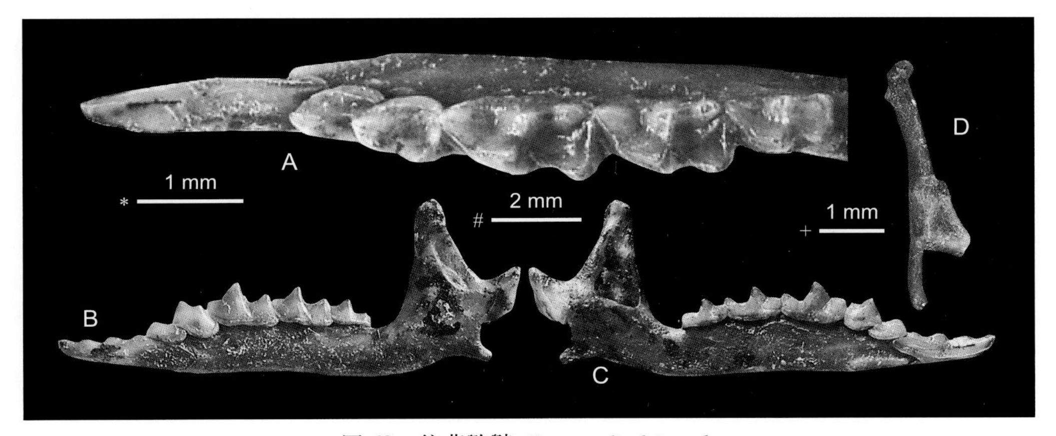

图 62　纹背鼩鼱 *Sorex cylindricauda*

左下颌支（IVPP V 7600.1）：A. 冠面视，B. 颊侧视，C. 舌侧视，D. 后方视；比例尺：* - A，# - B, C，+ - D

隆洞，中更新统（洞穴堆积）。

评注 *Sorex cylindricauda* 为现生种，分布于我国的西南地区，作为化石最先报道的是云南呈贡三家村一件代表性的下颌支（IVPP V 7600.1），其实该种在这一地点的材料十分丰富，但至今未作详细的记述。在重庆歌乐山发现的化石也有 10 余件破损的颌骨和一些脱落的牙齿。

皮氏鼩属 Genus *Petenyia* Kormos, 1934

模式种 匈牙利皮氏鼩 *Petenyia hungarica* Kormos, 1934

鉴别特征 齿式：1•5•3/1•2•3。下门齿切缘上有两个低的小尖；m1 具与 *Blarinella* 属现生种差不多一样明显的下内尖脊，颊侧齿带强壮但在下次尖之下中断而未连续到牙齿的后缘；m3 跟座很退化，没有下内尖脊的痕迹；A3 退化，A4 很退化，A5 缺失；M1 和 M2 次尖的前脊与原尖连接，形成连续的内脊；M2 梯形；上颌骨的颧突起于 M2 之后；牙齿的齿尖染色、墩厚；下颌骨粗厚；颏孔在 m1 下次尖之下；下颌关节构造如同 *Blarinella* 者；具有与现生 *Blarinella* 一样的冠突刺。

中国已知种 仅 *Petenyia katrinae* 一种。

分布与时代（中国） 内蒙古，早上新世高庄期。

评注 该属与 *Blarinella* 属有某些相似的特征，被归入鼩鼱族（Soricini）。在欧洲中部地区有报道发现于下上新统 — 中更新统的五个种，但只有 *Petenyia hungarica* Kormos，1934 和 *P. dubia* Bachmayer et Wilson，1970 两种为多数学者所接受。我国只有以下一个种。

凯氏皮氏鼩 *Petenyia katrinae* Qiu et Storch, 2000

（图 63）

Petenyia katrinae：Qiu et Storch, 2000, p. 178

正模 IVPP V 11887，左 P4；内蒙古化德比例克，下上新统。

副模 IVPP V 11888.1–174，36 件破损的上、下颌骨，138 枚牙齿；内蒙古化德比例克，下上新统。

鉴别特征 P4 的冠面轮廓呈梯形；原尖很发育，从牙齿的中央向前凸出，形成纵向的后边脊；前附尖明显向前凸出，并有高而锐利的前附尖棱；次尖架齿带纵向延伸。M1 和 M2 围绕原尖基部的齿带狭窄。

产地与层位 内蒙古化德比例克、阿巴嘎旗高特格，下上新统。

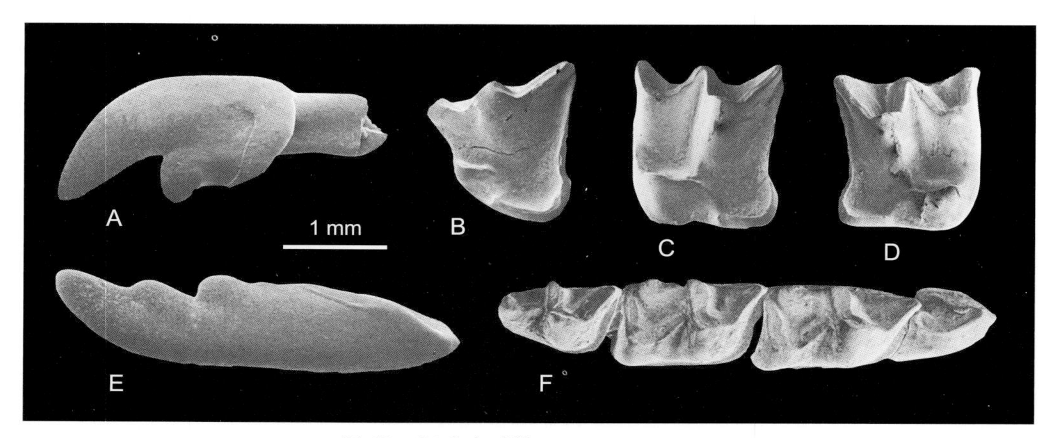

图 63 凯氏皮氏鼩 *Petenyia katrinae*

A. 左 I（IVPP V 11888.1），B. 左 P4（IVPP V 11887，正模），C. 左 M1（IVPP V 11888.3），D. 右 M2（IVPP V 11888.4），E. 左 i（IVPP V 11888.2），F. 右 p4–m3（IVPP V 11888.5）：A, E. 颊侧视，B–D, F. 冠面视（均引自 Qiu et Storch, 2000）

近皮氏鼩属 Genus *Paenepetenyia* Storch, 1995

模式种 铸鼎近皮氏鼩 *Paenepetenyia zhudingi* Storch, 1995

鉴别特征 个体大；P4 之前有 5 个臼前齿；上门齿尖不劈裂；下门齿弱细，切缘上有两个小尖；第一下臼前齿伸长，双齿尖，具舌后侧窝；P4 前附尖不明显向前凸出，原尖位置靠近前尖；p4 伸长，双齿尖，具大的舌后侧窝；M1 和 M2 后缘弯曲明显，次尖架扩张但凹入，原尖很发育，后脊在大多数标本中缺失，少数有中、短的后脊；M1 具连续的内脊；m1 和 m2 有强壮且高的下内尖和下内尖脊，下内尖靠近下后尖，并具有宽的外侧齿带；m1 的跟座短，前颊侧缓慢凸起，但牙齿的轮廓未成矩形；m3 的后跟很退化；下颌髁突的下关节强大、位置靠前，关节间区宽；内颞窝上的隔骨板显著；冠状突相当小；一个下颌孔。

中国已知种 仅模式种。

分布与时代 内蒙古，晚中新世保德期 — 上新世高庄期。

评注 *Paenepetenyia* 属由于具有不特化的髁突，以及关节间区宽的特征而被归入鼩鼱族（Soricini）。该属目前仅有发现于我国的一个种。

铸鼎近皮氏鼩 *Paenepetenyia zhudingi* Storch, 1995

（图 64）

Blarinella sp. nov.：Fahlbusch et al., 1983, p. 211

Paenepetenyia zhudingi：Storch, 1995, p. 231

正模 IVPP V 12125，具 m1–3 和破碎下门齿的右下颌支；内蒙古化德二登图 2，上中新统二登图组。

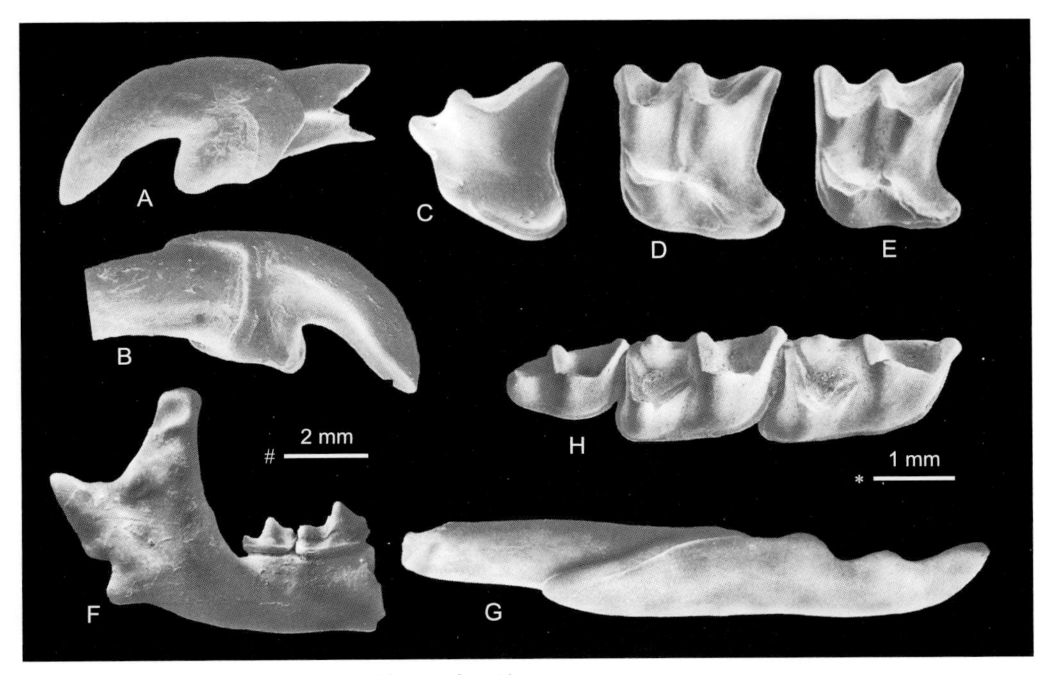

图 64 铸鼎近皮氏鼩 *Paenepetenyia zhudingi*

A. 左上门齿（IVPP V 12126.2），B. 左上门齿（IVPP V 12126.3），C. 左 P4（IVPP V 12126.4），D. 左 M1（IVPP V 12126.5），E. 左 M2（IVPP V 12126.5），F. 右下颌支，附 m2–3（IVPP V 12126.9），G. 右下门齿（IVPP V 12126.1），H. 右 m1–3（IVPP V 12125）：除 H 为正模外，其余皆为副模；A, F, G. 颊侧视，B. 近中面视，C–E, H. 冠面视；比例尺：* - A–E, G, H，# - F（均引自 Storch, 1995）

副模 IVPP V 12126.1–114，残破的上、下颌骨 24 件，牙齿 90 枚；内蒙古化德二登图 2，上中新统二登图组。

鉴别特征 同属。

产地与层位 内蒙古化德二登图 2，上中新统二登图组；内蒙古化德哈尔鄂博 2，上中新统二登图组 — 下上新统。

传夔鼩属 Genus *Cokia* Storch, 1995

模式种 粗壮皮氏鼩 *Petenyia robusta* Rzebik-Kowalska, 1989

鉴别特征 上、下门齿和下颌骨体都非常粗壮。下颌水平支的腹缘明显凸出；下门齿切缘上的小尖低且不清楚；P4 个体相对大，前附尖向前凸出；下臼前齿相对于下颌骨显得小且齿冠低；m1 和 m2 的冠面呈矩形，外齿带宽且膨胀，下内尖脊非常显著，下原尖与下后尖远远分开；m3 相当大，跟座凹入、无下内尖；P4、M1 和 M2 的后缘弯曲不很显著，冠面轮廓明显成矩形，原尖、后脊粗壮；侧面视上门齿尖端和跟座间有浅的切口。

中国已知种 仅模式种。

分布与时代（中国） 内蒙古，晚中新世保德期 — 早上新世高庄期。

评注 *Cokia* 属在欧亚大陆都有分布，在欧洲出现稍晚，见于早上新世的露西尼早期 (MN14)，在我国目前仅发现一个种。该属牙齿的基本特征与 Repenning (1967) 的 *Blarinella* 属类相似，但在迄今发现的材料中，还缺少 p4 和髁突，因此还难以准确地将其归入已知族。

科氏传夔鼩 *Cokia kowalskae* Storch, 1995

（图 65）

Heterosoricinae gen. et sp. indet.：Storch et Qiu, 1995, p. 68

Cokia kowalskae：Storch, 1995, p. 231

正模 IVPP V 12132，左 P4；内蒙古化德二登图 2，上中新统二登图组。

副模 IVPP V 12133.1–21，残破的上、下颌 4 件，牙齿 17 枚；与正模采自同一地点和层位。

鉴别特征 P4 次三角形，次尖架小，具强壮的原尖和高而陡峭的舌侧面；M1 和 M2 的大小接近；颏孔在 m1 后缘之下，位置较为靠后；下门齿后伸至 m1 下次尖之下。

产地与层位 内蒙古化德二登图 2，上中新统二登图组；内蒙古化德哈尔鄂博 2，最上中新统二登图组 — 下上新统。

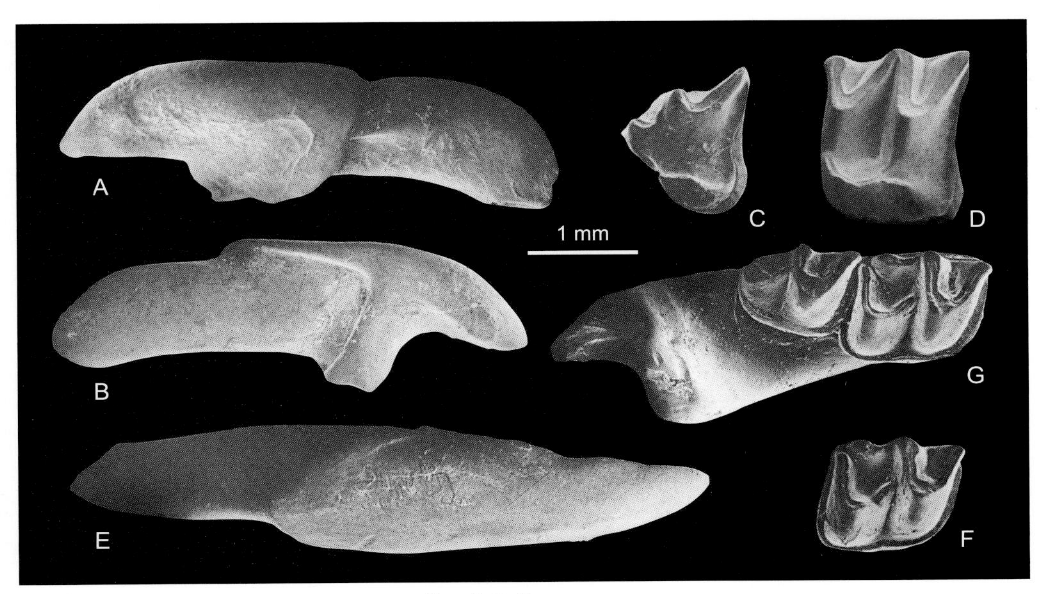

图 65　科氏传夔鼩 *Cokia kowalskae*

A. 左上门齿（IVPP V 12133.2），B. 左上门齿（IVPP V 12133.3），C. 左 P4（IVPP V 12132），D. 左 M1（IVPP V 12133.4），E. 右下门齿（IVPP V 12133. 1），F. 右 m1（IVPP V 12133.5），G. 残破右下颌支，附 m2–3（IVPP V 12133.6）：除 C 为正模外，其他皆为副模；A, E. 颊侧视，B. 近中面视，C, D, F, G. 冠面视（均引自 Storch, 1995）

微尾鼩属 Genus *Anourosorex* Milne-Edwards, 1872

模式种　微尾鼩 *Anourosorex squamipes* Milne-Edwards, 1872

鉴别特征　颧突与 M2 在同一垂面；颏孔位于 m1 中部下方；冠状突宽，刮刀状，冠突刺发育、低；内颞窝低，与髁突下关节面同处一水平；上翼窝深、盆状，窝中有显著的翼刺；髁突上关节面三角形，下关节位于下乙状切迹很靠前处，髁突间区窄。齿式：1•3•(4) / 1•2•3；牙齿不染色；臼齿尺寸从前向后递减异常迅速。I1 齿尖不劈裂；A1 比 A2 大；P4 原尖偏离舌侧，前附尖弱小，牙齿前内角呈矩形，后缘弯曲轻微；M2 退化，几成三角形；M3 很退化、细小。下门齿切缘光滑或仅有不规则的轻微起伏；m1 三角座很长，下后尖位于下原尖之后，无下内尖脊和颊侧齿带；m2 退化；m3 很小，时见退化的后跟痕迹。

中国已知种　*Anourosorex edwardsi*, *A. kui*, *A. oblongus*, *A. qianensis*, *A. quadratidens*, *A. triangulatidens*，共六种。

分布与时代（中国）　重庆、湖北，早更新世—现代；云南，晚中新世—现代；贵州，中更新世—现代；安徽，早更新世；广西、陕西、甘肃、台湾，现代。

评注　在现生的鼩类动物中，*Anourosorex* 系一单型属，分布于东洋区。该属的化石在欧洲上中新统和日本更新统都有记录。我国现知的 6 个种有 5 个发现于第四系，这些种的种间差异特征不是十分清晰，牙齿的尺寸和形态近似，而且一些种的确定基于有限的材料，不能排除含有晚出异名的可能，亟待进一步的发现和研究。另外，亦有关于模式种 *Anourosorex squamipes* 在中更新统的发现（黄万波等，2002），但描述不详，也未见有关图示。

长齿微尾鼩 *Anourosorex oblongus* Storch et Qiu, 1991

（图 66）

Anourosorex sp. nov.：邱铸鼎等，1985，15页

Anourosorex oblongus：Storch et Qiu, 1991, p. 610

正模 IVPP V 9735，具 m1–3 的破损左下颌支；云南禄丰石灰坝，上中新统石灰坝组。

副模 IVPP V 9736.1–28，两破损左下颌支，分别具 m1–2 和 m1，另有牙齿 26 枚；云南禄丰石灰坝，上中新统石灰坝组。

鉴别特征 个体小。m1 的三角座延伸长（大于跟座长度的两倍）；P4、M1 和 M2 的次尖架小；P4 前部圆方形；M1 前缘加宽，具有很大的前附尖和很不显眼的中附尖；下臼齿没有下内尖脊，无或仅有模糊的颊侧齿带。

产地与层位 云南禄丰石灰坝，上中新统石灰坝组；云南元谋雷老，上中新统小河组。

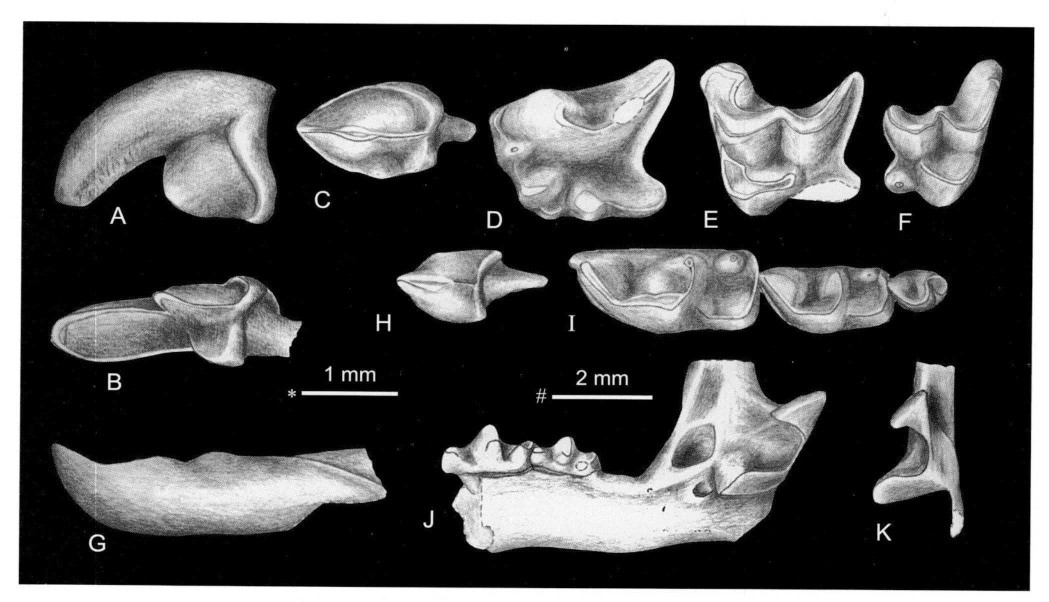

图 66 长齿微尾鼩 *Anourosorex oblongus*

A, B. 左上门齿（IVPP V 9736.11），C. 上臼前齿（IVPP V 9736.19），D. 左 P4（IVPP V 9736.20），E. 左 M1（IVPP V 9736.2），F. 右 M2（IVPP V 9736.23），G. 左下门齿（IVPP V 9736.17），H. 上臼前齿（IVPP V 9736.19），I. 左 m1–3（IVPP V 9735），J, K. 右下颌支，附 m1–2（IVPP V 9736.7）：除 I 为正模外，其他皆为副模；A, G. 颊侧视，B–F, H, I. 冠面视，J. 舌侧视，K. 后方视；比例尺：* -A–G，# - J, K（均引自 Storch et Qiu, 1991）

爱氏微尾鼩 *Anourosorex edwardsi* Zheng, 1985

（图 67）

Anourosorex squamipes：郑绍华，1983，230页

Anourosorex edwardsi：郑绍华，1985，44页

正模 IVPP V 7708，具完整左、右颊齿列的头骨前半部；贵州桐梓岩灰洞，中更新统。

副模 IVPP V 7709，附 m1–3 右下颌支；贵州桐梓岩灰洞，中更新统。

鉴别特征 头骨宽大，颧突粗壮，眶下孔圆形；颊侧视下颌升支不遮掩 m3，舌侧

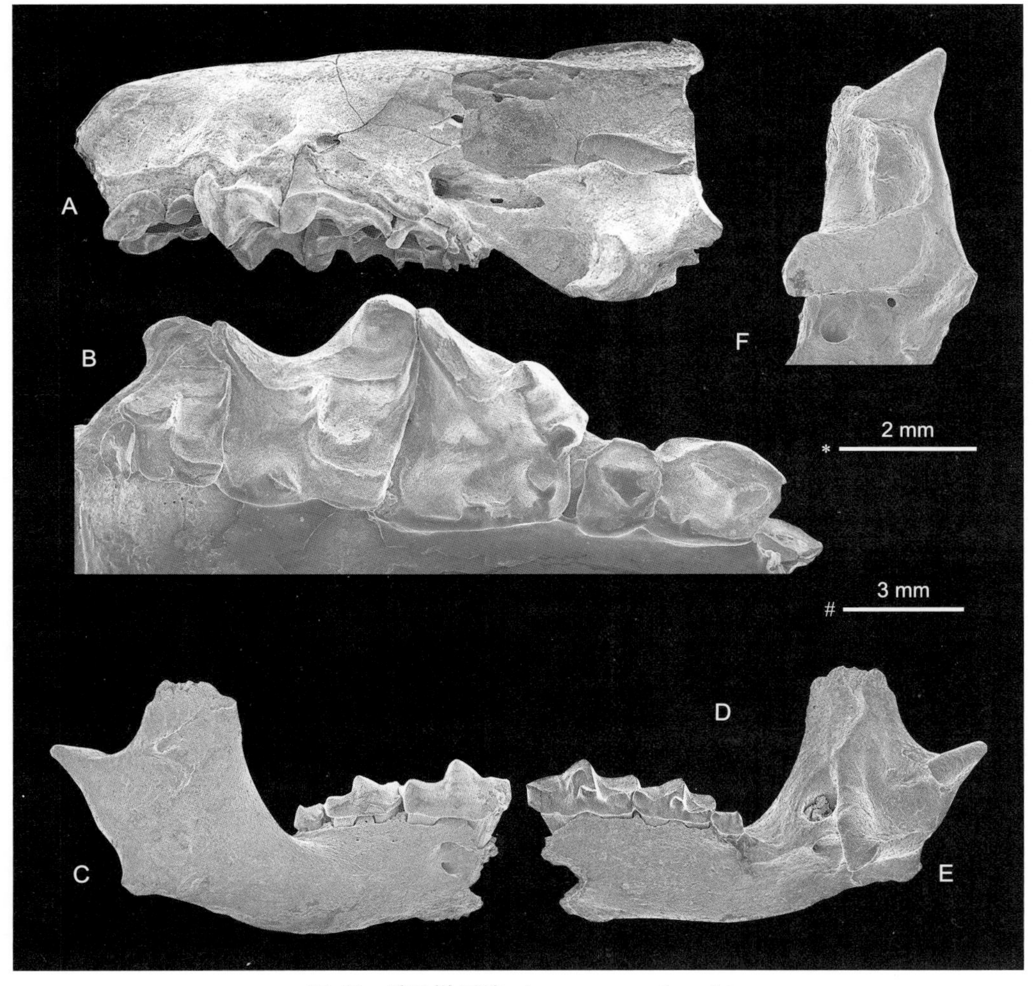

图 67 爱氏微尾鼩 *Anourosorex edwardsi*

A, B. 破损头骨，附较完整齿列（IVPP V 7708，正模）；C–F. 右下颌支，附 m1–3（IVPP V 7709，副模）：A, C. 颊侧视，B, D. 冠面视，E. 舌侧视，F. 后方视；比例尺：* - B, D, F，# - A, C, E

视髁突下关节前端伸至下颌孔后缘；齿式：1•4•3/1•2•3；P4 和 M1 的宽度明显大于长度，M2 四方形，具有显著的次尖；m1 和 m2 下内尖呈嵴状。

产地与层位 贵州桐梓岩灰洞、普定穿洞，中更新统；安徽和县陶店，中更新统。

评注 除正模和副模外，郑绍华还在“其他材料”项下列举了另外十几件标本：一头骨前部，七段下颌支及若干牙齿。根据《动物命名法规》72.2.6 的规定，如果作者在一起指定了正模和副模之后还列出了其他标本，这“后者的分别提及表明将它们从模式系列中排除出去”。这里不一定将它们单独列出。

顾氏微尾鼩 *Anourosorex kui* Young et Liu, 1950

（图 68）

Anourosorex squamipes：Young, 1935, p. 247

Anourosorex kui：Young et Liu, 1950, p. 48；郑绍华，1985，40页；黄万波等，2002，29页

正模 IVPP V 534，具完整右齿列和左 P4–M3 的近完整头骨；重庆歌乐山龙骨洞，中更新统。

鉴别特征 大小和构造与现生种 *Anourosorex squamipes* 的相似，但 M2 的次尖较显著，使牙齿的轮廓近矩形，牙齿的尺寸相对较大；M3 也没有那样退化。

产地与层位 重庆歌乐山、万县盐井沟，中更新统；贵州桐梓岩灰洞、天门洞，普定穿洞，中更新统。

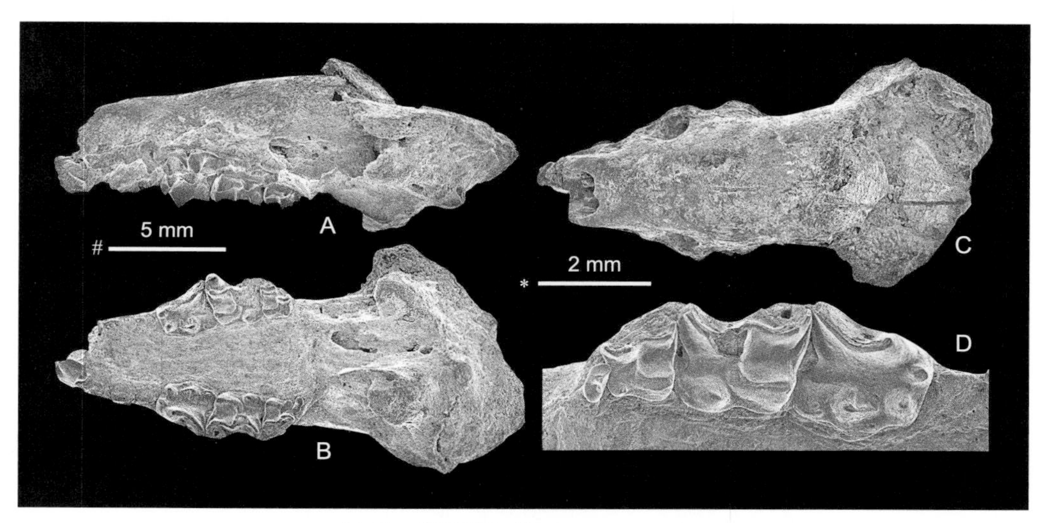

图 68 顾氏微尾鼩 *Anourosorex kui*

破损头骨带 P4–M3 （IVPP V 534 正模）：A. 颊侧视，B. 腹面视，C. 顶面视，D. 冠面视；比例尺：* - D，# - A–C

评注 自杨钟健和刘东生记述以来，该种在多个更新世地点都有发现，是川黔地区洞穴堆积物中较常见的一种动物。

贵州微尾鼩 *Anourosorex qianensis* Zheng, 1985

(图 69)

Anourosorex squamipes：邱铸鼎等，1984，283页

Anourosorex cf. *kui*：邱铸鼎等，1984，284页

Anourosorex qianensis：郑绍华，1985，47页

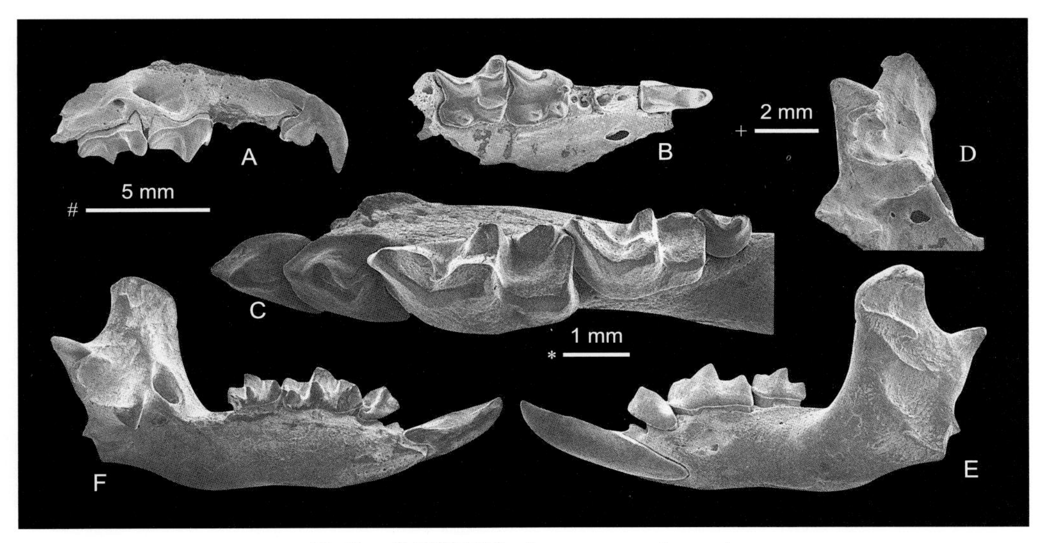

图 69 贵州微尾鼩 *Anourosorex qianensis*

A, B. 破损右上颌骨，附门齿、A2、P4–M1（IVPP V 7712，正模）；C, D. 右下颌支，附 m1–3（IVPP V 7713，副模）；E, F. 左下颌支，附门齿、p4–m2（IVPP V 7714 归入标本）：A, E. 颊侧视，B, C. 冠面视，D. 后方视，F. 舌侧视；比例尺：* - C，# - A, B, E, F，+ - D

正模 IVPP V 7712，带有 I、A2、P4 和 M1 的破损上颌骨；贵州桐梓挖竹湾洞，上更新统。

副模 IVPP V 7713，带有两臼前齿和 m1–3 的破损左下颌支，与正模发现于同一层位。

鉴别特征 外侧视下颌升支始于 m3 之后，内侧视髁突的下关节前缘远离下颌孔，上关节面和下关节面的夹角较大（约 40°）；齿式：1•4•3/1•2•3；P4 长小于宽，M1 长大于宽。

产地与层位 贵州桐梓挖竹湾洞、岩灰洞，普定白脚岩洞，威宁天桥裂隙，上更新统；云南呈贡三家村，上更新统。

方齿微尾鼩 *Anourosorex quadratidens* Zheng et Zhang, 1991

（图 70）

Anourosorex quadratidens：郑绍华、张联敏，1991，38页；郑绍华，2004，90页

正模 CQMNH CV. 972，左 M2；重庆巫山龙骨坡第一堆积单元中部，下更新统。

副模 CQMNH CV. 973.1–21，残破的下颌骨 5 件，牙齿 16 枚，与正模在同一层位发现。

鉴别特征 个体中等大小。下颌升支前缘与 m3 后缘相切，髁突上关节面和下关节面的夹角较小（约 30°）；P4 宽度小于长度；M1 长度小于宽度；M2 次尖大，次尖架宽，轮廓呈四边形；M3 少退化；m3 具一跟座小尖。

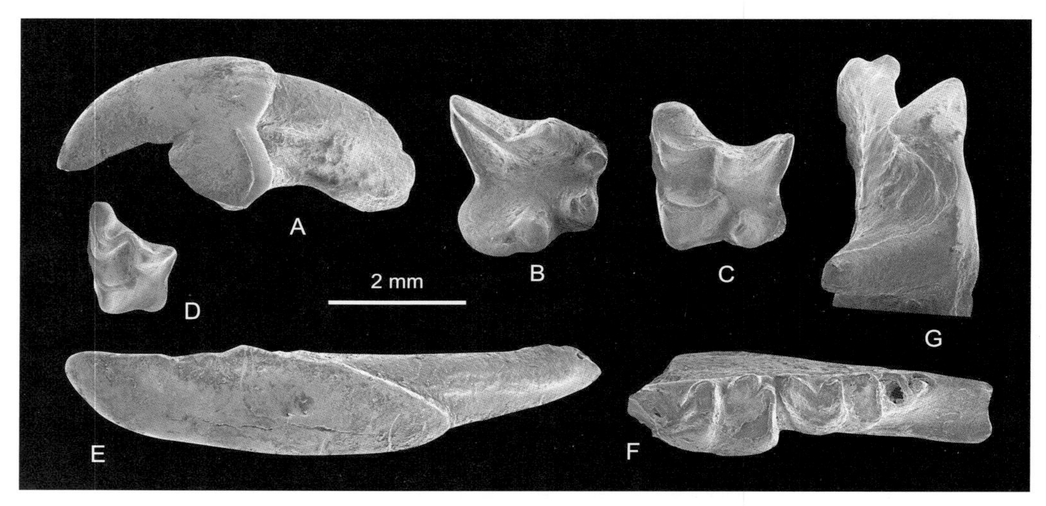

图 70 方齿微尾鼩 *Anourosorex quadratidens*

A. 左 I（CQMNH CV. 973.1），B. 右 P4 （CQMNH CV. 973.8），C. 左 M1 （CQMNH CV. 973.9），D. 左 M2（CQMNH CV. 972 正模），E. 左 i （CQMNH CV. 973.16），F. 破碎左下颌支，带 m1–2（CQMNH CV. 973.14），G. 破碎右下颌支（CQMNH CV. 973.12）：除 D 为正模外，其余全为副模；A, E. 颊侧视，B–D, F. 冠面视，G. 后方视

产地与层位 重庆巫山龙骨坡，下更新统；湖北建始龙骨洞，下更新统。

评注 建名人没有指定除正模以外的模式标本，把发现于巫山地点第一堆积单元中部该种的材料都列为归入标本。该种的鉴别特征和测量中包括了一些其他上牙和下颌的特征，一件下颌残段（CQMNH CV. 973.11）还附有绘图，足以见证这些标本也是属于建种所依据的材料，应属模式系列。这里将它们归入副模。

三角齿微尾鼩 *Anourosorex triangulatidens* Zheng et Zhang, 1991

（图 71）

Anourosorex quadratidens：郑绍华、张联敏，1991，40页

正模 CQMNH CV. 974，右 M2；重庆巫山龙骨坡第一堆积单元上部，下更新统。

副模 CQMNH CV. 975.1–23, 976–982，残破的下颌骨 11 件，牙齿 12 枚，与正模在同一层位发现。

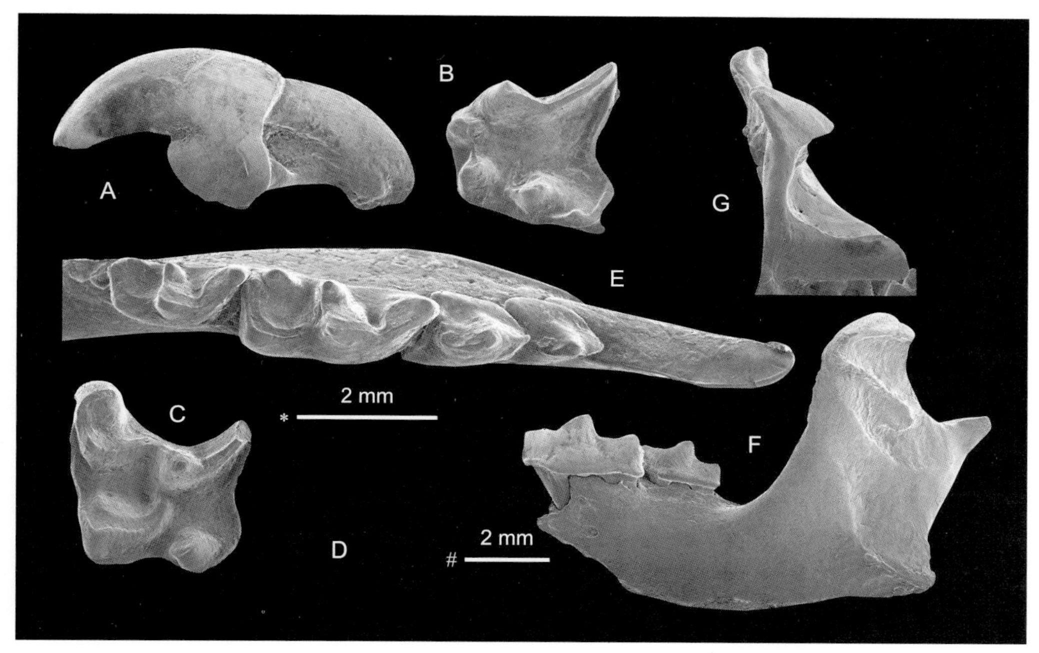

图 71 三角齿微尾鼩 *Anourosorex triangulatidens*

A. 左 I （CQMNH CV. 975.1），B. 左 P4 （CQMNH CV. 975.5），C. 左 M1 （CQMNH CV. 975.10），D. 右 M2（CQMNH CV. 974，正模），E. 不完整的右下颌支，带 i–m2（CQMNH CV. 976），F, G. 破碎左下颌支，带 m1–2 （CQMNH CV. 975.14）：除 D 为正模外，其余全为副模；A, F. 颊侧视，B–E. 冠面视，G. 后面视；比例尺：* - A–E, G，# - F

鉴别特征 个体较小，接近现生种 *Anourosorex squamipes* 者。M1 颊侧强烈向内凹入，有较宽的次尖架，冠面较狭长；M2 呈三角形，具小而孤立的次尖，但无次尖架；M3 少退化；m3 具一小尖状跟座。

评注 建名人把除正模以外的标本都列为归入标本。基于与上一个种同样的理由，我们把这些材料也列为副模。

长尾鼩鼱属 Genus *Soriculus* Blyth, 1854

模式种 大抓长尾鼩鼱 *Cosira nigrescens* Gray, 1842

鉴别特征 没有下颌翼刺或疤痕；下颌髁突加厚，上翼窝成一浅凹；髁突上关节面卵圆形，颊侧视在下乙状切迹之后几乎看不到下关节；冠突刺明显、位置低；外颞窝似 *Chodsigoa* 者，但在冠突刺之下有一深凹；冠状突顶部呈刮刀形，几乎或根本不向前面偏斜。齿式：1•5•3/1•2•3；牙齿染色浅、范围小，常呈浅橙色而非 *Sorex* 和 *Blarina* 那样为深红褐色；I1 齿尖劈裂；A4 很小；P4 原尖向颊侧位移、远离近中面，前附尖向前位移、远离前尖，因而使牙齿长度加大，牙齿的后缘弯曲中度；下门齿短，切缘有一小尖；p4 延长，具颊侧齿带；下臼齿颊侧齿带退化，在下前尖下中度发育，在下原尖之下弱，在下原尖后缺失；m1 的下内尖脊很低；m3 多少有点退化，后跟缩短、退化成 *Blarina* 型。

中国已知种 *Soriculus leucops*, *S. fanchangensis*, *S. praecursus*，共三个化石种。

分布与时代（中国） 云南，晚更新世—现代；安徽、重庆、湖北，早更新世。

评注 *Soriculus* 为仍然生存至今的一属鼩类动物，种类较多，东洋区分布。化石最早见于我国的上新世（弗林、吴文裕，1994）。对于 *Soriculus* 属的分类在学者中似乎未取得一致的意见。现代动物学者将其分为 2 亚属（*Soriculus* 和 *Chodsigoa*）或 3 亚属（*Soriculus*、*Chodsigoa* 和 *Episoriculus*），我国的现代兽类学学者持前一观点，认为 *Episoriculus* 与 *Soriculus* 属为同物异名（王应祥，2003）。古生物学者倾向于认为三者的区别足以达到属级的水平（Repenning, 1967）。这里遵循古生物学界的意见，但在目前分类比较混乱和发现的化石材料都很不足的情况下，以下各化石种的鉴定和分类显然都有待进一步的证实和厘定。

先长尾鼩鼱 *Soriculus praecursus* Flynn et Wu, 1994

（图 72）

Soriculus praecursus：弗林、吴文裕，1994，76页

正模 IVPP V 8898.1，一具完整颊齿列的左下颌支；山西榆社高庄，上新统高庄组南庄沟段。

副模 IVPP V 8898.2–4，与正模发现于同一地点和层位的残破的 2 件下颌和 2 枚 M2。

鉴别特征 个体比 *Soriculus nigrescens* 的小，与 *S.*（*Chodsigoa*）*lamula* 的尺寸接近。前部牙齿排列紧密，下门齿颊侧凸缘终止于 p4 后部下方。髁突下关节横向不伸长，不前

图 72 先长尾鼩鼱 *Soriculus praecursus*

A. 右 M2（IVPP V 8898.3，副模），B–D. 左下颌支，具完整齿列（IVPP V 8898.1，正模）：A–C. 冠面视，D. 颊侧视；比例尺：* - A, B，# - C, D

位。冠状突高而粗壮。冠突刺短，位于上乙状切迹与冠状突顶端之间的中部。颊齿不侧扁；m3 不十分退化；M2 的次尖弱，后缘不很弯曲。

评注 建名人除指定正模以外把其他材料统称为众模（Hypodigm）。Hypodigm 系 Simpson 于 1940 年所创，其含义比群模（Syntype）更广泛。这一术语现已少有人使用。按照《国际动物命名法规》的规定，正模既然已经指定，剩下的被建名人归入众模的材料只能是副模了。

繁昌长尾鼩鼱 *Soriculus fanchangensis* Jin, Zheng et Sun, 2009

（图 73）

Soriculus fanchangensis：金昌柱等，2009b，111页

正模 IVPP V 13957.1，具 m1 的破损左下颌支；安徽繁昌人字洞，下更新统裂隙堆积。

副模 IVPP V 13957.2–37，残破的头骨、上颌骨和下颌 35 件，牙齿 1 枚，采自安徽繁昌人字洞第二至第十六层。

鉴别特征 P4 原尖较大、靠前，次尖发育；臼齿下后尖向外收缩，牙齿侧扁，下内尖脊低，齿带较弱；m3 具明显的下内尖；下颌的翼刺发育。

评注 该种仅发现于安徽人字洞的上部堆积物中。建名人没有指定除正模以外的模式标本，而把发现于人字洞第二至第十六水平层的标本都称为“其他材料”（IVPP V 13957.2–37），在此均被归入副模（理由见江南麝鼩评注部分）。

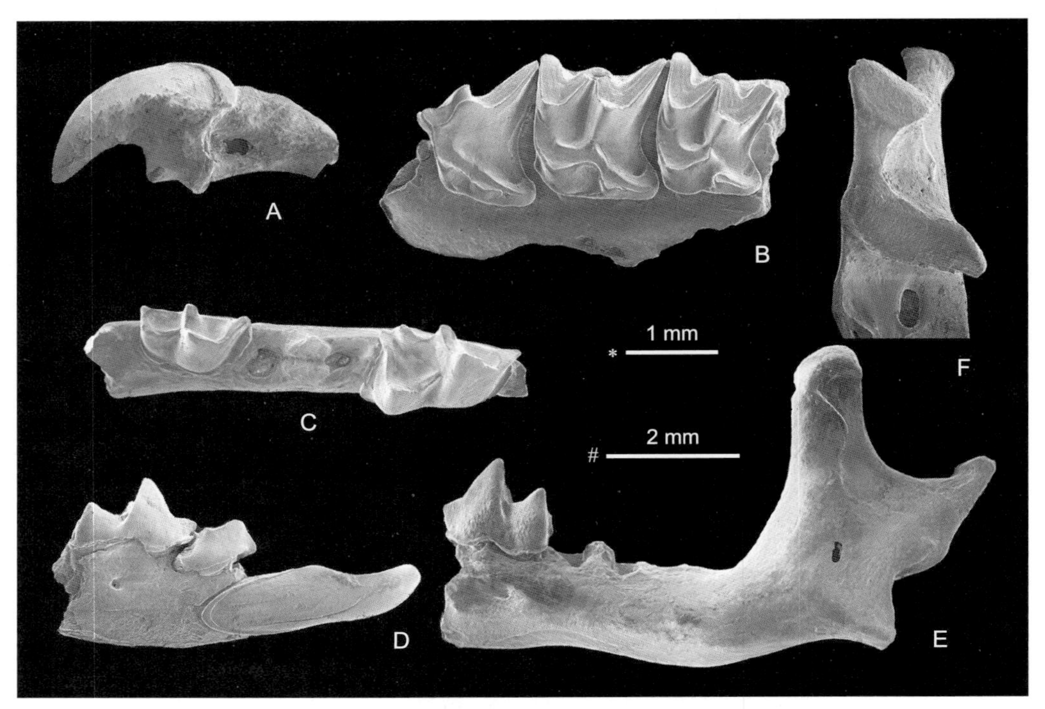

图 73 繁昌长尾鼩鼱 *Soriculus fanchangensis*

A. 左 I （IVPP V 13957.2），B. 破损上颌骨，具 P4–M2（IVPP V 13957.3），C. 破损右下颌支，具 m1 和 m3（IVPP V 13957.4），D. 破损右下颌支，具下门齿、p4 和 m1（IVPP V 13957.4），E. 左下颌支，具 m1（IVPP V 13957.1，正模），F. 破碎左下颌支，具完整的髁突（IVPP V 13957.1）；除 E 为正模外，其余均为副模；A, D, E. 颊侧视，B, C. 冠面视，F. 后方视；比例尺：* - A–C, F，# - D, E（均引自金昌柱等，2009b）

大长尾鼩鼱（印度长尾鼩） *Soriculus leucops* Horsfield, 1855

（图 74）

Soriculus leucops：邱铸鼎等，1984，284页；郑绍华、张联敏，1991，33页；郑绍华，2004，100页

模式标本 现生标本，未指定，尼泊尔。

鉴别特征 齿尖染浅红棕色；下门齿切缘上的小尖明显；P4 长度比 *Soriculus nigrescens* 的短；下臼齿长度相对比 *S. caudatus* 的大，下内尖高度适中。下齿列长 6.5 mm 左右。

产地与层位（中国） 重庆巫山龙骨坡，下更新统（洞穴、裂隙堆积）；重庆奉节兴隆天坑，中更新统；湖北建始龙骨洞，下更新统（洞穴堆积）；云南呈贡三家村，上更新统。

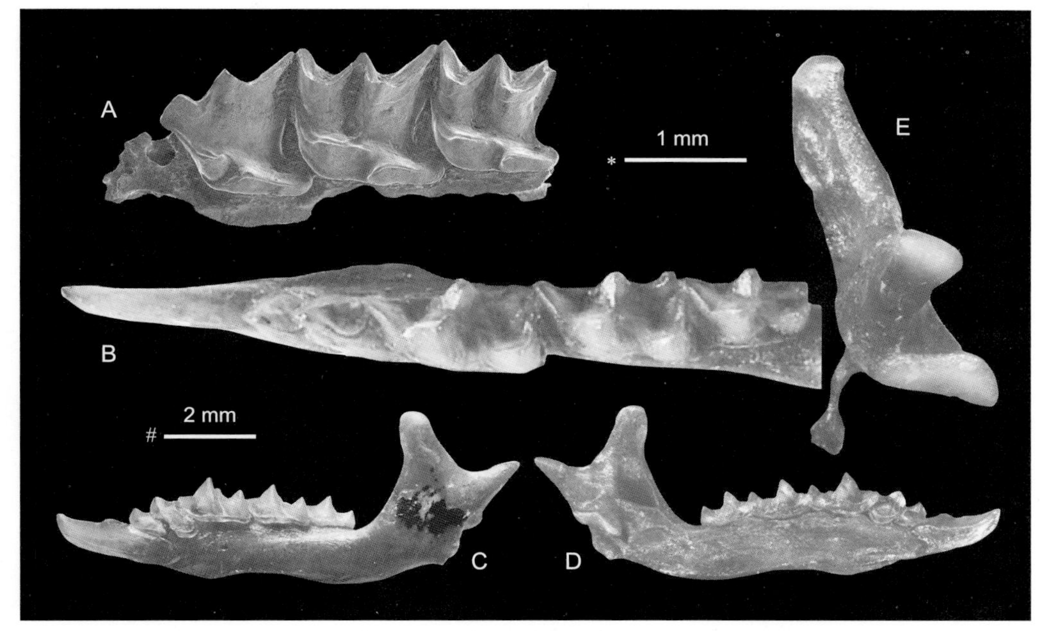

图 74　大长尾鼩鼱（印度长尾鼩） *Soriculus leucops*

A. 右上颌骨具 P4–M2（CQMNH CV. 692），B–E. 左下颌支，具完整齿列（IVPP V 7602.1）：A, B. 冠面视，C. 颊侧视，D. 舌侧视，E. 后方视；比例尺：* - A, B, E，# - C, D

副长尾鼩鼱属 Genus *Parasoriculus* Qiu et Storch, 2000

模式种　童氏副长尾鼩 *Parasoriculus tongi* Qiu et Storch, 2000

鉴别特征　下颌髁突的关节间区宽，间区舌侧部分盆状；冠状突不向侧方翘起，髁突不向近中向翘起；后侧视，髁突的下关节与下乙状切迹大体在相同的平面上，不向舌侧偏移；内颞窝宽而高，呈高三角形；下门齿切缘上有 3 个弱的小尖；P4–M2 的次尖明显鼓胀，占据大部分或者整个次尖架；P4 和 M1 后缘弯曲弱或达中等程度。

中国已知种　仅模式种。

分布与时代　内蒙古，早上新世高庄期。

评注　该属归入长尾鼩族（Soriculini），它具有水鼩族（Neomyini）的特征，但保留了某些鼩鼱族（Soricini）的性状，或许说明长尾鼩族是由鼩鼱族进化而来的。目前仅有发现于我国的一个种。

童氏副长尾鼩鼱 *Parasoriculus tongi* Qiu et Storch, 2000

（图 75）

Parasoriculus tongi：Qiu et Storch, 2000, p. 180

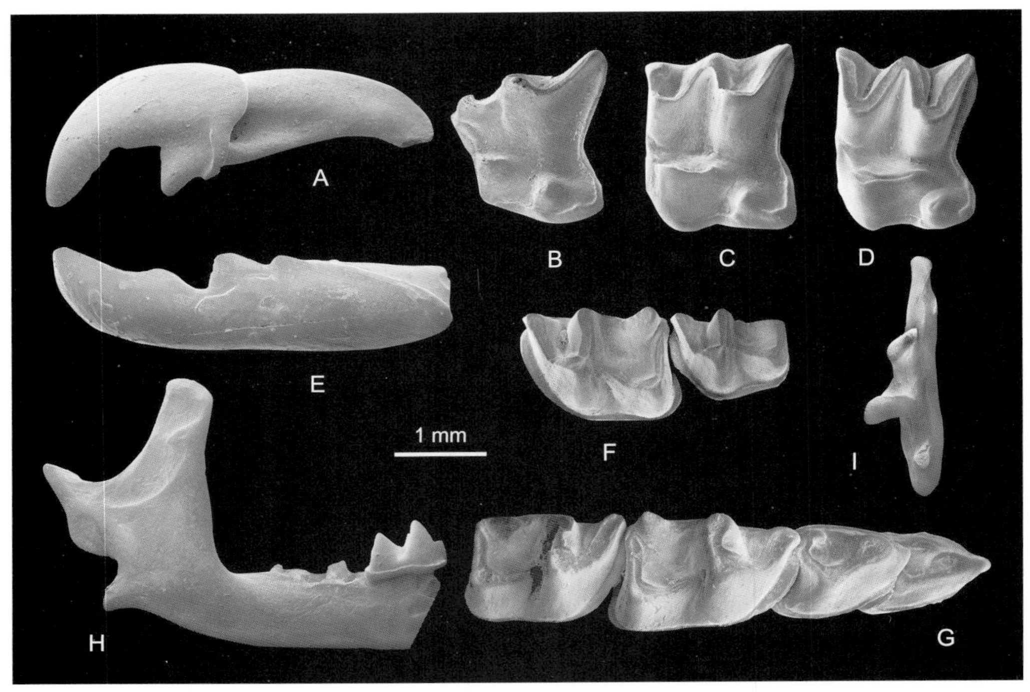

图 75　童氏副长尾鼩鼱 *Parasoriculus tongi*

A. 左 I（IVPP V 11892.1），B. 左 P4（IVPP V 11892.2），C. 左 M1（IVPP V 11892.3），D. 左 M2（IVPP V 11892.4），E. 左下门齿（IVPP V 11892.5），F. 左 m2–3（IVPP V 11892.6），G. 右 a–m2（IVPP V 11892.7），H, I. 右下颌支，具 m1（IVPP V 11891，正模）：除 H 和 I 为正模外，其余皆为副模；A, E, H. 颊侧视，B–D, F, G. 冠面视，I. 后方视（均引自 Qiu et Storch, 2000）

正模　IVPP V 11891，具 m1 的破右下颌支；内蒙古化德比例克，下上新统比例克层。

副模　IVPP V 11892.1–121，残破上颌骨 5 件，残破下颌骨 23 件，牙齿 93 枚；内蒙古化德比例克，下上新统比例克层。

鉴别特征　同属。

缺齿鼩鼱属 Genus *Chodsigoa* Kastschenoko, 1907

模式种　川西缺齿鼩鼱 *Soriculus hypsibius* de Winton, 1899

鉴别特征　髁突上关节面三角形；下关节面如同 *Episoriculus* 者，颊侧视在下乙状切迹之后可见；冠突刺低，向后腹侧的延线伸向与上乙状切迹同一水平线或其下；翼刺中度发育，位于内颞窝 - 髁突上关节的嵴上；外颞窝比 *Episoriculus* 的低。齿式：1•4•3/1•2•3；牙齿齿尖有浅的染色；I1 齿尖劈裂；A1–A3 大小近等；P4 原尖如同 *Sorex* 者，后缘弯曲明显；M1 和 M2 后缘弯曲也很显著；下门齿切缘有一个明显的小尖；p4 颊侧剪切脊与后齿带组成的夹角变化大；m3 退化的程度和方式变异大。

中国已知种 *Chodsigoa hypsibius* 和 *C. bohlini*，共两个化石种。

分布与时代（中国） 重庆、北京，中更新世。

评注 *Chodsigoa* 属为现生东洋界鼩鼱亚科的一个成员，主要分布于横断山地区；有学者把它作为 *Soriculus* 属中的一个亚属，在化石鉴定中也屡屡把 *S. hypsibius* 置于该属。因此，如果没有足够的材料，要进行两属的区分比较困难，对现知这两个化石种显然有必要作进一步的厘定。在我国，目前报道了多个地点的化石材料，但命名的种不多，最早记录于上新世。郑绍华（1983）曾指定过 *C. youngi*，但未提供新种的特征和任何描述。

步氏缺齿鼩鼱 *Chodsigoa bohlini* (Young, 1936)

（图 76）

Neomys bohlini：Young, 1934, p. 16; Pei, 1936, p. 18

Chodsigoa bohlini：Repenning, 1967, p. 50

选模 IVPP C/C. 936，具 m1 和 m2 的破损左下颌支；北京周口店第一地点，中更新统。

副选模 IVPP C/C. 934, 935, 937，共 4 个下颌支，与正模一起发现。

鉴别特征 与现生种 *Chodsigoa hypsibia* 相比有以下不同：冠状突关节面较发育；冠突刺低，向后腹侧的延线伸向上乙状切迹之下；牙齿相对粗壮、横宽，下颊齿的颊侧齿

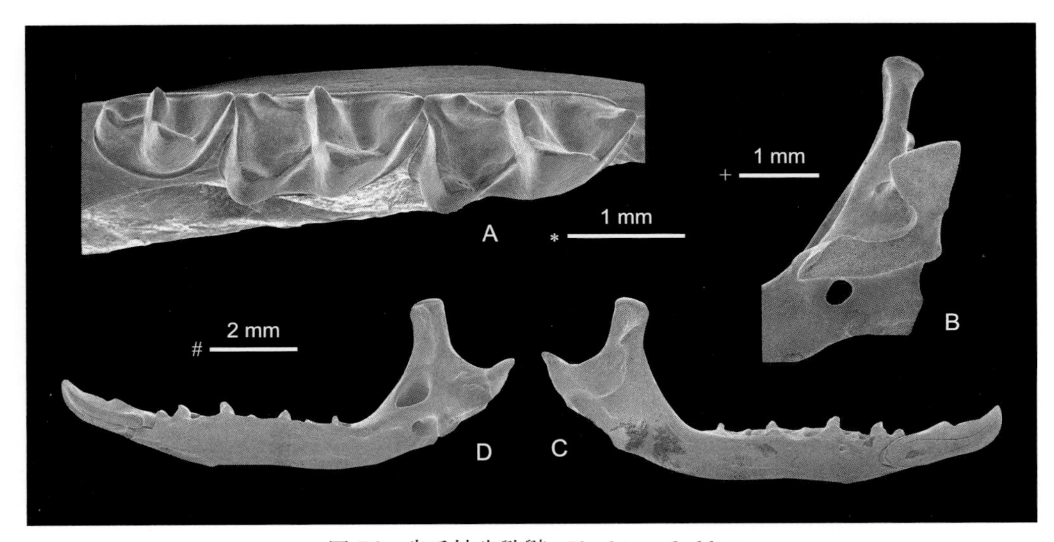

图 76 步氏缺齿鼩鼱 *Chodsigoa bohlini*

A, B. 右下颌支，附 m1–3（IVPP C/C. 2098.1）；C, D. 右下颌支（IVPP C/C. 2098.2）：A. 冠面视，B. 后方视，C. 舌侧视，D. 颊侧视；比例尺：∗ - A，# - C, D，+ - B

带较弱；m3 后跟较为退化。

产地与层位 北京周口店第一、第三地点。

评注 命名人未指定模式标本，这里特指定 IVPP C/C. 936 为选模，其余一起发现的定为副选模。在周口店第三地点后来（Pei, 1936）又发现了 3 个下颌支（IVPP C/C. 2097–2098）。但在核实标本的过程中，未发现选模标本的下落。

川西缺齿鼩鼱 *Chodsigoa hypsibius* (de Winton, 1899)

（图 77）

Soriculus parva：郑绍华、张联敏，1991，35页

Soriculus hypsibius：黄万波等，2002，33页；郑绍华，2004，97页

模式标本 现生标本，未指定，重庆杨柳坝（“Yang-Liu-Ba”）。

鉴别特征 同属。

产地与层位 重庆巫山龙骨坡（郑绍华、张联敏，1991）、迷人洞（黄万波等，2000），奉节兴隆洞（黄万波等，2002）；湖北建始高坪镇龙骨洞，下—中更新统。

评注 在上述几个地点都发现了很多该种的材料，尤以建始龙骨洞者最多。

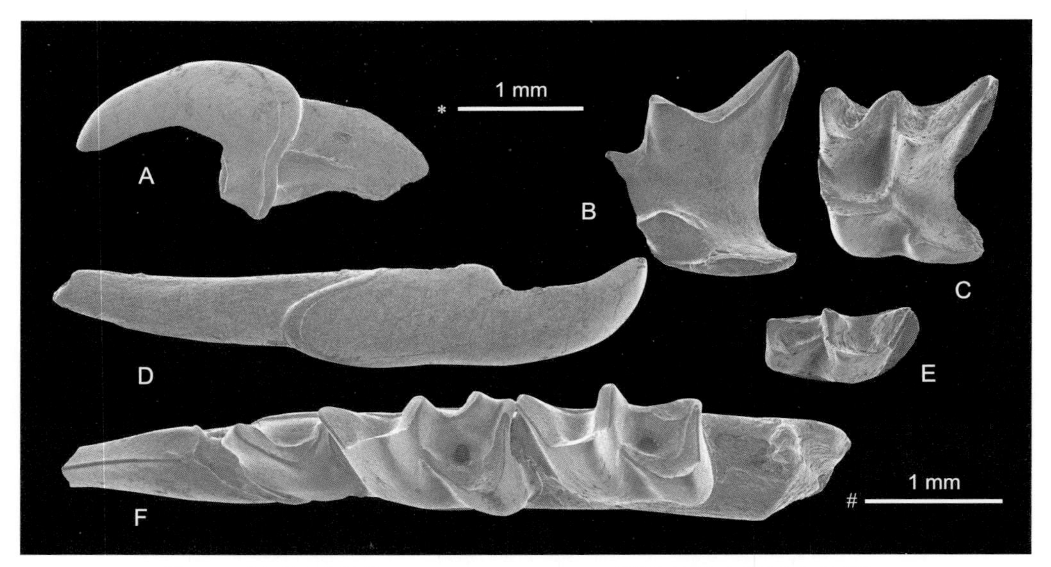

图 77 川西缺齿鼩鼱 *Chodsigoa hypsibius*（湖北建始高坪镇龙骨洞）

A. 左上门齿（IVPP V 13189.14），B. 左 P4（IVPP V 13189.83），C. 左 M1（IVPP V 13189.85），D. 右下门齿 (IVPP V 13189.2)，E. 右 m3 (IVPP V 13189.13)，F. 破损左下颌支, 附门齿 –m2 (IVPP V 13189.44)：A, D 颊侧视，B, C, E, F 冠面视；比例尺：* - A–E，# - F

上长尾鼩鼱属 Genus *Episoriculus* Ellerman et Morrison-Scott, 1951

模式种 褐腹上长尾鼩鼱 *Sorex caidatis* Horsfield, 1851

鉴别特征 下颌翼疤痕极弱；髁突上关节面卵圆形，如同 *Neomys* 者；下关节比 *Neomys* 的靠前，颊侧视在下乙状切迹之后几乎看不到；冠突刺比 *Neomys* 的低，向后腹侧延线伸向上乙状切迹的最低点，而非像 *Neomys* 的在其上；外颞窝比 *Neomys* 的稍低，伸达上髁突之下。齿式：1•5•3/1•2•3；牙齿染色比 *Neomys* 的浅且范围小，m3 完全不染色，m1 和 m2 仅在次尖顶端有浅的染色；I1 齿尖劈裂，似 *Neomys* 者；A4 很小；P4 原尖如同 *Sorex* 的一样很靠近前附尖；M1 和 M2 后缘弯曲显著，有小的次尖；下门齿切缘有一个明显的小尖，如同 *Neomys* 者，但短；下臼齿颊侧有发育的齿带，亦如同 *Neomys* 者；m3 的后跟不很退化，但比 *Neomys* 的稍甚。

中国已知种 仅 *Episoriculus* sp. 一未定化石种。

分布与时代（中国） 安徽，早更新世。

评注 *Episoriculus* 为一属仍然生活在亚洲的鼩类动物，在欧洲见于上新世。我国现代动物学者倾向于认为 *Episoriculus* 与 *Soriculus* 属为同物异名，也有学者把它和 *Chodsigoa* 作为 *Soriculus* 属中的一个亚属。确实，三者形态差异细微，没有足够材料难以区分。该属与 *Chodsigoa* 比较明显的区别在于：上前臼齿多一枚；染色的范围较大；冠状突不那么向前倾跌；上乙状切迹水平线上的冠状突宽度较小；髁突上关节面呈卵圆形。在我国尚未见有该属化石命名种的报道。

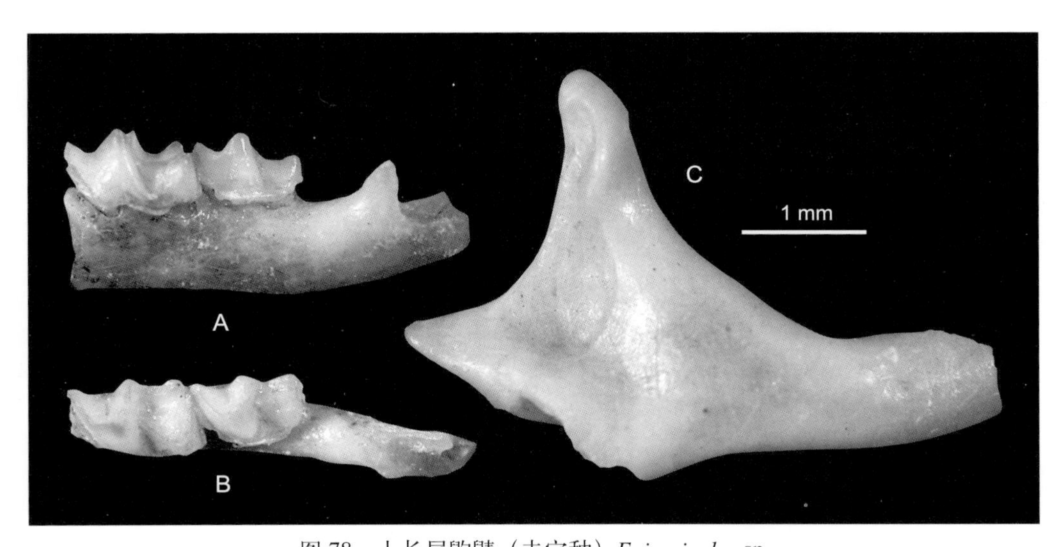

图 78 上长尾鼩鼱（未定种）*Episoriculus* sp.

A, B. 左下颌支，具 m2 和 m3（IVPP V 13959.1），C. 右下颌支（IVPP V 13959.2）：A, C. 颊侧视，B. 冠面视（均引自金昌柱等，2009）

上长尾鼩鼱（未定种） *Episoriculus* sp.

（图 78）

Episoriculus sp.：金昌柱等，2009b，116页

发现于安徽繁昌人字洞的两件下颌支（IVPP V 13959.1–2），其尺寸与 *Episoriculus* 属现生种的接近，冠突刺显著而低、向后腹侧指向上乙状切迹的最低点，外颞窝也低，牙齿染色浅、染色范围不大，m1 和 m2 的下内尖靠后、有强大的颊侧齿带，m3 的跟座不很退化。这些形态与 *Episoriculus* 属相应的特征一致，可能代表该属的一个化石种。但所发现的材料不多，提供的特征还不足以显示与 *Soriculus* 和 *Chodsigoa* 属的区别。

副微尾鼩属 Genus *Paranourosorex* Rzebik-Kowalska, 1975

模式种 大副微尾鼩 *Paranourosorex gigas* Rzebik-Kowalska, 1975

鉴别特征 下颌骨粗壮，联合部后伸达 M1 的中部之下；水平支和上升支组成钝角；颏孔位于 m1 齿根间的下方；冠状突刮刀状，外侧悬垂；内颞窝小，圆形或者上部呈三角形；髁突上关节面小、多少呈三角形，下关节面大、肾状、凹入，髁突间区窄。齿式：1•4•3/1•2•3；牙齿的齿尖染色。I1 大，齿尖不劈裂，颊侧具弱齿带；P4 轮廓呈梯形，原尖向舌侧偏移，前附尖大且位置相对比原尖靠前，舌侧和后侧有明显的齿带；M1 大、方形，具大的前附尖、明显的后附尖和一锥形的后小尖，舌侧和后侧有发育的齿带；P4 和 M1 后缘弯曲清楚；M2 的尺寸明显比 M1 的小，双齿根。下门齿切缘光滑、无小尖、尖端上翘，颊侧具弱齿带，舌侧根上有短而深的沟，齿冠后伸达 a1 之下；a1 单尖，前伸覆盖下门齿，其后半又为 p4 所覆盖；p4 无凹，鼩鼱亚科型；m1 粗壮，下内尖和下次尖汇合，颊侧转折谷开口位置与齿带持平，下后尖位于下原尖之后，有弱的下内尖脊；m2 与 m1 相似；m3 退化，虽然很小但有一小的跟座。

中国已知种 仅 *Paranourosorex inexspectatus* 一种。

分布与时代（中国） 内蒙古，晚中新世保德期 — 早上新世高庄期。

评注 *Paranourosorex* 为一灭绝属，出现于欧亚大陆新近纪中期，在我国出现的时间可能稍早。该属归入短尾鼩鼱族（Anourosoricini），许多特征与 *Anourosorex* 属和 *Crusafontina* 属相似，甚至曾被置于 *Anourosorex* 属，但它与现生的 *Anourosorex* 有明显的不同，也异于欧洲的 *Crusafontina* 属。在我国最早发现于晚中新世的沙拉地点，但迄今只有一个命名种。

意外副微尾鼩 *Paranourosorex inexspectatus* (Schlosser, 1924)

（图 79）

Neomys (*Crossopus*) *inexspectatus*：Schlosser, 1924b, p. 6

Anourosorex inexspectatus：Miller, 1927, p. 10

?*Anourosorex inexspectatus*：Fahlbusch et al., 1983, p. 210

Neomyini gen. et sp. indet.：Fahlbusch et al., 1983, p. 211

Crusafontina inexspectata：Storch et Qiu, 1991, p. 611

Paranourosorex inexspectatus：Storch et Zazhigin, 1996, p. 261; Storch, 1995, p. 233

正模 牙齿全部脱落的右下颌支碎块，仅保存水平支的后部和上升支的大部分（见 Schlosser, 1924b, pl. 1, fig. 4，标本保存在瑞典乌普萨拉大学演化博物馆）；内蒙古化德二

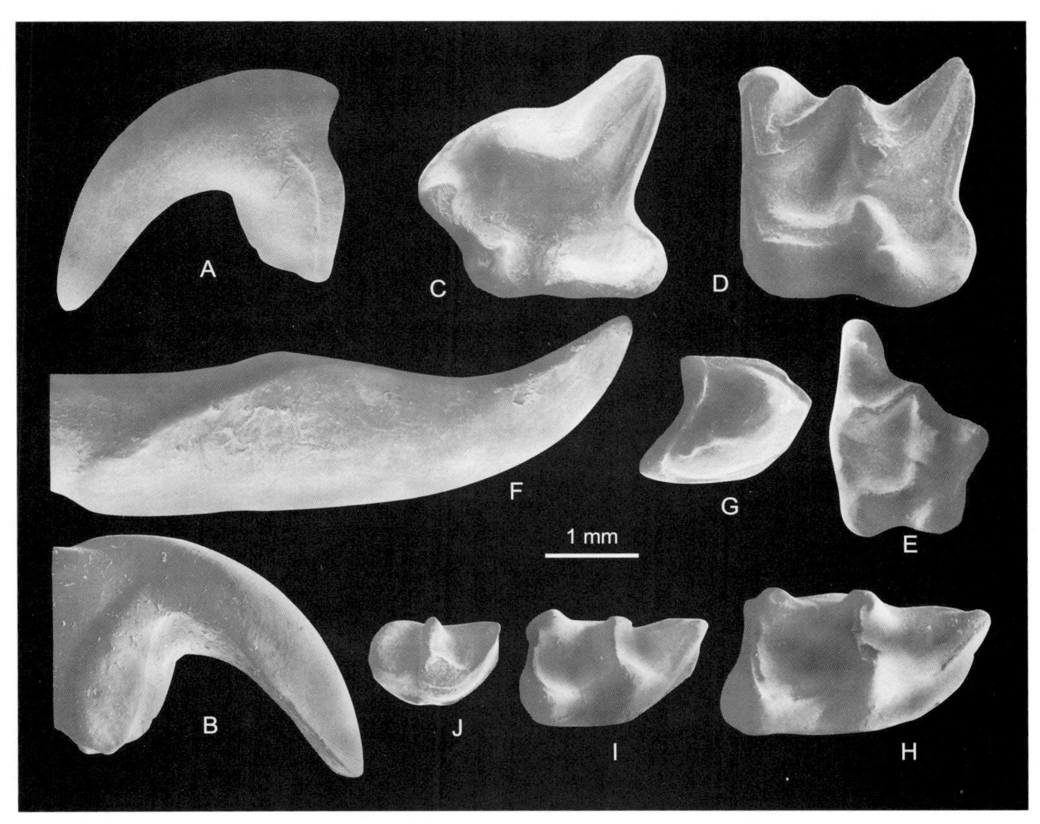

图 79 意外副微尾鼩 *Paranourosorex inexspectatus*

A, B. 左上门齿（IVPP V 12128.2），C. 左 P4（IVPP V 12128.3），D. 左 M1（IVPP V 12128.4），E. 左 M2（IVPP V 12128.5），F. 右下门齿（IVPP V 12128. 1 ），G. 右 p4（IVPP V 12128.6），H. 右 m1（IVPP V 12128.7），I. 右 m2（IVPP V 12128.8），J. 右 m3（IVPP V 12128.9）：A, F. 颊侧视，B. 近中面视，C–E, G–J. 冠面视（均引自 Storch, 1995）

登图 1，上中新统二登图组。

归入标本 IVPP V 12128.1–42，2 件残破的上颌，2 件破损的下颌支，38 枚单个牙齿，采自内蒙古二登图 2；IVPP V 12129.1–3，3 枚单个牙齿，采自内蒙古哈尔鄂博 2。

鉴别特征 个体中等大小。p4 鼓胀、具有很清楚的舌后侧窝和双尖；m3 个体比 *Paranourosorex gigas* 的大，有发育的后跟凹、下次尖和下内尖；m1 有一沟将下内尖和下后边脊隔开；m1 和 m2 的下后边脊末端仅仅伸达下内尖的颊侧面；m1–3 的下内尖脊与下后尖为一凹缺分开。下门齿向尖端中度上翘，切缘明显比后部的齿冠长。P4 的次尖架比 *P. gigas* 的小；M1 和 M2 的次尖鼓胀、圆锥形。髁突下关节面与下颌支的内侧大体处于同一平面，且位置很靠前。冠状突上的隔骨板和隔骨板之上的内颞窝不很显著。

产地与层位 内蒙古化德二登图，上中新统二登图组；内蒙古化德哈尔鄂博，上中新统二登图组 — 下上新统。

评注 Schlosser（1924b）最先将该种命名为 *Neomys inexspectatus*，后来 Miller（1927）、Storch 和 Qiu（1991）又先后将其归入 *Anourosorex* 属和 *Crusafontina* 属，Fahlbusch 等（1983）还将 Schlosser（1924b）指定为 *Crocidura kormosi*（=*Zelceina kormosi*）的一枚下门齿归入该种。20 世纪 90 年代增加了大量的地模标本，并对该种的归属作了订正（Storch, 1995）。由于原建名人建种时只有一件标本，这件标本应自动成为正模。Storch（1995）描述采自模氏地点的材料，可视为该种的归入标本。

贝列门德鼩属 Genus *Beremendia* Kormos, 1934

模式种 裂齿贝列门德鼩 *Crossopus fissidens* Petéenyi, 1864

鉴别特征 冠状突不同程度地向前倾斜；上翼窝明显或只是轻微地下凹；髁突上关节面呈窄的卵圆形；下关节面较靠前，颊侧视被遮掩；髁突间区很宽；内颞窝深。齿式：1•4（5）•3/1•2•3；牙齿染红 — 红黑色；I1 齿尖劈裂；A1 至 A4 尺寸递减，A4 退化或缺失、颊侧视被遮掩；P4 和臼齿的后缘中度弯曲；M1 的前附尖发育正常；下门齿切缘无小尖，尖端明显上翘；p4 双尖，具舌侧后凹；m1 和 m2 有发育程度不同的下内尖脊。

中国已知种 仅 *Beremendia pohaiensis* 一种。

分布与时代（中国） 河北，早更新世泥河湾期；辽宁，更新世；山西、甘肃，晚上新世麻则沟期；安徽，早更新世泥河湾期。

评注 Zdansky（1928）报道过周口店发现的“*Neomys sinensis*”，其后 Kretzoi（1956）将其归入 *Beremendia* 属。但周口店这一标本的尺寸小，牙齿不染色，显然与 *Beremendia* 属的特征不一致。另外，该属的未定种还报道于河北泥河湾和甘肃灵台（蔡保全，1987；郑绍华、张兆群，2001），但材料太少，还难以确定种的归属。

Beremendia 属在欧洲最早出现于早上新世，然后迁入亚洲。其颊齿和下颌上升支的形态与 *Lunanosorex* 属的较相似，似乎同属 Beremendiini 族。

渤海贝列门德鼩 *Beremendia pohaiensis* (Kowalski et Li, 1963)

（图 80）

Peisorex pohaiensis：Kowalski et Li, 1963a, p.138

Beremendia sp.：孙玉峰等，1992，34页

Beremendia dalianensis：Xu et Jin, 1992, p. 1376

Peisorex pliocaenicus：弗林、吴文裕，1994，74页

Beremendia pohaiensis：Jin et Kawamura, 1996a, p. 435; Jin et al., 1999, p. 8

正模 IVPP V 2671，具 m1–3 的破损左下颌支；河北唐山贾家山，更新统。

鉴别特征 个体与 *Beremendia fissidens* 接近，但明显比 *B. minor* 大；A4 缺如，仅有 4 枚臼前齿；下颌孔大而深，宽宽地与内颞窝会通；下臼齿颊侧齿带呈明显波形，一般比 *B. fissidens* 的狭窄。

产地与层位 河北唐山贾家山、辽宁大连海茂，更新统；山西榆社麻则沟，上上新统。

评注 Xu 和 Jin（1992）报道的大连海茂 *Beremendia dalianensis* 材料，以及弗林和

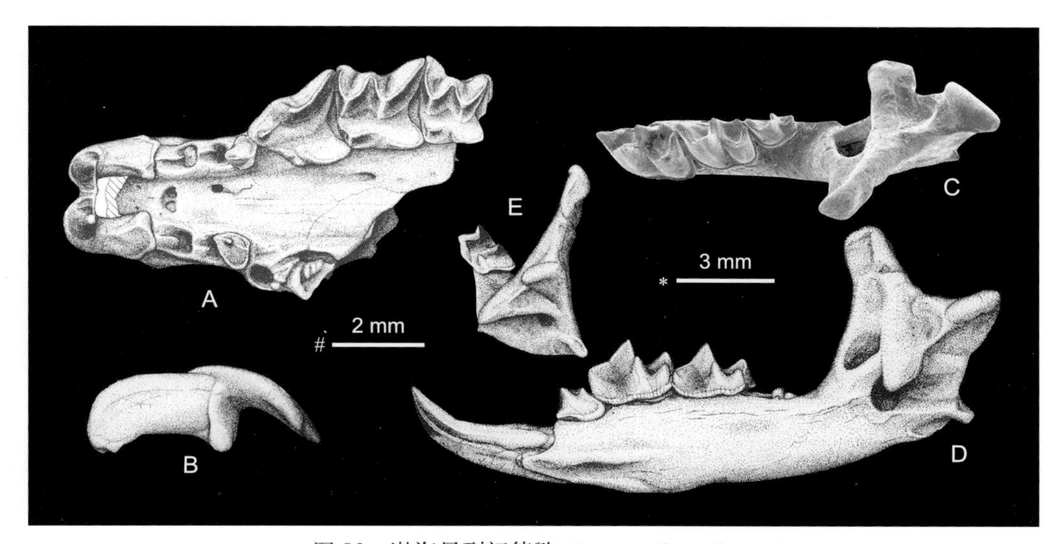

图 80 渤海贝列门德鼩 *Beremendia pohaiensis*

A. 破损头骨前部，具不完整的齿列（DLNHM DH 8950），B. 左上门齿 （DLNHM DH 8959），C. 左下颌支，附 m1–3（IVPP V 2671，正模），D, E. 右下颌支，具 i、p4–m2（DLNHM DH 8951）：A. 腹面视，B. 近中面视，C. 冠面视，D. 舌侧视，E. 后侧视；比例尺：* - C, D，# - A, B, E（除 C 外均引自 Jin et Kawamura, 1996a）

吴文裕（1994）记述的榆社 *Peisorex pliocaenicus* 标本，由于形态相似，都被归入该种(Jin et Kawamura, 1996a)。

鲁南鼩属 Genus *Lunanosorex* Jin et Kawamura, 1996

模式种 李氏鲁南鼩 *Lunanosorex lii* Jin et Kawamura, 1996

鉴别特征 体形中等至大。泪骨明显比 *Beremendia* 的短粗。下颌冠状突也较为宽大；冠状突的顶部明显向前凸出，外颞窝深，冠突刺粗壮；上翼窝较浅；髁突上关节面呈窄的卵圆形；下关节较靠前；髁突间区宽；内颞窝深而大。齿式：1•?•3/1•2•3；牙齿染红--深红色；I1齿尖不劈裂；P4前附尖发育；M1和M2前缘直，后缘弯曲轻微；下门齿切缘有低、弱的小尖；p4的舌侧和颊侧齿带发育；m1和m2三角座凹宽而深，有下内尖脊和颊侧齿带；m3的跟座退化成一新月形嵴。

中国已知种 *Lunanosorex lii* 和 *L. qiui*，共两种。

分布与时代 山东、河南，晚上新世高庄期 / 麻则沟期；内蒙古，早上新世高庄期。

评注 *Lunanosorex* 仅发现于中国。该属颊齿和下颌上升支的形态与 *Beremendia* 属的较为相似，并被归入 Beremendiini 族。但 Reumer（1984, 1998）把门齿劈裂、下门齿切缘无小尖作为 Beremendiini 族的重要特征。*Lunanosorex* 属的门齿形态显然有悖于 Reumer 赋予的这一族的特征，但鉴于其颊齿和下颌的形态与 *Beremendia* 属的高度相似性，而与其他族成员有更大的差异，也许根据 *Lunanosorex* 的形态适当修订族征更为妥当。

李氏鲁南鼩 *Lunanosorex lii* Jin et Kawamura, 1996

（图 81）

Lunanosorex lii：Jin et Kawamura, 1996b, p. 479；金昌柱等，2007，76页

正模 IVPP V 10813，具门齿、a1、p4、m1–3 近完整的左下颌支；山东沂南棋盘山，上上新统。

归入标本 IVPP V 14973.1–5，5 件下颌支，采自河南确山后胥山。

鉴别特征 体大。形态与 *Beremendia* 和 *Blarinoides* 的相似，但冠状突比 *Beremendia* 的宽大，不前倾，顶部明显向前凸出；外颞窝和冠突刺很发育；上翼窝不清楚；髁突上关节面呈窄的卵圆形；下关节较靠前，颊侧视被遮掩；髁突间区宽，有舌侧弯缘；内颞窝通过小孔与下颌孔会通。下颊齿具宽的齿带；p4 有舌后侧凹；m1 有下内尖脊。

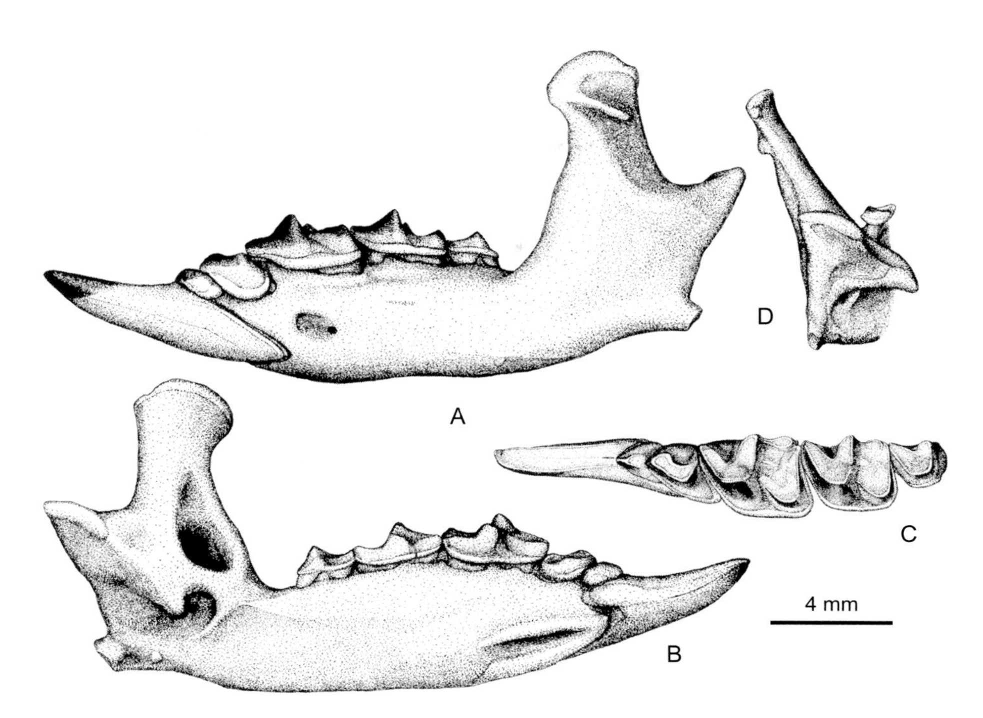

图 81 李氏鲁南鼩 *Lunanosorex lii*

左下颌支，具 i、a1、p4、m1–3（IVPP V 10813，正模）：A. 颊侧视，B. 舌侧视，C. 冠面视，D. 后方视
（引自 Jin et Kawamura, 1996b）

产地与层位 山东沂南棋盘山，上上新统；河南确山后胥山，上新统。

评注 该种建种时仅有一件标本。确山后胥山的标本为归入标本。

邱氏鲁南鼩 *Lunanosorex qiui* Jin, Sun et Zhang, 2007

（图 82）

Lunanosorex cf. *lii*：Qiu et Storch, 2000, p. 179

Lunanosorex qiui：金昌柱等，2007，79页

正模 IVPP V 11890.9，具完整齿列的不完整右下颌支；内蒙古化德比例克，上上新统比例克层。

副模 IVPP V 11890.1–8, IVPP V 11890.10–77，与正模采自同一地点和层位的 17 件上、下颌和 59 枚牙齿。

鉴别特征 个体比 *Lunanosorex lii* 的小，髁突下关节较靠后，冠突刺较粗短，下颌孔和后下颌孔较分开、且处于一个较深的凹窝中。牙齿染色相对浅；P4 的原尖和前附尖相当发育；M1 和 M2 具有前脊和后脊，时有鼓胀的前附尖，以及小的、与原尖分开或有

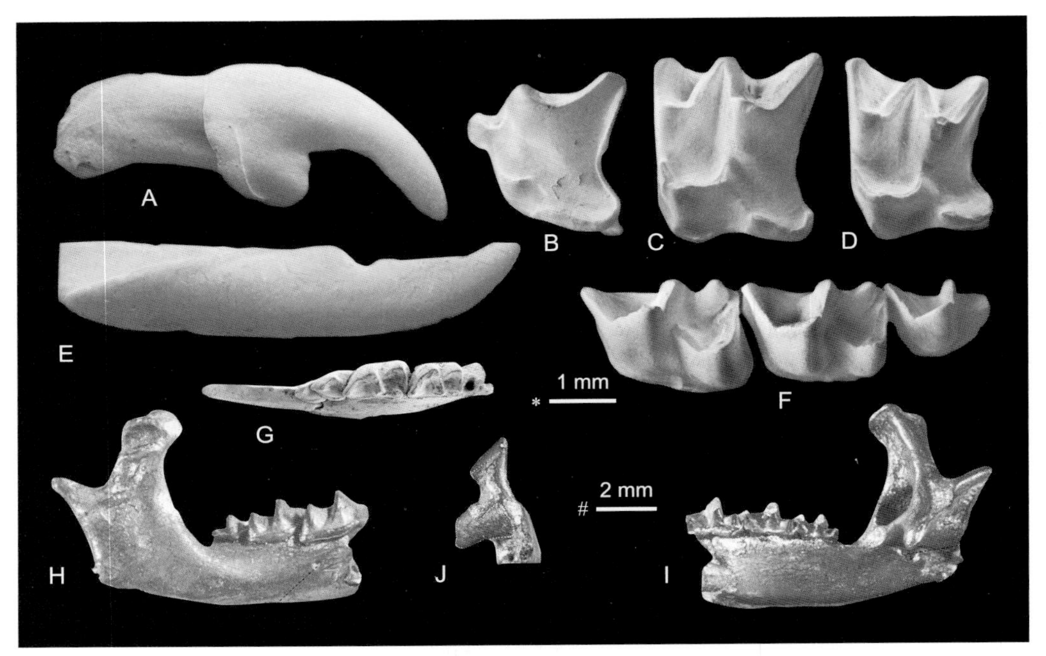

图 82 邱氏鲁南鼩 *Lunanosorex qiui*

A. 右上门齿（IVPP V 11890.1），B. 左 P4（IVPP V 11890.2），C. 左 M1（IVPP V 11890.3），D. 左 M2（IVPP V 11890.4），E. 右下门齿（IVPP V 11890.5），F. 左 m1–3（IVPP V 11890.7），G 右下颌支，附 i–m2（IVPP V11890.9），H–J. 右下颌支，附 m1–3（IVPP V 11890.8）；除 G 为正模外，其他皆为副模；A, E. 颊侧视，B–D, F, G. 冠面视，H. 颊侧视，I. 舌侧视，J. 后方视；比例尺：* - A–F，# - G–J（均引自 Qiu et Storch, 2000；金昌柱等，2007）

一弱脊相连的次尖；下门齿切缘上常有三小尖；m1–2 下内尖脊短而高；m3 略退化。

评注 建名人没有指定除正模以外的模式系列标本。这里把原列为“其他标本”的材料都视为该种的副模。

水鼩属 Genus *Chimarrogale* Anderson, 1877

模式种 喜马拉雅水鼩 *Chimarrogale himalayicus*（Gray, 1842）

鉴别特征 颧突的起始与 M2 后尖在同一平面；冠状突的顶部小，球状，中度前弯；髁突上关节面卵圆形；颊侧视髁突下关节略可见；冠突刺细微，位于冠状突高处；外颞窝很低。齿式：1•4•3/1•2•3；牙齿粗壮，仅在紫外光下可见轻微染色；I1 齿尖有时劈裂；P4 原尖远离前附尖，后缘强烈弯曲；M2 梯形；下门齿切缘光滑；p4 不伸长，有弱的颊侧齿带；m1 下前尖之下有中等发育的颊侧齿带，但下原尖之后的齿带很不明显，下次尖的后面无齿带；m1 的下内尖脊很低；m3 退化，后跟退化成类似 *Blarina* 的新月形脊。

中国已知种 仅 *Chimarrogale himalayicus* 一种。

分布与时代 云南，晚中新世—现代；湖北，早更新世—现代；四川，中更新世—现代。

评注 *Chimarrogale* 为亚洲特有的现生属，包括两种，分布于亚洲东南部。化石仅发现于我国，记录于上新世以来的地层（邱铸鼎等，1984；郑绍华、张联敏，1991；郑绍华、张兆群，2001；郑绍华，2004）。在我国的出版物中，常把这一属名写成 *Chimmarogale*，可能属于拼写上的错误。

喜马拉雅水鼩 *Chimarrogale himalayicus* (Gray, 1842)

（图 83）

Chimmarogale himalayicus：邱铸鼎等，1984，284页

模式标本 现生标本，未指定，印度次大陆（"India", Punjab, Chamba）。

鉴别特征 同属。

产地与层位 云南呈贡三家村，上新统。

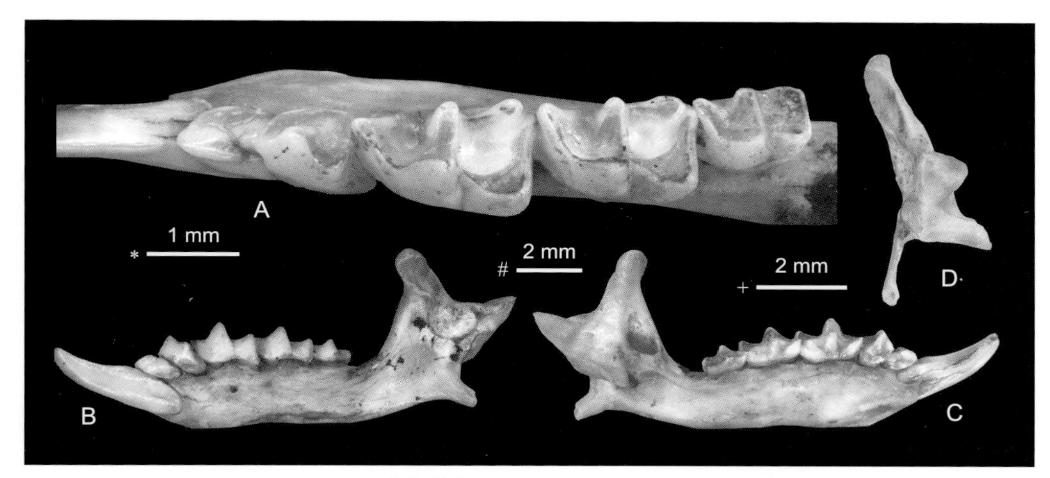

图 83 喜马拉雅水鼩 *Chimarrogale himalayicus*

左下颌支（IVPP V 7608.1），云南呈贡三家村：A. 冠面视，B. 颊侧视，C. 舌侧视，D. 后方视；比例尺：* - A，# - B, C，+ - D

苏氏鼩属 Genus *Sulimskia* Reumer, 1984

模式种 科氏苏氏鼩 *Sorex kretzoii Sulimskia*, 1962

鉴别特征 短尾鼩族（Blarinini）中个体相对小的一种；三角座谷开放且低；舌侧尖锐利；上门齿不劈裂；上臼前齿 5 个；下门齿切缘上有三小尖，颊侧齿带很发育；p4 鼩鼱亚科型；冠状突宽大，具有发育的冠突刺。髁突大而低，关节间区宽。

中国已知种 仅 *Sulimskia ziegleri* 一种。

分布与时代（中国） 内蒙古，早上新世高庄期。

评注 *Sulimskia* 为一灭绝属，分布于旧大陆，在欧洲出现于上新世卢西尼晚期。该属与欧洲的 *Mafia* 和 *Blarinoides*、北美的 *Blarina* 都归入短尾鼩族（Blarinini）。*Sulimskia* 不同于 *Mafia* 主要在于 A1 较为扁平、下臼齿的齿带不那么发育、染色较浅、下门齿齿带较显著、内颞窝大且开放；*Sulimskia* 与 *Blarinoides* 的差异在于：前者颊侧视可见髁突的下关节，下臼齿的齿带很发育，以及有鼩鼱亚科通常形状的 p4，即有一舌后侧凹。

齐氏苏氏鼩 *Sulimskia ziegleri* Qiu et Storch, 2000

（图 84）

Sulimskia ziegleri：Qiu et Storch, 2000, p. 181

正模 IVPP V 11893，左 P4；内蒙古化德比例克，下上新统比例克层。

副模 IVPP V 11894.1–19，破损的下颌支一件，牙齿 18 枚；内蒙古化德比例克，下上新统比例克层。

鉴别特征 P4 的前尖、前附尖和原尖鼓胀，前尖非常宽、U 形、颊侧明显凸出，冠面宽度向前几乎不变窄；P4 的后沿直，舌后侧窝浅；M1 和 M2 具很高、连接后方原嵴（postprotocrista）和次尖齿带的嵴状内脊，后缘弯曲极微弱，后舌侧窝浅，M1 的前附尖较鼓起，M2 次尖架小、不甚展开；m1 的下原尖明显鼓胀；m2 的原尖和次尖倾向舌侧；牙齿的尺寸与 *Sulimskia kretzoii* 的接近。

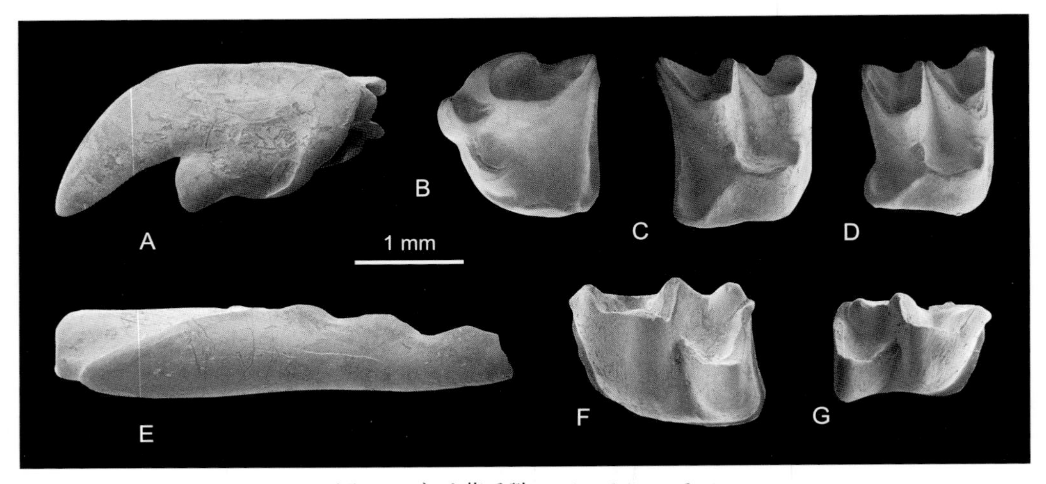

图 84 齐氏苏氏鼩 *Sulimskia ziegleri*

A. 左上门齿 I（IVPP V 11894.1），B. 左 P4（IVPP V 11893），C. 右 M1（IVPP V 11894.2），D. 右 M2（IVPP V 11894.3），E. 右下门齿（IVPP V 11894.4），F. 左 m1（IVPP V 11894.5），G. 右 m2（IVPP V 11894.6）；除 B 为正模外，其余皆为副模；A, E. 颊侧视，B–D, F, G. 冠面视（均引自 Qiu et Storch, 2000）

近湖鼩属 Genus *Paenelimnoecus* Baudelot, 1972

模式种 克氏近湖鼩 *Paenelimnoecus crouzeli* Baudelot, 1972

鉴别特征 个体小；臼齿中没有下内尖；m1 颊侧转折谷开口于齿带很高的位置上，下后尖与下原尖的位置很靠近；m3 的跟座退化成锐利的脊，并残留有舌侧开口的弱凹；牙齿染色。

中国已知种 *Paenelimnoecus obtusus* 和 *P. chinensis*，共两种。

分布与时代（中国） 内蒙古，晚中新世保德期—早上新世高庄期；山东，晚上新世高庄期 / 麻则沟期。

评注 *Paenelimnoecus* 为一灭绝属，古北区分布。在欧洲出现的时代早，延续时间也长，从中中新世阿拉冈期（MN6）至晚上新世维蓝尼期（MN16），共有 3 种，彼此大小接近、形态相似。该属在我国出现的时间似乎较晚。

Paenelimnoecus 属的下颌骨和牙齿形态比较特殊，归入别鼩鼱族（Allosoricini），但亚科的分类地位在学者中仍有分歧，有将其归入 Allosoricinae 亚科者（McKenna et Bell, 1997），有置于 Soricinae 者（Reumer, 1984），也有视作未定亚科者（Storch, 1995）。

钝近湖鼩 *Paenelimnoecus obtusus* Storch, 1995

（图 85）

Soricinae gen. et sp. indet.：Fahlbusch et al., 1983, p. 212

Paenelimnoecus obtusus：Storch, 1995, p. 235

正模 IVPP V 12130，具 m1 和 m2 的右下颌支；内蒙古化德二登图，上中新统二登图组。

副模 IVPP V 12131.1–24，破损的上、下颌骨 11 件，牙齿 13 枚；内蒙古化德二登图，上中新统二登图组。

鉴别特征 下臼齿冠面轮廓呈明显的长方形；P4 和 M1 的后缘轻微弯曲；m1 和 m2 的下内尖非常小（或缺失），紧靠下后尖；P4 的前舌侧边沿有平缓的弯曲；下颌髁突厚大，关节间区很宽且短，几乎没有舌侧切缘边凹的痕迹。

产地与层位 内蒙古化德二登图，上中新统二登图组；内蒙古化德比例克，下上新统比例克层。

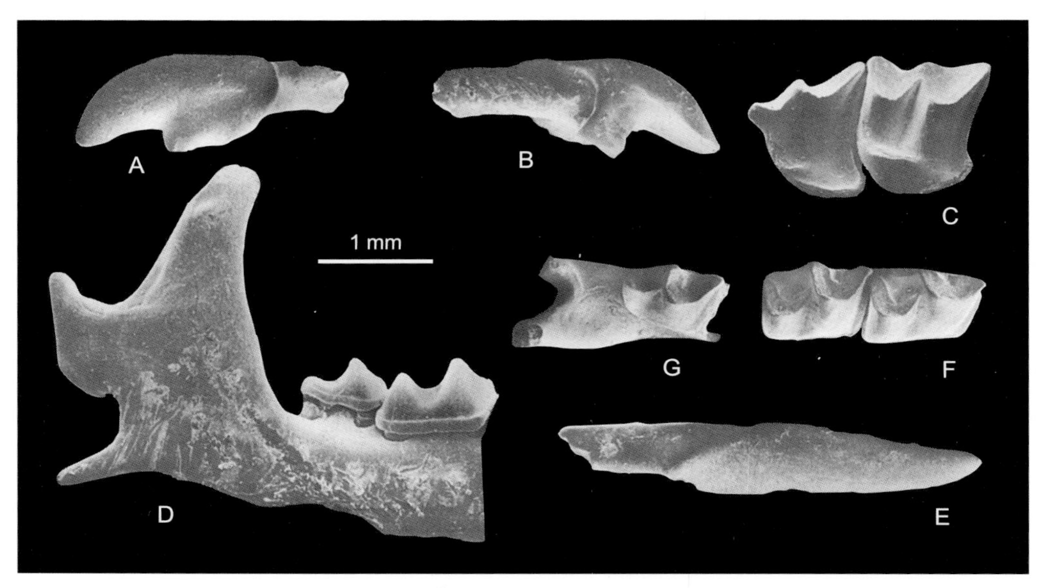

图 85　钝近湖鼩 *Paenelimnoecus obtusus*

A. 左上门齿（IVPP V 12131.2），B. 左上门齿（IVPP V 12131.3），C. 左 P4–M1（IVPP V 12131.4），D. 右下颌支，附 m2–3（IVPP V 12131.9），E. 右下门齿（IVPP V 12131.1），F. 右 m1–2（IVPP V 12130，正模），G. 残破右下颌支，附 m3（IVPP V 12131.7）：除 F 为正模外，其余均为副模；A, D, E. 颊侧视，B. 近中面视，C, F, G. 冠面视（均引自 Storch, 1995）

中华近湖鼩 *Paenelimnoecus chinensis* Jin et Kawamura, 1997

（图 86）

Paenelimnoecus chinensis：Jin et Kawamura, 1997, p. 67

正模　IVPP V 10814.1，具 c、p4–m2 的右下颌支；山东沂南棋盘山，上新统。

副模　IVPP V 10814.2，具 P4–M2 的左上颌骨；山东沂南棋盘山，上新统。

鉴别特征　P4 与上门齿之间有 4 个臼前齿的齿槽坑；牙齿染红 — 橙红色；眶下孔在 P4 前尖至 M1 中附尖的上方；泪孔开口于 M1 后外褶之上；下门齿终止于 m1 原尖之下；颏孔位于 m1 颊侧转折谷之下；髁突上关节面呈三角形，关节间区短而窄，下关节面矩形，下缘无弯曲，舌侧凸比 *Paenelimnoecus micromorphus*、*P. crouzeli* 和 *P. repenningi* 的都弱；侧视下乙状切迹的背腹部狭窄；下门齿切缘上有非常弱的小尖而没有颊侧齿带；m1 和 m2 完全没有下内尖和下内尖脊；m2 与 m1 相对没有 *P. pannonicus* 的那样明显叠交。

评注　建名人还将另一些标本（IVPP V 10815.1–3, 10816）作为“归入标本”列入本种。根据《国际动物命名法规》第 72.4.6 条的规定，这些标本并非模式系列，这里没有列出。

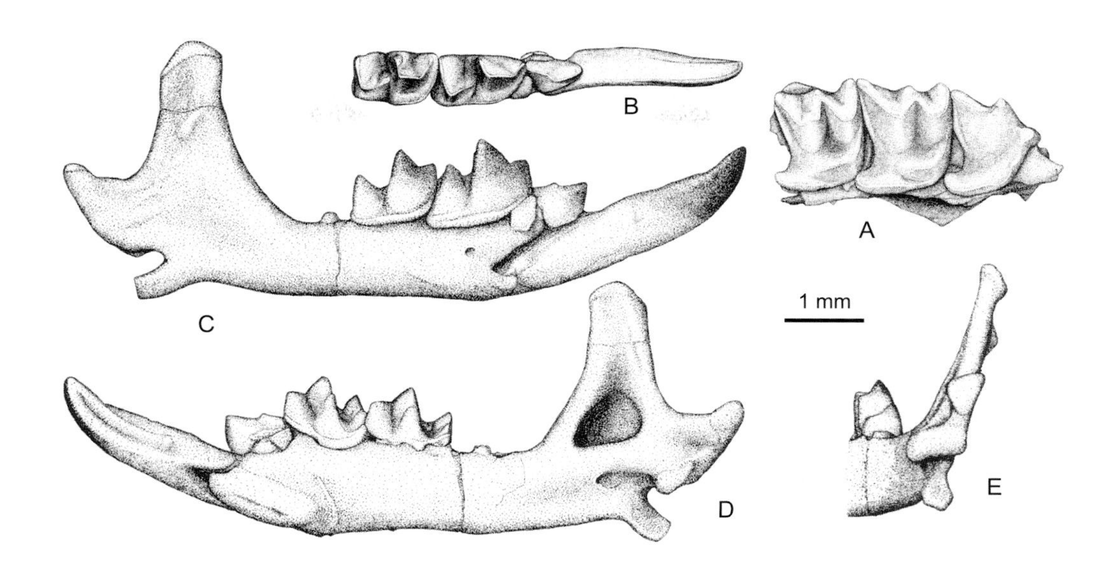

图 86　中华近湖鼩 *Paenelimnoecus chinensis*

A. 右上颌骨，具 P4–M2（IVPP V 10816，归入标本）；B–E. 右下颌支，具 c, p4–m2（IVPP V 10814.1，正模）：A, B. 冠面视，C. 颊侧视，D. 舌侧视，E. 后方视（均引自 Jin et Kawamura, 1997）

麝鼩亚科 Subfamily Crocidurinae Milne-Edwards, 1868–1874

麝鼩亚科最早出现于中中新世，化石分布于欧亚大陆和非洲，在我国发现的化石有麝鼩属 *Crocidura* Wagler, 1832 和臭鼩鼱属 *Suncus* Ehrenberg, 1832 两个。该亚科的某些性状较为原始，并显示了其与北美 Limnoecinae 亚科可能存在的平行演化关系。个体从非常小到很大。p4 主尖三角形，后面有向下的沟，颊侧齿带轻微或者不悬垂于牙根和齿槽，单或双齿根。下颌髁突分离，但分开不宽，关节面通常沿舌侧联合，有颊侧关节间区，上、下髁突关节突的联合有时会占据关节间区较大的一部分；有内颞窝；颏孔在中新世的属、种中位于 p4 之下，在上新世以来的则位于 m1 前根下方。齿式：在晚中新世从 1•6•3/1•4•3 到 1•6•3/1•3•3，在现代从 1•3•3/1•2•3 到 1•5•3/1•3•3；牙齿不染色。

欧洲和非洲发现于中中新世以后的地层，亚洲出现似乎稍晚，最早发现于上新世。在我国最早记录于上新世地层中。

麝鼩属 Genus *Crocidura* Wagler, 1832

模式种　白腹麝鼩 *Sorex leucodon* Hermann, 1780

鉴别特征　头骨上翼区鼓胀；齿式：1•4•3/1•2•3；A1 的尺寸比等大的 A2 和 A3 都大，三者均为单尖；P4–M3 长大于宽，P4–M2 有小的次尖、后缘弯曲明显；M1 和 M2 明显前后向压扁；下门齿长度短 — 中长，上翘，切缘有轻微的锯齿状小尖或光滑无尖，有沿近中面弯曲的沟，此沟弯曲至基缘凹缺之下；m1 和 m2 的跟座比三角座宽，下内尖脊低；m3 后跟退化成单嵴形。这一属不同于 *Suncus* 在于其下门齿近中面沟的弯曲至基缘凹缺之下，而不在凹缺之上，及其上臼前齿比后者少一枚。

中国已知种 *Crocidura horsfieldi, C. vorax, C. wongi*，共三个化石种。

分布与时代（中国） 北京，中更新世 — 现代；云南，晚更新世 — 现代；甘肃，上新世 — 现代；安徽，早更新世 — 现代；辽宁，更新世。

评注 *Crocidura* 为一属延续至今的鼩类动物，广布欧亚大陆和非洲，多达百余种。我国化石的最早记录为上新世（郑绍华、张兆群，2001）。该属的牙齿形态与 *Suncus* 属及北美 *Praesorex* 属的比较相似，其种间的差异特征也很微妙，不易区分。除了上述三个化石种外，在一些文献中还可以看到有关 *Crocidura lasiura* 化石的报道（辽宁省博物馆、本溪市博物馆，1986），但在这些报道中未见较详细的描述，无法作出肯定的判断。

翁氏麝鼩 *Crocidura wongi* Pei, 1936

（图 87）

Crocidura sp.：Pei, 1931, p. 10; Young, 1934, p. 19

Crocidura wongi：Pei, 1936, p. 20

选模 IVPP C/C. 2101.1，具完好齿列的左下颌支；北京周口店第三地点，中更新统。

副选模 IVPP C/C. 2099–2104（除 2101.1 外），11 个头骨和 56 个下颌骨，与正模一起发现。

鉴别特征 m1 和 m2 的下内尖与下次尖的连线略倾斜于牙齿的纵轴；m1 下内尖脊弱或无；m3 后跟的退化相对不明显；内颞窝无隔板分开；冠状突和髁突发育，有显著的冠突刺。

产地与层位 北京周口店第一、第三和新洞地点，中更新统；辽宁大连海茂，更新统；辽宁营口金牛山，中更新统。

评注 顾玉珉（1978）报道过的周口店的 *Crocidura suaveolens* 似应该归入 *C. wongi* 种。该种在东北地区有较多的发现（辽宁省博物馆、本溪市博物馆，1986；郑绍华、韩德芬，1993；孙玉峰等，1992；Jin et Kawamura, 1996c；Jin et al., 1999）。命名人没有指定模式标本，根据描述和尚存保存较好的标本，特此指定 IVPP C/C. 2101.1 标本为选模，其余指定为副选模。

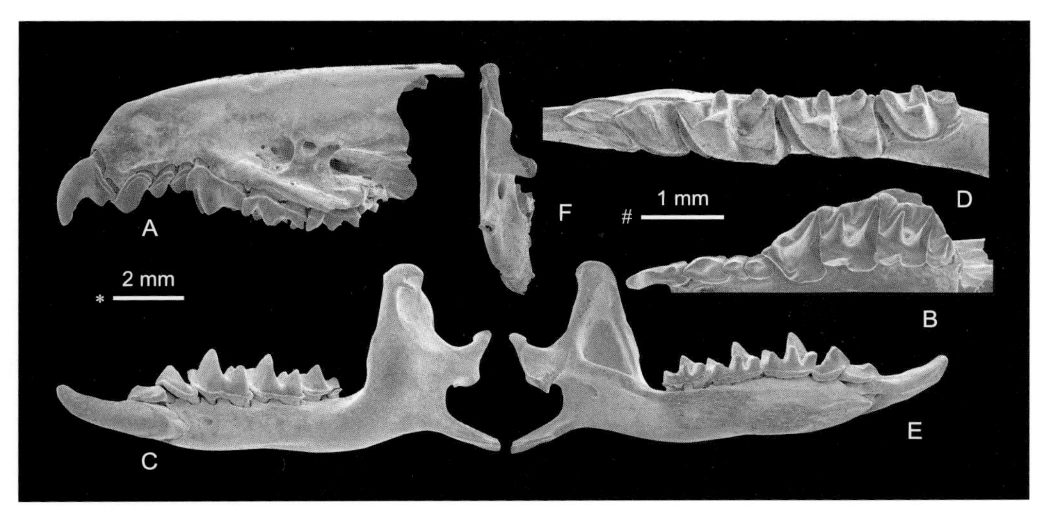

图 87　翁氏麝鼩 *Crocidura wongi*

A, B. 头骨前部（IVPP C/C. 2100.1，副选模）；C–F. 左下颌支（IVPP C/C. 2101.1，选模）：A, C. 颊侧视，B, D. 冠面视，E. 舌侧视，F. 后方视；比例尺：∗ - A, C, E, F，# - B, D

南小麝鼩 *Crocidura horsfieldi* (Tomes, 1856)

（图 88）

Crocidura horsfieldi：邱铸鼎等，1984，284页

模式标本　现生标本，未指定，斯里兰卡。

鉴别特征　m1 和 m2 的下次尖发育，位置靠后，其与下内尖的连线明显倾斜于牙齿

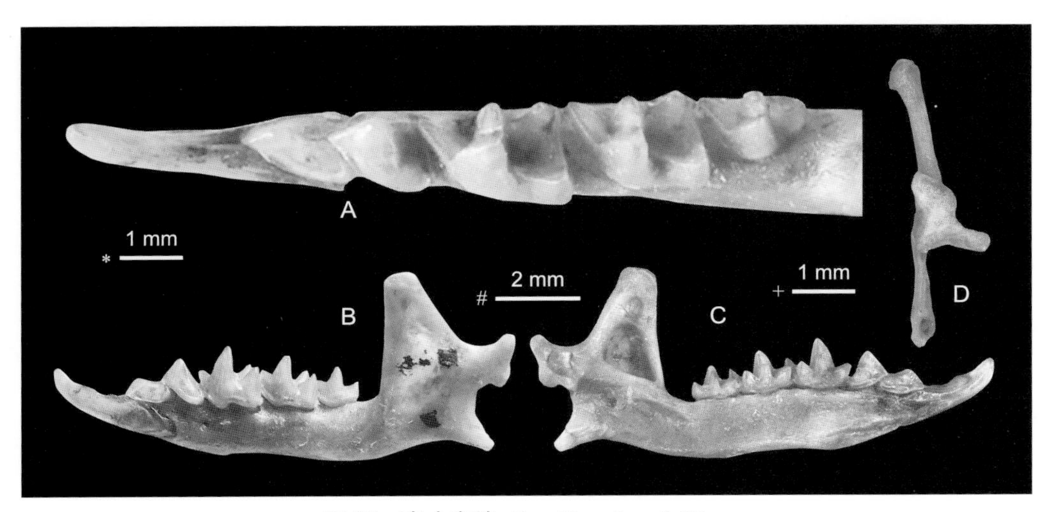

图 88　南小麝鼩 *Crocidura horsfieldi*

左下颌支（IVPP V 7605.1），云南呈贡三家村：A. 冠面视，B. 颊侧视，C. 舌侧视，D. 后方视；比例尺：∗ - A，# - B, C，+ - D

的纵轴；m1 的下内尖脊很低；内颞窝浅，有隔板分开；冠状突和上髁关节面发育，冠突刺不明显，髁关节间区的颊缘弯曲小。

产地与层位 云南呈贡三家村，上更新统。

白齿麝鼩 *Crocidura vorax* Allen, 1923

（图 89）

Crocidura russula：邱铸鼎等，1984，284页

模式标本 现生标本，未指定，云南丽江。

鉴别特征 m1 和 m2 的下内尖远离下后尖，使其与下次尖的连线不很明显地倾斜于牙齿的纵轴；m1 无下内尖脊；内颞窝深，无隔板分开；冠状突和上髁关节面发育，冠突刺不明显，髁关节间区的颊缘弯曲大。

产地与层位 云南呈贡三家村，上更新统。

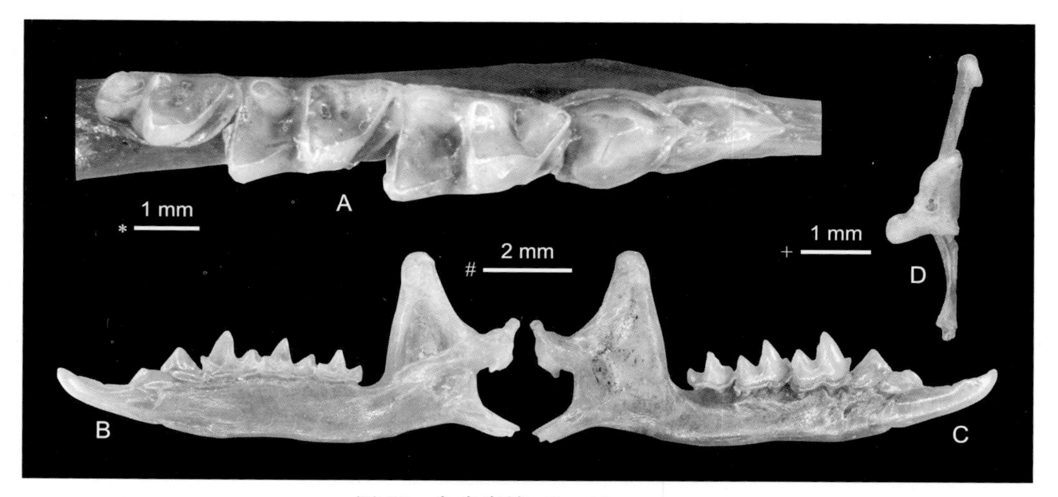

图 89 白齿麝鼩 *Crocidura vorax*

右下颌支（IVPP V 7604.1），云南呈贡三家村：A. 冠面视，B. 舌侧视，C. 颊侧视，D. 后方视；比例尺：＊- A，# - B, C，+ - D

臭鼩鼱属 Genus *Suncus* Ehrenberg, 1832

模式种 神圣臭鼩鼱 *Suncus sacer* Ehrenberg, 1832

鉴别特征 牙齿不染色；齿式：1•5•3/1•2•3；I1 齿尖不劈裂；A1 的尺寸接近 A2 和 A3 者，甚至稍大，比 A4 大得多；A1–A4 都为单尖；P4–M3 长度小于宽度，P4–M2 有小的次尖、后缘弯曲显著；M1 和 M2 明显前后向压扁；下门齿长度短—中等，上翘，切缘多

有轻微的锯齿状小尖，沿近中面沟的弯曲点在基缘凹缺之上，并形成牙齿的后舌侧齿带；m1 和 m2 的跟座比三角座宽，无明显的下内尖脊；m3 后跟退化成单嵴状。

中国已知种 仅 *Suncus* sp. 一未定种。

分布与时代（中国） 湖北建始，早更新世 — 现代。

评注 *Suncus* 为一现生属，广布欧亚大陆和非洲，在亚洲和非洲最早记录于早更新世，欧洲尚无化石种的记录。属内各种的个体差异很大。该属的牙齿形态与 *Crocidura* 的很相似，不同在于其下门齿近中面沟的弯曲在基缘凹缺之上，及其上臼前齿比后者多一枚。

臭鼩（未定种） *Suncus* sp.

（图 90）

Suncus sp.：郑绍华，2004，90页

仅有发现于湖北建始龙骨洞的一枚 M1（IVPP V 13185）。牙齿不染色，后缘弯曲明显，外脊呈斜 W 形，前尖相对后尖较小且少向舌侧突出，有前附尖、大的原尖和明显的次尖，以及较为连续的齿带。但该牙齿的轮廓方形，长度不明显比宽度短，W 形外脊并不前后向压缩，次尖很明显，与属的特征不完全一致，形态上与我国的现生种有明显的不同。发现的化石材料偏少，能否可靠地归入该属，有待进一步的发现。

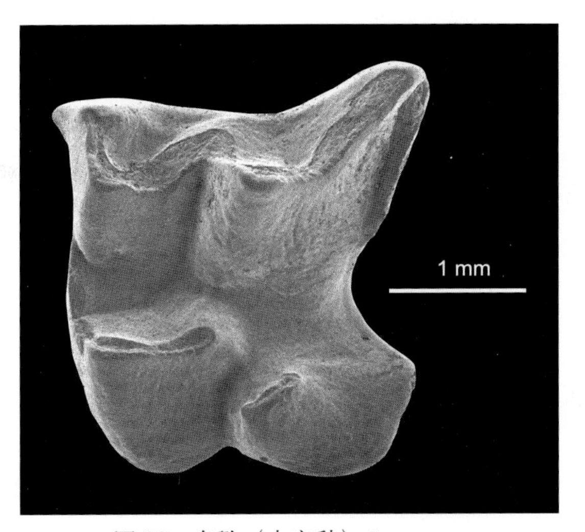

图 90 臭鼩（未定种）*Suncus* sp.
左 M1 （IVPP V 13185）：冠面视

小跟鼩科？ Family Micropternodontidae? Stirton et Rensberger, 1964

模式属 小跟鼩 *Micropternodus* Matthew, 1903

定义与分类 Stirton 和 Rensberger（1964）根据北美晚始新世 — 渐新世出现的 *Micropternodus* Matthew, 1903 和渐新世出现的 *Clinopternodus* Clark, 1937 创建了小跟鼩科。定义如下：大小如鼹，可能掘地营生。吻部长，骨缝趋于早期愈合，眶下孔大而短，无泪骨结节。上颊齿高短型齿（hypsobrachyodont），外脊强烈地向颊侧倾斜，I1 增大，P1 缺失，P3 原尖极为退化，P4 次臼齿化；M1–2 颊侧齿带弱，在前附尖的前面和后附

尖的后面有钩状的小尖，前尖和后尖明显但分隔不宽，原尖具窄的由前脊和后脊组成的V形脊，跟座前后宽，其横宽甚至超过P4，无前齿带；p3比p2大得多，有些次臼齿化，p4和下臼齿三角座高、前后收缩，但上半部向后弯曲。

McKenna（1960）注意到亚洲古新世的 *Sarcodon* Matthew et Granger, 1925 和北美晚始新世 *Micropternodus* 之间的相似性，Van Valen（1966）详细地叙述了两属上臼齿共同点，并将 *Sarcodon* 归入小跟鼩科。Szalay 和 McKenna（1971）注意到 *Sarcodon* 和 *Micropternodus* 下臼齿之间的差异，将 *Sarcodon* 和 *Hyracolestes* Matthew et Granger, 1925 归入 Deltatheridiidae。但在 McKenna 等（1984）记述 *Prosarcodon lonanensis* 时，在将亚洲属归入小跟鼩科的同时又指出 *Micropternodus* 的一些特化特征：I1 增大，上犬齿横切面呈三角形，前面的前臼齿常缺失，吻部高度特化，眶下孔强烈地后移等。似乎意识到亚洲 *Sarcodon* 类型的食虫类和 *Micropternodus* 在臼齿上的相似性可能存在趋同现象，这点在 Van Valen（1966）文章中也指出过。值得注意的是 Wang 和 Zhai（1995）以及 Meng 等（1998）在研究广东南雄盆地和内蒙古的 *Sarcodon* 类型的食虫类时，谨慎地未将其归入任何已知科中。这里赞同他们的看法，在目前阶段，将亚洲 *Sarcodon* 类型的食虫类归入已知科都值得慎重考虑。亚洲 *Sarcodon* 类型的食虫类和北美的 *Micropternodus* 类型的食虫类之间存在相当大的区别，为了说明这一点，将 *Micropternodus morgani* 的上、下颊齿图录于此，以供读者参考（图 91）。

Lopatin 和 Kondrashov（2004）将亚洲 *Sarcodon* 类型的食虫类归入小跟鼩科，并分为两个亚科：小跟鼩亚科（Micropternodontinae）和肉齿鼩亚科（Sarcodontinae）。但也有不同的意见，Missiaen 和 Smith（2008）将肉齿鼩类提升为科级分类单元，将肉齿鼩类归入 Mirorder Cimolesta McKenna, 1975。而在洛南早古新世的 *Prosarcodon lonanensis* 的头骨上发现有梨形窗（piriform fenestra）（McKenna et al., 1984），似乎可以肯定是一类鼩形

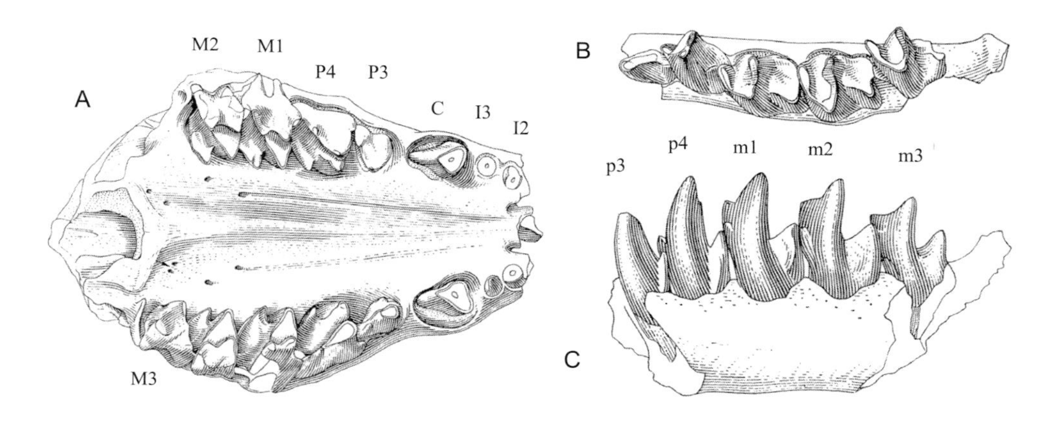

图 91 *Micropternodus morgani*

上颌骨（A）和左下颌支（B, C）（UCMP 60801）：A. 腹面视，B. 冠面视，C. 颊侧视（均引自 Stirton et Rensberger, 1964；原文未注明比例尺）

动物。鉴于目前亚洲 *Sarcodon* 类型的食虫类分类位置的不确定性，暂将亚洲 *Sarcodon* 类型的食虫类归入 ? Micropternodontidae 科。

亚洲 *Sarcodon* 类型的食虫类和北美的小跟鼩类都是小到中型的双褶齿类型的食虫类，但差异明显（见下述），或许 Missiaen 和 Smith 将肉齿鼩类提升为科级分类单元是可取的方案，但他们未作详细的讨论。

中国已知属 *Sarcodon*, *Hyracolestes*, *Prosarcodon*, *Sinosinopa*, *Hsiangolestes*, 共五属。

分布与时代（中国） 内蒙古、陕西、安徽和湖南，古新世和始新世。

肉齿鼩亚科 Subfamily Sarcodontinae Lopatin et Kondrashov, 2004

Lopatin 和 Kondrashov（2004）建立的肉齿鼩亚科将亚洲 *Sarcodon* 类型的食虫类归入该亚科。Missiaen 和 Smith（2008）将其提升为科，并与 didymoconids, wyolestids, cimolestids, palaeoryctids 一起归入 Cimolesta。将亚洲 *Sarcodon* 类型的食虫类指定为科级分类单元值得采用，但由于亚洲 *Sarcodon* 类型动物的系统关系还不清楚，这里仍保留其亚科的分类地位，并暂归入鼩形亚目。

另，黄学诗和郑家坚（2002）记述了安徽潜山盆地的一种小哺乳类，命名为李氏皖掠兽（*Wanolestes lii*），并将其归入鼩形目（Soricomorpha）。Lopatin（2004b, 2006）注意到皖掠兽具有下臼齿下前尖退化、三角座高、下原尖和下后尖孪生、无下内尖、p4 无下后尖等特征，遂将皖掠兽归入对锥齿兽科（Didymoconidae），并进一步归入阿尔丁兽亚科（Ardynictinae）。这里采用 Lopatin 的说法，将皖掠兽从鼩形类中移出，归入对锥齿兽科。

该亚科是一类小或中等大小、仅有两颗上、下臼齿的食虫动物。门齿小，犬齿大、犬齿形，p4 前臼齿化，但有相对较强的下后尖、短的跟座和一个后跟尖；p4 和下臼齿的三角座高，下前棱（paracristid）强，前齿带弱或缺失；P4 前臼齿化，无后尖，次尖架弱或缺失；P4 和 M1 的后附尖棱长、显著；上臼齿横宽，前尖和后尖孪生，小尖清楚，中央棱直，M1 次尖架很发育，M2 无次尖架。

已知属有 *Sarcodon*、*Hyracolestes*、*Prosarcodon* 和 *Metasarcodon*，共四个属。

肉齿鼩属 Genus *Sarcodon* Matthew et Granger, 1925

模式种 侏儒肉齿鼩 *Sarcodon pygmaeus* Matthew et Granger, 1925

鉴别特征 一类个体较小的肉齿鼩类。M1 比较横宽，后附尖棱相当强大，强烈地向后外方延伸，前附尖区较小，次尖架大，并有大的次尖；P3 原尖较大，上、下臼齿无前齿带；下臼齿三角座和跟座高差不明显；m1 的三角座相对比 *Metasarcodon* 的短，但比 *Prosarcodon* 的长；p4 跟座低小。

中国已知种 *Sarcodon pygmaeus*, *S. minor*, *S.? zhaii*，共三种。

分布与时代 亚洲，古新世晚期。

评注 Matthew 和 Granger（1925a）年根据格沙头的一枚 M1（AMNH 20427）建立了肉齿鼩属，1929 年 Matthew 等根据同一地点的下颌支（AMNH 21732）建立了 *Opisthopsalis* 属。Szalay 和 McKenna（1971）在重新研究格沙头动物群时，认为 *Opisthopsalis* 是 *Sarcodon* 的同物异名，并根据 p3 前面的齿根的分布情况，认为这是一类吻部较长的动物。

Averianov（1994）将吉尔吉斯斯坦的一枚右 M1 归入肉齿鼩属，并建一新种 *Sarcodon udovichenkoi*。Meng 等（1998）在记述 *S. minor* 时提到吉尔吉斯斯坦标本与 *S. pygmaeus* 和 *S. minor* 之间一些区别点，Lopatin（2006）将其移出肉齿鼩属，归入 *Metasarcodon* 属。

侏儒肉齿鼩 *Sarcodon pygmaeus* Matthew et Granger, 1925

（图 92）

Opisthopsalis vetus：Matthew et al., 1929, p. 8

正模 AMNH 20427，左 M1；蒙古 Ulan-Nur 盆地，上古新统格沙头组。

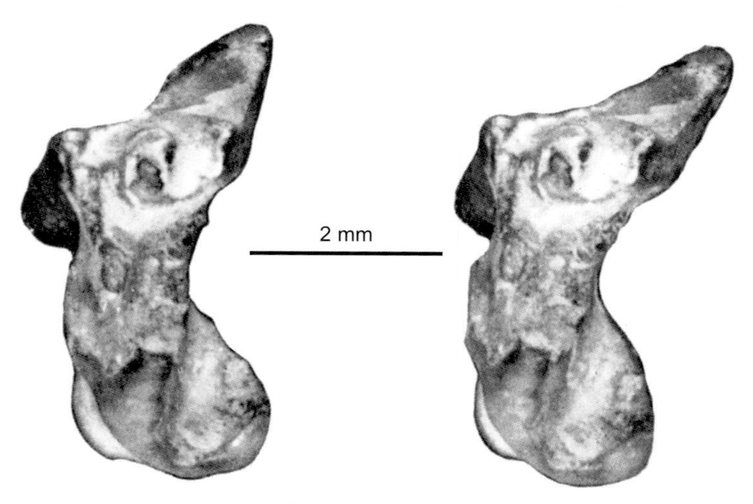

图 92 侏儒肉齿鼩 *Sarcodon pygmaeus*

左 M1（AMNH 20427, 正模）：冠面视，立体照（引自 Szalay et McKenna, 1971）

鉴别特征 个体比 *S. minor* 大 30%，M1 长为 2.85 mm。后附尖棱和次尖架相对发育。

产地与层位 内蒙古二连盆地，上古新统脑木根组（包括巴彦乌兰层）。

小肉齿鼩 *Sarcodon minor* Meng, Zhai et Wyss, 1998

（图 93）

正模 IVPP V 11134.1，左 M1；内蒙古苏尼特右旗巴彦乌兰，上古新统脑木根组。

副模 IVPP V 11134.2，左 P3–4，与正模发现于同一地点和层位。

鉴别特征 个体最小的肉齿鼩，M1 长 1.95 mm，宽 3.15 mm，约是模式种 *S. pygmaeus* 的 M1 大小的 70%。后附尖棱和次尖架似不如模式种发育。

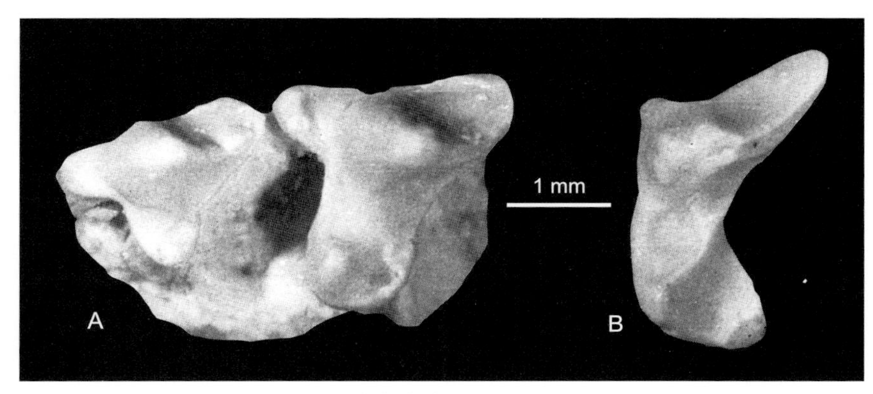

图 93 小肉齿鼩 *Sarcodon minor*

A. 左 P3–4（V11134.2，副模），B. 左 M1 （IVPP V 11134.1，正模）：冠面视（均引自 Meng et al., 1998）

翟氏肉齿鼩？ *Sarcodon? zhaii* Huang, 2003

（图 94）

正模 IVPP V 11358，一左下颌支断块，附 m1 的跟座及 m2；安徽嘉山辛庄南，上古新统土金山组。

鉴别特征 个体比模式种 *Sarcodon pygmaeus* 稍小，m2 短宽，跟座窄小，仅为三角座宽的二分之一。

评注 翟氏种的 m2 长为 3.05 mm，三角座宽为 1.90 mm，跟座宽为 0.95 mm，是一比较小的肉齿鼩。Lopatin（2006）记述了在蒙古挪兰布拉克组（Naran-Bulak Svita）齐格登段（Zhigden）发现的一个带有完整 m2 的下颌支，将其归入 *Sarcodon pygmaeus*。蒙古标本 m2 的长为 3.25 mm，三角座宽为 2.0 mm；跟座宽为 1.25 mm。与之对比，翟氏种

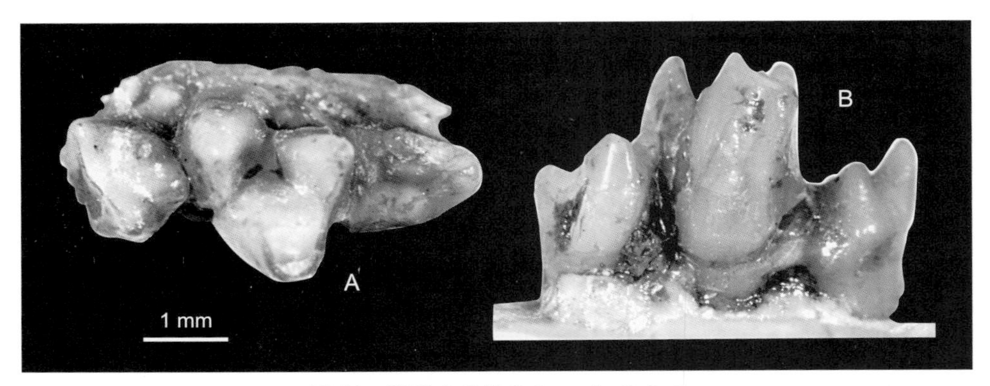

图 94　翟氏肉齿鼩？*Sarcodon*? *zhaii*

左 m1 跟座及 m2（IVPP V 11358，正模）：A. 冠面视，B. 颊侧视

的 m2 相对短宽，跟座窄小。因此，将这一特点列为种的特征。由于未发现上臼齿，其归属仍有疑问。

蹄兔鼩属 Genus *Hyracolestes* Matthew et Granger, 1925

模式种　白鼬蹄兔鼩 *Hyracolestes ermineus* Matthew et Granger, 1925

鉴别特征　个体较小的肉齿鼩类（m1 长 2.3–2.4 mm）。p4 相对延长，跟座比较发育；m1 三角座和跟座高差不明显，无下内尖（?），跟凹小，并向舌侧开放。

中国已知种　仅模式种。

分布与时代　亚洲，古新世最晚期。

评注　目前蹄兔鼩只发现下颌，保存部分颊齿，其性质有待补充。根据 p3 前方的齿根分布的情况，Szalay 和 McKenna（1971）认为蹄兔鼩是短吻型的动物。

白鼬蹄兔鼩 *Hyracolestes ermineus* Matthew et Granger, 1925

（图 95）

正模　AMNH 20425，右下颌支存 p3–m1 和 c–p2 的齿槽；蒙古 Ulan-Nur 盆地，上古新统格沙头组。

鉴别特征　同属。

产地与层位　内蒙古苏尼特右旗，上古新统脑木根组（包括巴彦乌兰层）；安徽潜山，上古新统痘姆组上段。

评注　Meng 等（1998）在研究内蒙古巴彦乌兰层标本时曾指出，在正模上，m1 跟座的下次尖已断掉，跟座后面齿尖推测是下次小尖。因此，*Hyracolestes ermineus* 正模

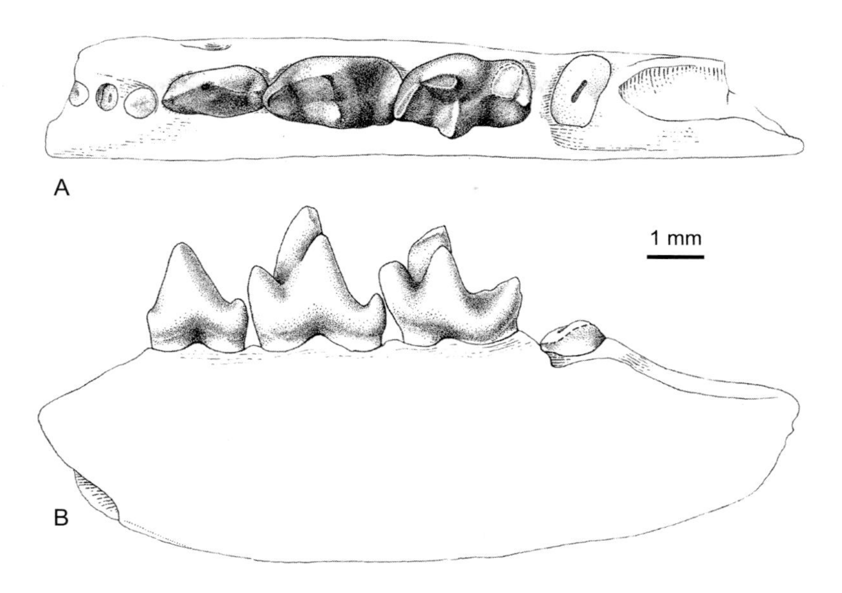

图 95　白鼬蹄兔鼩 *Hyracolestes ermineus*

右下颌支，附 p3–m1 （AMNH 20425，正模）：A. 冠面视，B. 舌侧视（引自 Szalay et McKenna, 1971）

的 m1 跟座应无下内尖。而潜山盆地标本、巴彦乌兰层标本以及 Lopatin 和 Kondrashov (2004) 记述的产自蒙古 Nemeget 盆地挪兰布拉克组的齐格登段标本基本上与 *Hyracolestes ermineus* 正模相似，但 m1 跟座的后内角都有明显的齿尖，从位置来看，这个齿尖应是下内尖，而下次小尖则不明显。因此，要考虑一个问题：即从其他地区发现的 *Hyracolestes ermineus* 的 m1 都有明显的下内尖，正模的 m1 跟座无下内尖有可能是个特例，或者说是个体变异，但这需要对正模标本的再验证。

始肉齿鼩属 Genus *Prosarcodon* McKenna, Xue et Zhou, 1984

模式种　洛南始肉齿鼩 *Prosarcodon lonanensis* McKenna, Xue et Zhou, 1984

鉴别特征　一类较原始的小型鼩鼱类食虫动物，齿式为 3•1•4•2/3•1•4•2，个体较小 (m1 长为 2.18 mm)。I1 和 i2 增大，上犬齿横切面成卵形，P1/1 单根，p1、p2 前后有齿隙。与 *Sarcodon pygmaeus* 一样，其 P4 缺少像内蒙古阿山头组中 *Sinosinopa sinensis* 所具有的明显的次尖架（有次尖架,但其上无次尖隆起），只有 M1 具有明显的次尖架。上臼齿横宽，M1 的次尖不如 *Sarcodon pygmaeus* 的那样向后内侧扩展，其前尖和后尖也不像 *Sarcodon pygmaeus* 的那么紧密相连，后附尖棱相对较弱，而前附尖区较明显。M1 原尖底部有一微弱的前齿带。最后前臼齿和下臼齿三角座与跟座的高差大。

中国已知种　仅模式种。

分布与时代 陕西，古新世早期。

评注 在已知的 *Sarcodon* 类型的食虫类中，始肉齿鼩的材料相对完整。与北美的 *Micropternodus* 对比，形态上差距较大，是否存在较为紧密的亲缘关系尚不清楚。Lopatin 和 Kondrashov（2004）记述了产于蒙古 Nemeget 盆地挪兰布拉克组下始新统伯姆巴段（Bumban Member）一种 *Sarcodon* 类型的食虫类并归入始肉齿鼩属，命名为 *Prosarcodon maturus*。材料是一些零星的上、下颊齿，形态与洛南种有明显区别，是否缺失 M3/3 也有待于证实，因此，归入始肉齿鼩不一定合适。

洛南始肉齿鼩 *Prosarcodon lonanensis* McKenna, Xue et Zhou, 1984

（图 96）

正模 NWU WNUG 78Sh001，不完整的头骨和下颌骨；陕西洛南石门，下古新统樊沟组。

鉴别特征 同属。

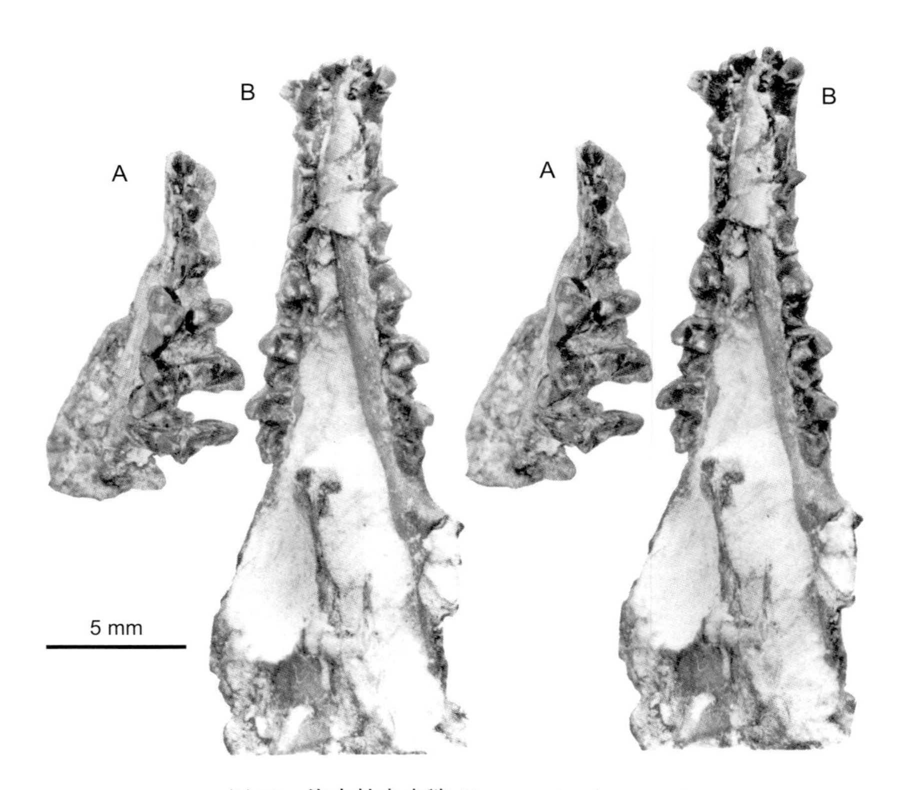

图 96 洛南始肉齿鼩 *Prosarcodon lonanensis*

同一个体的破损头骨（A）和下颌骨（B），保存完整的上齿列（WNUG 78Sh001，正模）：冠面视（立体照）（引自 McKenna et al., 1984）

小跟鼩亚科？ Subfamily Micropternodontinae? Stirton et Rensberger, 1964

评注 Lopatin（2006）将亚洲古、始新世的具M3/3的*Sarcodon*类型的食虫类（*Hsiangolestes*、*Bogdia*和*Sinosinopa*）归入以北美*Micropternodus*和*Clinopternodus*为代表的小跟鼩亚科。正如在上述评注中所说，目前将亚洲*Sarcodon*类型的食虫类归入小跟鼩科仍有疑虑，将*Hsiangolestes*、*Bogdia*、*Sinosinopa*和北美属归入同一亚科也有同样问题。

震旦鬣鼩属 Genus *Sinosinopa* Qi, 1987

模式种 中华震旦鬣鼩 *Sinosinopa sinensis* Qi, 1987

鉴别特征 齿式：?•1•4•3/?•?•?•3。个体较大，齿隙很短，鼻骨长。P4–M2后附尖棱相当长，具有宽的次尖架；M3具有两个原小尖；p4比较延长；下臼齿三角座和跟座很发育，跟座较窄，m3跟座长，下次小尖很明显。

中国已知种 仅有模式种。

分布与时代 内蒙古，早始新世晚期。

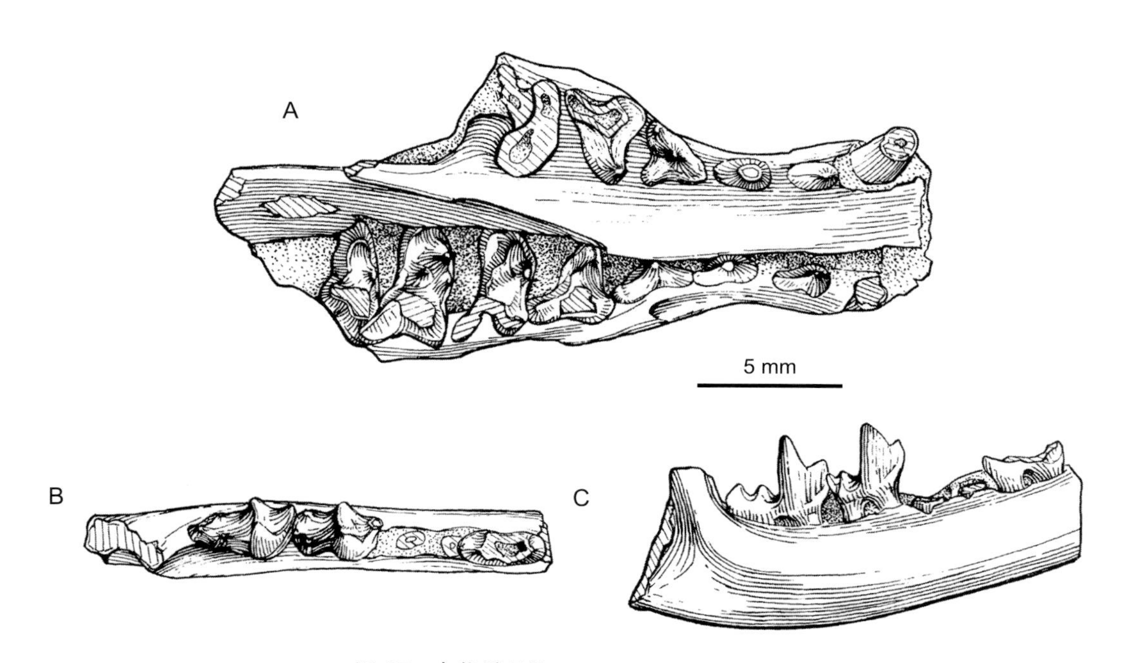

图97 中华震旦鼩 *Sinosinopa sinensis*

同一个体的破损上颌骨（A）和右下颌支（B, C）（IVPP V 5677，正模）：A, B. 冠面视，C. 颊侧视

（引自 Qi, 1987）

中华震旦鬣鼩 *Sinosinopa sinensis* Qi, 1987

（图 97）

正模 IVPP V 5677，同一个体的不完整的头骨和右下颌支；内蒙古二连盆地，下始新统阿山头组。

鉴别特征 同属。

湘掠兽属 Genus *Hsiangolestes* Zheng et Huang, 1984

模式种 杨氏湘掠兽 *Hsiangolestes youngi* Zheng et Huang, 1984

鉴别特征 一类与发现于内蒙古的 *Bogdia* 类似的食虫动物，上齿式：?•1•4•3。上犬齿中等粗壮。前面的上前臼齿小而简单、侧扁，P1 与 P2、P2 与 P3 之间均有明显的齿缺。P4 中等臼齿化，后尖较小，紧靠前尖，后附尖小而突出，无次尖；上臼齿横宽，尤其是 M1–2 前后小尖很发育，似乎后附尖棱发育，后齿带扩大成次尖架，有初始的次尖；M3 后尖后翼比较退化，后小尖弱小。

中国已知种 仅模式种。

分布与时代 湖南，早始新世早期。

评注 湘掠兽仅有一种，材料为一不完整的头骨。由于上臼齿外侧齿尖已损坏，使其在分类上有不同的意见。最初，湘掠兽归入对齿兽科中的 Wyolestinae 亚科，丁素因和李传夔（1987）认为其牙齿结构与蒙古发现的 *Bogdia* Dashzeveg et Russell, 1985 相似，代表一种早始新世的食虫动物。Ting（1998）将其归入小跟鼩科，Lopatin（2006）进一步归入这一科中的小跟鼩亚科，认为湘掠兽与产于蒙古中始新世 Kholboldzhi 组（伊尔丁曼哈期）的 *Bogdia* 相似。*Bogdia* 的上臼齿前尖和后尖孪生、后附尖棱发育、大的次尖架和内齿带连续等而异于已知的 pantolestids 特征，Dashzeveg 和 Russell（1985）认为 *Bogdia* 是一种异常的 pantolestids，或许属于亚洲的一新亚科。Lopatin（2006）根据 *Bogdia* 的这些特征将其归入小跟鼩亚科。

杨氏湘掠兽 *Hsiangolestes youngi* Zheng et Huang, 1984

（图 98）

正模 IVPP V 7353，具左、右颊齿的头骨；湖南衡东岭茶，下始新统岭茶组。

鉴别特征 同属。

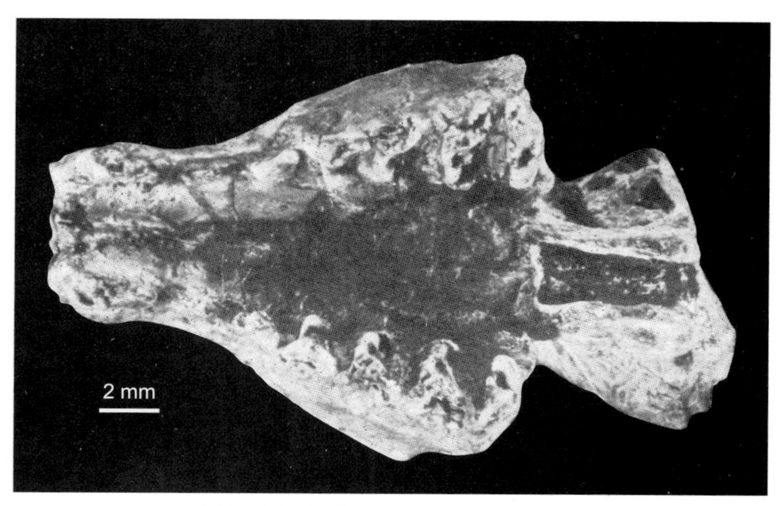

图 98　杨氏湘掠兽 *Hsiangolestes youngi*

不完整头骨（IVPP V 7353，正模）：冠面视（引自郑家坚、黄学诗，1984）

亚目不确定 Incerti subordinis

无跟鼩科 Family Apternodontidae Matthew, 1910

模式属　无跟鼩 *Apternodus* Matthew, 1903

定义与分类　无跟鼩类是一类小到中型、具有重褶齿型（zalambdodonty）牙齿的食虫动物，通常归入鼩形亚目，已知 6 属：*Apternodus* Matthew, 1903, *Oligoryctes* Hough, 1956, *Parapternodus* Bown et Schankler, 1982, *Iconapternodus* Tong, 1997, *Koniaryctes* Robinson et Kron, 1998 和 *Asiapternodus* Lopatin, 2003。不过 Asher 等（2003）在详细研究 *Apternodus* 及其相近重褶齿型动物时将其分为三个科：Apternodontidae、Oligoryctidae 和 Parapternodontidae，并未将这些重褶齿型动物归入已知目。Lopatin（2006）在总结亚洲古近纪食虫动物时仍将这些动物归入无跟鼩科，分为四个亚科：Apternodontinae、Oligoryctinae、Parapternodontinae 和 Asiapternodontinae。Gunnell 等（2008b）在总结北美第三纪食虫类时仍保留 Apternodontidae、Oligoryctidae 和 Parapternodontidae 科级分类单元的地位，并将其归入鼩形亚目。从 McDowell（1958）和 Asher 等（2003）的研究中可以看出，无跟鼩类与其他鼩形动物之间在形态上存在明显的差异，我们怀疑将无跟鼩类归入鼩形亚目是否合适。考虑到 *Apternodus* 及与其相近重褶齿型动物的种类不多，相互之间的亲缘关系还不清楚，目前暂将这些重褶齿型动物已知属归入无跟鼩科。

近年来在亚洲始新世地层中已发现无跟鼩类化石，不排除亚洲是无跟鼩类除北美外的另一个演化中心的可能性。

鉴别特征　无跟鼩类的齿式为 3•1•3•3/3•1•3•3（*Oligoryctes*）或 2•1•3•3/3•1•3•3

(*Apternodus*)，臼齿构造很特殊，上臼齿前尖高耸，原尖相对低小，在个别种类中甚至缺失，后尖缺失或退化；下臼齿下原尖高，下前尖和下后尖明显但低，跟座小、单尖，很退化。在晚期种类中上颌骨颧突退化。

中国已知属 *Oligoryctes* 和 *Iconapternodus*，共两属。

分布与时代 北美，早始新世—渐新世；中国，中始新世。

小掘鼩属 Genus *Oligoryctes* Hough, 1956

模式种 拱顶小掘鼩 *Oligoryctes cameronensis* Hough, 1956

鉴别特征 个体小如鼩鼱，齿式为3•1•3•3/3•1•3–4•3。臼齿为重褶齿型，P3常比P4长，m3跟尖稍高于下前尖。

中国已知种 仅一存疑的未定种。

分布与时代 山西，中始新世。

小掘鼩?（未定种） *Oligoryctes*? sp.

（图99）

cf. *Apternodus* sp.：童永生，1997，26页

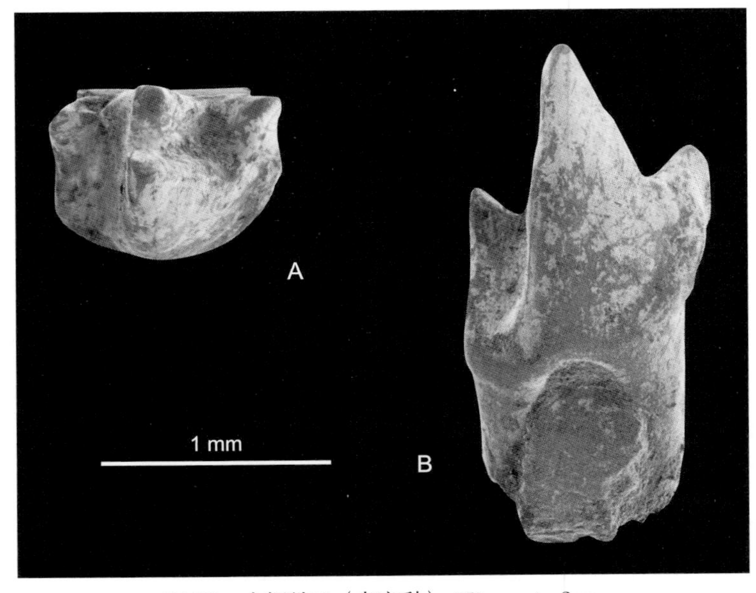

图99 小掘鼩？（未定种）*Oligoryctes*? sp.

下臼齿（IVPP V 10198.1）：A. 冠面视，B. 颊侧视

材料为两颗下臼齿（IVPP V 10198.1–2），产于河南渑池上河村附近河堤组任村段下化石层，时代为中始新世沙拉木伦期。这两颗下臼齿单侧高冠，三角座高大，跟座很低小，只有一个位于下后尖后方的微弱的跟尖，与北美的 *Apternodus* 和 *Oligoryctes* 相似。下臼齿（IVPP V 10198.1）长为 1.05 mm，宽为 0.8 mm，下原尖高为 1.40 mm。尺寸上与北美的 *Oligoryctes* 更接近。

无跟鼩科？ Family Apternodontidae? Matthew, 1910

类无跟鼩属 Genus *Iconapternodus* Tong, 1997

模式种 齐氏类无跟鼩 *Iconapternodus qii* Tong, 1997

鉴别特征 下臼齿具短而窄的跟座，跟凹封闭，m3 跟座延长；p4 三角座近于臼齿化，后跟脊明显。上臼齿为重褶齿型，无后尖，前尖居中、位于牙齿中线附近，原尖小，外齿缘无突起；P4 臼齿化，P3 有一孤立的锥状前附尖。

中国已知种 除模式种外，尚有山西垣曲河堤组中发现的两个未定种。

分布与时代 河南、山西，中始新世伊尔丁曼哈期。

评注 类无跟鼩材料不多，分类位置尚存疑。最初怀疑是一种无跟鼩类（?Apternodontidae，童永生，1997），Asher等（2003）在总结*Apternodus*及其相近重褶齿型动物时，指出*I. qii*下臼齿跟座有些类似*Solenodon*的m3跟座，Lopatin（2003b, 2006）则认为类无跟鼩与古鼫类（palaeoryctids）或某些非洲特有的无尾猬科（Tenrecidae）相似。现有的材料不多，也不完整，其正确的分类位置有待于今后的发现。

齐氏类无跟鼩 *Iconapternodus qii* Tong, 1997

（图 100）

正模 IVPP V 10199，右 m1 或 m2；河南淅川核桃园，中始新统核桃园组。

副模 IVPP V 10199.1–4, IVPP V 10200, IVPP V 10200.1，一右上颌残段、一右下颌支残段和几颗单个臼齿。

鉴别特征 同属。

评注 建名人仅指定了正模，但是在新种的特征、描述、测量和绘图中还包括了另外一些采自同一地点和层位的“归入标本”。这里把这些“归入标本”都视为副模。

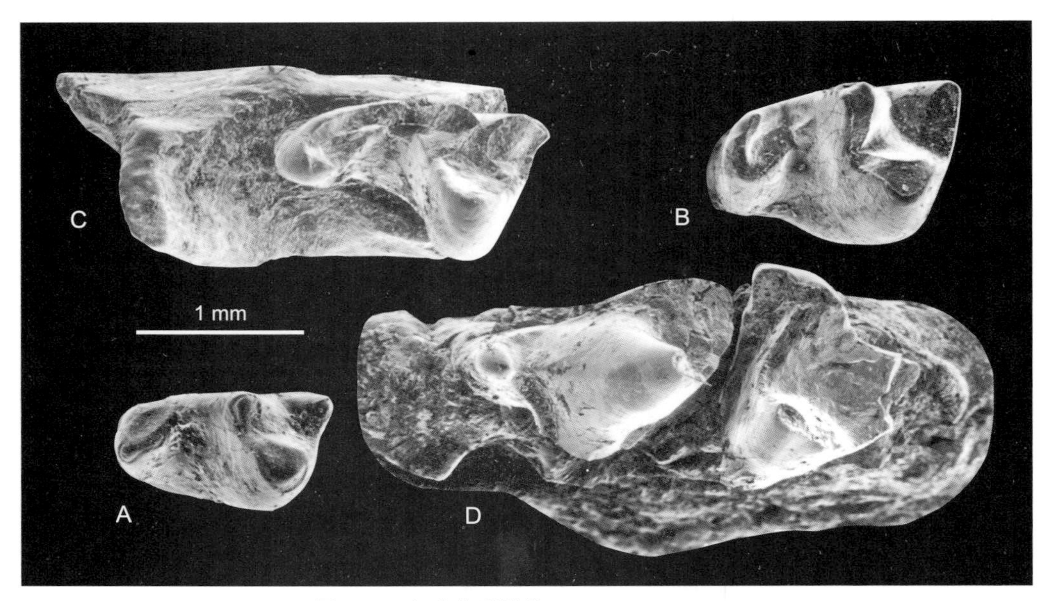

图 100　齐氏类无跟鼩 *Iconapternodus qii*

A. 右 p4（IVPP V 10199.1，副模），B. 右 m1 或 m2（IVPP V 10199，正模），C. 右 m3（IVPP V 10199.4，副模），D. 左 P3–4（IVPP V 10200，副模）：冠面视（均引自童永生，1997）

科不确定 Incertae familiae

肉食鼩属 Genus *Carnilestes* Wang et Zhai, 1995

模式种　古亚洲肉食鼩 *Carnilestes palaeoasiaticus* Wang et Zhai, 1995

鉴别特征　齿式为：3•1•4•2/3•1•4•2。上门齿小，I1 稍大，门齿间有齿隙；上、下犬齿大，齿冠高；P1–2 和 p1–2 小，前后有齿缺，P3 呈三角形，原尖明显，具弱的后附尖棱；P4 横宽，无后尖；M1 前尖稍高于后尖，两者分得较开，原小尖和后小尖明显，后附尖棱不发育，次尖架不大，具低窄的前齿带；M2 不太退化，后尖和次尖架退化。p1 单根，p2 双根，p3 具雏形的下前尖，跟座小；p4 三角座臼齿化，但下前尖位置靠前，跟座简单，由一前后延伸跟脊组成；m1 三角座和跟座几乎等高，宽度相近，下次小尖和下内尖明显，与下次尖一起形成近于封闭的跟凹；m2 窄长。

中国已知种　*Carnilestes palaeoasiaticus* 和 *C. major*，共两种。

分布与时代　广东，古新世早期。

评注　Wang 和 Zhai（1995）在记述肉食鼩时认为它属于食虫类，未归入已知科。McKenna 和 Bell（1997）将其归入 Micropternodontidae。Lopatin（2006）在总结亚洲古近纪食虫类时进一步将肉食鼩归入肉齿鼩亚科（Sarcodontinae）。虽然都只有两个臼齿，但肉食鼩与肉齿鼩、小蹄兔鼩和始肉齿鼩牙齿结构有较大的差异。正如 Wang 和 Zhai

在文章中指出的那样，上臼齿前尖和后尖基本上分开，不像肉齿鼩类那样呈孪生状，虽有明显的次尖架，但次尖架不大，次尖不发育，另外下臼齿三角座较低也与肉齿鼩类不同。

古亚肉食鼩 *Carnilestes palaeoasiaticus* Wang et Zhai, 1995

（图 101）

正模 IVPP V 10488，不完整的头骨和右下颌支，保留几乎完全的左上侧和右下侧齿列；广东南雄原南雄师范学校附近，下古新统上湖组。

归入标本 IVPP V 10489–10491，3 件不完整的头骨和下颌骨，采自广东南雄盆地大塘和珠玑。

鉴别特征 不同于大肉食鼩在于个体较小，P2 为三根齿，无后侧小尖；P3 原尖发育；P4 原尖比较接近前尖；p1 不大匍匐，m2 跟座相对较宽。

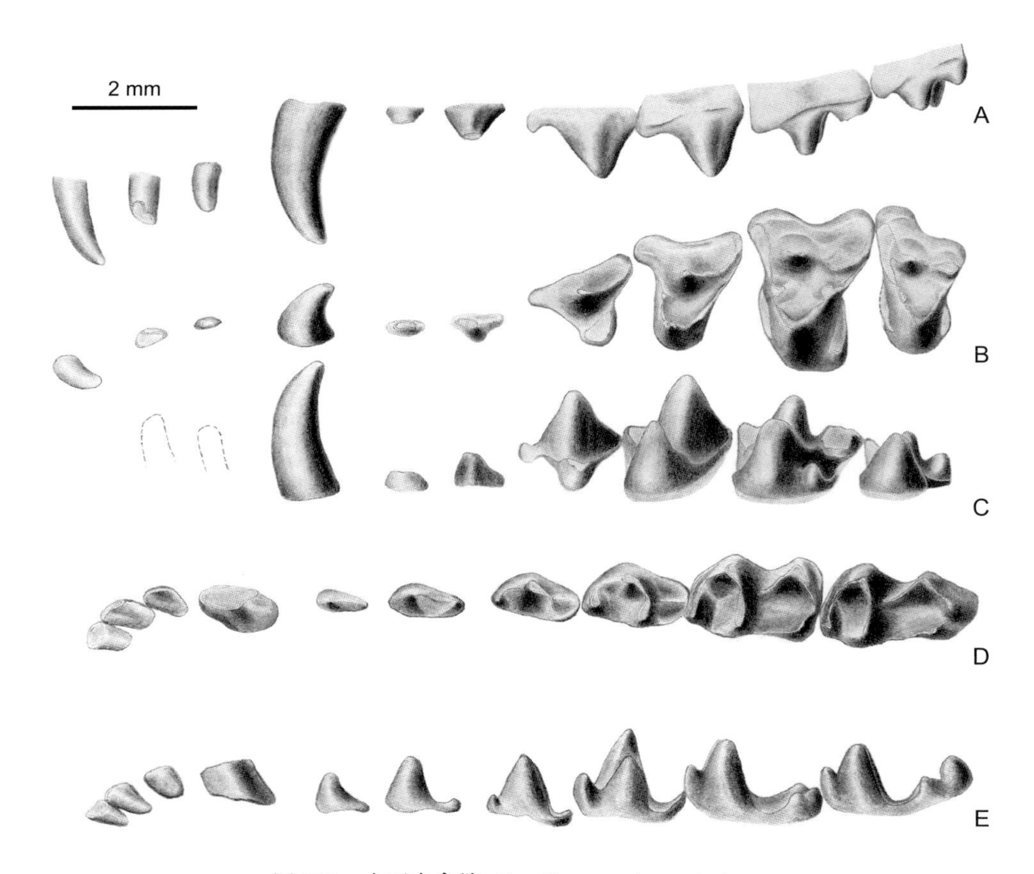

图 101 古亚肉食鼩 *Carnilestes palaeoasiaticus*

同一个体的左上齿列（A–C）和右下齿列（D, E）（IVPP V 10488，正模）：A. 颊侧视，B, D. 冠面视，C, E. 舌侧视（引自 Wang et Zhai, 1995）

评注 上述“归入标本”在建种时尚未完全修理出来，而且并非与正模产自同一地点，建名人主要根据大小将它们归入该种，不能视做模式系列。

大肉食鼩 *Carnilestes major* Wang et Zhai, 1995

（图 102）

Carnilestes major：Wang et Zhai, 1995, p. 138

正模 IVPP V 10492，不完整的上腭骨和下颌骨；广东南雄风门坳，下古新统上湖组。

鉴别特征 不同于古亚肉食鼩在于牙齿较大，P2 为双根齿，具后侧小尖的雏形；P3 原尖不显著；P4–M2 原尖位置更靠舌侧；p1 比较匍匐；m1–2 三角座相对较高，p4–m2 的下前尖有些向前匍匐，m2 跟座相对较窄。

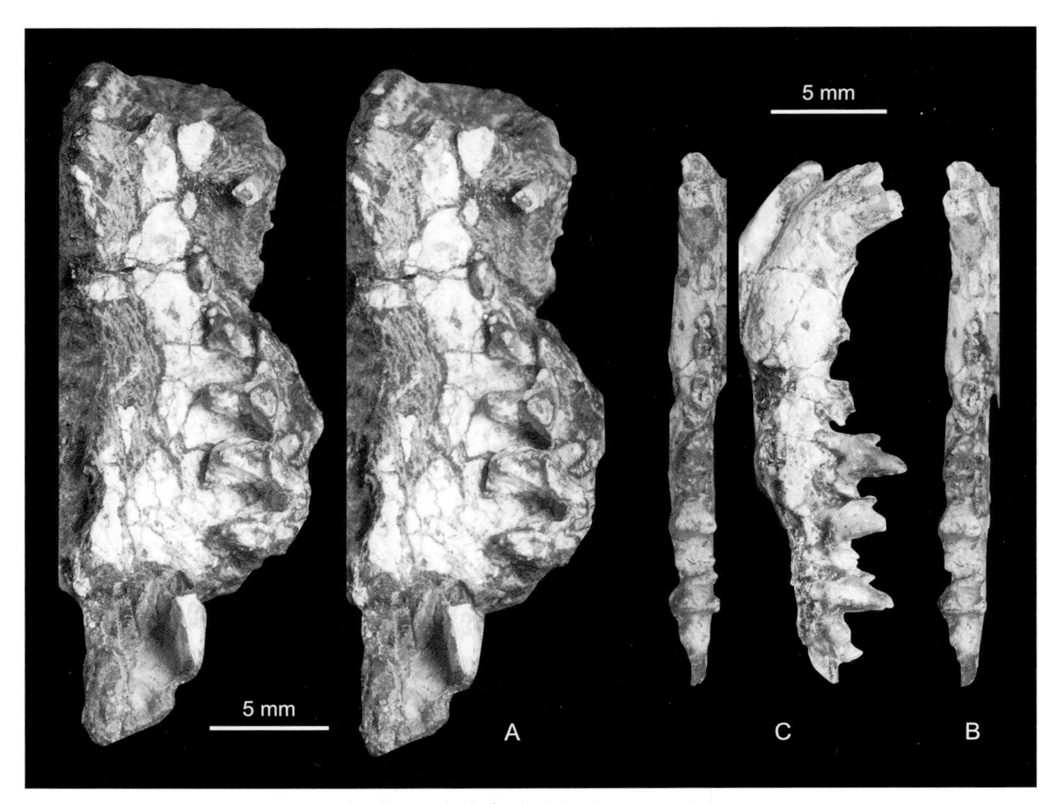

图 102 大肉食鼩 *Carnilestes major*

同一个体的上腭骨（A）和左下颌支（B, C）(IVPP V 10492，正模)：A, B. 冠面视（立体照片），C. 颊侧视（引自 Wang et Zhai, 1995）

“原真兽目” “Order PROTEUTHERIA Romer, 1966”

概述 原真兽亚目（Proteutheria）一词是 Romer（1966）在食虫目（order Insectivora）中建立的一个亚目名称，并把一些晚白垩世和古新世出现的食虫性原始的小哺乳动物归入到这一亚目。1968 年在他的《Notes and Comments on Vertebrate Paleontology》一书中，进一步叙述了食虫目的组成，包括三个主要部分：一是现生食虫类，如鼩类、猬类和鼹类等，以及他认为确与这些动物相关的化石属；第二部分是原始的有胎盘类，性质一般，可认为是有胎盘类基干，而不能归入其他任何特定的目；还有一部分是一些虽然已有一些特化但还不值得建立单独目的种类。

Romer（1966）的原真兽亚目主要包括他的食虫目中的第二部分，他将 Leptictidae、Zalambdalestidae、Anagalidae、Proxyclaenidae、Tupaiidae、Pantolestidae、Ptolemaiidae、Pentacodontidae 和 Apatemyidae 9 个科归入原真兽亚目。Butler（1972）将 Proteutheria 提升到目级。原真兽目肯定不是一个单系类群，只是一些亲缘关系不清的原始有胎盘类的集合体。其中 Anagalidae 和 Tupaiidae 已分别提升为狉兽目（Anagalida）和攀鼩目（Scandentia）。

Romer 创立 Proteutheria 一词的原意是将一些亲缘关系不清的早期小哺乳动物归入这一亚目，而在以后的研究中这些亲缘关系不清的早期小哺乳动物常从科级分类单元提升为目级或更高的分类单元（见下述）。但也有人认为既然亲缘关系不清，不宜提升到目级或更高的分类单元，如在 Janis 等编纂的《Evolution of Tertiary Mammals of North America》第二卷（Gunnell et al., 2008a）中，就将“原真兽目”自立一章。我们同意这样的安排，将我国发现的目前亲缘关系不清的早期小哺乳动物 Leptictidae、Palaeoryctidae 和 Didymoconidae 归入“原真兽目”。

猔科 Family Leptictidae Gill, 1872

模式属 猔 *Leptictis* Leidy, 1868

定义与分类 猔（音 lì）科是一类已灭绝的小型食虫动物。该科仅见于北美、欧洲和亚洲的古近纪地层，分类位置尚不确定。在早期文献中，都归入到广义的食虫目（Insectivora），20 世纪 70 年代，猔科的分类位置变化较大。McKenna（1975）将猔科包括在他新建的猔超目（Superorder Leptictida）中。在这一超目中除猔科外，也包含了非洲现生的象鼩目（Macroscelidea）、亚洲古近纪特有的狉兽目（Anagalida），以及兔形目。稍后，Szalay（1977）建立了猔形目（Leptictimorpha），除猔科外，还包括 Palaeoryctidae、Pantolestidae 和 Taeniodontidae，可能还有 Microsyopidae。Novacek（1986）将 Leptictida 改为目级，仅包括了猔科和 *Gypsonictops*。McKenna 和 Bell（1997）

的哺乳动物分类中，猥超目包括 Gypsonictopidae Van Valen, 1967，Kulbeckiidae Nessov, 1993，Didymoconidae Kretzoi, 1943 和 Leptictidae Gill, 1872 四科。这与 McKenna 1975 年的分类不同。不论是 Leptictida 还是 Leptictimorpha 都不是单系类群，也存在很多问题，很少被引用。

编者接受 MacPhee 和 Novacek（1993）的观点，认为猥科虽然在某些特征上与现生的食虫类比较接近，但与狭义的食虫目尚有明显的差距。这里暂将猥科归在 Romer（1966）建立的“原真兽目”（“Proteutheria”）。

亚洲猥科化石的研究起步很晚，Kellner 和 McKenna（1996）率先记录了蒙古早渐新世地层中一种猥科化石——*Ongghonia dashzevegi*，随后在 Meng 等（1998）的文章中提到在内蒙古晚古新世巴音乌兰组内也发现了猥类，近年，童永生和王景文（2006）记述了山东五图盆地早始新世地层中 2 属 3 种猥科化石。

鉴别特征 头骨狭长，吻部和鼻骨都很延长，眶前窝深，泪孔小，眶下管短。齿式：2•1•4•3/3•1•4•3。犬齿和 P1/1 为单根齿；前臼齿间常有短的齿隙，p3 双根，无盆状跟座，常有脊状的后跟；p4 臼齿化，下前尖存在，跟座至少有三个齿尖；下臼齿三角座有些前后收缩，跟座显大，呈浅盆状，在北美种类中有下内小尖，但在已知的亚洲种类中无此小尖；m3 下次小尖后突。P3 由前尖、后尖和原尖构成，原尖在某些后期种类中缺失，常有前附尖；P4 臼齿化，但某些种类中次尖退化，甚至缺失，前、后齿带存在；上臼齿的前尖和后尖唇位（labially positioned），外齿带很窄，前、后小尖和前、后齿带存在，在北美种类中有次尖，但在已知的亚洲种类中次尖不发育。（综合 Clemens, 1973; Novacek, 1977; Gunnell et al., 2008a）

其实，北美、欧洲和亚洲的猥科动物都具有一些“地方”色彩，已知的亚洲种类的牙齿形态更接近北美种，但也有一些不同：上臼齿前尖和后尖基部相连，大部分愈合，次尖很小或缺失，下臼齿相对窄长，下内尖小，下内尖棱和下内小尖不发育等。

中国已知属 *Asioictops* 和 *Scileptictis*，共两属。

分布与时代 欧洲、北美和亚洲，古近纪。亚洲猥科动物见于始新世、渐新世地层，在古新世地层中也有发现，但尚未记述。

亚洲猥属 Genus *Asioictops* Tong et Wang, 2006

模式种 麦氏亚洲猥 *Asioictops mckennai* Tong et Wang, 2006

鉴别特征 4 个前臼齿，P3 长大于宽；P3–M3 前附尖发育，前附尖区向前突出；P4 和上臼齿前后收缩，牙齿横宽，前尖和后尖基部高度愈合，无次尖；P4 前小尖大，后小尖弱；M2 前尖和后尖孪生，颊侧齿带连续，齿带包围原尖；M1 和 M3 前、后齿带发育，但不围绕原尖内侧基部。

中国已知种 仅有模式种。

分布与时代 山东，早始新世岭茶期。

麦氏亚洲� Asioictops mckennai Tong et Wang, 2006

（图 103）

正模 IVPP V 10701，破残的上颌骨，保存右 P2 和 M1–3、左 C–P4 和 M3，以及 4 颗上门齿。产自山东昌乐县五图煤矿，下始新统五图组。

鉴别特征 同属。

评注 与下面记述的 *Scileptictis simplus* 一样，麦氏亚洲�的 P3 具有小的后尖，P4 高度臼齿化。与 *Scileptictis simplus* 不同在于 P3 前附尖发育，长大于宽；P4 和上臼齿横宽，齿带强，前附尖大，向前突出。因而，五图的两属猥类容易区分。相对来说，*Asioictops mckennai* 更像北美古新世和早始新世常见的猥类，如 *Prodiacodon* 和 *Palaeoictops*。

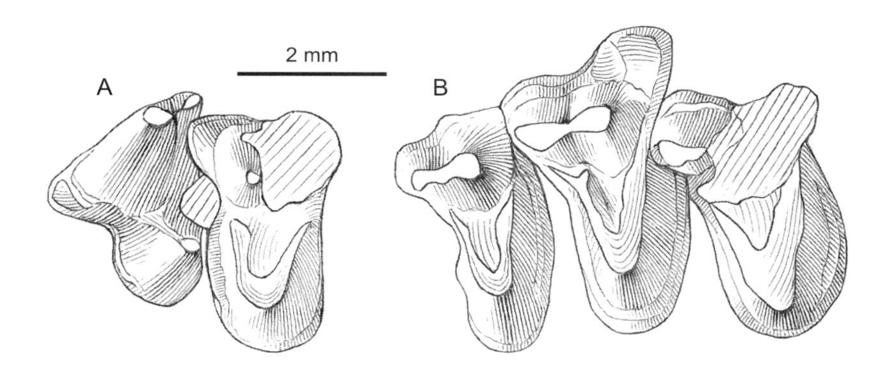

图 103 麦氏亚洲猥 *Asioictops mckennai*

上颊齿左 P3–4（A）和右 M1–3（B）（IVPP V 10701，正模）：冠面视（引自童永生、王景文，2006）

影猥属 Genus *Scileptictis* Tong et Wang, 2006

模式种 简单影猥 *Scileptictis simplus* Tong et Wang, 2006

鉴别特征 齿式：?•1•4•3/?•1•4•3。P3 前尖明显高大，后尖小；P4 和上臼齿前后不大收缩，相对地不如 *Asioictops* 横宽，前尖和后尖基部相连，无次尖和前、后齿带，前、后附尖不大，无颊侧齿带；下前臼齿之间有小齿隙，p1 小，p2–3 无下前尖；p4 下前尖相对低小，跟座较窄，只有下次尖和小的下内尖，无下次小尖。下臼齿延长，三角座前后收缩或稍有收缩，跟座较简单。

归入种 *Scileptictis simplus* 和 *S.? stenotalus*，共两种。

分布与时代 山东，早始新世岭茶期。

简单影狭 *Scileptictis simplus* Tong et Wang, 2006

(图 104)

正模 IVPP V 10704-1–3，不完整的左、右上颌骨和右下颌支，右上颌骨存有完好的 P2–M2 和不完整的 M3，左上颌骨保存了已变形的 P3–M2，右下颌支存有 c–m1。山东昌乐县五图煤矿，下始新统五图组。

副模 IVPP V 10704.1-1–2，存 p3–m3 的右下颌支和颊齿已损坏的右上颌骨；IVPP V 10704.2，单个的左 m1；与正模产自同一煤矿。

鉴别特征 p3–4 相对横宽，p3 前缘的小尖比较清楚，后跟尖较小，主尖后棱上无附尖；p4 跟座较宽，跟座下内尖和下内尖棱清楚；下臼齿三角座前后收缩，下前尖舌位，靠近下后尖，m3 跟座较宽。

评注 相对来说，简单影狭的颊齿形态更接近北美的 *Palaeoictops*。

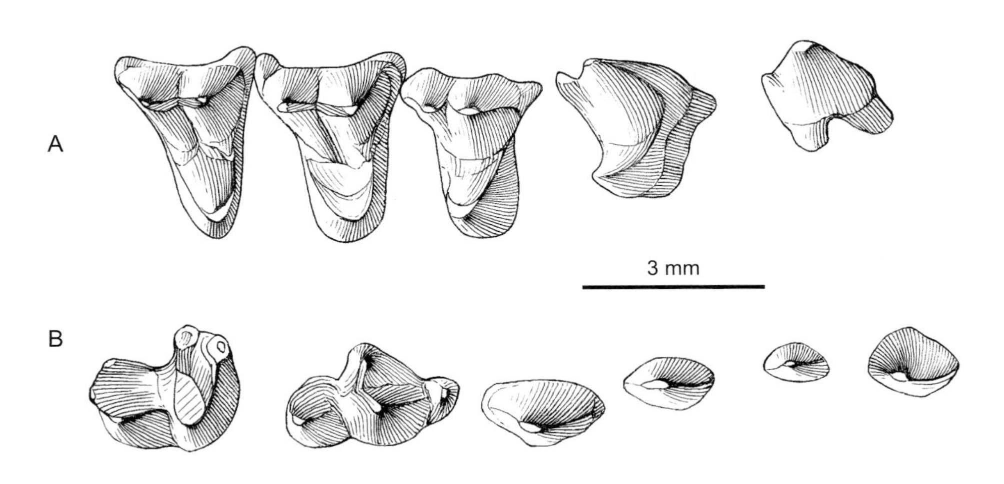

图 104 简单影狭 *Scileptictis simplus*
A. 右 P2–M2（IVPP V 10704-1，正模），B. 右 c–m1（IVPP V 10704-3，正模）：冠面视
（引自童永生、王景文，2006）

窄跟影狭? *Scileptictis*? *stenotalus* Tong et Wang, 2006

(图 105)

正模 IVPP V 10705，保存 c 和 p2–m3 的右下颌支和一颗可能属于同一个体的上门齿。山东昌乐县五图煤矿，下始新统五图组。

鉴别特征 下犬齿比较高瘦，p2 后棱中部有一细小的小尖；p3–4 比较侧扁，p3 前缘的小尖较小，后跟尖较大，在主尖后棱上有一清晰的小尖；p4 跟座较窄，舌侧的棱脊弱；下臼齿窄长，三角座不大，前后收缩，下前尖较小，有些靠颊侧，下前脊弱，也较短；

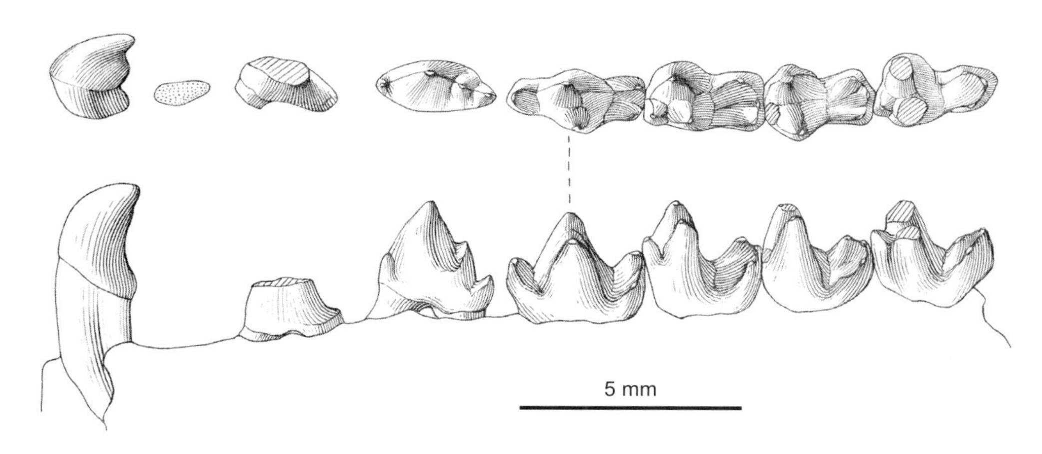

图 105　窄跟影猴？ *Scileptictis*? *stenotalus*
下颊齿（IVPP V 10705，正模）：冠面视和舌侧视（引自童永生、王景文，2006）

m3 跟座窄小。

评注　窄跟种与简单影猴区别明显，或许可另立一属。

古鼩科？ Family Palaeoryctidae? Winge, 1917

模式属　古鼩 *Palaeoryctes* Matthew, 1913

定义与分类　古鼩（音 shì）类是一类个体不大的哺乳类，以前见于北美下古近系（古新统—下始新统），近年也有人将一些亚洲标本归入这一科（童永生，1997；Lopatin and Averianov, 2004；Lopatin, 2006）。古鼩类的分类位置还不清楚。最初认为 *Palaeoryctes* 是最早的重褶齿型动物（Matthew, 1913），以后发现 *Palaeoryctes* 在牙齿上与 *Deltatheridium* 类似（Simpson, 1928），这可能是导致 Van Valen（1966）将 Palaeoryctinae、Deltatheridiinae 和 Micropternodontinae 归入 Palaeoryctidae，并将其归入他的 Deltatheridia 目的原因。Deltatheridiinae 和 Micropternodontinae 先后从 Palaeoryctidae 移出，McKenna（1975）将其归入他的 Kennalestida 超目（Superorder），Szalay（1977）归入他的 Leptictimorpha，Butler（1972）、Novacek（1976）、Kielan-Jaworowska（1981）、Bown 和 Schankler（1982）将其归入“Proteutheria”，Gingerich（1982）、Thewissen 和 Gingerich（1989）将其归入 Insectivora，McKenna 等（1984）将其归入 Soricomorpha。至于古鼩类是否是食虫类，及其与现生的食虫类的系统关系，讨论始终没有停止过。因此，这里将古鼩类暂归入 Romer（1966）的“原真兽目”（“Proteutheria”）。

古鼩科包括了北美古新世和早始新世的 *Palaeoryctes* Matthew, 1913, *Pararyctes* Van Valen, 1966, *Aaptoryctes* Gingerich, 1982, *Eoryctes* Thewissen et Gingerich, 1989, *Lainaryctes* Fox, 2004 和 *Ottoryctes* Bloch, Secord et Gingerich, 2004 6 属，由于亚洲始新世的 *Nuryctes*

Tong, 2003 和 *Pinoryctes* Lopatin, 2006 材料不多，与北美的系统关系还不清楚，是否归入古鼦科还有待更多的材料来证明。

鉴别特征 头骨相对低长，矢状脊明显但较低，颧弓不完全，听泡骨化。齿式通常是：3•1•3•3/3•1•3•3。上臼齿为原始重褶齿型（protozalambdodonty），前尖和后尖孪生，下臼齿三角座高耸，跟座低窄。

中国已知属 仅 *Nuryctes* 一属。

分布与时代 北美、亚洲，古近纪早期。

新鼦属 Genus *Nuryctes* Tong, 2003

Neoryctes：童永生，1997，29页

模式种 秦岭新鼦 *Nuryctes qinlingensis*（Tong, 1997）

鉴别特征 下齿式：3•1•3•3。下门齿有些前倾，i2 增大；犬齿门齿化，比 i2 小；p2 和 p3 很退化，单根；p4 大，无下前尖和下后尖，有一脊状的后跟；下臼齿三角座中等上升，下前尖棱脊状，不大向前突出，牙齿前壁有一垂直的齿带，下跟座窄，下次尖发育，下次小尖小，下内尖缺失，跟凹向舌侧倾斜；m1–2 跟座短，在 m3 上跟座延长，下次小尖突起。

中国已知种 仅模式种。

分布与时代 亚洲，始新世。

评注 新鼦属（*Neoryctes* Tong, 1997），因有昆虫纲鞘翅目的 *Neoryctes* Arrow, 1908 命名在先，2003 年由童永生将拉丁属名改为 *Nuryctes*。该属原被归入到古鼦科（童永生，1997），但考虑到目前材料少，差别大，是否归入北美科尚待证实。属型种与北美古鼦类区别是很清楚的，p3 很退化，单根，大小如同 p2，p4 仅有短的后跟脊，下臼齿三角座不如北美属那样高，跟座无下内尖，m3 也相对退化。因此，新鼦属归入古鼦类尚存疑。

Lopatin 和 Averianov（2004）记述了两种新鼦：*Nuryctes alayensis* 和 *N. gobiensis*，分别来自吉尔吉斯斯坦和蒙古的始新世地层。这两个种与 *N. qinlingensis* 一样下臼齿三角座不如北美古鼦类高，下内尖缺失，m3 跟座狭长，似可归入 *Nuryctes*。但 Lopatin 和 Averianov（2004）记述，吉尔吉斯斯坦模式标本的 p3 具有两个齿根，估计长度与 p4 相近，m1 下前尖较大，呈块状，与属型种 *N. qinlingensis* 相差较大。尤其归入的左 M1（PIN, no. 3486/207），其后尖很退化，近于缺失，使其形态更接近无跟鼩类的上臼齿，与古鼦类上臼齿与前尖孪生的后尖不同；而归入到 *N. qinlingensis* 的 M2（IVPP V 10203.6）"后尖已毁，仍看得出与前尖基部相融"。"原尖远离前尖，具前后棱"，与吉尔吉斯斯坦的 M1 的形态也不一样。从这些差异来看，将吉尔吉斯斯坦种归入 *Nuryctes* 属并不一定是合适的选择。

秦岭新鼩 *Nuryctes qinlingensis* (Tong, 1997)

（图 106）

Neoryctes qinlingensis：童永生，1997，29页

正模 IVPP V 10203，左下颌支，具 i2–c、p3–m3。产自河南淅川核桃园村北石皮沟，中始新统核桃园组。

副模 IVPP V 10203.1–7，两下颌支残段和 5 个零散牙齿，与正模采自同一地点和层位。

鉴别特征 同属。

评注 秦岭种不同于蒙古 Khaychin-Ula 2 地点的 *Nuryctes gobiensis* 在于 p4 跟脊较长，m2 下前尖相对明显，位置较高；不同于吉尔吉斯斯坦 Andarak 2 地点的 *N.? alayensis* 在于 p3 退化，与 p2 大小相近，p4 无明显的小跟尖。石皮沟的上臼齿原尖远离前尖，后尖与前尖基部相融，也不同于 Andarak 2 地点归入 *N.? alayensis* 种的上臼齿。

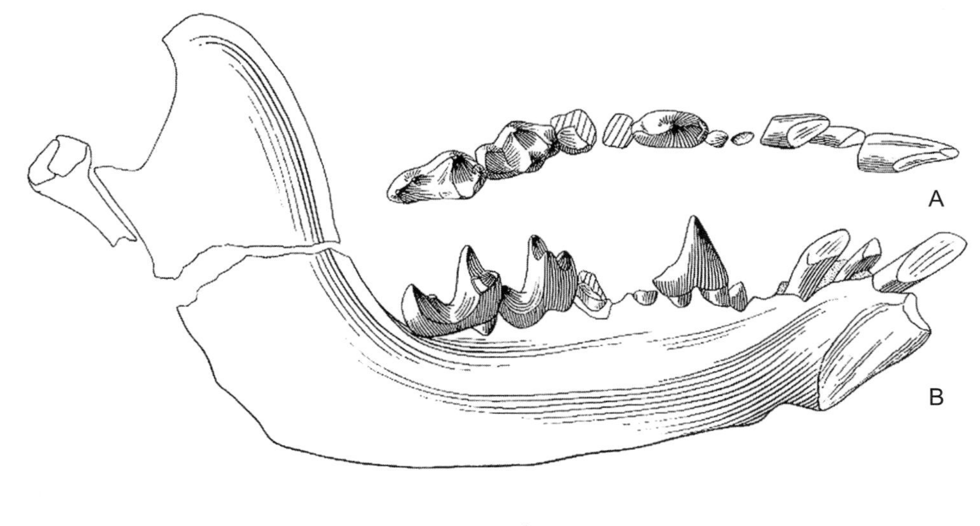

图 106 秦岭新鼩 *Nuryctes qinlingensis*

左下颌支（IVPP V 10203，正模）：A. 冠面视，B. 舌侧视（引自童永生，1997）

对锥兽科 Family Didymoconidae Kretzoi, 1943

定义与分类 对锥兽类是亚洲特有的古近纪哺乳类，虽然有人将北美始新世的 *Wyolestes* 归入对锥兽类，但未被大家接受。对锥兽类是一类很有特色的哺乳类，由于形态特殊，先后被认为与 Oxyaenidae、Leptictidae、Miacidae、Arctocyonidae、Anagalidae、

Palaeoryctidae、Deltatheridiidae、Zalambdalestidae 和 Mesonychidae 有关，其分类位置亦难以确定，曾被归入食肉目、肉齿目、髁节目、三角兽目（Deltatheridia）、中兽目（Mesonychia）、原真兽目、食虫目和狉兽目等，也有将其自立一目——对锥兽目（Didymoconida Lopatin, 2001）。对锥兽科的分类位置还未确定，这里根据头骨形态在某些方面与食虫类的相似性（Meng et al., 1995; Lopatin, 2001, 2006），暂将对锥兽类归入“原真兽目”。

Gromova（1960）创建的 Tshelkariidae 科，现已证实是 Didymoconidae 的同义词。对锥兽科已知 14 属，见于亚洲古新世、始新世和渐新世地层。Gingerich（1981）将北美的 *Wyolestes* 归入对锥兽科，但有争议，*Wyolestes* 通常被排除在对锥兽科之外（Novacek et al., 1991; Meng et al., 1995; Zach, 2004）。这里未将 Wyolestes 归入对锥兽科。

Lopatin（1997）和童永生（1997）提出将对锥兽科分为两亚科：对锥兽亚科（Didymoconinae）和阿尔丁兽亚科（Ardynictinae），Lopatin 于 2006 年建立克纳兽亚科（Kennatherinae Lopatin，2006）。建立克纳兽亚科是根据蒙古 Khaychin-Ula 2 地点 Khaychin 组的标本，这些标本分别归入 *Kennatherium shirensis* 和 *Erlikotherium edentatum*，后者也被归入克纳兽亚科。但这些标本牙齿形态与典型的对锥兽类相差较大，归入对锥兽科是否合适有待进一步论证。

鉴别特征 前颌骨与鼻骨组成骨质的吻突（rostrum），鼓泡完全骨化，颧骨呈块状；齿式通常退化为 3•1•3•2/2–3•1•3•2，甚至退化成 ?•1•?•2/0•1•2•2（*Erlikotherium edentatum*）。门齿小，犬齿大，前臼齿简单，P4/4 或多或少臼齿化，上臼齿前尖和后尖孪生、高耸，下臼齿下后尖和下原尖同样高大，下前尖低矮。

中国已知属 *Didymoconus*, *Archaeoryctes*, *Jiajianictis*, *Ardynictis*, *Hunanictis*, *Mongoloryctes*, *Wanolestes*, *Zeuctherium*, *Kennatherium*，共九属。

分布与时代 亚洲，古近纪。

对锥兽亚科 Subfamily Didymoconinae Kretzoi, 1943

模式属 对锥兽 *Didymoconus* Matthew et Granger, 1924

鉴别特征 P4 和 p4 未臼齿化，晚期种类臼齿化程度相对较高；上臼齿外架相对较窄，具后内侧齿带或有次尖，前脊清楚；下臼齿下前尖相对发育，跟座比较长、宽。

中国已知属 *Didymoconus*, *Archaeoryctes*, *Jiajianictis*，共三属。

分布与时代 亚洲，始新世—渐新世。

评注 Gromova（1960）建立 *Tshelkaria* 属，并详细地记述了头骨和头后骨骼的形态。但现在看来 *Tshelkaria* 属应是 *Didymoconus* 属的同义词（Mellett, 1968; Morlo et Nagel, 2002）。与 *Didymoconus* 同出自蒙古中部 Valley of Lakes 地区渐新世地层的 *Tshotgoria* *shineusensis* 仅有一件标本（Lopatin, 1997），和 *Didymoconus colgatei* 难以区分（Wang et al., 2001 等）。

1997 年初 Lopatin 发表的文章中提出将对锥兽科分为两个亚科：对锥兽亚科（Didymoconinae）和阿尔丁兽亚科（Ardynictinae），并将 *Hunanictis* 和 *Mongoloryctes* 归入后一亚科。1997 年 5 月，童永生的专著《河南李官桥和山西垣曲盆地始新世中期小哺乳动物》出版，在专著中根据各个地质时期的对锥兽的牙齿特征，也将对锥兽科分为两个亚科，并指出其特征和组成，对锥兽亚科包括 *Didymoconus*、*Archaeoryctes* 和 *Jiajianictis*，或许 *Kennatherium* 也可归入；阿尔丁兽亚科包括 *Ardynictis* 和 *Hunanictis*，或许 *Zeuctherium* 也可归入。Lopatin 和童永生的分类主要的不同是前者更注重 P4/4 的臼齿化程度，而后者则着重于下臼齿跟座的形态和长宽。*Mongoloryctes* 仅有一颗上颊齿（AMNH 20130），"可能是 P4，甚至是 DP4"（Matthew et Granger, 1925b），其分类位置有待于材料的补充。Lopatin（2001）在记述蒙古 Zhigden 层的 *Archaeoryctes euryalis* 时并没有将其归入任一亚科，在 2003 年的文章中将 *Archaeoryctes* 属归入阿尔丁兽亚科，在 2006 年又将 *Jiajianictis* 归入阿尔丁兽亚科。编者认为将 *Jiajianictis* 和 *Archaeoryctes* 归入对锥兽亚科较好，因为这些属种的下臼齿跟座比较长宽，与 *Didymoconus* 的下臼齿更接近，与 *Ardynictis* 的相差较大。

对锥兽科虽然被分为两个亚科，但归入属的系统关系还不清楚，有待进一步研究。

对锥兽属 Genus *Didymoconus* Matthew et Granger, 1924

Didymoconus：Matthew et Granger, 1924a, p. 1

Tshelkaria：Gromova, 1960, p. 44

模式种 科氏对锥兽 *Didymoconus colgatei* Matthew et Granger, 1924

鉴别特征 中等大小，齿式：3•1•3•2/2–3•1•3•2。门齿小，紧密排列；犬齿大；P2 和 p2–3 简单，双齿根，侧扁，由一较高的主齿尖及后跟组成。P3 外侧有两个齿尖，原尖存在。P4/4 臼齿化。P4 和上臼齿横宽，前、后尖孪生，大小相近，靠近牙齿外缘，原尖与前尖相对；P4 和 M1 的次尖在原尖后内侧，与原尖分隔较深，分别由锐脊与前、后附尖相连；M1 具后小尖，M2 较小，后尖和次尖存在。p4 臼齿化，下原尖远比下后尖高，有一小的下次小尖；p4–m2 侧扁，下原尖和下后尖锥状，直立，跟座下次尖和下内尖清楚，大小相近，下次小尖可能存在；p4 和 m1 的下前尖比下次尖高。

中国已知种 仅 *Didymoconus berkeyi* 一种。

分布与时代 亚洲，渐新世。

评注 对锥兽属主要发现于蒙古包括 Shand Gol 在内的湖谷地区（Valley of Lakes），

我国（甘肃、新疆和内蒙古）和哈萨克斯坦的渐新统也有发现。我国目前能鉴定到种的只有贝氏对锥兽。归入对锥兽属的还有 *D. rostrata*（Gromova, 1960）和 *D. gromovae* Lopatin, 1997。

顺便说明一下，Matthew 和 Granger（1924b）文章中的 *Didymoconus colgatei* 插图有误，可参考 Morlo 和 Nagel（2002）的图 2，或参考 Gromova（1960）文章中的 *Tshelkaria robusta*（=*Didymoconus colgatei*）插图；下颌骨形态可参考 Mellett 和 Szalay（1968）的图 3、图 4；牙齿测量数据见 Wang 等（2001, Table 1）。

贝氏对锥兽 *Didymoconus berkeyi* Matthew et Granger, 1924

（图 107，图 108）

正模 AMNH 19001，右下颌支，存 p3–m2。产自蒙古中部 Hsanda Gol，渐新统 Hsanda Gol 组。

鉴别特征 个体大，c–m2 长为 35 mm。矢状脊较高，腭骨后缘靠后；颊齿齿尖高度较低，P4–M2 原脊显低，次尖棱较弱；下颌骨高、粗壮，下犬齿粗大；p2–3 前后齿带尖不大明显。p4–m2 下内尖低。

产地与层位 甘肃兰州盆地，渐新统咸水河组下段；新疆吐鲁番盆地，桃树园子群顶部（渐新统）。

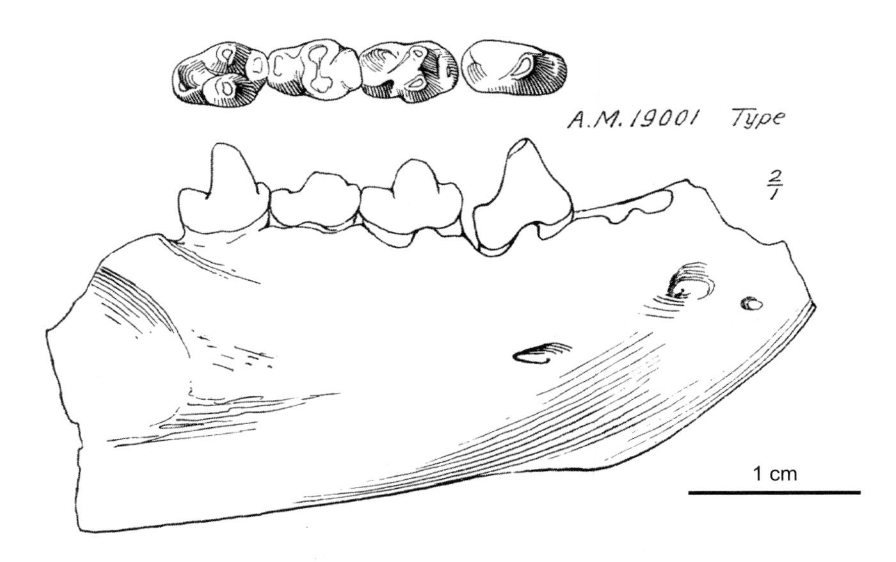

图 107 贝氏对锥兽 *Didymoconus berkeyi*

右下颌支存 p3–m2（左）（AMNH 19001，正模）：冠面视和颊侧视（引自 Matthew et Granger, 1924a）

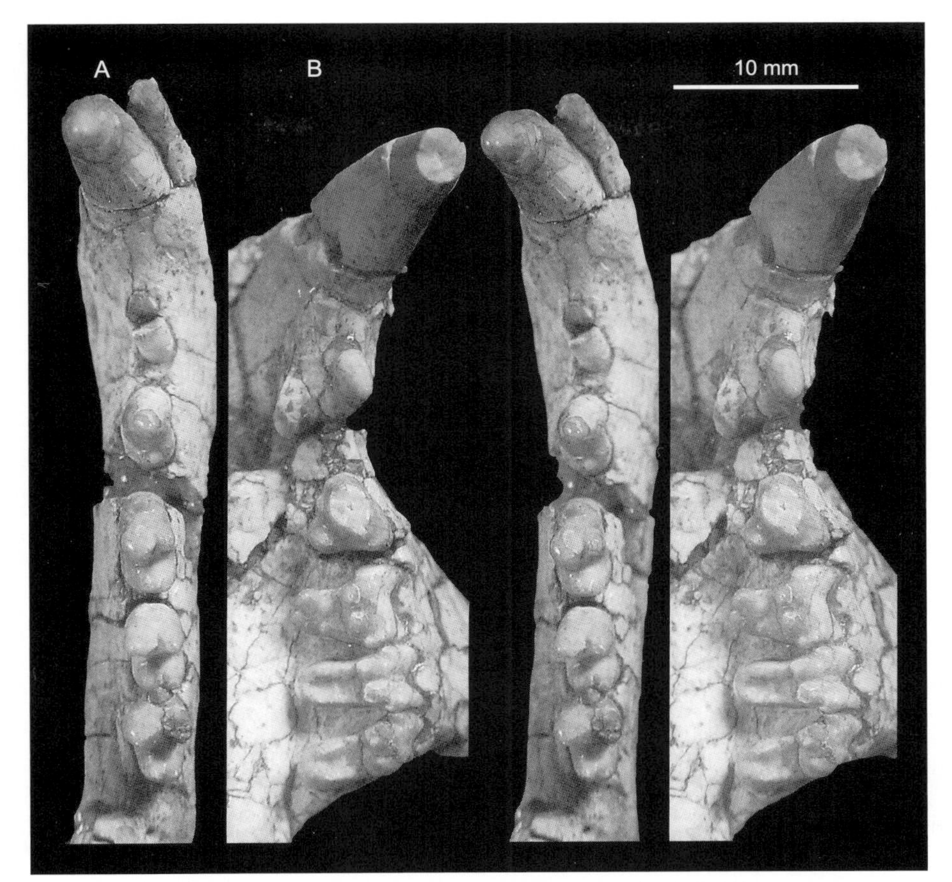

图 108　贝氏对锥兽 *Didymoconus berkeyi*（立体照片）
上颊齿（右）、下颊齿（左）（IVPP V 11983），甘肃兰州盆地：冠面视（上颊齿反转）
（引自 Wang et al., 2001）

古对锥兽属 Genus *Archaeoryctes* Zheng, 1979

模式种　南方古对锥兽 *Archaeoryctes notialis* Zheng, 1979

鉴别特征　齿式：?•1•3•2/2–3•1•3•2。门齿小，第三门齿稍大，犬齿粗壮。P3 简单，P4 次臼齿化，偶具初始的后小尖。上臼齿三角形，外架较宽，小尖存在，前后附尖清楚，无次尖，附尖突出，有后齿带。下前臼齿结构简单，p4 有脊形跟座。下臼齿三角座中等高，下前尖较大，下原尖和下后尖近于对生；跟座较窄、盆形，下次尖突出，下次小尖紧靠下次尖，m1 下内尖存在，m2 无下内尖（依郑家坚，1979，有改动）。

中国已知种　除模式种外，还有 *A. borealis* Meng, 1990。

分布与时代　亚洲，晚古新世—始新世。

评注　Lopatin（2001）将产于蒙古 Tsagan-Khushu 地点晚古新世 Naran Bulak 组 Zhigden 段的一个相当完整的头骨（PIN no. 3104/292）归入古对锥兽属，命名为 *Archaeoryctes* *euryalis*。但这一标本与模式种区别相当大，最明显的区别是 Zhigden 标本的上臼齿具有发育的后内侧齿带，并出现次尖。这一特征在 *Didymoconus* 的上臼齿上表现更清楚，但 *A. notialis* 则不明显。因此，Zhigden 标本归入古对锥兽属并不一定合适。同样，Lopatin（2006）的古对锥兽属的鉴别特征也不太适合于模式种。

南方古对锥兽 *Archaeoryctes notialis* Zheng, 1979

（图 109）

正模 IVPP V 5036，不完整的头骨和右下颌支。产自江西大余青龙镇新村里北 500 m，上古新统池江组。

鉴别特征 个体较大（p4–m2 长 15.7 mm）；m1 下前尖靠近牙齿前缘中间的位置，斜脊延向后剪切面中间，下次中褶较深；m2 下前尖向舌侧位移，下次尖与下前尖近于等高，下次小尖很发育，稍低于下次尖，与后者以一浅的裂凹相隔。

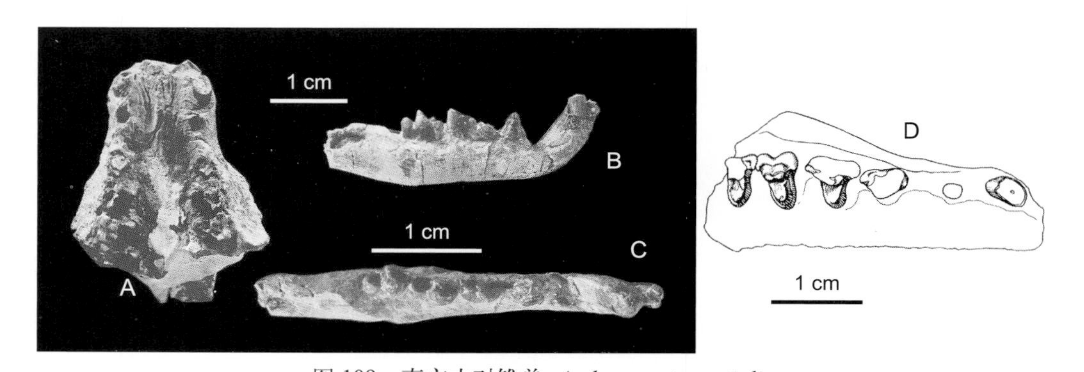

图 109 南方古对锥兽 *Archaeoryctes notialis*

A. 头骨（IVPP V 5036，正模），B, C. 右下颌支（IVPP V 5036，正模），D. 右上颌骨（IVPP V 5036，正模）：A, C, D. 冠面视，B. 颊侧视［A–C. 引自郑家坚，1979；D. 为 IVPP V 5036 右上颌骨（正模）素描图，引自 Gingerich, 1981］

评注 南方古对锥兽是对锥兽科中最古老的属种之一，牙齿形态比较原始，前臼齿未臼齿化，上臼齿外架窄，小尖相对发育，小尖前、后棱清楚，无次尖，与蒙古 Zhigden 动物群中的“*Archaeoryctes*” *euryalis* 不同，蒙古标本上臼齿外架宽，小尖弱，在明显的后内侧齿带上有次尖。因此，Zhigden 标本与大余标本有较大的差异。

除了引用郑家坚（1979）的模式标本原图外，另附上 Gingerich（1981）根据模式标本模型绘制的插图。

北方古对锥兽 *Archaeoryctes borealis* Meng, 1990

（图 110）

正模 AMNH 80794，具完整 p4 和破损 m1–2 的右下颌支。内蒙古二连盆地乌兰勃尔和，下始新统阿山头组。

鉴别特征 个体小（p4–m2 长 10.5 mm）；p4 未臼齿化，具有纵脊形跟座；m1 下次尖明显，与下原尖以一低的次尖脊相连接；m2 下前尖明显，位于齿的近舌侧，与下原尖以一近横向的脊相连，跟座窄长具突出的下次尖，与下原尖以纵脊相连，下次小尖明显，紧靠下次尖后内侧，位于齿的最后端点，跟座因此而呈舌侧开阔的盆形（依孟津，1990）。

评注 标本很珍贵。由于只有完整 p4，m1–2 齿冠破损，北方种的性质有待新材料的补充。

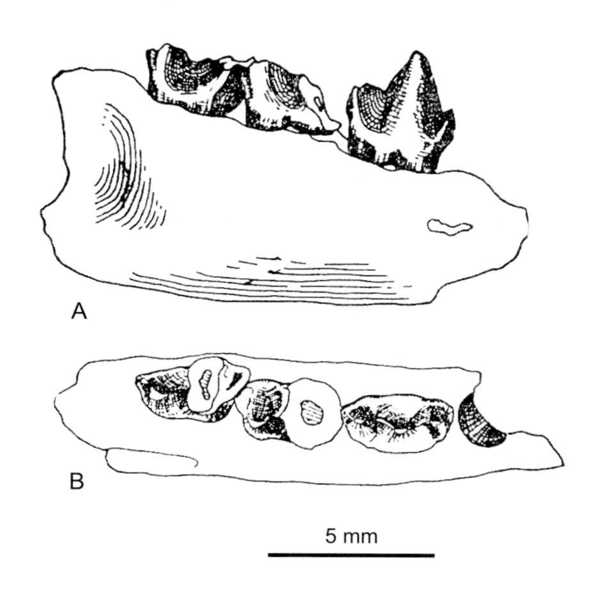

图 110 北方古对锥兽 *Archaeoryctes borealis*

右下颌支存 p4–m2（AMNH 80794，正模）：A. 颊侧视，B. 冠面视（引自孟津，1990）

家坚兽属 Genus *Jiajianictis* Tong, 1997

模式种 尖利家坚兽 *Jiajianictis muricatus* Tong, 1997

鉴别特征 大小如 *Hunanictes*。dp4 具有初始的下前尖，下臼齿下前尖清楚，并向前突出；跟座比三角座略窄，有一发育的跟脊，与后脊后壁上的弱棱形成深窄的凹缺，下内尖细弱；下前尖和跟脊都在牙齿中线上。

中国已知种 仅模式种。

分布与时代 河南，中始新世。

尖利家坚兽 *Jiajianictis muricatus* Tong, 1997

（图 111）

正模 IVPP V 10317，右下颌支存 c、p4–m2。产自河南淅川核桃园村北石皮沟，中始新统核桃园组。

鉴别特征 同属。

评注 石皮沟下颌标本的 m2 尚未萌出，是一个未成年的个体。与同一层位出土的翟氏阿丁兽比较，除个体较小外（m1 长 1.5 mm），其下臼齿下前尖较明显，跟座显得长宽。但跟脊强，下内尖很细小，与其他归入对锥兽亚科的标本不同。

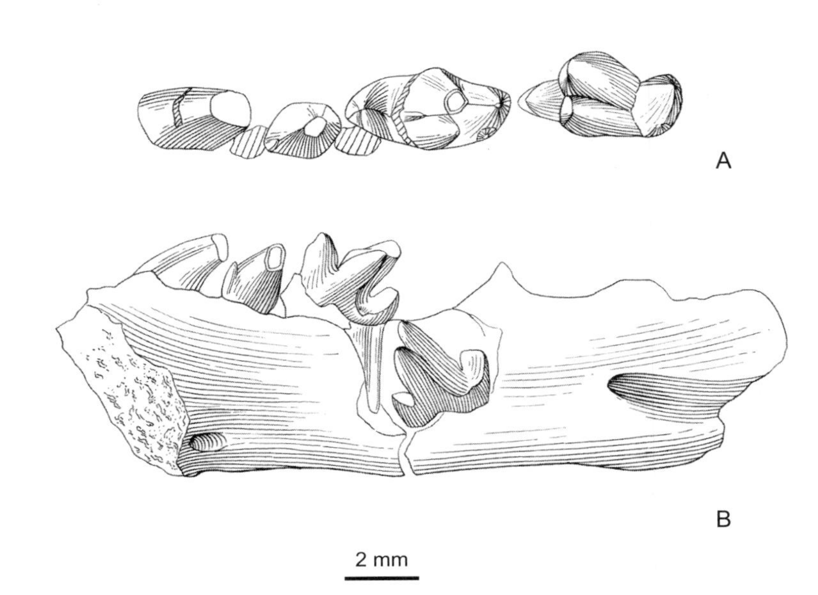

图 111 尖利家坚兽 *Jiajianictis muricatus*

右下颌支存 c、p4–m2（IVPP V 10317，正模）：A. 冠面视，B. 舌侧视（引自童永生，1997）

阿尔丁兽亚科 Subfamily Ardynictinae Lopatin, 1997

模式属 阿尔丁兽 *Ardynictis* Matthew et Granger, 1925

鉴别特征 P4/4 简单，未臼齿化，上臼齿外架相对较宽，次尖和后内侧齿带不大发育，前脊较低；下臼齿下前尖过早退化，跟座相对窄小，下内尖和下次小尖小或退化。

中国已知属 *Ardynictis*, *Hunanictis*, *Mongoloryctes*, *Wanolestes*，共四属。

分布与时代 亚洲，始新世。

阿尔丁兽属 Genus *Ardynictis* Matthew et Granger, 1925

（图 112）

模式种 狂怒阿尔丁兽 *Ardynictis furunculus* Matthew et Granger, 1925

鉴别特征 中小型对锥兽类，上齿式：3•1•3•2。P2 双齿根，P3 原尖发育，无前附尖；上臼齿无次尖，无后内侧齿带，M1 后附尖和 M2 前附尖相当发育；p4 下原尖呈锥状；下臼齿下前尖退化，跟座短窄，m1 具下次尖和下内尖，m2 仅有下次尖，使跟座呈三角形。

中国已知种 仅 *Ardynictis zhaii* 一种。

分布与时代 亚洲，始新世。

评注 阿尔丁兽属已知3种：*Ardynictis furunculus* Matthew et Granger, 1925, *A. zhaii* Tong, 1997 和 *A. captor* Lopatin, 2003。在我国境内尚未发现模式种那样完好的标本，为读者使用方便，将产于蒙古 Ardyn Obo 组的 *Ardynictis furunculus* 的模式标本图录于此。

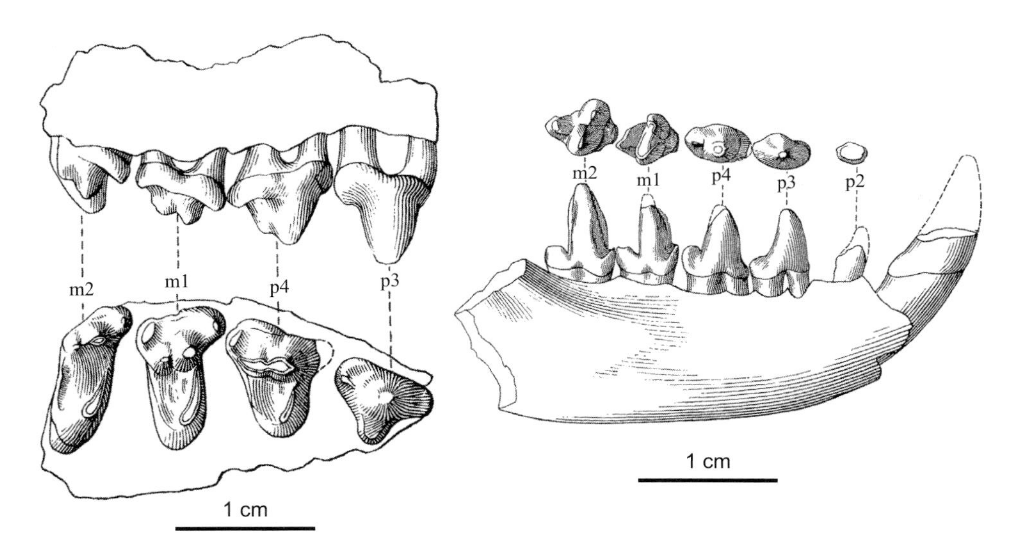

图 112 狂怒阿尔丁兽 *Ardynictis furunculus*

上颌骨和右下颌支（AMNH 20365，正模）：冠面视和颊侧视（引自 Matthew et Granger, 1925b）

翟氏阿尔丁兽 *Ardynictis zhaii* Tong, 1997

（图 113）

正模 IVPP V 10319，左 m2。产自河南淅川核桃园村北石皮沟，中始新统核桃园组。

鉴别特征 与模式种 *A. furunculus* 相似，但 m2 下前尖位置接近舌缘，跟脊沿牙齿中线向前延伸，并迅速下降。m2 长 4.1 mm。

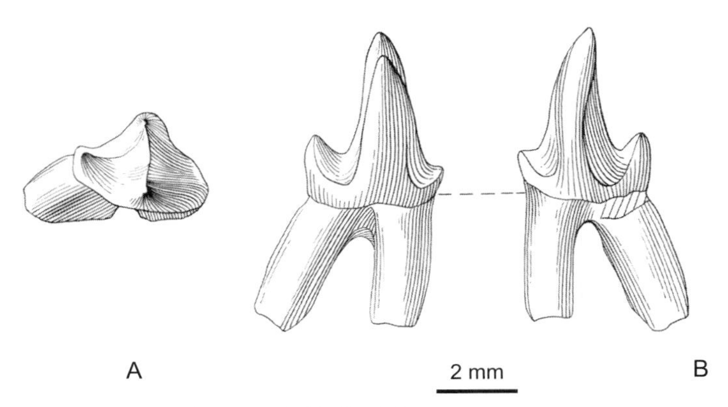

图 113　翟氏阿尔丁兽 *Ardynictis zhaii*
左 m2（IVPP V 10319，正模）：A. 冠面视，B. 侧面视（引自童永生，1997）

湖南兽属 Genus *Hunanictis* Li, Chiu, Yan et Hsieh, 1979

模式种　意外湖南兽 *Hunanictis inexpectatus* Li, Chiu, Yan et Hsieh, 1979

鉴别特征　个体较小。三个上门齿中 I3 最大，I3 和 C 之间有齿隙，上犬齿粗壮；无 P1，P2 前后有短的齿隙，P3 原尖很小，主尖后有小附尖；P4 外侧主尖几乎不分化为两尖，内半侧很窄；M1 前后附尖似乎不那么突出。

中国已知种　仅属型种。

分布与时代　湖南，早始新世岭茶期。

意外湖南兽 *Hunanictis inexpectatus* Li, Chiu, Yan et Hsieh, 1979

（图 114）

正模　IVPP V 5350，头骨前半部，仅保留有右侧齿列，齿冠大部分缺失。产自湖南

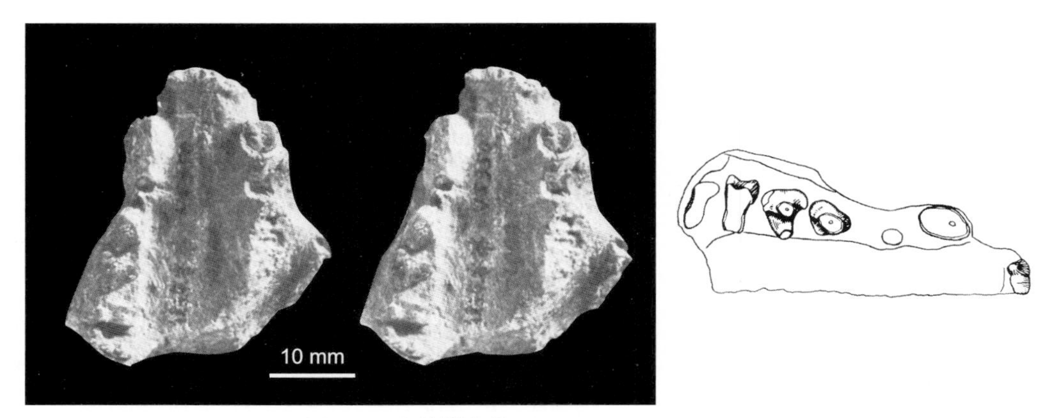

图 114　意外湖南兽 *Hunanictis inexpectatus*
头骨（IVPP V 5350，正模）：冠面视（立体照片）（引自李传夔等，1979 和 Gingerich, 1981）

衡东县岭茶西偏北约 1.5 km，下始新统岭茶组。

鉴别特征 同属。

评注 个体较小（M1 长 2.8 mm、宽 4.8 mm）。Meng 等（1995）记述了产自湖北均县习家店大尖附近玉皇顶组（76006）的一个头骨（IVPP V 5788），怀疑是一种湖南兽。他们的详尽研究，为对锥兽类分类位置奠定了翔实的基础。基于记述意外湖南兽时未附插图，这里将 Gingerich（1981）根据模型绘制的插图附上，以供参考。

蒙古对锥兽属 Genus *Mongoloryctes* Van Valen, 1966

?*Hapalodectes*：Matthew et Granger, 1925b, p.3

模式种 大蒙古对锥兽 *Hapalodectes auctus*（Matthew et Granger, 1925）

鉴别特征 上颊齿宽远大于齿长，原尖高、圆形，无前、后棱，后尖和前尖适度地孪生，形成一个高而圆的尖，并有前、后附尖，在内外齿尖之间的齿谷宽而深。比 *Ardynictis furunculus* 大、宽。

中国已知种 仅模式种。

分布与时代 内蒙古，中始新世。

大蒙古对锥兽 *Mongoloryctes auctus* (Matthew et Granger, 1925)

（图 115）

?*Hapalodectes auctus*：Matthew et Granger, 1925b, p. 3

Mongoloryctes auctus：Van Valen, 1966, p. 68

正模 AMNH 20130，右 M1?。产自内蒙古二连盆地伊尔丁曼哈，中始新统伊尔丁曼哈组 ?。

鉴别特征 同属。

评注 大蒙古对锥兽模式标本是一单个的上颊齿，是上臼齿（Matthew et Granger, 1925b）还是 P4，或可能是 DP4（Van Valen, 1966）未有定论。这一单个的上颊齿最初被怀疑是一种软中兽（*Hapalodectes*），Van Valen（1966）与多种古近纪哺乳类对比，认为是一种与 *Ardynictis* 接近的对锥兽类。由于这一颗牙齿难以确定是臼齿还是前臼齿，因而其性质也难以肯定。

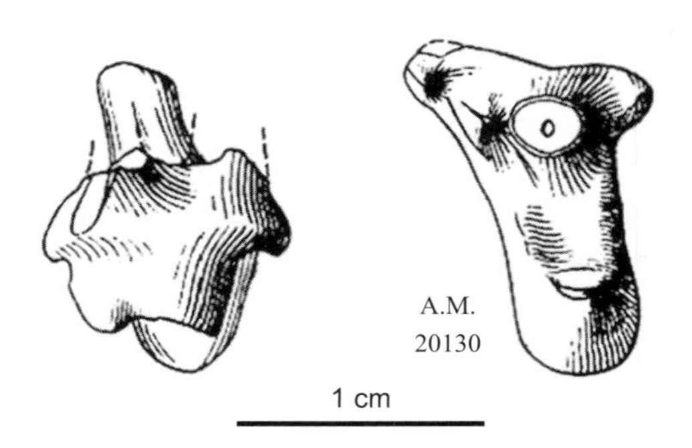

图 115 大蒙古对锥兽 *Mongoloryctes auctus*
上颊齿（AMNH 20130，正模）：颊侧视和冠面视（引自 Matthew et Granger, 1925b）

皖掠兽属 Genus *Wanolestes* Huang et Zheng, 2002

模式种 李氏皖掠兽 *Wanolestes lii* Huang et Zheng, 2002

鉴别特征 个体较小（m1 长 2.25 mm）。p3 小，下前尖和下后跟尖呈萌芽状；p4 未臼齿化，下前尖低，下后尖极小，紧挨在下原尖的后内侧，跟尖大，有低脊向前延伸；m1 下原尖和下后尖孪生、高大，下前尖低小，位于下原尖前方，跟座无下内尖，下次尖有向前延伸纵脊，下次小尖小，位于下次尖的后内侧；m2 比 m1 稍小，更显细长，下前尖位置靠近牙齿前缘中部，跟座延长，下次小尖比下次尖高。

中国已知种 仅模式种。

分布与时代 安徽，中古新世。

李氏皖掠兽 *Wanolestes lii* Huang et Zheng, 2002

（图 116）

正模 IVPP V 12685，不完整的下颌骨，左侧保存 p3–m2，及 p2 的后齿槽；右侧保存 p3 和 m2，及 p4 的齿槽、m1 的齿根和 p2 的后齿槽。产自安徽潜山县痘姆乡杨小屋，中古新统痘姆组。

鉴别特征 同属。

评注 黄学诗和郑家坚（2002）根据“下前臼齿为尖形齿，下臼齿三角座高而剪切，m2 跟座细长，只有两个下臼齿，与亚洲发现的 *Sarcodon* 和 *Hyracolestes* 相似”，其大小也与 *Hyracolestes* 相近，将其归入鼩形目（Soricomorpha）。Lopatin（2006）发现皖掠兽下臼齿下前尖退化，三角座高，下原尖和下后尖孪生，无下内尖，p4 无下后尖等特征，将皖掠兽归入对锥兽科（Didymoconidae），进一步归入阿尔丁兽亚科（Ardynictinae）。这里采用 Lopatin 的说法，将皖掠兽从鼩形类中移出，归入对锥兽科。

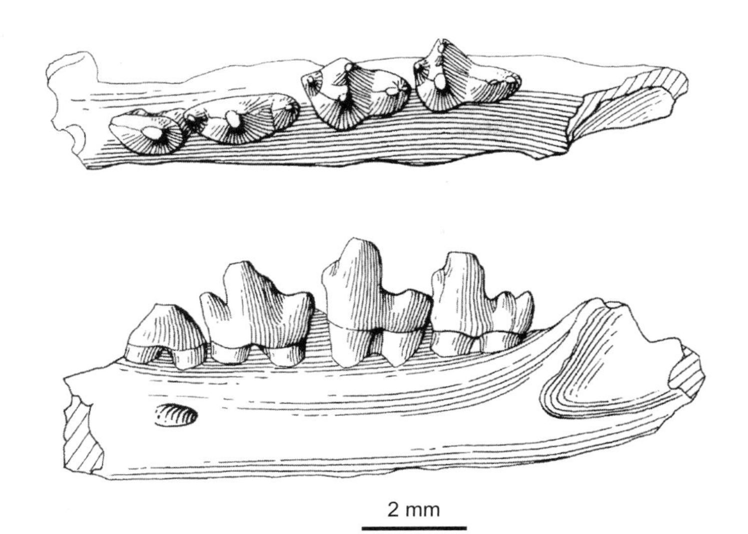

图 116　李氏皖掠兽 *Wanolestes lii*

左下颌支保存 p3–m2，及 p2 的后齿槽（IVPP V 12685，正模）：冠面视和颊侧视（引自黄学诗、郑家坚，2002）

阿尔丁兽亚科？　Subfamily Ardynictinae? Lopatin, 1997

联合兽属 Genus *Zeuctherium* Tang et Yan, 1976

模式种　光明联合兽 *Zeuctherium niteles* Tang et Yan, 1976

鉴别特征　上齿列：?•1•3•2，个体较小（M2 长 2.2 mm、宽 4.3 mm），是目前 Didymoconidae 已知属中个体最小者。无 P1、M3；P2 简单、小而扁平，双根；P3、P4 近乎臼齿化，上臼齿横向扩展，宽远大于长，主尖钝锥状，前尖、后尖并生，基部紧密相连，仅上部分离，位于齿冠外侧，无次尖、小尖，颊侧尖和舌侧尖之间有一深而宽的 V 形谷。

中国已知种　仅模式种。

分布与时代　安徽，早古新世。

光明联合兽 *Zeuctherium niteles* Tang et Yan, 1976

（图 117）

正模　IVPP V 4332，不完整头骨，具 P2–M2。产自安徽潜山县黄铺张家屋（71009），下古新统望虎墩组。

鉴别特征　同属。

评注　Lopatin（2006）将 *Zeuctherium* 归入肯纳兽亚科，也指出 *Zeuctherium* 与

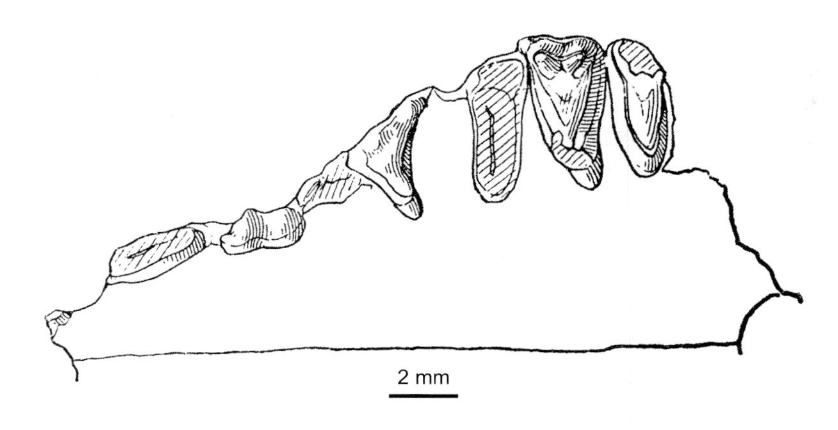

图 117　光明联合兽 *Zeuctherium niteles*
不完整头骨，具 P2–M2 （IVPP V 4332，正模）：冠面视（引自汤英俊、阎德发，1976）

Kennatherium 有明显的不同，*Zeuctherium* 的 P3 较长，原尖很发育，向舌侧突出，P4 较大，上臼齿无舌侧高冠现象。汤英俊、阎德发的记述表明，上臼齿齿尖形态与蒙古 Khaychin-Ula 2 地点的 *Kennatherium* 也不同，“前尖和后尖并生，基部紧密相连，仅齿冠上部分离”，而 *Kennatherium* 的前尖和后尖离得很开。如果按照将上臼齿前尖和后尖相互隔离作为亚科特征（Lopatin, 2006）的话，将古新世的 *Zeuctherium* 和 *Kennatherium* 归入同一类是不合适的。所以这里暂将 *Zeuctherium* 归入阿尔丁兽亚科，当然，*Zeuctherium* 的亚科归属问题尚待进一步讨论。

对锥兽科？ Family Didymoconidae? Kretzoi, 1943

肯纳兽属 Genus *Kennatherium* Mellett et Szalay, 1968

模式种　希热肯纳兽 *Kennatherium shirensis* Mellett et Szalay, 1968

鉴别特征　个体小（m1 长 1.35 mm）。咬肌脊很发育，角突弯曲。

中国已知种　仅模式种。

分布与时代　内蒙古，中始新世。

希热肯纳兽 *Kennatherium shirensis* Mellett et Szalay, 1968

（图 118）

正模　AMNH 26295，左下颌支，存 m1。产自内蒙古四子王旗卫井乡，中始新统乌兰希热组。

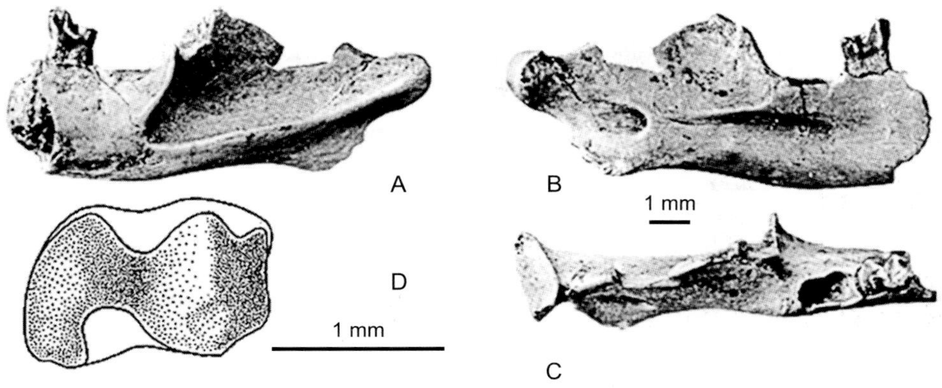

图 118　希热肯纳兽 *Kennatherium shirensis*
存 m1 的左下颌支（AMNH 26295，正模）：A. 颊侧视，B. 舌侧视，C. 冠面视，D. m1 冠面视（引自 Szalay et McKenna, 1971）

鉴别特征　同属。

评注　乌兰希热所产下颌支仅存一颗磨蚀严重的 m1，很难判断其牙齿细部特征。Lopatin（2006）记述了产自蒙古 Khaychin-Ula 2 地点 Khaychin 组的一些标本，认为其 m1 大小与模式标本一致，并将其归入希热肯纳兽。根据 Khaychin-Ula 2 地点的标本，Lopatin 将希热肯纳兽定义如下："已知的齿式为：?•1•3•2/?•1•3•2。p2 存在；P3 短，原尖小；P4 较大，颊侧叶延长（可能指后附尖叶向后颊方突出）；M1–2 舌侧高冠；p3 下前尖缺失；m1 和 m2 三角座纵向收缩，下前尖相当退化、舌位，前齿带弱但存在；m2 下次小尖缺失，齿根完全愈合。"并据此建立了肯纳兽亚科，在其定义中指出，上臼齿前尖和后尖隔离，外架窄，附尖退化，无次尖，下臼齿下原尖和下后尖低，跟座长，具三个齿尖：下次尖、下内尖及与下内尖近于愈合的下次小尖。从肯纳兽属和亚科的定义中，可以归纳出 Khaychin-Ula 2 地点的标本的上臼齿舌侧高冠，前尖和后尖低、相互隔离，无次尖，外架窄，附尖退化；下臼齿三角座前后收缩，下原尖和下后尖低，下前尖舌位，跟座长，具下次尖、下内尖和下次小尖。具有这些特征的上下臼齿在狉兽类中常见，在典型的对锥兽类中却不存在，也与安徽潜山望虎墩组的 *Zeuctherium* 不同。因此，Khaychin-Ula 2 地点的标本是不是对锥兽类值得研究。同一地点的 *Erlikotherium edentatum* 也有同样的问题。乌兰希热的肯纳兽的下颌形态与 Khaychin-Ula 2 地点的标本很相近，不排除两地点的标本同属一类的哺乳动物。由于上下臼齿与典型的对锥兽类不同，这里将这些种暂不归入对锥兽科。

翼手目 Order CHIROPTERA Blumenbach, 1779

概述　翼手目 Chiroptera 一词源自希腊文 cheir（手）和 pteridion（翼），是一类唯一能真正飞翔的哺乳动物（俗称蝙蝠）。现生蝙蝠种类繁多，全世界计有 18 科、202

属、1116种，其种数在哺乳动物中仅次于啮齿类（33科、481属、2277种）（Wilson et Reeder, 2005）。在中国，早先统计有7科26属88种（谭邦杰，1992）或7科30属120种（王应祥，2003），目前统计有8科33属130种（潘清华等，2007）。

现生蝙蝠被分成大蝙蝠亚目（Megachiroptera Dobson, 1875）和小蝙蝠亚目（Microchiroptera Dobson, 1875）。前者分布于旧大陆热带地区，以食果为主，多白天活动，靠视觉确定飞行方向；后者除两半球树木生长极限的较寒冷地区及一些海岛没有发现外，分布几乎遍及全球，以食昆虫为主，为夜间活动，靠回声确定飞行方向。

很多现生的蝙蝠在后腿和尾之间有翼膜，其形状在飞行期间通过脚踝附近的一软骨或骨质构造而变更。这个构造在大蝙蝠亚目中称为尾领片刺（uropataginal spur），在小蝙蝠亚目中称为距（calcar）。

为适应飞翔，蝙蝠前肢的指骨特别加长。其中，短的拇指具极强的钩爪，以便于攀援；其他四指延长成杆状体，除食指（或第二指）有时具钩爪外，余均无爪。后肢较短小，五趾同长，各具钩爪，以便于悬垂树枝或岩壁。翼膜连接前肢（除拇指外）、后肢（除足部外）和尾部（尾在大蝙蝠亚目多缺失）。骨骼轻盈，长骨内髓腔宽广，有骨髓。锁骨强大。与鸟类一样，胸骨因胸肌发达而有龙骨突起。

现生蝙蝠按食性可分为：① 食虫蝠（以食昆虫为主，也吃一些果实），是蝙蝠类的主体；② 食果蝠（以食果实和绿色植物为主，也食果蔬里面和表面的昆虫和幼虫）；③ 食花蝠（以食花粉和花蜜为主，也食它们中的昆虫）；④ 真吸血蝠（食大型动物的血）；⑤ 食肉蝠（食小型动物、鸟类、蜥蜴和青蛙）；⑥ 食鱼蝠（在水面或接近水面处用大而有力的钩爪捕鱼）。

化石蝙蝠的种类较现生的少，其中古近纪和新近纪发现的又较第四纪的少，而第四纪的化石主要发现于洞穴和裂隙堆积物中。

定义与分类 翼手目是一单系类群。McKenna和Bell（1997）将翼手目、灵长目、攀鼩目等归入魁兽超目（Superorder Archonta Gregory, 1910），1999年Waddell等创建真魁兽类（Euarchonta Waddell, Okada et Hasegawa, 1999），并建议把翼手目排除在Euarchonta之外。这一观点也受到许多分子生物学家的支持（如Murphy et al., 2001a, b; Springer et al., 2004）。而Rose（2006）把真魁兽作为大目（Grandorder Euarchonta）与翼手目一起置于魁兽超目（Superorder Archonta）中。截至目前由于形态学、古生物学和分子生物学研究结果各不相同，翼手目的分类、演化系统正处于热烈争论阶段，还没有一个被普遍接受的方案。

Simmons和Geisler（1998）根据解剖学或形态学以及分子生物学资料，选取195个形态学特征和13个分子生物学特征进行了支序学分析并在较高级别上对翼手目进行了分类，在大蝙蝠亚目之上建立了大蝙蝠亚目型蝙蝠（Megachiropteramorpha）以概括那些不能归入大蝙蝠亚目的古老化石属，如*Archaeopteropus*；在小蝙蝠亚目之上依次建立了小蝙蝠型蝙蝠（Microchiropteraformes）以概括那些不能归入小蝙蝠亚目的科、属，如埃普辛蝠属（*Eppsinycteris*）、古蝠科（Palaeochiropterygidae）及黑森蝠科（Hassianycteridae）；在小蝙蝠型蝙蝠之上建立了小蝙蝠亚目型蝙蝠（Microchiropteramorpha）以概括那些不能归入小蝙蝠型蝙蝠的化石科、属，如澳蝠属（*Australonycteris*）、溺水蝠科（Icaronycteridae）及初蝠科（Archaeonycteridae）。除此以外，与 McKenna 和 Bell（1997）分类的不同表现在：① 将溺水蝠属（*Icaronycteris*）重新恢复为溺水蝠科（Icaronycteridae）；② 菊头蝠科（Rhinolophidae）由菊头蝠亚科（Rhinolophinae）和蹄蝠亚科（Hipposiderinae）构成；③ 将腓力斯蝠科（Philisidae）从蝙蝠超科（Vespertilioidea）移入到阳蝠次目（Yangochiroptera）；④ 将穴蝠科（Antrozoidae）和犬吻蝠科（Molossidae）置于犬吻蝠超科 Molossidea 之下；⑤ 将山蝠科（Natalidae）、盘翼蝠科（Thyropteridae）、狂翼蝠科（Furipteridae）和吸盘足蝠科（Myzopodidae）置于山蝠超科（Nataloidea）；⑥ 将蝙蝠科（Vespertilionidae）升为蝙蝠超科（Vespertilionoidea）。

然而，Simmons（2005）为顺应不同资料研究的结果，以及近年来出现的分子生物学资料强烈支持很多传统的类群不是单系的观点，主张在没有完整的分子生物学资料支持的蝙蝠分类出现之前，为避开较高级别的分类分歧，将现生蝙蝠的分类局限于科级水平，并按下列顺序展示了科和亚科：狐蝠科（Pteropodidae Gray, 1821），菊头蝠科（Rhinolophidae Gray, 1825），蹄蝠科（Hipposideridae Lydekker, 1891），假吸血蝠科（Megadermatidae H. Allen, 1864），鼠尾蝠科（Rhinopomatidae Bonaparte, 1838），混合蝠科（Craseonycteridae Hill, 1974），鞘尾蝠科（Emballonuridae Gervais, 1855）[包括墓蝠亚科（Taphozoinae Jerdon, 1867）和鞘尾蝠亚科（Emballonurinae Gervais, 1855）]，裂颜蝠科（Nycteridae Van der Hoeven, 1855），吸盘足蝠科（Myzopodidae Thomas, 1904），髭蝠科（Mystacinidae Dobson, 1875），叶口蝠科（Phyllostomidae Gray, 1825）[包括吸血蝠亚科（Desmodontinae Bonaparte, 1845），短叶果蝠亚科（Brachyphyllinae Gray, 1866），花叶蝠亚科（Phyllonycterinae Miller, 1907），长舌叶蝠亚科（Glossophaginae Bonaparte, 1845），叶口蝠亚科（Phyllostominae Gray, 1825），短尾叶口蝠亚科（Carollinae Miller, 1924），尖皮蝠亚科（Stenodermatinae Gervais, 1856）]，妖面蝠科（Moromoopidae Saussure, 1860），兔唇蝠科（Noctilionidae Gray, 1821），狂翼蝠科（Furipteridae Gray, 1866），盘翼蝠科（Thyropteridae Miller, 1907），山蝠科（Natalidae Gray, 1866），犬吻蝠科（Molossidae Gervais, 1856）[包括倭蝠亚科（Tomopeatinae Miller, 1907）和犬蝠亚科（Molossinae Gervais, 1856）]，蝙蝠科（Vespertilionidae Gray, 1821）[包括蝙蝠亚科（Vespertilioninae Gray, 1821），穴蝠亚科（Antrozoinae Miller, 1897），鼠耳蝠亚科（Myotinae Tate, 1942），长翼蝠亚科（Miniopterinae Dobson, 1875），管鼻蝠亚科（Murininae Miller, 1907），号耳蝠亚科（Kerivoulinae Miller, 1907）]。

鉴于目前没有更完整的、得到普遍认同的蝙蝠分类，本书的分类基本以 Simmons（2005）的为基础并参照 McKenna 和 Bell（1997）及 Simmons 和 Geisler（1998）的蝙蝠分类。同时，只采用目、亚目、科、亚科、属、种等级别记述。

形态特征 原始形态的蝙蝠头骨通常长而低，具有相当长而狭的吻和稍微膨胀的脑颅；鼻孔通常大，可以与前颌骨分开；眶后突有时存在，但通常不完整；颧弓很发育；多数头骨骨缝在成年个体中愈合较好；听泡由外鼓骨和内鼓骨构成。

进步形态的蝙蝠头骨大小和形状变化很大。其形状更直接与食性和取食方式而不是与飞翔能力相关。脑腔的大小通常直接反映出蝙蝠体型的大小，它的形态变化直接影响到用于咀嚼食物的颞肌纤维的长短。矢状脊和人字脊的增强或加长受控于颞肌附着面积的加大和颞肌纤维的加长。颧弓是咀嚼肌附着的地方，在食虫蝙蝠类型中，可以极端细弱或部分缺失；而在食硬体昆虫蝙蝠或一些食果蝠中，则十分粗重。吻部有缩短变宽的趋势，其中菊头蝠科（Rhinolophidae）吻的前部背侧则有一对隆起。蝙蝠类前颌骨的形状和构造变化比其他任何脊椎动物类群（骨质鱼和蛇类可能除外）的都大。前颌骨（带着上门齿）垂直的鼻支和水平的腭支分别愈合到上颌骨和腭骨。有的类型两支在中线愈合或不愈合到一起；有的类型鼻支退化或缺失；有的类型腭支退化或缺失。硬腭向后的延伸程度也是不同的，有的伸至眶间区内，有的终止于颧弓前根前或与颧弓前根等齐。当前腭凹缺失时，中间门齿彼此靠近；当存在时，位于两门齿之间，其向后伸延的程度在不同类型常常是不同的。下颌水平支越长，通常其咬合力越大；下颌深度越大，食物的硬度和粗糙度越大。下颌角突的长度及其高度、冠状突和关节突的发育状况、颏孔位置在适应环境和分类方面也具有一定地位（Jepson, 1966, 1970; Hill, 1974; Wible et Novacek, 1988; Simmons et Geisler, 1998; Czaplewski et al., 2008）。

蝙蝠中牙齿最多的是鼠耳蝠属（*Myotis*），齿式：2•1•3•3/3•1•3•3 = 38（图 119C, D），最少的是吸血蝠（*Desmodus rotundus*），齿式：1•1•1•1/2•1•2•1 = 20，比真兽类（eutherians）的 3•1•4•3/3•1•4•3 = 44 大大退化。蝙蝠类的齿式类型已超过 50 个，反映了其牙齿适应的多样性。缺失的前臼齿牙齿位置常有争议，通常使用的是 P2–4 和 p2–4；当只有两个上、下前臼齿时，常被认为 P3 和 p3 缺失；当只有一个上前臼齿时，常被认为是 P4 存在。P3 的牙根数目也是区分原始和进步类型的主要依据之一，牙根数目越多越原始。P3 和 p3 的退化程度及其位置在属、种两级分类中常常是相当重要的特征依据。在小蝙蝠亚目，m1 和 m2 跟座齿尖和齿脊排列方式在原始种类多为磨楔（tribosphenic）型：下后脊（postcristid，或可译为下后棱，见《古生物学名词》第二版，2009。但在本志书的翼手目中所用下后脊不同于其他真兽类的下后脊，metalophid）低，连接位于中线上的下次小尖（hypoconulid），下次小尖与下内尖由一低的脊相连；小蝙蝠亚目进步种类主要可区分为两种类型，一是山蝠型（nyctalodonty）：下次小尖向舌侧移动到下内尖附近，下后脊连接下次尖和下次小尖；二是鼠耳蝠型（myotodonty）：下后脊避开下次小尖与下内尖连接。大蝙蝠亚目和吸血蝠为适应食果、食蜜和吸血，其臼齿齿尖和齿脊发育很弱（图 119A, B）。M3 和 m3 的退化程度也是鉴别许多属种的依据之一。蝙蝠类的乳齿是最特殊的，退化成

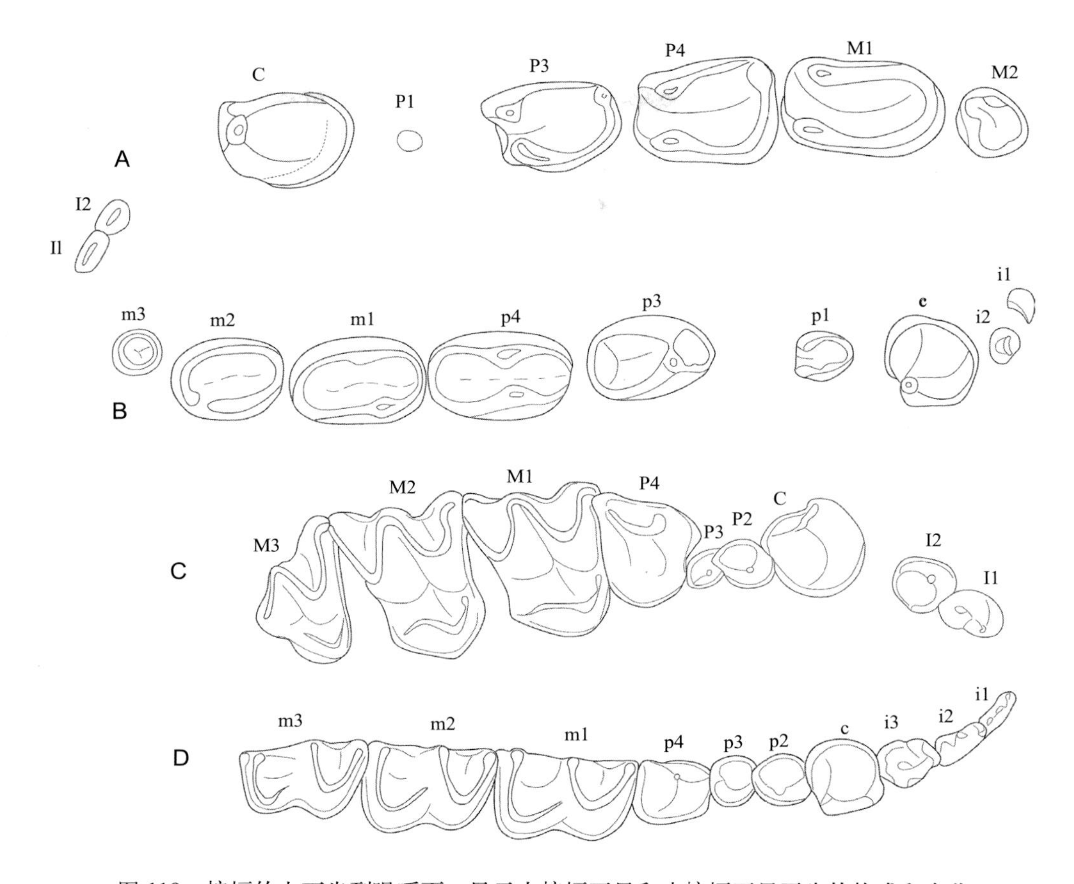

图 119　蝙蝠的上下齿列咀嚼面，显示大蝙蝠亚目和小蝙蝠亚目牙齿的构成和名称

A, B. 印度大狐蝠 *Pteropus* giganteus：A. 左上齿列 （I1–M2），B. 右下齿列 （i1–m3）；C, D. 沼泽鼠耳蝠 *Myotis dasycneme*：C. 右上齿列 （I1–M3），D. 右下齿列 （i1–m3）

锋利的钩形针状体，以供幼体攀爬到母亲的乳头。成年的门齿可以是多齿尖的，可能只用作装饰。在大蝙蝠亚目，上门齿最大数目是 2，常用 I1–2 表示；下门齿最大数目也是 2，常用 i1–2 表示；门齿数目的减少通常从前向后，即保留 I2 或 i2，也有只保留 i1 的（Andersen, 1912）。在小蝙蝠亚目，上门齿的最大数目是 2，也用 I1–2 表示，当上门齿数为 1 时，其门齿仍用 I1 表示；下门齿的最大数目为 3，用 i1–3 表示；当下门齿数为 2 时，用 i1–2 表示；当下门齿数为 1 时，用 i1 表示。臼齿的双褶形齿（dilambodont）形态是原始的，存在于现生的和化石的食虫蝙蝠，而食果蝠通常有较圆形的齿尖、较浅的盆，缺少固定的齿脊（Miller, 1912; Andersen, 1912; Jepson, 1966, 1970; Hill et Smith, 1984; Menu, 1985; Simmons et Geisler, 1998; Czaplewski et al., 2008）。

头后骨骼的高度特化是有效地适应飞行的结果，它们通常轻、细而强壮，长骨管状，含有骨髓。脊椎骨的单个脊椎前后挤压，它们的关节面紧紧贴在一起。一些科中的一些种，最后一个颈椎与第一胸椎坚固地愈合在一起。在蹄蝠科（Hipposideridae）中，它也与第二胸椎连在一起。一些科的腰椎也有愈合。大部分荐椎也是愈合的。这些愈合使得主轴骨大大增强以适于飞翔。按比例算，蝙蝠的肋笼较其他哺乳动物的大、宽、深；肋骨本身显著加宽。多数蝙蝠的胸骨柄呈 T 字形，前胸极度加大，通常有一短的像龙骨一样的突出的脊，以增加胸肌的附着面积；胸骨的其他部分常愈合成单一的棒。肩胛骨略呈矩形，与鸟类的狭长形和多数哺乳类的三角形不同；通过轻微弯曲的很发育的锁骨固定于胸骨组合上；冈下窝加大。髂骨特别旋转，导致臀面（臀肌附着面）指向上而不是像陆生哺乳动物指向侧面。髋臼也面向背侧（Hill et Smith, 1984）。

前肢的拇指短，游离状，指端具钩爪；第二指指端在大蝙蝠亚目具爪，在小蝙蝠亚目缺失；第二 — 第五指加长并联合成翼膜的骨架，第三指最长，形成翼的最远端部分。在原始的溺水蝠（*Icaronycteris*）中，所有远端指骨都为蹄。

肱骨大结节（trochiter）、小结节（trochin）可以伸到肱骨头之上。肱骨的远、近端，特别是远端特征在科级和属一级的分类上常具有重要意义。桡骨加长，尺骨退化并愈合到桡骨上。

股骨头圆，膝盖骨向后，后足蹠面指向前。股骨、胫骨和蹠骨较短细。腓骨通常退化。趾骨数量不减少，具有大的侧向挤压的钩爪（距），睡眠时用这些钩爪悬挂于树枝或岩壁。

术语与测量方法　体骨的名称术语如图 120 所示，臼齿的名称术语如图 121 所示。齿列和单个牙齿的测量偏重于最大长度。

中国已知属　*Rousettus*, *Icaronycteris*, *Lapichiropteryx*, *Rhinolophus*, *Hipposideros*, *Coelops*, *Aselliscus*, *Megaderma*, *Taphozous*, *Shanwangia*, *Arielulus*, *Barbastella*, *Eptesicus*, *Ia*, *Plecotus*, *Pipistrellus*, *Scotomanes*, *Tylonycteris*, *Vespertilio*, *Myotis*, *Miniopterus*, *Harpiocephalus*, *Murina*，共23属。

分布与时代　目前世界上最早的大蝙蝠亚目的化石（Pteropodidae indet.）发现于泰国晚始新世（McKenna et Bell, 1997），中国最早的化石（Pteropodidae indet.）发现于云南禄丰晚中新世（邱铸鼎等，1985）。

目前世界上最早的小蝙蝠亚目的化石记录分布在除南极大陆外的各大洲早始新世地层中。其中最早的、接近古新世 - 始新世界线（约 55 Ma）的是葡萄牙 Silveirinha 地点的 *Archaeonycteris*? *praecursor*，它比法国南部产澳蝠（*Australonycteris*）地点的时代可能还偏早（Tabuce et al., 2009）。产自美国怀俄明州化石盆地早始新世绿河组（接近 53 Ma）的近乎完整的溺水蝠（*Icaronycteris*）骨架提供了早期蝙蝠与现生蝙蝠一样具有强力飞翔能力的证据（Jepsen, 1966, 1970; Simmons et Geisler, 1998）。这是一种长尾、翼展接近 30 cm、体重可能为 10–16 g 的小型蝙蝠。与溺水蝠几乎同时出现的早始新世蝙蝠还有法国和北美的阿热蝠（*Ageina* Russell et al., 1973），意大利的初蝠（*Archaeonycteris* Revilliod, 1917），澳大利亚的澳蝠（*Australonycteris* Hand et al., 1994），北非的（*Dizzya* Sigé, 1991），英国的埃普辛蝠（*Eppsinycteris* Hooker, 1996），德国的黑森

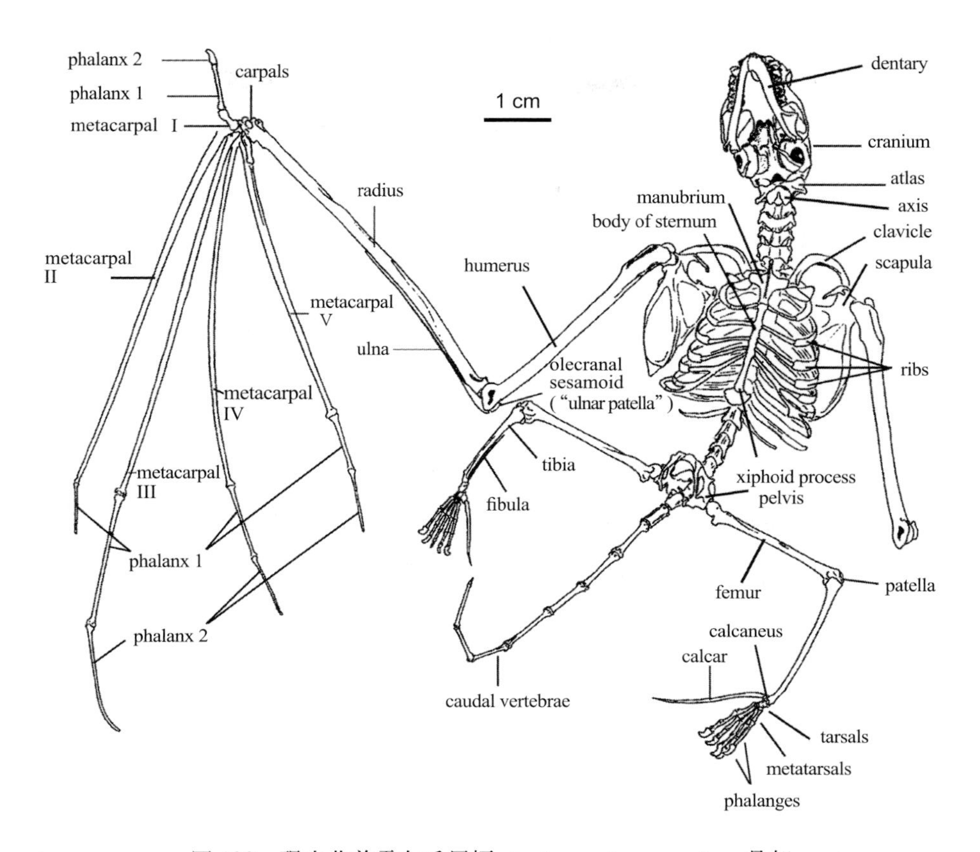

图 120　现生北美霜灰毛尾蝠 *Lasiurus cinereus minus* 骨架

atlas (环椎)；axis (枢椎)；body of sternum (胸骨体)；calcaneus (跟骨)；calcar (钩爪、距)；carpals (腕骨)；caudal vertebrae (尾椎)；clavicle (锁骨)；cranium (头骨)；dentary (齿骨)；femur (股骨)；fibula (腓骨)；humerus (肱骨)；manubrium (胸骨柄)；metacarpal (掌骨)；metatarsal (蹠骨)；olecranal sesamoid (肘籽骨)；patella (髌骨)；pelvis (盆骨)；phalanx 和 phalanges (指 / 趾骨)；radius (桡骨)；ribs (肋骨)；scapula (肩胛骨)；tarsals (跗骨)；tibia (胫骨)；ulna (尺骨)；ulnar patella (尺骨髌骨)；xiphoid process (剑突) (引自 Czaplewski et al., 2008，略修改)

蝠（*Hassianycteris* Smith et Storch, 1981），北美的荣蝠（*Honrovits* Beard et al., 1992），法国的古蝠（*Palaeochiropteryx* Revilliod, 1917）等属。这些早期蝙蝠化石的发现构成了人们研究蝙蝠演化历史的基础。中国最早的化石记录是河南淅川核桃园中始新世中期的初蝠 Archaeonycterididae indet.、山西垣曲盆地寨里土桥沟河堤组寨里段产出的中始新世晚期—晚始新世的石蝠（*Lapichiropteryx* Tong, 1997）及 ?溺水蝠（?*Icaronycteris* spp.）（童永生，1997）。

中国的蝙蝠化石除山东山旺中中新世的山旺蝠（*Shanwangia* Young, 1977）保存有较好的肢骨外，很少有完整的头骨和头后骨骼报道，主要为带齿上、下颌骨及其碎段或单个牙齿。

评注　由于化石发现的不完整性和时代分布的不均一性，关于翼手目的起源问题

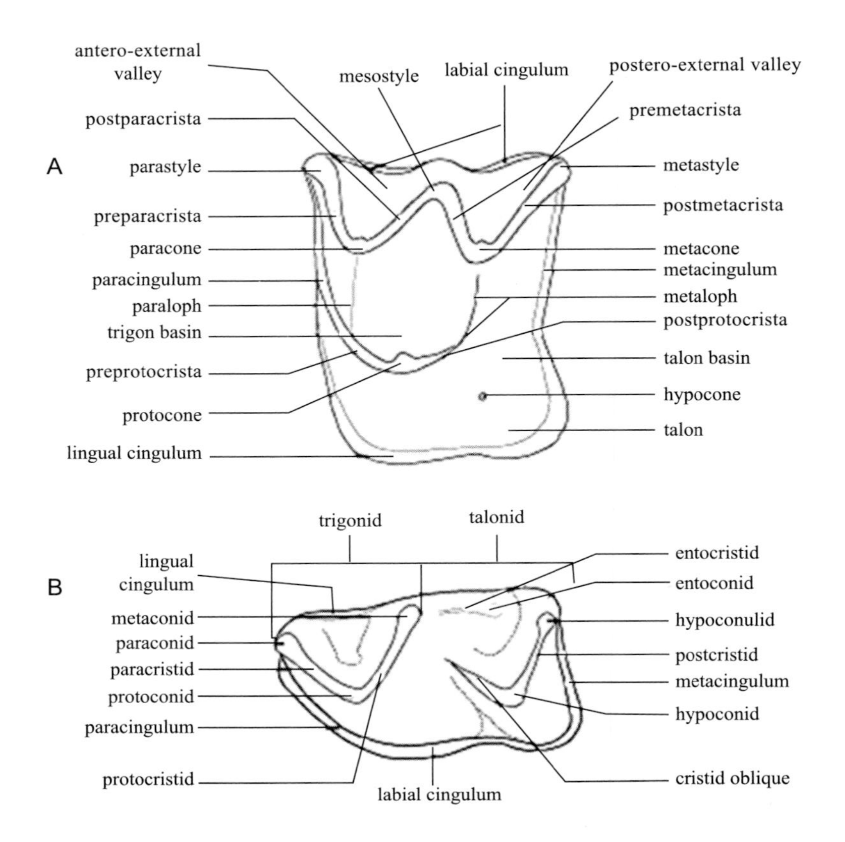

图 121　小蝙蝠亚目蝙蝠上、下臼齿的名称术语

A. 左上臼齿；B. 左下臼齿 antero-external valley（前外谷）；cristid oblique（斜脊）；entoconid（下内尖）；entocristid（下内脊）；hypocone（次尖）；hypoconid（下次尖）；hypoconulid（下次小尖）；labial cingulum（颊侧齿带）；lingual cingulum（舌侧齿带）；mesostyle（中附尖）；metacone（后尖）；metaconid（下后尖）；metacingulum（后齿带）；metaloph（后脊）；metastyle（后附尖）；paracingulum（前齿带）；paracone（前尖）；paraconid（下前尖）；paracristid（下前脊）；paraloph（前脊）；parastyle（前附尖）；postcristid（下后脊）；postero-external valley（后外谷）；postmetacrista（后后脊）；postparacrista（后前脊）；postprotocrista（后原脊）；premetacrista（前后脊）；preparacrista（前前脊）；preprotocrista（前原脊）；protocone（原尖）；protoconid（下原尖）；protocristid（下原脊）；talon（跟座）；talonid（下跟座）；talon basin（跟座盆）；trigon basin（三角座盆）；trigonid（下齿座）

至今还停留在推理假说阶段。大蝙蝠亚目和小蝙蝠亚目是同源还是非同源以及较高级别的分类也是目前争论的热点问题。要解决这些问题，还需要更多的形态学和分子生物学证据。

注：

1）翼手目一节种名之后列出的同物异名录仅为中国已发现并加以记述过的化石，不包含现生种类。

2）翼手目一节所用的编号，有的是原化石收藏单位的化石编号及英文缩写，如今收藏单位名称改变，为查询方便，现将原收藏单位的名称、英文缩写及原始编号开列如下：

B. S. M.—本溪博物馆标本号

C / C.—新生代研究室周口店标本号

CV—重庆自然博物馆标本号

D—大连自然博物馆标本号

DH—大连自然博物馆（海茂）标本号

D90 (8) 3—中国地质大学（北京）周口店东岭子洞哺乳动物化石编号

FJV—重庆奉节标本号

HV—海南三亚博物馆标本号

LIPAN V—重庆巫山迷宫洞文化遗物及哺乳动物化石标本号

NTH—南京汤山葫芦洞标本编号

TS1E1 ③—湖北郧西黄龙洞发掘探方及标本编号

WY—广西田东雾云山标本号

Y. K. M. M.—营口博物馆哺乳动物编号

3）为方便齿列长度对比，文中将那些化石的单个牙齿或部分齿列长度通过现生标本的测量数据换算成完整的齿列长度。例如，已知化石的 m1–3 长度就可通过现生的 m1–3 占 i1–m3 的比率计算出化石的 i1–m3 长度。

4）中国的蝙蝠化石绝大多数发现于全国各地的洞穴和裂隙堆积物中，相当数量的标本保存在各地博物馆；同时，编者以往没有作过专门的研究，只在研究动物群时，附带加以简单记述。这种状况对于目前编写“志书”的工作无疑困难重重。编者对蝙蝠的认识虽然相当肤浅，但为了“志书”的完整性，只能尽其所能，将以往记述过的化石种类作一初步归类整理。

大蝙蝠亚目 Suborder MEGACHIROPTERA Dobson, 1875

大蝙蝠亚目只含狐蝠科（Pteropodidae）一科，包含了化石的古狐蝠亚科（Archaeopteropodinae Simpson, 1945）和原狐蝠亚科（Propottinae Butler, 1984）及现生的狐蝠亚科（Pteropodinae Gray, 1821）和长舌蝠亚科（Macroglossinae Gray, 1866）。化石古狐蝠属（*Archaeopteropus* Meschinelli, 1903）产于意大利早渐新世，而原狐蝠属（*Propotto* Simpson, 1967）产于非洲早中新世（McKenna et Bell, 1997）。原始的大蝙蝠头骨应该是：腭骨在齿列之后不退化，眶下管长，眶后突不发育，面轴不或不显著地偏离颅基轴。齿式应是：2•1•3•3/3•1•3•3 = 38；臼齿构造应属非食虫类型；肱骨大，小结节相对小，大结节不与肩胛相关节；肱骨三角肌脊弱。尺骨较不退化；手骨关节面少变化；第二指较第三指相对孤立，具三节指骨和一发育的爪；尾长，可能至少具 10 个尾椎。进步的或现生的大蝙蝠头骨大而吻部长；腭骨延伸至齿列之后；眶后突发育；上臼齿前、中、后附尖消失，前尖和后尖沿牙齿颊侧、原尖和次尖沿牙齿舌侧各自形成一纵向脊，两脊间为一纵向凹；下臼齿舌侧脊由下前尖、下后尖和下内尖构成，颊侧脊由下原尖和下次尖构成；i3 和 M3 缺失；拇指长，拇指和第二指均具钩爪；第二指的第二特别是第三指节骨长度稍微减小（Andersen, 1912）。

狐蝠科 Family Pteropodidae Gray, 1821

模式属 狐蝠 *Pteropus* Brisson, 1762

定义与分类 狐蝠又名食果蝠或飞狐，意为头像狐狸、取食果实的蝙蝠。现生种类主要分布于旧大陆的热带和亚热带，包括非洲、亚洲南部到澳大利亚、西太平洋岛屿；主要生活于森林，很少穴居；食果和花蜜（Andersen, 1912; Nowak et Paradiso, 1983; Corbet et Hill, 1991; Simmons, 2005）。包括现生的狐蝠亚科（Pteropodinae Gray, 1821）、长舌果蝠亚科（Macroglossinae Gray, 1866）、管鼻果蝠亚科（Nyctimeninae Miller, 1907）、雕形果蝠亚科（Harpyionycterinae Miller, 1907）和化石的古狐蝠亚科（Archaeopteropodinae Simpson, 1945）、原狐蝠亚科（Propottinae Butler, 1984）。中国只有现生的狐蝠亚科和长舌蝠亚科成员（Allen, 1938；谭邦杰，1992；王应祥，2003；潘清华等，2007）。

鉴别特征 狐蝠科多数成员头骨背缘从前向后缓慢升高，在顶骨和额骨交界处达到最高，然后向枕骨方向迅速降低；眶间区较宽；眶上突发达或缺失；矢状脊不发达。前颌骨通过骨缝与上颌骨关联，或与上颌骨愈合；前颌骨具发育的鼻支，腭支退化或缺失。硬腭向后伸至眶间区内。齿式：0–1–2•1•2–3•1–3/0–1–2•1•2–3•2–3。最大齿式：2•1•3•2/2•1•3•3 = 34；最小齿式：1•1•3•1/0•1•3•2 = 24。P3 具两齿根；上、下臼齿的齿尖、齿脊通常均不明显；M3 和 m3 当存在时也很退化。下颌角突缺失或极弱；冠状突发达，显著向后倾斜；关节突显著低于冠状突且少向后突出；颏孔通常位于 p2 之下。剑胸骨无纵脊（龙骨突）。肩胛骨顶端无前突，远端不后外向突出。肱骨大结节不伸至肱骨头近端水平；内侧视肱骨头圆；远端关节面向外离开骨干线。第二指第一、二、三节指骨骨化；第三指第三节指骨部分骨化或缺失。股骨干直。从脚髁内侧伸出的尾领片刺或软骨刺缺失或存在。第二—五趾具第三趾节骨（Nowak et Paradiso, 1983; Simmons et Geisler, 1998）。

中国已知属 仅 *Rousettus* 一属。

分布与时代 亚洲，晚始新世—现代；欧洲，早渐新世—中新世；非洲，早中新世—现代；现生种类分布已如上述。我国仅在海南晚更新世有果蝠发现。

狐蝠亚科 Subfamily Pteropodinae Gray, 1821

该亚科现生有 36 属，在中国只有果蝠属（*Rousettus* Gray, 1821）、狐蝠属（*Pteropus*

Brisson, 1762）、短鼻果蝠属（*Cynopterus* F. Cuvier, 1824）和短球鼻果蝠属（*Sphaerias* Miller, 1906）这四个属。化石只发现果蝠属。

该亚科的基本特征与科的特征相近或相同。

中国已知属 仅 *Rousettus* 一属。

分布与时代（中国） 海南，晚更新世。

评注 现生的狐蝠科传统上被分成上述 4 个亚科（Corbet et Hill, 1991；谭邦杰，1992），但也有分为狐蝠亚科和长舌蝠亚科，将管鼻果蝠亚科和雕形果蝠亚科作为狐蝠亚科中的两个族（McKenna et Bell, 1997），也有不分亚科的（Simmons, 2005）。古狐蝠亚科以唯一产自意大利下渐新统的古狐蝠属（*Archaeopteropus* Meschinelli, 1903）为代表；原果蝠亚科以产自非洲下中新统的原果蝠属（*Propotto* Simpson, 1967）为代表。最早出现的狐蝠亚科成员是产自非洲下上新统的黄毛果蝠属（*Eidolon* Rafinesque, 1815）。中国最早的化石 Pteropodidae gen. et sp. indet. 发现在云南禄丰上中新统（邱铸鼎等，1985）。

果蝠属 Genus *Rousettus* Gray, 1821

模式种 埃及果蝠 *Rousettus aegyptiacus*（E. Geoffroy, 1810），产自埃及吉萨（Giza）大金字塔（Great Pyramid）。

鉴别特征 颅基轴明显偏斜；枕部不加长；无骨质耳道；腭骨后部宽度较犬齿间宽度大；吻部长度较泪骨间宽度大；两前颌骨前方相接触或骨化；齿式：2•1•3•2/2•1•3•3 = 34；下门齿二裂；P1 体积约等于一个上门齿；m1 长度总是超过（有时等于）p4 长，但短于 m2 与 m3 长度之和；第二指爪形；短尾；前臂长 69.5–99 mm；颅全长 33.0–46.7 mm；下颌长 26.0–37.2 mm；C–M2 长 11.8–188.8 mm；c–m3 长 13.2–20.8 mm（Andersen, 1912）。

中国已知种 仅 *Rousettus leschenaulti* 一种。

分布与时代（中国） 海南，晚更新世。

评注 该属的现生种分布于非洲大陆、阿拉伯半岛、印度半岛、中南半岛及印度洋沿岸岛屿；我国西南及东南各省。McKenna 和 Bell（1997）认为 *Cercopteropus* Burnett, 1829, *Eleutherura* Gray, 1844，*Cynonycteris* Peters, 1852，*Xantharpyia* Gray, 1843，*Senonycteris* Gray, 1870，*Lissonycteris* Andersen, 1912 和 *Stenonycteris* Andersen, 1912 是该属的同物异名，*Boneia* Jetink, 1879 是一独立的属。Simmons（2005）又将 *Boneia* 作为 *Rousettus* 属的一个亚属并将 *Lissonycteris* 排除于该属之外。

现生果蝠属包含 10 种。其中，中国仅发现有棕果蝠（*R. leschenaulti*）和抱尾果蝠（*R. amplexicaudatus*）两种。该属的化石仅见于东印度群岛下更新统（McKenna et Bell, 1997）和中国海南岛上更新统（郝思德、黄万波，1998）。

棕果蝠 *Rousettus leschenaulti* (Desmarest, 1820)

（图 122）

Rousettus leschenaulti：郝思德、黄万波，1998，48页，插图5.7, B, B1；5.8, A–E

地模 模式标本编号及存放地点不详。两件采自模式产地——印度本地治里（Pondicherry）的复合标本保存在法国国家自然历史博物馆。

鉴别特征 较小型。吻短而细；左、右前颌骨舌侧前端向前突出且相互接触但不愈合；腭缘呈尖角状；牙齿相当小，臼齿稍狭窄；P1 不脱落；m2 和 m1 差不多等长；m3 呈椭圆形；前臂长 80.5–87.5 mm；颅全长 37.5–41.5 mm；下颌长 28.8–32.7 mm；C–M2 长 14–15.7 mm；c–m3 长 15.1–17 mm（Andersen, 1912）。

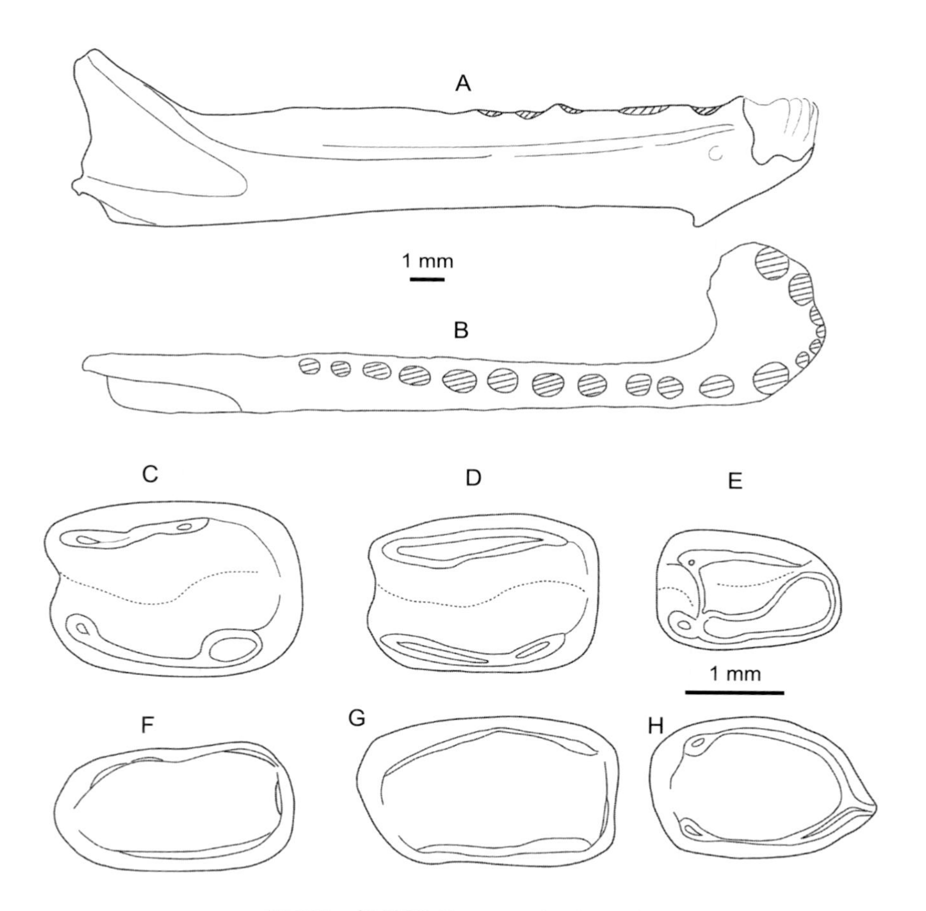

图 122 棕果蝠 *Rousettus leschenaulti*

A, B. 右下颌支带全部牙齿槽孔（HICRA HV 00069），C. 左 P4（HICRA HV 00067），D. 左 M1（HICRA HV 00077），E. 左 M2 （HICRA HV 00074），F. 右 m2 （HICRA HV 00068），G. 右 m1 （HICRA HV 00071），H. 右 p4 （HICRA HV 00079）：A. 颊侧视，B. 咬面视，C–H. 上下颊齿咬面视

产地与层位（中国） 海南三亚荔枝沟镇落笔洞，上更新统。

评注 该种现生于印度、巴基斯坦、不丹、尼泊尔、缅甸、泰国、越南，以及中国的西藏、云南、贵州、四川、海南、广东、香港、广西、福建和江西。

落笔洞的化石材料仅为一些破碎的下颌及单个颊齿（HICRA HV 00067–79）（图122）。性状如下：① 下颌升支与水平支的夹角约为 140°；② 颏孔大，位于 p1 之正下方，其后之浅凹面伸至 m3 之后；③ 下颌联合部后端与 p3 前缘在同一水平；④ m3 与升支间有 2.4 mm 长的间隙；⑤ 从槽孔判断，下齿式为：2•1•3•3；⑥ i2 和 i3 大小相当；⑦ p3–m3 双齿根；⑧ p3 大，呈椭圆形，具有一主尖和前内 - 后外向延伸的跟座，无附尖；⑨ p4 核桃形，其前端尖角指向颊侧，其后分为内外两条纵脊，脊的后端有明显的齿尖（下内尖和下次尖）发育；⑩ m1 和 m2 狭长，前端平直，有较明显的前齿带；⑪ P4 略大于 M1，但形状相似，具 4 个主要齿尖，且内外齿尖相连成内外脊；⑫ M2 十分退化，大小约为 M1 的 1/2，具明显的原附尖和原脊；⑬ 下颊齿间有齿隙；⑭ i2–m3（槽孔）长 16.1 mm；⑮ m1 和 m2 分别长 2.6–2.8 mm 和 2.53 mm。

上述下齿列长度显然在现生的棕果蝠的变异范围（Andersen, 1912：c–m3 长 15.2–17 mm；潘清华等，2007：c–m3 长 15.2–16 mm）内；m1 和 m2 近于等长的特点显然符合 *R. leschenaulti* 的定义。

狐蝠科（未定属种） Pteropodidae gen. et sp. indet.

邱铸鼎等（1985）简要记述了采自云南禄丰县石灰坝晚中新世古猿地点的一左 M2 及一右 m1，指出“臼齿冠面构造简单，无明显的齿尖，唯周围有几乎连续的齿脊。特征与现生东洋界的果蝠属（*Rousettus*）、小长舌果蝠属（*Eonycteris*）及肩毛果蝠属（*Epomophorus*）者都有相似之处。个体与最后一属的一般种尤为接近，而较前两者约大 1/3 左右”。这是目前在中国境内发现的最早的大蝙蝠亚目的材料。

小蝙蝠亚目 Suborder MICROCHIROPTERA Dobson, 1875

除了大蝙蝠亚目之外的所有蝙蝠均属于小蝙蝠亚目。这类蝙蝠个体较小；第二指缺失钩爪；外耳复杂，通常有耳屏存在；通过眼球内侧、穿过视网膜的小指状突出物缺失，因而靠回声定位；犬齿后牙齿排列较紧密，臼齿均具齿尖；硬腭在最后一个臼齿后不延续；肱骨大转子大，常与肩胛骨关节（Nowak et Paradiso, 1983）。

溺水蝠科 Family Icaronycteridae Jepsen, 1966

模式属 溺水蝠 *Icaronycteris* Jepsen, 1966

定义与分类 源自希腊古典神话人物依卡洛斯（Icarus）。Icarus 为希腊神话中的建筑师和雕刻家代达罗斯（Daedalus）的儿子。Daedalus 为其儿子装上了一副贴满羽毛的蜡制翅膀，逃往西西里。Icarus 飞上天后，由于离太阳太近，蜡制翅膀融化，坠海溺死。Jepsen（1966）建属时所依据的材料采自北美著名的绿河组（Green River Formation）湖相沉积中（暗含溺死湖中之意），属名似译成溺水蝠较“类蝠”（童永生，1997）更为贴切。溺水蝠科蝙蝠是目前已知最古老的蝙蝠之一，只含溺水蝠属（*Icaronycteris* Jepsen, 1966）。包括发现于北美早始新世的食指爪溺水蝠（*I. index* Jepsen, 1966）及欧洲（法国）早始新世的米卢氏溺水蝠？（*Icaronycteris*? *menui* Russell et al., 1973）。

鉴别特征 以 *Icaronycteris index* 为代表的溺水蝠科蝙蝠头骨狭长，矢状脊和枕脊很弱，颧弓细长，无眶上突。前颌骨通过骨缝与上颌骨关连，其鼻支和腭支很发育。齿式：2•1•3•3/3•1•3•3 = 38。P2 和 p2 单齿根，p3 和 p4 双齿根，P3 和 P4 具三齿根；p4 具下后尖和长而深的跟座；m1 和 m2 跟座磨楔型。下颌颏孔位于 i3 和 p2 之间；冠状突前后宽，具有高而圆的上缘；关节突高于臼齿齿尖连线；角突钩状、尖。脊椎式为：7•12•7•3•13 或 14。剑胸骨无纵棱（龙骨突）。肩胛骨背部对肱骨滑车关节面缺失。肱骨大结节正好伸至肱骨头近端水平，内侧视肱骨头圆，远端关节面向外离开骨干线。第二指第一、二、三指节骨骨化，第三指第三指节骨完全骨化。股骨相对粗，头、干间有非常短的颈，头和颈与干成角度。脚踝部的距(calcar)缺失。第二—第五趾具 3 节趾骨。I1–M3 长 9.3 mm、i1–m3 长 9.3 mm，i1– 关节突 15.3 mm、i1– 角突 15.3 mm（Jepsen, 1966; Simmons et Geisler, 1998）。

中国已知属 仅 *Icaronycteris* 一属。

分布与时代 北美，古新世—中始新世；欧洲，始新世；中国山西、河南，中—晚始新世。

评注 最初被 Jepsen（1966）确认为溺水蝠科（Icaronycteridae），McKenna 和 Bell（1997）将溺水蝠属（*Icaronycteris*）置于初蝠科（Archaeonycteridae）。由于头骨无眶上突、P3 具三齿根、第四颈椎无后向腹侧突、第三指第三节指骨完全骨化、坐骨结节小等特征不同于初蝠科，Simmons 和 Geisler（1998）又将其恢复成单独的科。

溺水蝠科蝙蝠既有大蝙蝠亚目的特点（如食指具钩爪），又有小蝙蝠亚目的特点（如食虫型牙齿，长尾）；既有能飞翔的特征（如具翼膜和加长的前臂骨），也有不能明显飞翔的证据（如中胸缺失龙骨和后足缺失距）。然而，牙齿、肱骨和肩胛骨关节的进步性、长尾以及其他解剖学特征，趋近于小蝙蝠亚目。

溺水蝠属 Genus *Icaronycteris* Jepsen, 1966

模式种 食指爪溺水蝠 *Icaronycteris index* Jepsen, 1966

鉴别特征 同科。

中国已知种 *Icaronycteris*? sp. 一种，及另外两属种未定者 Icaronycteridae? gen. et sp. indet. 1, Icaronycteridae? gen. et sp. indet. 2。

分布与时代（中国） 山西、河南，中始新世中—晚期。

评注 Simmons 和 Geisler（1998）指出法国的 *I.*? *menus* 材料破碎，缺乏与北美种分享的任何特征，同时其 m1 和 m2 跟座齿尖排列方式既有磨楔型（tribosphenic）也有山蝠型（nyctolodonty），因此需进一步划分。中国的材料太少，是否属于此属也存疑问。

溺水蝠?（未定种） *Icaronycteris*? sp.

（图 123）

童永生（1997，38 页，插图 18；图版 II，图 7, 8）以 ?*Icaronycteris* sp. 记述了山西垣曲寨里土桥沟晚中始新世（河堤组寨里段）的一右 P3（IVPP V 10206.1）（长 / 宽 1.35 mm/1.15 mm）及一右下犬齿（IVPP V 10206.2）（长 / 宽 1.40 mm/1.10 mm）。根据 P3 具三齿根这一原始形状，将其置于 *Icaronycteris* 属。与 P3 具三齿根的美国早始新世的 *I. index*（Jepsen, 1966）和法国早始新世的 *I.*? *menui*（Russell et al., 1973）相比，土桥沟的 P3 具有显著的后附尖，因而显得更进步（图 123）。同时，土桥沟的下犬齿形态虽与

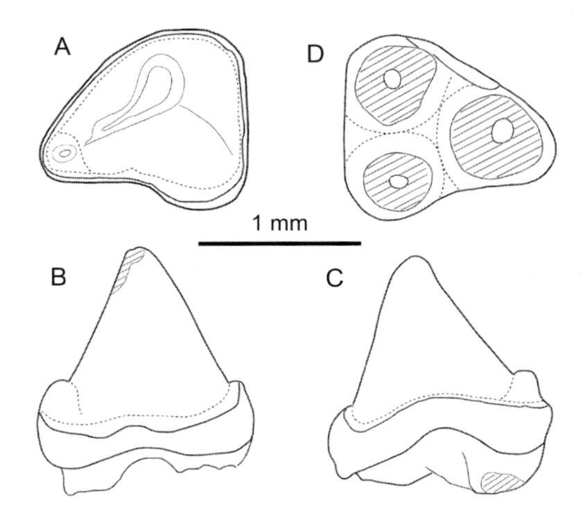

图 123 溺水蝠？（未定种） *Icaronycteris*? sp.

右 P3 （IVPP V 10206.1）：A. 咬面视，B. 舌侧视，C. 颊侧视，D. 根端视

I.? *menui* 相似，但具有更粗壮的后跟尖，也显出更进步的性状。

在无更多材料的情况下，暂时将其置于 *Icaronycteris* 属是可取的。或许将来会证明土桥沟的材料是溺水蝠科（或溺水蝠属）中一进步的属（或种）。

溺水蝠科?（未定属种 1） Icaronycteridae? gen. et sp. indet. 1

（图 124）

童永生（1997，38页，插图9；图版II，图9, 10）以“?Archaeonycterididae indet.”记述的河南淅川核桃园村北石皮沟中始新世中期（核桃园组）的材料可区分出大、小两个种类：大型者似应包括一左I1/2（IVPP V 10207.2）、一左P3（IVPP V 10207.3）、一右P4（IVPP V 10207.5）、一右c（IVPP V 10207.8）、一右p2（IVPP V 10207.9）和三右p3（IVPP V 10207.10–12）、一右M1/2（IVPP V 10207.6）以及一未编号的左m1/2；小型者应包括一右I1/2（IVPP V 10207.1）、一左P3（IVPP V 10207.4）、一右M1/2（IVPP V 10207.7）以及一未编号的M1/2的舌侧部分。

大型者的 I1/2 齿冠基部轮廓呈菱形，舌侧凹宽，颊、舌侧均无齿带发育；齿冠较低，主齿尖显著后伸，且和前附尖相连成向颊侧弯曲的脊（图 124A–C）。P3 基部轮廓呈后端收缩的等腰三角形；四周齿带发育，前内和后内角、舌侧前后棱基部各有一齿带尖发育，但无后附尖发育；三齿根（前二后一）（图 124D–F）。M1/2 后缘显著向前凹陷；次尖架发育，显著偏向原尖内侧；后内齿带发育；后后脊特别延长；无前脊和后脊痕迹；后原脊伸至后尖基部与后齿带相连（图 124I）。c 齿冠基部呈不规则四边形（内长外窄、前窄后宽）；主齿尖尖锐，齿带发育，后内角有一突出的齿带尖；侧视，齿带前高后低（图 124J–L）。p2 齿冠基部轮廓略呈长方形，内平外凸；四周齿带发育；前后棱基部各有一明显的齿带尖；单齿根（图 124P–R）。p3 基部轮廓长椭圆形，与 p2 一样，齿带发育，前内和后内角各有齿带尖发育，单齿根（图 124M–O）。m1/2 跟座长度大致与齿座相当，但宽度略小；齿座盆狭窄；跟座为 myotodonty 型。

在翼手目中，P3 具三齿根的只有始新世的溺水蝠科（Icaronycteridae）和现生的山蝠科（Natalidae），其他仅有双齿根或单齿根（Simmons et Geisler, 1998）。根据 P3 具三齿根，核桃园的材料似亦应置于溺水蝠科内。其 I1/2 齿尖分离不明显、P3 和 P4 后附尖不发育以及 M1/2 无前后脊痕迹等反映出相对原始的性状，而 p3 单齿根又反映出其进步性。然而，m1/2 跟座为 myotodonty 型不符合当前对溺水蝠科所下的定义，也不能排除是该科内新属种的可能。与上述 *Icaronycteris*? sp. 相比，个体较小，p3 的齿带更发育以及无后附尖发育显示出相对原始的性状。

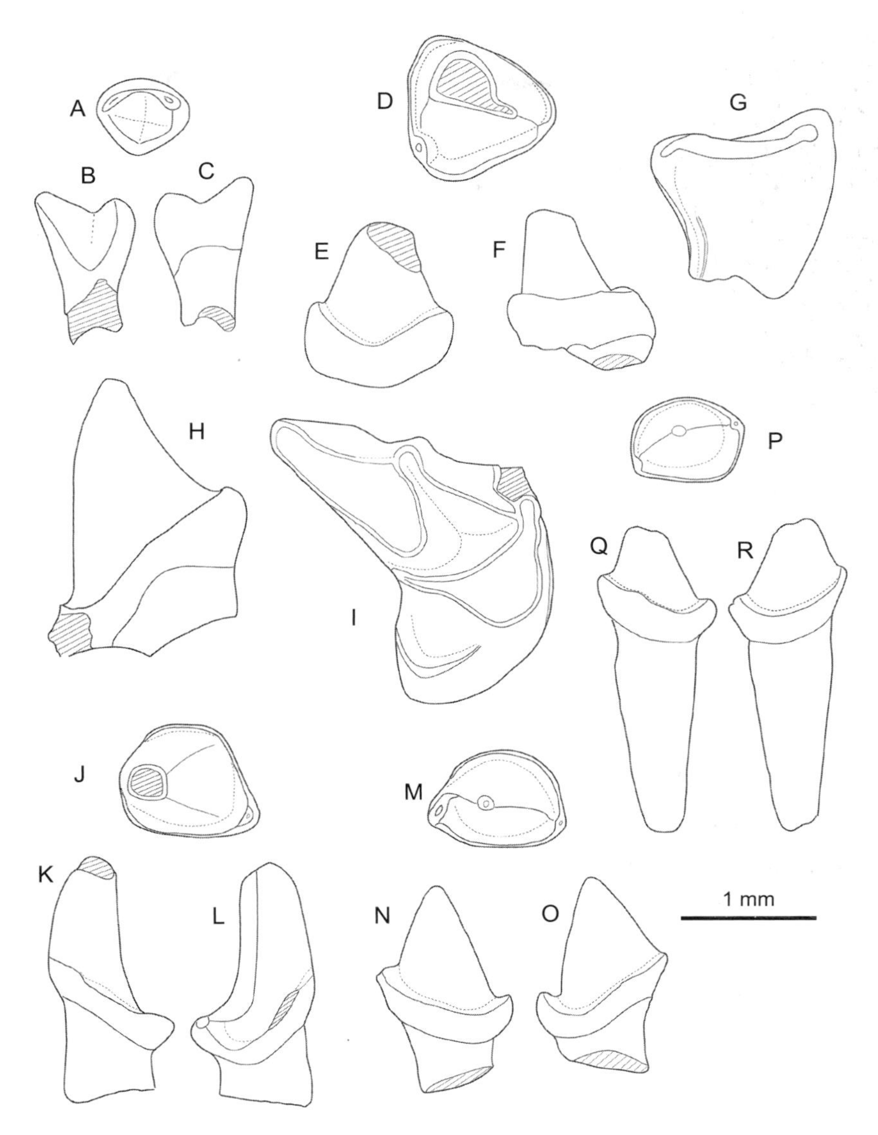

图 124 溺水蝠科？（未定属种 1） Icaronycteridae? gen. et sp. indet.1
A–C. 左 I 1/2 （IVPP V 10207.2），D–F. 左 P3 （IVPP V 10207.3），G, H. 右 P4 （IVPP V 10207.5），I. 右 M1/2（IVPP V 10207.6），J–L. 右 c（IVPP V 10207.8），M–O. 右 p3（IVPP V 10207.11），P–R. 右 p2（IVPP V 10207.9）：A, D, G, I, J, M, P. 咬面视，B, E, K, N, Q. 舌侧视，C, F, H, L, O, R. 颊侧视

溺水蝠科？（未定属种 2） **Icaronycteridae? gen. et sp. indet. 2**

（图 125）

河南淅川核桃园的小型者 I1/2 齿冠基部呈长椭圆形；齿冠较高；舌侧凹陷狭窄；齿带不发育；主尖不向后伸展，较孤立，与前附尖呈直线排列（图 125A–C）。P3 齿冠基部呈圆三角形，横向加宽；主齿尖低矮；齿带发育，颊侧后棱和舌侧棱基部各有一齿带尖（图

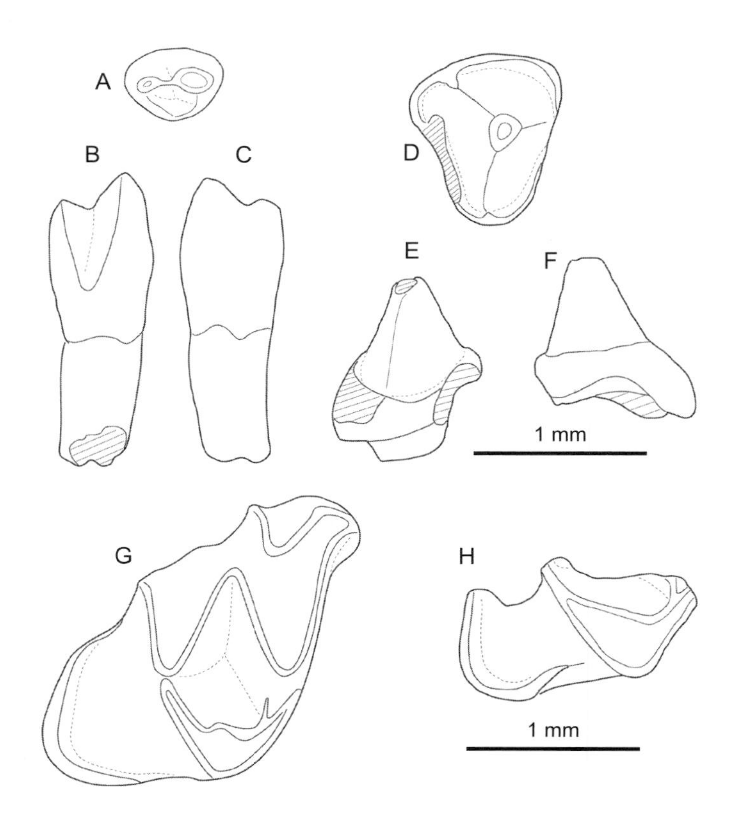

图 125　溺水蝠科？（未定属种 2）　Icaronycteridae? gen. et sp. indet. 2

A–C. 右 I 1/2 （IVPP V 10207.1），D–F. 右 P3 （IVPP V 10207.4），G. 右 M1/2（IVPP V 10207.7），H. 右 M1/2 舌侧部分（未编号）：A, D, G, H. 咬面视，B, E. 舌侧视，C, F. 颊侧视

125D–F）。M1/2 具很发育的次尖架，其舌侧缘几乎与原尖持平；后原脊不伸至牙齿后缘，但和后尖相对；前原脊伸至牙齿前缘；具有弱而清楚的前脊；后后脊不强烈向后外伸展 (图 125G 和 H)。

很显然，未定属种 2 与未定属种 1 牙齿存在着明显的大小和形态差异，应区分为不同的属种 (可能均是新属种)。根据 P3 具三齿根的特点，小型属种亦只能暂时置于溺水蝠科中。

古蝠科 Family Palaeochiropterygidae Revilliod, 1917

模式属　古蝠 *Palaeochiropteryx* Revilliod, 1917

定义与分类　源自希腊词 palaios（古老的）和 cheir（手，为蝙蝠类常用词尾）。古蝠科蝙蝠属于化石蝙蝠，主要包括欧洲早—中始新世的古蝠属（*Palaeochiropteryx* Revilliod, 1917）、马氏蝠属（*Matthesia* Sigé et Russell, 1980）和蚓蝠属（*Cecilionycteris* Heller, 1935）（McKenna et Bell, 1997）以及中国山西垣曲中始新世最晚期—晚始新世的

石蝠属（*Lapichiropteryx* Tong, 1997）（童永生，1997）。

鉴别特征 该科成员头骨存在眶上突。前颌骨通过骨缝与上颌骨关联，鼻支很发育。硬腭向后伸至眶间区内。齿式：2•1•3•3/3•1•3•3 = 38；P3 具双齿根；m1 和 m2 跟座为 myotodonty 型和 nyctalodonty 型。下颌角突加长，突出于齿列咀嚼面或以下水平。剑胸骨无纵棱（龙骨突）。肩胛骨顶端无前突，远端不后外突出，背部对肱骨滑车关节面存在。肱骨大结节正好伸至肱骨头近端水平；内侧视肱骨头圆；远端关节面向外离开骨干线。第二指第二、三节指骨骨化，第三节指骨不骨化或缺失；第三指第三节指骨不骨化或缺失。股骨干直。脚踝部的距存在。第二—第五趾各具三节趾骨。

中国已知属 仅 *Lapichiropteryx* 一属。

分布与时代 山西，中始新世晚期—晚始新世。

评注 童永生（1997）将 *Lapichiropteryx* 属（意为化石蝙蝠）与欧洲 *Palaeochiropteryx* 属进行了比较，认为应归入古蝠科（Palaeochiropterygidae Revilliod, 1917）。

石蝠属 Genus *Lapichiropteryx* Tong, 1997

模式种 谢氏石蝠 *Lapichiropteryx xiei* Tong, 1997，产自山西垣曲古城镇。

鉴别特征 齿式：2•1•3•3/3?•1•3•3。I1 较 I2 稍小，均为单齿尖，后端有齿带尖发育。C 前宽后窄，齿带几乎连续围绕四周，后端有弱的齿带尖发育。P3 近似前窄后宽的三角形，齿冠面积约为 P4 的 2/3，高度不及 C 的一半，双齿根。P4 前宽后窄，三齿根。上臼齿前附尖、中附尖、前脊、后脊及颊侧齿带发育，原尖前、后脊分别与前、后齿带连接，但无次尖和次尖架发育；M3 三角形，有后尖但无后附尖和后后脊发育，原尖前脊只伸至后尖基部，无原尖后脊发育。下颌颏孔大而圆，位于 c 和 p2 之间。下门齿（i）冠面呈长椭圆形，舌侧齿带发育，而颊侧齿带缺失；颊侧有三个大小从内向外递减的、被 V 形谷分开的、偏向舌侧的圆钝齿尖；后端和后内端有小的齿带尖发育。c 冠面呈圆三角形；齿尖锐利，其后缘几与下颌水平支垂直；四周齿带发育，其前端有明显的齿带尖；侧视齿带前端显著升高。下前臼齿从 p2 到 p4 逐渐增大；前臼齿间及 p2 和 c 间有显著的齿隙存在；四周齿带发育；p2 单齿根，p3 和 p4 双齿根。p2 长椭圆形，舌侧前、后端有弱的齿带尖发育；齿尖高度略低于 p3。p3 近似长方形，舌侧长度大于颊侧；舌侧前、后端有较大的齿带尖发育；齿尖高度与 p4 相当。p4 形态如 p3，有明显的下前尖和弱的下后尖发育。下臼齿跟座为 nyctalodonty 型；舌侧齿带不发育而颊侧齿带发育；主要齿尖较孤立；m1 和 m2 齿座、跟座长度大致相当；m3 跟座较长并略向颊侧倾斜。

中国已知种 *Lapichiropteryx xiei*, *L.* sp.，共两种。

分布与时代 山西，中始新世晚期—晚始新世。

评注 属名源自拉丁词 lapis（石）。根据齿式、P3 具双齿根以及下臼齿跟座为

nyctalodonty 型等特点，石蝠属归入古蝠科似无多大问题。与归入该科的、产自德国 Messel 地点、时代为中始新世的古蝠属（*Palaeochiropteryx*）相比，两者均具三个上、下前臼齿；P2 和 p2 为单齿根；P3、p3 和 p4 为双齿根；P4 为三根；p4 下后尖退化；下臼齿跟座为 nyctalodonty 型；下内尖与下次尖高几乎相等，下次小尖弱小；上臼齿中附尖发育，次尖架不明显等特征。不同的是，该属下前臼齿间齿隙较窄；p3 和 p4 较短宽，后跟更窄；p4 下后尖更退化；上臼齿中附尖更发育，有时分为两个小尖，前外谷、后外谷均较浅。

与归入该科的、产自德国中部 Geiselta 地点“Grube Cecilie”（Cecilie 法文：蚓螈）、时代为中始新世的 *Cecilonycteris* 属相比，p2 更大，p3 未形成初始的三角座，p4 下后尖较弱，M1/2 无前小尖和后小尖。与同一地点的 *Matthesia* 相比，p2 比 p3 高，p4 无下后尖，P3 主齿尖低矮，M1/2 只在中附尖和前附尖之间有外谷，缺失后小尖。

石蝠属是中国迄今发现最早的蝙蝠，也是古蝠科在中国的唯一代表。

谢氏石蝠 *Lapichiropteryx xiei* Tong, 1997

（图 126）

Lapichiropteryx xiei：童永生，1997，32页，插图14–16；图版III，图1, 2

正模 IVPP V 10204.1–2，同一个体的左、右下颌支，分别带 c–m2 和 c–m3，产自山西垣曲古城镇寨里村土桥沟。

副模 一破碎右上颌具P4–M3（IVPP V 10204.3），左上颌碎块具P3–4（IVPP V 10204.4），零散的M2（IVPP V 10204.5）和M3（IVPP V 10204.6），一右C1（IVPP V 10204.7）和两块上门齿（IVPP V 10204.8–9）；与正模在同一地点和层位同时采集。

鉴别特征 主要特征与属同，颊齿略显纤细，个体稍小（图 126）。

产地与层位 同模式产地，中始新统最上部河堤组寨里段。

评注 建名人将上述所有标本全指定为正模。按照《国际动物命名法规》第 73 条的规定，正模应为“一个单一的标本（应理解为单一个体的标本——编者注）。”我们将建名人所列第一件，也是牙齿保存最全的标本（IVPP V 10204.1, 2）作为正模，其他标本作为副模，而没有按选模和副选模处理。

石蝠（未定种） *Lapichiropteryx* sp.

（图 127）

童永生（1997，37 页，插图 17；图版 III，图 3, 4）以 *Lapichiropteryx* sp. 记述的中始新世最晚期垣曲寨里土桥沟（河堤组寨里段）的下门齿（IVPP V 10205.1），左、右下犬齿

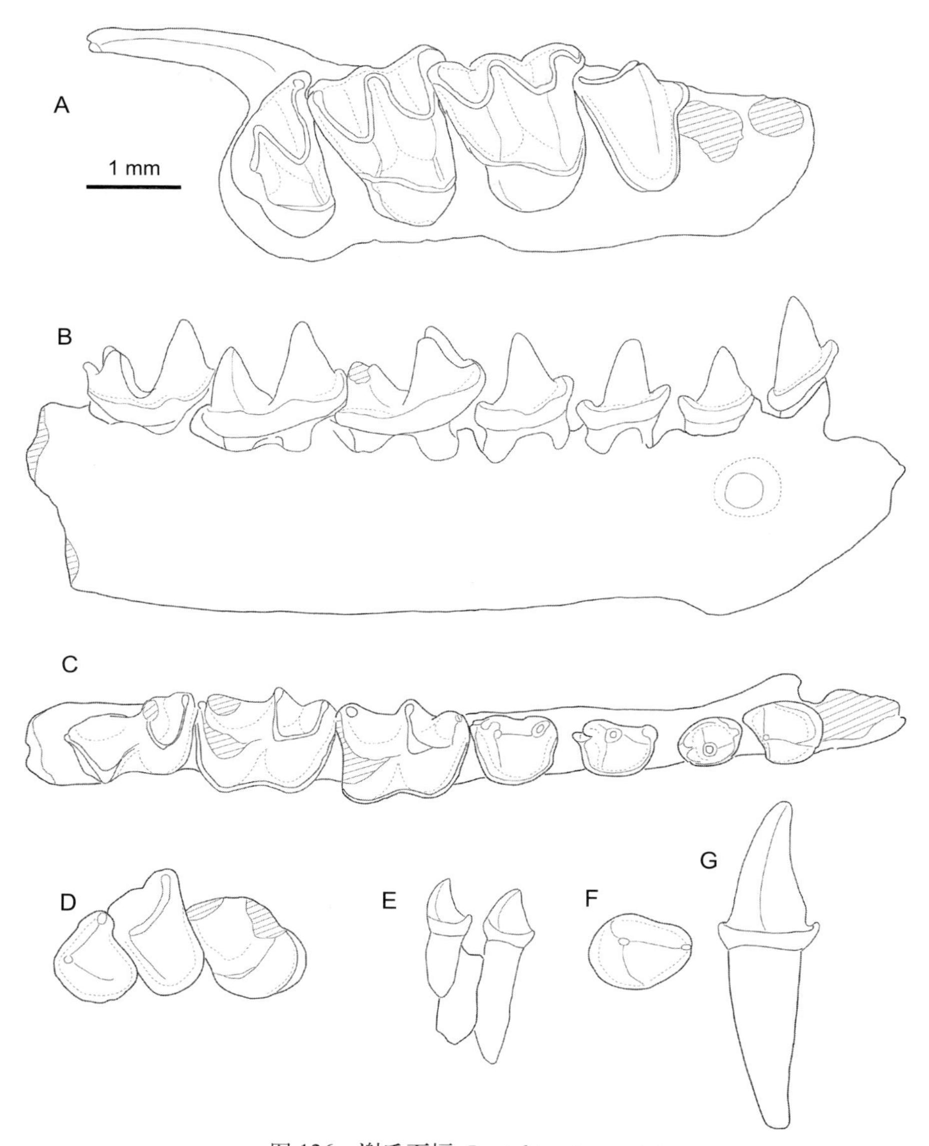

图 126　谢氏石蝠 *Lapichiropteryx xiei*

A. 右上颌带P4–M3 和P2、P3 槽孔（IVPP V 10204.3，副模），B, C. 右下颌带 c–m3（IVPP V 10204.2，正模），D. 左 P3–4 （IVPP V 10204.4，副模），E. 左上门齿 （IVPP V 10204.8，副模），F, G. 右上犬齿 （IVPP V 10204.7，副模）：A, C, D, F. 咬面视，B. 颊侧视，E, G. 舌侧视

(IVPP V 10205.2–3)，左 m3 (IVPP V 10205.4) 和左 M2 (IVPP V 10205.5) 显示形态和大小与谢氏石蝠相似，但区别为：① M2 显得短宽壮实，舌侧齿带连续，原尖后内壁相对偏斜；② 下犬齿齿尖较粗壮，前缘无齿带；③ 下门齿前缘有三个圆钝的齿尖，中央齿尖有纵脊伸延到后齿带，舌侧后齿带连续；④ m3 跟座少退化，齿尖齿脊排列也为 nyctalodonty 型 (图 127)。

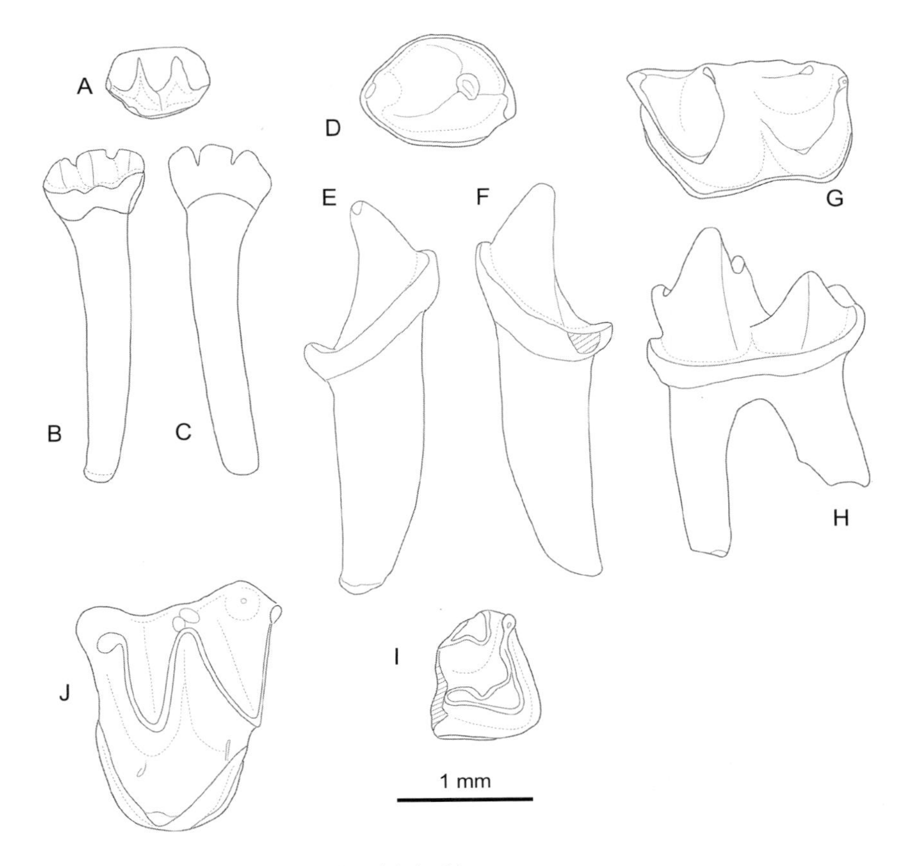

图 127　石蝠（未定种）*Lapichiropteryx* sp.

A–C. 左下门齿（IVPP V 10205.1），D–F. 右下犬齿（IVPP V 10205.3），G, H. 左 m3（IVPP V 10205.4），I. 左 m1/2 跟座（无编号），J. 左 M2（IVPP V 10205.5）：A, D, G, I, J. 咬面视，B, F. 舌侧视，C, E, H. 颊侧视

菊头蝠科 Family Rhinolophidae Gray, 1825

模式属　菊头蝠属 *Rhinolophus* Lacépède, 1799

定义与分类　菊头蝠科蝙蝠鼻孔四周的皮肤有特殊而复杂的鼻叶（从下至上为马蹄叶、连接叶、鞍状叶和顶叶）构造。包括现生的菊头蝠属（*Rhinolophus* Lacépède, 1799）、欧洲早渐新世的瓦拉兹蝠属（*Vaylatsia* Sigé, 1990）和早中新世的古夜蝠属（*Palaeonycteris* Pomel, 1854）。

鉴别特征　该科蝙蝠头骨窄长，吻部粗短，外鼻孔大，眶间区狭窄，矢状脊发育，无眶上突。额骨前方有显著圆隆，使头骨背侧断面呈马鞍形。前颌骨仅由狭窄的、彼此分开的腭支代表，部分软骨化且不与周围骨骼愈合。腭桥很短，腭前凹很深；腭后凹止于或前于颧弓前根水平。齿式：1•1•2•3/2•1•2–3•3 = 30–32。m1 和 m2 跟座 nyctalodonty 型。下颌角突适度加长；冠状突低矮，关节突后位，略低于冠状突；颏孔位于 p2 或 c 与 p2

间之下。剑胸骨具纵棱（龙骨）。肩胛骨顶端无前突，远端不后外向突出；背部对肱骨滑车关节面存在。肱骨大结节大大超过肱骨头近端水平，内侧视肱骨头椭圆或长圆形；远端关节面向外离开骨干线。第二指第一—第三指节骨及第三指第三指节骨不骨化或缺失。股骨背侧向远端骨干弯曲。脚踝的距存在。第二—第五趾各具三趾。

中国已知属 仅 *Rhinolophus* 一属。

分布与时代（中国） 海南、广西、云南、重庆、湖北、安徽、浙江、江苏、北京、辽宁，早更新世—全新世。

评注 菊头蝠属（*Rhinolophus*）的现生种类分布于旧大陆热带和温带及澳大利亚（Miller, 1912; Corbet et Hill, 1991），中国分布于中东部（王应祥，2003）。世界上最早的化石发现于欧洲中始新世（McKenna et Bell, 1997）；中国最早的化石发现于早更新世。

菊头蝠亚科 Subfamily Rhinolophinae Gray, 1825

该亚科包含菊头蝠属（*Rhinolophus* Lacépède, 1799）和古夜蝠属（*Palaeonycteris* Pomel, 1854）两属（McKenna et Bell, 1997）。中国只有前者及其化石发现。

菊头蝠属 Genus *Rhinolophus* Lacépède, 1799

模式种 马铁蝠 *Vespertilio ferrum-equinum* Schreber, 1774，产自法国勃艮第（Burgundy）。

鉴别特征 腭前凹伸至 P4 后缘及其后；腭后凹伸至 M2 中部至 M3 前缘；腭桥长约为上齿列长的 1/4–1/2。齿式：1•1•2•3/2•1•3•3 = 32。I1 很小，圆形齿冠，舌侧齿尖清楚。C 粗重，从主齿尖向前内、后内和颊侧分出三棱，无附尖，齿带不明显。P2 很小，常偏向齿列颊侧，使横宽的 P4 不与 C 接触。M1/2 无次尖，但 M1 较 M2 有较发育的次尖架和较凹的后缘。M3 少退化，颊侧有 4–5 齿尖和 3–4 个脊或联结（commissure），或后附尖和后尖后脊缺失或存在，齿冠面积显著大于 M1 或 M2 的一半。下门齿为三齿尖，i1 较 i2 大。c 相当弱，三角形，从主齿尖向前内、后内、后外分出三棱，无附尖。p3 很小，或位于齿列之中，或偏向颊侧，或完全被挤出齿列之外，使得 p2 和 p4 间齿隙存在或缺失。p4 大于 p2，两齿冠面均呈圆三角形，齿带不连续。m1/2 跟座 nyctalodonty 型。m3 相对少退化，下内脊和斜脊不偏向颊侧。

中国已知种 *Rhinolophus affinis*, *R. cornutus*, *R. fanchangensis*, *R. ferrumequinum*, *R. macrotis*, *R. pani*, *R. pearsoni*, *R. rex*, *R. rouxii*, *R. thomasi*, *R. youngi*，共 11 种。

分布与时代（中国） 海南、广西、云南、重庆、湖北、安徽、江苏、浙江、北京、辽宁，早更新世—全新世。

评注 现生种分布于旧大陆南部较温暖地带，从南欧至中国，以及菲律宾、日本、新几内亚和澳大利亚。世界上最早的化石发现于欧洲中始新世。该属包含 64 个现生种（Corbet et Hill, 1991），中国有 18 种（王应祥，2003）。

间型菊头蝠 *Rhinolophus affinis* Horsfield, 1823

（图 128；表 1，表 12）

Rhinolophus sp.：郝思德、黄万波，1998，58页，插图5.10 C, C'

?*Scotomanes* sp.：陈耿娇等，2002，43页，插图15a, b

Rhinolophus cf. *R. affinis*：金昌柱、汪发志，2009，132页，插图4.18

模式标本 不详。产自印度尼西亚爪哇岛。

鉴别特征 较大型。腭桥短，其最小长度小于上齿列长的 1/3。P2 小，位于齿列之中。下颌颏孔大，位于 p2 之下。p3 通常位于齿列之外或缺失。

产地与层位（中国） 安徽繁昌孙村镇人字洞，下更新统；广西田东布兵镇雾云洞、海南三亚荔枝沟镇落笔洞，上更新统。

评注 该种现生于中南半岛、马来半岛、苏门答腊岛、爪哇岛、小巽他群岛和印度北部，以及中国的云南、贵州、四川、陕西、湖北、江苏、浙江、安徽、福建、江西、湖南、广东、广西、海南、香港等地。包括 4 个亚种，即爪哇岛的指名亚种 *R. a. affinis* Horsfield, 1823，我国西南及邻近地区的喜马拉雅亚种 *R. a. himalayanus* Andersen, 1905，华南及邻近地区的华南亚种 *R. a. macrurus* Andersen, 1905 和海南岛的海南亚种 *R. a. hainanus* J. Allen, 1906（谭邦杰，1992）。

郝思德和黄万波（1998）以“*Rhinolophus* sp.”记述的海南三亚落笔洞的四段右下颌支（SYNHM HV 00111–114）颏孔位于p2之下，p3槽孔小且位于齿列之外，下齿列（含i1–p3槽孔）长约10.0 mm （图128E, F，表1）。这些材料似可视为海南亚种 *R. a. hainanus* J. Allen, 1906。该亚种下颊齿列（c–m3）长度为9.1–9.9 mm，平均9.5 mm（Allen, 1938）。

金昌柱和汪发志（2009）以“*R.* cf. *affinis*”记述的安徽繁昌人字洞标本仅为不完整的上、下颌（IVPP V 13965.1–4），“从 p2–4 槽孔判断，p2 相当大；p3 较大，位于下齿列偏向颊侧，但仍然足以隔开 p2 与 p4 使其在齿列中不直接接触”（图 128A–D）。从 m1–3（长 4.30–4.43 mm）占齿列比率（平均约为 0.56）推算，其下齿列长度约为 7.7–8.0 mm；从 m1（长 1.52–1.63 mm）占齿列比率（0.193）推算，其下齿列长度约为 7.8–8.4 mm；从 M2（长 1.81–1.90 mm）占齿列长度比率（0.188）推算，其上齿列长度约为 9.6–10.1 mm（表 1）。

陈耿娇等（2002）以“?*Scotomanes* sp.”图示的一段右下颌带 i1–p4 槽孔和 m1（WY 6）显示出下齿式为 2•1•3•3，与 *Scotomanes* 属的特征不符，而其 p3 小于 p2 且偏向颊侧的特点应与 *Rhinolophus* 属的特征相符。根据图示 m1（长 1.53 mm）占齿列比率（0.193）

计算，其 i1–m3 长约 7.93 mm。根据 p3 偏向颊侧，并将 p2 和 p4 隔开的特点，似应归入当前种。

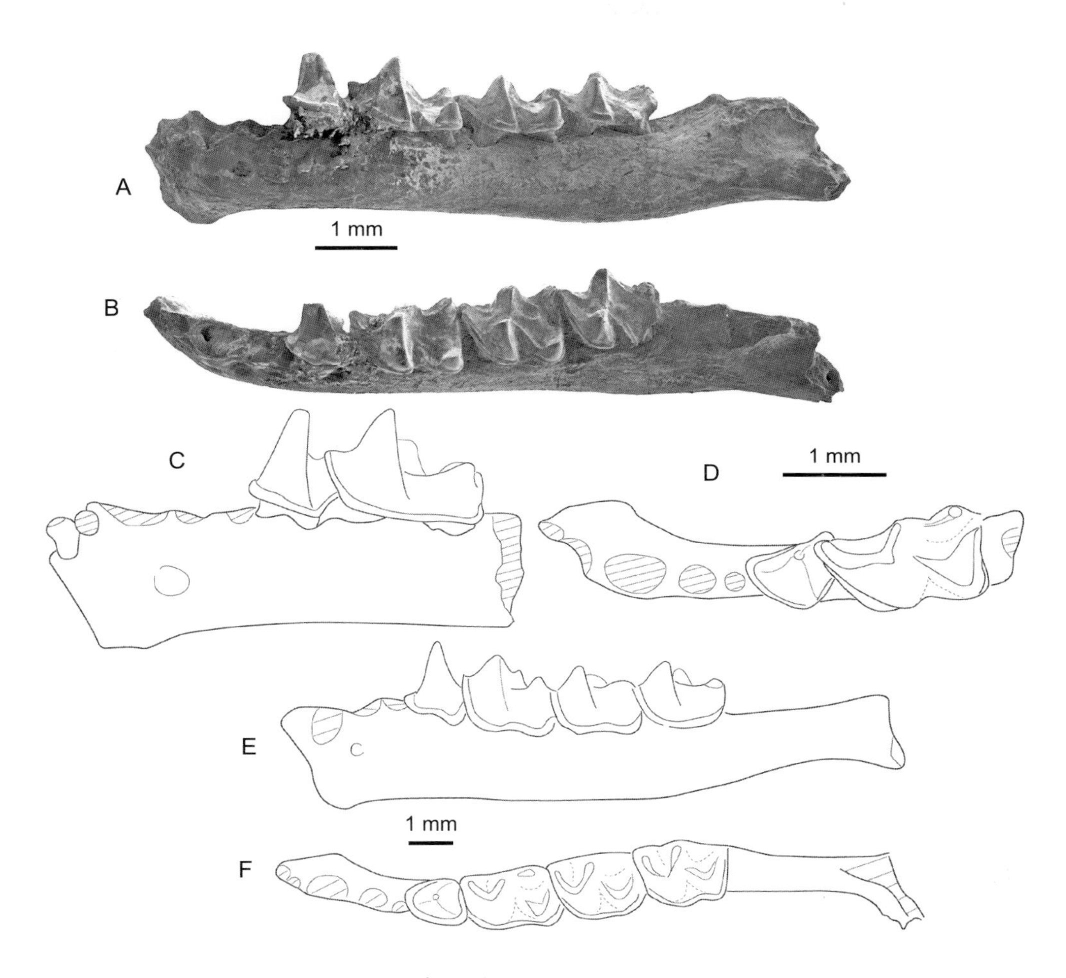

图 128 间型菊头蝠 *Rhinolophus affinis*

A, B. 左下颌支残段带 p4–m3 及 i1–p3 槽孔（繁昌人字洞，未编号）；C, D. 左下颌支残段带 p4–m1 及 i1–p3 槽孔（同上，未编号）；E, F. 左下颌支残段带 p4–m3 及 i1–p3 槽孔（三亚落笔洞，HICRA HV 00114）：A, C, E. 颊侧视，B, D, F. 咬面视

表 1 *Rhinolophus affinis* p3 位置和齿列长度比较 (mm)

地　点	p3 位置	I1–M3	i1–m3	资　料
现生标本	齿列外	5.8–9.0	6–12.6	潘清华等，2007
三亚落笔洞	齿列外		10（含槽孔）★1	郝思德、黄万波，1998
繁昌人字洞	齿列外	9.6–10.1★2	7.7–8.0★3	金昌柱、汪发志，2009

★1 根据 C–M3 与 I1–M3 比率（0.92）计算；
★2 根据 M2 占齿列长度比率（0.188）计算；
★3 根据 m1–3 占齿列长度比率（0.56）计算

角菊头蝠 *Rhinolophus cornutus* Temminck, 1835

（表 2）

Rhinolophus cornutus：武仙竹，2006，97页

模式标本 不详。产自日本。

鉴别特征 小型。头骨较小而狭窄。P2 在齿列中，p3 位置变化。

产地与层位（中国） 湖北郧西香口乡黄龙洞，上更新统。

评注 该种现生于日本、泰国、中南半岛、印度，以及中国的福建、海南、广东、广西、云南、贵州、四川、湖北等地。武仙竹（2006）以该种名记述了晚更新世早期黄龙洞的三件下颌支。主要性状有：下齿式 2•1•3•3；小型（i2–m3 长 6.0–6.11 mm）（表 2）；p3 小，位于齿列中。

表 2 *Rhinolophus cornutus* p3 位置和下齿列长度比较 (mm)

地 点	p3 位置	C–M3	c–m3	资 料
现生标本	位置变化	5.7	6–6.1	Allen, 1938
郧西黄龙洞	齿列中		6–6.11	武仙竹，2006

繁昌菊头蝠 *Rhinolophus fanchangensis* Jin et Wang, 2009

（图 129；表 3，表 4）

Rhinolophus sp. 2：郑绍华，2004，112页，插图5.13 f–i

Rhinolophus cf. *R. rouxii*：金昌柱等，2008，1132页，表1

Rhinolophus cf. *R. macrotis*：金昌柱等，2008，1132页，表1

Rhinolophus fanchangensis：金昌柱、汪发志，2009，128页，插图4.16

正模 IVPP V 13963.1，一残破的右下颌支具 c–p3 槽孔及 p4–m3。产自安徽繁昌孙村镇人字洞上部堆积第十五 — 十六水平层。

副模 IVPP V 13963.2–8，六件残破的下颌支和一件残破上颌，安徽繁昌人字洞上部堆积第十五 — 十六水平层。

鉴别特征 小型。p3 槽孔较大，位于齿列中轴线上，p2 和 p4 不大可能相接触。

产地与层位 湖北建始高坪乡龙骨洞、广西崇左板利乡三合大洞、安徽繁昌孙村镇人字洞，下更新统。

评注 繁昌菊头蝠在繁昌人字洞的材料，除正模外，尚有另外 7 件残破上、下颌支。我

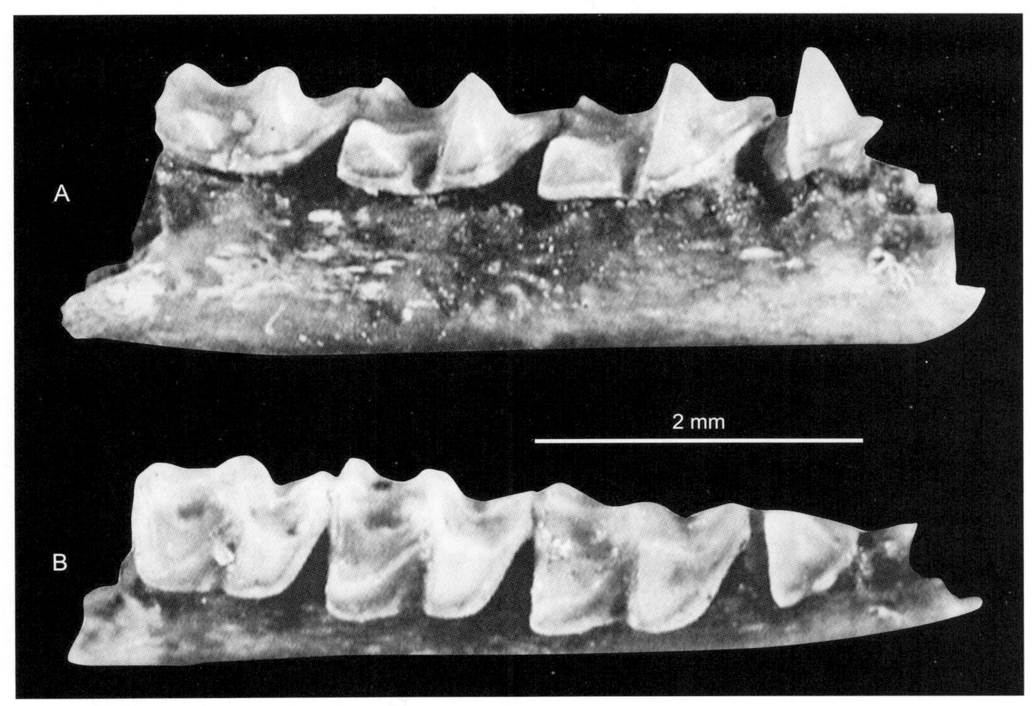

图 129 繁昌菊头蝠 *Rhinolophus fanchangensis*
右下颌支（IVPP V 13963.1，正模）：A. 颊侧视，B. 咬面视（引自金昌柱、汪发志，2009）

们将它们归为副模。其中一件带 p2 和 p4–m3 及 i1–c 和 p3 槽孔的标本（IVPP V 13963.3）i1–m3 长 6.8 mm，但 m1–3 长度在所有标本中的变异范围为 3.70–4.14 mm，如果根据菊头蝠 m1–3 与 i1–m3 的比率（平均 0.56）计算，其 i1–m3 的长度应在 6.5–7.4 mm 范围。这样的尺寸显然属于小型菊头蝠。与现生的几种小型菊头蝠比较，在个体大小上，繁昌标本明显小于短翼菊头蝠（*R. lepidus*）、杏红菊头蝠（*R. rouxii*）、间型菊头蝠（*R. affinis*）、大耳菊头蝠（*R. macrotis*）和托氏菊头蝠（*R. thomasi*），最接近角菊头蝠（*R. cornutus*）和小菊头蝠（*R. pusillus*）。从 p3 位置看，繁昌菊头蝠最接近的是小菊头蝠（表 3）。

湖北建始龙骨洞的"*Rhinolophus* sp. 2"材料（郑绍华，2004）是一些下颌残段及单个牙齿（IVPP V 13195.1–64），根据 m1 占齿列比率（0.19）推算，其下齿列（i1–m3）长约 6.6–8.2 mm；根据 M1 在齿列中的比率（0.188）计算，其上齿列（I1–M3）长度约 7.2–8.0 mm。从槽孔判断，其 p3 在齿列中，因此 p2 和 p4 基部不可能相接触。这样的大小和性状应与繁昌菊头蝠一致（表 3）。

广西崇左大洞的"*R.* cf. *R. rouxii*"和"*R.* cf. *R. macrotis*"材料多为不带牙齿的下颌支（金昌柱等，2008），两者的 p3 槽孔均位于齿列之中；前者 i1–m3 槽孔长 6.5 mm，根据 M1 占齿列比率计算，其 I1–M3 长约 5.37 mm。根据 m1 占齿列比率计算后者 i1–m3 长约 5.18 mm；也比现生的 *R. macrotis* 小（表 4）。根据大小和 p3 位置，两者均可归入繁昌菊头蝠。

表 3 *Rhinolophus fanchangensis* 与现生几种小型菊头蝠特征比较 (mm)

种 类	P2位于齿列	p3位置	I1–M3	i1–m3	资 料
R. fanchangensis		齿列中	5.9–6.7★2	6.5–7.4★1	金昌柱、汪发志，2009
R. lepidus	中，C和P4不接触	齿列中或偏颊侧	6.5–7.5	7.2–8.3★2	Allen, 1938
R. cornutus	中，同上	变化	6.2★3	6.7–6.8★4	Allen, 1938
R. pusillus	中，同上	齿列中或偏颊侧	5.9–6.5★3	6.1–6.8★4	Allen, 1938
R. rouxii	中，同上	齿列外或偏颊侧	6.8–7.5	7.6–8.1	王酉之，1984
R. affinis	中，同上	齿列外	8.7–10.03	9.4–11.4★4	Allen, 1938
R. macrotis	中，同上	变化	6.0–7.6★3	7.1–8.0★4	Allen, 1938
R. thomasi	外，C和P4接触	齿列外，p2和p4接触	6.3–7.8	6.9–8.6★2	潘清华等，2007

注：为便于比较，将资料中的上下颊齿列的长度一律折算成上下齿列长度。其 m1–3 与 i1–m3 比率为 0.56★1；其 i1–m3 与 I1–M3 比率为 1.1★2；其 C–M3 与 I1–M3 比率为 0.92★3；其 c–m3 与 i1–m3 比率为 0.90★4

表 4 *Rhinolophus fanchangensis* p3 位置和齿列长度比较 (mm)

地 点	p3 位置	I1–M3	i1–m3	资 料
崇左大洞	齿列中	5.37★1	5.18★2–6.5（i1–m3 槽孔）	金昌柱等，2008
建始龙骨洞	齿列中	7.2–8.0★1	6.6–8.2★2	郑绍华，2004
繁昌人字洞	齿列中		6.5–7.4★3	金昌柱、汪发志，2009

★1 根据 M1 占上齿列长度比率 （0.188）计算；
★2 根据 m1 占下齿列长度比率 （0.19）计算；
★3 根据 m1–3 占齿列长度比率 （0.56）计算

马铁菊头蝠 *Rhinolophus ferrumequinum* (Schreber, 1774)

（图 130；表 5，表 12）

Rhinolophus pleistocaenicus：Young, 1934, p.31, Pl. II, figs. 4–8; Textfig. 8

Rhinolophus cf. *ferrum-equinum*：Pei, 1936, p. 25, Pl. III, fig. 9; Textfigs. 12, 13；郑绍华，1983，231页

Rhinolophus sp.：Pei, 1940, p. 11, Textfig. 9

Rhinolophus ferrumequinum：顾玉珉，1978，164页；马安成、汤虎良，1992，299页；金昌柱，2002，91页，插图3–1；武仙竹，2006，90页，插图四九，图版八，图1，下右；同号文等，2006，73页，表2；同号文等，2008，53页，插图2E, F

Rhinolophus pleistocaenicus：张镇洪等，1986，35页；王辉、金昌柱，1992，38页，插图4-1；图版I，图7

*Rhinolophus ferrumequinum tragatus*及*Rhinolophus* sp.：周信学等，1990，29页，插图10

Hipposideros pleistocenicus sp. nov.：金昌柱、汪发志，2009，134页，插图4.19a, b

模式标本 不详。产自法国勃艮第（Burgundy）。

鉴别特征 较大型。头骨窄长，颅全长约为后头宽的2.5倍。腭桥长约等于上颊齿列（C–M3）长的1/3。左右I1间的齿隙几乎为其齿冠宽的2倍。P2完全被排除于齿列之外，偶尔缺失，使P4直接与C接触。M3的后附尖和后后脊缺失。i1后部叠覆于i2前部。p3完全被挤出齿列之外，偶尔缺失，因此，p2与p4接触。欧洲标本头骨颅基长20.4–22.0 mm、颧宽11.2–12.4 mm、I1–M3长8.2–8.8 mm、下颌长15.0–16.2 mm、i1–m3长8.8–9.2 mm（Miller, 1912），中国标本除下颌外分别为18.8–20.5 mm、11.0–12.3 mm（Allen, 1938）、8.5–11.0 mm和9.2–10.9 mm（潘清华等，2007）。

产地与层位（中国） 安徽繁昌孙村镇人字洞、辽宁大连海茂，下更新统；北京周口店第一、第三和第四地点、辽宁本溪山城子乡庙后山、安徽和县陶店镇龙潭洞、江苏南京汤山镇葫芦洞，中更新统；北京周口店山顶洞和田园洞、北京房山十渡西太平洞、辽宁大连复县镇古龙山、湖北郧西香口乡黄龙洞，上更新统；浙江金华双龙洞，全新统。

评注 该种现生于欧亚大陆，中国分布于吉林、辽宁、河北、北京、山西、宁夏、甘肃、陕西、河南、山东、安徽、江苏、上海、浙江、福建、广西、湖南、贵州、云南、重庆、四川、湖北等省区。Young（1934）以39件下颌支及一些破碎肢骨标本（IVPP C/C. 986–989）记述的“*R. pleistocaenicus*”具有以下特征：下齿式：2•1•3•3；p3完全被挤出齿列之外；p2与p4基部相接触；下颌长14.9 mm；c–m3长9.0 mm等。

周口店第三地点的材料既有头骨也有下颌支（IVPP C/C. 2009–2011）（Pei, 1936: *R.* cf. *ferrum-equinum*）。其主要性状有头细长，吻短宽，吻背侧有圆隆；前颌鼻支不存在，腭支游离；矢状脊发达；眶间区狭窄；腭桥长约为C–M3长的1/3；P2和p3均很小，完全被挤出齿列之外，因此，C直接与P4接触，p2与p4相接触；M3缺失后附尖和后后脊；下颌上切迹明显下凹，角突长达下颌下缘，颏孔位于c和p2间之下；头骨颅基

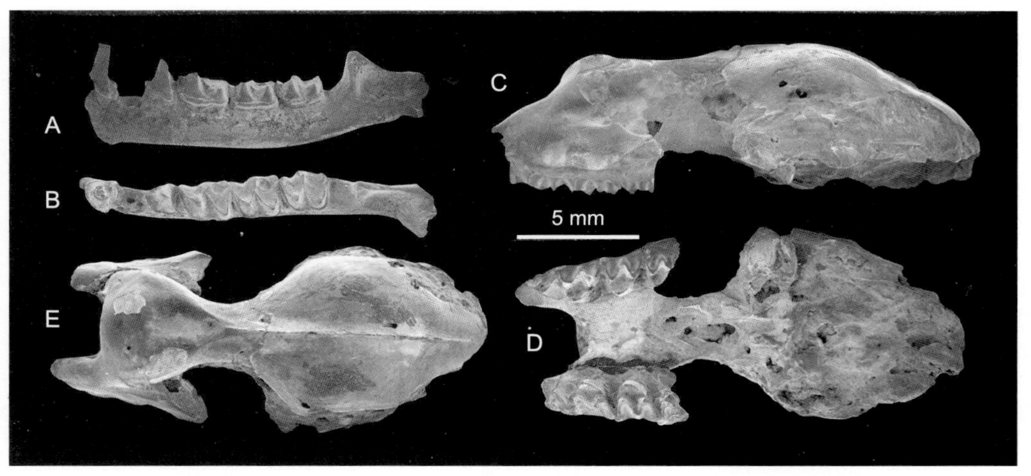

图130 周口店第三地点的马铁菊头蝠 *Rhinolophus ferrumequinum*

A, B. 左下颌支带c和p4–m3及i1–2和p2–3槽孔（IVPP C/C. 2010）；C–E. 头骨（IVPP C/C. 2009）：A. 颊侧视，B. 咬面视，C. 左侧视，D. 咬面视，E. 顶视

长 21.7–22.3 mm；C–M3 长约 8.5 mm；下颌长 15.8 mm；i1–m3 长 8.9 mm 等（图 130）。

周口店山顶洞的 5 件下颌支（Pei, 1940：*Rhinolophus* sp.）显示角突长达水平支下缘，上切迹明显下凹；颏孔位于 c 和 p2 间之下；下齿式：2•1•3•3；p3 小而完全位于齿列之外；下颌长 15.1 mm；下颊齿列（c–m3）长 8.7 mm 等。

大连古龙山的破碎头骨和下颌支（DLNHM D 82010–82）（周信学等，1990：*R. ferrumequinum tragatus*）具有矢状脊明显；P2 位于齿列颊侧；M3 缺失后附尖和后后脊；p3 极小，有的甚至缺失；下颌支长 15.3–15.8 mm；下齿列长 9.5–10 mm 等特征。同时，周信学等以"*Rhinolophus* sp."记述的同一地点的右下颌（DLNHM D 82083）长 15.7 mm、i1–m3（含槽孔）长 9.6 mm、p3 完全被挤出齿列之外等性状与马铁菊头蝠也一致。至于下颌角突向上强烈弯曲的形状，可能属个体变异或埋藏过程中受挤压所致。

大连海茂的破碎头骨和下颌支（DLNHM DH 8965–66）（王辉、金昌柱，1992：*R. pleistocaenicus*）显示：腭桥短（长 2.7 mm）；P2 小，位于齿列颊侧；p3 小，完全位于齿列颊侧，因此 p2 和 p4 基部相接触；下颌冠状突低，关节突与臼齿咬面高度相当，角突低于水平支下缘，颏孔位于 c 和 p2 间之下；下颌长 15.1 mm；i1–m3 长 9.3 mm。

南京汤山葫芦洞的4件残破的下颌支（NIGPAS NTH. 920010–13）（金昌柱，2002）显示颏孔位于c和p2间之下；p3小，完全被挤出齿列之外，p2和p4相接触；i1–m3长8.6 mm等特征。

郧西黄龙洞的材料（TS1E1③：61, 67；TN1E2 ③：65–67）显示出 P2 极小，完全被挤出齿列之外，C 和 P4 相接触；p3 很小，完全位于齿列之外，p2 和 p4 相接触以及 i1–m3 长 9.61 mm 等特征（武仙竹，2006）。

周口店第四地点和浙江金华双龙洞的 *R. ferrumequinum*（顾玉珉，1978；马安成、汤虎良，1992）以及安徽和县龙潭洞的 *R.* cf. *ferrumequinum*（郑绍华，1983）均只列出名单。本书在同物异名表中也暂且列入。

繁昌人字洞的"*H. pleistocenicus* sp. nov."种的主要特征是"P2 位于上齿列中隔开 C1 和 P4"（金昌柱、汪发志，2009，135 页，插图 4.19c, d）。这与 *Hipposideros* 属的性状不符，倒与 *Rhinolophus* 属中的绝大多数种相符。其下齿式：2•1•2•3，虽与 *Hipposideros* 属一致，但 m3 下内脊不明显偏向颊侧，也是 *Rhinolophus* 属的特点。何况现生的马铁菊头蝠（*R. ferrumequinum*）的 p3 缺失的情况常常存在（Allen, 1938）。如果将繁昌的下颌支（金昌柱、汪发志，2009，插图 4.19a, b）视为马铁菊头蝠，那么其上颌骨所显示的 P2 将 P4 和 C 隔开的性状就可能与下颌不相匹配。根据 i1–m3（含槽孔）长 11.4 mm，应接近马铁菊头蝠的变异范围；而根据 M1/M2 的长度（2.30–2.58 mm）占齿列长度比率（0.188）计算，其 I1–M3 长 12.2–13.7 mm；根据插图显示的 M1–3 长度（8.0 mm）占齿列长度比率（0.56）计算，其 I1–M3 长为 14.2 mm。这样的上齿列显著长于下齿列的匹配也是不合常理的。

不同地点前臼齿位置和齿列长度比较见表 5。

表 5 *Rhinolophus ferrumequinum* 前臼齿位置和齿列长度比较 (mm)

地 点	P2位于齿列	p3位于齿列	I1–M3	i1–m3	资 料
现生标本	外或缺失	外或缺失	8.5–11.0	9.2–10.9	潘清华等，2007
周口店第一地点		外		9.0 （c–m3）	Young, 1934
周口店第三地点	外	外	8.5 （C–M3）	8.9 （c–m3）	Pei, 1936
周口店山顶洞		外		8.7 （c–m3）	Pei, 1940
大连海茂		外		9.3	王辉、金昌柱，1992
大连古龙山		外		9.5–10.0	周信学等，1990
南京汤山葫芦洞		外		8.6 （含槽孔）	金昌柱，2002
十渡西太平洞	外	外		9.0	同号文等，2008
郧西黄龙洞	外	外		9.61	武仙竹，2006
繁昌人字洞		缺失		11.4	金昌柱、汪发志，2009

彭鸿绶等（1962）观察到该种的尼泊尔亚种 *R. f. tragatus* 的P2被挤出P4和C之外的位置是变化的，有的靠近齿列，有的左侧被挤在齿列外，有的全部在齿列内。p3有的两侧全无，有的被挤出齿列外，有的仅左侧存在，有的全在齿列内。如果真有这样大的变化，不完整化石标本的鉴定将是非常困难的。

大耳菊头蝠 *Rhinolophus macrotis* Blyth, 1844

（图 131；表 6）

?*Pipistrellus* sp.：Young, 1934 （IVPP C/C. 939）

Rhinolophus macrotis：武仙竹，2006，95页，插图五一，图1, 2；图版八，图2上右，图3上右

模式标本 不详。产自尼泊尔。

鉴别特征 头骨矢状脊低，颧弓窄，腭桥长度等于上齿列长度的 1/2。P2 小，位于齿列中；p3 偏向颊侧，或部分偏向颊侧，或在齿列中。C–M3 长 6.7–7.1 mm、c–m3 长 7.2 mm。

产地与层位（中国） 北京周口店第一地点，中更新统；湖北郧西香口乡黄龙洞，上更新统。

评注 该种现生于尼泊尔、马来西亚、印度尼西亚、菲律宾，以及中国的四川、陕西、云南、贵州、广东、广西、福建、江西、浙江等省区。湖北黄龙洞的几件下颌支（TS1W2③：58, 69, 78；TS2W2③：57）的主要性状有：下齿式 2•1•3•3；冠状突低小，几乎与关节突等高；角突伸至水平支下缘之下；颏孔位于 p2 之下；p3 小，位于齿列中；i1–m3 长 7.37–7.38 mm

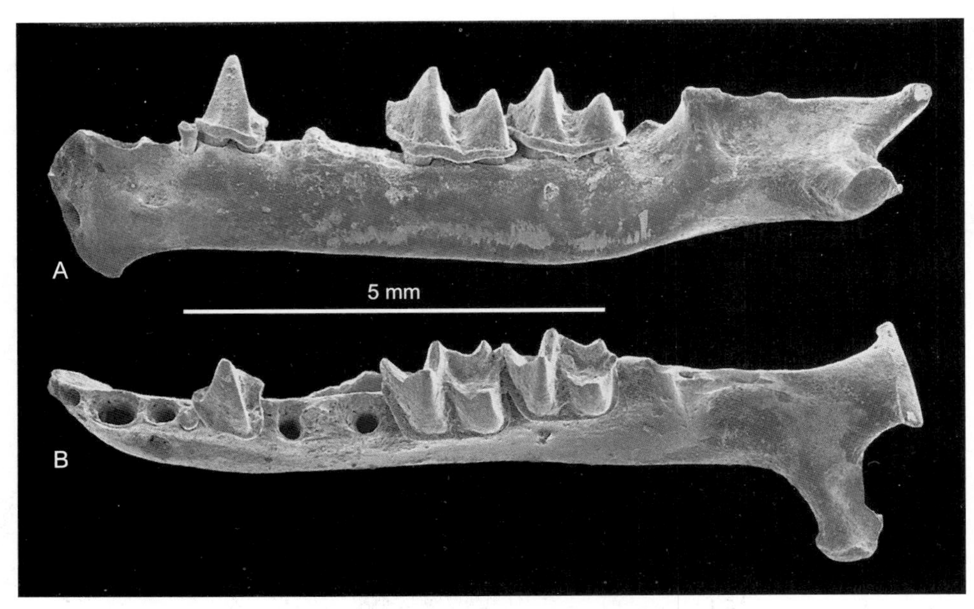

图 131　大耳菊头蝠 *Rhinolophus macrotis*
左下颌支（IVPP C/C. 939）：A. 颊侧视，B. 咬面视

（武仙竹，2006）。

周口店第一地点以“?*Pipistrellus* sp.”记述的IVPP C/C. 939号三件标本中的一件（图131）虽未描述（Young, 1934），但标本观察显示：冠状突虽破损，但估计应很低；关节突细小，特别向后延伸，其高度略低于臼齿齿尖；角突粗壮；颏孔较大，位于p2之下；p3小，略偏颊侧；p4近似三角形，齿尖高度略高于臼齿齿尖高度；m3较m2轻微退化；其下颌长度10.4 mm，齿列长度如表6所示。

表 6　*Rhinolophus macrotis* p3 位置和齿列长度比较　(mm)

地　点	p3位置	I1–M3长	i1–m3长	资　料
现生标本	偏颊侧或齿列中	7.0–7.1 (C–M3)	7.2 (c–m3)	Allen, 1938
郧西黄龙洞	齿列中		7.37–7.38	武仙竹，2006
周口店第一地点	略偏颊侧		6.8 (含i1–p2及m1槽孔)	据标本

潘氏菊头蝠 *Rhinolophus pani* Jin, Qin, Pan, Wang, Zhang, Deng et Zheng, 2008

（图 132；表 7，表 12）

Rhinolophus cf. *ferrum-equinum*：Pei, 1936, p. 25（IVPP C/C. 2010号标本中的一件左下颌支）

Rhinolophus cf. *pearsoni*：郑绍华、张联敏，1991，46页，插图26

Hipposideros sp. 2：郑绍华、张联敏，1991，52页，插图28，E, E1

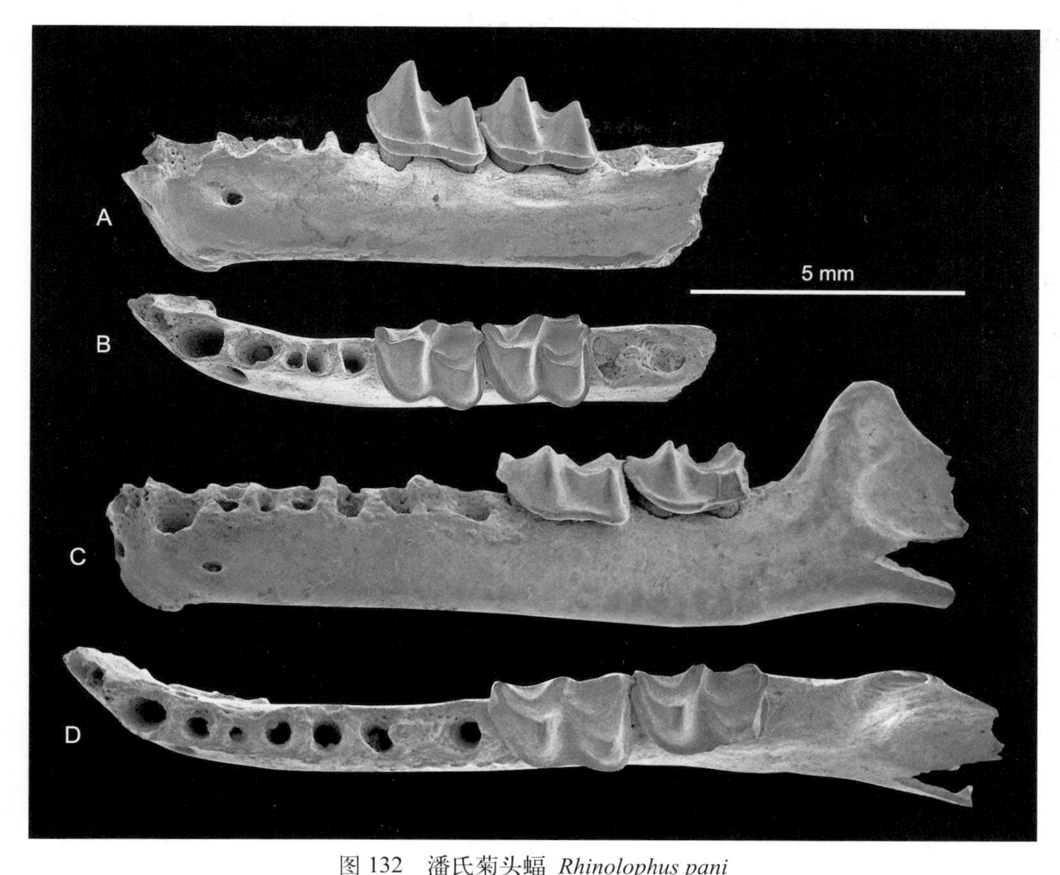

图 132　潘氏菊头蝠 *Rhinolophus pani*

A, B. 左下颌残段带 m1–2 及 i1–p4 和 m3 槽孔（崇左大洞，IVPP V 15931，正模）；C, D. 左下颌残段带 m2–3 及 i1–m1 槽孔（周口店第三地点，IVPP C/C. 2010）：A, C. 颊侧视，B, D. 咬面视

Rhinolophus sp.1：郑绍华，2004，111页，插图5.13a–e

Rhinolophus pani：金昌柱等，2008，1131页，插图4，C1, C2

正模　IVPP V 15931，一段左下颌支，带 m1–2 及 i1–p4 和 m3 槽孔。产自广西崇左板利乡三合大洞。

鉴别特征　大型。p3 小，位于齿列之中并将 p2 和 p4 完全隔开。

产地与层位　广西崇左板利乡三合大洞、湖北建始高坪乡龙骨洞、重庆巫山庙宇镇龙骨坡，下更新统；北京周口店第三地点，中更新统。

评注　广西崇左三合大洞的残破下颌材料（IVPP V 15931）（图 132A, B）显示：i1–m3 长 10.9 mm；p3（槽孔）小，位于齿列之中，使得 p2 和 p4 完全隔开（金昌柱等，2008）。

重庆巫山龙骨坡的“*R.* cf. *pearsoni*”（郑绍华、张联敏，1991）下颌（CQMNH CV. 992–995）大小（i1–m3 长 10.4–11.4 mm）与崇左标本十分接近。它们的下颌颏孔都位于 p2 之下，它们的 p3 都靠近齿列中轴线并将 p2 和 p4 完全隔开。

周口店第三地点被归入马铁菊头蝠的标本（编号 IVPP C/C. 2010）中发现一件左下颌（关节突和角突破损，保留有 m2–3 和其他牙齿槽孔）显著比马铁菊头蝠大（其下颌长度大于 17 mm，其齿列长度为 12.8 mm）；p3 槽孔相对较大且位于齿列之中（图 132C, D）。这些性状应与潘氏菊头蝠一致。上述三地的标本尺寸比较见表 7。

表 7 ***Rhinolophus pani*** 下齿列长度比较 (mm)

地 点	i1–m3	资 料
崇左三合大洞	10.9（含 i1–p4 及 m3 槽孔）	金昌柱等，2008
巫山龙骨坡	10.4–11.4（含 i1–2 槽孔）	郑绍华、张联敏，1991
周口店第三地点	12.8（含 i1–m1 槽孔）	据标本测量
建始龙骨洞	8.0–10.0★	郑绍华，2004

★据 m1 占齿列长度比率（0.193）计算

重庆巫山龙骨坡的带 m3 和 p3–m2 槽孔的一段左下颌支（CQMNH CV. 1016）（郑绍华、张联敏，1991：*Hipposideros* sp. 2）的 m3（长 2.48 mm）下内脊不偏向颊侧、跟座不退化应属 *Rhinolophus*；p3 槽孔在齿列中的特点应与潘氏菊头蝠一致。根据皮氏菊头蝠 m3 长度约为 i1–m3 长度的比率（0.19）计算，其下齿列长度约为 13.4 mm。该尺寸接近周口店第三地点的标本。

潘氏菊头蝠 p3 位于齿列中的特点与现生的云南菊头蝠（*R. yunnanensis*）十分相似。但后者 p3 虽在齿列之中，但较大，且被前后牙齿挤压成横向加宽，其宽度大于长度，因此 p2 和 p4 间的距离较小。

湖北建始龙骨洞破碎的下颌支及单个颊齿（IVPP V 13194.1–130）（郑绍华，2004：*Rhinolophus* sp. 1）显示：颏孔位于 c 和 p2 间之下；p3 槽孔位于齿列之中，p2 和 p4 基部不可能接触；M3 缺失后附尖和后后脊。根据 m1（长 1.55–1.95 mm）占下齿列长度的比率（0.193）计算，i1–m3 长约 8.0–10.0 mm；根据 M1（长 1.74–1.90 mm）占齿列长度比率（0.188）计算，I1–M3 长约 9.3–10.0 mm。

皮氏菊头蝠 ***Rhinolophus pearsoni*** **Horsfield, 1851**

（图 133；表 8，表 12）

Rhinolophus pearsoni：邱铸鼎等，1984，285页；马安成、汤虎良，1992，299页；黄万波等，2000，30页，插图24 A, B；武仙竹，2006，93页，插图五十；图版八，图2，中左

Rhinolophus sp.：郑绍华、张联敏，1991，47页，插图28 B, B1

Rhinolophus cf. *R. pearsoni*：金昌柱等，2008，1132页，表1

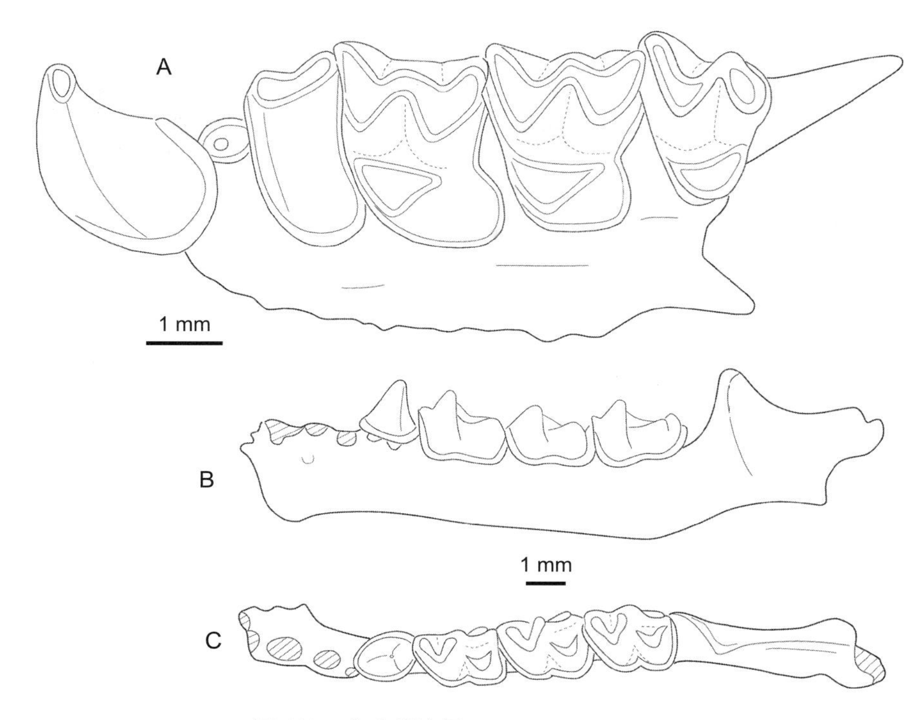

图 133 皮氏菊头蝠 *Rhinolophus pearsoni*
A. 左上颌带 C–M3（WSM LIPAN V 123）；B, C. 左下颌带 p4–m3 及 i1–p3 槽孔（WSM LIPAN V 135）：
A, C. 咬面视，B. 颊侧视

模式标本 标本编号不详，保存在大英博物馆。产自印度本加尔（Bengal）大吉岭（Darjeeling）。

鉴别特征 较大型。吻部相对短宽；腭桥长接近 I1–M3 长之半；P2 较大，偏齿列颊侧，C 不直接与 P4 相接触；M3 缺失后附尖和后后脊；p3 轻微偏向颊侧，p2 和 p4 间有极小齿隙。

产地与层位（中国） 湖北建始高坪乡龙骨洞、广西崇左板利乡三合大洞，下更新统；云南昆明呈贡三家村、重庆巫山河梁迷宫洞和湖北郧西香口乡黄龙洞，上更新统；浙江金华双龙洞，全新统。

评注 该种现生于印度、东南亚，以及中国的西藏、云南、贵州、湖北、四川、重庆、广东、广西、陕西、江西、安徽、福建、浙江等省区。三家村的一左下颌支（IVPP V 7611.1）（邱铸鼎等，1984）齿式为：2•1•3•3；p3 很小，位于齿列颊侧，p2 和 p4 间有齿隙。

从重庆巫山龙骨坡的一段左下颌支（CQMNH CV. 996）槽孔判断，其 p3 偏向颊侧，p2 和 p4 基部间可能有齿隙；颏孔位于 c 和 p2 间之下；m1 长 1.89 mm。

巫山迷宫洞的 *R. pearsoni* 具有较完整的上、下颌（WSM LIPAN V 123–143）（黄万波等，2000）。其 P2 位于齿列颊侧，并隔开 C 和 P4；M3 具弱的后附尖和后后脊（图

133A）。p3 小，偏向齿列颊侧（图 133B, C）。

郧西黄龙洞的下颌支（TS1W2③：52, 70–71）显示出冠状突低矮、颏孔位于 c 和 p2 间下方、c 向后弯曲、p3 偏齿列颊侧，p2 和 p4 间基部有齿隙等性状（武仙竹，2006）。

崇左三合大洞的“*R.* cf. *R. pearsoni*”虽未描述（金昌柱等，2008，表 1），但标本观察显示：P2 偏颊侧，将 C 和 P4 隔开；p3（槽孔）位于齿列颊侧，可能将 p2 和 p4 基部轻微隔开；颏孔位于 p2 之下；p4 齿尖略高于 m1 下原尖，但大致与冠状突高度相当。

表 8 列出了上述地点的不同个体大小并进行比较。除崇左标本个体较小外，其余各地点的材料均在现生标本的变异范围内。崇左的较小的个体可能反映出较原始的性质，但其基本性状属于 *R. pearsoni*。

表 8　*Rhinolophus pearsoni* p3 位置和齿列长度比较　(mm)

地　点	p3位置	I1–M3	i1–m3	资　料
现生标本	偏颊侧，p2与p4间有小齿隙	9.2–10.0	9.6–11.3	王酉之，1984
呈贡三家村	同上		10.9	邱铸鼎等，1984
巫山龙骨坡	同上		9.9★	郑绍华、张联敏，1991
巫山迷宫洞	同上	9.7	10.5–11.0	黄万波等，2000
郧西黄龙洞	同上		10.18	武仙竹，2006
崇左大洞	同上		8.5（含槽孔）	金昌柱等，2008

★根据 m1 占齿列长度比率（0.19）计算

王菊头蝠 *Rhinolophus rex* G. M. Allen, 1923

（图 134；表 9，表 12）

Rhinolophus cf. *R. affinis*：金昌柱等，2008，1132页，表1

正模　No. 56890，成年雌性头骨和皮，保存在美国自然历史博物馆。产自重庆万州。

鉴别特征　腭桥长，后端伸至 M3 后缘。M3 相对大，具有后附尖和后后脊。P2 和 p3 均在齿列之中，p3 将 p2 和 p4 隔开。p4 齿尖高度略低于臼齿齿尖，具有发达的前后跟座。m1 比 m2 和 m3 显著细长。

产地与层位　广西崇左板利乡三合大洞，下更新统。

评注　该种现生于重庆、四川、贵州、广西和广东。广西崇左三合大洞的“*R.* cf. *R. affinis*”上下颌残段虽未描述（金昌柱等，2008），但标本观测发现：下颌颏孔位于 c 和 p2 间下；p3 槽孔在齿列之中，并将 p2 和 p4 隔开；p4 齿尖高度略低于臼齿齿尖且具有显著的前后跟座以及 m1 显著较 m2 长等性状（图 134B–E），与现生的 *R. rex* 的性状一致，而与 *R. affinis*（p3 偏颊侧）不同。其下颌个体大小（表 9）也与前者接近。

至于归入同一种类的上颌，由于其 M3 缺失后附尖和后后脊（图 134A）以及个体显著小（表 9），归入到同一种可能有问题。

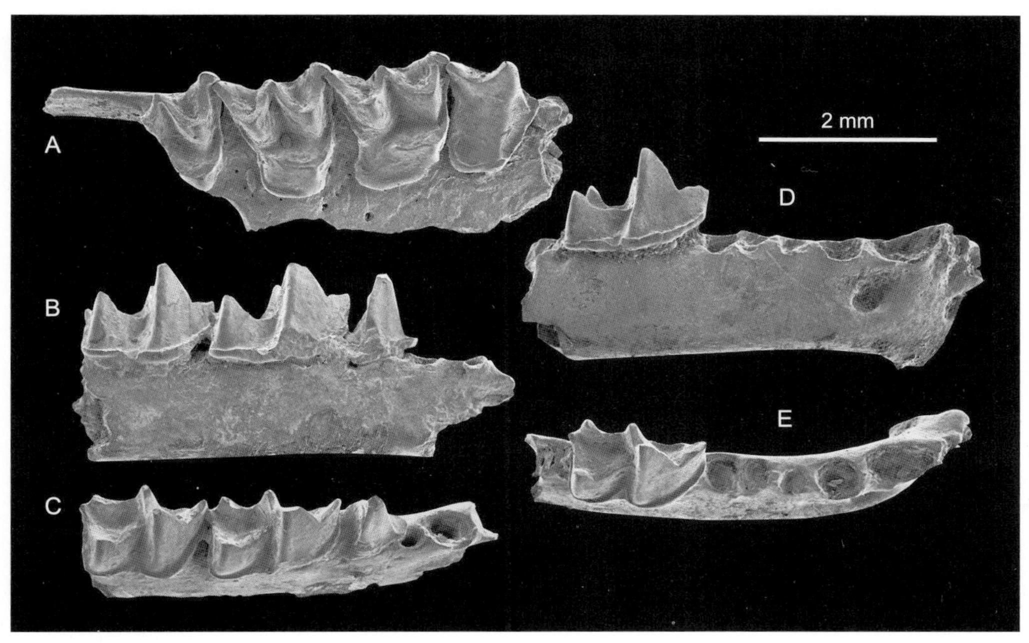

图 134　王菊头蝠 *Rhinolophus rex*

A. 右上颌残段带 P2–M3（IVPP V 15947.1）；B, C. 右下颌残段带 p4–m2 及 c–p3 槽孔（IVPP V 15947.2）；D, E. 右下颌残段带 m1 和 i1–p4 槽孔（IVPP V 15947.3）：A, C, E. 咬面视，B, D. 颊侧视

表 9　*Rhinolophus rex* 前臼齿位置和齿列长度比较　(mm)

地　点	P2 位置	p3 位置	C–M3	c–m3	资　料
现生标本	齿列中	齿列中	8.0–8.5	8.0–8.4	Allen, 1938
崇左大洞	齿列中	齿列中	6★1	7.8★2	据标本观测

★1 根据 M1–3（3.5 mm）占颊齿列长度比率（0.58）计算；
★2 根据 m1（长 1.7 mm）占齿列长度率（0.22）计算

杏红菊头蝠 *Rhinolophus rouxii* Temminck, 1835

（图 135；表 10）

Rhinolophus rouxii：黄万波等，2000，28页，插图24，C–D1

模式标本　不详。产自印度本地治里（Pondicherry）和加尔各答（Calcutta）。

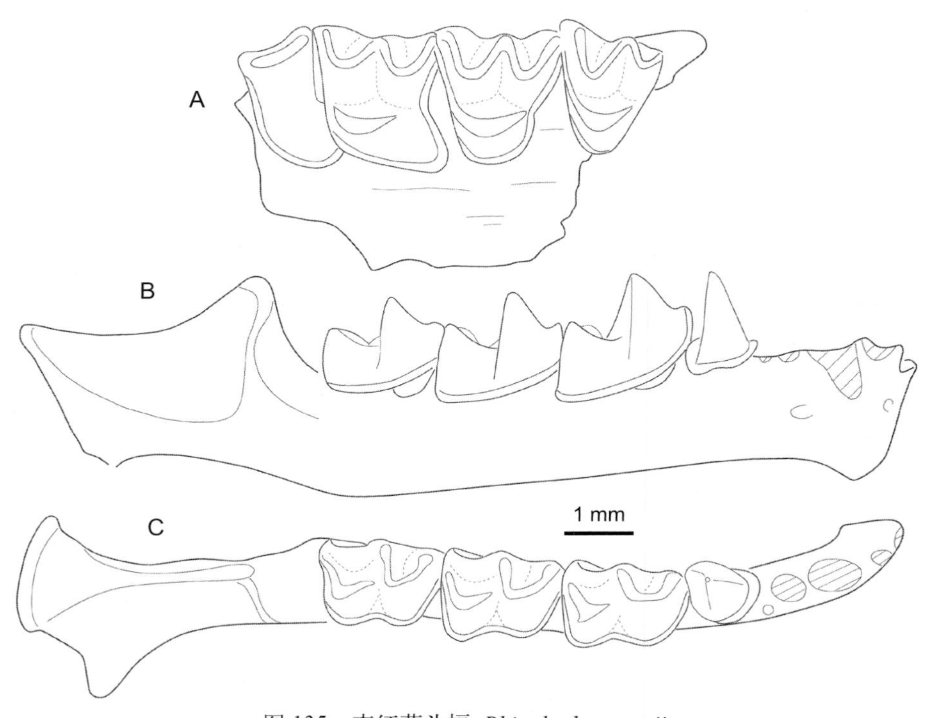

图 135　杏红菊头蝠 *Rhinolophus rouxii*

A. 左上颌残段带 P4–M3 （WSM LIPAN V 92）；B, C. 右下颌带 p4–m3 及 i1–p3 槽孔（WSM LIPAN V 109）：A, C. 咬面视，B. 颊侧视

鉴别特征　中型。腭桥长约为 C–M3 的 1/4–1/3。P2 小，偏齿列颊侧，将 C 和 P4 隔开。M3 具后附尖和后后脊。p3 位于齿列之外，p2 与 p4 接触或轻微分离。

产地与层位（中国）　重庆巫山河梁迷宫洞，上更新统。

评注　现生于印度、斯里兰卡、越南，以及中国的广东、广西、海南、香港、福建、浙江、江西、安徽、江苏、云南、贵州、四川、重庆、湖北、陕西等省区。巫山迷宫洞的 *R. rouxii* 的 31 件破碎上、下颌（WSM LIPAN V 92–122）显示出 P2 小且偏向颊侧，并将 C 和 P4 隔开；M3 具弱的后附尖和后后脊（图 135A）；下颌颏孔位于 c 和 p2 间之下；p3 小，完全被挤出齿列之外，使得 p2 和 p4 相接触或稍分离（图 135B, C）（黄万波等，2000）。其个体大小可与现生种比较（表 10）。

广西崇左三合大洞的“*R.* cf. *R. rouxii*”虽未描述（金昌柱等，2008），但其残破的材料显示出小型以及 p3 位于齿列之中的特点，已被归入上述 *R. fanchangensis*。

表 10　*Rhinolophus rouxii* p3 位置和齿列长度比较　(mm)

地　点	p3 位置	I1–M3 长	i1–m3 长	资　料
现生标本	齿列外	6.8–7.5	7.6–8.1	王酉之，1984
巫山迷宫洞	齿列外	6.0（P4–M3）	7.8–9.3	黄万波等，2000

托氏菊头蝠 *Rhinolophus thomasi* K. Andersen, 1905

（图 136；表 12）

Rhinolophus cf. *R. blythi*：金昌柱、汪发志，2009，131页，插图4.17

模式标本 不详。产自缅甸卡林（Karin）山。

鉴别特征 小型。头狭窄，腭桥长约等于上颊齿列的 1/3。P2 位于齿列之外，C 和 P4 接触。p3 完全位于齿列之外，p2 和 p4 相接触。

产地与层位（中国） 安徽繁昌孙村镇人字洞，下更新统。

评注 该种现生于缅甸、越南北部，以及中国的云南、广西和贵州。金昌柱和汪发志（2009）以"*Rhinolophus* cf. *R. blythi*"描述了繁昌人字洞的一些下颌支材料（IVPP V 13964.1–3; IVPP V 13963.4–5）。然而这个种名目前已被合并到 *R. pusillus* 种并已停止使用（Corbet et Hill, 1991；王应祥，2003；Simmons, 2005）。同时，人字洞的 p3 小，完全被挤出齿列之外，以致 p2 和 p4 相接触的特点（图 136）与 *R. pusillus* 的性状不符。后者的 P2 和 p3 均在齿列之中。其齿列长度的测量可能有误，因为根据 m1（长 1.35 mm）占齿列长度比率（0.193）计算，其 i1–m3 应长约 7 mm，而根据 m1–3（长 3.9 mm）占齿列长度比率（0.58）计算，其下齿列长度应为 6.73 mm。而不是作者所述的 4.6 mm。

在中国现生的小型的菊头蝠中，短翼菊头蝠（*R. lepidus*，C–M3 长 6.5–7.5 mm）和菲菊头蝠（*R. pusillus*），（c–m3 长 5.5–6.2 mm）的 p3 在齿列中；角菊头蝠（*R. cornutus*，c–m3 长 6.0–6.1 mm）和大耳菊头蝠（*R. macrotis*，i1–m3 长 7.2 mm）的 p3 位置是变

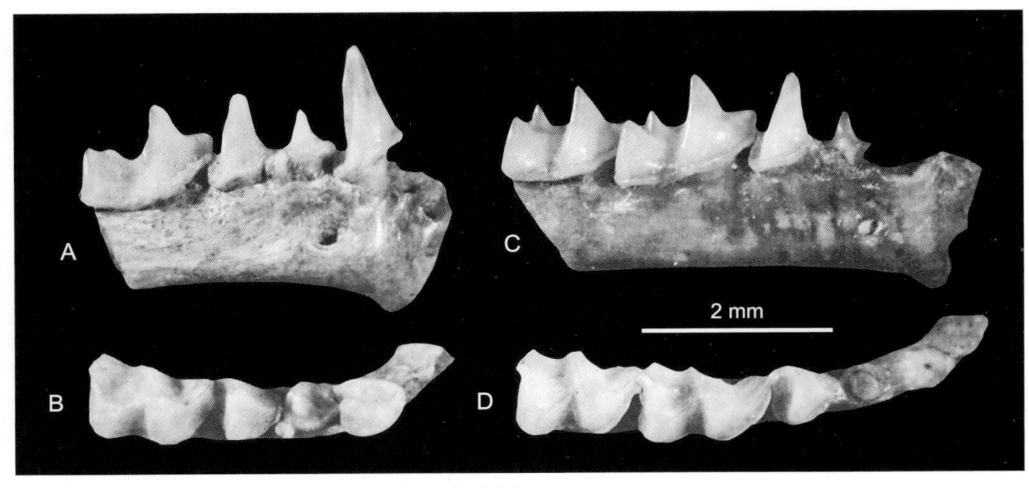

图 136 托氏菊头蝠 *Rhinolophus thomasi*

A, B. 一段右下颌带 c–m1（IVPP V 13964.1）；C, D. 一段右下颌带 p3–m2（IVPP V 13964.2）；A, C. 颊侧视，B, D. 咬面视（引自金昌柱、汪发志，2009，插图 4.17）

化的，或偏颊侧，或部分偏颊侧，或在齿列中；只有托氏菊头蝠（*R. thomasi*，I1–M3长 6.3–7.8 mm）的 p3 完全被挤出齿列之外，使 p2 和 p4 接触。如果上述计算的齿列长度接近实际的话，那么繁昌的下齿列长度是可以与现生的托氏菊头蝠的上齿列长度（见表12）相匹配的。

杨氏菊头蝠 *Rhinolophus youngi* Jin et Wang, 2009

（图 137；表 11，表 12）

Rhinolophus cf. *pearsoni*：郑绍华，2004，108页，插图5.12

Rhinolophus youngi sp. nov.：金昌柱、汪发志，2009，123页，插图4.14

Hipposideros pleistocaenicus：金昌柱、汪发志，2009，134页，插图4.19c, d

正模 IVPP V 13962.1，一件升支残破的右下颌支，具有除 i2 外的所有牙齿。产自安徽繁昌人字洞上部堆积第十六水平层，下更新统。

副模 IVPP V 13962.2–43，31 件残破下颌和 11 件残破上颌，产自安徽繁昌人字洞上部堆积第二 — 十六水平层。

鉴别特征 大型（下颌长 15.65 mm）。腭桥长（3.3 mm）约为上颊齿列长的 1/3。P2 位于齿列中，将 C 和 P4 隔开。M3 后附尖和后后脊缺失。p3 小，位于齿列中或偏颊侧，p2 和 p4 间由细的齿隙隔开。

产地与层位 湖北建始高坪乡龙骨洞、安徽繁昌孙村镇人字洞，下更新统。

评注 除正模外，建名人还将另外 11 件残破头骨和 31 件下颌支作为其他材料归入杨氏菊头蝠。其中大部分在测量中使用，少部分也用于图版中。我们将它们定为副模（理由详见江南麝鼩评注部分）。

杨氏菊头蝠与上述马铁菊头蝠、潘氏菊头蝠和皮氏菊头蝠个体大小相近，但马铁菊

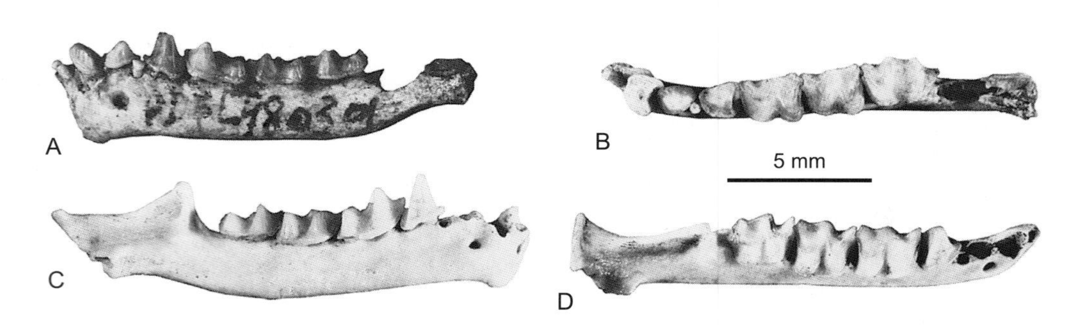

图 137 杨氏菊头蝠 *Rhinolophus youngi*

A, B. 一段右下颌，i2 和升支部分破损（IVPP V 13962.1，正模）；C, D. 右下颌支带 i1–p3 槽孔及 p4–m3（IVPP V 13962.2，副模）：A, C. 颊侧视，B, D. 咬面视（引自金昌柱、汪发志，2009）

表 11 *Rhinolophus youngi* p3 位置和齿列长度比较 (mm)

地 点	p3位置	I1–M3长	i1–m3长	资 料
繁昌人字洞	齿列中或略偏颊侧	9.6★1	10.2–10.8	金昌柱、汪发志，2009
建始龙骨洞	略偏颊侧	10.8–12.7★2	10–13.2★3	郑绍华，2004

★1 根据 M1–3 占齿列长度比率（0.53）计算；
★2 根据 M1 占齿列长度比率（0.188）计算；
★3 根据 m1 占齿列长度比率（0.193）计算

表 12 几种菊头蝠的主要牙齿性状比较 (mm)

种 类	P2位于齿列	C与P4	M3后附尖	p3位于齿列	p2与p4	I1–M3	i1–m3
R. ferrumequinum	外或缺失	接触	缺失	外或缺失	接触	8.5–11.0	9.2–10.9
R. pearsoni	中	隔离	缺失	外	接触或稍隔离	9.2–10.0	9.6–11.3
R. yunnanensis	中	隔离	存在	中	隔离	9.8	12.4
R. affinis	中	隔离		外	隔离	8.7–10.0	9.4–11.4
R. rex	中	隔离	存在	中	隔离	7.8	9.0
R. luctus	中	隔离	缺失	中	隔离	11.2–12.1	12.0–12.1
R. pani				中	隔离		10.4–12.8
R. youngi	中	隔离	缺失	中或偏颊侧	隔离	9.6	10.0–10.8
R. thomasi	外	接触	缺失	外	接触	6.3–7.8	

头蝠的 p3 很小，完全被挤出齿列之外甚至缺失，p2 和 p4 相接触；皮氏菊头蝠的 p3 偏向颊侧，使得 p2 和 p4 间只有极小的齿隙；潘氏菊头蝠的 p3 位于齿列之中，p2 和 p4 完全隔离。

被归入杨氏菊头蝠的少量标本的p3位于齿列中并受前后牙齿挤压变宽，使得p2和p4完全隔开的特点（图137）与现生的云南菊头蝠（*R. yunnanensis*）十分相似，但个体较小；更多的标本（包括正模）的p3偏向颊侧，并由细的齿隙将p2和p4隔离的特点却又与皮氏菊头蝠的特征相符。这表明杨氏菊头蝠在大型菊头蝠的进化过程中占据了重要的位置，既是皮氏菊头蝠也是云南菊头蝠的共同祖先类型。同时，p3位于齿列中，并将p2和p4完全隔离应该被视为原始的性状。

湖北建始龙骨洞的“*R.* cf. *pearsoni*”的下颌残段（IVPP V 13193.1–99）（郑绍华，2004, 插图 5.12a, a1）也显示出其个体大、p3 槽孔偏向颊侧、p2 和 p4 间可能不接触的特点。根据皮氏菊头蝠 m1 和 M1 长度分别占上下齿列的比率（分别为 0.193 和 0.188）计算，龙骨洞 i1–m3 和 I1–M3 的长度分别约为 10–13.2 mm 和 10.8–12.7 mm。这个尺寸也与杨氏菊头蝠的相近（表 11）。

繁昌被记述为“*Hipposideros pleistocaenicus* sp. nov.”的上颌标本（IVPP V 13966.5–

6)（金昌柱、汪发志，2009，插图 4.19c, d）显示“P2 较大，位于上齿列中，把犬齿与 P4 完全隔开”的特点，显然与 *Hipposideros* 属的特征不符，而与 *Rhinolophus* 属的绝大多数种（除 *R. ferrumequinum* 外）一致。因其较大型，似应归入此种。

为方便起见，现将几种大型和较大型菊头蝠的主要牙齿性状比较于表 12。

此外，在周口店第十五地点和“顶盖”砾石层也发现过 *Rhinolophus* sp.（Pei, 1939a, b）。但因未描述，无法对其标本进行重新观察和深入讨论。

蹄蝠科 Family Hipposideridae Lydekker, 1891

模式属 蹄蝠属 *Hipposideros* Gray, 1831

定义与分类 该科与菊头蝠科（Rhinolophidae）相近，根据腰带（girdle）和足的特化、鼻叶的形状及 p3 缺失等特征划为独立的科。

鉴别特征 该科头骨吻部较短，外鼻孔大而深，眶间区狭窄，矢状脊粗壮，额骨具或不具圆隆，无眶上突。颧弓后部强烈向外扩展。前颌骨游离，鼻支退化或缺失，腭支很发育。前腭凹深，硬腭向后伸至眶间区内或止于颧弓前根水平。齿式：1•1•1–2•3/2•1•2•3 = 28–30。p2 叠覆于 c 和 p4 之上，p3 缺失。m1 和 m2 跟座 nyctalodonty 型。m3 不退化，但下内脊明显向后外倾斜。P2 当位于上齿列之中时，P4 和 C 不接触；当位于齿列之外时，P4 和 C 相接触或叠覆。M3 后部不同程度退化。下颌角突加长，等于或低于齿列咀嚼面水平；冠状突低，轻微向后倾斜；关节突低于冠状突。剑胸骨具纵棱（龙骨突）。肩胛骨顶端无前突，远端不后外向突出；背部关节面背外向。肱骨大结节大大超过肱骨头近端水平；内侧视肱骨头椭圆或长圆形；远端关节面向外离开骨干线。第二指第一 — 三指节骨及第三指第三指节骨不骨化或缺失。股骨干背向远端骨干弯曲。脚踝内侧的距存在。第二 — 五趾具两节趾节骨。

中国已知属 *Hipposideros*, *Aselliscus*, *Coelops*，共三属。

分布与时代（中国） 海南、重庆、广东、广西、贵州、云南、北京、山东、湖北、安徽，晚中新世、早更新世 — 晚更新世。

评注 McKenna 和 Bell（1997）将其作为菊头蝠科（Rhinolophidae）的亚科，但 Simmons（2005）又承认其为独立的科。其中，最主要的原因是它的足趾是两个而不是三个（Tate, 1941a）。

蹄蝠属 Genus *Hipposideros* Gray, 1831

模式种 洞穴蹄蝠 *Hipposideros speoris*（Schneider, 1800）。产自印度东南海岸马德拉斯（Madras, 今金奈）和德伦格巴尔（Tranquebar）。

鉴别特征 头骨额部高而圆隆，矢状脊低，颧弓后部通常或多或少突然扩展。腭前凹向后一般伸至P4后缘水平，腭后凹向前伸至M3前缘或其后水平。齿式：1•1•2•3/2•1•2•3 = 30。I1非常小，椭圆形，单尖，基部可以有附尖，与上犬齿间有大的齿隙。C粗壮，无附尖。P2极小，完全被挤出齿列之外。P4横宽，舌侧有宽坦的凹面，直接叠覆于C的后缘之上。M1具明显的次间架和凹的后缘。M3变化较大，一些种类只具前附尖、前尖和中附尖；一些种类有后尖；一些种类则有弱的后尖和后附尖。i1小于i2，均为三齿尖。c相对细弱。p2小于p4，前后分别叠覆于上犬齿和p4之上；p2具前、后棱，p4具3棱，均无附尖发育。m1/2跟座nyctalodonty型。m3较退化，下内脊偏向颊侧。下颌颏孔通常位于p2或p2和c间之下。

中国已知种 *Hipposideros armiger*, *H. larvatus*, *H. pomona*, *H. pratti*, *H.* spp., 至少五个种。

分布与时代（中国） 海南、广东、广西、贵州、重庆、湖北、安徽、北京、山东，早更新世—晚更新世。

评注 现生于非洲、澳大利亚和亚洲及其邻近岛屿的热带、亚热带地区；中国分布于华南和西南。化石发现于欧洲中始新统—上上新统、非洲下中新统—下上新统、亚洲下更新统—全新统（McKenna et Bell, 1997）。*Hipposideros*头骨的形态通常变化较大：吻的背部基本具有圆形隆突，但不同的种隆起程度不同；眶间区通常收缩明显，但也有收缩较小的；门齿孔的形状变化更大；P2的位置在原始状态保持在齿列线中，在进步状态常被挤出齿列之外，使得P4与C完全接触；上下门齿没有咬合出现，下门齿强烈盖过上门齿；上门齿双叶，下门齿三叶；M3的W形齿脊通常不完整，后尖及其连接不发育（Tate, 1941a）。

大蹄蝠 *Hipposideros armiger* (Hodgson, 1835)

（图138；表13）

Hesteroptenus sp.：张玉萍，1959，141页，图版I，1a, 1b

Hipposideros armiger：郝思德、黄万波，1998，50页，插图5.7 A–A'；5.9 D–d；黄万波等，2000，31页，插图25 A–A1；武仙竹，2006，89页，插图四八；图版八，图1上右

Hipposideros sp. 1：郑绍华，2004，113页，插图5.13 a–e

Hipposideros pratti：金昌柱等，2008，1132页，表1

模式标本 雌、雄性个体各一（标本编号不详），存于大英博物馆。产自尼泊尔。

鉴别特征 大型。头骨背缘线从大约1/2处与齿列线约成45°夹角均一向前和向后向下延伸。门齿孔不被前颌骨包围。眶间区狭窄。腭前凹达P4后缘，腭后凹达M3中部。

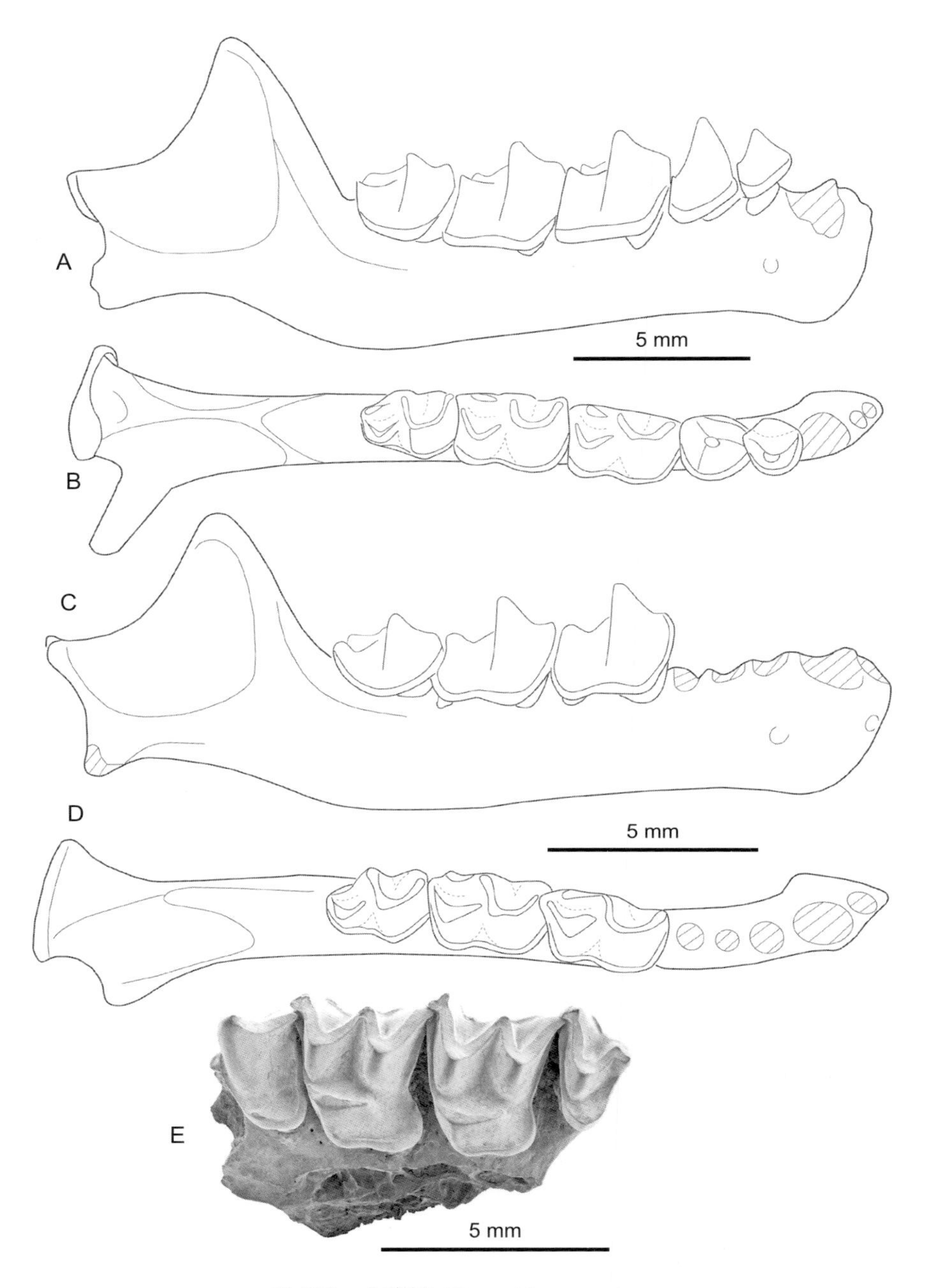

图 138　大蹄蝠 *Hipposideros armiger*

A, B. 右下颌带 p2–m3 及 i1–c 槽孔（三亚落笔洞, HV 00097）；C, D. 右下颌带 m1–3 及 i1–p4 槽孔（崇左大洞, IVPP V 15953），E. 左上颌带 P4–M3（崇左大洞, IVPP V 15952）；A, C. 颊侧视, B, D, E. 咬面视

M3缺失后尖和后附尖，外脊呈V字形。下颌颏孔位于p2之下。p2略小于p4，均呈三角形。m3跟座盆较大，下内脊微向颊侧倾斜。

产地与层位（中国）　湖北建始高坪乡龙骨洞、广西崇左板利乡三合大洞，下更新统；广东肇庆七星岩洞，？中更新统；海南三亚荔枝沟镇落笔洞、重庆巫山河梁迷宫洞、湖北郧西香口乡黄龙洞，上更新统。

评注 该种现生于印度北部、马来西亚，以及中国的云南、贵州、重庆、四川、陕西、浙江、安徽、江苏、福建、江西、湖南、广东、广西、香港、澳门、海南等省区。

张玉萍（1959）记述的广东肇庆七星岩洞的材料是同一个体的破损头骨及完整的左下颌支（IVPP V 2372）。根据 Menu（1985）研究，黄昏蝠属（*Hesteroptenus*）的 m1–2 跟座为 myotodonty 型而不是七星岩洞材料所显示的 nyctalodonty 型；根据齿式为 ?2•1•2•3/2•1•2•3，及头骨、下颌、上下牙齿形态，七星岩洞的应属于蹄蝠属（*Hipposideros*），根据个体大小（下颌长 24.7 mm，i1–m3 长 15.9 mm，C–M3 长 13.8 mm），应归入此种。

三亚落笔洞的材料是一些下颌支残段（HV 00080–98）（郝思德、黄万波，1998）。其颏孔位于 p2 之下，p2 后部叠覆于 p4 前齿带上，其 m3 跟座缩短变狭，斜脊和下内脊略偏向颊侧等（图 138A, B）与该种特征一致。其大小也在该种的变异范围内（表 13）。

巫山迷宫洞的材料仅为两下颌支（WSM LIPAN V 144–145）（黄万波等，2000），其颏孔也位于 p2 之下，其大小也在该种的变异范围内（表 13）。

建始龙骨洞的一些下颌残段及单个臼齿（IVPP V 13196.1–38）（郑绍华，2004）具有下颌颏孔位于 p2 与 c 之间下方；m3 跟座缩短变狭，下内脊和斜脊显著偏向颊侧；M3 缺失后尖和后附尖，外脊成 V 字形等特点。根据 m1–3 占齿列长度比率（平均约 0.6）计算，i1–m3 长 12.67 mm；根据 *H. armiger* 的 m1 和 M1 占齿列比率（分别为 0.21 和 0.24）计算，i1–m3 长 12.38–13.33 mm 和 I1–M3 长 11.58–11.75 mm。这样的大小也在该种的变异范围（表 13）。

郧西黄龙洞的下颌支（TS2W2③：63–64；TS1E1③：55）长 22.01 mm；下齿式为：2•1•2•3；m3 跟座退化以及大小（表 13）等性状（武仙竹，2006）也与现生标本一致。

崇左三合大洞的"*H. armiger*"虽未描述（金昌柱等，2008，表 1），但其个体大小超出了大蹄蝠（*H. armiger*）的变异范围而落在了普氏蹄蝠（*H. pratti*）的范围内（见表 13）。同一

表 13 *Hipposideros armiger* 齿列长度比较 (mm)

地 点	I1–M3 长	i1–m3 长	资 料
现生标本	11.0–13.4	12.9–14.5	潘清华等，2007
肇庆七星岩洞	13.8（C–M3）	15.9	张玉萍，1959
三亚落笔洞		14.0	郝思德、黄万波，1998
巫山迷宫洞		14.05	黄万波等，2000
建始龙骨洞	11.58–11.75★1	12.67★2	郑绍华，2004
郧西黄龙洞		14.02	武仙竹，2006
崇左大洞		13.3	金昌柱等，2008

★1 根据 M1 占齿列长度比率（0.24）计算；
★2 根据 m1–3 占齿列长度比率（0.6）计算

地点的“*H. pratti*”的个体大小正好在大蹄蝠（*H. armiger*）的变异范围（表 13）。此外，m3 跟座的退化程度普氏蹄蝠（*H. pratti*）相对不如大蹄蝠（*H. armiger*）（图 138C–E）。

中蹄蝠 ***Hipposideros larvatus* (Horsfield, 1823)**

（图 139；表 14）

Hipposideros sp.：郑绍华、张联敏，1991，52页，插图28C–C1–D–D1；程捷等，1996，16页，图版I，图8；插图3-3；郝思德、黄万波，1998，52页，插图5.10 B–B'; 5.11 C–C'–C"

Hipposideros larvatus：郑绍华等，1998，34页；金昌柱等，2008，1132页，表1

Hipposideros sp. 2：黄万波等，2002，34页；郑绍华，2004，116页，插图5.14 e, f

Hipposideros pratti：武仙竹，2006，86页，插图四七；图版八，中右

Hipposideros prelarvatus sp. nov.：金昌柱、汪发志，2009，136页，插图4.20

Eptesicus cf. *E. kowalskii*：金昌柱、汪志发，2009，144页，插图4.23b, c

模式标本　不详。产自印度尼西亚爪哇岛。

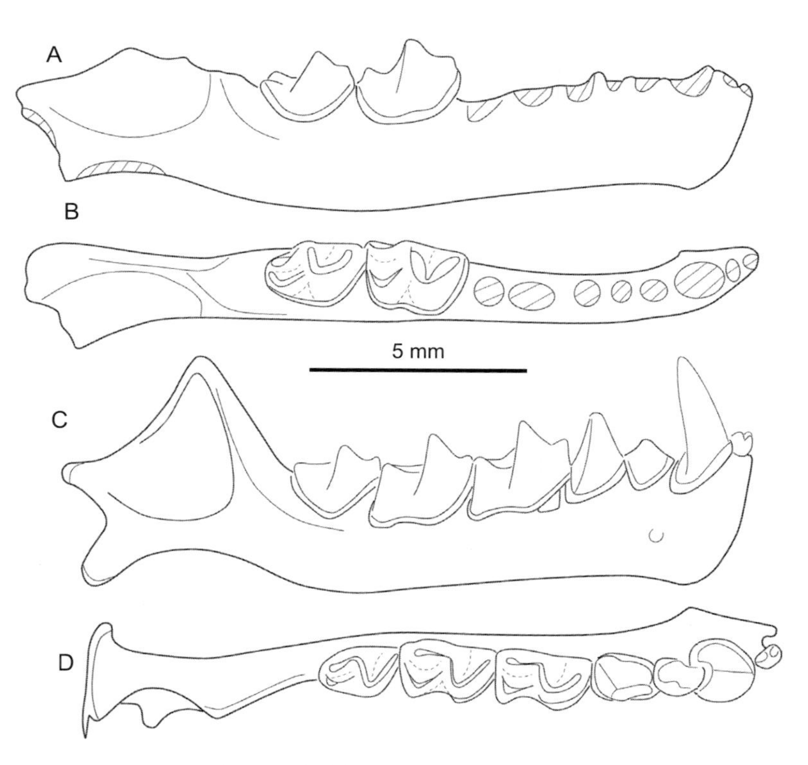

图 139　中蹄蝠 *Hipposideros larvatus*

A, B. 右下颌支残段带 m2–3 及 i1–m1 槽孔（三亚落笔洞，HV 00099）；C, D. 右下颌支带 i2–m3 及 i1 槽孔（中国科学院昆明动物研究所总号 004691）：A, C. 颊侧视，B, D. 咬面视

鉴别特征 中型。额骨有圆球状隆起。颧弓后段向上扩展成枝状。腭前凹达 P4 后缘，腭后凹达 M2 之后，腭桥长度略大于上颊齿列的 1/3。门齿孔被部分前颌骨包围。M3 缺失后尖和后附尖，具 V 形外脊。下颌颏孔位于 p2 之下。p2 和 p4 相对狭长。m3 跟座盆狭窄，下内尖脊和斜脊显著斜向颊侧。

产地与层位（中国） 安徽繁昌孙村镇人字洞、重庆巫山庙宇镇龙骨坡、湖北建始高坪乡龙骨洞、广西崇左板利乡三合大洞，下更新统；山东平邑东阳乡小西山、重庆奉节土家族乡兴隆洞，中更新统；湖北郧西香口乡黄龙洞、北京周口店东岭子洞、海南三亚荔枝沟镇落笔洞，上更新统。

评注 该种现生于印度北部，以及中国的云南、贵州、广东、广西、海南等省区。郑绍华、张联敏（1991）以“*Hipposideros* sp.1”记述的巫山龙骨坡的两段无牙齿的下颌支（CQMNH CV. 1014–1015）尺寸（i1–m3 槽孔长 8.30 mm）中等。下齿式为 2•1•2•3 及颏孔位于 p2 正下方等基本符合该种的性状。

郑绍华等（1998）以此种名简述的山东平邑小西山的材料为一头骨前部咬合着左、右下颌支（IVPP V 11508）。P2 小而位于齿列之外，下齿式为：2•1•2•3，i1–m3 长 9.0 mm。

黄万波等（2002）以“*Hipposideros* sp. 2”列出的奉节兴隆洞的单个牙齿（FJM FJV. 0091–0094）显示其大小为：m1/m2 长 2.33（2.25–2.42）mm；M1 长 2.30 mm、M2 长 2.23 mm、M3 长 1.50 mm。根据现生 *H. larvatus* 的 m1 和 M1 各占齿列的比率（分别为 0.21 和 0.24）计算，其 i1–m3 长 10.71–11.52 mm，I1–M3 长 9.16–9.58 mm。

郑绍华（2004）以“*Hipposideros* sp. 2”记述了建始龙骨洞的 4 个臼齿（IVPP V 13197.1–4）。M1 长 2.70 mm。根据现生 *H. larvatus* 的 M1 所占齿列比率计算，其 I1–M3 长约 11.25 mm。很显然这一数据超出了该种的变异范围。由于材料太少，这里暂且将其归入该种。

武仙竹（2006）以“*H. pratti*”记述了郧西黄龙洞的上、下颌（TS1E2③：61, 63, 72；TN1W2③：61；TS1W2③：53；TN1W11③：59）。C–M3（长 8.0 mm）比普氏蹄蝠现生标本（Allen, 1938：13.4–14.7 mm）显著小；i1–m3 长 9.12–9.70 mm 也比该种小（王酉之，1984：11.4 mm）。根据下颌支的形态将其置于 *Hipposideros* 属似无问题，但根据个体大小，应属于中蹄蝠。

繁昌人字洞的“*H. prelarvatus* sp. nov.”（金昌柱、汪发志，2009）的上、下颌（IVPP V 13967.1–10）为中等大小；颏孔位于 p2 正下方；从槽孔判断，P2 较小，偏向颊侧，因此 C 与 P4 可能接触；m3 跟座盆狭窄，下内脊和斜脊强烈斜向颊侧；i1–m3（含 i1–p2 槽孔）长 9.80–9.98 mm；根据现生中蹄蝠（*H. larvatus*）的 M1–3（繁昌的为 5.02–5.75 mm）占齿列长度的比率（0.50）推算，其 I1–M3 长约 10.0–11.4 mm。这些性状均接近或在中蹄蝠的变异范围内。因此在材料并不充分、鉴别特征又极不明显的情况下，与其确定为新种，不如归入现生种较为恰当。

被确定为“*Eptesicus* cf. *E. kowalskii*”的繁昌人字洞的上颌骨（IVPP V 13971.4–10）（金昌柱、汪发志，2009，插图4.23b, c）P2大、偏于颊侧，C与P4相接触，这显然与*Eptesicus*属P2缺失的特点不相符，而与*Hipposideros*属一致。根据M1–3（长5.20–5.61 mm）占齿列比率（0.56）计算，其I1–M3长9.28–10.0 mm。

崇左大洞的 *H. larvatus* 虽未描述（金昌柱等，2008，表 1），但根据 m1–3（长 5.9 mm）占齿列比率（0.60）计算，其 i1–m3 长约 9.8 mm；m3 跟座强烈退化并偏向颊侧的特点与该种一致。

周口店东岭子洞的“*Hipposideros* sp.”下颌（CUGB D90 (8) 3）（程捷等，1996）c–m3 长 8.87 mm，以及根据 m1–3（长 5.83 mm）占齿列比率（0.60）计算，其 i1–m3 长 9.72 mm。这样的个体亦应归入中蹄蝠。

三亚落笔洞的下颌材料（HICRA HV 00099–104）完整（图 139A, B），黄万波和郝思德（1998）将其与现生标本（图 139C, D）作了比较。

不同地点上下齿列长度比较见表 14。

表 14　*Hipposideros larvatus* 齿列长度比较　(mm)

地　点	I1–M3	i1–m3	资　料
现生标本	8.6–9.3	9.2–10.5	潘清华等，2007
巫山龙骨坡		8.3（槽孔）	郑绍华、张联敏，1991
平邑小西山		9.0	郑绍华等，1998
三亚落笔洞		11.2（含槽孔）	郝思德、黄万波，1998
奉节兴隆洞	9.16–9.58★1	10.71–11.52★2	黄万波等，2002
建始龙骨洞	11.3★1		郑绍华，2004
郧西黄龙洞	8.0（C–M3）	9.1–9.7	武仙竹，2006
周口店东岭子洞		8.87（c–m3）	程捷等，1996
崇左大洞		9.8★3	据标本测定
繁昌人字洞	9.28–10.0★4	9.8–9.98（含槽孔）	金昌柱、汪发志，2009

★1 根据 M1 占齿列长度比率（0.24）计算；
★2 根据 m1 占齿列长度比率（0.21）计算；
★3 根据 m1–3 占齿列比率（0.60）计算；
★4 根据 M1–3 占齿列比率（0.56）计算

小蹄蝠 ***Hipposideros pomona* Andersen, 1918**

（图 140；表 15）

?*Pipistrellus* sp.：Young, 1934, p. 39（IVPP C/C. 939.2）

Hipposideros bicolor：金昌柱等，2008，1132页，表1

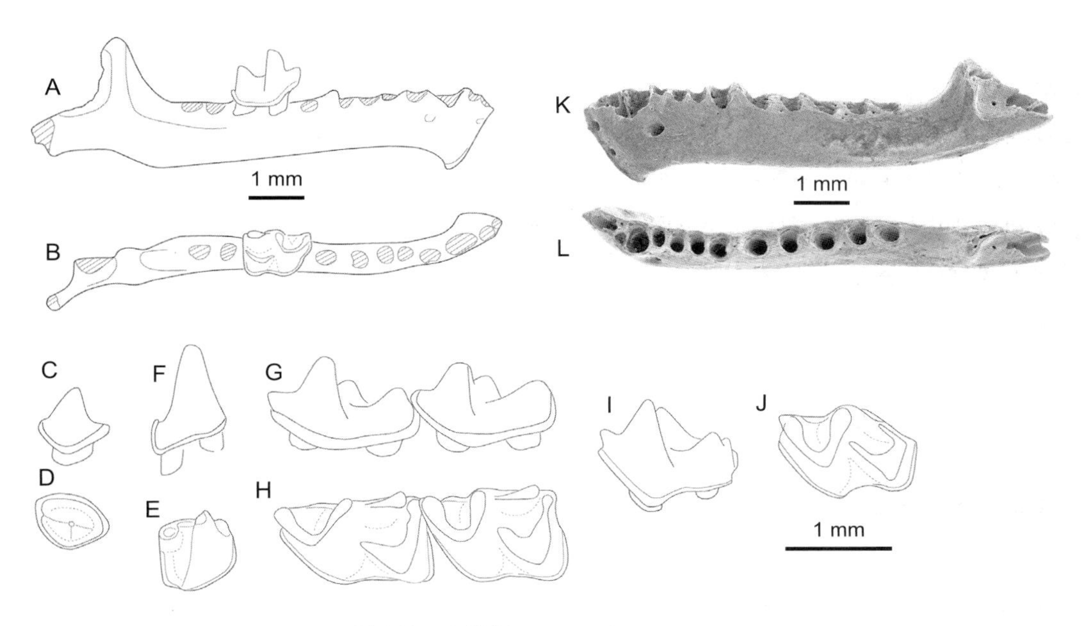

图 140 小蹄蝠 *Hipposideros pomona*

A–J. 右下颌带 m2 及 i1–m1 和 m3 槽孔（A, B），左 p2（C, D），右 p4（E, F），左 m1–2（G, H），左 m3（I, J）；（崇左大洞，IVPP V 15955）；K, L. 左下颌带 i1–m3 槽孔（周口店第一地点，IVPP C/C. 939.2）：A, C, F, G, I, K. 颊侧视，B, D, E, H, J, L. 咬面视

模式标本 雄性，大英博物馆 No.18.8.3.4。产自印度迈索尔（Mysore）。

鉴别特征 小型。头骨纤细窄长。额部隆凸。腭桥长略小于上颊齿列的 1/3。P2 极小，位于齿列之外，P4 与 C 接触或有小齿隙。M3 有后尖和后附尖，但其后后脊小于前前脊的 1/4。p2 大小与 p4 相当，叠覆于 c 和 p4 之上。p4 后内角有一显著的附尖发育。m3 少退化。

产地与层位（中国） 广西崇左板利乡三合大洞，下更新统；北京周口店第三地点，中更新统。

评注 现生于印度到缅甸、泰国、老挝、柬埔寨、越南，以及中国的福建、香港、四川西部。崇左大洞 50 余件破碎下颌支（IVPP V 15955）被鉴定为“*Hipposideros bicolor*”（金昌柱等，2008）。其中 6 件可测得 i1–m3（槽孔）长 5.8–6.2 mm；1 件保存有 m2 和冠状突（图 140A, B），1 件保存 p2（图 140C, D），1 件保存 p4（图 140E, F），2 件保存 m1–2（图 140G, H），1 件保存 m3（图 140I, J）。根据 p2 和 p4 长度相当、p4 后内角有附尖发育、m3 少退化以及个体大小（表 15），崇左标本归入 *H. pomona* 比归入双色蹄蝠（*H. bicolor*）更为合理。

周口店第一地点编号为 IVPP C/C. 939 的两件标本中的一件属于前述的 *Rhinolophus macrotis*，另一件则属于 *Hipposideros*，两者最初都被归入“?*Pipistrellus* sp.”（Young, 1934）。属于 *Hipposideros* 的左下颌关节突和角突残缺，虽然不带牙齿，但所有牙齿槽孔保留完全（图 140K，L）。该下颌颏孔较大，位于 c 与 p2 间下。m3 与升支间有较大距离。从槽孔数判断，其下齿式为：2•1•2•3；从槽孔的位置判断，i2 与 c 间无齿隙；从槽孔的大小判断，i1 应略大于 i2，p2 应小于 p4 且其前部可能叠覆于 c 的后跟之上，m3 应少退化或不退化。从 i1–m3（槽孔）长度（6.4 mm）判断，大于三叶蹄蝠和无尾蹄蝠，小于双色蹄蝠和大耳小蹄蝠，落在小蹄蝠的变异范围内，应属小型蹄蝠（表 15）。

表 15　几种小型蹄蝠下齿列长度比较 (mm)

种　类	i1–m3	资　料
H. pomona	6.0–6.6（c–m3）	Allen, 1938
H. bicolor	7.4	现生标本观测
H. fulvus	7.1	现生标本观测
A. stoliczkanus	4.8–5.6	潘清华等，2007
C. frithi	5.6	潘清华等，2007
IVPP V 15955	5.8–6.2（槽孔）	化石标本观测
IVPP C/C. 939.2	6.4（槽孔）	化石标本观测

普氏蹄蝠 *Hipposideros pratti* Thomas, 1891

（图 141；表 16）

Hipposideros sp.：W. C. Pei, 1936, p. 36, textfig. 21

Hipposideros sp.1：黄万波等，2002，33页

Hipposideros armiger：金昌柱等，2008，1132页，表1

模式标本　雌性个体（标本编号不详），保存于大英博物馆。产自四川乐山。

鉴别特征　平均个体比大马蹄蝠大（颅全长 32.4–34.6 mm），胫骨较长（34 mm 比 26 mm），头骨背部从发达的矢状脊顶端近于垂直下降，在吻背部形成一几与腭部平行的平面而不是从矢状脊顶端向前均一下降并与腭面形成 45° 夹角。前颌骨完全包围门齿孔。M3 缺失后尖和后附尖。m3 跟座显著退化。

产地与层位（中国）　广西崇左板利乡三合大洞，下更新统；北京周口店第三地点、重庆奉节土家族乡兴隆洞，中更新统。

评注　该种现生于越南，中国的云南、贵州、四川、江西、湖南、广西、福建、浙江、安徽、江苏、陕西等省区。周口店第三地点的“*Hipposideros* sp.”的头骨和下颌支（IVPP C/C. 2016–2019）（Pei, 1936）吻短宽，背缘平直，几与臼齿列平行；M3 缺失后尖和后附尖，外脊呈 V 字形；颏孔位于 c 之下；p4 长方形，长大于宽，齿尖略高于臼齿尖；m3 跟座相

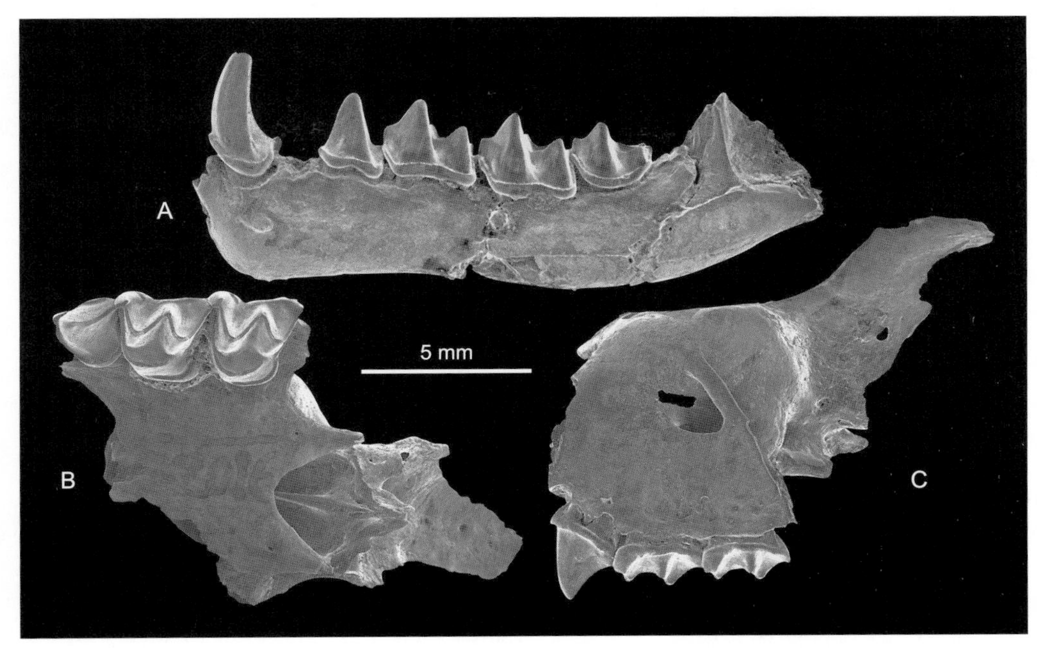

图 141　普氏蹄蝠 *Hipposideros pratti*

A. 左下颌残段带 c–m3 及 i1–2 和 p2 槽孔（IVPP C/C. 2018）；B, C. 破碎头骨带 P4–M2（IVPP C/C. 2016）：A. 颊侧视，B. 咬面视，C. 左侧视

表 16　*Hipposideros pratti* 齿列长度比较　(mm)

地　点	I1–M3 长	i1–m3 长	资　料
现生标本	11.7–12.6	14–15.4	王酉之，1984
周口店第三地点	11.3★1	13.7 (c–m3)	Pei, 1936
奉节兴隆洞	11.3–11.7★1	15.1–15.2★2	黄万波等，2002
崇左大洞	13.2 (C–M3)	14.7	金昌柱等，2008

★1 根据 M2 占齿列长度比率（0.24）计算；
★2 根据 m1 占齿列长度比率（0.21）计算

对短，下内脊和斜脊偏向颊侧（图 141）。根据其吻部背缘平直的特点以及个体大小（c–m3 长 13.7 mm），应归入 *H. pratti*（表 16）。

黄万波等（2002）以"*Hipposideros* sp. 1"记述的奉节兴隆洞的材料虽为单个牙齿（FJM FJV. 0087–0090），但其M3后尖和后附尖缺失，外脊V形；m3下内脊偏向颊侧。根据m1（长3.18–3.2 mm）和M2（长2.7–2.8 mm）所占齿列长度比率（分别为0.21和0.24）计算出的i1–m3和I1–M3长度均落在普氏蹄蝠的变异范围内（表16）。

如上所述，广西崇左三合大洞的"*H. pratti*"（金昌柱等，2008，表 1）就其个体大小而言应归入 *H. armiger*，而同一地点的"*H. armiger*"应归入 *H. pratti*。

蹄蝠（未定种） *Hipposideros* spp.

在周口地点顶盖砾石层（Pei, 1939b）、安徽和县龙潭洞（郑绍华，1983）、贵州普定白岩脚洞（李炎贤、蔡回阳，1986）、山东平邑小西山（郑绍华等，1998）和广西田东雾云山（陈耿娇等，2002）都有过 *Hipposideros* sp. 报道。但或材料太少或没有详细描述，无从整理评述。

无尾蹄蝠属 Genus *Coelops* Blyth, 1848

模式种 东亚无尾蹄蝠 *Coelops frithi* Blyth, 1848，产自孟加拉国南部沿海孙德尔本（Sunderbans）。

鉴别特征 小型。齿式：1•1•2•3/2•1•2•3 = 30。C 具前、后附尖。P2 较大，位于齿列中线上，并将 C 与 P4 隔开。M3 具有后尖和后附尖，外脊呈不对称的 W 形。i1 小于 i2；i2 与 c 间有大的齿隙。p2 长度约为 p4 的 3/5，具明显的前齿带尖。p4 狭长，其牙齿长度和齿尖高度均与 m1 接近。m1–3 狭长，m3 不退化，下内脊几乎不偏向颊侧。

中国已知种 仅模式种。

分布与时代（中国） 重庆巫山庙宇镇龙骨坡，早更新世；重庆巫山河梁迷宫洞，晚更新世。

评注 现生有东亚无尾蹄蝠（*C. frithi* Blyth, 1848）和马来亚无尾蹄蝠（*C. robinsoni* Bonhote, 1908）。前者分布于印度东部到中国南部，印度尼西亚的苏门答腊、爪哇和巴厘岛；后者分布于马来西亚西部、印度尼西亚加里曼丹、菲律宾。无尾蹄蝠属（*Coelops*）虽齿式与蹄蝠属（*Hipposideros*）相同，但其 C 有很发育的后附尖，P2 位于齿列中并将 C 和 P4 隔开，M3 有后尖和后附尖发育，i2 和 c 间有齿隙，p4 长度几乎与 m1 的相当等，与后者不同。在头骨和下颌的形态以及 P2 的位置、M3 的性状上，无尾蹄蝠与菊头蝠属（*Rhinolophus*）中的大部分种类十分相似。

东亚无尾蹄蝠 *Coelops frithi* Blyth, 1848

（图 142；表 17）

?*Scotomanes* sp.：郑绍华、张联敏，1991，50页，插图28A–A1

Hiposideros armiger：黄万波等，2000，插图25A–A1

模式标本 不详。产自孟加拉国孙德尔本（Sunderbans）。

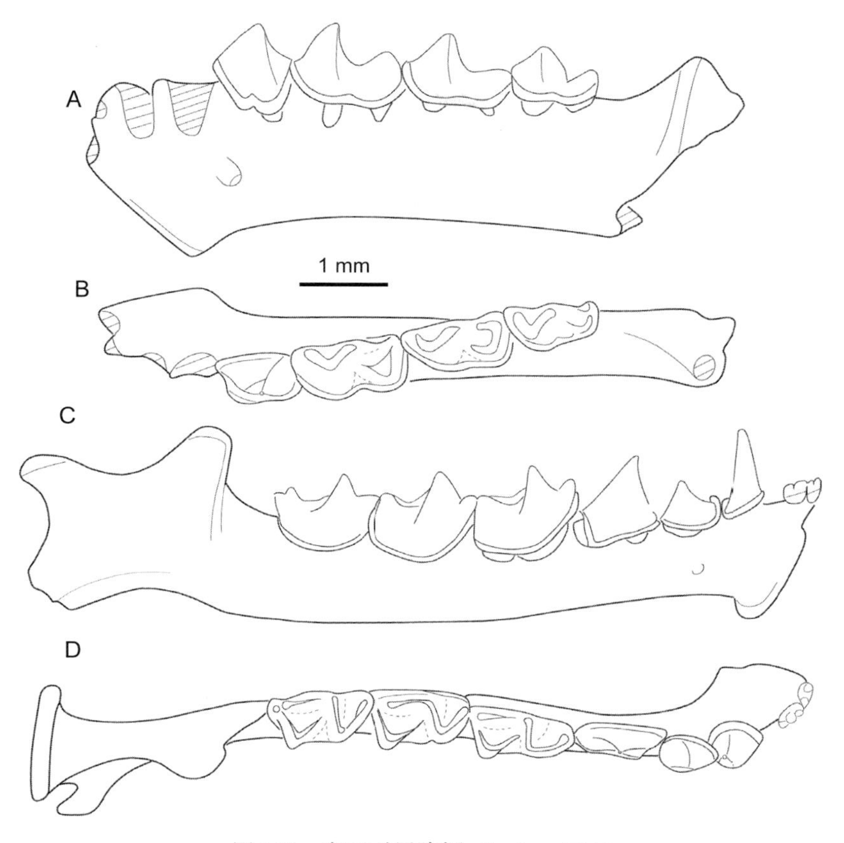

图 142　东亚无尾蹄蝠 *Coelops frithi*

A, B. 左下颌支残段带 p4–m3 及 i1–p3 槽孔（巫山迷宫洞，WSM LIPAN V 144）；C, D. 右下颌支（中国科学院昆明动物研究所，76- 滇 -78）；A, C. 颊侧视，B, D. 咬面视

鉴别特征　同属。

产地与层位（中国）　重庆巫山庙宇镇龙骨坡，下更新统；重庆巫山河梁迷宫洞，上更新统。

评注　在中国有分布于广东、广西、福建和海南的华南亚种 *C. f. inflata* Miller, 1928、台湾的台湾亚种 *C. f. formosanus* G. Allen, 1928 和云南及四川的四川亚种 *C. f. sinicus* Horikawa, 1928（王应祥，2003）。黄万波等（2000）以 *Hiposideros armiger* 记述的重庆巫山迷宫洞的一件带 i1–p3 槽孔和 p4–m3 的左下颌（WSM LIPAN V 144）（黄万波等，2000，插图 25A–A1）下齿式：2•1•2•3；下颌冠状突可能很低矮；p2 和 c 的槽孔大小几乎相当，即下犬齿相当小；p4 长方形，其前内方与 p2 部分重叠；m1 和 m2 跟座为 nyctalodonty 型；m3 长度几乎与 m2 的相当；p4–m3 长 4.4 mm。这些性状与现生的东亚无尾蹄蝠（图 142C, D）基本一致。稍微不同的是下颌颏孔位置略微靠后，在 p2 和 p4 间之下而不是在 p2 之下。*Pipistrellus* 的下齿式为 3•1•2•3，且有较高的冠状突、较小的 p2。

表 17　*Coelops frithi* 下齿列长度比较　(mm)

地　点	p4–m2	i1–m3	资　料
现生种		5.6–6.8	Allen, 1938
巫山迷宫洞	3.4	5.6（含 i1–p2 槽孔）	黄万波等，2000
巫山龙骨坡	3.5	6.5★	郑绍华、张联敏，1991

★据 p4–m2 与 i1–m3 的长度比率（0.54）计算

郑绍华、张联敏（1991）以“? *Scotomanes* sp.”记述的重庆巫山龙骨坡的一段带 p4–m2 的右下颌（CQMNH CV. 1013）的个体大小与迷宫洞标本相当（表 17）；m1 和 m2 狭长，跟座也为 nyctalodonty 型等，应与迷宫洞标本属于同一种类。其 m1 和 m2 跟座宽度仅略小于齿座、跟座为 nyctalodonty 型等性状，明显与斑蝠属 *S. cotomanes* 的特征不符，后者跟座为 myotodonty 型。

三叶蹄蝠属 Genus *Aselliscus* Tate, 1941

模式种　南洋三叶蹄蝠 *Rhinolophus tricuspidatus* Temminck, 1835，产自印度尼西亚的马鲁古群岛、安波那（Amboina）。

鉴别特征　小型。头骨吻短，额骨向上隆突，矢状脊发育，颧弓后部扩展，形成垂直的颧弓板，上枕部向后突出。齿式：1•1•2•3/2•1•2•3 = 30。I1 双齿尖。P2 偏向齿列颊侧，并将 C 和 P4 隔开。C 的前后缘各具一尖锐的齿带尖。M3 有较弱的后尖和后附尖。i1 和 i2 大小相当，但仅及 i3 齿冠面积之半。i3 与 c 接触。p3 较大，前后分别叠覆于 c 和 p4 的后、前齿带上。m1 和 m2 跟座 nyctalodonty 型。从 m1 到 m3 牙齿长度逐渐减小。m3 较 m2 少退化，下内脊仅轻微偏向颊侧。

中国已知种　仅 *Aselliscus stoliczkanus* 一种。

分布与时代（中国）　广西，早更新世。

评注　该属现生种有分布于缅甸、中国南部、泰国、老挝、越南和马来西亚西部的三叶小蹄蝠［*A. stoliczkanus*（Dobson, 1871）］和分布于马鲁古群岛、新几内亚、俾斯麦群岛、所罗门群岛、瓦鲁阿图及其邻近小岛的南洋三尖蹄蝠［*A. tricuspidatus*（Temminck, 1835）］。只三叶小蹄蝠现生存于云南、贵州、广西和江西。

Tate（1941a）建立该属时指出应包含 *A. stoliczkanus* 和 *A. trifidus* 两种，至于“*Asellia wheeleri*”应与前一种相关。Ellerman 和 Morrison-Scott（1951）指出该属包含 *A. trifidus* 和 *A. wheeleri* 两种。目前该属只包括 *A. stoliczkanus* 和 *A. tricuspidatus* 两种（Corbet et Hill, 1991；谭邦杰，1992；Simmons, 2005）。

Aselliscus 属与 *Coelops* 属均为小型蹄蝠，主要区别是后者的头骨额部有大的隆起；

I1 双齿尖；C 不具前、后附尖；P2 虽将 C 与 P4 隔开，但更靠颊侧；i2 和 c 间无齿隙；p4 长度约为 m1 的一半等。

三叶小蹄蝠 *Aselliscus stoliczkanus* (Dobson, 1871)

Aselliscus wheeleri：金昌柱等，2008，1132页，表1

模式标本 不详。产自马来西亚西部 Panang 岛。

鉴别特征 基本同属。I1–M3 长 5.0–5.5 mm，i1–m3 长 4.8–5.6 mm (潘清华等 , 2007)。

产地与层位（中国） 广西崇左板利乡三合大洞，下更新统。

评注 该种现生于马来西亚、泰国、缅甸、老挝、越南，以及中国云南、贵州、广西和江西。金昌柱等 (2008) 以“*Aselliscus wheeleri*”种名列出了崇左三合大洞的这类蝙蝠，与三叶小蹄蝠应为同物异名（谭邦杰，1992）。其标本仅为 4 段不带牙齿的下颌支。根据冠状突低矮、关节突向后延伸、下门齿和下前臼齿数目均为 2、缺失 p3 判断，应属于小型蹄蝠类，但是否为三叶小蹄蝠有待新材料证实。

蹄蝠科（未定属种） Hipposideridae gen. et sp. indet.

邱铸鼎等（1985）简单记述了云南禄丰县古猿地点晚中新世的下犬齿、m1/2、m3 各一枚。具有“个体颇大；犬齿后侧有发育的齿带；下臼齿的下前尖弱，后脊和斜脊低，下后尖脊及下内尖脊相对较发育；m3 后跟略退化”等特征。这是中国发现最早的蹄蝠。

假吸血蝠科 Family Megadermatidae Allen, 1864

模式属 假吸血蝠属 *Megaderma* E. Geoffroy, 1810

定义与分类 源自希腊词 megas（大）和 derma（皮），又称巨耳蝠科。包含欧洲晚始新世的杀螳蝠属（*Necromantis* Weithofer, 1887）及现生的洗浣蝠属（*Lavia* Gray, 1838）、心鼻蝠属（*Cardioderma* Peters, 1873）、假吸血蝠属（*Megaderma* E. Geoffroy, 1810）和大耳蝠属（*Macroderma* Miller, 1906）五属（McKenna et Bell, 1997）。

鉴别特征 该科蝙蝠头骨眶后突存在；前颌骨游离，腭支退化或缺失；硬腭向后止于或前于颧弓根水平。齿式：0•1•1–2•3/2•1•2•3 = 26–28。下颌角突加长，突出于齿列咀嚼面以下水平。m1/2 跟座 nyctalodonty 型。剑胸骨有恒定的中棱（龙骨突）。肱骨大结节正好伸至肱骨头近端水平，且不与肩胛骨相关节；内侧视肱骨头椭圆或长圆形，肱骨远端关节面向外离开骨干线。第一指只一节指骨；第二指第一指节骨骨化，第二、三指节骨不骨化或缺失；第三指第三指节骨不骨化或缺失。股骨干直。脚踝内侧的距存在。第二—五趾具 3 节趾骨。

中国已知属 仅 *Megaderma* 一属。

分布与时代（中国） 湖北，晚更新世。

评注 现生种类分布于亚洲、非洲和澳大利亚的热带和亚热带地区（Corbet et Hill, 1991；谭邦杰，1992）。中国现生于西藏、云南、贵州、四川、湖南、广西、广东、海南和福建（王应祥，2003）。

假吸血蝠属 Genus *Megaderma* E. Geoffroy, 1810

模式种 马来假吸血蝠 *Megaderma spasma*（Linnaeus, 1758），产自印度尼西亚马鲁古群岛、特尔纳特（Ternate）。

鉴别特征 齿式：0•1•2•3/2•1•2•3 = 28。C的前、后缘基部各有一小的齿带尖，后缘有一大的附尖；上臼齿中附尖减小，后附尖加长，使得W形外壁前后不对称以及牙齿后缘更凹；P2小，成角度隐藏在P4与C之间舌侧；P4和C相接触；下门齿齿冠三裂式（trifid），c有一恒定的前内附尖；p2和p4几乎等大，冠面呈三角形，前部稍宽于后部；下臼齿舌侧齿尖较弱；m3无下内尖。C–M3长11.1–12.1 mm，i2–m3长12.9–13.4 mm（潘清华等，2007）。

中国已知种 仅 *Megaderma lyra* 一种。

分布与时代（中国） 湖北，晚更新世。

评注 现生于阿富汗、南亚、东南亚及其邻近岛屿、中国东南和西南各省（Corbet et Hill, 1991；Simmons, 2005；王应祥，2003）；化石发现于欧洲晚渐新世—早上新世，非洲中中新世、早更新世，澳大利亚早上新世，亚洲更新世（McKenna et Bell, 1997）。该属现生的只包含小型的马来假吸血蝠（*M. spasma*）和大型的印度假吸血蝠（*M. lyra*）两种（Ellerman et Morrison-Scott, 1951；Corbet et Hill, 1991；谭邦杰，1992；Simmons, 2005）。

印度假吸血蝠 *Megaderma lyra* E. Geoffroy, 1810

（图 143；表 18）

M. lyra：武仙竹，2006，82页，插图四六；图版八，图1上左

模式标本 不详。产自印度马德拉斯（Madras）。

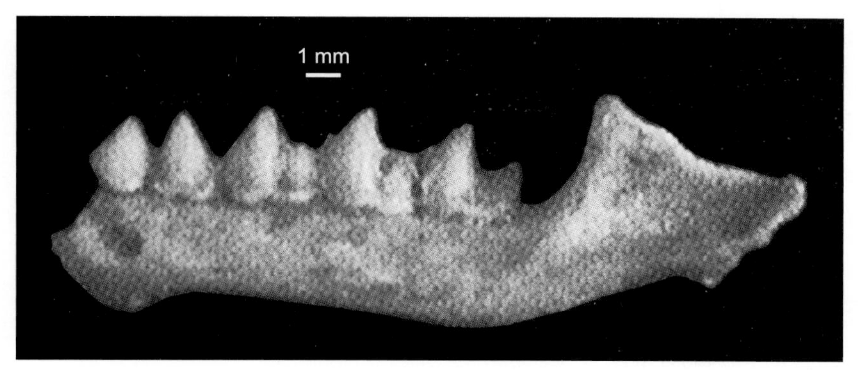

图 143　郧西黄龙洞的印度假吸血蝠 *Megaderma lyra*
左下颌支：颊侧视（引自武仙竹，2006）

表 18　*Megaderma lyra* 齿列长度比较　(mm)

地　点	C–M3	i1–m3	资　料
现生标本	11.1–12.1	12.9–13.4	潘清华等，2007
郧西黄龙洞	11（槽孔）	15.1	武仙竹，2006

鉴别特征　较小型。其他特征同属。

产地与层位（中国）　湖北郧西香口乡黄龙洞，上更新统。

评注　现生于南亚、东南亚，以及中国的福建、海南、广东、广西、西藏、云南、贵州、四川和湖南（Corbet et Hill, 1991；谭邦杰，1992；王应祥，2003）。黄龙洞的一件残上颌（TN4W1③：55）和三件残下颌（TN1E1③：56；TS1E3③：69–70）（武仙竹，2006）显示：P2（槽孔）小，挤压在 C 和 P4 之间；M3 强烈退化，颊侧只有前尖、前附尖和中附尖及其 V 字形的联结；下颌（图 143）冠状突低矮，关节突向后强烈伸展，高度不超过齿冠；颏孔特大，位于 p3 之下；p4 略大于 p3，均为单尖，断面近三角形；下臼齿舌侧齿尖弱，m1 ＞ m2 ＞ m3；m3 下内尖严重退化，使得跟座呈脊状偏向颊侧；C–M3（含犬齿前槽孔）长 11.0 mm，i1–m3（含门齿槽孔）长 15.1 mm。这些特征基本与该种相符。

鞘尾蝠科　Family Emballonuridae Gervais, 1855

模式属　鞘尾蝠 *Emballonura* Temminck, 1838

定义与分类　鞘尾蝠又名囊翼蝠、袋蝠、妖蝠。现生种分布于热带和亚热带，食虫为主（Nowak et Paradiso, 1983; Corbet et Hill, 1991）；在中国分布于云南、贵州、广西、广东、海南、香港、北京（王应祥，2003）。该科包含墓蝠亚科（Taphozoinae Jerdon, 1867）和鞘尾蝠亚科（Emballonurinae Gervais, 1855）。

鉴别特征　该科动物头骨眶后突很发育。前颌骨游离，鼻支很发育，腭支退化或缺失。

硬腭向后伸至眶间区内或止于颧弓前根及以前水平。齿式：1–2•1•2•3/2–3•1•2•3 = 30–34。m1 和 m2 跟座 nyctalodonty 型。下颌角突加长，突出在齿列咀嚼面或其下水平。剑胸骨无纵棱（龙骨突）。肩胛骨顶端无前突；远端不后外向突出；对肱骨滑车关节面存在或缺失；背部关节面背外向。肱骨大结节正好伸至肱骨头近端水平；内侧视肱骨头椭圆或长圆形；远端关节面与骨干在同一直线上。第二指第一、二、三指节骨及第三指第三指节骨不骨化或缺失。股骨干直。脚踝内侧的距存在。第二 — 五趾具 3 趾。

中国已知属 仅 *Taphozous* 一属。

分布与时代（中国） 海南，晚更新世。

评注 该科最早的化石（*Vespertiliavus*）发现于欧洲中始新世 — 早渐新世（McKenna et Bell, 1997）。

墓蝠亚科 Subfamily Taphozoinae Jerdon, 1867

该亚科包含墓蝠属（*Taphozous* E. Geoffroy, 1818）和喉囊墓蝠属（*Saccolaimus* Temminck, 1838）两属（Simmons, 2005）。中国只有前者的化石材料发现。

墓蝠属 Genus *Taphozous* E. Geoffroy, 1818

模式种 埃及墓蝠 *Taphozous perforatus* E. Geoffroy, 1818，产自埃及考姆翁布（Kom Ombo）。

鉴别特征 中 — 大型。头骨前部凹，眶后突很发育但狭窄。前颌骨小而游离，各带一小门齿。下颌支下缘在前臼齿之下显著内弯。齿式：1•1•2•3/2•1•2•3 = 30。粗壮的 C 有显著的齿带，其前后缘各有一小的齿带尖。M1 和 M2 的 W 形齿脊显著，但次尖缺失。M3 缺失后尖和后附尖，外脊呈 V 形。足细，距或跟骨很长。

中国已知种 仅 *Taphozous melanopogon* 一种。

分布与时代（中国） 海南，晚更新世。

评注 墓蝠属蝙蝠现生于亚洲、非洲、澳大利亚；中国的海南、广东、香港、广西、云南、贵州、北京。包含 14 种（Simmons, 2005）。该属化石最早发现于非洲早 — 中中新世（McKenna et Bell, 1997）。

黑髯墓蝠是典型的热带、亚热带蝙蝠。但 Hollister（1913）记述的 *T. solifer* 则是产自温带的北京附近，令人感到奇怪。Allen（1938）认为，如果没有更多的发现来证明属实的话，那么这应是一个错误记录。后来的发现表明，北京地区没有该种蝙蝠（陈卫等，2002）。然而，谭邦杰（1992）视 *T. solifer* 为 *T. melanopogon* 的同物异名，而王应祥（2003）将其视为后者的一个亚种。

黑髯墓蝠 *Taphozous melanopogon* Temminck, 1841

（图 144；表 19）

Taphozous melanopogon：郝思德、黄万波，1998，54页，插图5.9, A–a；5.10, A–A'；5.11, A–A'–A''

模式标本 推测在荷兰莱顿博物馆。产自印度尼西亚西爪哇班塔岛（Bantam）。

鉴别特征 头骨脑颅大而椭圆，后壁近于垂直，前面凹。上犬齿细长，与颊齿列近于垂直。P2 很小，具有狭窄的像刀一样的齿缘。P4 主齿尖高度达到犬齿尖一样水平。P2 和 P4 间有显著的齿隙。耳壳间的坑大而深，中部有一狭窄的隔板。下颌升支前缘与水平支近于垂直。颏孔位于下犬齿与 p2 之间下方。下颊齿颊侧齿带粗壮。p4 四边形，狭长。m3 跟座狭窄并显著偏向颊侧。I1–M3 长 9.0 mm，i1–m3 长 10.0–10.3 mm。

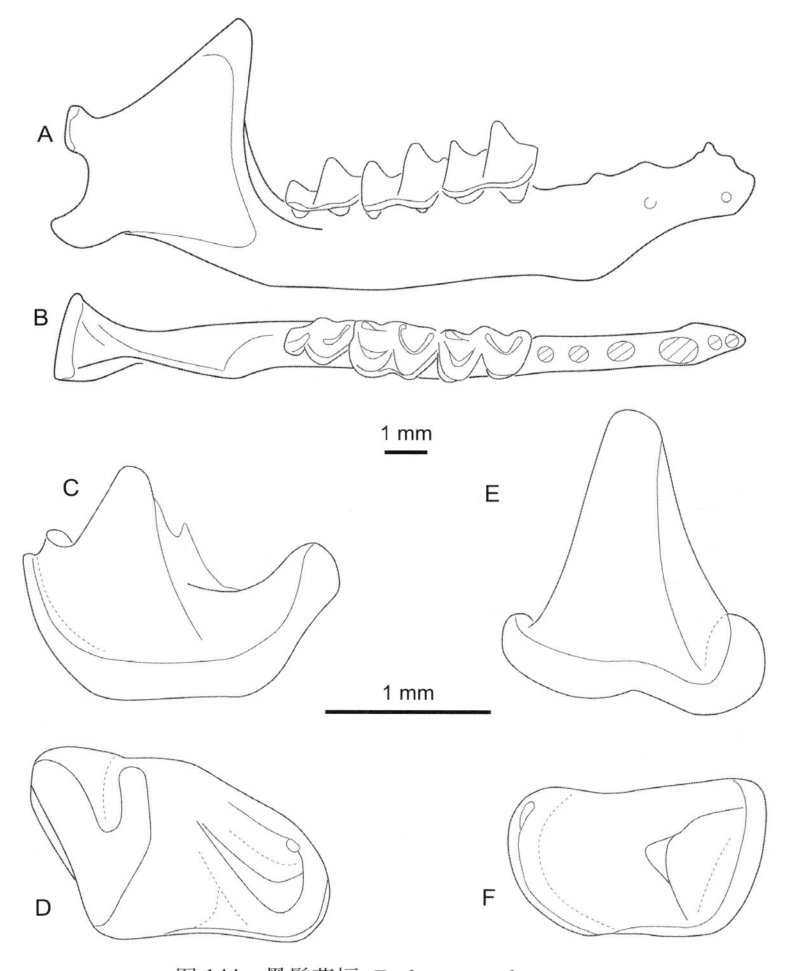

图 144　黑髯墓蝠 *Taphozous melanopogon*

A, B. 右下颌带 m1–3 及 i1–p4 槽孔（HICRA HV 00106）；C, D. 左 m3（HICRA HV 00105）；E, F. 左 p4（HICRA HV 00105）：A, C, E. 颊侧视，B, D, F. 咬面视

表 19 *Taphozous melanopogon* 齿列长度比较 (mm)

地 点	I1–M3	i1–m3	资 料
现生标本	9.0	10.0–10.3	Allen, 1938
三亚落笔洞		10（含槽孔）	郝思德、黄万波，1998

产地与层位（中国） 海南三亚荔枝沟镇落笔洞，上更新统。

评注 该种现生于南亚、东南亚及中国云南、贵州、广东、海南、香港和广西（谭邦杰，1992；王应祥，2003）。海南三亚落笔洞发现的化石材料只有三件残破下颌（HICRA HV 00105–107）。要根据这样少的材料确定到种是相当困难的。不过，根据下齿式为2•1•2•3，下齿列长度（含槽孔）约为10 mm（表19），以及下颌及其颊齿的形态（图144）（如p3与犬齿和p4间可能有齿隙，m3跟座相对长、狭、显著偏向颊侧等），似应与现生黑髯墓蝠的特征一致。

蝙蝠科 Family Vespertilionidae Gray, 1821

模式属 蝙蝠 *Vespertilio* Linnaeus, 1758

定义与分类 该科名源自拉丁词vespertilio（黄昏动物——蝙蝠）。现生属种广泛分布于新旧大陆，而且通常是温带地区唯一的蝙蝠类代表。其成员通常具有适度发育的、与耳屏分开的（很少横过头相连）耳，缺失鼻叶或吻部的其他生长物。尾不退化，但伸至股间翼膜缘。包括蝙蝠亚科（Vespertilioninae Gray, 1821）、穴蝠亚科（Antrozoinae Miller, 1897）、鼠耳蝠亚科（Myotinae Tate, 1942）、长翼蝠亚科（Miniopterinae Dobson, 1875）、管鼻蝠亚科（Murininae Miller, 1907）和彩蝠亚科（Kerivoulinae Miller, 1907）。

鉴别特征 该科成员头骨吻部通常较粗短，额部有或无明显凹陷，眶间区宽，无眶后突。前颌骨与上颌骨愈合，其鼻支很发育，但腭支退化或缺失。腭骨中间长度大于齿列间的最小距离，腭骨向后伸至眶间区内。牙齿齿尖适于食虫，不适于食果。齿式：1–2•1•1–3•3/3•1•2–3•3 = 30–38。m1和m2跟座nyctalodonty或myotodonty型。剑胸骨具或不具纵棱（龙骨突）。肩胛骨顶端具或不具三角形前突，远端不后外突出；背部对肱骨关节面存在。肱骨大结节大大超过肱骨头近端水平；内侧视肱骨头圆、椭圆或长圆；肱骨远端关节面与骨干在或不在同一直线上。第二指仅一节骨质指骨；第三指第三指节骨部分骨化或完全不骨化。股骨干直。脚踝内侧的距存在。第二—五趾各具3节趾骨。

中国已知属 *Shanwangia, Arielulus, Barbastella, Eptesicus, Harpiocephalus, Myotis, Pipistrellus, Ia, Vespertilio, Tylonycteris, Scotomanes, Plecotus, Miniopterus, Murina*，共14个属。

分布与时代（中国） 河南、山东、内蒙古、安徽、重庆、湖北、广西、北京、江苏、辽宁、海南、云南，中始新世、中中新世、早上新世、早—晚更新世。

评注 蝙蝠科的属、种是翼手目中最多的，分布也是最广泛的。

山旺蝠属 Genus *Shanwangia* Young, 1977

模式种 意外山旺蝠 *Shanwangia unexpectuta* Young, 1977，采自山东临朐山旺。

鉴别特征 较大型(头尾长 100 mm)。头较小。尾椎约 9–10 节。前肢特大，前指具爪。

中国已知种 仅模式种。

分布与时代 山东，早中新世。

评注 山旺蝠属是杨钟健（1977）根据产自山东临朐山旺中中新统的一不完整骨架（包括头骨眼孔以前部分、左下颌支、脊椎、肩带、右侧肱骨、尺骨、桡骨、指骨、髂骨、坐骨、耻骨、股骨、胫骨、腓骨、趾骨等，只左侧前肢骨及部分脊椎缺失）建立的。杨钟健（1977）、McKenna 和 Bell（1997）都将其置于蝙蝠科（Vespertilionidae）。

意外山旺蝠 *Shanwangia unexpectuta* Young, 1977

（图 145）

Shanwangia unexpectuta：杨钟健，1977，77页，图版II

正模 一较完整的骨架连同翼膜附于围岩上（SDM 无标本编号），可能保存在山东省博物馆。产自山东临朐山旺。

鉴别特征 同属。

产地与层位 山东省临朐县山旺村，中中新统。

评注 根据现生于中国的蝙蝠科蝙蝠的测量数据（王酉之、胡锦矗，1999；潘清华等，2007），意外山旺蝠（图 145）的体长（100 mm）与该科中最大的南蝠 *Ia io*（92–100 mm）相当；尾长（据图版测量应为 45 mm）、后足长（13 mm）、前臂长（48 mm）和胫骨长（21 mm）与斯氏长翼蝠（*Miniopterus schreibersii*, 分别为 45–66 mm、10–12 mm、47–49 mm、18.1–22.4 mm）相当；前臂长与褐山蝠（*Nyctalus noctula*, 47–56 mm）和赤褐毛翅蝠（*Harpicephalus harpia*, 40–54 mm）相当。因此可以设想，意外山旺蝠不同于中国任何现生属种，应该是一古老属种。

杨钟健（1977）将意外山旺蝠骨骼的测量数据与美国早始新世的食指爪溺水蝠（*Icaronycteris index*）对比，认为两者“相近”，但所显示的数据大都有误，不可对比；同时他指出“山旺标本前指也具有爪”，但“前指”是指食指还是拇指？由于未见标本，这些问题尚不清楚。

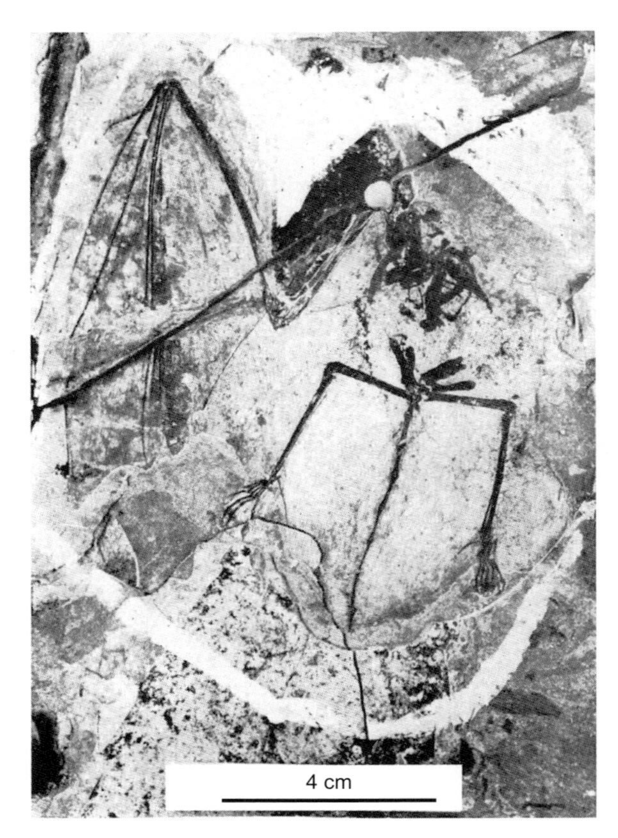

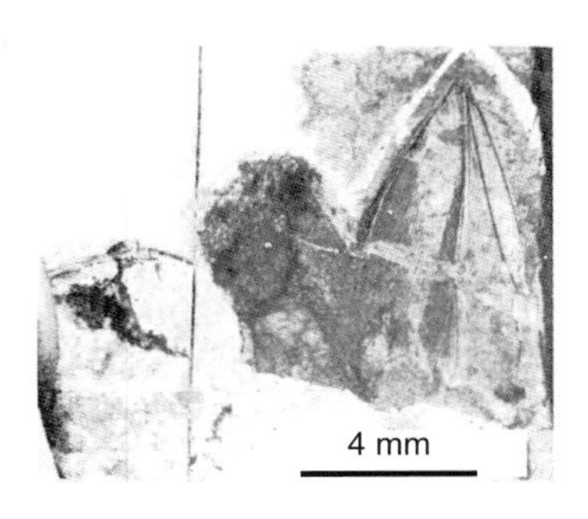

图 145 临朐山旺意外山旺蝠 *Shanwangia unexpectuta* 的骨架（引自杨钟健，1977）

蝙蝠亚科 Subfamily Vespertilioninae Gray, 1821

根据 Simmons（2005）研究，该亚科现生类型包含 7 个族、38 属：

棕蝠族 Eptesicini Volleth et Heller, 1994

金背伏翼属 *Arielulus* Hill et Harrison, 1987

棕蝠属 *Eptesicus* Rafinesque, 1820

夕阳蝠属 *Hesperoptenus* Peters, 1868

毛蝠族 Lasiurini Tate, 1942

毛蝠属 *Lasiurus* Gray, 1831

黄昏蝠族 Nycticeiini Gervais, 1855

施氏暮蝠属 *Nycticeinops* Hill et Harrison, 1987

黄昏蝠属 *Nycticeius* Rafinesque, 1819

小巧黄蝠属 *Rhogeessa* H. Allen, 1866

宽鼻蝠属 *Scoteaax* Troughton, 1943

夜幕蝠属 *Scotoecus* Thomas, 1901
斑蝠属 *Scotomanes* Dobson, 1875
黄蝠属 *Scotophilus* Leach, 1821
薄暮蝠属 *Scotorepens* Troughton, 1943
爱夜蝠族 *Nyctophilini* Peters, 1865
爱夜蝠属 *Nyctophilus* Leach, 1821
壶耳蝠属 *Pharotis* Thomas, 1914
伏翼族 Pipistrellini Tate, 1942
厚脂油蝠属 *Glischropus* Dobson, 1875
山蝠属 *Nyctalus* Bowditch, 1825
伏翼属 *Pipistrellus* Kaup, 1829
印度伏翼属 *Scotozous* Dobson, 1875
大耳蝠族 Plecotini Gray, 1866
阔耳蝠属 *Barbastella* Gray, 1821
硕耳蝠属 *Corynorhinus* H. Allen, 1865
小斑点蝠属 *Euderma* H. Allen, 1892
明亮蝠属 *Idionycteris* Athony, 1923
长耳蝠属 *Otonycteris* Peters, 1859
大耳蝠属 *Plecotus* E. Geoffroy, 1818
蝙蝠族 Vespertilionini Gray, 1821
叶唇蝠属 *Chalinolobus* Peters, 1867
盘足蝠属 *Eudiscopus* Conisbee, 1953
伪油蝠属 *Falsistrellus* Troughton, 1943
浅灰蝠属 *Glauconycteris* Dobson, 1875
薄耳蝠属 *Histiotus* Gervais, 1856
油蝠属 *Hypsugo* Kolenati, 1856
南蝠属 *Ia* Thomas, 1902
帆耳蝠属 *Laephotis* Thomas, 1901
默氏扁颅蝠属 *Mimetillus* Thomas, 1904
祖鲁棕蝠属 *Neoromicia* Roberts, 1926
情侣棕蝠属 *Philetor* Thomas, 1902
扁颅蝠属 *Tylonycteris* Peters, 1872
林蝠属 *Vespadelus* Troughton, 1943
蝙蝠属 *Vespertilio* Linnaeus, 1758

其中，现生于中国的有金背伏翼属（*Arielulus*）、棕蝠属（*Eptesicus*）、斑蝠属（*Scotomanes*）、黄蝠属（*Scotophilus*）、山蝠属（*Nyctalus*）、伏翼属（*Pipistrellus*）、阔耳蝠属（*Barbastella*）、大耳蝠属（*Plecotus*）、南蝠属（*Ia*）、扁颅蝠属（*Tylonycteris*）和蝙蝠属（*Vespertilio*）。

齿式：1–2•1•1–2•3/3•1•2–3•3 = 30–36。P2 和 P3 如存在，显著较 P4 小。m1 和 m2 跟座 nyctalodonty 或 myotodonty 型。剑胸骨有或无纵棱（龙骨突）。内侧视，肱骨头圆、椭圆或长圆；肱骨远端关节面向外与肱骨骨干在同一直线上或偏离骨干线。第三指的第二指节骨长度小于第一指节骨的 1/3。

金背伏翼属 Genus *Arielulus* Hill et Harrison, 1987

模式种 大黑金背伏翼 *Vespertilio circumdatus* Temminck, 1840，产自印度尼西亚爪哇岛 Tapos。

鉴别特征 吻部短宽，脑颅圆滑无矢状脊，额凹大而深，颧弓粗壮，无眶后突痕迹。齿式：2•1•2•3/3•1•2•3 = 34。I1 粗壮，单尖；I2 显著小于 I1，位置很靠前。C 粗壮，无后附尖。P2 很小，位于齿列线内侧，其面积约为 I2 的 1/4；P4 与 C 相接触。p2 小，其齿尖高度约为 p4 的 1/2。

中国已知种 仅 *Arielulus* cf. *A. circumdatus* 一种。

分布与时代（中国） 湖北，早更新世。

评注 该属现生于东南亚，中国云南、台湾。曾被作为 *Pipistrellus* 属的一个亚属，也曾被归到 *Eptesicus*，目前被作为独立的属。按 Simmons（2005）意见，该属含 5 种：泰国、柬埔寨和越南的 *A. aureocollaris*（Kock et Storch, 1996）；印度尼西亚、马来西亚、柬埔寨、泰国、缅甸、印度、尼泊尔和中国（西南）*A. circumdatus*（Temminck, 1840）；马来西亚的 *A. cuprosus*（Hill et Francis, 1984）和 *A. societatis*（Hill, 1972）；中国台湾的 *A. torquatus* Csorba et Lee, 1999。

大黑金背伏翼（相似种） *Arielulus* cf. *A. circumdatus* (Temminck, 1840)

（图 146；表 20）

郑绍华（2004）以“*Pipistrellus* sp.”记述的湖北建始龙骨洞更新世早期的一段带 p4–m2 右下颌（IVPP V 13199）下颌前部深度显著大于后部，颏孔位于 p2 和 p4 间之下，p4 齿尖高度略低于 m1，m1/2 颊侧齿带粗壮（图 146），p4–m3 长 5.6 mm（含槽孔）。根据 m1（长 1.75 mm）所占齿列长度的比率（0.223）计算，其 i1–m3 长约 7.8 mm（表 20）。这样的大小十分接近于大黑金背伏翼（*A. circumdatus*）。根据采自云南贡山巴坡的标本（中国科学院昆明动物研究所总号 003826），其 i1–m3 长为 7.4 mm。当然，目前仅

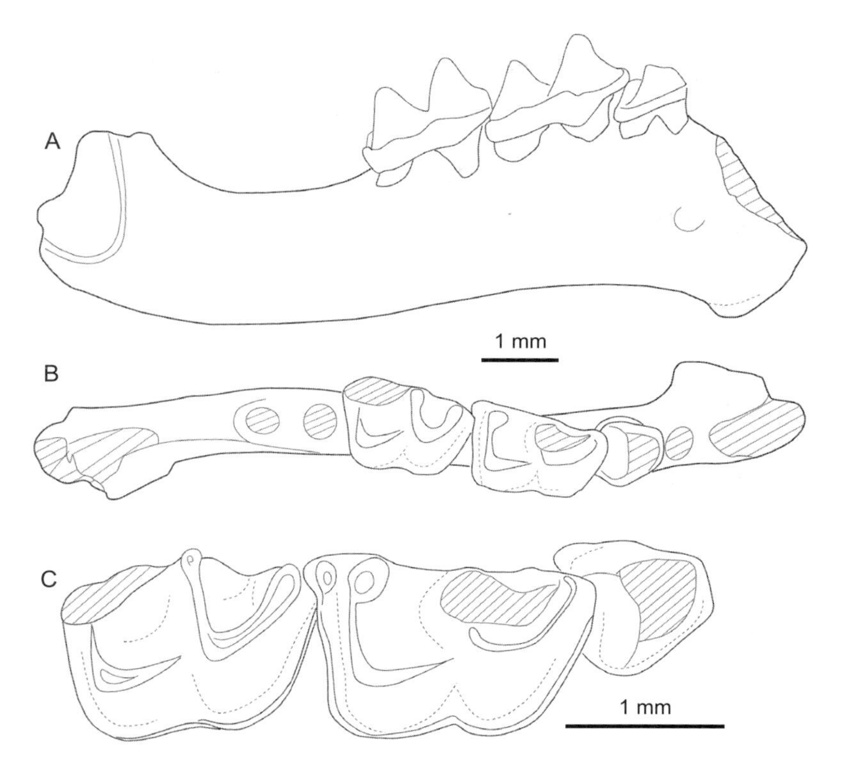

图 146　大黑金背伏翼（相似种）*Arielulus* cf. *A. circumdatus*
右下颌支（IVPP V 13199）：A. 颊侧视，B. 咬面视，C. 放大后的颊齿，咬面视

表 20　*Arielulus* cf. *A. circumdatus* 齿列长度比较　(mm)

地　点	I1–M3	i1–m3	资　料
现生标本	5.8–6.1	6.7–6.9	潘清华等，2007
建始龙骨洞		7.8★	郑绍华，2004

★ 根据 m1 占齿列长度比率（0.223）计算

据此破碎材料要将其定种是相当困难的。

阔耳蝠属 Genus *Barbastella* Gray, 1821

模式种　欧洲阔耳福 *Barbastella barbastellus* (Schreber, 1774)，产自法国勃艮第 (Burgundy)。

鉴别特征　头骨具有相当长而圆的脑颅和宽凹的吻，头骨背面的浅凹区从鼻骨伸至微弱发育的眶上脊，鼻凹有中刺发育，颧弓极端微弱，听泡不特别加大，无前颌腭支。齿式：2•1•2•3/3•1•2•3 = 34。I1 双叉，I2 轻微退化。P2 极小、内置，其大小不及 P4 之半。

C 与 P4 相接触。M3 少退化，具极弱的后附尖和后后脊。3 个下门齿呈叠瓦状排列，i1 颊侧三齿尖，i2 和 i3 具舌侧齿尖。p2 具前内齿带尖，主齿尖高度约为 p4 的 1/3。c 和 p4 齿尖高度相当，但齿冠面积较小。m1 和 m2 跟座 nyctalodonty 型；m3 跟座稍退化。

中国已知种 仅 *Barbastella leucomelas* 一种。

分布与时代（中国） 湖北，晚更新世。

评注 化石见于欧洲早更新世（McKenna et Bell, 1997）。该属包含 3 个现生种，一是从西欧经地中海地区到西亚的 *B. barbastellus*；二是从埃及经高加索、伊朗、阿富汗、印度、尼泊尔、中国到日本的 *B. leucomelas*；三是台湾的 *B. formosanus*。*Barbastella* 属一般认为是 *Plecotus* 属的近亲。Tate（1942a）当时建议用 *B. barbastellus*，*B. darjelingensis* 和 *B. d. leucomelas* 为种名和亚种名。但王应祥（2003）将 *leucomelas* 提为种名，而将 *darjelingensis* 视为该种的亚种名。此外，近年还发现台湾阔耳蝠 *B. formosanus* Lin et al., 1997。

东方阔耳蝠 *Barbastella leucomelas* (Cretzschmar, 1826)

Tylonycteris pachypus：武仙竹，2006，107页，插图五八；图版八，图3下左

模式标本 不详。产自埃及西奈半岛。

鉴别特征 个体稍小。c、p4 和 m1 的齿尖高度几乎相当，p2 齿尖高度显著低于 p4。

产地与层位（中国） 湖北郧西县香口乡黄龙洞，上更新统。

评注 产自黄龙洞的被记述成“*Tylonycteris pachypus*”的两件下颌支（TS1E1③：59；TS1E2③：64）（武仙竹，2006）因其下颌水平支深度前后变化不大，c、p4 和 m1 的齿尖高度大致相当，p2 的齿尖高度及齿冠面积均小于 p4，而 p4 的齿冠面积大于 c 等性状，显然与 *Tylonycteris pachypus* 不同。后者具有下颌水平支的前部深度显著大于后部，c 的齿尖高度显著大于 p4 和 m1，p2 的齿尖高度仅稍低于或等于 p4，p2 的齿冠面积略大于 p4，p4 的齿冠面积显著小于 c 等特征。上述形状及个体大小（i1–m3 长 4.2 mm）与 *Barbastella* 和 *Pipistrellus* 的十分相似或接近。

Tate（1942a）认为 *Barbastella* 的牙齿实际上与 *Pipistrellus* 处于同一进化阶段，特殊的特征只表现在 p2 具有前内齿带尖。然而一般来说，*Pipistrellus* 的 p2 相对更低小，c 的齿尖高度通常高于 p4 和 m1（Miller, 1912）。Menu（1985）还观察到 *Barbastella* 的 i1、i2、i3 属 *Plecotus* 或 *Myotis* 型，即 i2 和 i3 相对加厚，具有清楚的舌侧齿尖，而在 *Pipistrellus*，只 i3 有弱的舌侧齿尖。根据黄龙洞的“3 枚门齿横径大于前后径”判断，应与 *Barbastella* 更接近。

在个体大小上，Miller (1912) 测出的欧洲的 *B. barbastellus*（C–M3 长 5.0–5.2 mm， c–m3 长 4.6–4.8 mm)，比中国的 *B. leucomelas* 稍大 (I1–M3 长 4.6–5.2 mm，i1–m3 长 5.2 mm)（潘清华等，2007）或 I1–M3 长 4.9 mm，I1–M3 长 5.3 mm (王酉之、胡锦矗，1999)。

棕蝠属 Genus *Eptesicus* Rafinesque, 1820

模式种 北美大棕蝠 *Eptesicus melanops* Rafinesque, 1820 (=*Vespertilio fuscus* Beauvois, 1796)，产自美国宾夕法尼亚州费城（Philadelphia）。

鉴别特征 头骨粗短，背侧缘从鼻部向人字脊缓慢均一抬升，几呈一直线，与齿槽缘间的夹角约为30°– 40°；吻部扁平或上部圆，两侧有明显或不明显的浅凹；颧弓细，显著向外扩展，颧弓间宽度约为脑颅宽度的1.25–1.55倍；矢状脊弱，或不发育；眶间区适度收缩，其宽度约为颧弓间宽度的30%– 44%；鼻凹伸至泪孔长度约一半水平；腭前凹方形，深度和宽度相当，达C中、后部。下颌粗短，颏孔位于p2与p4间之下或p2与c间之下；上切迹微凹，从冠状突迅速向关节突下降；角突适度长，远端在水平支下缘之上。齿式：2•1•1•3/3•1•2•3 = 32。I1大于I2，I1颊侧附尖高，清楚与主齿尖分开，后端尖消失；I2前舌侧齿尖和后颊侧齿尖位低，舌侧后附尖缺失。I2与C间的齿隙长度等于I2的最大直径。C断面五边形，从主齿尖向前、后、左、右分出四棱，基部无附尖，齿带完整。P4冠面呈四边形，颊侧长大于舌侧，前宽小于后宽，后缘凹陷清楚或不清楚，有或无后附尖发育。M1/2冠面呈四边形，后缘凹陷弱。M3形态变化，通常在较小型种有很发育的后尖，但在较大型种后尖模糊。i1–3颊侧前齿尖、中齿尖和后齿尖不在同一直线上，三齿尖和舌侧齿尖相连呈四边形；i2常位于下门齿列舌侧。c断面四边形，前凸后凹、舌侧长大于颊侧长，前端具齿带尖，从主齿尖分出前、后外、后内三棱，后缘齿带不发育。p2四边形，齿冠高度仅及p4之半，齿冠面积约为p4的1/4。p4近四边形，前外角圆，舌侧前、后端具大的附尖，齿带粗壮、完整。m1/2跟座myotodonty型。m3跟座退化或不退化，其面积小于或等于m1齿座。

中国已知种 *Eptesicus serotinus* 和 *Eptesicus* sp., 共两种。

分布与时代（中国） 云南，晚中新世、晚更新世；安徽，早更新世；北京，中更新世和晚更新世。

评注 化石见于南北美洲、欧洲、亚洲、非洲和澳大利亚。最早的化石见于北美的早中新世？(McKenna et Bell, 1997)；现生于欧、亚、非、南北美洲。根据 Simmons（2005）研究现生的 *Eptesicus* 属包含 23 种。中国只有 *E. serotinus* (Schreber, 1774) 和 *E. nilssonii* (Keyserling et Blasius, 1839) 两种（王应祥，2003）。

大棕蝠 *Eptesicus serotinus* (Schreber, 1774)

（图 147；表 21）

Chiroptera incertae sedis：Pei, 1936, p. 39, textfig. 22

Eptesicus andersoni：邱铸鼎等，1984，286页

Eptesicus serotinus：同号文等，2008，53页，插图2C

Eptesicus cf. *E. kowalskii*：金昌柱、汪发志，2009，144页，插图4.23a

模式标本 不详。产自法国。

鉴别特征 个体较大（颅基长 19–21.6 mm；下颌长 14–16 mm）。头较扁平，背侧缘与齿槽缘间夹角约为 31°，吻部两侧浅凹明显，颧宽约为脑颅宽的 1.42–1.55 倍，矢状脊低，但明显，眶间收缩区较窄，其宽度约为脑颅宽度的 30.6%–35.9%。下颌颏孔大，位于 p2 与 p4 间之下。I1–2 齿列与头骨中轴线几呈直角排列。i1 和 i2 重叠部分超过 i3 面积之半。M3 齿冠面积不到 M1 的一半，中附尖、后尖退化。m3 跟座退化，面积约为齿座的一半。个体大小以齿列计 I1–M3 长 7.2–8.2 mm，i1–m3 长 8.2–9.0 mm（Miller, 1912）；中国个体 I1–M3 长 7.2–9.0 mm，i1–m3 长 8.0–9.5 mm（潘清华等，2007）。

产地与层位（中国） 安徽繁昌孙村镇人字洞，下更新统；北京周口店第三地点，中

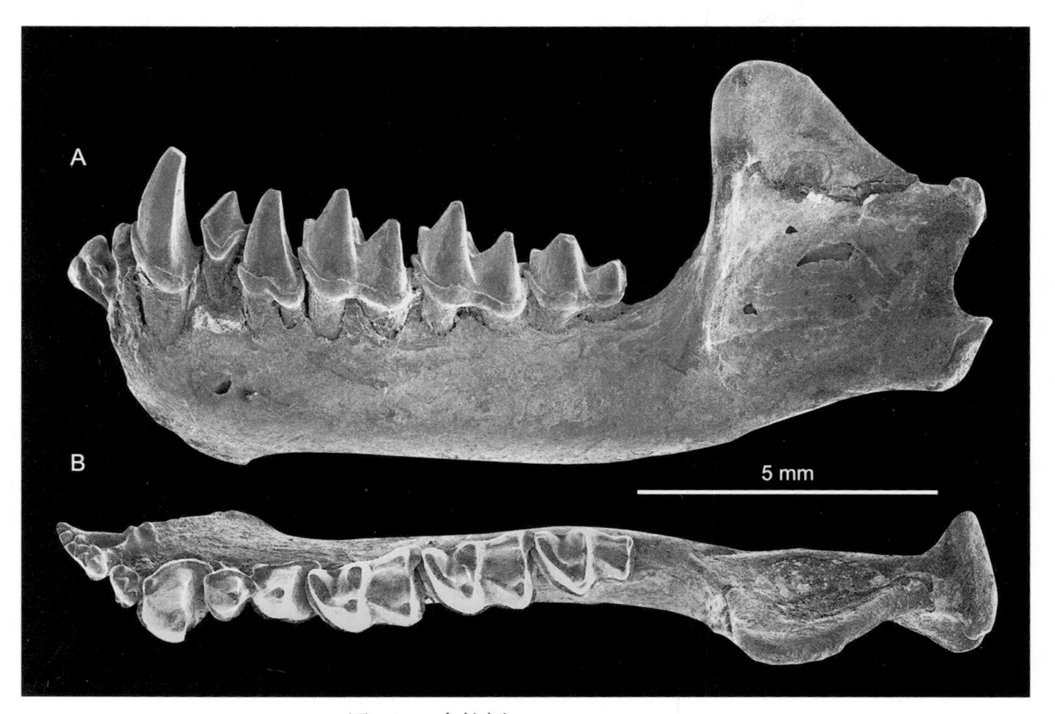

图 147　大棕蝠 *Eptesicus serotinus*

左下颌支（IVPP C/C. 2015）：A. 颊侧视，B. 咬面视

更新统；北京房山十渡西太平洞、云南昆明呈贡三家村，上更新统。

评注 现生于从英格兰到朝鲜半岛及北非。中国分布几遍全国。据王应祥（2003）记载中国目前生存有两种棕蝠，一是西北和东北的北棕蝠（*E. nilssoni*），另一是分布于中国大部的大棕蝠（*E. serotinus*）。据 Miller（1912）记述的欧洲同样两种的差别主要有：北棕蝠个体较小（颅基长 14–15.4 mm；下颌长 10.6–11.6 mm）；头骨背侧缘中央凹陷明显；头骨显著较高（背侧缘与齿槽缘间夹角约为 40°）；矢状脊不发育；眶间区收缩较小（其宽度约为颧弓间宽度的 44%）；吻部侧凹较不明显；I1 和 I2 间无明显接触，I1–I2 与头骨中轴不呈直角排列；i1、i2 和 i3 间少挤压；M3 较大，齿冠面积约为 M1 的 2/3，具有较发育的中附尖和后尖；m3 的跟座和齿座宽度几乎相等。

Pei（1936）以“Chiroptera incertae sedis”记述了产自周口店第三地点的两件带有完整齿列的下颌（IVPP C/C. 2015）：① 下齿式：3•1•2•3；② 下颌粗短，颏孔位于 p2 与 p4 间之下；③ i1 和 i2 重叠部分超过 i3 面积之半；④ i1 狭长具三个等大的尖，i2 宽，长度不大于 i1，具三个等大的颊侧齿尖和一小而清楚的舌侧尖，i3 与 i2 相似但较小，前颊侧齿尖轻微移至舌侧；⑤ p2 小，亚三角形，舌侧齿带发育；⑥ p4 高度与 m1 相当，齿带发育成小的前后附尖；⑦ m1/m2 齿座小于跟座，跟座 myotodonty 型；⑧ m3 跟座约为齿座的一半；⑨ 下颌长 16.4 mm，i1–m3 长 9.6 mm。根据个体大小（表 21）、下颌形状及牙齿特征（图 147），该地点的材料显然应归入目前仍然生活于该地区的大棕蝠。

云南呈贡的材料仅有一带前臼齿的右下颌（IVPP V 7613.1）及一颗 m2（IVPP V 7613.2）。下齿式：3•1•2•3，m2 跟座 myotodonty 型（邱铸鼎等，1984）。呈贡材料被确定为“*E. andersoni* Dobson, 1871”，但它目前被视为大棕蝠的一亚种（王应祥，2003）。

金昌柱和汪发志（2009）以“*Eptesicus* cf. *E. kowalskii*”名称记述了繁昌人字洞的 10 件破碎上、下颌（IVPP V 13971.1–10）。其上齿式为“2•1•2•3”，与 *Eptesicus* 属的上齿式：2•1•1•3 不符；其“P2 大，偏于颊侧，但位于上齿列中较宽地隔开犬齿和 P4”又与其插图 4.23b 所示标本（IVPP V 13971.4 和 IVPP V 13971.6）的 P2 偏于颊侧、C 与 P4 相接触不符。因此，归入该种的上颌标本（插图 4.23b, c）似应属于中等大小的 *Hipposideros*。至于“i1 和 i3 槽孔靠颊侧前后排列，i2 槽孔位于 i1 和 i3 之间的舌侧”不是波兰 Podlesice 地点 431 号洞穴上新世（早 Ruscinian 期）*E. kowalskii* 种而是同一地点 *E. mossoczyi* 种的特点（Woloszyn,

表 21 *Eptesicus serotinus* 齿列长度比较 (mm)

地 点	I1–M3	i1–m3	资 料
现生标本	7.2–8.2	8.2–9.0	Miller, 1912
周口店第三地点		9.6	Pei, 1936
十渡西太平洞		9.0	同号文等，2008
繁昌人字洞		8.3–9.1	金昌柱、汪发志，2009

1987)。然而“m3 相当大，近与 m2 相等”又是前一种的特征。此外，繁昌标本个体（m1–3 长 5.6 mm；m1 长 2.15–2.30 mm）较 *E. kowalskii*（m1–3 长 5.11–5.31 mm；m1 长 1.92–2.02 mm）偏大，较 *E. mossoczyi*（m1 长 1.46 mm）更大。

很多现生蝙蝠属的下齿式均为 3•1•2•3，但繁昌标本 i2 槽孔位于舌侧，从而使得下门齿列为 V 字形排列的特点正是 *Eptesicus* 属的一般性状（Miller, 1912）。根据下齿列长度（8.3–9.1 mm）判断，繁昌下颌标本应属于 *E. serotinus*（据 Miller, 1912：i1–m3 长 8.2–9.0 mm）。

棕蝠（未定种） ***Eptesicus* sp.**

邱铸鼎等（1985）记述的云南禄丰石灰坝古猿地点晚中新世的 p4 及 m2 显示：“p4 呈尖三棱状；m2 的下次尖与下内尖由一低的后方脊连接，因而下后附尖孤立”。牙齿在构造和个体大小上与云南现生的 *E. serotinus andersoni* 很接近。这是中国发现最早的棕蝠。

南蝠属 Genus *Ia* Thomas, 1902

模式种 南蝠 *Ia io* Thomas, 1902，产自中国湖北长阳。

鉴别特征 大型。吻部不缩短，额凹显著。矢状脊发达，呈三角形。颧弓强壮，具眶后突痕迹。腭前凹相对狭窄。齿式：2•1•2•3/3•1•2•3 = 34。I1 小，单齿尖。I2 远较 I1 大，呈圆柱状，齿带发达，其齿尖没有达到 I1 的齿带水平。C 很粗，无齿带尖或附尖发育。P2 极小，完全位于齿列舌侧，致使 C 与 P4 接触。P4 后外侧适度延伸，牙齿前、后缘明显凹陷。M1/2 次尖弱，位于原尖后脊线上。M3 虽退化，但仍存在弱的后尖和后附尖。下颌粗壮，颏孔位于 p2 和 p4 间下；上切迹平直，下切迹狭窄；角突细长。i1–3 颊侧前齿尖、中齿尖和后齿尖不在同一直线上，三齿尖和舌侧齿尖相连呈四边形。p2 齿冠呈椭圆形，齿冠高度和面积略小于 p4 的 1/2。c、p4 和 m3 齿冠为 *Eptesicus* 属型。p4 齿尖与 m1 的等高。m1/2 跟座 myotodonty 型。I1–M3 长 10.2–10.8 mm，i1–m3 长 11.3–12.1 mm。

中国已知种 仅 *Ia io* 一种。

分布与时代（中国） 安徽、广西，早更新世；北京，中更新世；云南，晚更新世。

评注 该属现生于南亚、东南亚和中国。Tate（1942a）认为“在许多方面，*Ia* 纯粹是一大型的 *Pipistrellus*，应被考虑作为更特化的种”。*Ia* 曾被视为 *Pipistrellus* 属的一个亚属（Ellerman et Morrison-Scott, 1951），但目前被恢复为属。该属只含 *Ia io* Thomas, 1902 一种。至于发现于云南的“*Ia longimana* Pen, 1962”，已被视为 *Ia io* 的同物异名（王应祥，2003；Simmons, 2005）。

南蝠 *Ia io* Thomas, 1902

（图 148；表 22）

Chiroptera incertae sedis：Zdansky, 1928, p. 27

?*Hesperopternus giganteus*：Young, 1934, p. 37, textfigs. 10 A, B, P1. III, figs. 7–9

Ia io：科瓦尔斯基、李传夔，1963b，144页，插图1；顾玉珉，1978，164页；邱铸鼎等，1984，286页

Ia sp.：金昌柱等，2008，1132页，表1

Ia lii sp. nov.：金昌柱、汪发志，2009，148页，插图4.25

模式标本 毛皮和头骨（大英博物馆 No.2.6.10.2）。产自中国湖北长阳。

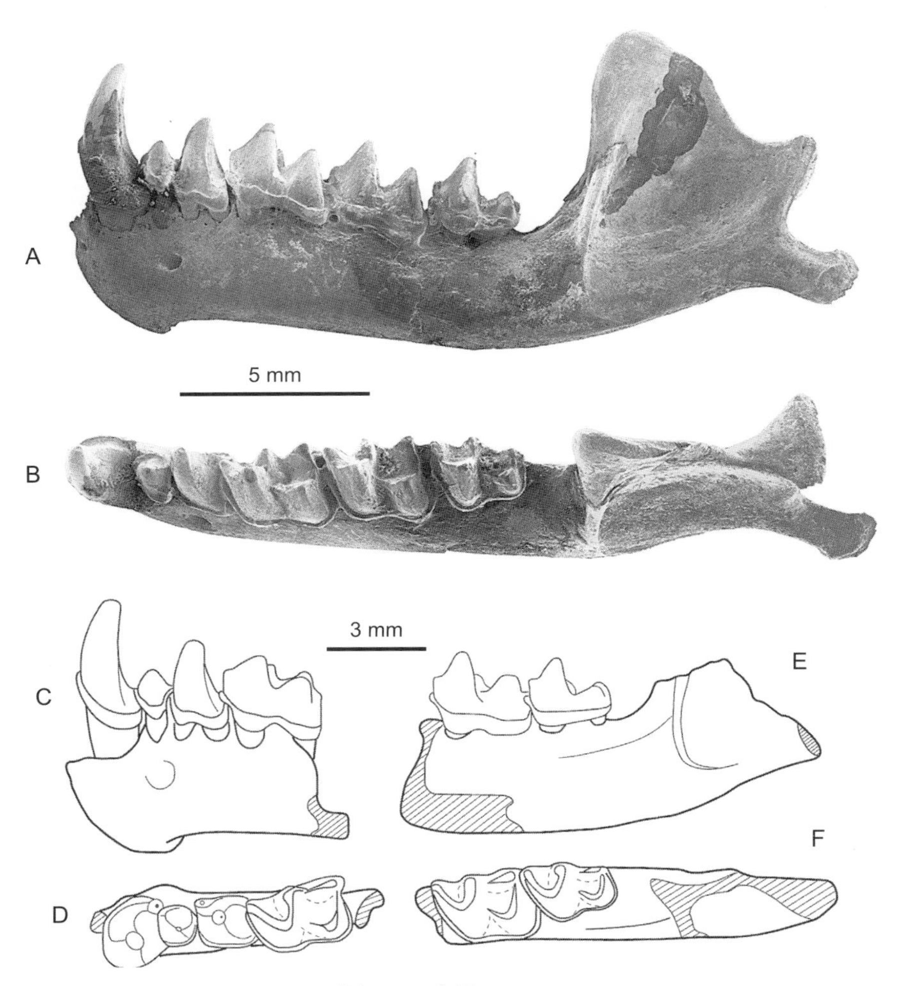

图 148 南蝠 *Ia io*

A, B. 左下颌支带 c–m3 及 i3 槽孔（周口店第一地点，IVPP V 2669）；C, D. 左下颌支前段带 c–m1（繁昌人字洞，IVPP V 13973）；E, F. 左下颌支后段带 m2–3（繁昌人字洞，IVPP V 13973）：A, C, E. 颊侧视，B, D, F. 咬面视

鉴别特征 同属。

产地与层位（中国） 安徽繁昌孙村镇人字洞、广西崇左板利乡三合大洞，下更新统；北京周口店第一、四地点，中更新统；云南昆明呈贡三家村，上更新统。

评注 该种现生于印度、尼泊尔、泰国、老挝、越南，以及中国的江苏、安徽、江西、湖南、广西、贵州、云南、四川、湖北、陕西。周口店第一地点第 8 层及之上的层位（"Upper Polycene"或即 Cap travertine，见 Black et al., 1933, p. 19–21）产出的 ?巨黄昏蝠（?*Hesperoptenus giganteus* Young, 1934）(IVPP C/C. 103–105) 已被更正为南蝠（*Ia io*）（科瓦尔斯基、李传夔，1963b）。该地点的 P2 小，完全在齿列之舌侧；C 与 P4 直接接触；M3 具弱的后尖和后附尖；p2 小，位于齿列中；p4 与 m1 的齿尖等高；m3 跟座无显著退化等（图 148A, B），与现生的 *Ia io* 的几乎完全一致。根据其 M1–3（长 7.6 mm）和 m1–3（长 7.6–8.5 mm）占齿列长度的比率（据现生种测量分别为 0.556 和 0.603）计算，其 I1–M3 长 12.8 mm，i1–m3 长 12.6–14.1 mm，根据含槽孔的齿列测量，i1–m3 长 12.9–13.1 mm。这样的大小显然落在现生种的长度变异范围（表 22）。

周口店第四地点仅列出名单报道（顾玉珉，1978）。

呈贡三家村的材料只一颗 M1（长 3.0 mm）（邱铸鼎等，1984）。根据 M1 占齿列长度的比率（0.234）计算，其 I1–M3 长 12.8 mm，也与现生种接近（表 22）。

广西崇左三合大洞的 *Ia* sp.（金昌柱等，2008）虽未描述，但根据其残破下颌和单个牙齿判断，亦应归入此种。

繁昌人字洞的"*Ia lii* sp. nov."由一些残破上、下颌为代表（IVPP V 13973.1–22）（金昌柱、汪发志，2009）。在形态上与现生种没有明显的区别（图 148C, D）。根据其 M1–3（长 6.5 mm）和 m1–3（长 8.5 mm）所占齿列长度比率计算，其 I1–M3 长 11.8 mm，i1–m3 长 14.1 mm。这样的尺寸显然与现生标本十分接近（表 22）。

表 22 所引用的现生标本数据是综合下列资料得出的：潘清华等（2007）的 I1–M3 长 10.2–10.8 mm 和 i1–m3 长 11.3–12.1 mm；Allen（1938）的分别为 11.8 mm 和 12.9 mm；王酉之（1984）的分别为 11.7 mm 和 12.6 mm，王酉之和胡锦矗（1999）的分别为

表 22 *Ia io* 齿列长度比较 (mm)

地 点	I1–M3	i1–m3	资 料
现生标本	10.2–12.6	11.3–13.6	综合数据
周口店第一地点	12.8★[1]	12.9–13.1（槽孔）	科瓦尔斯基、李传夔，1965
呈贡三家村	12.8★[2]		邱铸鼎等，1984
繁昌人字洞	11.8★[1]	14.1★[3]	金昌柱、汪发志，2009

★[1] 根据 M1–3 占齿列长度比率 （0.556） 计算；
★[2] 根据 M1 占齿列长度比率 （0.234） 计算；
★[3] 根据 m1–3 占齿列长度比率 （0.603） 计算

12 mm 和 12.9 mm，彭鸿绶等（1962）给予“*Ia longimana*”的分别为 12.4–12.6 mm 和 12.4–13.2 mm，实测中国科学院昆明动物研究所的标签为后一种的一件标本（总号 02837）分别为 12.4 mm 和 13.6 mm。综合这些数据，I1–M3 应为 10.2–12.6 mm，i1–m3 应为 11.3–13.6 mm。

伏翼属 Genus *Pipistrellus* Kaup, 1829

模式种 伏翼 *Pipistrellus pipistrellus* (Schreber, 1774)，产自法国。

鉴别特征 小型。脑颅宽或狭，矢状脊发育或不发育；吻部加宽或不加宽；颧弓粗或细，眶后突发育或不发育；额凹清楚或不清楚。齿式：2•1•1–2•3/3•1•2•3 = 32–34。I1 双齿尖，颊侧附尖消失，后端尖高位。I2 三齿尖，舌侧前尖和颊侧后尖低位，舌侧后附尖缺失。C 冠面呈四边形，常有发育程度不等的后尖和高位的后内附尖；C 与 P4 接触或不接触。P2 常不稳定，一些不减小，一些减小或缺失；一些内置，一些不或少内置。P4 四边形，后缘凹陷清楚，具舌侧前附尖。M1/2 冠面呈三角形，后缘无凹陷，具有清楚的前小尖和后小尖。M3 冠面呈三角形，有弱的后附尖。i1 和 i2 颊侧三齿尖连成一直线；i3 颊侧后尖偏向舌侧，较孤立；三颗门齿或强或弱地呈叠瓦状排列。c 四边形，舌侧长于颊侧，前端具齿带尖；齿尖高度等于或略大于 p4。p2 三角形，齿尖高度约为 p4 的 3/4。p4 冠面呈四边形，舌侧前后端具大的附尖。m1/2 跟座 nyctalodonty 型。m3 跟座轻微变狭，下内脊轻微偏向颊侧。

中国已知种 *Pipistrellus coromandra* 和 *Pipistrellus* sp., 共两种。

分布与时代（中国） 云南，晚中新世；湖北，晚更新世早期。

评注 该属化石已发现于欧洲早—中中新世、早更新世，亚洲晚中新世和晚更新世，北美中更新世，澳大利亚晚更新世。现生于欧、亚、非、南北美洲和澳大利亚的 *Pipistrellus*属是一类种类众多的小型蝙蝠，其分类过程非常复杂。Tate（1942a）将当时被认为的种分成13个种组（包含了68种或亚种）。Corbet 和 Hill（1991）将*Pipistrellus*属分成*Pipistrellus*, *Vespadelus*, *Perimyotis*, *Hypsugo*, *Falsistrellus*, *Neoromicia*和*Arielulus* 7 个亚属。其中*Arielulus*亚属包含了Tate的*P. circumdatus*种组的一部分；*Hypsugo*亚属包含了Tate的*P. savii*种组及*P. affinis*种组一部分；*Falsistrellus*亚属包含了Tate的*P. affinis*和 *P. circumdatus*种组的各一部分。Simmons（2005）根据近年的分类研究将上述亚属名作为属名归入到不同的族中，*Arielulus* Hill et Harrison, 1987归入Eptesicini Volleth et Heller, 1994族，*Hypsugo* Kolenati, 1856和*Falsistrellus* Troughton, 1943归入到Vespertilionini Gray, 1821族。然而，王应祥（2003）除使用了第一个属名外，仍将后两个属所含各种归入 *Pipistrellus*属。

在中国，以“*Pipistrellus* sp.”记述的化石地点较多，如周口店第一地点（Young,

1934）、本溪庙后山（张镇洪等，1986）、巫山迷宫洞（黄万波等，2000）、建始龙骨洞（郑绍华，2004）及繁昌人字洞（金昌柱、汪发志，2009）。但仔细观测研究后发现：周口店第一地点的“?*Pipistrellus* sp.”材料包含了大耳菊头蝠（*Rhinolophus macrotis* Blyth, 1844）、小蹄蝠（*Hipposideros pomona* Andersen, 1918）和毛腿鼠耳蝠［*Myotis fimbriatus* (Peters, 1871)］；庙后山只列出名单，其特征无从考究；迷宫洞的材料属于东亚无尾蹄蝠（*Coelops frithi* Blyth, 1848）；建始龙骨洞的材料属于大黑金背伏翼相似种［*Arielulus* cf. *A. circumdatus* (Temminck, 1840)］；繁昌人字洞的材料分属于斯氏长翼蝠［*Miniopterus schreibersii* (Kuhl, 1817)］和白腹管鼻蝠（*Murina leucogaster* Milne-Edwards, 1872)（见本文前后）。

暗褐伏翼 *Pipistrellus coromandra* (Gray, 1838)

（表 23）

Pipistrellus coromandra：武仙竹，2006，110页

模式标本 不详。产自印度科罗曼德尔海岸（Coromandel Coast）本地治里(Pondicherry)。

鉴别特征 小型。吻部短，少凹陷。脑颅宽。颧弓弱，适度扩展。P2 和 p2 少减小。三个下门齿叠瓦状排列不明显。C 的后尖通常存在。C–M3 长 4.5 mm。

产地与层位（中国） 湖北郧西香口乡黄龙洞，上更新统。

评注 该种现生于南亚、东南亚，以及中国的浙江、福建、海南、贵州、云南、四川、西藏。黄龙洞的材料（TS2W2③：55；TN2E5③：65；TN3W1③：60–61）显示：头骨颧弓适度扩展；齿式：2•1•2•3/3•1•2•3 = 34；I1 齿尖略高于 I2；P2 弱小低矮，位于舌侧；P4 与 C 相接触；下门齿呈弧形排列；p4 略大于 p2，其齿尖微高于臼齿尖等，这些性状基本与 *Pipistrellus* 相符合。然而，上下门齿“单齿尖”、M3“无后尖”等显然是观察不仔细的误判。作者既没附插图也无齿列长度测量，其形状和大小就不能重新评断。根据 M1（长 0.78–0.80 mm）和 m1（长 0.89–0.92 mm）占齿列长度的比率（现生种分别为 0.180 和 0.188）计算，其 I1–M3 和 i1–m3 分别长 4.33–4.44 mm 和 4.73–4.90 mm（表 23）。

表 23 *Pipistrellus coromandra* 齿列长度比较 (mm)

地　点	C–M3	i1–m3	资　料
现生标本	4.1–4.5		综合资料
郧西黄龙洞	4.33–4.44 （I1–M3）★1	4.73–4.90★2	武仙竹，2006

★1 根据 M1 占齿列比率 （0.180） 计算；
★2 根据 m1 占齿列比率 （0.188） 计算

伏翼（未定种） *Pipistrellus* sp.

邱铸鼎等（1985）简述了云南晚中新世禄丰县石灰坝古猿地点的 15 枚牙齿。具有“上门齿有一次生尖；犬齿构造简单；上臼齿具弱的次尖；下臼齿引长，后方脊（= 下次脊）与下内附尖（= 下次小尖）相连；m3 后跟不退化；颊齿齿带弱”等特点。这是中国发现的最早的伏翼。

大耳蝠属 Genus *Plecotus* E. Geoffroy, 1818

模式种 褐色大耳蝠 *Vespertilio auritus* Linnaeus, 1758，产自瑞典。

鉴别特征 小—中型。头骨具大的加长的圆形脑颅，其最大宽度约等于两听泡间距离的 3 倍。吻短细，泪脊发育，额部轻微向下凹陷，听泡大。前腭凹浅，伸至上犬齿前缘。齿式：2•1•2•3/3•1•3•3 = 36。上门齿具双齿尖，I1 较 I2 高大。I2 与 C 间有齿隙。C 断面椭圆形，从主齿尖分出后、后舌侧和后颊侧棱，齿带完整连续。P2 小，紧靠上犬齿，与 P4 间有齿隙。P4 冠面呈三角形，后外侧显著伸长，前缘有轻微凹陷。上臼齿缺失次尖。M1/2 冠面呈四边形，后附尖明显比前附尖大，后缘无凹陷。M3 无后附尖，齿冠面积约为 M2 的一半。下颌角突细长，向后下方伸至水平支下缘，显著后于关节突；颏孔位于 p2 之下。i1 < i2 < i3；i1 和 i2 的颊侧前、中、后尖连成直线；i2 具有弱的舌侧尖；i3 颊侧三齿尖连成三角形并与舌侧齿尖连成四边形。c 小，其高度轻微超过臼齿，前内侧基部有一恒定的齿带尖。p2 次圆形，较 p3 大；p4 近方形，无真正的附尖。m1/2 跟座 myotodonty 型。m3 跟座略狭窄，斜脊和下内脊向颊侧轻微倾斜，但少变狭。I1–M3 长 4.8–5.8 mm，i1–m3 长 5.2–6.4 mm。

中国已知种 *Plecotus suncunicus* 和 *Plecotus* sp.，共两种。

分布与时代（中国） 云南，晚中新世；安徽，早更新世。

评注 该属蝙蝠现生于欧、亚、北非、北美；中国分布于内蒙古、黑龙江、吉林、河北、山西、云南、四川、青海、西藏、甘肃、宁夏和新疆。最早的化石发现于欧亚晚中新世（McKenna et Bell, 1997）。

Plecotus 属的分类相当复杂。目前被认为有效的现生种有 8 个，以前记述的许多种名现作为亚种（Simmons, 2005）。

Tate（1942a）将前臂长小于 40 mm 者归入欧洲的 *P. auritus* 种，亚洲的 *homochrous*（= *puck*?）和 *sacrimontis*（=*ognevi*）作为该种的亚种；将前臂长等于或大于 44 mm 者作为 *P. ariel* 种，将 *wardi*（=*kozlovi*?）作为其亚种；将前臂长等于 44 mm 的 *P. mordax*（=*leucophaeus*?）作为第三种。Simmons（2005）则将上述三种视为 *P. austriacus*（J. Fisher, 1829）的亚种。

孙村大耳蝠 *Plecotus suncunicus* Jin et Wang, 2009①

（图 149）

Plecotus (*Paraplecotus*) *suncun*：金昌柱、汪发志，2009，151页，插图4.26

正模 IVPP V 13974.1，一残破右下颌支带 i1–p3 和 m1–3 槽孔及 p4。产自安徽繁昌人字洞上部堆积第十六水平层，下更新统。

副模 IVPP V 13974.2–4，三件残破的下颌支，产自安徽繁昌人字洞上部堆积第十五 — 十六水平层。

鉴别特征 小型。下颌颏孔小，位于 p2 后下方；下颌孔很低位，且与咬肌窝上的神经孔连通；i2 位于舌侧，与 i1 和 i3 略呈等腰三角形排列；p4 狭长，齿带尖发育。i1–m3（含齿槽）长 6.5–6.6 mm。

产地与层位 安徽繁昌孙村镇人字洞，下更新统。

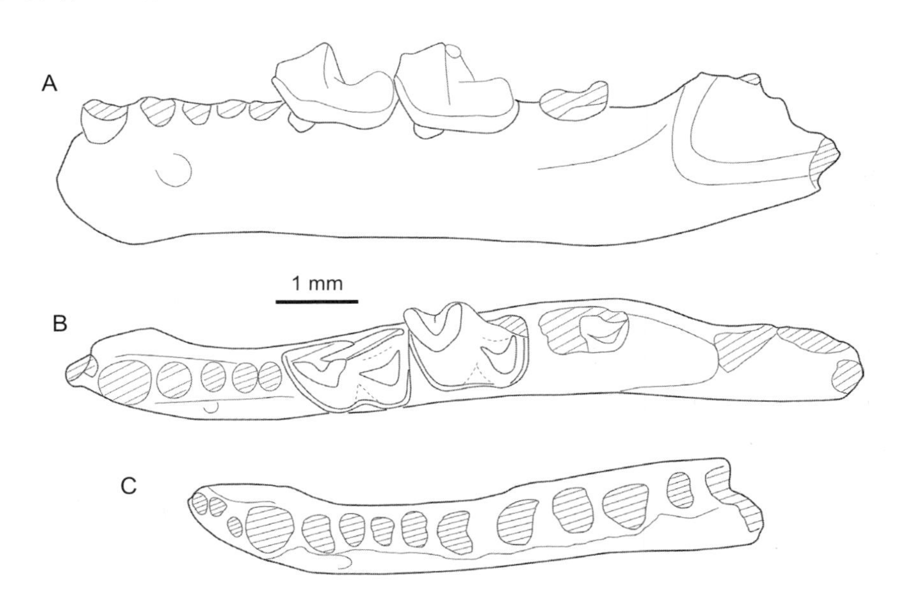

图 149 孙村大耳蝠 *Plecotus suncunicus*

A, B. 左下颌带 i2–p4 槽孔及破损的 m1–3 （IVPP V 13974.4）；C. 左下颌带 i1–m3 槽孔：A. 颊侧视，B, C. 咬面视

评注 除正模外，金昌柱和汪发志（2009）还在“其他材料”项下记述了另外一些材料。这里把它们归为副模。该种材料虽然少且不完整，但下颌角突细长，且伸至水平支下缘水平；上切迹平直向后伸；下齿式：3•1•3•3；p2 显著大于 p3；p4

① 孙村大耳蝠（*Plecotus suncun* Jin et Wang, 2009）的种名命名不合法规，故改为*suncunicus*。

长方形，前舌侧齿带尖发育等均与 *Plecotus* 的性状相符。然而下颌具 2 个颏孔、m1/2 跟座显著较齿座短宽、i2 槽孔位于舌侧的性状等（图 149），又显示出其特殊性。从个体大小（i1–m3 长 6.5–6.6 mm）看，应与现生的褐色大耳蝠 *P. auritus*（i1–m3 长 5.6–6.4 mm）（Miller, 1912）接近，而较灰色大耳蝠 *P. austriacus* 为小（I1–M3 长 6.9–7.6 mm）（Allen, 1938）。也比波兰上新世 Podlessice 地点的 *P.*（*Paraplecotus*）*rabederi*（I1–M3 长 6.93–7.21 mm 和 i1–m3 长 7.29–7.76 mm）和波兰其他地点的 *P.*（*P.*）cf. *abeli*（I1–M3 长 6.8–7.45 mm 和 i1–m3 长 6.8–7.73 mm）小（Woloszyn, 1987）。

应该指出，根据文字记述的正型标本（IVPP V 13974.1）为右下颌，与插图 4.26a–a1 不相吻合。根据建名人描述判断，插图 4.26a–a1 应为 IVPP V 13974.2，插图 4.26b–b1 应为 IVPP V 13974.3；而正型标本没有图示。这使该种的有效性受到质疑。

大耳蝠（未定种） *Plecotus* sp.

邱铸鼎等（1985）简述的晚中新世云南禄丰石灰坝古猿地点的一具带 p4–m3 的下颌及一颗 p4 显示：p4 齿尖呈方锥形，m1 和 m2 的下后脊在与下次尖和下内尖连接处相当弱，m3 跟座很退化。这是中国发现的最早的大耳蝠。

斑蝠属 Genus *Scotomanes* Dobson, 1875

模式种 白斑蝠 *Nycticejus ornatus* Blyth, 1851，产自印度阿萨姆卡西（Khasi）丘陵乞拉朋齐（Cherrapunji）。

鉴别特征 大型。吻短、额宽。头骨背侧缘平，矢状脊和人字脊明显。前颌骨无腭支。前腭凹小，其最大深度很少超过犬齿间的一半宽度。泪骨稍微扩展。齿式：1•1•1•3/3•1•2•3 = 30。I1 双齿尖，主齿尖高，后端尖低位。i1–3、上下犬齿、P4 和 p4、M1/2 和 m1/2、m3 的形态属 *Eptesicus* 型。M3 强烈退化，横条状，无后尖和后附尖，前前脊特别发育，后前脊弱。下颌粗短，咬肌窝深，颏孔位于 p2 与 p4 间下方。p2 三角形，齿尖高度约为 p4 之半。p4 近长方形，齿尖高度与 m1 相当。m1 和 m2 跟座为 myotodonty 型，其宽度明显大于齿座，而 m3 跟座明显小于齿座。I1–M3 长 7.9–8.3 mm，i1–m3 长 8.4–8.6 mm。

中国已知种 仅 *Scotomanes ornatus* 一种。

分布与时代（中国） 湖北，晚更新世。

评注 该属现生于印度、东南亚以及中国的云南、贵州、广东、广西、海南、安徽、福建、湖南、四川等省区。有人认为是含 *imbrensis* 和 *sinensis* 两个亚种的单一种（Allen, 1938；Tate, 1942a；Ellerman et Morrison-Scott，1951；谭邦杰，1992；Simmons,

2005）；也有人认为该属含*S. emarginatus* (Dobson, 1875) 和*S. ornatus* (Blyth, 1851) 两种（Corbet et Hill, 1991；王应祥，2003）。

白斑蝠 *Scotomanes ornatus* (Blyth, 1851)

（表 24）

Scotomanes emarginatus：武仙竹，2006，108页，插图五九；图版八，图1下左

模式标本 不详。产自印度阿萨姆卡西（Khasi）丘陵乞拉朋齐（Cherrapunji）。

鉴别特征 同属。

产地与层位（中国） 湖北郧西香口乡黄龙洞，上更新统。

评注 武仙竹（2006）以“*S. emarginatus*”种名记述的三件残下颌支（TS1W1③：65；TN2E5③：63；TN1W11③：60）显示：冠状突顶端圆钝，关节突高位，角突短粗，咬肌窝深，颏孔位于 p2 和 p4 间下；三门齿大小相近，弧形排列；p2 显著小，齿尖高度小于 p4 之半；p4 齿尖高度等于或略低于臼齿尖；m3 跟座退化；下齿式：3•1•2•3 等与该种形状一致。i1–m3 长（8.81–8.83 mm）则微大于该种变异范围（表 24）。

表 24　*Scotomanes ornatus* 齿列长度比较　(mm)

地　点	I1–M3	i1–m3	资　料
现生标本	7.9–8.3	8.4–8.6	潘清华等，2007
郧西黄龙洞		8.81–8.83	武仙竹，2006

重庆巫山龙骨坡的 ?*Scotomanes* sp. 和广西田东的 ?*Scotomanes* sp. 已在本书前面被分别归入 *Rhinolophus affinis* 和 *Coelops frithi*。

扁颅蝠属 Genus *Tylonycteris* Petters, 1872

模式种 扁颅蝠 *Vespertilio pachypus* Temminck, 1840，产自印度尼西亚爪哇岛。

鉴别特征 头骨极为扁平，脑颅后部几乎不抬升，通过听泡的高度差不多是乳突宽度的一半。吻短宽，其长度和宽度相当。齿式：2•1•1•3/3•1•2•3 = 32。I1 长而尖，齿尖斜向前方；I2 较 I1 略小，与 C 间有齿隙。C 的后切缘基部有显著的附尖。P2 缺失，C 与 P4 接触。M3 具后尖，但缺失后附尖。下颌水平支在联合部深度约两倍于 m3 后深度。下门齿 *Eptesicus* 型。p2 主齿尖偏于 c 和 p4 主齿尖连线颊侧，大小与 p4 相近，齿尖高度稍低，均略低于臼齿齿尖高度。p4 单齿根。m1 和 m2 跟座 myotodonty 型，m3 不退化。

中国已知种 仅 *Tylonycteris pachypus* 一种。

分布与时代（中国） 广西，更新世。

评注 该属现生于南亚、东南亚，以及中国广东、广西、香港、云南、贵州及四川。除属型种外，还有稍大的褐扁颅蝠（*T. robustula* Thomas, 1915）。由于两者分布地区重叠，两者是否属同一种还不能肯定（Allen, 1938）。但多数人仍坚持认为有上述两种（Tate, 1942a；Ellerman et Morrison-Scott, 1951；Corbet et Hill, 1991；谭邦杰，1992；王应祥，2003；Simmons, 2005）。至于个体大小，*T. pachypus* 的 I1–M3 长 4 mm，i1–m3 长 4.7 mm，而 *T. robustula* 的 C–M3 长 4.2–4.4 mm（Allen, 1938）。如果根据 C–M3 与 I1–M3 的比率（0.886）计算，后者的 I1–M3 长约 4.74–4.96 mm；如果根据 i1–m3 与 I1–M3 的比率（1.09）计算，后者的 i1–m3 长约 5.17–5.40 mm。王酉之和胡锦矗（1999）给出的上、下齿列长分别为 4 mm 和 4.2 mm；潘清华等（2007）给出的分别为 3.6–4.0 mm、3.8 mm；测得中国科学院昆明动物研究所的一件 *T. pachypus fulvidus* 标本（总号 005800）分别为 4.4 mm 和 4.8 mm。

扁颅蝠 *Tylonycteris pachypus* (Temminck, 1840)

（图 150；表 25）

Tylonycteris fulvidus：金昌柱等，2008，1132页，表1

模式标本 不详。产自印度尼西亚西爪哇班塔岛（Bantam）。

鉴别特征 同属。

产地与层位（中国） 广西崇左板利乡三合大洞，下更新统。

评注 崇左大洞的“*T. fulvidus*”的带全部牙齿槽孔的残破下颌（IVPP V 15961）

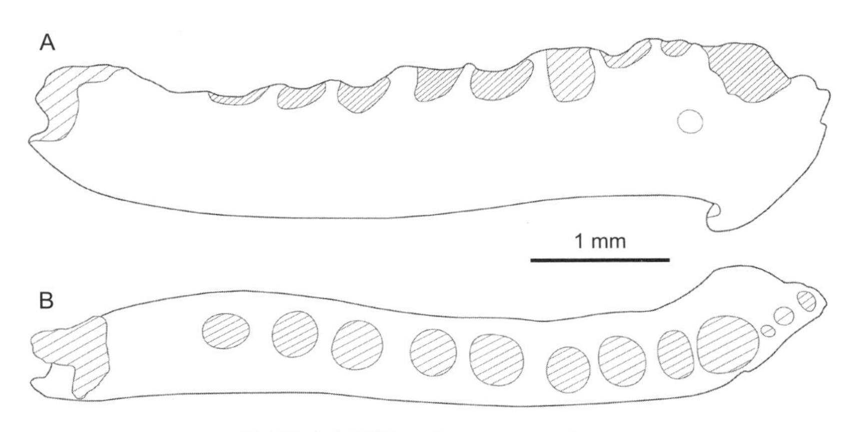

图 150 扁颅蝠 *Tylonycteris pachypus*

右下颌支（IVPP V 15961）：A. 颊侧视，B. 咬面视

表 25 *Tylonycteris pachypus* 齿式及齿列长度比较 (mm)

地　点	上齿式	I1–M3	下齿式	i1–m3	资　料
现生标本	2•1•1•3	3.6–4.0	3•1•2•3	3.8–4.2	潘清华等，2007
崇左大洞			3•1•2•3	4.5 （槽孔）	金昌柱等，2008

（金昌柱等，2008，表 1）观察显示：下齿式：3•1•2•3；i1 和 i2 大小相当，均大于 i3；p2 和 p4 大小相当，均为单齿根；颏孔位于 c 与 p2 间之下；下颌水平支在联合部的深度显著大于在 m3 后的深度（图 150）；齿列（槽孔）长约 4.5 mm 等（表 25）。这些性状与现生于该地区的 *T. pachypus fulvidus* 基本一致（王应祥，2003）。

武仙竹（2006）以“*Tylonycteris pachypus*”记述的郧西黄龙洞的两件下颌支虽然下齿式（3•1•2•3）和个体大小（i1–m3 长 4.2–4.22 mm）与 *T. pachypus* 相同或相近，但下颌水平支深度在 m3 下没有明显的减小；颏孔位于 p2 和 p4 间下；p2 显著小于 p4；p4 具有双齿根而不是单齿根；p4 齿尖高度高于 p2 和 m1；m3 较退化。这些性状说明，黄龙洞的下颌材料不应属于 *Tylonycteris*，可能属于具有同样齿式的小型蝙蝠，如阔耳蝠（*Barbastella*）。

蝙蝠属 Genus *Vespertilio* Linnaeus, 1758

模式种 双色蝙蝠 *Vespertilio murinus* Linnaeus, 1758，产自瑞典乌普萨拉附近。

鉴别特征 头骨背侧缘较平直；吻背部两侧具宽浅的凹陷；鼻凹非常大，三角形，向后约伸至吻端 — 眶间收缩区距离之一半；腭前凹伸至 P4 中部，其宽度大于其深度。齿式：2•1•1•3/3•1•2•3 = 32。I1 颊侧附尖高度接近主齿尖高度，两齿尖清楚分开，后端尖明显。I2 略小于 I1，主齿尖高度约为 I2 的一半，附尖轻微发育，与 C 间有或无齿隙。P4 后外侧轻微向后延伸，前缘和颊侧缘明显凹陷，后缘平直，前内基部附尖发育。M1/2 冠面呈三角形，后缘无凹陷，中附尖向外突出的程度略大于前、后附尖，具有原小尖和后小尖。M3 近似三角形，中附尖向外突出明显，具后尖，但缺失后附尖。下颌粗，水平支在联合部深度略大于齿列后深度，冠状突低，上切迹直且逐渐向后倾斜，颏孔位于 p2 之下。i1 和 i2 形态相似，颊侧有连接成一直线的三齿尖，i3 颊侧后尖较孤立并偏向舌侧，三个门齿均无舌侧齿尖。上下犬齿和 p4 齿冠形态为 eptesicus 型。m1/2 跟座 myotodonty 型，齿座较跟座狭窄；m3 跟座略窄于齿座，但少缩短。

中国已知种 仅 *Vespertilio sinensis* 一种。

分布与时代（中国） 北京、辽宁，中更新世。

评注 该属最早的化石发现于欧洲早中新世，现生于欧亚大陆从斯堪的纳维亚到日本的温带和寒温带地区，中国分布于新疆、甘肃、内蒙古、山西、河北、北京、天津、山东、黑龙江、湖北、湖南、江西、福建、广西、云南、四川和台湾等。Ellerman 和 Morrison-Scott（1951）认为该属现生种只包含 *V. murinus* Linnaeus, 1758 和 *V. superans* Thomas, 1899 两种；目前该属除包含上述两种外，还有 *V. orientalis*（Wallin, 1969）（Corbet et Hill, 1991；谭邦杰，1992；王应祥，2003）；但 Simmons（2005）认为，后两种均属 *V. sinensis*（Peters, 1880）的同物异名。

中华蝙蝠 *Vespertilio sinensis* (Peters, 1880)

（图 151；表 26）

?*Murina* sp.：Pei, 1936, p.32, Fig. 18 B1–B3

Miniopterus cf. *schreberii*：Pei, 1936, p.36, C/C. 2027

Murina cf. *leucogaster*：张镇洪等，1986，39页，插图十九右

模式标本 头和皮（大英博物馆 No.97.4.21.1）。产自湖北宜昌。

鉴别特征 较大型。吻部低平，背侧缘前端微凹；鼻凹甚大，宽度大于长度。I2 与 C 间有齿隙；M1/2 次尖发育；M3 中附尖向外突出明显，缺失后附尖。i1 体积小于 i2 之半；p4 齿尖与 m1 等高；下臼齿跟座较齿座短宽。

产地与层位（中国） 北京周口店第三地点、辽宁本溪山城子，中更新统。

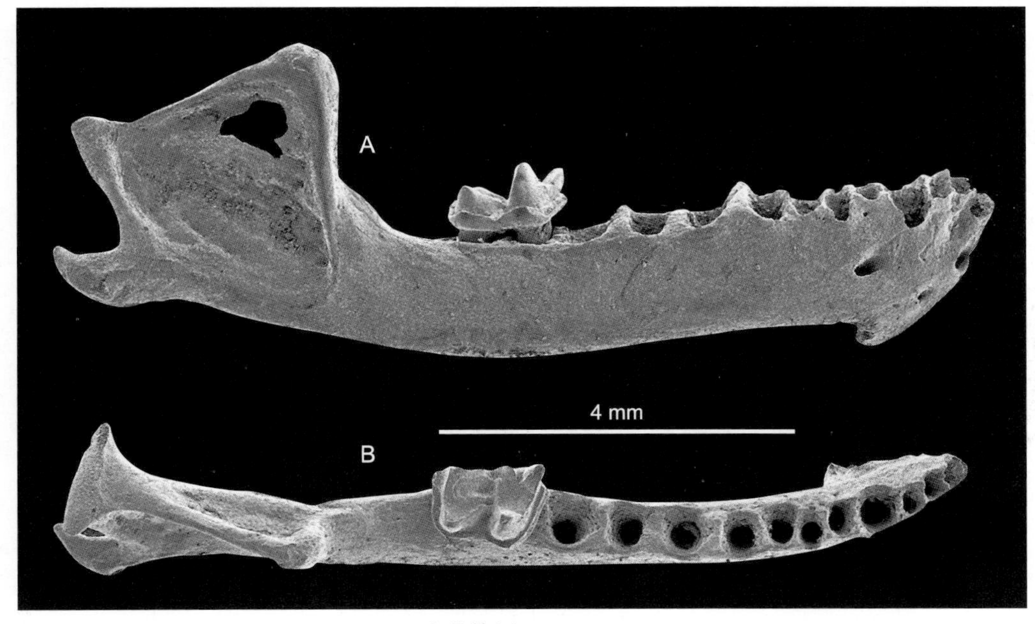

图 151 中华蝙蝠 *Vespertilio sinensis*
右下颌（IVPP C/C. 2027）：A. 颊侧视，B. 咬面视

评注 该种现生于东西伯利亚、日本，以及中国的黑龙江、内蒙古中东部、河北、北京、天津、山东、湖北、湖南、江西、广西和云南。周口店第三地点的"?*Murina* sp."的下颌（IVPP C/C. 2024）（Pei, 1936, Fig. 18: B1–B3）颏孔位于p2下方、下齿式为3•1•2•3、下臼齿跟座为myotodonty型、p4–m3长4.3 mm、i1–m3（含槽孔）长约6.0–6.2 mm、p4为不规则四边形（舌侧较长）等性状与同一地点的*Murina leucogaster*相似，但其p4显著较短小、m1/2的齿座小于跟座、m3跟座少退化等显然与*Murina*的性状不符，而与*Vespertilio*一致。

同一地点被归入"*Miniopterus* cf. *schreberii*"的IVPP C/C. 2027号带m3的完整右下颌标本（图151）具有平直的、缓慢下降的上切迹和深凹的下切迹以及较低位的角突；m3跟座myotodonty型；根据槽孔判断，下齿式应为3•1•2•3；i1–m3长约6.2 mm。这些性状显然与*Miniopterus*不符，而应与IVPP C/C. 2024号标本一致。

张镇洪等（1986）以"*Murina* cf. *leucogaster*"记述的本溪庙后山的下颌支（B.S.M. 7802A–65）个体大小（p4–m3长4.8 mm）、颏孔位置、p4形状、m1和m2跟座属性、m3跟座少退化等性状与周口店第三地点的基本一致，应视为同一种类。

中国的现生*V. sinensis*与*V. superans* Thomas, 1899和*V. orientalis* Walin, 1969应是同物异名（Simmons, 2005），其个体大小是变化的。综合资料（Allen, 1938；王酉之，1984；王酉之、胡锦矗，1999；陈卫等，2002；潘清华等，2007）显示，该种I1–M3长5.7–7.0 mm，i1–m3长5.75–7.90 mm。很显然上述化石标本的个体大小在现生种的变异范围之内（表26）。

表26 *Vespertilio sinensis*齿式及齿列长度比较 (mm)

地 点	上齿式	I1–M3	下齿式	i1–m3	资 料
现生标本	2•1•1•3	5.7–7.0	3•1•2•3	5.75–7.90	综合资料
周口店第三地点			3•1•2•3	6.0–6.2（含槽孔）	Pei, 1936
本溪庙后山				6.86★	张镇洪等，1986

★ 根据p4–m3所占齿列长比率（0.70）计算

此外，被归入中国蝙蝠相似种（*Vespertillio* cf. *V. sinensis* Peters, 1860）的比例克地点的一残破的C（IVPP V 12363）直、高且尖锐，后盆浅，具后凹陷；后坡脊相当狭窄，无任何起伏；齿带弱，无附尖。Ivan Horăcek认为，此标本最接近的是"*Vespertillio*"，与现生的"*V. sinensis*"只有细微不同。长/宽为1.40 mm/1.30 mm。该种1880年被Peters定名为"*Vesperus sinensis*"，后被归为*Eptesicus serotinus*（Tate, 1947），现被归入*Nyctalus noctula plancyi*（Allen, 1938；谭邦杰，1992）。

鼠耳蝠亚科 Subfamily Myotinae Tate, 1942

该亚科分布于全球各大陆，是陆生哺乳动物分布范围最广的一类。在北半球存在于夏季树木生存的极限范围内。该亚科最初被 Tate（1942a）置于蝙蝠亚科（Vertilioninae）的 Myotini 族，后被 Simmons 和 Geister（1998）提升为亚科，包含翼腺鼠耳蝠属（*Cistugo* Thomas, 1912）、银毛蝠属（*Lasionycteris* Peters, 1866）和鼠耳蝠属（*Myotis* Kaup, 1829）三属（Simmons, 2005）。

小—大型。胸骨柄有棱（龙骨突）。上肩胛突存在。内侧视肱骨头圆，肱骨远端关节面向外与骨干在同一直线。下颌升支前缘略向前倾；关节突与角突高位；颏孔大，在不同种的位置不同，通常在 c1 下、c1 和 p2 间下或 p2 下。齿式：2•1•3•3/3•1•2–3•3 = 36–38。I1 颊侧附尖极弱，后端尖高位，主齿尖和后端齿尖之间无颊侧脊。I2 前舌侧齿尖和后颊侧齿尖高位，舌侧后附尖清楚。C 断面椭圆，齿带连续，无后附尖，与 I2 间有齿隙。P3 略小于 P2，位于齿列中或舌侧，均椭圆。P4 类似 *Plecotus*，但略显粗短，前缘微凸。上臼齿有或无原小尖，M1/2 为 *Vespertilio* 型。M3 为 *Vespertilio* 或 *Eptesicus* 型。i1–3 齿冠 *Plecotus* 型。c 断面四边形或椭圆，前后端齿带不连续。p3 略小于 p2，位于齿列中或内侧，均椭圆，少数种类两齿尖，p3 和 p4 及 p2 间有或无齿隙。p4 四边形，长大于宽，舌侧长大于颊侧，齿带连续或不连续，从主齿尖向前内、后内、后外分出三棱。m1/2 跟座 myotodonty 或 nyctalodonty 型。m3 为 *Eptesicus* 型。

鼠耳蝠属 Genus *Myotis* Kaup, 1829

模式种　鼠耳蝠 *Vespertilio myotis* Borkhausen, 1797，产自德国图林根州（Thuringia）。

鉴别特征　头骨吻部加长。齿式：2•1•2–3•3/3•1•2–3•3 = 34–38。M1 和 M2 次尖微弱或缺失；M3 后附尖微弱或缺失；m1 和 m2 跟座 myotodonty 型；肱骨头圆，肱骨干直，大结节超过肱骨头；远端关节面与骨干成直线，远端有棘突。

中国已知种　*Myotis* cf. *annectans*, *M. blythii*, *M. chinensis*, *M. daubentonii*, *M. dasycneme*, *M. fimbriatus*, *M. formosus*, *M.* cf. *M. horsfieldii*, *M. longipes*, *M. pequinius*, *Myotis* sp. 1–5，共15种。

分布与时代（中国）　河南，中始新世；云南，晚中新世；内蒙古，早上新世；北京、辽宁、安徽、广西、湖北，早更新世；北京、辽宁、重庆、江苏，中更新世；北京、湖北、海南，晚更新世。

评注　现生 *Myotis* 属蝙蝠分布于全世界。该属所含种类是 Vespertilionidae 科中最多的，其分类也最为复杂。Tate（1941b）将当时认识到的 106 个现生种分成 *Selysius* Bonaparte, 1841, *Isotus* Kolenati, 1856, *Paramyotis* Bianchi, 1916, *Myotis* Kaup, 1829,

Chrysopteron Jentink, 1910, *Leuconoe* Bioe, 1830, *Rickettia* Bianchi, 1916 共 7 个亚属。Ellerman 和 Morrison-Scott（1951）将其种类减少到 20 个，并沿用了 Tate 的亚属分类。Corbet 和 Hill（1991）将其种类增加到 90 个，除继续沿用 Tate 的 7 个亚属名外，还增加了 *Cistugo* 和 *Hesperomyotis* 亚属。谭邦杰（1992）列出的种为 91 个，但未使用亚属名。鉴于近年来对亚属分类的争论，Simmons（2005）干脆不使用亚属名，只列出 103 个种。

缺齿鼠耳蝠（相似种） *Myotis* cf. *M. annectans* (Dobson, 1871)

（图 152）

Myotis annectans（Dobson, 1871）的模式产地是印度阿萨姆的那加（Naga）山，该属分布于印度东北到缅甸、泰国、老挝、柬埔寨、越南、中国云南西部。按照罗一宁（1987）的记述，该种两上门齿大小相近；I3 与 C 间有一小齿隙；C 略高于 P4；P2 小，稍高于 C 的齿带，微偏于齿列舌侧；P3 极小，齿冠面积约为 P2 的 1/6，位于齿列之内，但 P2 与 P4 间尚有极小的缝隙；i1 和 i2 各三齿尖；i1 到 i3 依次加宽；c 退化，高度不及 p4；缺失

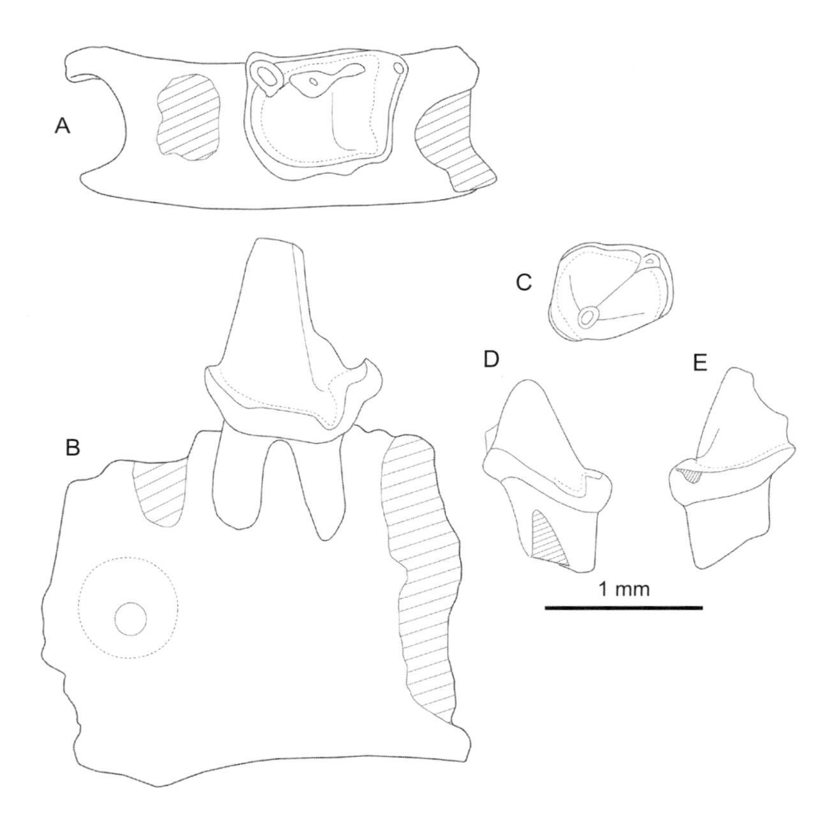

图 152　缺齿鼠耳蝠（相似种）*Myotis* cf. *M. annectans*

A, B. 左下颌残段带 p4 及 c, p2 和 m1 槽孔 （IVPP V 11897.1）；C–E. 右 p2 （IVPP V 11897.2）：A, C. 咬面视，B, D. 颊侧视，E. 舌侧视

p3；p4 近矩形，稍大于 c；m1 稍小于 m2，m3 显著小于前两齿。

早上新世内蒙古化德比例克地点的带 p4 的一段左下颌支（IVPP V 11897.1）及一颗右 p2（IVPP V 11897.2）具有相对粗壮的下颌体；联合部基部向后伸至 p2 齿槽中部之下；颏孔大而圆，位于 c 与 p2 之间、接近下颌体 1/2 高度上。p4 粗壮，近方形，齿带厚，具有宽的中舌侧齿带和后内角齿带尖；齿冠基部与咀嚼面平行（图 152）。下颌上无 p3 痕迹。p2 浅的后沿具粗壮的齿尖、粗壮的齿带和显著的颊侧尖；齿冠基部内侧膨大，内壁几乎没有齿带。捷克的 Ivan Horăcek 博士认为（见 Qiu et Storch, 2000），这样的性状符合 *Myotis* 属，且与现生的 *M. annectans* 相似。p4 长 / 宽为 1.03 mm/0.82 mm；p2 长 / 宽为 0.68 mm/0.72 mm。

狭耳鼠耳蝠 ***Myotis blythii* (Tomes, 1857)**

（图 153；表 27）

Myotis sp.：Young, 1934, p. 33, Pl. II, figs. 9–9b (IVPP C/C. 991) ; Pl. III, figs. 2–2b (IVPP C/C. 992) , figs. 4–4b (IVPP C/C. 993) and figs. 6–6b (IVPP C/C. 994) ; Pei, 1936, p. 28, textfig. 14A–B

Myotis sp. B：Pei, 1940, p. 14, Pl. I, figs. 3–4; textfigs. 10B, $11B_1$–B_2

Myotis cf. *pequinius*：王辉、金昌柱，1992，41页，图版I，图8a–c

Myotis longipes：金昌柱等，2008，1132页，表1

模式标本 不详。产自孟加拉国拉贾斯坦（Rājasthān）纳西拉巴德（Nasirabad）。

鉴别特征 大型。头骨较狭长，吻部较平缓，只在额区轻微凹陷，矢状脊和人字脊较显著。齿式：3•1•3•3/3•1•2•3 = 38。P3 体积小于 P2 的 1/3，明显位于齿列内侧，以致 P2 与 P4 十分靠近；p3 小于 p2，位于齿列中。

产地与层位（中国） 广西崇左板利乡三合大洞、辽宁大连甘井子海茂村，下更新统；周口店第一、三地点和山顶洞，中 — 上更新统。

评注 该种蝙蝠现生于欧洲、中东、中亚，以及中国的北京、新疆、内蒙古、陕西、山西和广西。周口店第一地点的"*Myotis* sp."上颌标本（IVPP C/C. 991）（Young, 1934, Pl. II, fig. 9），显示 P3 小于 P2，位于齿列内侧，M1 和 M2 有明显的次尖、原小尖和后小尖发育；IVPP C/C. 994 号的两件标本中的一件带 p2–m3 的下颌（Young, 1934, Pl. III, figs. 6–6b）p3 小于 p2，位于齿列中略偏内侧。其测量数据见表 27。

重新观测周口店第三地点的"*Myotis* sp."材料（Pei, 1936）显示：P3 槽孔小于 P2 槽孔的 1/3 并位于齿列内侧；M1 和 M2 有小而清楚的次尖且原小尖和后小尖发育；从槽孔判断，p3 略小于 p2，位于齿列中；颏孔大，位于 c 与 p2 间之下；m3 跟座只轻微退化（图 153）。重新测定 IVPP C/C. 2014 号标本中的 16 件保存较好的下颌，其结果见表 27。Pei（1936）认为，该地点的材料与中国南方现生的大型种 *M. chinensis* 相当。然而后者的 P3 仅轻微偏向齿列内侧；M1 和 M2 无原小尖发育（Allen, 1938）。

周口店山顶洞的“*Myotis* sp. B”（Pei, 1940）显示：I1 显著小于 I2，I2 与 C 之间有宽的齿隙；P3 较 P2 明显小，位于齿列内侧，P2 与 P4 间有小的齿隙；M1 和 M2 有微弱次尖发育，M3 次尖和后附尖不发育；下颌颏孔位于 c 与 p2 间之下；从 i1 到 i3 逐渐变大；p3 较

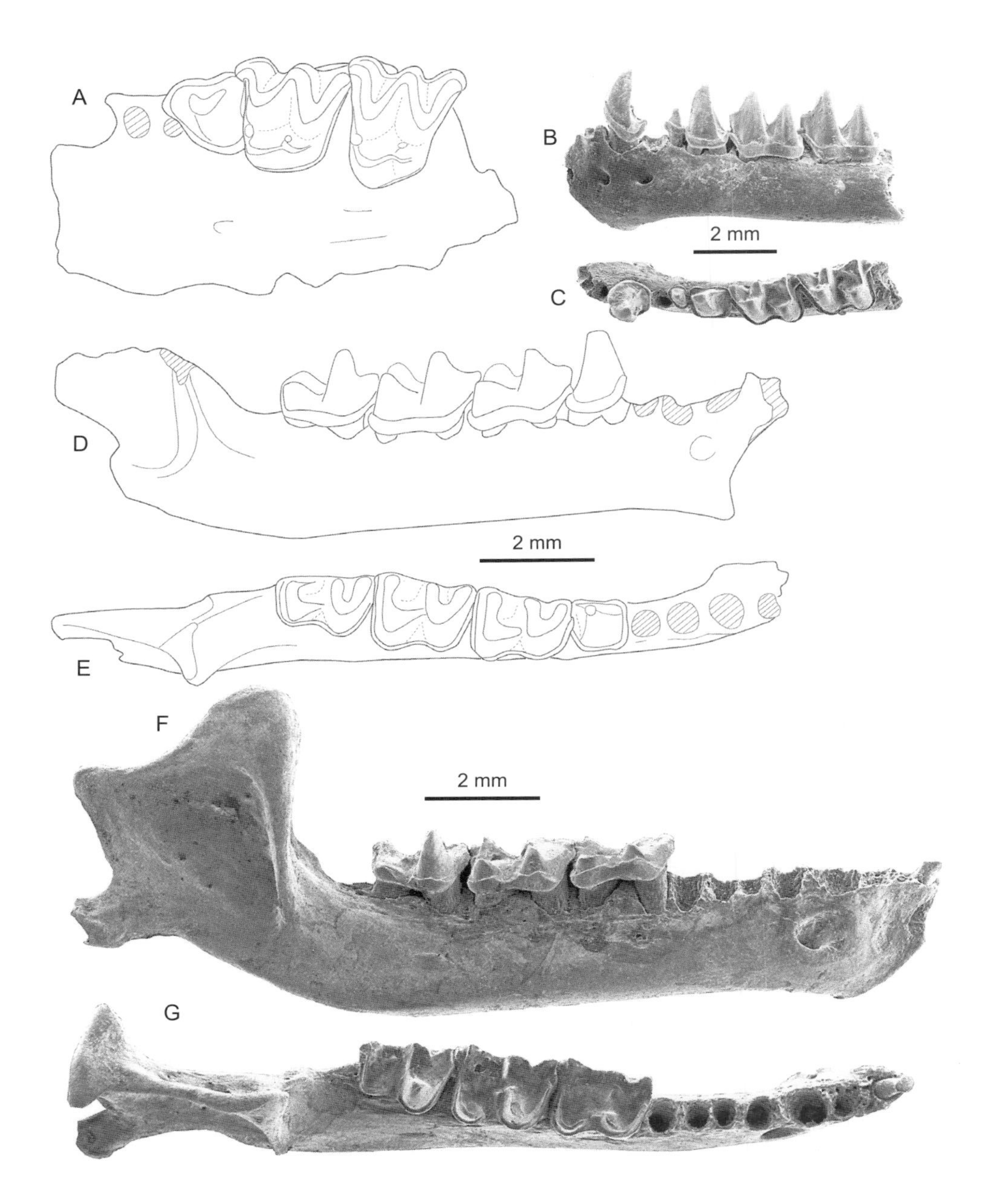

图 153　狭耳鼠耳蝠 *Myotis blythii*

A. 左上颌带 P4–M2 及 C–P3 槽孔（IVPP C/C. 2012）；B, C. 左下颌支前段带 c 和 p3–m2 及 i1–3 和 p2 槽孔（IVPP C/C. 2014）；D, E. 右下颌支残段带 p4–m3 及 i3–p3 槽孔（IVPP C/C. 2014）；F, G. 右下颌支带 i1 和 m1–3 及 i2–p4 槽孔（IVPP C/C. 2014）；A, C, E, G. 咬面视，B, D, F. 颊侧视

p2 明显小，三角形，位于齿列中；m3 跟座变狭，但不缩短。标本测量数据见表 27。

大连海茂的"*M.* cf. *pequinius*"的上下颌材料（DLNHM DH8961–63）（王辉、金昌柱，1992）显示：头骨吻背部近额区明显凹陷；P3 很小，位于齿列内侧；p3 位于齿列中；个体较大（见表 27）。

崇左三合大洞的"*Myotis longipes*"虽未描述（金昌柱等，2008），但其残破下颌显示的齿列槽孔长度（9.4 mm）以及 p3 槽孔靠近 p4 槽孔且略偏齿列内侧的特点应与北京周口店第一地点的 *M. blythii* 一致。

表 27　*Myotis blythii* 齿列和下颌长度比较　(mm)

地　点	I1–M3	下颌长	i1–m3	资　料
现生标本	8.5–11.0		9.5–11.5	陈卫等，2002
周口店第一地点		13.6–14.0	8.75–9.0 （含槽孔）	据标本实测
周口店第三地点		13.2–14.3	8.6–9.3 （含槽孔）	据标本实测
山顶洞	10.5–10.9	17.3–17.8	11.4–11.8	Pei, 1940
大连海茂	7.2–7.5 （C–M3）		7.6–7.9 （c–m3）	王辉、金昌柱，1992
崇左大洞			＞9.5	金昌柱等，2008

中华鼠耳蝠 *Myotis chinensis* (Tomes, 1857)

（图 154；表 28）

Myotis sp.：郝思德、黄万波，1998，58页，插图5.10 E–E'，5.11 E–E'–E"；金昌柱，2002，93页，插图3–2a–b

Myotis cf. *M. myotis*：金昌柱、汪发志，2009，141页，插图4.22

Murina sp.：金昌柱、汪发志，2009，155页，插图4.28a

模式标本　一张皮（标本编号不详）。产自中国南方（?上海）。

鉴别特征　大型。头骨较纤细，吻部和顶部较低矮，矢状脊清楚。齿式：2•1•3•3/3•1•3•3 = 38。P3较P2小，轻微偏齿列内侧；P4齿尖高度低于C，但高于M1；上臼齿无原小尖，次尖不显著；M3无后附尖。p3较p2略小，位于齿列中；p4齿尖高度略大于m1；m1/2齿座宽度大于跟座；m3显著缩短。

产地与层位（中国）　安徽繁昌孙村镇人字洞，下更新统；江苏南京汤山镇葫芦洞，中更新统；海南三亚荔枝沟镇落笔洞，上更新统。

评注　该种现生于泰国、缅甸、越南，以及中国的云南、贵州、四川、广东、广西、海南、香港、湖南、江西、福建、浙江、江苏。人字洞的 12 件残破下颌支（IVPP

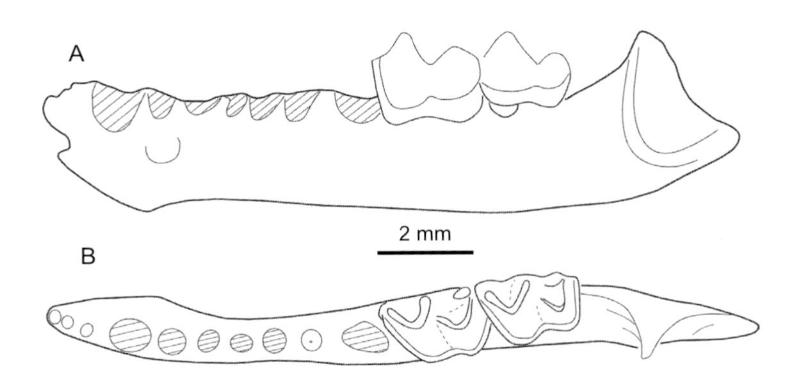

图 154　中华鼠耳蝠 *Myotischinensis*
A, B. 左下颌支残段带 m2、m3 及 i1–m1 槽孔 （SYNHM HV 00110）：A. 颊侧视，B. 咬面视

表 28　*Myotis chinensis* 齿式及齿列长度比较　(mm)

地　点	C–M3	c–m3	资　料
现生标本	9.0–11.5	9.7–12.2	Allen, 1938
繁昌人字洞		10.3–10.6★1	金昌柱、汪发志，2009
南京葫芦洞		10.4★2	金昌柱，2002
三亚落笔洞		11.4 （含i1–m1槽孔）	郝思德、黄万波，1998

★1 根据 m1–3 占齿列长度比率 （0.50）计算；
★2 根据 m1 占齿列长度比率 （0.173）计算

V 13969.1–12）以“*M.* cf. *M. myotis*”种名记述为：下颌颏孔大，位于 c 与 p2 间之下，下颌上切迹较陡直，p2 较大，p3 小于 p4 的 1/3，p4 略呈正方形，m3 少退化（下内脊与斜脊稍偏向颊侧）（金昌柱、汪发志，2009）。然而典型的 *M. myotis* 的 p3 仅略小于 p2 且略偏齿列舌侧，约为 p4 大小之半，p4 呈长方形，m3 跟座十分退化（下内脊显著偏向颊侧）（Miller, 1912, textfig. 33）。至于个体大小，人字洞的 i1–m3（8.30–9.05 mm）和 m1–3（4.50–5.20 mm）仅仅是槽孔或包含槽孔的长度。根据 m1 占齿列长度的比率计算，繁昌标本（m1 长 1.79–1.84 mm）的 i1–m3 约长 10.3–10.6 mm（表 28）。这样的大小确实接近 *M. myotis* 的范围（10.6–11.2 mm）（Miller, 1912），但也在生活于该地区（王应祥，2003）的 *M. chinensis* 的变异范围（c–m3 长 9.7–12.2 mm）内（Allen, 1938）。

人字洞被归入“*Murina* sp.”的带p2–4的下颌支残段（IVPP V 13976.1）(金昌柱、汪发志，2009，插图4.28a）因具有三个下前臼齿而不应属于只有两个下前臼齿的管鼻蝠（*Murina*）。因p3显著小于p2不同于具有同样齿数的长翼蝠（*Miniopterus*）、大耳蝠（*Plecotus*）和花蝠（*Kevivoula*），而应属于鼠耳蝠（*Myotis*）。从其个体较大判断，亦应归入同一地点的*M. chinensis*。

以“*Myotis* sp.”记述的葫芦洞的下颌支（NIGPAS NTH. 920014–16）显示：颏孔

位于 c 与 p2 间下方；p3 小，位于齿列中；p4 单尖，齿冠近方形；m3 跟座变狭；m1 长 1.8 mm（金昌柱，2002）。根据 m1 所占齿列长度的比率（0.173）计算，其 i1–m3 长约 10.4 mm（表 28）。

落笔洞的"*Myotis* sp."下颌支（SYNHM HV 00109–110）颏孔大，位于 p2 下方；据槽孔判断，p3 较 p2 略小，位于齿列之中；下臼齿颊侧齿带发育，在外谷口轻微向上弯曲；m3 跟座略微变狭但不缩短（郝思德、黄万波，1998）（图 154）。此外，根据 m1（长 2.1 mm）所占齿列长度的比率（0.173）计算，其 i1–m3 长约 12.1 mm。这个长度与含槽孔的齿列长度（11.4 mm）十分接近（表 28）。郝思德和黄万波认为海南的三种现生鼠耳蝠中，三亚标本更接近于 *M. myotis*，大于 *M. davidii* 和 *M. daubentonii*。根据王应祥（2003）研究，海南的大型鼠耳蝠应为中华鼠耳蝠。

沼泽鼠耳蝠 *Myotis dasycneme* (Boie, 1825)

（图 155；表 29）

Myotis sp.：王辉、金昌柱，1992，44页，图版I，图9；郑绍华、韩德芬，1993，52页，插图36

Myotis predasycneme：金昌柱、汪发志，2009，139页，插图4.21

模式标本 不详。产自丹麦日德兰半岛（Jutland）Wiborg 附近的 Dagbieg。

鉴别特征 中型。吻部短高，脑颅较宽而低，矢状脊不明显。P3齿冠面积不比P2更

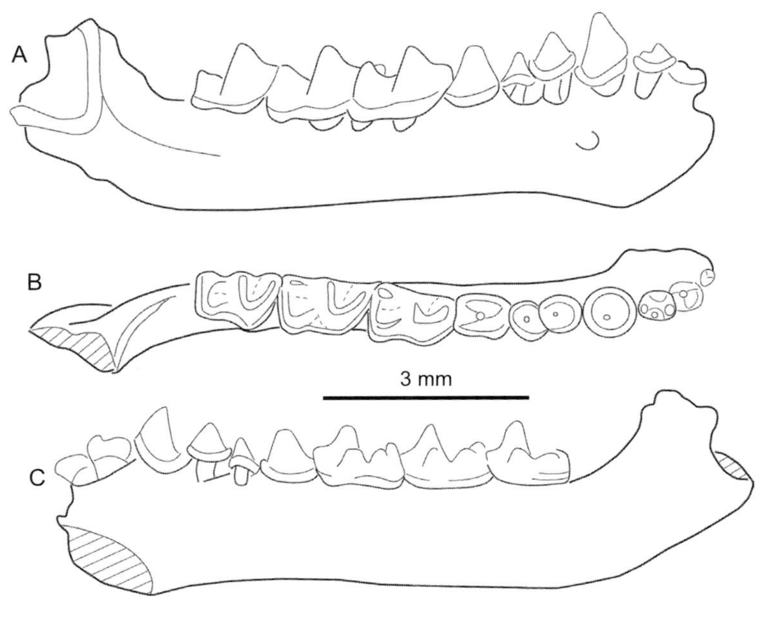

图 155 沼泽鼠耳蝠 *Myotis dasycneme*
右下颌支（YKM Y.K.M.M. 5）：A. 颊侧视，B. 咬面视，C. 舌侧视

小，偏舌侧，颊侧视几乎见不到。上臼齿具明显的原小尖，M3缺失后附尖。p3略小于p2，位于齿列中。m3相对退化。

产地与层位（中国） 安徽繁昌孙村镇人字洞、辽宁大连甘井子海茂村，下更新统；辽宁营口石桥镇金牛山，中更新统。

评注 该种现生于法国、丹麦、瑞典、乌克兰、哈萨克斯坦，以及中国的内蒙古、黑龙江和山东。大连海茂的九件残破下颌（DH8964）显示（王辉、金昌柱，1992）：颏孔较大，位于 p2 下方；p3 稍小于 p2；p4 齿尖高度略大于 m1 高度；个体较小（i1–m3 长 6.8 mm）（表 29）。

金牛山的下颌支（YKM Y.K.M.M. 5–5.1）显示颏孔大，位于 c1 与 p2 间之下；下齿式：3•1•3•3；i2 和 i3 大小相当，分别具有三和四齿尖；p3 略小于 p2；m1 和 m2 颊侧齿带在下原尖下加宽；m3 跟座较 m2 的狭窄（图 155）和 i1–m3 长约 7.5 mm（表 30）（郑绍华、韩德芬，1993）。

人字洞的"*M. predasycneme* sp. nov."（IVPP V 13968.1–21）（金昌柱、汪发志，2009）p3 小且宽，呈扁四边形，位于齿列中，齿尖高度低于 p2、而与 p4 相当；p4 略呈正方形，齿尖矮小；m1/2 齿座宽度与跟座相当；m3 少退化等。除了上述这些特征可作为种一级分类参考外，其他特征不明显。个体大小基本在现生种的变异范围（表 29）。

表 29 *Myotis dasycneme* 齿列长度比较 (mm)

地　点	I1–M3	i1–m3	资　料
现生标本	6.0–6.4	6.6–7.0	Miller, 1912
大连海茂		6.8	王辉、金昌柱，1992
营口金牛山		7.5	郑绍华、韩德芬，1993
繁昌人字洞		6.40 （槽孔）	金昌柱、汪发志，2009

水鼠耳蝠 *Myotis daubentonii* (Kuhl, 1817)

（表 30）

Myotis daubentonii：武仙竹，2006，104页，插图五六

模式标本 不详。产自德国黑森州（Hessen）哈瑙（Hanau）。

鉴别特征 小型。头骨较小，吻宽、高，背部有浅的凹陷，脑颅和腭骨较宽，枕区较低。齿式：2•1•3•3/3•1•3•3 = 38。I2 与 C 间有齿隙；P3 齿冠面积约为 P2 之半，位于齿列中；P4 次尖架宽，后缘深凹，齿尖高度与 C 相当，但大于 M1；上臼齿有原小

尖；M1/2 具次尖，次尖和后尖间有脊相连；M3 无次尖和后附尖。p3 较 p2 稍小，位于齿列中；p4 齿尖高度与 c 相当，但低于 m1；m1/2 跟座宽度大于齿座；m3 退化，下内脊向颊侧倾斜。欧洲标本 I1–M3 长 5.0–5.2 mm、i1–m3 长 5.4–5.8 mm。四川标本分别为 5.6 mm 和 5.9 mm。

产地与层位（中国） 湖北郧西香口乡黄龙洞，上更新统。

评注 该种现生于西欧—堪察加半岛；在中国分布于新疆、内蒙古、黑龙江、吉林、西藏、福建、江苏、安徽、浙江、江西、广东、香港、海南、贵州、云南、四川、陕西和山东。黄龙洞的三件残破下颌支（TS1E2③：71；TS1W1③：75；TS1E1③：68）具有如下性状（武仙竹，2006）：冠状突高度与关节突相当，角突较粗短；下齿式：3•1•3•3；i3 明显大于 i1 和 i2；p3 较小，位于齿列中；m3 跟座有一定程度退化；下颌长 9.31 mm、i1–m3 长 5.91–5.99 mm（表 30）。

表 30 *Myotis daubentonii* 齿列长度比较 (mm)

地 点	I1–M3	i1–m3	资 料
现生标本	5.6	5.9	王酉之等，1999
郧西黄龙洞		5.91–5.99	武仙竹，2006

毛腿鼠耳蝠 *Myotis fimbriatus* (Peters, 1871)

（图 156；表 31）

?*Pipistrellus* sp.：Young, 1934, p. 39, Pl. III, fig. 10 (IVPP C/C. 938)

Myotis sp.：Teilhard de Chardin, 1938, p. 5, Pl. I, figs. 1a, 1b; textfigs. 3, 4

模式标本 一张皮（标本编号不详），保存在大英博物馆。产自中国福建厦门。

鉴别特征 中型。头骨吻部低，背面中央有一浅的纵沟；额部在眶窝前缘明显向上抬升。I3 与 C 间有齿隙；P3 略小于 P2，位于齿列中略微偏舌侧；p3 略小于 p2，位于齿列中；P4 齿尖显著高于臼齿尖，而略低于犬齿尖；p4 齿尖高度与下臼齿相当；上臼齿有小而明显的原小尖；M3 缺失后附尖；m1/2 跟座宽度大于齿座；m3 跟座宽度小于齿座。

产地与层位 北京周口店第十二地点，下更新统；北京周口店第一地点，中更新统。

评注 该种现生于北京、浙江、江苏、安徽、江西、福建、香港和贵州。周口店第十二地点（Teilhard de Chardin, 1938）的头骨吻部低、背缘几与齿列线平行和额部显著向上抬升（图 156A）的特点显然不同于目前仍生存于北京地区的狭耳鼠耳蝠（*M. blythi*）、北京鼠耳蝠（*M. pequinius*）、大卫鼠耳蝠（*M. davidi*）和须鼠耳蝠

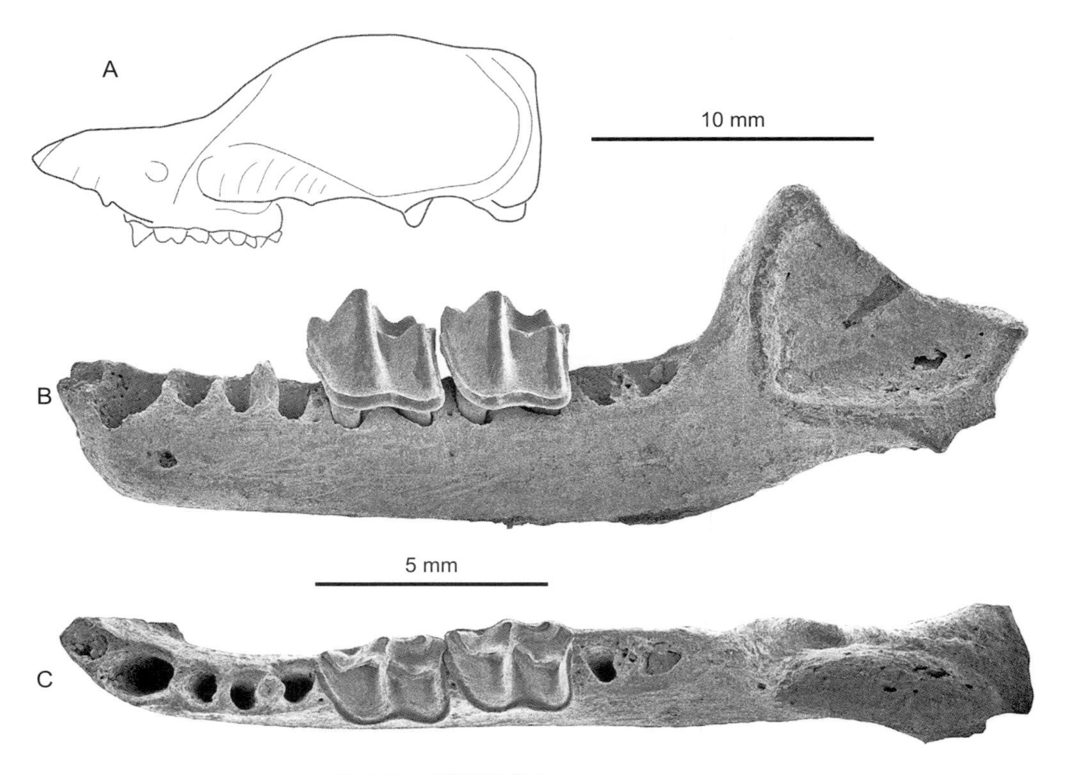

图 156　毛腿鼠耳蝠 *Myotis fimbriatus*

A. 头骨（周口店第十二地点）；B, C. 左下颌支带 m2、m3 及 i1–m1 槽孔（周口店第一地点，IVPP C/C. 938）：A. 左侧视，B. 颊侧视，C. 咬面视

表 31　*Myotis fimbriatus* 齿列长度比较　(mm)

地　点	I1–M3	i1–m3	资　料
现生标本	6.8–8.0	7.0–7.8	陈卫等，2002
周口店第十二地点	7.5★1	9.5★2	Teilhard de Chardin, 1938
周口店第一地点		6.8（含i1–m1槽孔）	据标本重测

★1 据原著 I3–M3 长；
★2 据 m1–3 长度占齿列长度之比率（0.50）计算

（*M. mystacinus*），而与毛腿鼠耳蝠（*M. fimbriatus*）的一致（陈卫等，2002）。周口店标本的 P3 位于齿列中轴略偏舌侧、上臼齿具原小尖、M3 缺失后附尖以及个体大小（见表 31）与毛腿鼠耳蝠的性状（Allen, 1938）相符合。归入该种的同一地点的带有 p3–m3 的左下颌 p3 小、近圆形，位于齿列中；p4 长椭圆形，齿尖高度略超过 m1，具粗壮的下前附尖和显著的跟座；m1/2 跟座宽度大于齿座，m3 跟座小于齿座；下臼齿跟座为 myotodonty 型。头骨最大长度 17.5 mm，I3–M3 长 7.5 mm，M1–3 长 4.1 mm，m1–3 长 4.7 mm。根据 M1–3 和 m1–3 所占齿列长度比率（分别为 0.492 和 0.493）计算，其 I1–M3 约长 8.3 mm，

其 i1–m3 长约为 9.5 mm。

周口店第一地点的带有 m2、m3 和所有其他牙齿槽孔的较完整的左下颌（IVPP C/C. 938），因其 c 和 m2 间槽孔数目为 6 而被判定前臼齿数为 2，从而被描述成“?*Pipistrellus* sp.”（Young, 1934）。重新观测此件标本，其下齿式应为 3•1•3•3 而不是 *Pipistrellus* 的 3•1•2•3，因为 p2 和 p3 均为单齿根（图 156B）。该件标本还显示：p3 槽孔小于 p2，且位于齿列中；m2 和 m3 跟座为 myotodonty 型而不是 *Pipistrellus* 的 nyctalodonty 型。同时被归入的目前仍保留的 IVPP C/C. 939 号的两件标本也不是 *Pipistrellus*，一件应为 *Rhinolophus*；另一件应为 *Hipposideros*。因此，周口店第一地点没有 *Pipistrellus* 的材料发现。

绯鼠耳蝠 *Myotis formosus* (Hodgson, 1835)

（表 32）

Myotis formosus：武仙竹，2006，103页，插图五五；图版八，图3下右

Myotis sp.：武仙竹，2006，106页，插图五七

模式标本 不详。产自尼泊尔。

鉴别特征 中—大型。脑颅顶部圆形隆起，向后缓缓降低，矢状脊显著。P3 显著小于 P2，位于齿列中线上；p3 齿冠面积等于或略小于 p2，但齿尖高度接近。P4 和 p4 齿尖高度大于臼齿齿尖；M1/2 次尖明显；m1/2 跟座宽度略大于齿座；M3 缺失后附尖；m3 跟座缩短变窄。

产地与层位（中国） 湖北郧西香口乡黄龙洞，上更新统。

评注 该种现生于日本、朝鲜、印度、巴基斯坦、孟加拉，以及中国的台湾、浙江、福建、江苏、安徽、上海、广西、贵州、四川、湖北、陕西。以该种名记述的黄龙洞的三件残破下颌支（TS1W2③：67, 68, 79）有如下性状（武仙竹，2006）：下齿式：3•1•3•3；冠状突顶端位置比较靠前，关节突高位，角突短粗；颏孔位于 p2 之下；p3 齿冠面积约等于 p2，齿冠高度接近，位于齿列中；p4 齿尖高度略大于臼齿；下颌长 11.08 mm、i1–m3 长 7.8 mm（表 32）。

根据 m1–3（含 m1 槽孔长 3.6 mm）占齿列比率（0.5）计算，该地点的“*Myotis* sp.”（TS1W2③：59）的 i1–m3 长约 7.2 mm。似可归入此种。

表 32 *Myotis formosus* 齿列长度比较 (mm)

地　点	I1–M3	i1–m3	资　料
现生标本	7.1–11.9	7.9–11.7	潘清华等，2007
郧西黄龙洞		7.8 （含槽孔）	武仙竹，2006

霍氏鼠耳蝠（相似种） *Myotis* cf. *M. horsfieldii* (Temminck, 1840)

（图 157A, B）

早上新世内蒙古化德县比例克的两个孤立的M1/2（IVPP V 12361.1–2）相对纤细，具有宽的原尖部分，很发育的前附尖，尖锐的原脊（protocrista），很发育的前脊（paraloph），高的前小尖（paraconule），适度高而短的后脊（metaloph）和弱的次尖（图 157A, B）。Ivan Horácek 博士认为（见 Qiu et Storch, 2000）其所有特征与中等大小的白蝙蝠（Leuconoe）一致，形态和大小特别与现生的 *M. horsfieldii* 相符。M2 长 / 宽 1.30 mm/1.80 mm，– /1.75 mm。

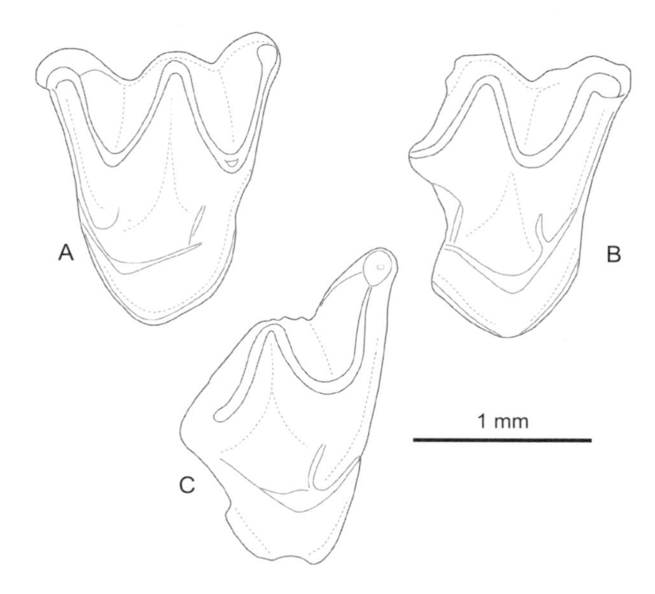

图 157　霍氏鼠耳蝠（相似种） *Myotis* cf. *M. horsfieldii* 和鼠耳蝠（未定种 5）*Myotis* sp. 5
A, B. *Myotis* cf. *M. horsfieldii*：A. 左 M1/2 （IVPP V 12361.1），B. 右 M1/2 （IVPP V 12361.2）；
C. *Myotis* sp. 5：右 M3 （IVPP V 12362）

长指鼠耳蝠 *Myotis longipes* (Dobson, 1873)

（图 158；表 33）

Myotis sp.：黄万波等，2000，32页，插图26B–B1；郑绍华，2004，116页，插图5.15

模式标本　不详。产自南亚克什米尔地区。

鉴别特征　中等大小。吻部较低平，从额后部突然抬升。I2 和 C 间有约 I2 长度的齿隙；P3 略小于 P2，位于齿列中，与 P4 间有齿隙；P4 齿尖高度与 C 相当，均大于臼齿齿

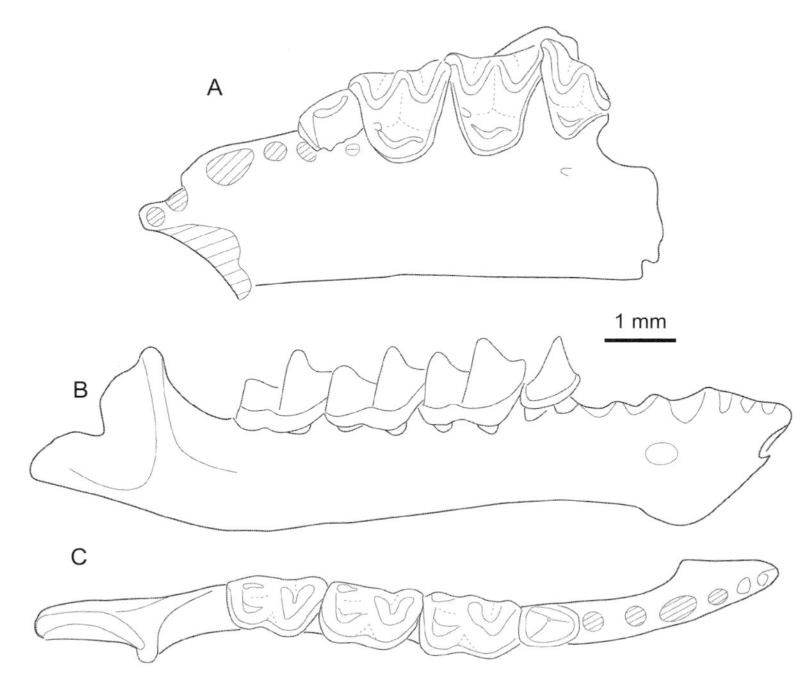

图 158　长指鼠耳蝠 *Myotis longipes*

A. 左上颌带 P4–M3 及 I1–P3 槽孔（WSM LIPAN V 147）；B, C. 右下颌残段带 p4–m3 及 i1–p3 槽孔（WSM LIPAN V 151）：A, C. 咬面视，B. 颊侧视

尖；上臼齿具原小尖；M3 缺失后附尖。p3 略小于 p2，位于齿列中，与 p2 和 p4 间有齿隙；p4 齿尖高度与 c 相当，均低于 m1 下原尖；m3 不缩短，但跟座较 m2 的狭窄。

产地与层位（中国）　湖北建始高坪乡龙骨洞，下更新统；重庆巫山河梁迷宫洞，上更新统。

评注　该种现生于印度、尼泊尔、阿富汗，以及中国贵州。以“*Myotis* sp.”记述的迷宫洞上、下颌材料（WSM LIPAN V 146–158）（黄万波等，2000）（图 158）显示：① 从槽孔判断，I1 较 I2 略大，I2 和 C 间有较大齿隙；P3 较 P2 小，位于齿列中；② 上臼齿具有清楚的次尖和原小尖；③ M3 缺失后附尖；④ 下颌颏孔大，位于 c1 和 p2 间之下；⑤ 从槽孔判断，i3 大于 i2 和 i1，p3 略小于 p2 且位于齿列中，p3 和 p2 间可能有齿隙；⑥ p4 长大于宽，齿尖高度略低于 m1 的下原尖；⑦ m3 不缩短，跟座轻微退化；⑧I1（槽孔前缘）–M3 长 6.8 mm，i1（槽孔前缘）–m3 长 6.5–7.3 mm（表 33）。

应该指出，黄万波等的文中插图 25B–B1 与插图 26B–B1 及其标本编号应相互交换才能分别代表 *Murina leucogaster* 和 *Myotis* sp.。因为它们的下齿式分别为：3•1•2•3 和 3•1•3•3。

以“*Myotis* sp.”记述的建始龙骨洞几段左下颌及 M2 和 M3（IVPP V 13198.1–9）（郑绍华，2004）显示：M2 有小而清楚的原小尖，次尖发育；M3 缺失次尖和后附尖；下臼齿颊侧齿带强壮，其上缘在下原尖和下次尖下显著向上突出；m3 不缩短，跟座明显变狭；按 m1–3 长度（3.64 mm）占齿列长度的比率（0.50）计算，i1–m3 长度约为 7.28 mm（表 33）。

表 33 *Myotis longipes* 齿列长度比较 (mm)

地 点	I1–M3	i1–m3	资 料
现生标本	6.6	7.2	中国科学院昆明动物研究所标本
巫山迷宫洞	6.8 （含槽孔）	6.5–7.3 （含槽孔）	黄万波等，2000
建始龙骨洞		7.28★	郑绍华，2004

★根据 m1–3 占齿列长度比率 （0.50） 计算

根据对中国科学院昆明动物研究所采自贵州江口的标本（总号 02787）观察，上臼齿具原小尖；M1/2 次尖清楚；M3 缺失次尖和后附尖；下臼齿颊侧齿带强壮，其上缘在下原尖和下次尖下显著向上突出；m3 跟座变狭但不缩短；i1–m3 长约 7.2 mm。

广西崇左三合大洞的“*Myotis longipes*”虽未描述（金昌柱等，2008，表 1），但其残破下颌（带 m1、m2 且具有所有齿槽孔）显示出的特征，如个体较大（i1–m3 长大于 9.5 mm）、p3 略偏舌侧等，不同于 *M. longipes*。就其齿列长度而言，更接近 *M. blythii*（i1–m3 长 9.5–11.0 mm）（陈卫等，2002）。

北京鼠耳蝠 *Myotis pequinius* Thomas, 1908

（图 159；表 34）

Myotis sp.：Zdansky, 1928, p. 21, Pl. I, figs. 35–48; Young, 1934, p. 33, textfig. 9A–B; Pl. III, figs. 1–1b, figs. 4–4b

Myotis sp. A：Pei, 1940, p. 13, textfigs. 9A, 11 A1–A2; Pl. I, figs. 1–2

模式标本 雄性皮和头骨（大英博物馆 No.8.8.7.2）。产自北京市区以西 48 km，海拔 183 m。

鉴别特征 中等大小。吻短，较低宽，背部有明显纵凹；头骨背缘从吻后部突然抬升；脑颅近圆形，间顶骨突出；矢状脊和人字脊细弱；I2 与 C 间有较大齿隙；P3 小于和低于 P2，位于齿列中；P4 齿尖高度小于 M1；M1/2 无原小尖，但有明显的次尖；M3 缺失后附尖；p3 明显小于 p2，位于齿列中；p4 齿尖高度略低于 m1；m1/2 跟座宽度大于齿座；m3 跟座不缩短，只轻微变狭。

产地与层位 北京周口店第一地点，中更新统；北京周口店山顶洞，上更新统。

评注 该种现生于中国河北、北京、山东、江苏、河南和四川。周口店第一地点上部层位的“*Myotis* sp.”头骨（IVPP C/C. 990）和下颌支（IVPP C/C. 993）显示：头骨吻部粗短，额部突然上升；下颌颏孔位于p2与c间之下；齿式：2•1•3•3/3•1•3•3 = 38；I2与C间有0.5 mm长齿隙；P2近四边形，前内后外向扩展，齿冠面积约为椭圆形P3的2倍；P3位于齿列之中；P4齿尖高度约等于M1；M1/2无原小尖，但有弱的次尖；p3被挤压成横向扩展的四边形，位于齿列中；m3跟座较m1和m2狭窄（图159）。

周口店山顶洞的“*Myotis* sp. A”（Pei, 1940）的上、下颌大小和形状与周口店第一地

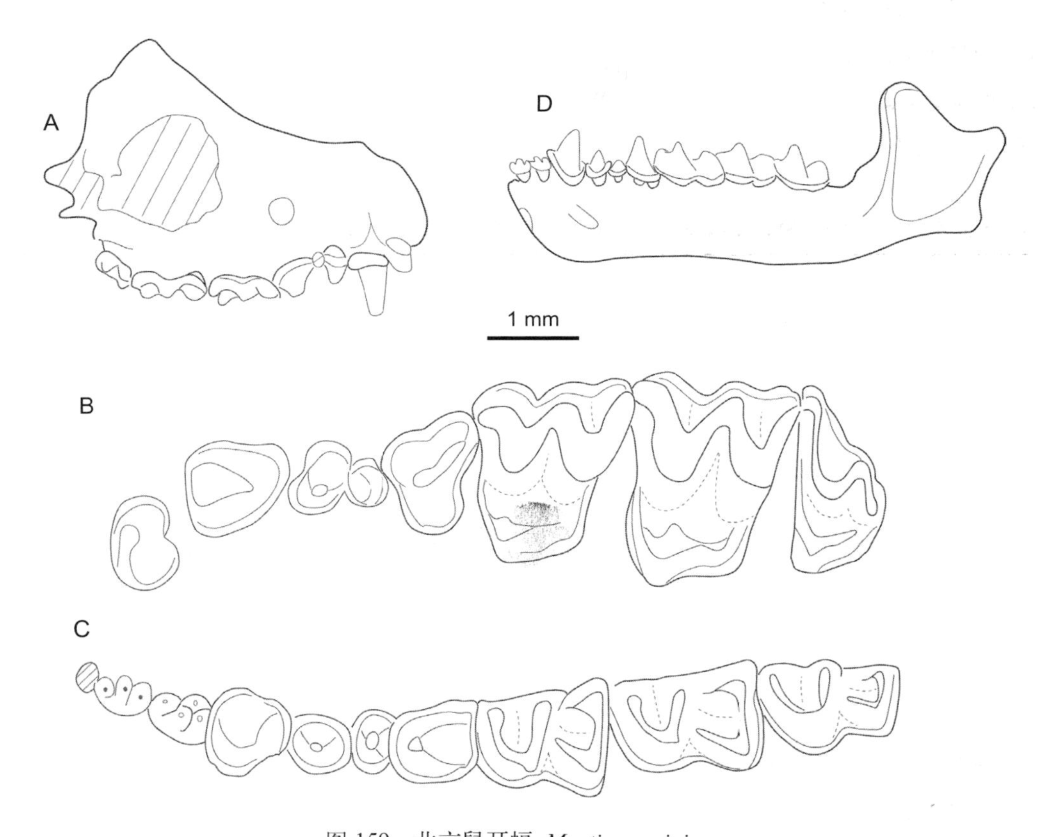

图159 北京鼠耳蝠 *Myotis pequinius*

A, B. 头骨前部及齿列（IVPP C/C. 990）；C, D. 左下颌支（IVPP C/C. 993）：A. 右侧视，B. 左上齿列，咬面视，C. 咬面视，D. 左下齿列，颊侧视

表34 *Myotis pequinius* 下颌及齿列长度比较 (mm)

地　点	I1–M3	下颌长	i1–m3	资　料
现生标本	6.9–7.02		7.38	陈卫等，2002
周口店第一地点	8.7（含槽孔）	13.8	9.2（含槽孔）	Young，1934
周口店山顶洞	7.2（C–M3）	13.9	9.9（含槽孔）	Pei，1940

点的上述材料相似（表 34），应为同一种类。

Pei（1940）认为，山顶洞的“*Myoyis* sp. A”与北京地区现生的 *M. pequinius* 相当。然而从表 34 可以看出，化石标本比现生标本的尺寸略大。这可能是现生种的可测量标本较少（Allen, 1938；陈卫等，2002）的缘故。王酉之和胡锦矗（1999）给出的四川的标本上、下齿列长度就比较大，分别为 7.7 mm 和 8.2 mm。

鼠耳蝠（未定种 1） *Myotis* sp. 1

邱铸鼎等（1985）以 *Myotis* sp. 简述的禄丰晚中新世古猿地点的 9 枚牙齿显示：“犬齿构造简单，后内侧有一弱的附尖；p4 的前、后、内侧也各有一附属尖；M2 较 M1 宽，都有一弱的次尖，齿带弱，但几乎连续于后、内侧缘；下臼齿斜脊及后方脊都很低，下内附尖孤立”。

鼠耳蝠（未定种 2） *Myotis* sp. 2

（图 160）

周口店第一地点被归入“*Myotis* sp.”的一件下颌（IVPP C/C. 992 号标本中的一件）（Young, 1934 : P1. II, figs. 10–10b）在尺寸大小上与周口店地区的大型化石鼠耳蝠相当：下颌长 13.9 mm，i1–m3 长 9.0 mm。不同的是：*Myotis* sp. 下颌升支前缘基部有一显著的

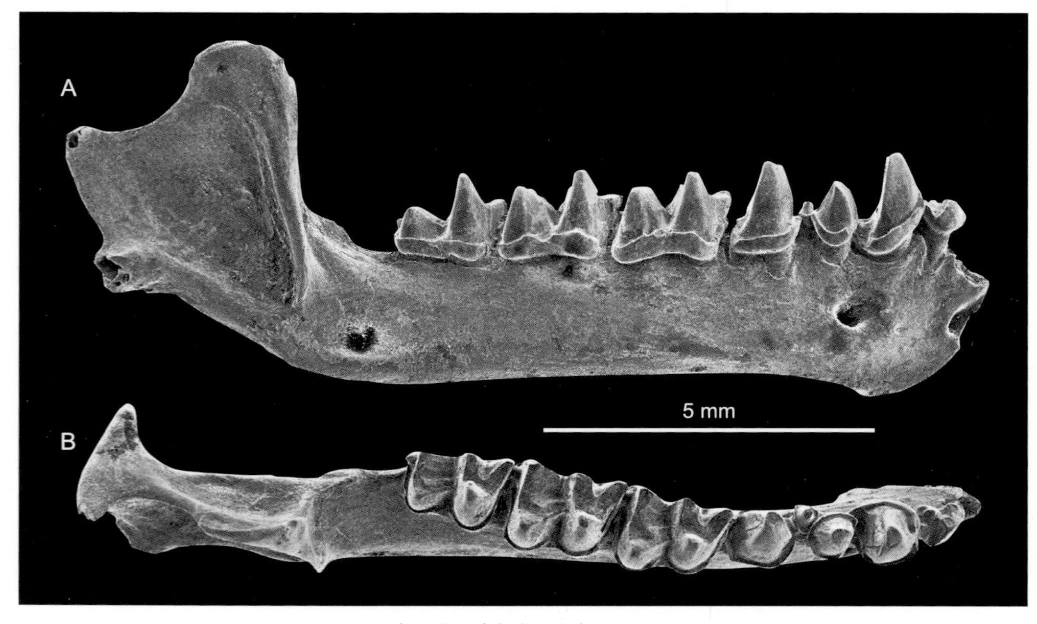

图 160 鼠耳蝠（未定种 2） *Myotis* sp. 2
右下颌支 （IVPP C/C. 992）：A. 颊侧视，B. 咬面视

向前凸起；i3 长度约为 i1 与 i2 之和；p3 相对较小，齿冠面积小于 p2 的 1/3，且齿冠的一半位于齿列舌侧缘之内（图 160）。按照陈卫等（2002）意见，p3 完全位于齿列内侧的、目前生存于北京地区的只有 *M. davidii*，但后者的 i1–m3 长度只有 5.5 mm。

鼠耳蝠（未定种 3）*Myotis* sp. 3

（图 161；表 35）

河南渑池县任村中始新世晚期的 Microchiroptera indet.“至少代表三种翼手类”（童永生，1997）。其中，IVPP V 10231.4 号标本下臼齿跟座虽为 nyctalodonty 型，但其下内脊很高，下次小尖远离下内尖的性状更多地显示出食虫类的特点；同时，其他材料中没有与其匹配的牙齿，因而应被排除。其余材料似乎只代表大、小两种蝙蝠。

小型蝙蝠的材料较多，包括 1 右 i2（IVPP V 10208.1）、1 右 i3（IVPP V 10208.2）、1 右 p3（IVPP V 10211.1）、1 残破左 p4（IVPP V 10211.2）、1 左 m1/2 跟座（IVPP V 10214.1）、1 残破左 m3（未编号）、1 右 I1（IVPP V 10208.3）、1 左 P3（IVPP V 10211.10）、1 右 P4（IVPP V 10212）和 1 左 M3（IVPP V 10216）。

i2 齿冠基部轮廓呈长椭圆形；舌侧齿带发育，颊侧齿带不清楚；颊侧有 3 个近于等高、等大的齿尖，并与小的前齿带尖排列在同一直线上（图 161D–F）。i3 基部轮廓近于圆三角形，长度与 i2 相当，但宽度较大；内外侧齿带发育，前端有小的齿带尖发育；中颊侧齿尖最高最大，后颊侧齿尖最小最低，内中齿尖介于两者之间；三齿尖之间连线呈三角形；舌侧齿尖未发育（图 161G–I）。I1 断面椭圆形；舌侧凹陷宽浅；颊、舌侧基部无齿带发育；主齿尖约为后附尖两倍大小，两者高度几乎相等（图 161A–C）。p3 约呈四边形，基部齿带发育，无齿带尖，单齿根（图 161P–R）。p4 断面长方形，舌侧平，颊侧微凸；下前尖发育，后跟宽大；外脊不特别延长或缩短；双齿根（图 161S–U）。P3 断面为前窄后宽的四边形；基部齿带发育，后内角有一显著的齿带尖；无后附尖发育；前内、后内和后外齿棱清楚；双齿根（图 161J–L）。P4 齿冠基部轮廓呈三角形；前缘微向前凸，后缘和外缘平直；三齿根（图 161M, N）。m1/2 跟座为 myotodonty 型（图 161V）。m3 跟座破损，但显示出明显的退化；齿座盆宽，略呈 U 字形（图 161W）。M3 咬面三角形；有后尖但无后附尖发育；前前脊抵达牙齿前缘，前后脊终止于后尖基部；有明显的前脊发育；无明显的次尖架（图 161O）。牙齿的尺寸大小见表 35。

i2 具三齿尖，i3 的三齿尖相连成三角形，P3 具双齿根，P4 前缘微凸和后缘平，M3 无后附尖，p4 长方形，具有下前尖和长的跟座，m1/2 跟座 myotodonty 型等都与现生 *Myotis* 的性状相符（Menu, 1985）。不同的是：化石种的齿冠较低；I1 的两个齿尖高度几乎相等，其间不分开，反映出相对原始的性质。

目前已知最早的化石鼠耳蝠是发现于比利时 Hoogbutsel 地点渐新世的 *M. misonnei*

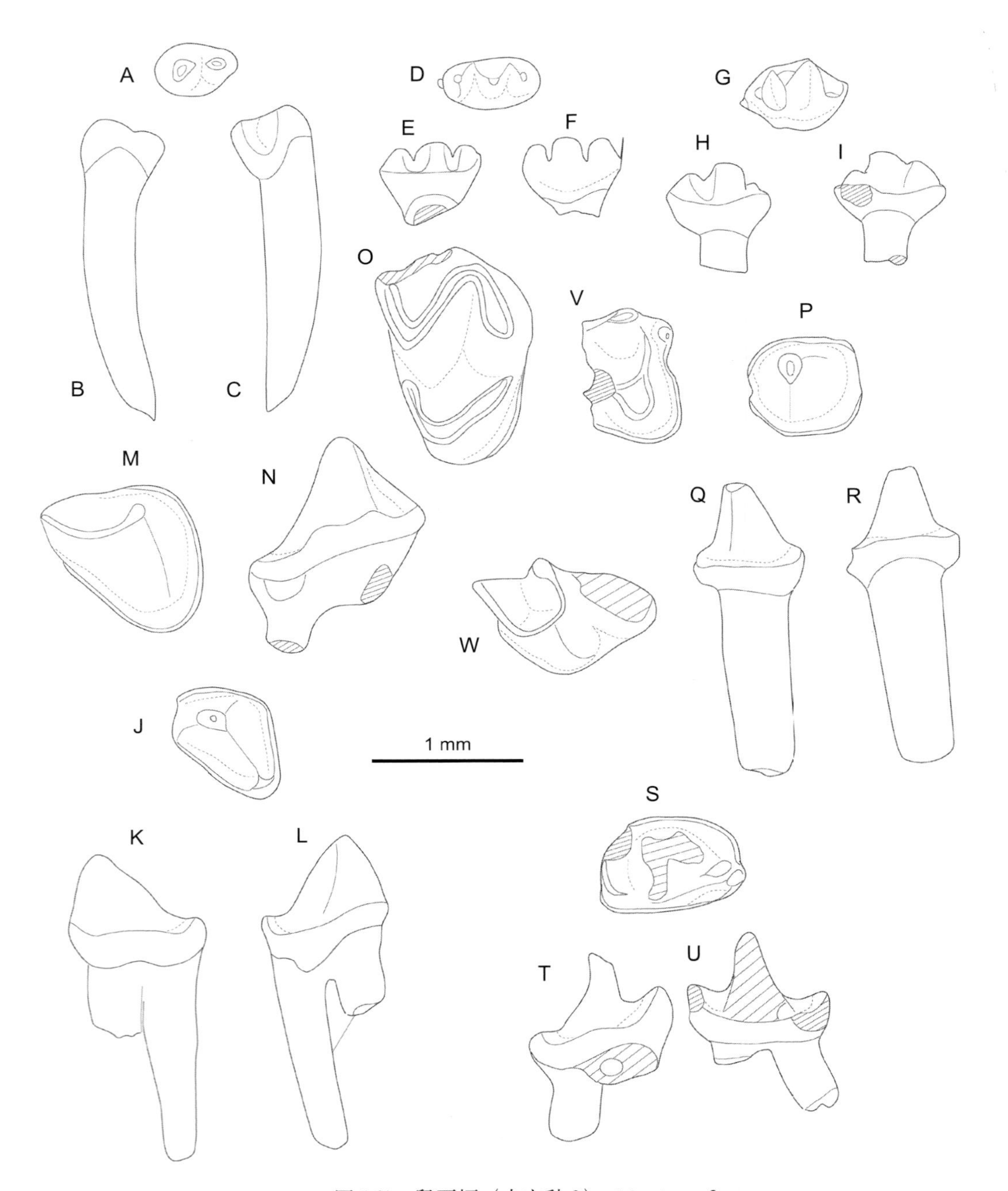

图 161 鼠耳蝠（未定种 3） *Myotis* sp. 3

A–C. 右 I1 （IVPP V 10208.3），D–F. 右 i2 （IVPP V 10208.1），G–I. 右 i3 （IVPP V 10208.2），J–L. 左 P3 （IVPP V 10211.10），M，N. 右 P4 （IVPP V 10212），O. 左 M3 （IVPP V 10216），P–R. 右 p3 （IVPP V 10211.1），S–U. 左 p4 （IVPP V 10211.2），V. 左 m1/2 跟座 （IVPP V 10214.1），W. 左 m3 （未编号）：A, D, G, J, M, O, P, S, V, W. 咬面视，B, E, H, K, Q, T. 舌侧视，C, F, I, L, R, U. 颊侧视

Quinet，1965。其 p4 虽有发育的下前尖，但下后尖缺失；p3 单根，大小与 p2 相近；下臼齿齿尖几成脊状（Quinet, 1965）。

表 35 ***Myotis* sp. 3 和 *Myotis* sp. 4 牙齿测量比较** (mm)

		Myotis sp. 3	*Myotis* sp. 4
I1	长/宽	0.58/0.35	
C	长/宽		1.14–1.25/1.15–1.17
P3	长/宽	0.75/0.70	
P4	长/宽	0.95/0.95	
M3	长/宽	＞1.0/＞1.3	1.14/＞1.75
i2	长/宽	0.63/0.35	
i3	长/宽	0.64/0.45	
c	长/宽		1.12/0.74
p2	长/宽		0.74–0.78/0.82–0.94
p3	长/宽	0.700.64	0.85–0.90/0.80–0.95
p4	长/宽	0.90/0.62	
m1/2	长		1.90
	齿座/跟座宽	/0.85	1.25/1.35
m3	长	0.95	
	齿座/跟座宽	0.80/	

鼠耳蝠（未定种 4） *Myotis* sp. 4

（图 162）

河南渑池县任村的较大型种类材料包括 3 左 C（IVPP V 10210）、1 右 c（IVPP V 10209）、5 右 p2（IVPP V 10211.2–6）、1 左 1 右 p3（IVPP V 10211.7–8）、2 左 m1/2（IVPP V 10213.1–2）和 1 左 M3（IVPP V 10216）。

C 粗短、直，基部轮廓圆三角形；舌侧齿带较颊侧发育，无齿带尖（图 162A–C）。M3 的结构与小型种类相似，但无前脊发育（图 162E）。c 的基部轮廓长椭圆形，四周齿带发育，前端有齿带尖发育，侧视前端齿带明显升高（图 162F–H）。p2 基部轮廓椭圆形，四周齿带发育，无齿带尖痕迹，单齿根（图 162I–K）。p3 断面长方形，横向加宽，齿带发育，无齿带尖，单齿根（图 162L–N）。m1/2 跟座长度与齿座相当，但宽度较大，具有很发育的颊侧和前、后齿带； 跟座 myotodonty 型，下次小尖很发育（图 162D）。

由于 M3、m1/2、p2 和 p3 具有与上述 *Myotis* sp. 3 相似的性状，这里暂时将这批材料置于 *Myotis* 属内。

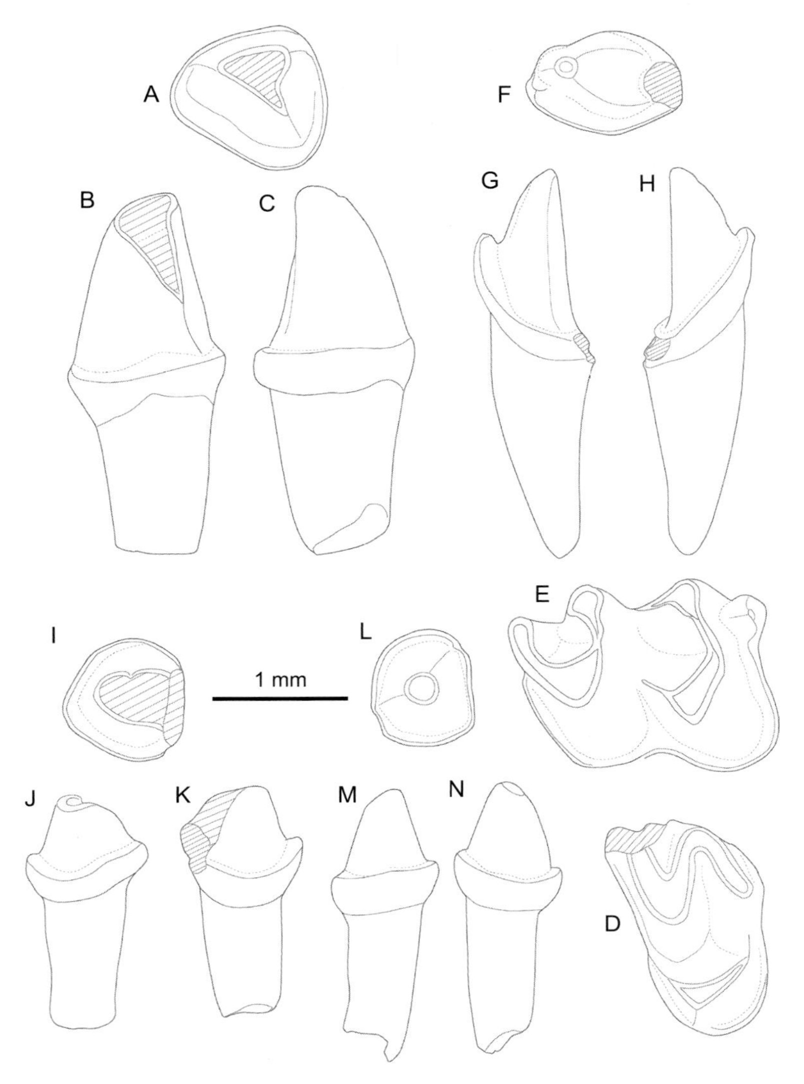

图 162　鼠耳蝠（未定种 4）　*Myotis* sp. 4

A–C. 左 C（IVPP V 10210）, D. 左 m1/2（IVPP V 10213.1）；E. 左 M3（IVPP V 10216）；F–H. 右 c（IVPP V 10209）；I–K. 右 p2 （IVPP V 10211.2）, L–N. 右 p3 （IVPP V 10211.8）：A, D, E, F, I, L. 咬面视，B, G, J, M. 舌侧视，C, H, K, N. 颊侧视

鼠耳蝠（未定种 5） *Myotis* sp. 5

（图 157C）

Ivan Horăcek（见 Qiu et Storch, 2000）以“*Myotis* sp.”描述的内蒙古化德县比例克的一右 M3（IVPP V 12362）（长 / 宽：0.75 mm/1.38 mm）（图 157 C）“相当大且适度退化（退化程度小于 eptesicoid 各属和多数大型的 *Myotis*，大于 *Vespertillio* 或 *Nyctalus*）；后尖存在，但朝着原尖后壁挤压；前脊很显著（在非 myotine 属缺失），尽管既不达前原脊

（preprotocrista），也不形成前小尖（paraconule）（这就不同于多数 Leuconoe 种）。牙齿近于一种相当于现生 *Myotis altarium* Thomas, 1911 大小的 *Myotis*”。

此外，以 *Myotis* sp. 名录列出的、未加描述和图示的地点还有：周口店第十五地点和顶盖砾石层（Pei, 1939a, b）、辽宁大连市复县镇古龙山（周信学等，1990）、辽宁本溪市山城子乡庙后山（张镇洪，1986）、辽宁海城县小孤山（张镇洪，1985）、安徽和县陶店镇龙潭洞（郑绍华，1983）、云南昆明市呈贡县三家村（邱铸鼎等，1984）、云南文山州西畴县仙人洞（陈德珍、祁国琴，1978）、浙江金华市双龙洞（马安成、汤虎良，1992）。

长翼蝠亚科 Subfamily Miniopterinae Dobson, 1875

该亚科蝙蝠广泛分布于欧、亚、非、澳大利亚及太平洋、印度洋岛屿。在中国分布于云南、四川、河北、河南、福建、台湾、广东、香港、海南。

长翼蝠的头骨具有低而稍宽的吻和高的脑颅，背侧缘从鼻区到泪骨区逐渐抬升，然后突然以约 45° 角升高，到间顶骨前有一浅凹；顶骨球形隆起；吻部背侧中央有明显的凹陷；眶间区宽；矢状脊和人字脊通常微弱；无眶上突；眶前孔大，远离眶窝，几乎在 C 之上。鼻凹大，呈 V 字形；前腭凹伸至上犬齿之后。显形听泡。镫骨肌窝深，新月形。下颌水平支在联合部深度略大于齿列后深度；角突长而高位，接近臼齿咀嚼面；冠状突高度与关节突相近；颏孔位于 p2 之下或 c 与 p2 间之下。剑胸骨有棱（龙骨突）。肩胛骨肩峰突顶端具三角形前突。内侧视肱骨头椭圆或长圆形，肱骨远端关节面向外与骨干在同一直线。第三指第二指节骨长度接近第一指节骨的 3 倍。齿式：2•1•2•3/3•1•3•3 = 36。I1 齿冠非常倾斜，具后外凹和小的后内尖。I2 较 I1 显著增大，齿带弱，后外齿尖小，与 C 间有宽的齿隙。C 较细弱，内缘平，前、后具纵谷，齿带狭窄，无齿带尖。P2 椭圆形或三角形，齿冠面积约与 C 相当，位于齿列中或偏舌侧，高度只及 P4 之半。P4 前后缘有凹陷，前内齿尖小但明显。M1/2 四边形，次尖架宽，后缘凹陷。M3 三角形，具后尖，但无后附尖。i1、i2 和 i3 间特别挤压，厚度逐渐增加，i3 的厚度约为 i1 的 2 倍。c 齿尖几乎不比臼齿主要齿尖高，有低而明显的前内齿带尖。p2、p3 大小和齿尖高度相当，四边形，长大于宽。p3 双齿根。p4 高度接近 p2 的 2 倍，但低于 m1。m1/2 跟座显著大于齿座，为 nyctalodonty 型。m3 跟座较狭长。

Mein 和 Tupinier（1977）根据*Miniopterus*的C和P2间有一附加的小牙齿建议建立 Miniopteridae科，但未被普遍接受。按传统分类，仍作为亚科且只包含*Miniopterus*属（Tate, 1941c；Ellerman et Morrison-Scott, 1951；Corbet et Hill, 1991；谭邦杰，1992；McKenna et Bell, 1997；王应祥，2003；Simmons, 2005）。

长翼蝠属 Genus *Miniopterus* Bonaparte, 1837

模式种 长指蝠 *Vespertilio ursinii* Bonaparte, 1837（= 斯氏长指蝠 *Vespertilio schreibersii* Kuhl, 1817），产自罗马尼亚 Bannat 山。

鉴别特征 同亚科。

中国已知种 仅 *Miniopterus schreibersii* 一种。

分布与时代（中国） 安徽，早更新世；北京、辽宁、山东，中更新世；湖北，晚更新世。

评注 现生种分布同亚科。化石记录分布与时代为：欧洲早中新世；非洲早上新世；亚洲早更新世；澳大利亚早更新世。Tate（1941c）根据大小将 *Miniopterus* 分成大型的 *M. tristis*、中型的 *M. schreibersii* 和小型的 *M. australis* 三个组或种。Ellerman 和 Morrison-Scott（1951）只承认后两种。Corbet 和 Hill（1991）增加到 11 种。谭邦杰（1992）又减少为 8 种。Simmons（2005）总结了近年的研究成果，列出了 19 种。王应祥（2003）列出的中国 5 种长翼蝠中，*M. fuliginosus* 和 *M. oceanensis* 已被认为是 *M. schreibersii* 的同物异名（Simmons, 2005）。

斯氏长翼蝠 *Miniopterus schreibersii* (Kuhl, 1817)

（图 163；表 36）

Miniopterus cf. *schreibersii*：Pei, 1936, p. 34, textfigs. 19–20；张镇洪等，1986，37页，插图十九左

Miniopterus schreibersii：科瓦尔斯基、李传夔，1963b，146页，插图2a–c；郑绍华等，1998，36页，插图2C–E；武仙竹，2006，111页，插图六十；图版八，图2下右

Miniopterus cf. *M. approximates*：Woloszyn, 1987；金昌柱、汪发志，2009，153页，插图4.27

模式标本 不详。产自匈牙利南 Bannat 山 Kulmbazer 洞。

鉴别特征 同属。

产地与层位（中国） 安徽繁昌孙村镇人字洞，下更新统；北京周口店第一和第三地点、辽宁本溪山城子乡庙后山、山东平邑东阳乡小西山，中更新统；湖北郧西香口乡黄龙洞，上更新统。

评注 现生种分布于非洲、马达加斯加、西南欧洲、中国、菲律宾、日本、澳大利亚。Pei（1936）以“*M.* cf. *schreibersii*”记述的周口店第三地点的一头骨和 25 件下颌支（IVPP C/C. 2025–2027）显示：① 头骨吻部短小，背部有清楚的纵沟；② 吻后部突然升高；③ 眶前孔大，位于 P2 之上方；④ I2 大于 I1，与 C 间有清楚的齿隙；⑤ P4 大，三角形；⑥ M1/2 具小而清楚的次尖；⑦ M3 缺失次尖、后附尖；⑧ 下颌冠状突等于或略高于

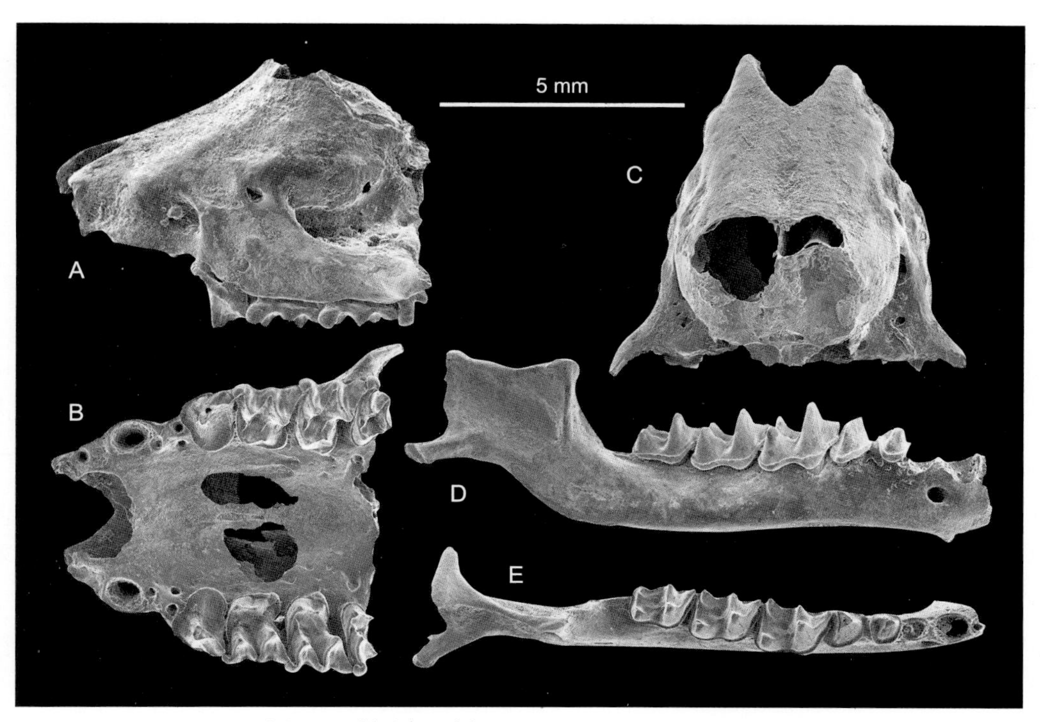

图 163　斯氏长翼蝠 *Miniopterus schreibersii*

A–C. 头骨前部（IVPP C/C. 2025）；D, E. 右下颌支带 p3–m3 及 i2–p2 槽孔（IVPP C/C. 2026）：A. 左侧视，B. 腹面视，C. 顶面视，D. 颊侧视，E. 咬面视

关节突，角突长而高位；⑨ 颏孔位于 p2 与 c 间之下；⑩ c 细、低，具弱而清楚的前附尖；⑪ 下前臼齿方形，其间有齿隙；⑫ p2 小，单根，宽度大于长度；p3 双根，较 p2 大；⑬ p4 齿尖低于臼齿主要齿尖；⑭ 下臼齿跟座大于齿座，下后脊与下次小尖相连，m3 跟座轻微变狭（图 163）；⑮ M1–3 长 3.5 mm，m1–3 长 3.7–3.9 mm。根据现生 *M. s. fuliginosus* 所测 M1–3 和 m1–3 占齿列长度比率（分别为 0.525 和 0.506）计算，其 I1–M3 长 6.67 mm，i1–m3 长 7.3–7.7 mm（表 36）；⑯ 齿式：2•1•2•3/3•1•3•3 = 36。

科瓦尔斯基和李传夔（1963b）以 *M. schreibersii* 记述的周口店第一地点第 8 层的 48 件下颌标本（IVPP V 2670）以及 Young（1934）以“*Myotis* sp.”记述的一件下颌（IVPP C/C. 1002）具有尖而低的冠状突，高的关节突，长而向后下方伸展的角突；颏孔位于 c 和 p2 间下；p3 具双齿根；p4 三角形；i1–m3（含槽孔）长 7.7–8.2 mm（表 36）。除了 p2 与 p3 和 p3 与 p4 间无齿隙和个体稍大外，其他特征基本与周口店第三地点的一致。

郑绍华等（1998）以“*Miniopterus schreibersii*”记述的山东平邑第二地点的头骨和下颌支（IVPP V 11509.1–4）具有头骨吻部短小，背部有纵沟；额部突然向上隆起；眶前孔大，位于 P2 之上；下颌颏孔位于 c 和 p2 间之下；p2 和 p3 间有齿隙；M1–3 长 3.7 mm（按上述比率计算，I1–M3 长 7.1 mm），m1–3 长 4.3 mm（按上述比率计算 i1–m3 长 8.5 mm）；齿式：?•1•2•3/3•1•3•3。上述性状表明平邑的材料基本与周口店第三地点的一致，只是个体略为

表 36　*Miniopterus schreibersii* 齿式及齿列长度比较　(mm)

地　点	上齿式	I1–M3	下齿式	i1–m3	资　料
现生标本（欧洲）	2•1•2•3	5.6–6.0	3•1•3•3	6.0–6.4	Miller, 1912
现生标本（中国）	2•1•2•3	6.0–8.5	3•1•3•3	6.2–8.8	综合资料
周口店第三地点	2•1•2•3	6.67★1	3•1•3•3	7.3–7.7★2	Pei, 1936
周口店第一地点			3•1•3•3	7.7–8.2 (含槽孔)	科瓦尔斯基、李传夔，1963
平邑小西山	2•1•2•3	7.1★1	3•1•3•3	8.5★2	郑绍华等，1998
本溪庙后山			3•1•3•3	7.4★2	张镇洪等，1986
郧西黄龙洞	2•1•2•3	6.8★3	3•1•3•3	7.8★2	武仙竹，2006
繁昌人字洞			3•1•3•3	9.0–9.2★2	金昌柱、汪发志，2009

★1 根据 M1–3 占齿列长度比率（0.525）计算；
★2 根据 m1–3 占齿列长度比率（0.506）计算；
★3 根据 M1 占齿列长度比率（0.205）计算

偏大 (表 36)。

张镇洪等（1986）以“*Miniopterus* cf. *schreibersii*”记述的庙后山的一残破左下颌（BXM B.S.M. 7802 A–65）p2 大于 p3，但高度相当，均为椭圆形；犬齿后及下前臼齿间有齿隙；颏孔位于 c 之下；角突的位置很低；下齿式: 3•1•3•3；根据 m1–3 长（3.75 mm）占齿列比率计算，其 i1–m3 长 7.4 mm（表 36）。上述形状基本与周口店第三地点的相同。

武仙竹（2006）以该种名记述的黄龙洞的两件残上颌和两件残破下颌支（TN1W21③: 64；TS1E1③: 69–71）有如下性状：齿式: 2•1•2•3/3•1•3•3 = 36；P3 很退化，M3 原尖退化；下颌冠状突较低，关节突高位，角突向后外伸展，颏孔位于 c 和 p2 间下；i3 大于 i1 和 i2；p2 和 p3 大小相当；p4 齿尖高度约与 m1 者等高（这一点与周口店第三地点的不同，但符合 *M. schreibersii* 的定义）；m3 跟座略退化。根据 M1（长 1.4 mm）占齿列长度比率（0.205）计算，其 I1–M3 长约 6.8 mm；根据 m1–3（长 3.94 mm）占齿列长度比率（0.506）计算，其 i1–m3 长约 7.8 mm（表 36）。

金昌柱和汪发志（2009）以“*Miniopterus* cf. *M. approximates*”记述的人字洞的一些残破下颌（IVPP V 13975.1–16）颏孔大，位于 c 和 p2 间之下；下前臼齿排列较宽松，p2 略呈方形，p3 双根，呈四边形；p4 三角形，舌侧前后缘各具小的齿带尖；下臼齿齿座比跟座小，m3 少退化，具有清楚的下次小尖；按 m1–3（长 4.55–4.67 mm）占齿列长度比率计算，其 i1–m3 长 9.0–9.2 mm（表 36）。

应该指出，波兰 Podlesice 431 号洞穴所产 *M. approximatus* Woloszyn, 1987 大小接近现生种 *M. schreibersii*，但头骨更纤细，牙齿更粗重和狭窄，臼齿短。弱的前臼齿齿带间很少接触。根据 M1–3 (长 3.37–3.55 mm) 和 m1–3 (长 3.65–3.95 mm) 各占齿列比率计算，其 I1–M3 和 i1–m3 长度分别为 6.64–7.0 mm 和 6.94–7.7 mm。

人字洞下臼齿跟座相对大，p2 略呈方形而不是三角形，下前臼齿间彼此接触，齿列长度显著大等显然不同于波兰种。相反，其 p4 齿尖高度与臼齿主要齿尖高度相当的特点与 *M. schreibersii* 种一致。

人字洞的“*Pipistrellus* sp.”上颌残段（金昌柱、汪发志，2009，146 页，插图 4.24a）具有P2大，呈三角形，位于齿列偏舌侧，舌侧后齿带尖发育和P4四边形，略大于P2的性状，应属于 *Miniopterus schreibersii*，而不属于具有极小 P2 的 *Pipistrellus*。

此外，安徽和县龙潭洞（郑绍华，1983）、浙江金华双龙洞（马安成、汤虎良，1992）列出的 *Miniopterus* cf. *schreibersii* 以及崇左三合大洞（金昌柱等，2008）产出的 *M. schreibersii*，似乎也可归入此种。

值得注意的是，下前臼齿间齿隙的存在曾被作为区别 *M. approximatus* 和 *M. schreibersii* 的主要特征之一（Woloszyn, 1987），但上述不同地点材料所显示的齿隙存在情况不同似乎又证明是个体变异：可能在年轻个体齿隙存在的比率较大，成年和老年个体存在的比率较小。

另一个问题是中国的材料个体较大，如北京附近的现生标本（陈卫等，2002）的 I1–M3 和 i1–m3 长分别为 6.0–7.0 mm 和 6.2–7.5 mm；四川标本（王酉之、胡锦矗，1999）分别为 7.2 mm 和 7.7 mm；福建和海南标本（Allen, 1938）分别为 7.3–8.5 mm 和 7.6–8.8 mm；而欧洲标本（Miller, 1912）分别为 5.6–6.0 mm 和 6.0–6.4 mm。这种情形使人怀疑中国是否有此种存在。或许真的应该将中国的材料视为亚洲长翼蝠（*M. fuliginosus*）而独立于欧洲的斯氏长翼蝠（*M. schreibersii*）（王应祥，2003；潘清华等，2007）。

管鼻蝠亚科 Subfamily Murininae Miller, 1907

该亚科蝙蝠以其特殊的管状鼻而区别于其他蝙蝠。该亚科包含管鼻蝠属（*Murina* Gray, 1842）和毛翅蝠属（*Harpiocephalus* Gray, 1842）两属（Tate, 1941c；Ellerman et Morrison-Scott, 1951；Corbet et Hill, 1991；谭邦杰，1992；McKenna et Bell, 1997；Simmons, 2005）。前者分布于南亚、东南亚、新几内亚、澳大利亚、东亚、东西伯利亚，中国分布在四川、甘肃、海南、西藏、云南、内蒙古、黑龙江、吉林、陕西、山西、福建、台湾、江西、广西；后者分布于东南亚，中国的云南、广东、福建和台湾。

头骨背侧缘在吻部较平，额、顶部隆凸；吻部较细窄或较短宽，其宽度小于或大于眶间区宽度，其背侧有或无纵凹发育；鼻凹深度大于宽度；矢状脊强或弱；无眶上突。听泡显形。齿式：2•1•2•2–3/3•1•2•3 = 32–34。I1 大于或小于 I2，均为单齿尖，I2 与 C1 间无齿隙。P2 小于或略大于 P4。M1/2 外壁具有或不具有 W 形。M3 缺失或强烈退化；退化时缺失后尖和后附尖。下门齿排列叠覆状，通常 i1 < i2 < i3，各具两齿尖或四齿尖。

c 断面三角形或四边形，齿尖高或低。m1 和 m2 跟座 nyctalodonty 型。m3 强烈退化。下颌冠状突低或很高；关节突显著低于冠状突；角突较弱；颏孔通常位于 p2 之下。肩胛骨肩峰突顶端无前突。内侧视肱骨头圆；远端关节面向外离开骨干线。

毛翅蝠属 Genus *Harpiocephalus* Gray, 1842

模式种 红毛翅蝠 *Harpiocephalus rufus* Gray, 1842 [= 赤褐毛翅蝠 *Harpiocephalus harpia*（Temminck, 1840）]，产自印度尼西亚爪哇格德山（Gede）东北侧。

鉴别特征 吻短宽，其宽度大于眶间宽度；吻背部无明显纵凹。矢状脊粗壮。鼻凹深度大于宽度。前腭凹伸至上犬齿中部水平。齿式：2•1•2•2/3•1•2•3 = 32。I1 大于 I2，近横向排列。C 断面近似四边形，齿带连续，颊侧前后附尖发育。P2 略大于 P4，椭圆形，单尖。M1/2 后缘轻微凹陷，前附尖、中附尖和后附尖不发育，前尖和后尖弱，彼此靠近，因而无 W 形外脊，原尖粗壮，次尖缺失。M3 极端退化，只有前尖、原尖和中附尖发育，呈棒锤状。下门齿均为双齿尖，i1 < i2 < i3。c 断面四边形，粗壮，单尖，齿带连续。p2 和 p4 大小相当，近四边形，单齿尖，高度相当。p4 具有明显的下前尖和下后尖。m1/2 跟座发育不完全，下次尖和下内尖极弱，无真正的跟座盆。m3 极端退化，齿冠面积小于 m2 之半。下颌粗短，冠状突极高，其前缘略向后倾；关节突略低于 c 的齿尖；角突极短，其后端不超过关节突；颏孔位于 p2 前部之下。

中国已知种 仅 *Harpiocephalus harpia* 一种。

分布与时代（中国） 海南，晚更新世。

评注 该属蝙蝠现生于南亚、东南亚、中国南部，但 Ellerman 和 Morrison-Scott（1951）、谭邦杰（1992）认为该属只含 *H. harpia*（Temminck, 1840）一种；Corbet 和 Hill（1991）、Simmons（2005）认为该属含 *H. harpia* 和 *H. mordax* Thomas, 1923 两种。

赤褐毛翅蝠 *Harpiocephalus harpia* (Temminck, 1840)

（图 164；表 37）

Harpiocephalus sp.：郝思德、黄万波，1998，56页，插图5.9 C–c; 5.10 D–D'; 5.11 D–D'–D"

模式标本 不详。产地同属。

鉴别特征 同属。

产地与层位（中国） 海南三亚荔枝沟镇落笔洞，上更新统。

评注 该种现生于印度尼西亚、印度、马来西亚、老挝、越南、菲律宾，以及中国的云南、广东、福建和台湾。郝思德和黄万波（1998）以“*Harpiocephalus* sp.”记述的三亚落笔

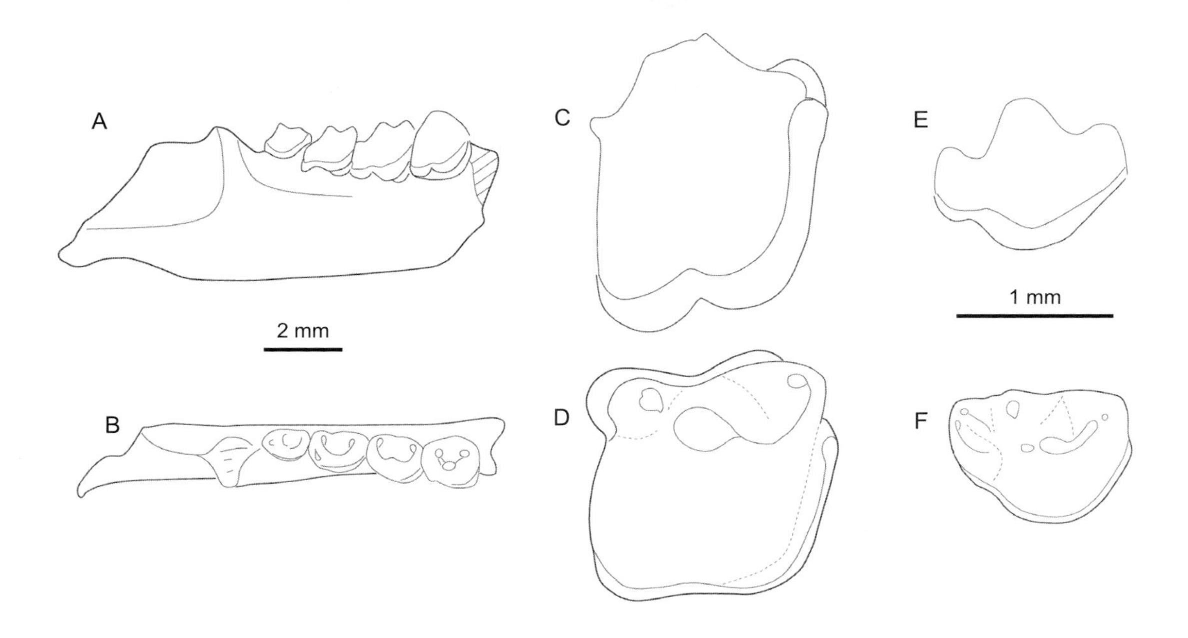

图 164　赤褐毛翅蝠 *Harpiocephalus harpia*

A, B. 右下颌支残段带 p4–m3 （HICRA HV 00108）；C, D. 右 p4 （同上）；E, F. 右 m3 （同上）：
A, C, E. 颊侧视，B, D, F. 咬面视

洞的一段带 p4–m3 右下颌（HICRA HV 00108）下颌体粗壮；从 p4 到 m3 齿冠高度逐渐降低、牙齿逐渐变小，颊侧齿带在外谷基部向上弯曲；下臼齿粗钝，跟座极端退化，无明显的跟座盆（图 164A, B）；p4 近于方形，具有明显的下前尖和下后尖（图 164C, D）；m1 和 m2 的跟座长度略小于其 1/2 齿座，斜脊和下内脊发育极弱，下次尖小，下内尖较孤立；m3 跟座长度约为齿座的 1/4（图 164E, F）；按现生种 p4–m3（长 5.0 mm）所占齿列比率（0.581）计算，其 i1–m3 长约 8.6 mm（表 37）。

尽管目前海南岛没有该属动物记录（王应祥，2003；潘清华等，2007），但其邻近的广东有 *H. harpia* 生存。根据云南景东林街的标本（中国科学院昆明动物研究所总号 02878）测量，其 i1–m3 长 9.8 mm，p4–m3 长 5.6 mm。该种标本稀少，个体大小的变异范围无从统计，但由于落笔洞的时代很晚，应属现生种。

表 37　***Harpiocephalus harpia*** 齿式及齿列长度比较　(mm)

地　点	上齿式	I1–M3	下齿式	i1–m3	资　料
现生标本	2•1•2•3	8.4	3•1•2•3	9.8	中国科学院昆明动物研究所标本
三亚落笔洞				8.6★	郝思德、黄万波，1998

★根据 p4–m3 占齿列长度比率 （0.581） 计算

管鼻蝠属 Genus *Murina* Gray, 1842

模式种 猪形管鼻蝠 *Vespertilio suillus* Temminck, 1840，产自印度尼西亚爪哇 Tapos。

鉴别特征 头骨狭长，吻背部中央有深的纵向凹陷，颧弓前根前的吻部宽略小于、等于或略大于眶间宽。齿式：2•1•2•3/3•1•2•3 = 34。I1 小于 I2，两牙齿单齿尖，成前内后外排列。C 断面椭圆，常有后齿带尖。P2 大，镶嵌于 C 与 P4 之间，齿尖高度与臼齿相当。P4 大于 C，外缘和后缘凹，有较发育的次尖架和齿带，齿尖高度略小于或等于 C，但大于 M1。M1/2 近于方形；原尖大，原尖前脊很长；无次尖和次尖架；前附尖稍微退化和后后脊显著延长，使其 W 形外脊扭曲（*Eptesicus* 型）。M3 呈狭三角形，长度约为宽度的 1/3–1/2；中附尖弱，缺失后尖和后附尖。下颌冠状突适度高而宽；关节突与齿列高度相当；角突后端略高于水平支下缘；颏孔位于 p2 之下或 p2 与 p4 间之下。i1、i2 和 i3 颊侧各有三齿尖、舌侧有一后端尖。c 断面三角形，前缘微凹。p4 四边形，舌侧长度大于颊侧。下臼齿齿座大于跟座。m3 跟座显著缩短，斜脊和下内脊轻微偏向颊侧。

中国已知种 *Murina aurata, M. leucogaster* 和 *Murina* sp., 共三种。

分布与时代（中国） 内蒙古，早上新世；重庆、安徽，早更新世；北京、重庆，中更新世；辽宁、云南、湖北、海南，晚更新世。

评注 该属现生于南亚、东南亚、东亚、西伯利亚、澳大利亚。Ellerman 和 Morrison-Scott（1951）分该属为 *Murina* Gray, 1842 和 *Harpiola* Thomas, 1915 两个亚属、5 个种；Corbet 和 Hill（1991）继承了两个亚属的分法，但包含 14 种；谭邦杰（1992）未使用亚属，仍包含 14 种；Simmons（2005）也未使用亚属，包含 17 种。中国有 8 种（王应祥，2003）。

金管鼻蝠 *Murina aurata* Milne-Edwards, 1872

（图 165；表 38）

Plecotus sp.：邱铸鼎等，1984，286页

Murina cf. *aurata*：郑绍华、张联敏，1991，47页，插图27A–A2

Murina sp. 1：黄万波等，2002，34页

Murina sp. 2：黄万波等，2002，35页，插图31

模式标本 一成年个体，推测仍保存在巴黎自然历史博物馆。产自四川宝兴（穆坪）。

鉴别特征 小型。颧弓前根前的吻部宽度略小于眶间宽度。P2 少受 C 和 P4 挤压；P4 齿尖高度显著大于 C 和 M1；p4 齿尖高度与 c 和 m1 的相当。

产地与层位（中国） 重庆巫山庙宇镇龙骨坡，下更新统；重庆奉节土家族乡兴隆洞，

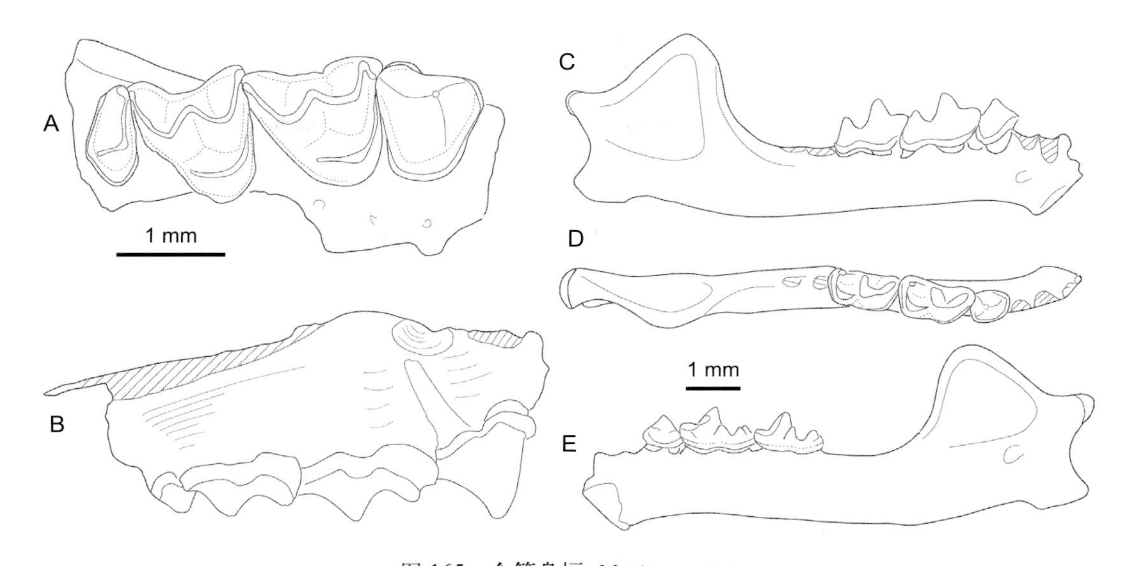

图 165　金管鼻蝠 *Murina aurata*

A, B. 右上颌（呈贡三家村，IVPP V 7615.1）；C–E. 右下颌支（巫山龙骨坡，CQMNH CV. 998）：
A, C. 颊侧视，B. 右侧视，D. 咬面视，E. 舌侧视

中更新统；云南昆明呈贡三家村，上更新统。

评注　该种现生于尼泊尔、缅甸、日本，以及中国的四川、重庆、甘肃、海南、西藏南部和云南中部。郑绍华、张联敏（1991）以“*Murina* cf. *aurata*”记述的重庆巫山龙骨坡早更新世的一些残破下颌（CQMNH CV. 997–1006）下齿式：3•1•2•3；冠状突粗钝，前缘微向后倾，关节突略高于齿列高度，角突较大；颏孔位于 p2 之下；m3 跟座特别退化并轻微偏向颊侧（图 165C–E）；i1–m3（含槽孔）长 5.3–5.6 mm（表 38），据 m1–3（长 3.3–3.6 mm）所占齿列比率计算，其 i1–m3 长为 6.39–6.76 mm。根据下颌形态，龙骨坡标本无疑应归入 *Murina* 属；根据测量数据，应属小型种类，而在四川盆地目前只生存有 *M. aurata*。应指出，郑绍华、张联敏插图 27 中说明的 A–A2 应为 *M.* cf. *aurata*，而 B–B1 应为 *M. leucogaster*。

黄万波等（2002）以“*Murina* sp. 1”记述的奉节兴隆洞的一些残破材料（FJM FJV. 0095–0104）齿式：2•1•2•3/3•1•2•3 = 34；颏孔大，位于 p4 前根之下；p2 前后端各有一明显的齿带尖；p4 方形，从齿尖向四角分出四条棱；m1/2 颊侧齿带在下原尖和下次尖处略微增厚并在外谷口处向上弯曲，下次脊直接与下内尖相连；m3 跟座特别退化，其长度和宽度均小于其齿座的 1/2；I1 比 I2 小，双尖，I2 单尖；C1 和 P2 间有小齿隙；P4 大于 P2，有弱的原尖发育；M1/2 三角形，无次尖发育，M3 横向加宽，无后尖和后附尖发育；i1–m3（含槽孔）长 4.82–5.28 mm（表 38），据 m1–3（长 3.28–3.30 mm）所占齿列比率计算，其 i1–m3 长 6.18–6.20 mm。

黄万波等（2002，35 页，插图 31）以“*Murina* sp. 2”记述的奉节兴隆洞的残破材

料（FJM FJV. 0105–0114）只显示出其个体较同一地点的“*Murina* sp. 1”稍大，其 i1–m3（含槽孔）长 6.2 mm。颏孔位置较前位（p2 之下）。两者应为同一种。

邱铸鼎等（1984）以“*Plecotus* sp.”报道的呈贡三家村的一带 P4–M3 残破右上颌（IVPP V 7615.1）个体小；眶下孔位于 P4 与 M1 之间上方；P4 为内窄外宽的四边形，后附尖不发育，后缘平直，四周齿带发育；臼齿中附尖和后附尖弱，前附尖发育；M1/2 无次尖，原尖粗大，前前脊向外延伸到前附尖，前后脊指向后尖基部，舌、颊侧齿带发育；M3 呈三角形，齿冠面积约为 M1 的 1/4，前前脊长，与牙纵轴几乎垂直，前后脊短，缺失后尖和后附尖；P4–M3 长 3.6 mm（图 165A, B）。根据现生 *M. leucogaster* 的 P4–M3 占齿列长度的比率（0.63）计算，其 I1–M3 长为 5.71 mm（表 38）。

在中国现生蝙蝠中，具有像三家村这样退化程度 M3 的只有大黄蝠（*Scotophilus*）、斑蝠（*Scotomanes*）和管鼻蝠（*Murina*）三属。比较起来，前两者个体较大；M3 退化成棍状，其宽度约等于 M2 的宽度；M1/2 后缘有明显凹陷。

表 38　*Murina aurata* 齿式及齿列长度比较　(mm)

地　点	上齿式	I1–M3	下齿式	i1–m3	资　料
现生标本	2•1•2•3	4.8	3•1•2•3	5.1	王西之、胡锦矗，1999
巫山龙骨坡			3•1•2•3	5.3–5.6（含槽孔）	郑绍华、张联敏，1991
奉节兴隆洞	2•1•2•3		3•1•2•3	4.82–5.28（含槽孔）	黄万波等，2002
呈贡三家村		5.71★			邱铸鼎等，1984

★ 根据 P4–M3 占齿列长度比率（0.63）计算

白腹管鼻蝠 *Murina leucogaster* Milne-Edwards, 1872

（图 166；表 39）

Myotis sp.：Young, 1934, Pl. III, figs. 3–3b; textfigs. 5–5b

Murina cf. *leucogaster*：Pei, 1936, p. 29, P1. III, figs. 7, 8; textfigs. 15–17

?*Murina* sp.：Pei, 1936, p. 32, textfigs. 18A, B

Murina sp.：周信学等，1990，33页；金昌柱、汪发志，2009，155页，插图4.28b

Murina cf. *leucogaster*：郑绍华、张联敏，1991，49页，插图27B–B2

Murina leucogaster：黄万波等，2000，32页，插图2B–B1（部分）；武仙竹，2006，98页，插图52, 53；图版七，图5，6，图版八，图3中左；同号文等，2008，53页，插图2D

Pipistrellus sp.：金昌柱、汪发志，2009，146页，插图4.24b–c

模式标本　不详。产自四川宝兴（穆坪）。

鉴别特征 较大型。头骨背侧缘在顶骨部分呈三角形隆起。眶间宽度与吻部最大宽度相当，矢状脊发达。P2 被挤压于 C 与 P4 之间；P4 齿尖高度与 C 相当，但高于 M1；p4 齿尖高度与 c 相当，但低于 m1。I1–M3 长 7.0–8.0 mm，i1–m3 长 6.5–8.0 mm（王酉之，1984；陈卫等，2002）。

产地与层位（中国） 安徽繁昌孙村镇人字洞、重庆巫山庙宇镇龙骨坡，下更新统；北京周口店第一和第三地点，中更新统；辽宁大连复县镇古龙山、重庆巫山河梁迷宫洞、北京房山十渡西太平洞、湖北郧西香口乡黄龙洞，上更新统。

评注 该种现生于印度、东西伯利亚、日本，以及中国的西藏、四川、重庆、福建、陕西、山西、吉林、内蒙古和黑龙江。

Pei（1936）以“*Murina* cf. *leucogaster*”记述的周口店第三地点的头骨和下颌（IVPP C/C. 2020–2022）具有下列特点：头骨吻部低平，背侧有深的纵向凹陷；额顶区迅速隆起；矢状脊很低；齿式：2•1•2•3/3•1•2•3 = 34；I1 小，有清楚的后内附尖；I2 较大，虽无附尖但齿带完全；C 齿冠面椭圆，齿尖不很高且齿带不清楚；P2 横向加宽，舌侧长度大于颊侧；

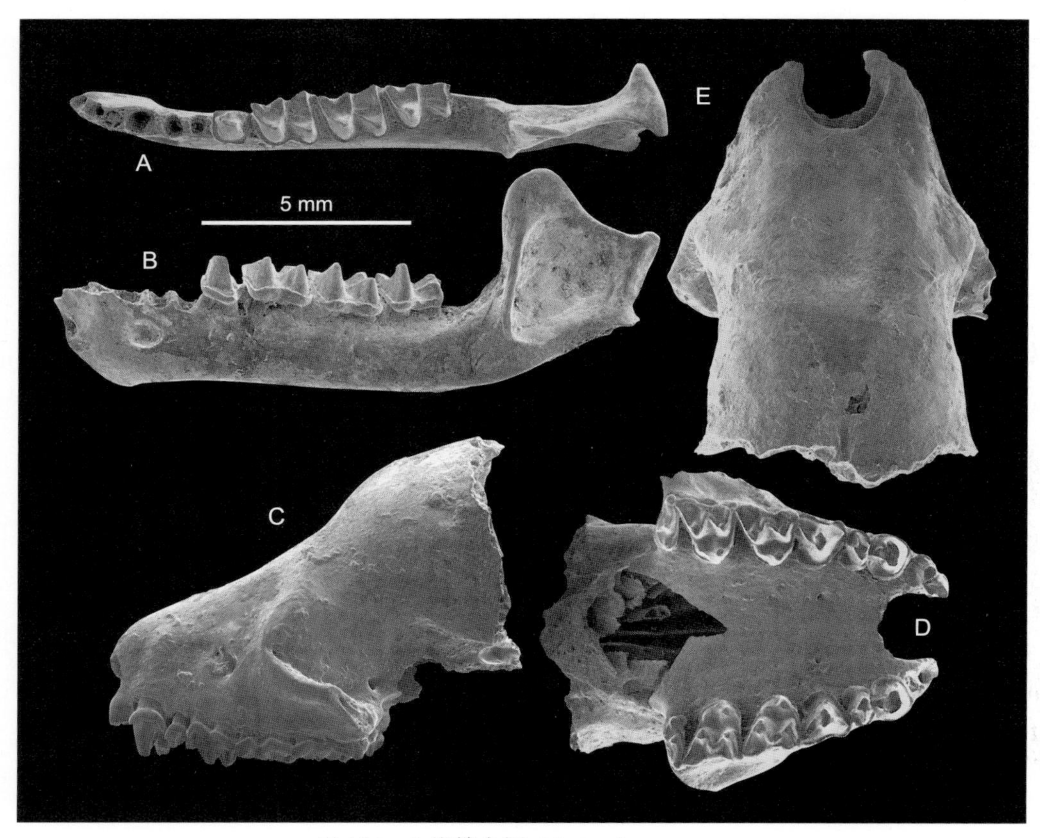

图 166 白腹管鼻蝠 *Murina leucogaster*

A, B. 左下颌支（IVPP C/C. 2021）；C–E. 头骨前部（IVPP C/C. 2020）：A. 咬面视，B. 颊侧视，C. 左侧视，D. 腹面视，E. 顶面视

P4 轻微臼齿化，其宽度几乎与 M1 相当；M1/2 由于前附尖退化而使 W 形外脊前后不对称，缺失次尖；M3 强烈退化，只有前尖、前附尖、中附尖和原尖（图 166C–E）；下颌冠状突高而钝，关节突与齿列高度相当，角突后端伸至水平支下缘，颏孔位于 p2 之下；p2 小于 p4，单尖；p4 相当大，内齿带发育；下臼齿齿座显著大于跟座；m3 跟座强烈退化，斜脊和下内脊偏向颊侧（图 166A, B）；I1–M3 长 7.6 mm（表 39），M1–3 长 3.4–3.8 mm，m1–3 长 4.0 mm。根据 M1–3 和 m1–3 所占齿列比率（分别为 0.46 和 0.532）计算，其 I1–M3 和 i1–m3 分别长 7.4–8.3 mm 和 7.5 mm。上述性状显然与现生种一致。周口店第三地点的"?*Murina* sp."头骨（Pei, 1936, textfigs. 18A, B）与同一地点的 *Murina leucogaster* 头骨显然有如下共同点：① 吻背部均有长的纵向浅凹，吻的最大宽度明显大于眶间宽度；② 眶前孔均位于 P4 之上；③ 上齿式均为 2•1•2•3；④ M1 和 M2 均近四边形，后缘凹陷不明显，后后脊显著较前前脊长。不同的是：① 个体明显小；② 从槽孔判断，P2 少受前后挤压；③ P4 显著较小，其宽度显著小于而不是等于 M1。这些差异，可能是较年轻的缘故。I1–M3（槽孔）长约 6.0 mm。

周口店第一地点被归入"*Myotis* sp."的两件编号为 IVPP C/C. 994 和 IVPP C/C. 993 的下颌（Young, 1934, Pl. III, figs. 3–3b 和 5–5b），因其齿式为 3•1•2•3、升支较长、关节突的位置低、角突较发育、颏孔大而位于 p3 之下以及尺寸大小等应属于 *Murina leucogaster*。

周信学等（1990）以"*Murina* sp."记述的大连古龙山的下颌支（DLNHM D 82085）因其个体较大（i1–m3 槽孔长 7.5 mm）、m3 明显退化等特点亦应归入此种（表 39）。

郑绍华、张联敏（1991）以"*Murina* cf. *leucogaster*"记述的巫山龙骨坡的残破下颌支材料（CQMNH CV. 1007–1012）下齿式：3•1•2•3；i1–m3（含槽孔）长 7.0 mm（表 39）。据 m1–3 长 4.02–4.16 mm 计算，其 i1–m3 长 7.56–7.82 mm；颏孔位于 p2 之下；m3 跟座显著退化。需指出，他们的插图 26 中的 A–A2 的位置应与 B–B1 交换才与文字记述相符。

黄万波等（2000，32 页，插图 26B–B1）以 *Murina leucogaster* 记述的巫山迷宫洞下颌（WSM LIPAN V 159–160）下齿式：3•1•2•3；颏孔大，位于 p2 之下；i1 和 i3 比 i2 稍大，各具三尖；p2 近四边形，其前内和后内各具一齿带尖分别叠覆于 c 和 p4 基部之上；p4 四边形，舌侧长度大于颊侧；m1/2 齿座大于跟座，从 m1 到 m3 尺寸逐渐减小；m3 跟座显著退化；i1–m3 长 7.6 mm（表 39），按 m1–3 长（4.0–4.15 mm）占齿列比率计算，其 i1–m3 长 7.52–7.80 mm。应该指出，他们的插图 25B–B1 标本（WSM LIPAN V 151）与插图 26B–B1（WSM LIPAN V 159）应互相置换，前者为 *Murina*，后者为 *Myotis*。

武仙竹（2006）以该种名记述了黄龙洞的两件头骨和六件下颌支（TS1E1③：53, 56；TS1W2③：55, 57, 72；TN1W2③：62, 63；TN3W2③：60）。其主要性状有：齿式：

表 39 *Murina leucogaster* 齿式及齿列长度比较 (mm)

地 点	上齿式	I1–M3	下齿式	i1–m3	资 料
现生标本	2•1•2•3	7.0–8.0	3•1•2•3	6.5–8.0	陈卫等，2002
周口店第三地点	2•1•2•3	7.6	3•1•2•3	7.5★1	Pei, 1936
本溪庙后山			?3•1•2•3	7.3★1	张镇洪等，1986
大连古龙山				7.5 （槽孔）	周信学等，1990
巫山龙骨坡			3•1•2•3	7.0 （含槽孔）	郑绍华、张联敏，1991
巫山迷宫洞			3•1•2•3	7.6	黄万波等，2000
郧西黄龙洞	2•1•2•3	6.8	3•1•2•3	7.01–7.04	武仙竹，2006
十渡西太平洞			3•1•2•3	7.6	同号文等，2008
繁昌人字洞				7.0–8.3★2	金昌柱、汪发志，2009

★1 根据 m1–3 占齿列长度比率 （0.532） 计算；

★2 根据 m2 占齿列长度比率 （0.193） 计算

2•1•2•3/3•1•2•3 = 34；吻部宽度接近眶间宽；矢状脊与人字脊发育，但不粗壮；I1 大于 I2；P2 小于 P4 之半；M3 横脊状，后尖、后附尖缺失；下颌冠状突顶端薄而圆钝，关节突低位；颏孔位于 p3 之下；i3 与 c 之间有齿隙；m3 下次尖和下内尖减小，跟座退化；颅全长 18.9 mm，I1–M3 长 6.8 mm，下颌长 13.0–13.13 mm，i1–m3 长 7.01–7.04 mm（表 39）。

根据下颌在 m2 后的深度大于在 p2 下的深度以及 m3 显著退化判断，人字洞的“*Pipistrellus* sp.”下颌残段（IVPP V 13972.2–3）（金昌柱、汪发志，2009，插图 4.24b–c）和“*Murina* sp.”下颌残段（IVPP V 13976.2）（金昌柱、汪发志，2009，插图 4.28b）似应相同。根据 m2（分别长 1.36 mm 和 1.6 mm）所占齿列比率（0.193）计算，其 i1–m3 分别长 7.0 mm 和 8.3 mm（表 39）。

管鼻蝠（未定种） *Murina* sp.

（图 167）

Ivan Horăcek 认为早上新世内蒙古化德比例克的一深度磨蚀、轻微破损的右 m3（IVPP V 12364）具有特别粗重的三角座、小而低的跟座、舌侧齿冠基部显著低、下后脊（metacristid）和下内脊缺失，这些性状可与 *Murina* 相比（图 167）（见 Qiu et Storch, 2000）。m3 长 1.15 mm，齿座宽 0.80 mm，跟座宽 0.58 mm。

此外，马安成和汤虎良（1992）列出了浙江金华双龙洞的 *Murina* sp.；Young（1932, p. 2）以 Chiroptera indet. 名录列出的周口店第二地点的下颌后部标本可能属于食虫类的 *Crocidura wongi* 而非蝙蝠（科瓦尔斯基、李传夔，1963b）；Boule 和 Teilhard de Chardin

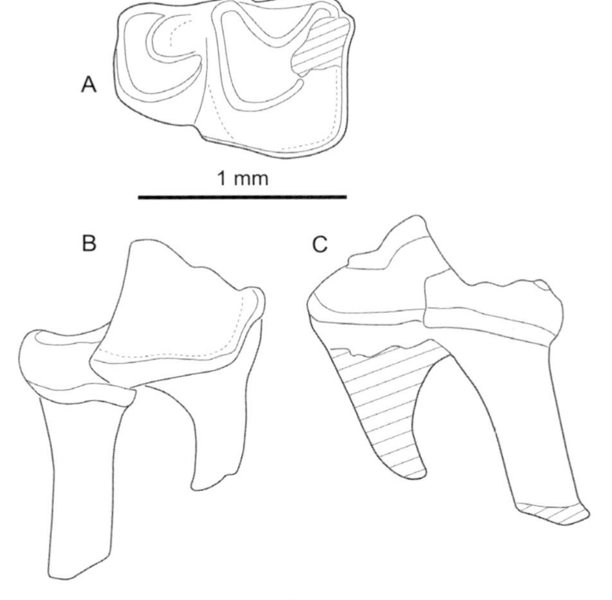

图 167 管鼻蝠（未定种）*Murina* sp.
m3（IVPP V 12364）：A. 咬面视，B. 颊侧视，C. 舌侧视

（1928, p. 85）根据一桡骨确定内蒙古萨拉乌苏的 Chiroptèra indétermine；未定科、属的地点还有江西于都县罗坳区（万幼楠，1985，244 页）；重庆万州区盐井沟（Young, 1935, p. 247）；陕西洛南龙牙洞（薛祥煦等，1999）。

除上述分类系统明确的属种外，尚有在翼手目内分类位置无法确定的一些材料，如：① 王伴月（2008b，258 页，插图 5）以 Microchiroptera gen. et sp. indet. A, B 记述了分别产自内蒙古四子王旗额尔登敖包上始新统乌兰戈楚组的一左 m1/2 跟座（IVPP V 15584）和产自内蒙古二连浩特上始新统呼尔井组的一右 m1/2 跟座（IVPP V 15585）。前者个体较小，跟座（宽 0.75 mm）为 nyctalodonty 型（图 168A）；后者较大，跟座（宽 1.3 mm）为 myotodonty 型（图 168B）。② 云南曲靖下渐新统蔡家冲组中的 Vespertilionidae? 以一 m1/2（IVPP V 7211）为代表（Rich et al., 1983），但该标本已破损，无法作更多的评判。

到目前为止，中国发现的化石蝙蝠至少包括大蝙蝠亚目的 1 科、2 属、2 种；小蝙蝠亚目的 7 科、?27 属、61 种（表 40）。总起来看，具有如下特点：① 化石材料主要来自于第四纪裂隙和洞穴堆积物，古近纪和新近纪的材料非常稀少，完全来自于非洞穴和裂隙堆积物；② 化石材料以下颌居多，缺少完整的头骨和骨架；③ 大蝙蝠亚目的材料十分稀少，且多为单个牙齿；④ 小蝙蝠亚目中，菊头蝠科（11 种）、蹄蝠科（8 种）和蝙蝠科（34 种）的种类最多，加起来（53 种）约占小蝙蝠种类（61）的 86.9%；⑤ 小蝙蝠亚目中灭绝种类（至少 18 种）约占其总数（61）的 29.5%；⑥ 小蝙蝠亚目中，现生种类（43）约占其总数的 70.5%；⑦ 化石种类最多的是北京周口店地区、繁昌人字

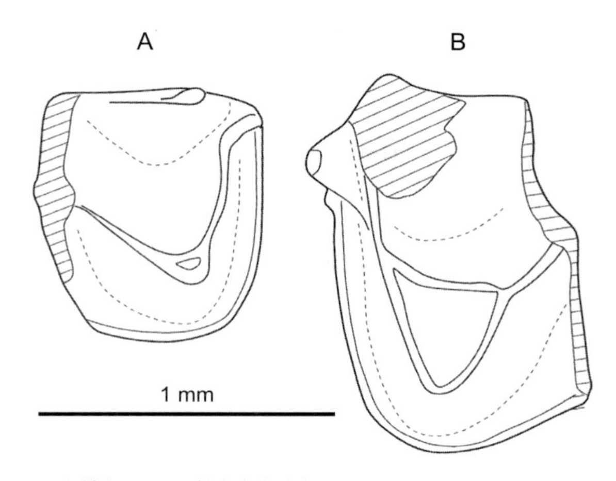

图 168　小蝙蝠亚目（属种未定） Microchiroptera gen. et sp. indet.

A. 左 m1/2 跟座 （四子王旗，IVPP V 15584）；B. 右 m1/2 跟座 （二连浩特，IVPP V 15585）：咬面视

洞、巫山龙骨坡、郧西黄龙洞、三亚落笔洞和崇左大洞；⑧ 禄丰石灰坝的种类虽较多，但因材料少，多不能确定到种。

表40　中国化石蝙蝠的分类、分布及时代

分　类	分布（地点）	时代（化石）
大蝙蝠亚目 Megachiroptera Dobson, 1875		
1 狐蝠科 Pteropodidae Gray, 1821		
1）果蝠属 *Rousettus* Gray, 1821		
（1）棕果蝠 *R. leschenaulti* (Desmarest, 1820)	三亚落笔洞	晚更新世
2）狐蝠科（未定属种）Pteropodidae gen. et sp. indet.	禄丰石灰坝	晚中新世
小蝙蝠亚目 Microchiroptera Dobson, 1875		
2 溺水蝠科 Icaronycteridae Jepsen, 1966		
3）溺水蝠属 *Icaronycteris* Jepsen, 1966		
（2）溺水蝠?（未定种）*Icaronycteris*? sp.	垣曲寨里土桥沟	中始新世—晚始新世
4）溺水蝠科?（未定属种1）Icaronycteridae? gen. et sp. indet. 1	淅川核桃园	
5）溺水蝠科?（未定属种2）Icaronycteridae? gen. et sp. indet. 2	淅川核桃园	中始新世中期
3 古蝠科 Palaeochiropterygidae Revilliod, 1917		
6）石蝠属 *Lapichiropteryx* Tong, 1997		
（3）谢氏石蝠 *L. xiei* Tong, 1997	垣曲寨里土桥沟	中始新世
（4）石蝠（未定种）*Lapichiropteryx* sp.	垣曲寨里土桥沟	中始新世—晚始新世

续表

分　类	分布（地点）	时代（化石）
4 菊头蝠科 Rhinolophidae Gray, 1825		
7）菊头蝠属 *Rhinolophus* Lacépède, 1799		
（5）间型菊头蝠 *R. affinis* Horsfield, 1823	三亚落笔洞、田东雾云洞、繁昌人字洞	早—晚更新世
（6）角菊头蝠 *R. cornutus* Temminck, 1835	郧西黄龙洞	晚更新世
（7）繁昌菊头蝠 *R. fanchangensis* Jin et Wang, 2009	繁昌人字洞、建始龙骨洞、崇左大洞	早更新世
（8）马铁菊头蝠 *R. ferrumequinum*（Schreber, 1774）	周口店第一、三、四地点和山顶洞、田园洞，房山十渡和县龙潭洞，本溪庙后山，金华双龙洞，大连海茂，古龙山，南京葫芦洞，郧西黄龙洞，繁昌人字洞	早更新世—全新世
（9）大耳菊头蝠 *R. macrotis* Blyth, 1844	周口店第一地点、郧西黄龙洞	中—晚更新世
（10）潘氏菊头蝠 *R. pani* Jin, Qin, Pan, Wang, Zhang, Deng et Zheng, 2008	周口店第三地点、巫山龙骨坡、建始龙骨洞、崇左大洞	早—中更新世
（11）皮氏菊头蝠 *R. pearsoni* Horsfield, 1851	呈贡三家村、巫山龙骨坡、金华双龙洞、郧西黄龙洞、崇左大洞、巫山迷宫洞	早更新世—全新世
（12）王菊头蝠 *R. rex* G. M. Allen, 1923	崇左大洞	早更新世
（13）杏红菊头蝠 *R. rouxii* Temminck, 1835	巫山迷宫洞	晚更新世
（14）托氏菊头蝠 *R. thomasi* K. Andersen, 1905	繁昌人字洞	早更新世
（15）杨氏菊头蝠 *R. youngi* Jin et Wang, 2009	建始龙骨洞、繁昌人字洞	早更新世
5 蹄蝠科 Hipposideridae Lydekker, 1891		
8）蹄蝠属 *Hipposideros* Gray, 1831		
（16）大蹄蝠 *H. armiger* (Hodgson, 1835)	三亚落笔洞、巫山迷宫洞、建始龙骨洞、郧西黄龙洞、崇左大洞	早—晚更新世
（17）中蹄蝠 *H. larvatus* (Horsfield, 1823)	巫山龙骨坡、周口店东岭子洞、平邑小西山、三亚落笔洞、奉节兴隆洞、建始龙骨洞、郧西黄龙洞、崇左大洞、繁昌人字洞	早—晚更新世
（18）普氏蹄蝠 *H. pratti* Thomas, 1891	周口店第三地点、奉节兴隆洞、崇左大洞	早—中更新世
（19）小蹄蝠 *H. pomona* Andersen, 1918	周口店第三地点、崇左大洞	早—中更新世
（20）蹄蝠（未定种）*Hipposideros* spp.	周口店顶盖砾石层、和县龙潭洞、普定白岩脚洞、平邑小西山、田东雾云山	早—晚更新世
9）无尾蹄蝠属 *Coelops* Blyth, 1848		
（21）东亚无尾蹄蝠 *C. frithi* Blyth, 1848	巫山龙骨坡、迷宫洞	早—晚更新世
10）三叶蹄蝠属 *Aselliscus* Tate, 1941		
（22）三叶小蹄蝠 *A. stoliczkanus* (Dobson, 1871)	崇左大洞	早更新世

续表

分　类	分布（地点）	时代（化石）
（23）蹄蝠科（未定属种）Hipposideridae gen. et sp. indet.	禄丰石灰坝	晚中新世
6 假吸血蝠科 Megadermatidae Allen, 1864		
11）假吸血蝠属 *Megaderma* E. Geoffroy, 1810		
（24）印度假吸血蝠 *M. lyra* E. Geoffroy, 1810	郧西黄龙洞	晚更新世
7 鞘尾蝠科 Emballonuridae Gervais, 1855		
12）墓蝠属 *Taphozous* E. Geoffroy, 1818		
（25）黑髯墓蝠 *T. melanopogon* Temminck, 1841	三亚落笔洞	晚更新世
8 蝙蝠科 Vespertilionidae Gray, 1821		
13）山旺蝠属 *Shanwangia* Young, 1997		
（26）意外山旺蝠 *S. unexpectuta* Young, 1977	临朐山旺	中中新世
14）金背伏翼属 *Arielulus* Hill et Harrison, 1987		
（27）大黑金背伏翼（相似种）*A.* cf. *A. circumdatus* (Temminck, 1840)	建始龙骨洞	早更新世
15）阔耳蝠属 *Barbastella* Gray, 1821		
（28）东方阔耳蝠 *B. leucomelas* (Cretzschmar, 1826)	郧西黄龙洞	晚更新世
16）棕蝠属 *Eptesicus* Rafinesque, 1820		
（29）大棕蝠 *E. serotinus* (Schreber, 1774)	周口店第三地点、房山十渡、呈贡三家村、繁昌人字洞	早—晚更新世
（30）棕蝠（未定种）*Eptesicus* sp.	禄丰石灰坝	晚中新世
17）南蝠属 *Ia* Thomas, 1902		
（31）南蝠 *Ia io* Thomas, 1902	周口店第一地点及其上之顶盖堆积（?）和第四地点、呈贡三家村、崇左大洞、繁昌人字洞	早—晚更新世
18）大耳蝠属 *Plecotus* E. Geoffroy, 1818		
（32）孙村大耳蝠 *P. suncunicus* Jin et Wang, 2009	繁昌人字洞	早更新世
（33）大耳蝠（未定种）*Plecotus* sp.	禄丰石灰坝	晚中新世
19）伏翼属 *Pipistrellus* Kaup, 1829		
（34）暗褐伏翼 *P. coromandra* (Gray, 1838)	郧西黄龙洞	晚更新世
（35）伏翼（未定种）*Pipistrellus* sp.	禄丰石灰坝	晚中新世
20）斑蝠属 *Scotomanes* Dobson, 1875		
（36）白斑蝠 *S. ornatus* (Blyth, 1851)	郧西黄龙洞	晚更新世
21）扁颅蝠属 *Tylonycteris* Petters, 1872		
（37）扁颅蝠 *T. pachypus* (Temminck, 1840)	崇左大洞	早更新世
22）蝙蝠属 *Vespertilio* Linnaeus, 1758		

续表

分　类	分布（地点）	时代（化石）
（38）中华蝙蝠 *V. sinensis* (Peters, 1880)	周口店第三地点、本溪山城子	中更新世
23）鼠耳蝠属 *Myotis* Kaup, 1829		
（39）缺齿鼠耳蝠（相似种）*M.* cf. *M. annectans* (Dobson, 1871)	化德比例克龙骨坡	早上新世
（40）狭耳鼠耳蝠 *M. blythii* (Tomes, 1857)	周口店第一、第三地点和山顶洞，大连海茂，崇左大洞	早—晚更新世
（41）中华鼠耳蝠 *M. chinensis* (Tomes, 1857)	三亚落笔洞、南京葫芦洞、繁昌人字洞	早—晚更新世
（42）水鼠耳蝠 *M. daubentonii* (Kuhl, 1817)	郧西黄龙洞	晚更新世
（43）沼泽鼠耳蝠 *M. dasycneme* (Boie, 1825)	大连海茂、营口金牛山、繁昌人字洞	早—中更新世
（44）毛腿鼠耳蝠 *M. fimbriatus* (Peters, 1871)	周口店第一、第十二地点	早—中更新世
（45）绯鼠耳蝠 *M. formosus* (Hodgson, 1835)	郧西黄龙洞	晚更新世
（46）霍氏鼠耳蝠（相似种）*M.* cf. *M. horsfieldii* (Temminck, 1840)	化德比例克龙骨坡	早上新世
（47）长指鼠耳蝠 *M. longipes* (Dobson, 1873)	巫山迷宫洞、建始龙骨洞	早—晚更新世
（48）北京鼠耳蝠 *M. pequinius* Thomas, 1908	周口店第一地点、山顶洞	中—晚更新世
（49）鼠耳蝠（未定种1）*Myotis* sp. 1	禄丰石灰坝	晚中新世
（50）鼠耳蝠（未定种2）*Myotis* sp. 2	周口店第一地点	中更新世
（51）鼠耳蝠（未定种3）*Myotis* sp. 3	渑池任村	中始新世晚期
（52）鼠耳蝠（未定种4）*Myotis* sp. 4	渑池任村	中始新世晚期
（53）鼠耳蝠（未定种5）*Myotis* sp. 5	化德比例克龙骨坡	早上新世
24）长翼蝠属 *Miniopterus* Bonaparte, 1837		
（54）斯氏长翼蝠 *M. schreibersii* (Kuhl, 1817)	繁昌人字洞、周口店第一和第三地点、本溪庙后山、平邑小西山、郧西黄龙洞	早—晚更新世
25）毛翅蝠属 *Harpiocephalus* Gray, 1842		
（55）赤褐毛翅蝠 *H. harpia* (Temminck, 1840)	三亚落笔洞	晚更新世
26）管鼻蝠属 *Murina* Gray, 1842		
（56）金管鼻蝠 M. aurata Milne-Edwards, 1872	巫山龙骨坡、奉节兴隆洞、呈贡三家村	早—晚更新世
（57）白腹管鼻蝠 *M. leucogaster* Milne-Edwards, 1872	周口店第一、第三地点，房山十渡西太平洞，大连古龙山，巫山龙骨坡、迷宫洞，郧西黄龙洞，繁昌人字洞	早—晚更新世
（58）管鼻蝠（未定种）*Murina* sp.	化德比例克龙骨坡	早上新世
9 蝙蝠科? Vespertilionidae?	曲靖蔡家冲	早渐新世
27）小蝙蝠亚目（未定属种A） Microchiroptera gen. et sp. indet. A	四子王旗额尔登敖包	晚始新世
28）小蝙蝠亚目（未定属种B） Microchiroptera gen. et sp. indet. B	二连浩特火车站东	晚始新世

在中国化石蝙蝠种类目录中，周口店地区所占比例较大，分布于晚上新世的顶盖砾石层，早更新世的第十二地点，中更新世的第一、第三和第四地点，晚更新世的山顶洞、东岭子洞、十渡和田园洞（表 41）。这种不同时段的分布，能够为周口店地区环境变化研究提供有力证据。例如，目前分布于我国南方地区的蹄蝠在这些时段的出现，可能反映当时周口店地区气候温湿。

除周口店外，其他主要化石地点的蝙蝠见表 42，中国蝙蝠化石分布归纳于表 43。

表 41　周口店地区的化石蝙蝠

种　类	顶盖层	第十二地点	第一地点	第三地点	第四地点	山顶洞	东岭子洞	十渡	田园洞
Rhinolophus ferrumequinum			●	●	●	●		●	●
R. macrotis			●						
R. pani				●					
Hipposideros larvatus							●		
H. pratti				●					
H. pomona			●						
H. sp.	●								
Eptesicus serotinus				●				●	●?
Ia io	?		●		●				
Vespertilio sinensis				●					
Myotis blythii			●	●		●			
M. fimbriatus		●	●						
M. pequinius			●			●			
M. sp.			●						
Miniopterus schreibersii			●	●					
Murina leucogaster			●	●				●	

表 42　其他主要化石地点的蝙蝠

种　类	繁昌人字洞	巫山龙骨坡	崇左大洞	郧西黄龙洞	三亚落笔洞
Rousettus leschenaulti					●
Rhinolophus affinis	●				●
R. cornutus				●	
R. fanchangensis	●		●		
R. ferrumequinum				●	
R. macrotis				●	
R. pani		●	●		

续表

种　类	繁昌人字洞	巫山龙骨坡	崇左大洞	郧西黄龙洞	三亚落笔洞
R. pearsoni		●	●	●	
R. rex			●		
R. thomasi	●				
R. youngi	●				
Hipposideros armiger			●	●	●
H. larvatus	●	●	●	●	●
H. pratti			●		
H. pomona			●		
Coelops frithi		●			
Aselliscus stoliczkanus			●		
Barbastella leucomelas				●	
Eptesicus serotinus	●				
Megaderma lyra				●	
Ia io	●		●		
Plecotus suncunicus	●				
Taphozous melanopogon					●
Pipistrellus coromandra				●	
Scotomanes ornatus				●	
Tylonycteris pachypus			●		
Myotis blythii			●		
M. chinensis	●				●
M. daubentonii				●	
M. dasycneme	●				
M. formosus				●	
Harpiocephalus harpia					●
Miniopterus schreibersii				●	
Murina aurata		●			
M. leucogaster	●	●		●	

表 43　中国蝙蝠化石产地与时代

省　区	化石产地	时　代
海南省	三亚市荔枝沟镇落笔洞	晚更新世
云南省	昆明市呈贡县三家村	晚更新世
	禄丰县石灰坝	晚中新世

续表

省　区	化石产地	时　代
云南省	文山州西畴县仙人洞	晚更新世
	曲靖县蔡家冲	早渐新世
广东省	肇庆市七星岩洞	?中更新世
广西壮族自治区	崇左市江州区板利乡三合大洞	早更新世
	田东县布兵镇雾云洞	中—晚更新世
贵州省	普定县白岩脚洞	中更新世
重庆市	巫山县庙宇镇龙骨坡	早更新世
	巫山县河梁区迷宫洞	晚更新世
	奉节县云雾土家族乡兴隆洞	中更新世
	万州区新田镇盐井沟	中更新世
湖北省	建始县高坪乡龙骨洞	早更新世
	郧西县香口乡黄龙洞	晚更新世
浙江省	金华市双龙洞	全新世
江西省	于都县罗坳区石灰厂	中—晚更新世
安徽省	和县陶店镇龙潭洞	中更新世
	繁昌县孙村镇癞痢山人字洞	早更新世
江苏省	南京市汤山镇葫芦洞	中更新世
山东省	平邑县东阳乡白庄村小西山	中更新世
	临朐县山旺村	中中新世
北京市	周口店山顶洞、东岭子洞、田园洞	晚更新世
	周口店第一、第二、第三、第四、第十五地点	中更新世
	周口店第十二地点	早更新世
	周口店顶盖砾石层	晚上新世
	房山区十渡西太平洞	晚更新世
河南省	淅川县黑桃园村北石皮沟	中始新世
	渑池县任村上河	中始新世
陕西省	洛南县东河村龙牙洞	中更新世
山西省	垣曲县古城镇寨里村土桥沟	中始新世
辽宁省	营口市大石桥镇金牛山	中更新世
	大连市复县镇古龙山	晚更新世
	本溪市山城子乡山城子村庙后山	中更新世
	大连市甘井子区海茂村	早更新世
	海城县小孤山	

续表

省　区	化石产地	时　代
内蒙古自治区	化德县比例克村龙骨坡	早上新世
	四子王旗额尔登敖包	晚始新世
	二连浩特火车站东	晚始新世
	伊克昭盟乌审旗萨拉乌苏	晚更新世

真魁兽大目 Grandorder EUARCHONTA Waddell, Okada et Hasegawa, 1999

概述 魁兽超目 Superorder Archonta 的 Archonta 一词源自希腊文 Ἄρχων，本意为执政官、统治者，引申为首要、领袖、魁首。过去曾把 Archonta 译做“统兽”、“统治兽”，这里译作“魁兽”。Gregory（1910）最初建立魁兽总目（Superorder Archonta）时包括有盲肠目（Order Menotyphla）、皮翼目（Order Dermoptera）、翼手目（Order Chiroptera）和灵长目（Order Primates），他认为这些动物可能源自晚白垩世形态上与树鼩科（Tupaiidae）动物相近的共同祖先。Simpson（1945）认为魁兽总目不是一个自然类群，因此在他影响深远的《分类学原理和哺乳动物分类》一书中没有使用魁兽总目这一分类阶元。同时他也没有使用有盲肠目，而是把树鼩归入灵长目，把象鼩归入食虫目（Insectivora）。有盲肠目是由 Haeckel（1866）建立的，包括树鼩和象鼩等动物。与有盲肠目相对应的是无盲肠目（Lipotyphla），包括刺猬、鼹鼠和鼩鼱等动物。无盲肠目现在还时常有人使用，但是有盲肠目（Menotyphla）这个分类阶元已经很少有人使用，树鼩和象鼩也早已分属于攀鼩目（Scandentia）和象鼩目（Macroscelidea）。McKenna（1975）重新定义了魁兽，将之称为魁兽大目（Grandorder Archonta），其中包括了攀鼩目（Scandentia）、皮翼目、翼手目和灵长目。后来，McKenna 和 Bell（1997）又一次修订了魁兽大目，把皮翼目归为灵长目下的一个亚目，但是这一修订较少有人采用，而 McKenna（1975）的定义仍是目前普遍采用的一个定义（例如：MacPhee, 1993; Szalay, 2000; Rose, 2006）。

近二十年来，许多基于分子生物学证据的系统研究都表明，树鼩、鼯猴和灵长类属于一个单系类群，但是蝙蝠与上述三个类群的亲缘关系较远（例如：Adkins and Honeycutt, 1991; Allard et al., 1996; Madsen et al., 2001; Murphy et al., 2001a, b; Springer et al., 1997, 2004）。Waddell 等（1999）建议把不包括蝙蝠的魁兽称为真魁兽（Euarchonta），虽然他们没有正式地把真魁兽作为分类阶元，但是这一建议还是得到后来多数研究者的认同，把它作为一个目以上的类群或支系的名称。Asher 和 Helgen（2010）梳理了近年来出现的大量目以上分类阶元的名称，他们采信分子生物学研究的证据，把翼手目直接排除在魁兽之外，但是指出真魁兽实际上是魁兽的晚出同物异名，应该保留魁兽这一名称。这相当于重新定义了魁兽，与 McKenna (1975) 的做法如出一辙，也是合理的一种做法。但是，翼手目的高阶元系统位置在目前还存在争议，不同的分子系统学研究的结果也存在很多差异。Rose（2006）把真魁兽作为大目，即真魁兽大目（Grandorder Euarchonta），与翼手目一起置于魁兽超目中。这一做法与传统的魁兽定义并无本质区别，只是强调了灵长目、皮翼目和攀鼩目三者之间的亲缘关系更近。我们这里也采用 Rose（2006）的这个分类系统，但与之不同的是，我们把近兔猴类排除在灵长目之外，把它作为真魁兽大目中一个单独的目，即近兔猴形目（Order Plesiadapiformes）。

近年来，许多基于分子水平的系统学研究都认为，真魁兽与啮型类（glires）是姊妹群关系（例如：Kriegs et al., 2007; Murphy et al., 2001a, b），Murphy 等（2001b）因此提出了真魁兽啮型类（Euarchontoglires）这个超目级的分类单元。因为真魁兽啮型类不包括翼手目，因此我们这里采用的魁兽超目和真魁兽大目都不能被视作真魁兽啮型类之下的分类阶元。

攀鼩目 Order SCANDENTIA Wagner, 1855

概述 攀鼩目动物通常被称为树鼩，是一类小型长尾的形似松鼠的哺乳动物。传统的分类学体系常把树鼩归入灵长目，作为灵长目中最基干的类群，也曾有一些研究者提出在现生哺乳动物中，树鼩是与灵长目亲缘关系最近的类群。但是，近年来基于形态学和分子系统学方面的研究表明，树鼩不仅不属于灵长目，而且在魁兽超目（Superorder Archonta）中，树鼩与灵长类的亲缘关系不比皮翼目（Dermoptera）的鼯猴与灵长类的亲缘关系更近，树鼩具有的与灵长类相似的形态特征，多数是共有祖征或是趋同演化的结果。现生攀鼩目仅包括 1 科 5 属，分布于南亚、东亚和东南亚。攀鼩目化石非常稀少，目前中国已经定名的仅有 3 属 4 种。

定义与分类 攀鼩目动物是魁兽总目中处于基干位置的一个单系类群。攀鼩目仅包括树鼩科（Family Tupaiidae）一个科。

形态特征 齿式：2•1•3•3/3•1•3•3。上门齿犬齿状，I1 间齿隙非常宽，I2 位于 I1 远中侧，I1 与 I2 间齿隙很大；上犬齿缩小；上臼齿颊侧具有发达的外架或齿带；下门齿近平匐，近中 - 远中向很短，齿冠很高，形成齿梳；下犬齿较小，单根，齿根强烈倾斜，但不参与齿梳形成；下臼齿下次小尖靠近舌侧。成年个体头骨骨缝几乎完全愈合；泪孔位于眼眶边缘；眼眶后具有眶后棒（postorbital bar），眶间距很大，眶后缩窄较小；具有大的由内鼓骨发育而来的鼓泡，外鼓骨包围在鼓泡之内，但是鼓室不扩展到外鼓骨外侧；颈内动脉穿过鼓室，其岬支和镫骨支近等大，且都由骨管包围。跟骨跟骰关节面与跟骨纵轴近垂直；距骨颈较长，距骨支持面与远端距舟关节相连通。

分布与时代 亚洲，中始新世至现代。

评注 本书虽然把小始细尾树鼩列在攀鼩目中，但是值得指出的是，童永生（1988）报道的小始细尾树鼩仅包括5枚很小的不完整的牙齿，其可用于鉴定的特征十分有限，该种是否可以确凿无疑地归入攀鼩目尚有待发现更多的化石标本来证明。Ni和Qiu（2002）提到，在云南元谋上中新统小河组地层中发现有笔尾树鼩亚科（Ptilocercinae）的未定种，因这些化石尚需进一步研究，故本书未包括。

树鼩科 Family Tupaiidae Gray, 1825

模式属 树鼩 *Tupaia* Raffles, 1821

定义与分类 攀鼩目所包括的唯一一个科。包括树鼩亚科（Tupaiinae）和笔尾树鼩亚科（Ptilocercinae）两个亚科。树鼩亚科包括印度树鼩属（*Anathana* Lyon, 1913）、细尾树鼩属（*Dendrogale* Gray, 1848）、树鼩属（*Tupaia* Raffles, 1821）、菲律宾树鼩属（*Urogale* Mearns, 1905）、始细尾树鼩属（*Eodendrogale* Tong, 1988）和原细尾树鼩属（*Prodendrogale* Qiu, 1986），笔尾树鼩亚科仅包括笔尾树鼩属（*Ptilocercus* Gray, 1848）一个属。

鉴别特征 同目。

中国已知属 *Tupaia*, *Prodendrogale*, *Eodendrogale*，共三属。

分布与时代（中国） 云南、广西、贵州、四川、海南、河南、西藏及山西，中始新世至现代。

评注 Shoshani和McKenna（1998）、Helgen（2005）将笔尾树鼩亚科提升为科，本书不予采用。

始细尾树鼩属 Genus *Eodendrogale* Tong, 1988

模式种 小始细尾树鼩 *Eodendrogale parva* Tong, 1988

鉴别特征 上臼齿短宽，齿尖尖锐，前尖后脊与后尖前脊间的夹角很小，M3后尖发育不全，呈脊状；下臼齿次小尖很发达，向远中侧突出，具有强的远中侧齿带。

中国已知种 仅*Eodendrogale parva*一种。

分布与时代 河南，中始新世伊尔丁曼哈期。

小始细尾树鼩 *Eodendrogale parva* Tong, 1988

（图169）

正模 IVPP V 8500，一枚不完整的右M1。发现于河南淅川中始新统核桃园组。

副模 IVPP V 8500.1–4，M1和M3各一颗和两个下臼齿跟座，与正模一起发现。

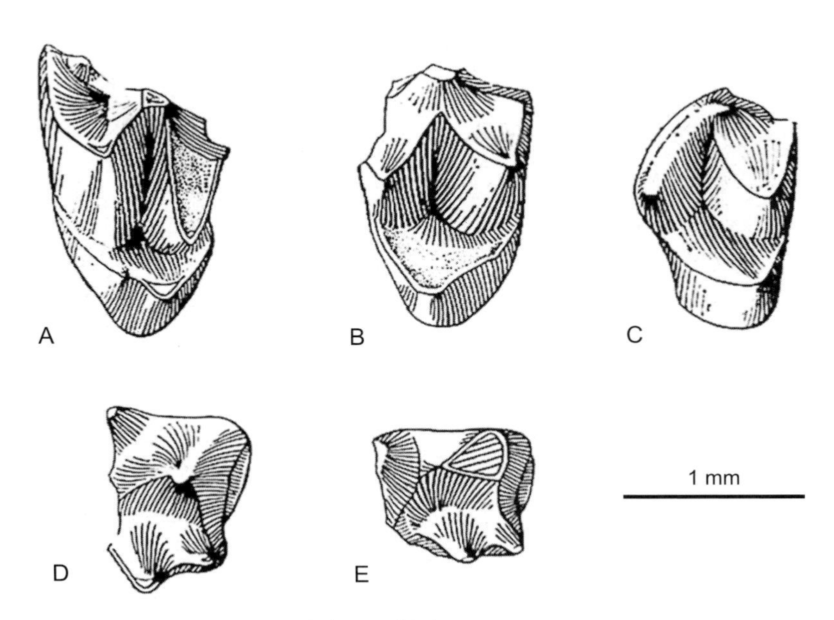

图 169 小始细尾树鼩 *Eodendrogale parva*

A. 右 M1（IVPP V 8500，正模），B. 左 M1（IVPP V 8500.1，副模），C. 右 M3（IVPP V 8500.2，副模），D. 右侧下臼齿跟座（IVPP V 8500.3，副模），E. 右侧下臼齿跟座（IVPP V 8500.4，副模）：冠面视（均引自童永生，1988）

鉴别特征 同属。

评注 童永生（1988）在发表小始细尾树鼩时将其种名拼作 *Eodendrogale parvum*，但希腊词 *gale* 为阴性词，拉丁词 *parvus* 为形容词，作为种名其性别应与属名保持一致。标本 IVPP V 8500.1–4 在原发表文章中作为归入标本。

原细尾树鼩属 Genus *Prodendrogale* Qiu, 1986

模式种 云南原细尾树鼩 *Prodendrogale yunnanica* Qiu, 1986

鉴别特征 牙齿大小和形态与细尾树鼩相似，但 C 双根融合，P3–4 前附尖较弱，M2 具前小尖；p4 下后尖相对较弱，m1–2 近中颊侧齿带发达，下次小尖位于舌侧并明显向远中侧突出。

中国已知种 仅知 *Prodendrogale yunnanica* 和 *P. engesseri* 两种。

分布与时代 云南，晚中新世。

云南原细尾树鼩 *Prodendrogale yunnanica* Qiu, 1986

（图 170）

正模 IVPP V 8281，一枚破损的右 M1。发现于云南禄丰石灰坝上中新统石灰坝组

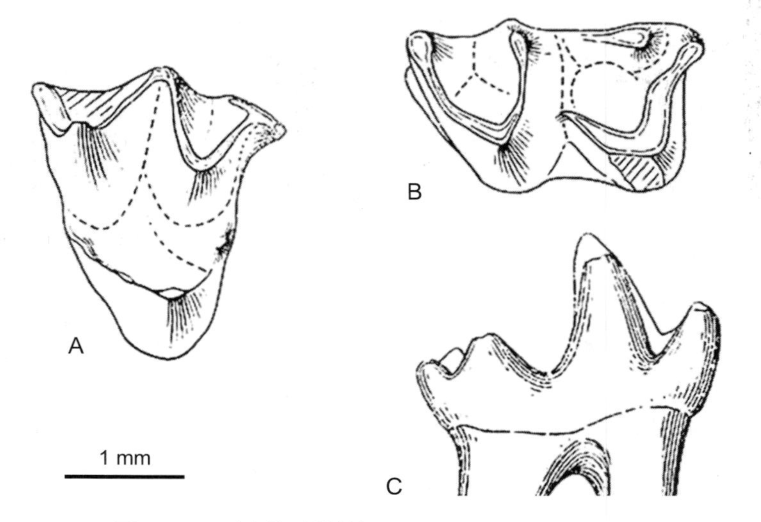

图 170　云南原细尾树鼩 *Prodendrogale yunnanica*
A. 右 M1（IVPP V 8281，正模）；B, C. 左 m2（IVPP V 8282.13）：A, B. 冠面视，C. 舌侧视
（均引自邱铸鼎，1986）

D 剖面第 5 层。

副模　IVPP V 8282.8–13，破损的 P3、P4、i2 及完整的 M3、m1、m2 各一枚，与正模产自同一地点同一层位。

鉴别特征　同属。

产地与层位　云南禄丰石灰坝，上中新统石灰坝组。

评注　除正模外，建名人还将产自同一地点但不同层位的另外 10 颗单个的牙齿（IVPP V 8282.1–7, V 8282.14–16）也归入了该种。标本 IVPP V 8282.8–13 在原发表文章中作为归入标本。建名人将模式标本 IVPP V 8281 认定为右 M2，但其原尖较明显地向近中侧倾斜，故而应是一枚 M1。

恩氏原细尾树鼩 *Prodendrogale engesseri* Ni et Qiu, 2012

（图 171）

正模　IVPP V 18215，一枚右 M1。发现于云南元谋雷老村附近上中新统小河组 9906 地点。

副模　IVPP V 18216.1–13，13 枚零散的牙齿，与正模产自同一地点同一层位。

鉴别特征　与云南原细尾树鼩相似但是个体较小且齿冠较低；P4 颊侧齿冠基部有明显凹入，前附尖大；上臼齿前小尖和后小尖较小，前附尖和中附尖中等突出；下臼齿下次小尖较大，分隔下内尖和下次小尖的沟很宽。

产地与层位　元谋雷老村附近，上中新统小河组。

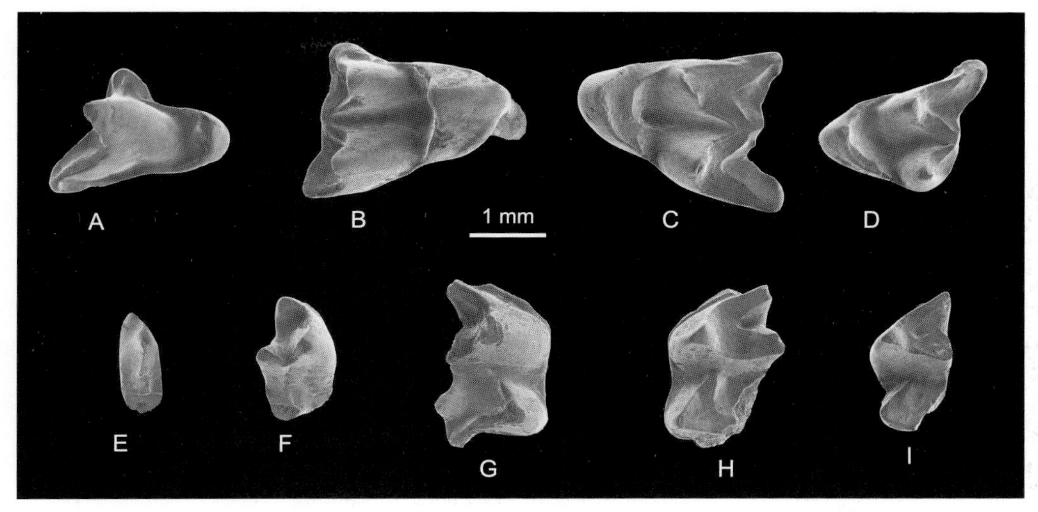

图 171　恩氏原细尾树鼩 *Prodendrogale engesseri*

A. 右 P4（IVPP V 18216.1，副模），B. 右 M1（IVPP V 18215，正模），C. 左 M1（IVPP V 18217.1），D. 左 M3（IVPP V 18216.7，副模），E. 破损右 p3（IVPP V 18216.8，副模），F. 右 p4（IVPP V 18216.9，副模），G. 破损右 m2（IVPP V 18216.11，副模），H. 破损左 m2（IVPP V 18216.12，副模），I. 破损左 m3（IVPP V 18216.13，副模）：冠面视（均引自 Ni et Qiu, 2012）

评注　IVPP V 18216.1–13 原被作为归入标本。在同一地点的 9905 地点发现的 5 枚牙齿（IVPP V 18217.1–5）也属于该种。

树鼩属　Genus *Tupaia* Raffles, 1821

模式种　普通树鼩 *Tupaia glis*（Diard, 1820）

鉴别特征　小型哺乳动物，形似松鼠，具长尾，吻部较长；眼眶有完整骨质包围，眶间距很宽，颞窝明显小于眼眶；颧骨孔很大，长椭圆形，眶上孔亦较大；鼓泡由内鼓骨发育而来，显著膨大，鼓泡内颈动脉、岬动脉和镫骨动脉包围在骨质管中；矢状脊很短且低；上颌骨和腭骨愈合成的硬腭具不规则开窗；成年个体除前颌骨和鼻骨前端外，各骨缝均愈合。I1 和 I2 近等大，I2 位于 I1 后方，C、P2 很小，I1 至 P2 间齿隙很大；P3 通常不具有原尖，或仅有很小的原尖；上臼齿为重褶形齿，颊侧齿带架宽阔，M1–2 次尖仅为突起或很小；下门齿齿梳状排列；c 较小，显著倾斜；p4 具有发达的下前尖和下后尖；m1–3 下前尖发达，颊侧齿带通常不存在，或仅存在近中 - 颊侧齿带，下内尖前脊发达，下次小尖显著，位于舌侧下内尖后方，下内尖和下次小尖间以窄沟相隔。

中国已知种　仅知 *Tupaia belangeri*（现生种）和 *T. storchi* 两种。

分布与时代（中国）　安徽、广西、云南、海南、四川南部、贵州南部、西藏南部和东南部，晚中新世至现代。

评注　现生树鼩属包括 15 个种，大多数种类分布于东南亚。Chopra 等（Chopra et al.,

1979; Chopra et Vasishat, 1979）命名了西瓦利克古树鼩（*Palaeotupaia sivalicus*），并认为它与树鼩属有较近的亲缘关系。Luckett 和 Jacobs（1980）认为古树鼩属与树鼩属没有差别。树鼩属化石除施氏树鼩外，还包括发现于泰国的中新树鼩（*Tupaia miocenica* Mein et Ginsburg, 1997）。

施氏树鼩 *Tupaia storchi* Ni et Qiu, 2012

（图 172）

正模 IVPP V 18218，一枚左 m3。发现于云南元谋雷老村附近上中新统小河组 9906 地点。

副模 IVPP V 18219.1–2，一枚右 P4 和一枚右 p4，与正模产自同一地点同一层位。

鉴别特征 中等大小的树鼩，比西瓦利克古树鼩、小树鼩（*Tupaia minor*）和爪哇树鼩（*T. javanica*）大，比中新树鼩和其他现生树鼩小；P4 原尖锥形，其舌侧缘很圆，前附尖很大，向近中侧突出，颊侧齿带不完整；m3 下跟座宽，跟座谷浅，近中颊侧齿带强而长。

产地与层位 元谋雷老村附近，上中新统小河组。

评注 IVPP 18219.1–2 原被作为归入标本。

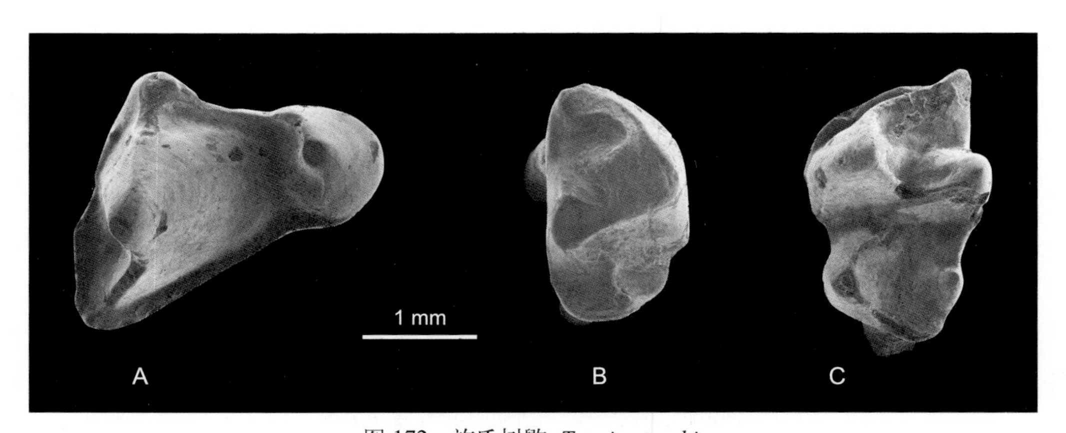

图 172 施氏树鼩 *Tupaia storchi*

A. 右P4 （IVPP V 18219.1，副模），B. 右p4 （IVPP V 18219. 2，副模）， C. 左m3 （IVPP V 18218，正模）：冠面视（均引自Ni et Qiu, 2012）

近兔猴形目 Order PLESIADAPIFORMES Simons et Tattersall, 1972

概述 近兔猴形动物是一类已完全灭绝的中小型哺乳动物，常被称为“古灵长类”

(archic primates）而归入灵长目。这类动物的颊齿特征与鼩猴科（Omomyidae）和兔猴科（Adapidae）这些早期灵长类的颊齿非常相像，正因为如此，近兔猴形动物又常常被称为“牙齿灵长类”（dental primates）。有关近兔猴形动物的系统位置一直存在争论（Gingerich, 1973; Cartmill, 1974; Martin, 1990; Szalay et al., 1987）。近兔猴类动物与灵长类动物之间实际上存在十分重要且显著的差异，两者之间的关系可能是目以上的关系，灵长目与攀鼩目、近兔猴目、翼手目和皮翼目之间的系统关系实际上是清楚的（Rasmussen, 2002）。一些学者提出把近兔猴类动物归入一个单独的目，即近兔猴形目（Rose, 1995; Fleagle, 1999; Hooker et al., 1999），本书采纳了这种作法。

定义与分类 近兔猴形动物是一类与皮翼目动物和灵长目动物的亲缘关系比与攀鼩目动物更近的魁兽。近兔猴形目共计包括 10 个科，在中国发现有 2 个科，另有 2 属 2 种科未定。

形态特征 大多具有较为低冠的、齿尖钝圆的丘形齿，下臼齿下三角座与下跟座的高差较小，下跟座谷通常较浅而宽阔，通常都具有一对显著增大的上下门齿，上门齿通常具有多个齿尖，多数种类的下门齿极度增大，呈矛状或镰刀状。近兔猴形动物不具有灵长类动物的最典型的头骨和头后骨骼的特征。所有的近兔猴形动物都没有眶后棒或者眶后板（postorbital plate）包围眼球，双眼位于头骨两侧，双眼之间的距离很大，汇聚程度很低。近兔猴形动物的脑容量很小，其嗅球都很大，梨状叶发达，颞叶和枕叶不明显扩展（Gingerich et Gunnell，2005；Silcox et al., 2009）。所有灵长类的跟骨远端和距骨头都有某种程度的延长，而所有已知的近兔猴形动物延长的程度都很低。所有灵长类的跟骨体都较高，而近兔猴形动物的则较低。所有灵长类，特别是早期的化石灵长类动物，它们的第一跖骨粗隆都很发达，体现出具有很强的抓握能力，但是近兔猴形动物第一跖骨粗隆都很低。

分布与时代 北美洲、亚洲和欧洲，古新世最早期至中始新世。在中国发现于广东、山东和内蒙古晚古新世至早始新世地层。

评注 *Plesiadapis* 旧译为更猴，这是由于把词根“Plesi-”误作“Pleisto”的缘故，在此更正。目前，许多学者所称的近兔猴形动物实际上是一个多系类群。肖豖兽科（Mirosyopidae）动物、炼狱山兽科（Purgatorridae）动物虽然常常被看做是近兔猴形动物，但是最新一项系统分析表明，肖豖兽类实际上与混啮兽（*Mixodectes*）和皮翼目动物的关系更近，炼狱山兽处于非常基干的位置，与其他近兔猴类动物的关系很远（Ni et al., 2010），故而把肖豖兽和炼狱山兽排除在近兔猴形目之外。

石猴科 Family Petrolemuridae Szalay, Li et Wang, 1986

模式属 石猴 *Petrolemur* Tong, 1979

定义与分类 是一类系统关系不明的近兔猴形动物。仅包括短吻石猴（*Petrolemur brevirostris*）一属一种。

鉴别特征 齿式：?•1•2•3/?•?•?•?。吻部明显缩短。上犬齿粗壮，齿根截面呈圆形，垂直生长；上犬齿与上臼齿之间无齿隙。无P1–2；P3颊舌向窄，无原尖，舌侧齿带发达；P4臼齿化，原尖宽大，前原脊和后原脊均发达，远中侧齿带向舌侧延伸。上臼齿齿尖较靠近齿冠边缘，原尖舌侧壁无明显扩展；无前小尖和后小尖，或两者非常不发育；颊侧齿带明显；近中侧、舌侧和远中侧齿带非常发达，并且相连；远中侧齿带靠近舌侧的部分明显增厚，呈次尖状；M3不缩小，比M1略大，并发育有前原脊、后原脊和形似次尖的增厚的远中侧齿带。

中国已知属 仅*Petrolemur*一属。

分布与时代 广东，中古新世。

评注 童永生（1979）最初认为，石猴与兔猴（*Adapis*）的亲缘关系较近，并将其归入兔猴科。关于石猴科动物的系统位置还存在争议（Szalay, 1982; Szalay et al., 1986; Szalay et Li, 1986; Cifelli et al., 1989）。本书将石猴科归入近兔猴形目，是为了强调石猴具有某些灵长类的特征但并不是真正的灵长类。Szalay等（1986）将卢氏猴属（*Lushius*）也归入石猴科，本书将卢氏猴归入灵长目的西瓦兔猴科（Sivaladapidae Thomas et Verma, 1979）。

石猴属 Genus *Petrolemur* Tong, 1979

模式种 短吻石猴 *Petrolemur brevirostris* Tong, 1979

鉴别特征 同科。

中国已知种 仅模式种。

分布与时代 广东，中古新世。

短吻石猴 *Petrolemur brevirostris* Tong, 1979

（图173）

正模 IVPP V 5298，左上颌骨片段，保存不完整的上犬齿、P2–3和M1–3。发现于广东南雄油山镇大塘圩西北约1 km，中古新统浓山组。

鉴别特征 同属。

评注 童永生（1979）在发表短吻石猴时将其种名拼作*Petrolemur brevirostre*，但拉丁词*lemures*为阳性词，*brevirostre*为复合形容词的中性形式，作为种名其性别应与属名保持一致。

图 173　短吻石猴 *Petrolemur brevirostris*
左上颌骨齿列（IVPP V 5298，正模）：冠面视

窃果猴科 Family Carpolestidae Simpson, 1935

模式属　窃果猴 *Carpolestes* Simpson, 1928

定义与分类　窃果猴科是近兔猴科（Plesiadapidae）的姊妹群，是一类已经灭绝的小型哺乳动物，其体型大小相当于小鼠至大鼠的范围，可能适应于树栖生活。窃果猴科共包括 7 个属，中国有 3 个属。

鉴别特征　与其他的近兔猴形动物不同，有证据显示，窃果猴科动物可能具有三枚上门齿（Beard et Wang, 1995; Bloch et Silcox, 2006）。P3–4 显著增大，颊侧齿尖明显增多，舌侧非常宽大，通常存在中脊；p4 异常增大，呈刀片状，具有高且锐利的、多小齿尖的纵向脊。下门齿显著增大且呈匍匐状。m1 的下三角座通常特化，并入 p4 的剪切机制。具有较长的吻部，缺少眶后棒，耳区具有较大的鼓泡，内颈动脉侧支后孔位于鼓泡内后侧。足拇趾如同现生灵长类动物和有袋类一样，可以与其他四趾相对握，并且具有趾甲。

中国已知属　*Chronolestes*, *Carpocristes*, *Subengius*，共三属。

分布与时代　北美洲、亚洲，早古新世晚期至早始新世。

评注　Carpolestidae 旧译作食果猴科，然而该科名是源自窃果猴属（*Carpolestes*）的，不是源自食果猴属（*Carpodaptes*），故此更正。

时猴属 Genus *Chronolestes* Beard et Wang, 1995

模式种　同时猴 *Chronolestes simul* Beard et Wang, 1995

鉴别特征 齿式：3?•?•4•3/2•1•3•3。I1 比其他已知的食果猴的简单，不具有近中侧小尖，远基部小尖很小；P1–2 简单，仅具低矮的前尖，舌侧有齿带；P3–4 后尖极不发达，仅为前尖后脊上的一个肿突；P3 原尖窄小，无前小尖和后小尖；P4 原尖较宽但近中 - 远中向较短，前小尖扩大呈中尖，存在弱的假次尖；上臼齿齿尖尖锐，齿脊发达，前小尖和后小尖较大，近中侧和远中侧齿带均发育，纤猴褶（*Nannopithex*-fold）发达，存在弱的假次尖；i1 长镰状，近乎水平生长，后脊发育成刃状，无后基部小尖；i2 明显较 i1 小，亦强烈匍匐；下犬齿小而简单，小于 i2 和 p2–3；p2–3 亦小而简单，仅具单尖和弱的后跟，单根；p4 显著增大，下原尖明显高于下臼齿，近中 - 远中向亦较长，但不形成多尖的刀片状，下后尖明显，位于下原尖远舌侧；m1–3 齿尖尖锐，齿脊发达，颊侧齿带显著；m1–2 下斜脊连于下后尖；m3 后跟宽而长。

中国已知种 仅模式种。

分布与时代 山东，早始新世岭茶期。

评注 童永生和王景文（2006）将 *Chronolestes* 译做“高辈猴”，而希腊文 Chronos 的本意是时间，这一点 Beard 和 Wang（1995）在建立 *Chronolestes* 时已经明确指出，为尊重原作者的意图，故此将其译为时猴。一些学者认为，时猴属于近兔猴类的基干类群，而不属于窃果猴科（Bloch et Gingerich, 1998; Silcox, 2001, 2008; Silcox et al., 2001）。在 Silcox 等（Silcox, 2001; Silcox et al., 2001）的系统分析以及 Bloch 等（2007）后来的分析中，时猴都是处于近兔猴类的基干位置。与之相反，另外一些分析却支持时猴属于窃果猴科的观点（Tabuce et al., 2004; Ni et al., 2010）。本书采信时猴属于窃果猴科的观点。

同时猴 *Chronolestes simul* Beard et Wang, 1995

（图 174，图 175）

正模 IVPP V 10695-1、IVPP V 10695-2，挤压破碎的头骨，保存有左 P1–M3 和右侧的 P2–M2，以及属于同一个体的左下颌支，保存有 i2–p2、p4–m3 和近乎完整的下颌上升支和角突。发现于山东昌乐五图煤矿，下始新统五图组。

副模 IVPP V 10696.1–13，18 个个体的残破上颌及下颌；与正模采自同一煤矿，其中 10696.6 和 10696.9 两件标本采自另外地点未计在内。

鉴别特征 同属。

评注 童永生和王景文（2006）将 *C. simul* 译做“晚出高辈猴”，本书依据该种命名人的原意将其改译为同时猴。

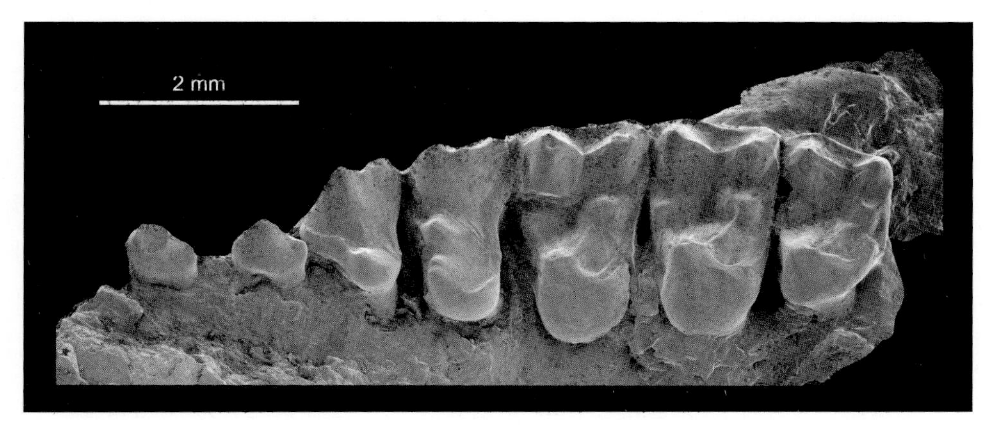

图 174 同时猴 *Chronolestes simul* 上颌骨

左上齿列（IVPP V 10695-1 正模）：冠面视

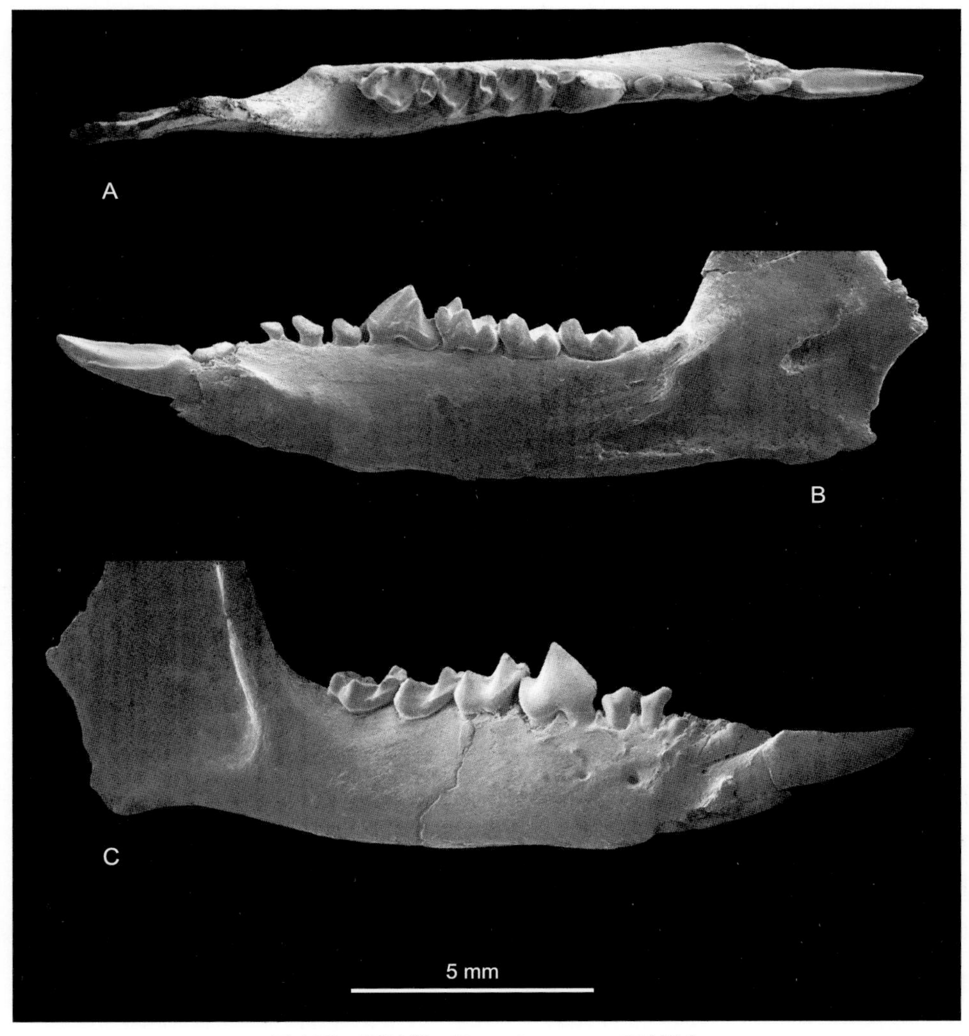

图 175 同时猴 *Chronolestes simul* 下颌支

A–C. 右下颌支（IVPP V 10696.2–3，副模）：A. 上面视，B. 内侧视，C. 外侧视

多脊食果猴属 Genus *Carpocristes* Beard et Wang, 1995

模式种 旭日多脊食果猴 *Carpocristes oriens* Beard et Wang, 1995

鉴别特征 齿式：?•?•?•3/2•1•3•3。P3–4 显著增大，冠面近方形，存在多条与中脊平行的脊；P3 颊侧存在五个尖，前尖之前存在一个附尖，原尖远中侧存在很大的假次尖，前小尖发育成很大的中尖，前小尖后脊发育成显著的中脊，其上存在小的不规则小尖，中脊舌侧存在两条与之平行的脊；P4 颊侧同样存在五个尖，但是前尖之前存在两个附尖，原尖近中侧存在很大围尖，远中侧的假次尖亦很大，前小尖的前后脊在中尖近中侧和远中侧均发育成中脊，两条中脊的舌侧又各发育两条平行的脊；上臼齿齿尖尖锐，齿脊发达，前后小尖很大，纤猴褶发育；M3 相对较大；p4 近中 - 远中向显著加长，齿冠很高，呈多尖的刀片状，冠面视略呈 S 形，各小尖不明显汇聚，小尖在齿冠舌侧不形成明显的肋；m1 下三角座亦发育呈刀片状，其下前尖、下原尖和下后尖近乎近中 - 远中向排列，下斜脊连于下后尖；m2–3 下三角座较窄，且近中 - 远中向挤压状；m3 下跟座后跟很长。

中国已知种 仅模式种。

分布与时代 山东，早始新世岭茶期。

评注 在原发表文章中 IVPP V 10696.1–13 被作为分类材料整汇（hypodigm）。多脊食果猴的 P3–4 和 p4 表现出十分典型的窃果猴科动物前臼齿的特征，同时也具有一些十分奇特的特征组合，比如具有多条与中脊平行的脊，未见于其他窃果猴科动物。Beard 和 Wang（1995）将北美的 *Carpodaptes hobackensis* 和 *C. cygneus* 归入多脊食果猴属，Beard（2000）又基于北美怀俄明 Bison 盆地中 Tiffanian 底层中发现的标本建立了 *Carpocristes rosei* 新种。这一归并遭到一些学者的反对（Bloch et al., 2001; Fox, 2002; Silcox et Gunnell, 2007）。本书认为多脊食果猴代表了一个独特的在亚洲演化的窃果猴支系，由于北美的食果猴属（*Carpodaptes*）各种间的系统关系尚有待进一步研究，而 *C. cygneus*、*C. hobackensis* 和 *C. rosei* 都缺少多脊食果猴属最为典型的特征，因此，把多脊食果猴属仅限定于旭日多脊食果猴一个种将是合理的做法。

旭日多脊食果猴 *Carpocristes oriens* Beard et Wang, 1995

（图 176）

正模 IVPP V 10697.1–1、IVPP V 10697.1–2，挤压破碎的头骨吻部，保存有左侧 P3–M3 和右侧完整的 P3，以及属于同一个体的左下颌，保存有 p4–m3 和前部牙齿的 4 个齿槽。发现于山东昌乐五图煤矿，下始新统五图组。

副模 IVPP V 10697.2–3，2 件破碎的上颌；与正模采自同一煤矿。

鉴别特征 同属。

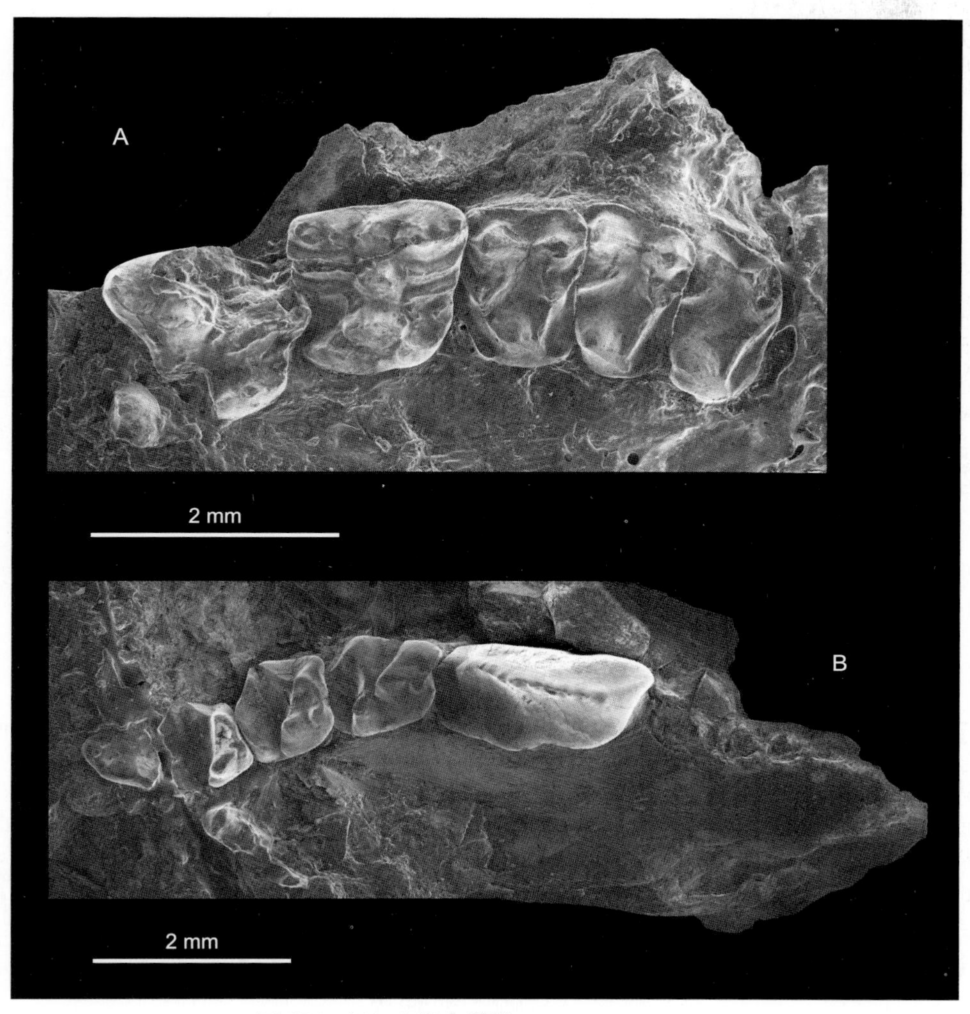

图 176　旭日多脊食果猴 *Carpocristes oriens*

A. 左上颌齿列（IVPP V 10697.1–1，正模），B. 左下颌齿列（IVPP V 10697.1–2，正模）：冠面视

评注　在原发表文章中 IVPP V 10697.2–3 被作为分类材料整汇。旭日多脊食果猴的种名“*oriens*”本意是升起的太阳和东方，Beard 和 Wang（1995）在命名旭日多脊食果猴时指出，该种的 P3–4 的齿脊排列如同升起的太阳（光芒四射），而且标本又发现于亚洲，故此以“*oriens*”来命名。本书认为旭日多脊食果猴的译法比“东方多脊猴”的译法更为贴切。

苏崩猴属 Genus *Subengius* Smith, Van Itterbeeck et Missiaen, 2004

模式种　孟氏苏崩猴 *Subengius mengi* Smith, Van Itterbeeck et Missiaen，2004

鉴别特征　P3 颊侧具三个尖，相当于前附尖、前尖和后尖，舌侧近中 - 远中向短，原尖较大，无原尖前脊，但原尖后脊存在，前小尖发育成较大的中尖，中尖后脊强壮，无中尖前脊，假次尖发达，位于原尖远舌侧，无围尖；P4 颊侧亦仅具三个尖，舌侧近中 - 远中向较长，原尖宽阔，无原尖前后脊，中尖发达，中尖前后脊强壮，但与中尖的连接较弱，围尖和假次尖亦发达；上臼齿的前小尖和后小尖较大，近中侧和远中侧齿带均发达，纤猴褶相对较弱；p4 显著增大，但其颊侧没有向腹侧明显的扩张，仅具三个主尖和一个较大的后跟尖，三个主尖的舌侧肋较显著，牙齿颊侧有时存在齿带；m1 下前尖较为靠近舌侧，下前尖与下后尖较为分离，但两者与下原尖不排列在一条切脊上；m2–3 下前尖与下后尖相紧靠，下三角座近中 - 远中向挤压；m3 下跟座谷宽阔，后跟较宽且长。

中国已知种 仅模式种。

分布与时代 内蒙古，晚古新世格沙头期。

孟氏苏崩猴 *Subengius mengi* Smith, Van Itterbeeck et Missiaen, 2004

（图 177）

正模 IMM 2001-SB-6，一枚左 P4。发现于内蒙古二连以西约 20 km 的苏崩地点，上古新统脑木根组。

副模 IMM 2001-SB-1–5，IMM 2001-SB-7–8，p4、m1、m2、m3 及 I1、M2、M3 各一枚，IVPP V 18214，右下颌骨片段，保存有 p4–m2，与正模产自同一地点同一层位。

鉴别特征 同属。

评注 标本 IMM 2001-SB-1–5、IMM 2001-SB-7–8 在原发表文章中作为归入标本。除 IVPP V 18214 外在苏崩地点的同一层位上还发现有其他一些尚未编号的标本。

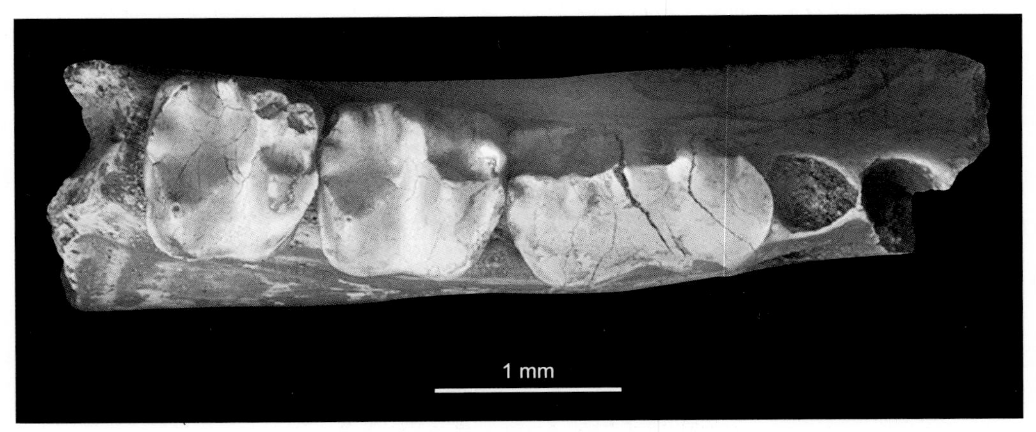

图 177 孟氏苏崩猴 *Subengius mengi*

右下颌支片段（IVPP V 18214，副模）：上面视

科不确定 Incertae familiae

亚洲近兔猴属 Genus *Asioplesiadapis* Fu, Wang et Tong, 2002

模式种 杨氏亚洲近兔猴 *Asioplesiadapis youngi* Fu, Wang et Tong，2002

鉴别特征 齿式：?•?•?•?/1•0•3•3。下门齿长镰刀状，强烈匍匐，几近平行于下颌水

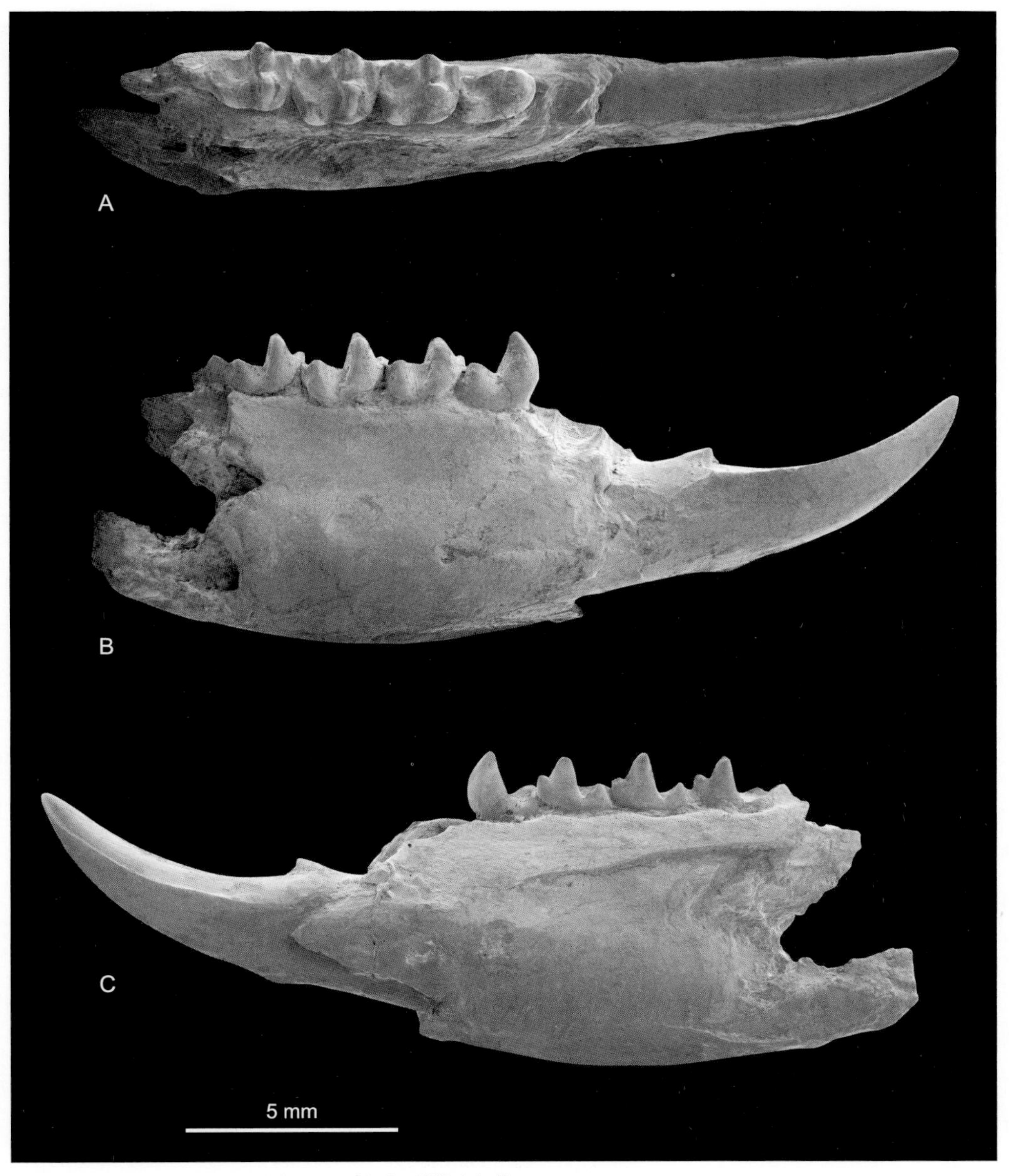

图 178 杨氏亚洲近兔猴 *Asioplesiadapis youngi*
右下颌支片段（IVPP V 10708，正模）：A. 上面视，B. 外侧视，C. 内侧视

平支，具明显的下缘尖和下缘脊；p2 单根，较退化；p3 双根，大小与 p4 相近；p4 臼齿化，下原尖高而尖锐，无下前尖和下后尖，下跟座较长，下次尖和下内尖都较发达，下跟座谷宽阔；下臼齿下三角座明显高于下跟座，下原尖和下后尖高而尖锐，下前尖很低，齿带状，下原脊不发达，下原尖与下后尖之间的 V 形谷很深，下斜脊指向下三角座后壁下原尖与下后尖之间；m3 下次小尖较小，所形成的后跟窄而短。

中国已知种 仅模式种。

分布与时代 山东，早始新世岭茶期。

评注 付静芳等（2002）将亚洲近兔猴置于近兔猴科（Plesiadapidae），Silcox（2008）不同意傅静芳等（2002）的意见，提出亚洲近兔猴有可能属于古魅兽科（Palaechthonidae）。亚洲近兔猴也有可能根本就不属于近兔猴形目，其强烈增大且匍匐的下门齿很容易令人联想到欺兽目（Order Apatotheria）动物。本书暂时将亚洲近兔猴作为近兔猴形目中一个科未定的属。

杨氏亚洲近兔猴 *Asioplesiadapis youngi* Fu, Wang et Tong, 2002

（图 178）

正模 IVPP V 10708，左下颌水平支，保存 i1 和 p4–m3，以及 i1 和 p4 间的三个齿槽。发现于山东昌乐五图煤矿，下始新统五图组。

鉴别特征 同属。

猎猴属 Genus *Dianomomys* Tong et Wang, 2006

模式种 疑猎猴 *Dianomomys ambiguus* Tong et Wang, 2006

鉴别特征 齿式：?•?•?•?/2?•1?•3•3。下门齿增大，强烈匍匐，齿根与下颌水平支近平行。i2、c 很小，具单齿根。p2 较小，具有一个主尖和很小的远中侧尖；单根，粗壮。p3 下原尖高而尖锐，下原尖近中侧圆滑，无明显的脊，近中侧近基部有弱的齿带，远中侧跟状尖高而尖锐，近中 - 远中向长略大于 p4；具有双根。p4 近中侧边缘略后凹；下前尖横向很宽，明显向颊侧延伸，其颊侧末端发育成附尖状结构，近中舌侧边缘有弱的齿带，下原尖高而尖锐，其近中侧边缘较圆滑；下后尖明显低于下原尖，位置亦明显靠近远中侧；下跟座宽而极短，仅具跟状单尖，较高。m1 近中侧边缘具明显后凹，齿冠基部近中颊侧和近中舌侧的齿带很明显；下三角座谷舌侧开放，下前尖较低，横向伸展，粗脊状，下原尖和下后尖较钝，两尖近等大，下后尖的位置相对于下原尖略靠近远中侧，下原脊较发达；下跟座谷宽阔，下次尖低而钝，下斜脊相对较弱。下前臼齿、下臼齿颊侧均无齿带。

中国已知种 仅模式种。

分布与时代 山东，早始新世岭茶期。

评注 童永生和王景文（2006）将该属的中文译作猎镜猴属。猎猴属的拉丁文中的词根“*Omomys*”本是一个鼩猴属的属名，常被误译为“始镜猴”，但是，鼩猴并不是原始的眼镜猴，故此简译为猎猴。童永生和王景文（2006）已经注意到它与其他近兔猴形动物的显著差别，并指出猎猴不能归入近兔猴科和食果猴科等类群，只能暂时归入副鼩猴科（Paraomomyidae）。这样归属显然不妥，从猎猴属的特征组合来看，该属很有可能代表了一个前所未知的独立的科。

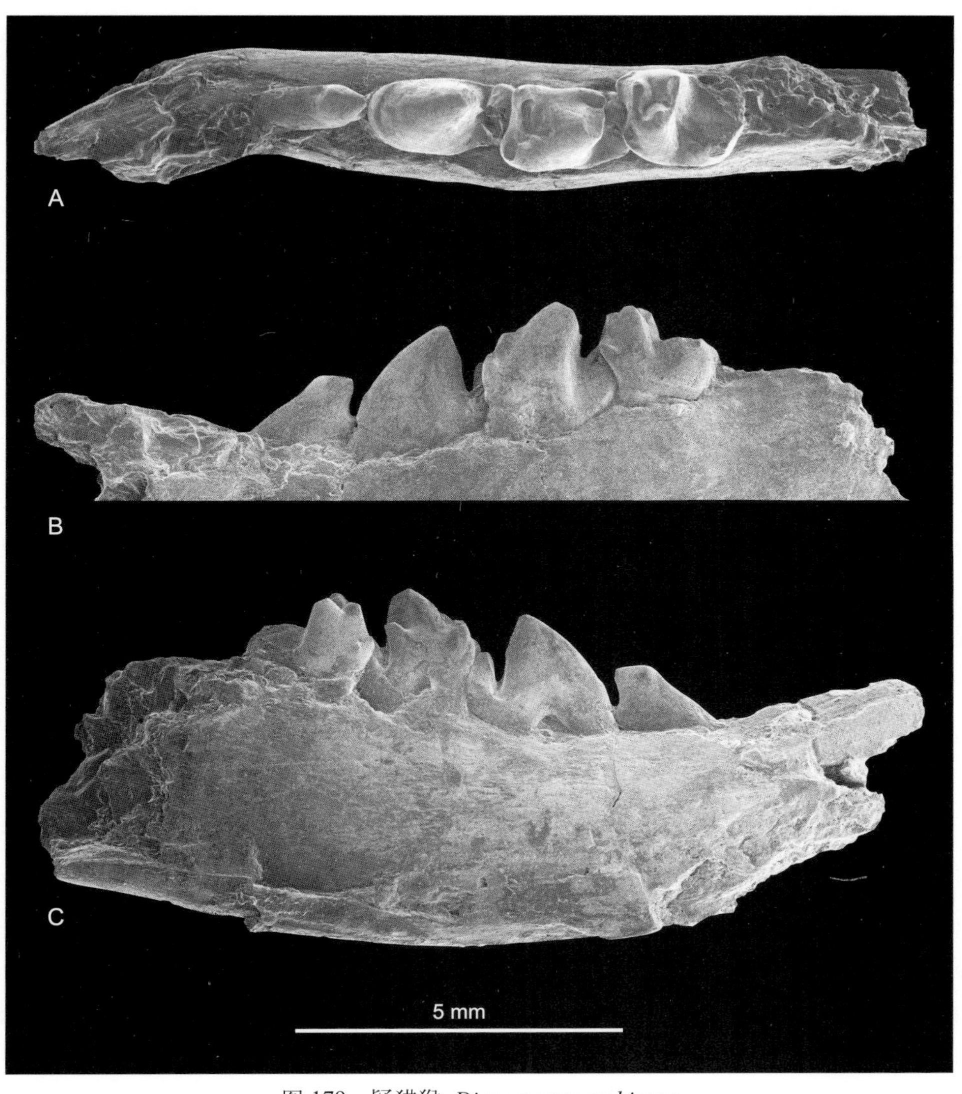

图 179 疑猎猴 *Dianomomys ambiguus*

左下颌支片段（IVPP V 10718，正模）：A. 上面视，B. 外侧视，C. 内侧视

疑猎猴 *Dianomomys ambiguus* Tong et Wang, 2006

（图 179）

正模 IVPP V 10718，左下颌水平支，保存 i1 齿根和 p2–m1，以及 i1 和 p2 间的两个齿槽。发现于山东昌乐五图煤矿，下始新统五图组。

鉴别特征 同属。

灵长目 Order PRIMATES Linnaeus, 1758

概述 灵长目是我们人类所在的目，我们对于这个目的动物最为熟悉，研究得也最为深入，当然，有关这个目的方方面面的争论也最为激烈。现生灵长类多样性非常高，最新的分类系统包括了 69 个属，376 个种（Groves, 2005）。现生灵长类包括 3 个类群，狐猴、懒猴、婴猴等属于狐猴类，猕猴、叶猴、长臂猿、猩猩、人类、以及南美洲的蜘蛛猴、松鼠猴等属于类人猿，分布于东南亚的跗猴独属一类。按照传统的分类体系，狐猴类和跗猴被归入原猿亚目（Suborder Prosimii），类人猿属于类人猿亚目（Suborder Anthropoidea）。按照目前普遍采用的分类系统，狐猴被归入曲鼻猴亚目（Suborder Strepsirrhini），跗猴和类人猿则被归入简鼻猴亚目（Suborder Haplorhini）。虽然尚无一个准确的统计，但是目前已知的化石灵长类的多样性实际上比现生灵长类的还要高。除了狐猴、跗猴和类人猿之外，化石灵长类还包括兔猴形类（adapiformes）和鼩猴类（omomyids）。兔猴形类与狐猴类的亲缘关系较近，通常被归入曲鼻猴亚目。鼩猴类与跗猴的亲缘关系较近，两者常被统称为跗猴形类（tarsiiforms），归入简鼻猴亚目。许多学者把近兔猴形动物也归入灵长目，因而把兔猴、狐猴、跗猴、鼩猴、类人猿这些毫无疑问的灵长类称为真灵长类（euprimates）。本书将近兔猴形动物归入近兔猴形目，故而所谓真灵长类，即等同于灵长类。

灵长类的起源：基于分子钟假说和某些数学模型的研究几乎毫无例外地认为灵长类起源于恐龙时代（Tavaré et al., 2002; Bininda-Emonds et al., 2007; dos Reis et al., 2012），但是最早的无争议的灵长类化石证据却出现于始新世最早期，距今约 56 Ma（Gingerich, 1986; Rose, 1995; Ni et al., 2004; Beard, 2008; Rose et al., 2011）。虽然我们应该相信灵长类的起源必定早于最早的化石记录，但是却没有任何证据证实灵长类可能出现于古新世之前。随着对中生代哺乳动物研究的不断深入，研究者已经认识到恐龙时代的基干哺乳动物与哺乳动物冠群在形态学上有着巨大的差异（Luo, 2007），新近的基于分子生物学的研究也推断绝大多数的哺乳动物冠群都起源于古新世（dos Reis et al., 2012），我们没有理由认为灵长类比其他哺乳动物提早演化了数千万年。最早的无争议的灵长类化石几乎同时出现于欧洲、亚洲和北美，但是多数学者认为，亚洲是灵长类最有可能的起源地（Rose,

1995; Ni et al., 2004, 2005; Beard, 1998, 2008; Rose et al., 2011)。灵长类出现以后向欧洲和北美的扩散路线尚存在争议（Ni et al., 2005; Beard, 1998, 2008; Rose et al., 2011; Smith et al., 2006），我们认为存在着东西两条路线（Ni et al., 2005）。

定义与分类 灵长目是包括人类及与人类的亲缘关系比与攀鼩类、皮翼类和近兔猴类的亲缘关系更近的所有化石与现生哺乳动物的类群。包括曲鼻猴亚目和简鼻猴亚目。曲鼻猴亚目包括假熊猴科（Notharctidae）、兔猴科（Adapidae）、狐猴科（Lemuridae）、大狐猴科（Indriidae）、鼠狐猴科（Cheirogaleidae）、指猴科（Daubentoniidae）、懒猴科（Lorisidae）等，简鼻猴亚目包括跗猴科（Tarsiidae）、鼩猴科（Omomyidae）、卷尾猴科（Cebidae）、蜘蛛猴科（Atelidae）、猴科（Cercopithecidae）、长臂猿科（Hylobatidae）、人科（Hominidae）等。

形态特征 上下门齿各不超过两枚；犬齿通常存在；前臼齿和臼齿齿尖较钝；上臼齿原尖宽大，其舌侧通常钝圆，三角座谷宽阔；下臼齿下三角座与下跟座的高差较小，下三角座后壁通常明显前倾，下跟座谷宽阔。前颌骨不与额骨关节；眼眶后缘具有眶后棒或眶后板，双目汇聚，通常前视；颅腔膨大；嗅叶相对缩小，颞叶向侧下扩展，额叶、枕叶也通常扩大；具有由岩骨发育而来的鼓泡，内鼓骨、外鼓骨不参与鼓泡的形成；内颈动脉通常发达，由骨质管道包围。四肢修长；锁骨发达；跟骨远端关节面与跟骨长轴近垂直；距骨体高，距骨滑车较浅，距骨头远端较宽，距舟关节与距跟关节相融合；手足具五指或趾，拇趾、足拇趾可与其他四指或趾对握，通常具有指甲和趾甲。

分布与时代 亚洲、欧洲、非洲、北美洲、南美洲，始新世最早期至今。

评注 不包括近兔猴形类的灵长目是一个特征明确的单系类群，如将近兔猴形类动物也归入，则使得灵长目成为一个并系类群，甚至是多系类群。

假熊猴科 Family Notharctidae Trouessart, 1879

模式属 假熊猴 *Notharctus* Leidy, 1870

定义与分类 假熊猴科是一类灭绝了的、与兔猴科动物和现生狐猴形动物有一定亲缘关系的灵长类动物。包括假熊猴属（*Notharctus*）、肯特猴属（*Cantius*）、欧狐猴属（*Europolemur*）等20余属，在中国仅发现有1属。

鉴别特征 上门齿较小，片状，左右I1之间存在齿隙，但齿隙明显比现生狐猴形动物的窄；下门齿较小，不形成齿梳；上下犬齿均发达，上犬齿具有发达的远中侧切脊，左右下犬齿非常靠近；通常具有4枚前臼齿，少数种类具有3枚前臼齿；P1–3和p1–3通常较简单，P4和p4的臼齿化程度较低；p2通常具有两个齿根；上臼齿冠面通常近方形，很多种类具有发达的纤猴褶；下臼齿的下前尖通常较小或退化成脊状，下后尖位置相对于下原尖较为靠近远中侧，但不及兔猴科和现生狐猴形动物的明显。吻部通常较长，眼眶较小，眶后存在明显的收缩；内颈动脉侧支从鼓泡的后外侧进入中耳腔，通常包围在骨管中；外鼓骨包围在鼓泡内，不形成扩展的骨质外耳道，鼓室扩展到外鼓骨腹面；下颌联合通常不愈合。头后骨骼具有很多现生狐猴总科动物的特点，其肩关节具有较高的灵活性，肱骨头远端较尖，肱骨小结节相对很大，三角胸大肌脊发达，肱骨法兰宽且长，肱骨滑车宽，呈圆柱状；股骨头大而圆，不呈圆柱状，股骨髁背腹向很高，髌骨沟窄而深；跟骨远端中等长度；距骨后架很大。

中国已知属 仅 *Europolemur* 一属。

分布与时代 欧洲、亚洲、北美洲，早始新世至中始新世。

评注 假熊猴科的科名源自假熊猴属的属名，"*Notharctus*" 曾被误译为"北狐猴"，估计是把"noth-"看成"north"，又误将"arktos"译作"北极"的缘故。本书更正为假熊猴。

欧狐猴属 Genus *Europolemur* Weigelt, 1933

模式种 克氏欧狐猴 *Europolemur klatti* Weigelt, 1933

鉴别特征 齿式：2•1•3•3/2•1•3•3。中等至较大体型的假熊猴科动物；吻部较短且宽，眼眶较小，具眶后棒，无矢状脊；上门齿较小，呈铲形；上犬齿较为粗壮；P4 近中 - 远中向长小于颊舌向宽，原尖很大，远中侧齿缘不前凹，前尖前后脊锐利，前附尖和后附尖较小；上臼齿前尖与后尖的齿脊发达，三角座谷较窄，原尖近锥状，前原脊与后原脊较直，前小尖较小，后小尖消失，近中侧、远中侧和舌侧齿带相连，舌侧齿带强而高；M1–2 具有很大的次尖；M3 略小于 M1；下门齿也较小；p3–4 下原尖高而尖锐；p4 下后尖较小，其位置明显偏于下原尖的远舌侧，存在小的下次尖和下斜脊，下跟座很短；下臼齿下前尖很小或呈脊状，下后尖相对于下原尖的位置略靠远中侧，下原脊不显著倾斜，下三角座谷舌侧开放，跟座谷近中 - 远中向较长，舌侧开放；m1–2 下内尖略后于下次尖，下次小尖较小；m3 的下次小尖很大，形成较长的后跟。跟骨后关节面远端的长度相对较长，距骨体较低，滑车后架较小。

中国已知种 仅 *Europolemur* sp. 一种。

分布与时代（中国） 江苏，中始新世伊尔丁曼哈期。

评注 欧狐猴属包括4个已定名的种，即*E. klatti* Weigelt, 1933，*E. kelleri* Franzen, 2000，*E. collinsonae* Hooker, 1986 和 *E. koenigswaldi* Franzen, 1987，都发现于欧洲的中始新世地层。另有一种*E. dunaifae* Tattersall et Schwartz, 1983现被认为是 *E. klatti* 的同物异名（Franzen, 2004）。该属是保存较为完整的兔猴形类，已发现的标本包括挤压变形的头骨和不完整的头后骨骼（Franzen, 1987, 1994; Thalmann, 1994）。

欧狐猴（未定种） *Europolemur* sp.

（图 180）

在江苏省溧阳市上黄镇水母山中国科学院古脊椎动物与古人类研究所野外地点 IVPP 93006 的裂隙 D 发现很多零散的兔猴形类牙齿化石（Beard et al., 1994）。其中一些标本与欧狐猴非常相似，但是个体明显小于以前发表的各个种，其上臼齿的前小尖相对更小，舌侧齿带不连续，次尖不明显。江苏的这些欧狐猴标本显然代表了中始新世在亚洲演化的一个独立的种。这一支系与欧洲欧狐猴属各种的系统关系还不清楚，进一步深入的研究尚有待于开展。欧狐猴在江苏的发现表明，中始新世时在欧洲与东亚之间存在某种通道，使得一些灵长类动物可以扩散到如此大的范围。

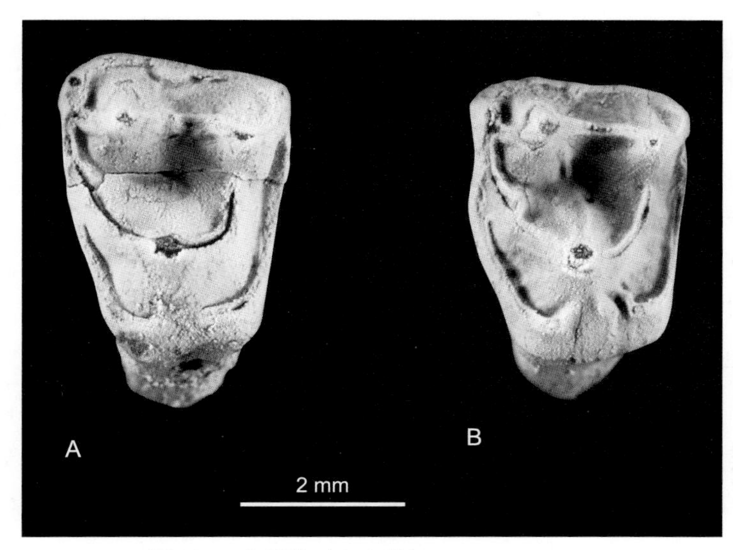

图 180　欧狐猴（未定种）*Europolemur* sp.

A. 左 M1 或 M2 （IVPP V 11019），B. 左 M1 或 M2 （IVPP V 11020）：冠面视（均引自 Beard et al., 1994）

兔猴科 Family Adapidae Trouessart, 1879

模式属　兔猴 *Adapis* Cuvier, 1821

定义与分类　兔猴科动物是一类灭绝了的、与假熊猴科和现生狐猴形动物有一定亲缘关系的灵长类动物。包括兔猴（*Adapis*）、巨兔猴（*Magnadapis*）等 7 属，在中国仅发现有 1 属 1 种。

鉴别特征　上门齿呈片状，但不对称，明显向近中侧倾斜，舌侧通常具有强的齿带；下门齿很小；上下犬齿都非常发达；所有种类都具有 4 枚前臼齿，P4 和 p4 显著臼齿化；上臼齿具有大的次尖，无纤猴褶；下臼齿的下前尖很小或退化成脊状，下后尖和下内尖的位置相对于下原尖和下次尖明显偏于远中侧，下三角座谷和下跟座谷向舌侧开放。吻部较长，眼眶相对较小，眶后存在明显的收缩，眼眶下的上颌骨相对高度与现生的狐猴形动物相似；上臼齿齿根的尖端不暴露在眼眶底部；具有很强的矢状脊，颧弓强壮，背腹向较高；耳区特点与假熊猴科的相似，内颈动脉侧支也是从鼓泡的后外侧进入中耳腔，并包围在骨管中，蹬骨支大于岬支；外鼓骨包围在鼓泡内，鼓室扩展到外鼓骨腹面。前后肢长度较为接近；肱骨头较大，二头肌沟宽而浅，三角胸大肌脊钝而粗壮，大圆肌粗隆向远端扩展，肱骨法兰较窄，肱骨滑车较窄；腕掌关节具有很高的灵活性；股骨头呈球形，较小，股骨头颈较长，股骨髁较低，髌骨沟宽而较浅；距骨滑车较长但较低，距骨颈较短，距骨后架不发达。

中国已知属 仅 *Adapoides* 一属。

分布与时代 欧洲、亚洲，中始新世至晚始新世。

评注 欧洲晚始新世的一些兔猴科动物，如兔猴（*Adapis*）、瘦兔猴（*Laptadapis*）等组成一个很独特的类群，除在中国发现的穴居似兔猴外，在欧洲之外再没有发现与其相近的种类。尽管在非洲从未发现与兔猴相近的兔猴型灵长类，但是一些学者还是认为，欧洲的这个晚始新世兔猴科动物可能起源于非洲（Franzen, 1987）。Beard等（1994）认为，似兔猴与亚洲的西瓦兔猴相去甚远，与欧洲的兔猴、小兔猴等则非常相像，只是形态上更为原始，他们因此认为，欧洲的兔猴科动物是从亚洲迁入的。

似兔猴属 Genus *Adapoides* Beard, Qi, Dawson, Wang et Li, 1994

模式种 穴居似兔猴 *Adapoides troglodytes* Beard, Qi, Dawson, Wang et Li, 1994

鉴别特征 小型的兔猴科动物。上臼齿颊舌向宽略大于近中 - 远中向长，牙齿远中侧缘较直，前尖与后尖的前后脊强壮，连接成直切脊，前小尖较大，后小尖不明显，近中侧、远中侧与舌侧齿带相连接，存在小的次尖；下臼齿颊舌向明显较窄，下前尖呈脊状，明显偏于颊侧，下后尖的位置相对于下原尖明显靠近远中侧，下原脊显著倾斜，下三角座的舌侧以大的缺口开放，下内尖的位置相对于下次尖更偏于远中侧，下跟座舌侧开放；m2 下次小尖较小，偏于颊侧；m3 下次小尖很大，形成大的后跟，与下内尖不连接。

中国已知种 仅 *Adapoides troglodytes* 一种。

分布与时代 江苏，中始新世伊尔丁曼哈期。

穴居似兔猴 *Adapoides troglodytes* Beard, Qi, Dawson, Wang et Li, 1994

（图 181）

正模 IVPP V 11023，一块右下颌支片段，保存有 m2、m3。发现于江苏省溧阳市上黄镇水母山，中国科学院古脊椎动物与古人类研究所野外地点 IVPP 93006 裂隙 B。中始新统，上黄裂隙堆积。

鉴别特征 同属。

评注 建名人在关于该新种的描述中把产于该地点裂隙 D 中发现的一个 M1 或 M2（IVPP V 11021）和一个 DP4（IVPP V 11022）也归入了该种（图 181）。

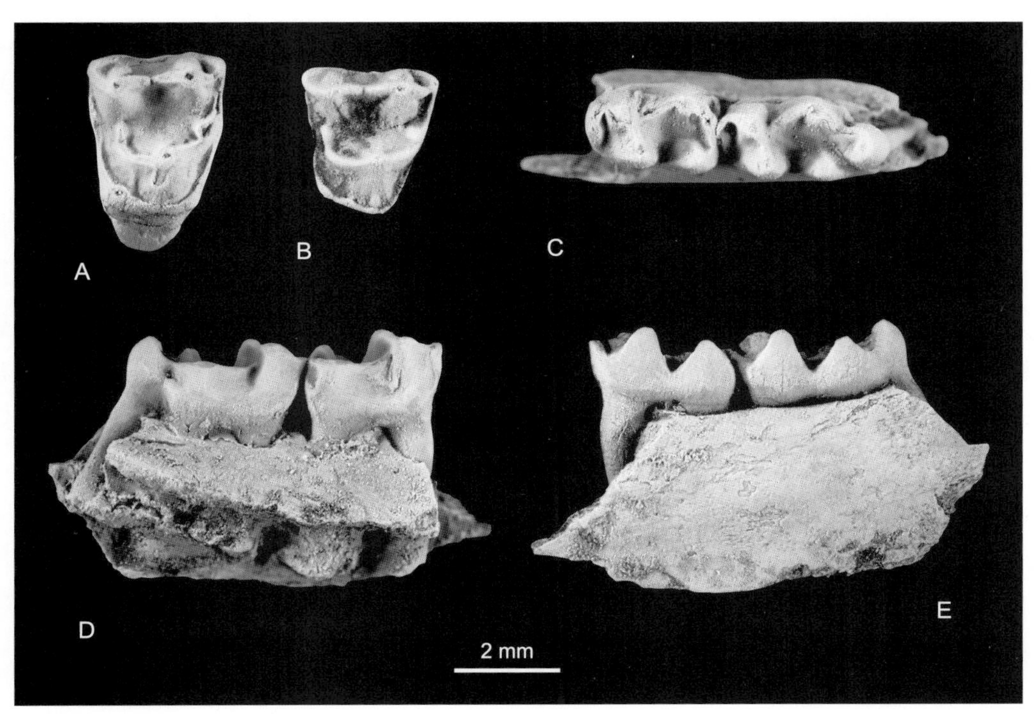

图 181 穴居似兔猴 *Adapoides troglodytes*

A. 右 M1 或 M2（IVPP V 11021），B. 右 DP4（IVPP V 11022），C–E. 右下颌支片段保存 m2、m3（IVPP V 11023，正模）：A–C. 冠面视，D. 颊侧视，E. 舌侧视（均引自 Beard et al., 1994）

西瓦兔猴科 Family Sivaladapidae Thomas et Verma, 1979

模式属 西瓦兔猴 *Sivaladapis* Gingerich et Sahni, 1979

定义与分类 西瓦兔猴科动物是一类已灭绝的兔猴形动物。包括西瓦兔猴属（*Sivaladapis*）、黄河猴属（*Hoanghonius*）等 10 个属，在中国发现有 6 属。

鉴别特征 下门齿不具有齿梳；上下犬齿均发达，尖锐而高；通常具有 3 枚上前臼齿和 3 枚下前臼齿，P4 和 p4 显著臼齿化，晚期的种类中，P4 通常具有与前尖近等大的后尖，p4 具有较长的下跟座，且具有下次尖和下内尖；上臼齿前尖与后尖通常发育有很高的齿脊，原尖通常较钝，原尖前脊和原尖后脊发达，前小尖和后小尖不发达或完全消失，前齿带和后齿带发达，前后齿带通常延伸至上臼齿的舌侧，并连接成舌侧齿带，不具有齿尖；下臼齿的下前尖消失，下前脊向舌侧拐折，在下臼齿前缘形成明显的横向脊，下后尖的位置相对于下原尖更为靠后，下三角座舌侧开放，下次小尖发达，其位置更靠近舌侧，与下内尖呈孪生状排列。

中国已知属 *Lushius, Hoanghonius, Rencunius, Sinoadapis, Guangxilemur, Indraloris*，共六属。

分布与时代 亚洲，中始新世至上新世。

卢氏猴属 Genus *Lushius* Chow, 1961

模式种 秦岭卢氏猴 *Lushius qinlinensis* Chow, 1961

鉴别特征 上前臼齿和上臼齿颊侧齿尖颊舌向较扁，较原尖高；前尖前后脊和后尖前后脊高而强壮，前尖和后尖的颊侧具弱的肋，故而形似某些偶蹄类上臼齿的颊侧壁；原尖很钝。上前臼齿远中侧向近中向凹入的程度较弱。上臼齿原尖近中 - 远中向较对称；前原脊和后原脊高而钝；牙齿近中侧壁和远中侧壁较直；颊侧齿带很弱；舌侧齿带很强。

中国已知种 仅模式种。

分布与时代 河南，中始新世伊尔丁曼哈期。

评注 Szalay 等（1986）在一篇会议摘要中首次提出卢氏猴与西瓦兔猴科动物可能存在某种联系。Groves（1989）将黄河猴与卢氏猴都归入石猴科，然而这一归并并未得到多数学者的认可，因为一般认为黄河猴属于西瓦兔猴科，而石猴不属于灵长类。本书把卢氏猴归入西瓦兔猴科。

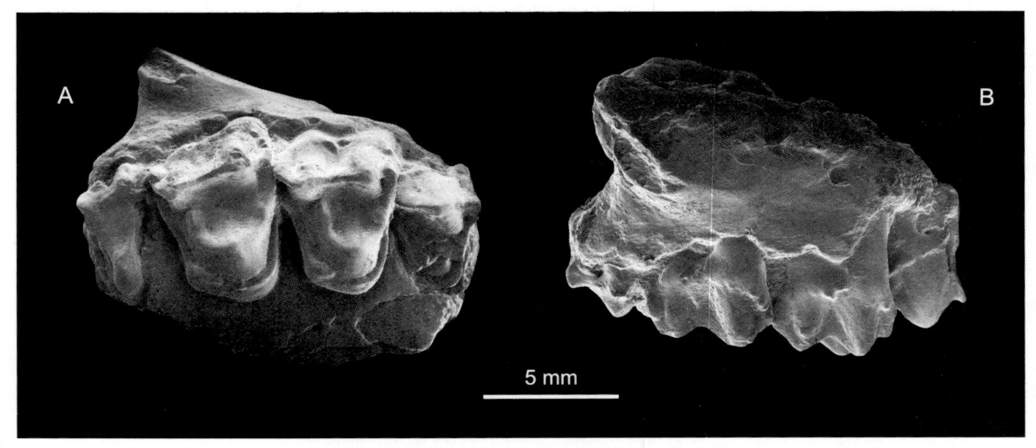

图 182　秦岭卢氏猴 *Lushius qinlinensis*

A, B. 右上颌骨片段保存 P4–M3（IVPP V 2466，正模）：A. 冠面视，B. 颊侧视

秦岭卢氏猴 *Lushius qinlinensis* Chow, 1961

（图 182）

正模 IVPP V 2466，一块右侧上颌骨片段，保存有 P4、M1、M2 及未完全萌出的 M3。发现于河南卢氏孟家坡，中始新统卢氏组。

鉴别特征 同属。

黄河猴属 Genus *Hoanghonius* Zdansky, 1930

模式种 斯氏黄河猴 *Hoanghonius stehlini* Zdansky, 1930

鉴别特征 齿式：?•?•?•?/2•1•3•3。上臼齿齿尖尖锐，齿脊发达；前小尖和后小尖非常弱；近中侧和远中侧齿带发达，并在舌侧与更为发达的舌侧齿带相连接，齿带的近中舌侧发育有明显的围尖，远中舌侧发育出很大的次尖，发达的舌侧齿带、围尖和次尖的存在，致使牙齿的舌侧冠面显著增宽。下门齿小；下犬齿很大，颊侧无齿带，舌侧齿带很弱。下前臼齿排列稀疏；p2 仅具单尖，双根；p3 也只有单尖，但舌侧和远中侧具弱的齿带；p4 具有很弱的下前尖和下后尖，下跟座很短，下次尖很小；下臼齿下三角座较短，下后尖位置相对于下原尖略靠近远中侧，下内尖位置相对于下次尖也略靠近远中侧，下跟座谷明显偏于舌侧，近中颊侧、颊侧、远中颊侧齿带发达；m1 下前尖很小，靠近舌侧；m2–3 无下前尖，下三角座近中侧为明显的横脊；m2–3 下次小尖较大，非常靠近舌侧，与下内尖呈孪生状；m3 下次小尖形成明显的后跟，靠近舌侧。

中国已知种 仅模式种。

分布与时代 山西，中始新世沙拉木伦期。

斯氏黄河猴 *Hoanghonius stehlini* Zdansky, 1930

（图 183）

正模 一块左下颌支片段，保存有 m2、m3（瑞典乌普萨拉大学演化博物馆，无编号）。发现于山西垣曲古城寨里村土桥沟（Zdansky 的第一地点），始新统河堤组寨里段。

副模 IVPP V 10220，左下颌水平支，保存有 c、p2–4 及 m1–3，与正模产自同一地点同一层位。

鉴别特征 同属。

评注 IVPP V 10220 发现于 20 世纪 90 年代，在此将其归为副模，除此以外在同地点同层位还发现有一些牙齿和下颌骨片段，尚未编号。

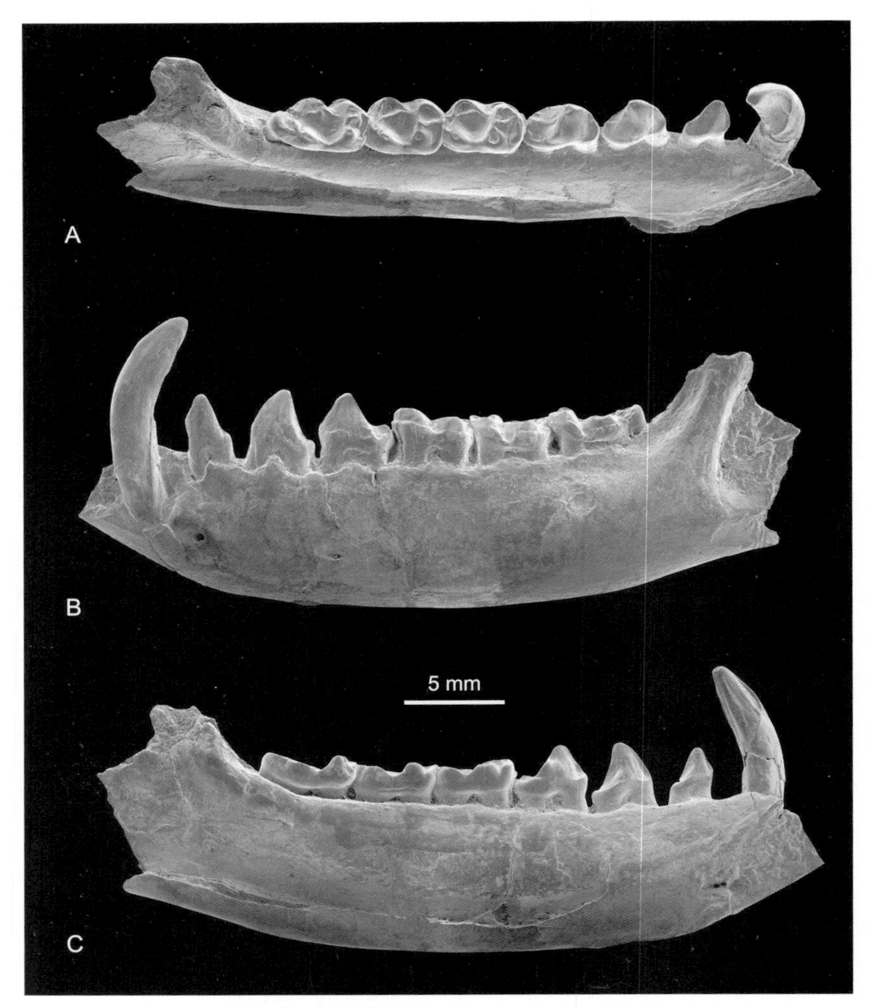

图 183　斯氏黄河猴 *Hoanghonius stehlini*

A–C. 左下颌支片段（IVPP V 10220，副模）：A. 上面视，B. 颊侧视，C. 舌侧视

任村猴属 Genus *Rencunius* Gingerich, Holroyd et Ciochon, 1994

模式种　周氏任村猴 *Rencunius zhoui* Gingerich, Holroyd et Ciochon, 1994

鉴别特征　牙齿形状与齿尖排列方式与黄河猴相似，但是齿尖明显更为粗壮，齿脊很钝。P4 牙齿后缘较直，舌侧发育有弱的齿带；M1 前小尖和后小尖较大，但是前小尖和后小尖均无前后脊，围尖和次尖发达，两者于舌侧相连；颊侧、舌侧、近中侧和远中侧齿带非常发达；三角座谷很窄。p4 颊舌向侧扁；下前尖和下后尖小而低，下后尖位置相对于下原尖明显靠近远中侧；下跟座很短且窄，下次小尖呈低的跟状；颊侧和舌侧均具有齿带。下臼齿齿尖较为靠近中线，牙齿颊侧和舌侧壁较为肿胀；下三角座与下跟座近等高，或下三角座略高；下臼齿下后尖相对于下原尖位置更靠近远中侧；下跟座谷很窄，

较浅；颊侧齿带发达。m1 下前尖较明显，靠近舌侧；下三角座舌侧开放。m2–3 下前尖很小，或呈脊状。m1–2 下次小尖很大，与下内尖大小相当，或大于下内尖；下次小尖位置靠近舌侧，与下内尖呈孪生状。m3 颊舌向较 m2 窄；下次小尖较大，发育成明显的后跟，其位置较为靠近舌侧。

中国已知种 *Rencunius zhoui, R. wui*，共两种。

分布与时代 山西、河南，中始新世沙拉木伦期。

周氏任村猴 *Rencunius zhoui* Gingerich, Holroyd et Ciochon, 1994

（图 184）

Hoanghonius stehlini：Woo et Chow, 1957, p. 267（部分）；周明镇等，1973a，165页（部分）

正模 IVPP RV 57003，一块左下颌支片段，保存有 p4 和 m1、m2。发现于河南渑池任村，中始新统河堤组任村段下化石层。

鉴别特征 m2 具有弱的下前尖，下后尖无伸向下三角座中央的褶。

评注 Woo 和 Chow（1957）将野外编号为 IVPP 5311–5314 的四件标本归入 *Hoanghonius stehlini* 中。Gingerich 等（1994）认为这批材料应为一新属、新种（*Rencunius zhoui*）的代表，并将其中的一件下颌支（IVPP 5312）指定为正模（现在的正式标号为 IVPP RV 57003）。童永生（1997）认为另一件下颌（IVPP 5311）应与正模产自同一层位（任村组），而其余两件标本产于更高的层位，应该归于下一个种（见下）。这样一来，归入本种的材料只有两件残破的下颌支。

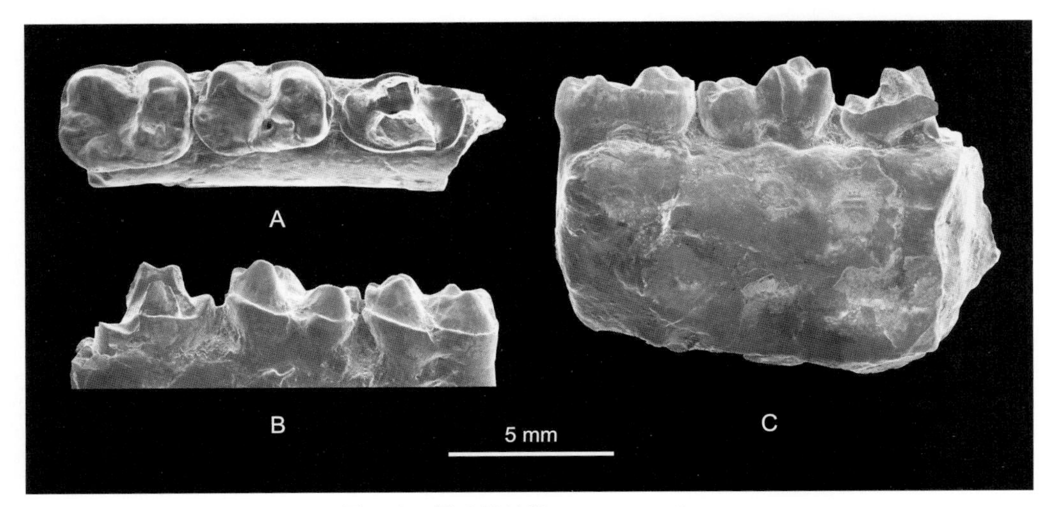

图 184 周氏任村猴 *Rencunius zhoui*

A–C. 左下颌支片段保存 p4–m2（IVPP RV 57003，正模）：A. 冠面视，B. 颊侧视，C. 舌侧视

吴氏任村猴 *Rencunius wui* Tong, 1997

（图 185）

Hoanghonius stehlini：Woo et Chow, 1957, p. 267（部分）；周明镇等，1973a，165页（部分）

Rencunius zhoui：Gingerich et al., 1994, p. 163（部分）

正模 IVPP V 10222，一块右下颌支片段，保存有 m2、m3。发现于河南渑池上河村，中始新统河堤组任村段上化石层。

鉴别特征 m2 下前尖完全消失，下后尖存在较明显的伸向下三角座中央的次脊。

产地与层位 河南渑池上河村，中始新统河堤组任村段。

评注 依据童永生（1997）的意见，1953 年采自于河南渑池任村村南的上河村附近的一枚单独的 m3 和一块保存有 P4 和 M1 的上颌骨片段（野外号为 5313，现正式编号为 IVPP RV 57001）应该归入本种。吴氏任村猴与周氏任村猴可以比较的只有 m2。Woo 和 Chow（1957）最初曾认为 RV 57001 上颌骨片段可能与 *R. zhoui* 的正模为同一个体。Gingerich 等（1994）以两者磨蚀程度不同而予以否定。童永生则以两者采于不同层位也支持 Gingerich 等的意见。

图 185 吴氏任村猴 *Rencunius wui*

A–C. 右下颌支片段保存 m2、m3（IVPP V 10222，正模）：A. 冠面视，B. 舌侧视，C. 颊侧视

广西狐猴属 Genus *Guangxilemur* Qi et Beard, 1998

模式种 童氏广西狐猴 *Guangxilemur tongi* Qi et Beard, 1998

鉴别特征 上臼齿颊舌向宽明显大于近中 - 远中向长，前尖和后尖的前后脊连接成

高的剪切脊，原尖宽而钝，前小尖和后小尖很弱，前原脊和后原脊分别伸向前附尖和后附尖，两条脊在舌侧的连接呈U形，近中侧、远中侧、颊侧和舌侧齿带均很强，无明显的跟座；M1/2具有很大的围尖和次尖，次尖十分贴近原尖；p3颊舌向侧扁，下前脊发达，无下后尖，下跟座很短；m1/2下三角座近四边形，近中侧围以直的横脊，舌侧开放，无下前尖，下后尖相对于下原尖更偏于远中侧，下原脊倾斜，下三角座谷宽阔，舌侧开放，下内尖近圆锥形，孤立，其位置相对于下次尖略偏于远中侧，下次小尖与下内尖近等大，位于舌侧，与下内尖呈孪生状排列，下次脊伸向远舌侧。

中国已知种 仅 *Guangxilemur tongi* 一种。

分布与时代 广西，中始新世沙拉木伦期。

评注 广西狐猴属已经命名的种类包括童氏广西狐猴和星斯拉广西狐猴（*G. singsilai* Marivaux et al., 2002）。除此之外，Lindsay等（2005）曾提及在巴基斯坦达兰纳（Dalana）地区的下中新统维候瓦组（Vihowa Formation）的下部也发现有广西狐猴。

童氏广西狐猴 *Guangxilemur tongi* Qi et Beard, 1998

（图186）

正模 IVPP V 11652、V11653，可能属于同一个体的一枚左M2和一枚右上犬齿。发现于广西百色万江村西澄碧湖水库北岸，上始新统公康组。

鉴别特征 个体比星斯拉广西狐猴大；上犬齿非常粗壮，牙齿表面具褶皱，舌侧和颊侧具有弱的齿带；上臼齿齿冠表面具褶皱，围尖和次尖很大，围尖位于原尖舌侧，前尖和

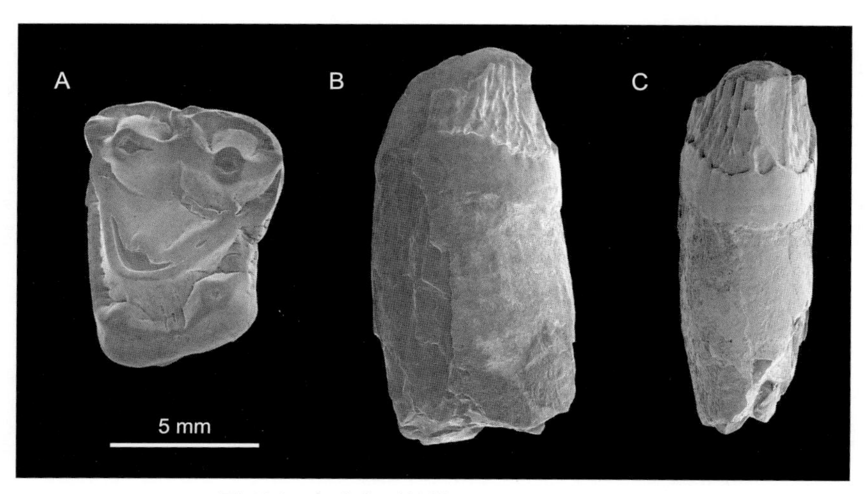

图186 童氏广西狐猴 *Guangxilemur tongi*

A. 左M2（IVPP V 11652，正模），B, C. 右上犬齿（IVPP V 11653，正模）：A. 冠面视，B. 颊侧视，C. 远中面视

后尖的前后脊排列成 W 形，具中附尖，近中侧、远中侧、颊侧和舌侧的齿带都非常发达，呈脊状。

中国兔猴属 Genus *Sinoadapis* Wu et Pan, 1985

模式种 厚齿中国兔猴 *Sinoadapis carnosus* Wu et Pan, 1985

鉴别特征 大型西瓦狐猴科动物。齿式：2•1•3•3/2•1•3•3。上臼齿颊舌向宽明显大于近中 - 远中向长，牙齿冠面近中 - 远中向较对称；前尖和后尖的前后脊指向颊侧；原尖宽而钝；无前小尖和后小尖；前原脊和后原脊分别伸向前附尖和后附尖，两条脊在舌侧的连接呈 U 形；舌侧齿带非常强，但无围尖和次尖；上臼齿无跟座。下颌骨较高。p2 单根，高冠，犬齿化。p3 双根；下前脊发达，指向近中舌侧；无下后尖；下跟座很短。p4 高度臼齿化，近中 - 远中向长大于下臼齿长；下跟座完全发育，下次尖很大，下次小尖与下内尖呈孪生状，下跟座谷宽阔。下臼齿下三角座近四边形，近中 - 远中向很短，无下前尖；下后尖相对于下原尖更偏于远中侧，下原脊倾斜；下三角座谷宽阔，舌侧开放；下次小尖位于舌侧，与下内尖呈孪生状排列，下次脊伸向远舌侧。m3 下次小尖形成的后跟偏于舌侧，较短。

中国已知种 *Sinoadapis carnosus* 和 *S. parvulus*，共两种。

分布与时代 云南，晚中新世。

评注 中国兔猴与西瓦兔猴（*Sivaladapis*）非常相近，但是，中国兔猴的个体更大，下颌骨较高，p4 的相对长度更大，下臼齿较为短宽。

厚齿中国兔猴 *Sinoadapis carnosus* Wu et Pan, 1985

（图 187，图 188）

Sinoadapis shihuibaensis：潘悦容、吴汝康，1986，31页

正模 IVPP PA 885，属于同一个体的左、右下颌支片段，保存有左侧的 p4、m1 和 m2 及右侧的 m1–3。发现于云南禄丰石灰坝村庙山坡，中新统石灰坝组，D 剖面第 2 层。

鉴别特征 个体较大的中国兔猴。下臼齿无颊侧齿带，或齿带非常弱；远中颊侧齿带非常强。

评注 禄丰古猿地点的中国兔猴化石非常多，有 380 余件，出自 D 剖面的 2–5 层。潘悦容和吴汝康（1986）在研究上述标本时对产自不同层位的化石未加区分。这些标本中哪些可以作为副模，尚有待进一步整理。IVPP PA 882 原作为 *Sinoadapis shihuibaensis* 的模式标本，IVPP PA 903 作为 *S. shihuibaensis* 的归入标本，前者出自 D 剖面第 5 层，后者出自 D 剖面第 2 层。

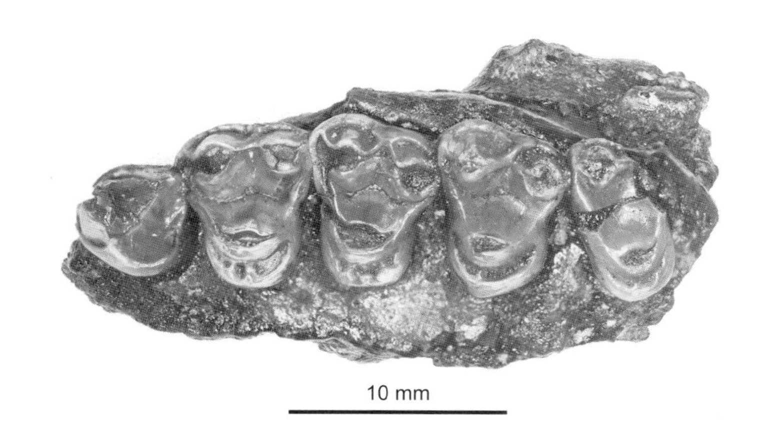

图 187　厚齿中国兔猴 *Sinoadapis carnosus* 左上颌骨
左上颌骨片段 （IVPP PA 903）：下面视

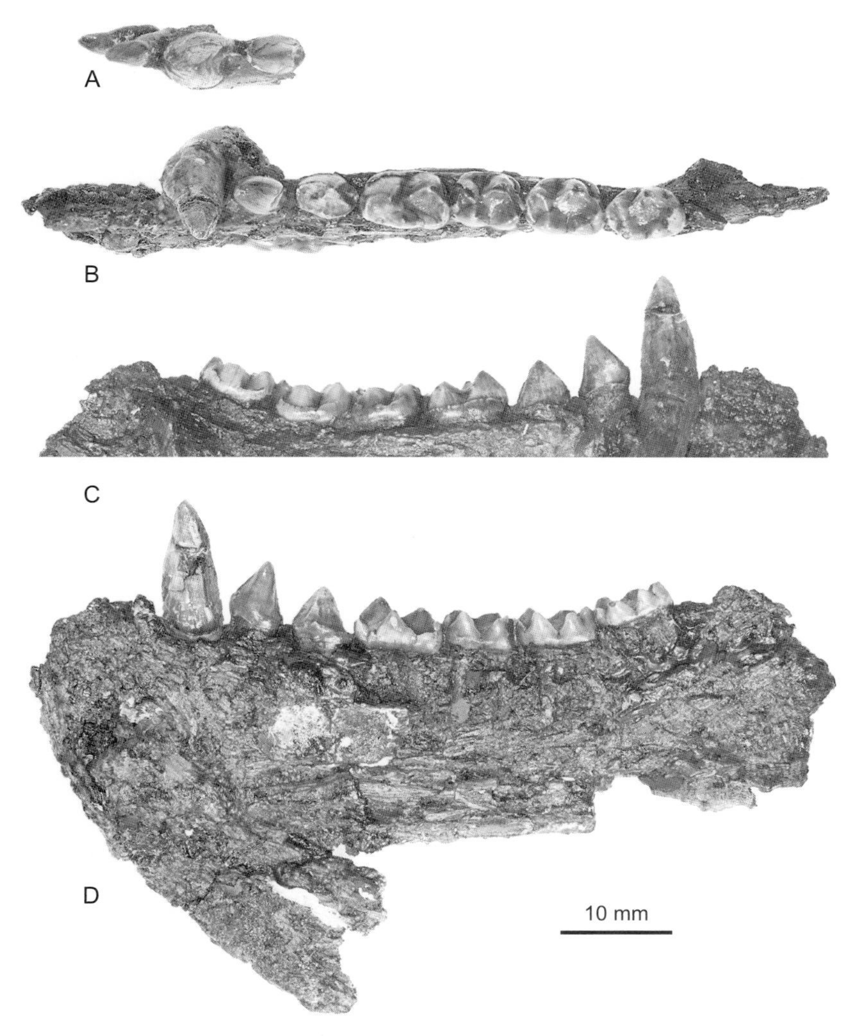

图 188　厚齿中国兔猴 *Sinoadapis carnosus* 下颌骨
A. 左 i1–2、c 和 p2 （IVPP PA 959），B–D. 右下颌支片段 （IVPP PA 882）：A. 冠面视，B. 上面视，C. 外侧视，D. 内侧视

小中国兔猴 *Sinoadapis parvulus* Pan, 2006

（图 189）

正模 YICRA-YV 10，一枚左 m2。发现于云南元谋小河村 8801 地点，上中新统小河组。

鉴别特征 个体较小的中国兔猴。上臼齿颊侧齿带相对较弱。下臼齿下三角座谷较小，下跟座谷较窄长，舌侧开口较窄；下斜脊连于下原尖后壁略靠舌侧，下次褶（hypoflexid）较深；颊侧齿带较弱，远中颊侧齿带亦较弱。

评注 归入标本包括产自元谋小河村附近小河组的 8 枚牙齿和产自元谋雷老村附近小河组的 12 枚牙齿，这些标本的具体层位尚有待进一步整理，因此还不能归为副模。

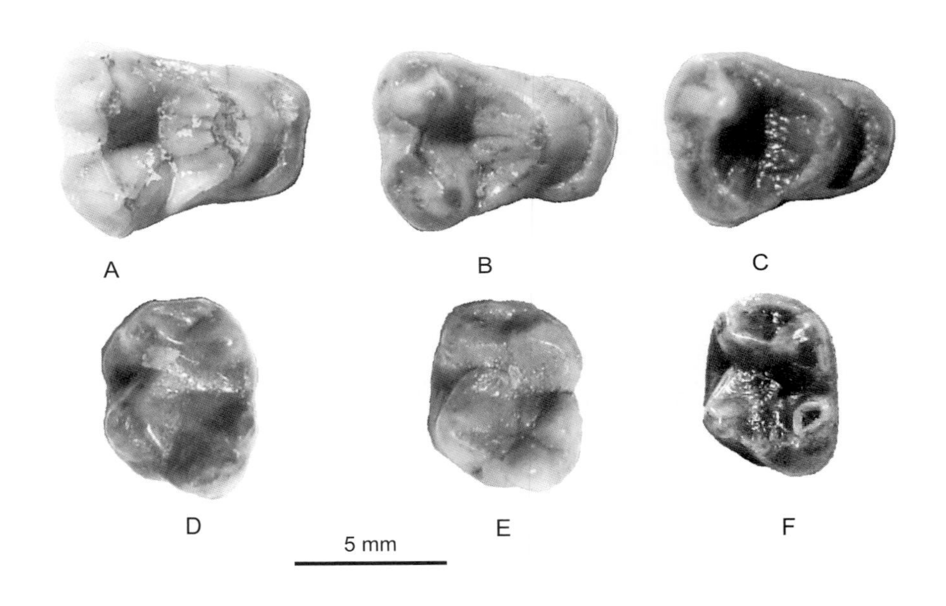

图 189 小中国兔猴 *Sinoadapis parvulus*

A. 右 M2（YMM YML 240），B. 右 M2（YICRA PDYV 1931），C. 右 M3（YMM YML 239），D. 左 m1（YMM YML 229），E. 左 m3（YMM YML 236），F. 左 m2（YICRA-YV 10 正模）：冠面视（均引自潘悦容，2006）

因陀罗懒猴属 Genus *Indraloris* Lewis, 1933

模式种 喜马拉雅因陀罗懒猴 *Indraloris himalayensis*（Pilgrim, 1932）

鉴别特征 上臼齿无次尖。下臼齿齿冠较高；下前尖消失，下三角座近中侧以低的齿带包围；下原尖与下后尖连成明显的脊；下后尖相对于下原尖的位置明显靠近远中侧；

颊侧齿带仅限于下原尖和下次尖之间；下次小尖非常靠近下内尖，两者近乎融合；下跟座谷开放。

中国已知种 仅 *Indraloris progressus* 一种。

分布与时代（中国） 云南，晚中新世。

评注 因陀罗懒猴曾被误译为印度懒猴，Lewis（1933）在建立因陀罗懒猴属时，已经明确地说明，该属名源自印度神话人物因陀罗（Indra）和懒猴（Loris）。因陀罗懒猴属包括发现于印度西瓦利克的喜马拉雅因陀罗懒猴（*I. himalayensis*）、巴基斯坦北部Potwar高原同属西瓦利克地层的卡木里奥因陀罗懒猴（*I. kamlialensis*）和出自同一地点的一个个体较大的未定种。进步因陀罗懒猴（*I. progressus*）是中国境内发现的唯一一种，也是时代最晚的因陀罗懒猴。

进步因陀罗懒猴 *Indraloris progressus* Pan, 2006

（图 190）

正模 YICRA-YV 2122，一枚右 m2。发现于云南元谋小河村 8801 地点，上中新统小河组。

鉴别特征 齿尖比其他因陀罗懒猴的略低。下跟座谷更为开阔。下内尖非常小，明显小于下次小尖，两者之间以非常浅的小沟相分隔。

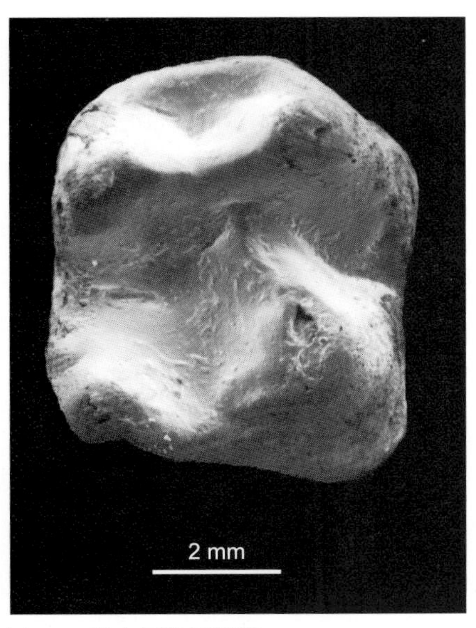

图190 进步因陀罗懒猴 *Indraloris progressus*

右 m2（YICRA-YV 2122 正模）：冠面视（引自潘悦容，2006）

鼩猴科 Family Omomyidae Trouessart, 1879

模式属 鼩猴 *Omomys* Leidy, 1869

定义与分类 是一类已经灭绝的跗猴型（Tarsiiformes）小型灵长类动物，与跗猴科动物共同组成类人猿的姊妹群。包括 50 余个属，在中国仅发现有 6 属 6 种。

鉴别特征 和与其生存时代相当的兔猴科动物相比，鼩猴科动物的个体通常更小；吻部相对较短，大多数的种类仅具有 3 颗前臼齿，并且 p2 和 P2 较为退化，通常仅具有一个齿根；很多种类的 i1 和 I1 明显增大，上下犬齿前臼齿化；除少数种类外，上臼齿不具有次尖；出现于北美的鼩猴科动物中，多数种类的上臼齿具有纤猴褶，或称原尖后褶（postprotocone-fold）；下臼齿的下前尖通常较小，下后尖较为靠近近中侧，颊侧通常具有较发达的齿带，m2–3 的下前尖与下后尖的基部愈合，下三角座的舌侧不开放；在保存有眼眶的种类中，多数显示具有明显增大的眼眶，上颌骨向颊齿的外侧扩展，在眼眶腹面形成扩展的承托眼球的板状结构；眼眶之下的上颌骨的高度通常较低，大多数种类臼齿的齿根端部暴露在眼眶中；内颈动脉侧支发达，穿过鼓泡，走行于岩骨岬的腹面，内颈动脉岬支及镫骨支都包围在完整的骨管中，内颈动脉侧支后孔较为靠近基枕骨；鼩猴科的头后骨骼具有许多适应于跳跃的特征，其股骨头呈半圆柱状，股骨髁背腹向很高，胫骨与腓骨远端形成很长的关节面，但是大多数种类的胫骨与腓骨远端并不愈合，跟骨远端明显延长，足舟骨长大于宽，第一蹠骨的腓突很长且高，但较窄。

中国已知属 *Teilhardina*, *Baataromomys*, *Asiomomys*, *Macrotarsius*, *Tarkops*, *Pseudoloris*，共六属。

分布与时代 欧洲、亚洲、北美洲，始新世最早期至早渐新世。

评注 如果把发现于北非摩洛哥晚古新世的模糊大阿特拉斯猴（*Altiatlasius koulchii*）和发现于美国俄勒冈州和南达科他州晚渐新世—早中新世地层中的斐罗猫猴（*Ekgmowechashala philotau*）也归入鼩猴科，那么鼩猴科的分布与出现时代都会扩展。但是关于这两类动物的系统位置还存在很多争论，两者甚至可能不属于灵长目。

鼩猴科动物具有某些现生跗猴所具有的特征，可能与跗猴有较近的亲缘关系，跗猴又常被称为眼镜猴，因此在以往的中文文献中鼩猴常被译做“始镜猴”，即原始的眼镜猴之意。现在的化石证据表明，跗猴在中始新世就已经出现了（Beard, 1998; Beard et al., 1994; Rossie et al., 2006），与鼩猴科动物几乎是同时代的。很多分支系统分析也表明，鼩猴科动物与跗猴虽然有较近的系统关系，但是两者之间并不是祖裔关系（例如：Ni et al., 2004; Seiffert et al., 2005），没有理由认为所有的鼩猴科动物都比跗猴更原始。Leidy（1869）在命名鼩猴科的模式属鼩猴属（*Omomys*）时并没有给出该属名的词源。*Omomys* 一词由希腊词根“omo-”和“-mys”构成，“omo-（ωμο-）”原意为“肩及上臂”，或意为“生肉”、“未成熟的”、“裸体的”、“野蛮的”，“-mys（μυς）”原意为“鼠”，在哺乳动物命名中通常指体型如鼠的动物。Palmer（1904）在他编著的传世之作《哺乳动物属名索引》中推测，*Omomys* 中的“omo-”暗指该属前臼齿的基部齿带，*Omomys* 直译则为“肩鼠”，意在 *Omomys* 是一种具有肩状齿带的动物。考虑到 *Omomys* 是一种灵长类动物，在中文翻译时，可以译为“肩猴”。Brown（1954）认为，*Omomys* 中“omo-”意为“生肉”，*Omomys* 直译则是“生肉鼠”，暗指 *Omomys* 是吃生肉的动物。故此，中文翻译或可意译为“蛮猴”。 后来的学者多采信 Palmer（1904）的训诂（例如：Bloch et al., 2002; Ni et al., 2007），Brown（1954）的释读则鲜有人提及。我们在翻译 *Omomys* 时注意到，Leidy（1869）虽然指出鼩猴第三、四下前臼齿的颊侧齿带很发育，但并未提及其呈肩状，而且 Leidy 也似乎并不认为鼩猴的前臼齿十分特别，因此我们认为 Palmer（1904）的解释颇为牵强。相反，Brown（1954）的观点也许更有道理，因为 Leidy（1869）明确指出，鼩猴是一种食虫的动物，可能与刺猬同属一科，由此推测，Leidy（1869）当时使用 omo- 时，或许意在强调鼩猴是一种原始的（野蛮的）、食虫的（食生肉的）动物。然而，无论是将 *Omomys* 译为“肩猴”或是译为“蛮猴”，都只能是一种推测，Leidy 当年的意图恐怕永远无法破解。我们唯一能够确定的就是，Leidy 认为他所命名的 *Omomys* 是一类食虫动物，因此我们认为，将 *Omomys* 译为“鼩猴”更能体现 Leidy 的本意。

德氏猴属 Genus *Teilhardina* Simpson, 1940

模式种 比利时德氏猴 *Teilhardina belgica*（Teilhard de Chardin, 1927）

鉴别特征 小型原始的鼩猴科动物。齿式：2•1•4•3/2•1•4•3。吻部短，眼眶相对较小，中度汇集，前倾角度很低，具有眶后棒，无眶后收缩，脑颅部较圆，矢状缝愈合，无明显的矢状脊。上犬齿尖锐，垂直生长，前缘无脊，后缘脊发达，无明显后跟；P1–2 很小，仅具单尖；P3–4 颊舌向较宽，前尖高而尖锐，前尖后脊锋利，原尖较大；上臼齿齿尖较尖锐，但齿脊相对较弱，无纤猴褶，无次尖，或仅具次尖雏形，近中侧和远中侧齿带相对较强；M1–2 远中侧缘明显前凹；M2 较 M1 大，M3 很小。下颌联合不愈合，水平支很浅，上升支宽阔，关节突明显高于齿列，冠状突高于关节突，角突很长。下门齿很小，下犬齿尖锐，前后脊弱，无明显后跟；p1–2 很小，具单尖和一个很小的后跟；p3–4 颊舌向较窄，下原尖高而尖锐，后跟很短，无明显的下次尖和下内尖；p3 无明显下前尖和下后尖；p4 下前尖和下后尖很小，显著低于下原尖，下三角座舌侧开放；下臼齿下原尖和下次尖向颊侧的扩展不明显，下前尖、下后尖和下内尖更靠近牙齿舌侧的边缘，下前尖不与下后尖融合，颊侧齿带较弱；m3 明显较小，下内尖很弱，后跟窄而短。

中国已知种 仅 *Teilhardina asiatica* 一种。

分布与时代（中国） 湖南，早始新世岭茶期。

评注 曾先后有 8 种鼩猴科动物被归入德氏猴属，但是这些种类并不组成一个单系类群。本书认为只有欧洲始新世最早期的比利时德氏猴（*T. belgica*）、亚洲始新世最早期的亚洲德氏猴和北美洲始新世最早期的木兰德氏猴（*T. magnoliana*）三种可以归入德氏猴属。

亚洲德氏猴 *Teilhardina asiatica* Ni, Wang, Hu et Li, 2004

（图 191，图 192）

正模 IVPP V 12357，一个不完整的头骨及其左、右下颌。发现于湖南衡东岭茶荷

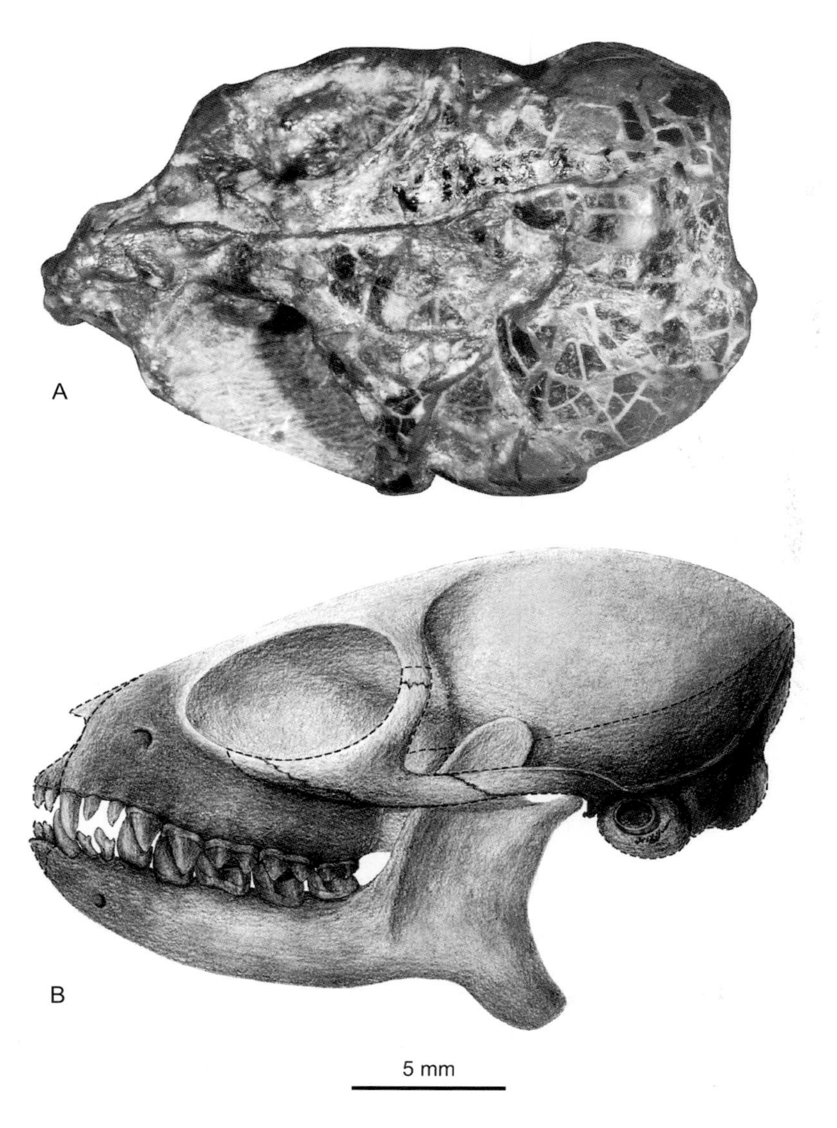

图 191 亚洲德氏猴 *Teilhardina asiatica* 头骨

A. 头骨（IVPP V 12357，正模），B. 头骨复原：A. 上面视，B. 外侧视

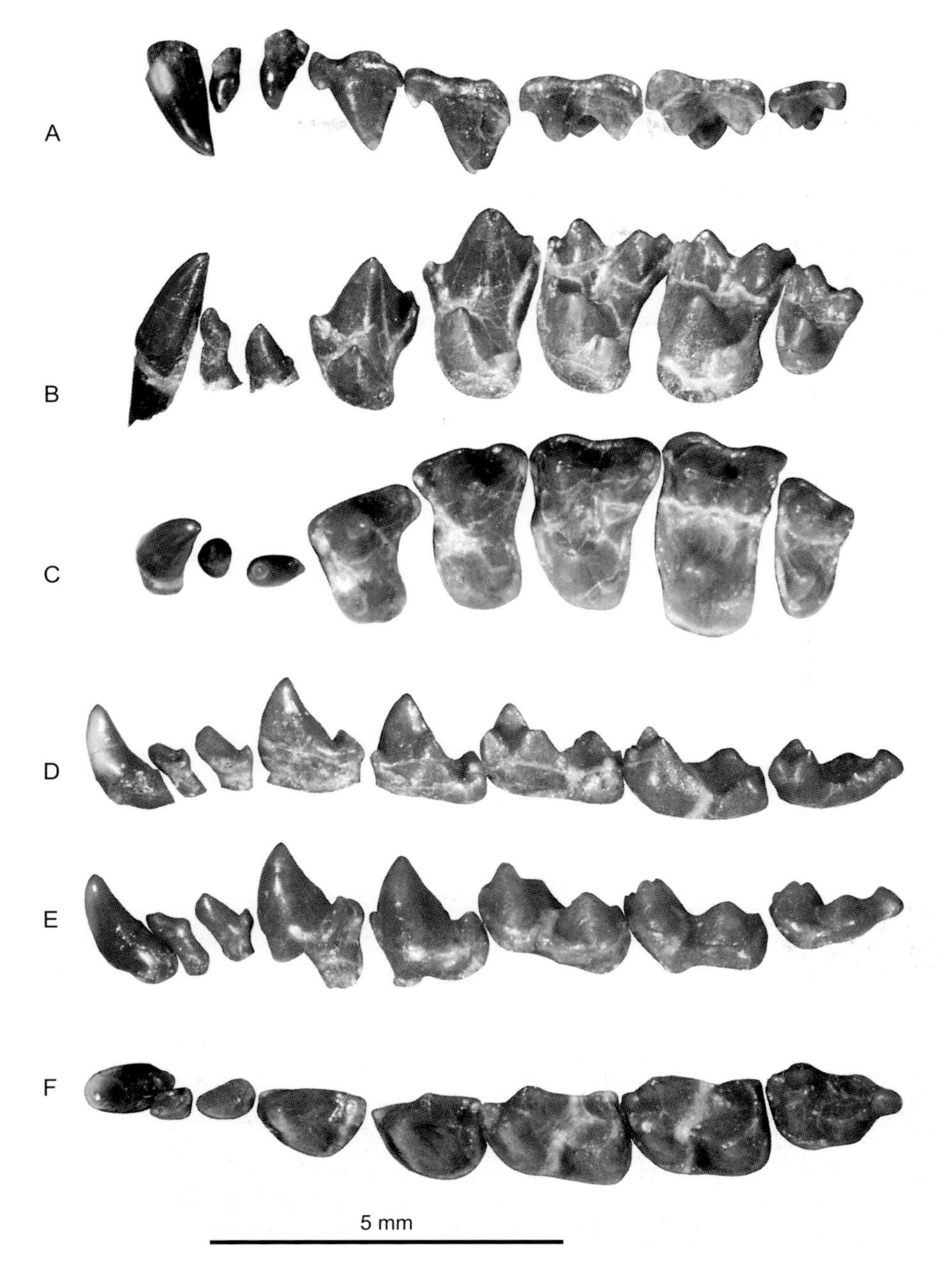

图 192　亚洲德氏猴 *Teilhardina asiatica* 上、下齿列

A–C. 左上齿列（IVPP V 12357，正模），D–F. 左下齿列（IVPP V 12357 正模）：A. 颊侧视，B. 舌冠面视，C, F. 冠面视，D. 反转舌侧视，E. 颊侧视

塘村，下始新统岭茶组。

副模　IVPP V12060、V13762，两个下颌水平支片段，与正模产自同一地点同一层位。

鉴别特征　p1 的退化程度较低，与下犬齿和其他前臼齿排列在一条线上，且较为稀疏；p3–4 的下原尖更尖锐，颊侧较圆而舌侧较平；p4 后缘较平；臼齿的齿冠略低。

评注　IVPP V12060 和 V13762 最初发表时作为归入标本。一枚与正模保存在一起的下门齿（IVPP V 12357.4）也被作为归入标本，但是现在基本可以推定该下门齿应该与正模头骨属于同一个个体，因此应认为是正模的一部分。

巴特尔猴属 Genus *Baataromomys* Ni, Beard, Meng, Wang et Gebo, 2007

模式种　乌兰巴特尔猴 *Baataromomys ulaanus* Ni, Beard, Meng, Wang et Gebo, 2007

鉴别特征　m2 下原尖近圆形，下前尖小而低，基部与下后尖融合，下后尖亦近圆形，与下原尖大小相近，几乎位于下原尖的正舌侧，下前脊、舌侧与颊侧下原脊很弱，下前尖与下后尖之间无连脊，下三角座后壁强烈前倾，下次尖低矮，下内尖很弱，较下次尖明显更低，下次小尖很低，但较宽，下跟座谷浅而宽阔。

中国已知种　仅模式种。

分布与时代（中国）　内蒙古，早始新世岭茶期。

评注　Ni 等（2007）在建立巴特尔猴属时，将北美的布兰特“德氏猴”（“*Teilhardina*” *brandti*）也归入该属，布兰特“德氏猴”发现于美国怀俄明 Clarks Fork 盆地北部始新世最早期 Wasatchian 的 W-0 底层中，当时，仅发现一枚右 m2，且与巴特尔猴极其相似。鉴于北美诸多的被归入德氏猴属的种类尚需进一步的系统研究，本书暂时将巴特尔猴属仅限定于亚洲的种类。

乌兰巴特尔猴 *Baataromomys ulaanus* Ni, Beard, Meng, Wang et Gebo, 2007

（图 193）

正模　IVPP V 14614，一枚右 m2。发现于内蒙古二连乌兰勃尔和，下始新统脑木根组。

鉴别特征　同属。

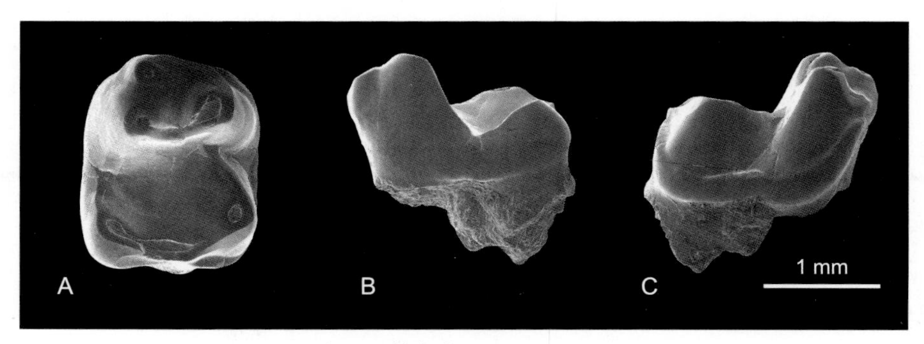

图 193　乌兰巴特尔猴 *Baataromomys ulaanus*

A–C. 右 m2（IVPP V 14614，正模）：A. 冠面视，B. 舌侧视，C. 颊侧视

亚洲鼩猴属 Genus *Asiomomys* Wang et Li, 1990

模式种 长白亚洲鼩猴 *Asiomomys changbaicus* Wang et Li, 1990

鉴别特征 下颌水平支较矮，上升支冠状突很高，角突发达。p3 无下前尖和下后尖，下跟座后跟状，近中 - 远中向很短而颊舌向宽，存在很弱的下内尖，颊侧无齿带。m2–3 牙齿冠面具轻度褶皱，下三角座略高于下跟座，下三角座近中 - 远中向很短，下前尖融合于下前脊，下前脊和下后尖前脊在舌侧靠近，下三角座谷几近闭合，舌侧与颊侧下原脊在中线处不连接，下跟座谷宽阔，下次尖与下内尖低矮，下斜脊连于下原尖后壁近颊侧，颊侧齿带发达；m3 后跟宽大。

中国已知种 仅模式种。

分布与时代 吉林，中始新世沙拉木伦期。

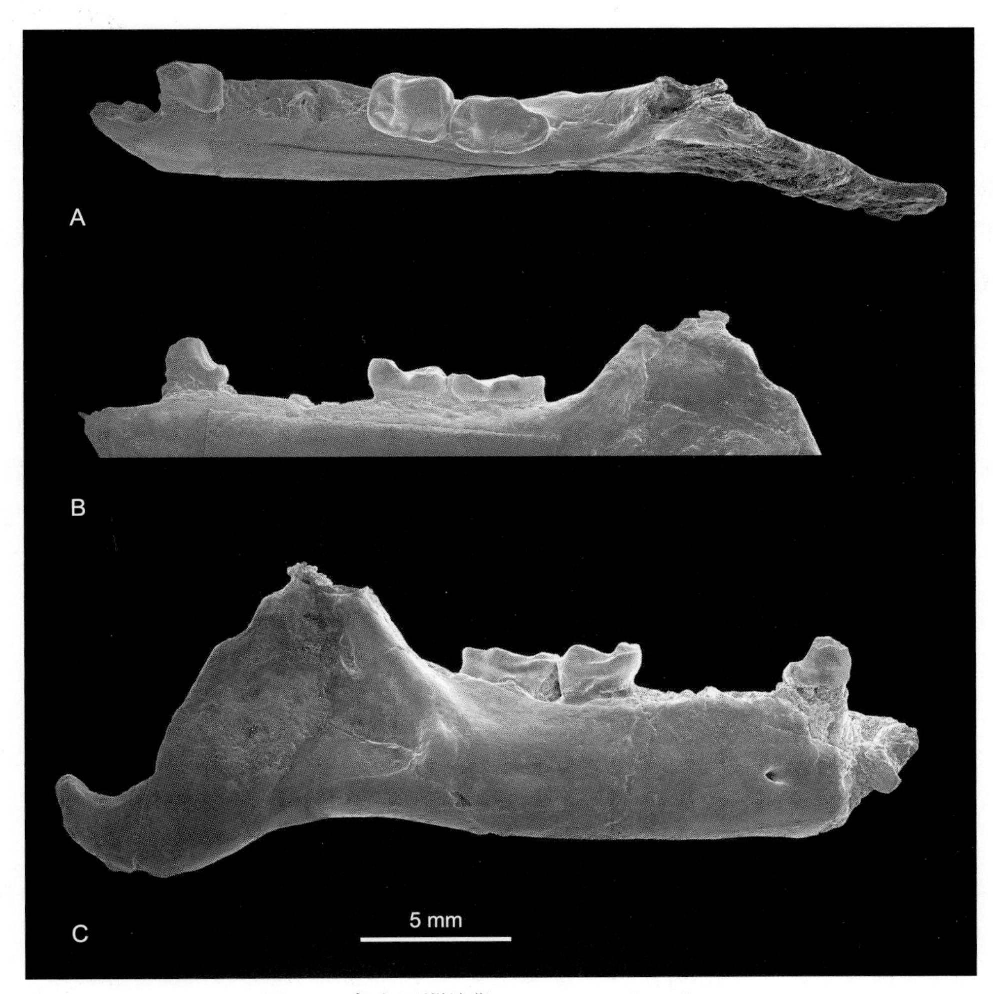

图 194 长白亚洲鼩猴 *Asiomomys changbaicus*
A–C. 右下颌支片段（IVPP V 8802，正模）：A. 上面视，B. 内侧视，C. 外侧视

长白亚洲鼩猴 *Asiomomys changbaicus* Wang et Li, 1990

（图 194）

正模 IVPP V 8802，右下颌支，保存 p3、m2 和 m3，以及 p4 和 m1 的齿槽。发现于吉林桦甸公郎头油母页岩矿（85006 地点），中始新统桦甸组。

鉴别特征 同属。

大跗猴属 Genus *Macrotarsius* Clark, 1941

模式种 蒙大拿大跗猴 *Macrotarsius montanus* Clark, 1941

鉴别特征 大型鼩猴科动物。P3–4 舌侧近中 - 远中向较长，次尖架发达，前附尖与后附尖很大；P4 有时具附尖架。上臼齿冠面较方，舌侧近中 - 远中向较长，前原脊与后原脊在舌侧的连接近 U 形，近中侧齿带与远中侧齿带发达，前尖与后尖的前后脊发达，形成明显的剪切脊，前附尖、后附尖与中附尖均很大，附尖架宽阔；M3 相对较大，通常与 M1 相似。p4 下三角座发达，下前尖与下后尖发达，下前脊高，形成剪切脊状，下跟座短，下次尖有时存在，靠近颊侧。下臼齿下三角座舌侧通常有低的脊连接下前尖与下后尖，下前脊高，下后尖靠近舌侧，基部不膨大；m1–2 下次小尖发达，较为靠近舌侧；m3 相对较大，颊舌向与 m1–2 近等宽，后跟较长，但颊舌向较窄。

中国已知种 仅 *Macrotarsius macrorhysis* 一种。

分布与时代（中国） 江苏，中始新世伊尔丁曼哈期。

评注 大跗猴属包括 5 个种：*M. jepseni*, *M. montanus*, *M. roederi*, *M. sieqerti* 和扬子大跗猴，除扬子大跗猴外，其余种都分布于北美，分布范围很广，在怀俄明、犹他、得克萨斯、加利福尼亚、蒙大拿和萨斯喀彻温都有发现。分布时代为中始新世至晚始新世。

扬子大跗猴 *Macrotarsius macrorhysis* Beard, Qi, Dawson, Wang et Li, 1994

（图 195）

正模 IVPP V 11025，右 p4。发现于江苏溧阳上黄镇水母山裂隙 D，中始新统上黄裂隙堆积。

副模 IVPP V 11024，一左 m1，与正模采自同一裂隙。

鉴别特征 个体较小的大跗猴；p4的下跟座相对于其他种更简单，近中-远中向更短，颊舌向更窄，下前脊发达，但不及其他种的高；m1颊侧齿带相对较弱。

评注 建名人对 IVPP V 11024 标本并没有作任何指定，但在鉴别特征和描述中都使用了这件标本。这里作为副模处理。

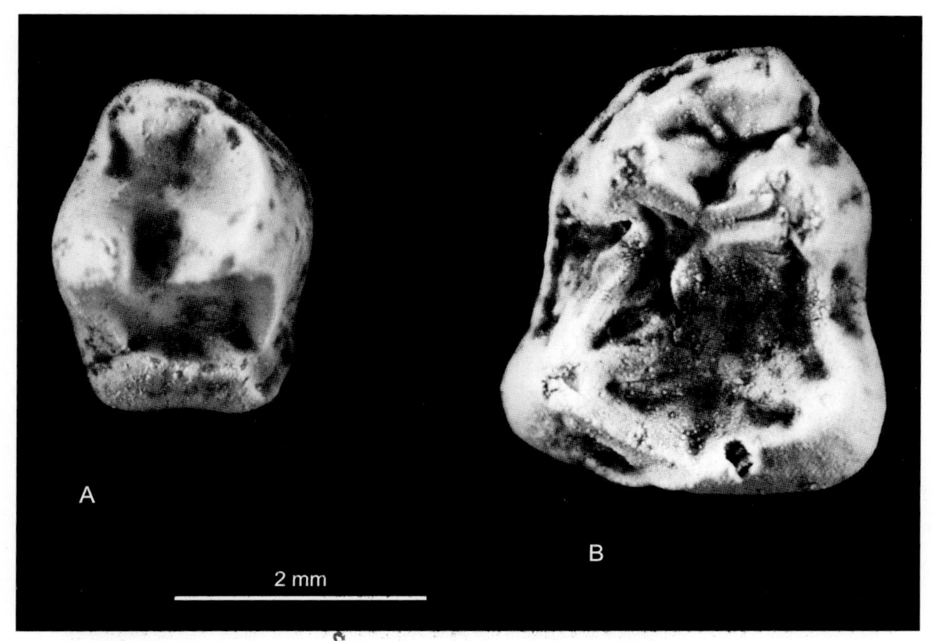

图 195 扬子大跗猴 *Macrotarsius macrorhysis*

A. 右 p4 （IVPP V 11025，正模），B. 左 m1 （IVPP V 11024，副模）：冠面视（均引自 Beard et al., 1994）

似塔氏猴属 Genus *Tarkops* Ni, Meng, Beard, Gebo, Wang et Li, 2010

模式种 麦克纳似塔氏猴 *Tarkops mckennai* Ni, Meng, Beard, Gebo, Wang et Li, 2010

鉴别特征 大型鼩猴科动物。i1 显著增大，i2 很小；下犬齿很小且前臼齿化；p1 缺失，p2 很小；p4 的下三角座臼齿化程度很高，下前尖很大，下前脊发达，其近中侧端形成高的切脊，下后尖很大，与下原尖近等高，下跟座非常不发达，呈齿带状，颊侧齿带发达，下原尖远中颊侧的齿带尖非常小。下臼齿颊侧齿带发达，在下原尖与下次尖之间存在一个发达的齿带尖，在下次尖颊侧不存在齿带尖；m2–3 的下前尖发达，位于下原尖与下后尖之间；下臼齿缺少下中尖，下后尖远中侧没有阶梯状的下后小尖。

中国已知种 仅 *Tarkops mckennai* 一种。

分布与时代 内蒙古，中始新世伊尔丁曼哈期。

麦克纳似塔氏猴 *Tarkops mckennai* Ni, Meng, Beard, Gebo, Wang et Li, 2010

（图 196）

正模 IVPP V 16424，左下颌片段，保存有 p4–m3 以及 i1–2、c、p2–3 的齿根或齿槽。内蒙古二连呼和勃尔合，中始新统伊尔丁曼哈组。

鉴别特征 同属。

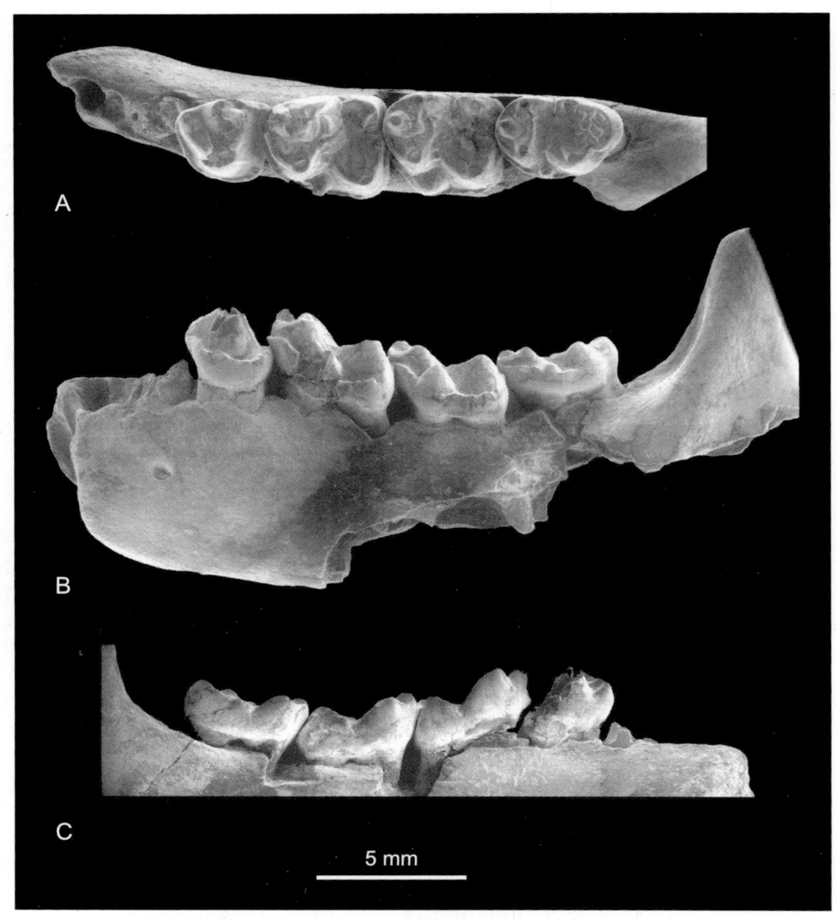

图 196 麦克纳似塔氏猴 *Tarkops mckennai*

A–C. 左下颌支片段（IVPP V 16424，正模）：A. 上面视，B. 外侧视，C. 内侧视

假懒猴属 Genus *Pseudoloris* Stehlin, 1916

模式种 小假懒猴 *Pseudoloris parvulus*（Filhol, 1890）

鉴别特征 齿式：2•1•3•3/2•1•2•3。眼眶极度增大，上齿列呈钟形排列，牙齿冠面光滑无褶皱。I1 显著增大，左右 I1 之间存在宽的齿隙；上犬齿中等发育；M1 较 M2 略大，M1–2 次尖发达。i1 显著增大，强烈匍匐；下犬齿较 p3 小；p4 具下后尖，下跟座较大；下臼齿的下后尖位置相对下原尖更靠远中侧，下三角座谷舌侧敞开，下内尖前脊较高，下跟座谷较封闭；m1 下前尖较发达，远离下后尖；m2–3 下前尖很弱呈脊状；m3 后跟发达。

中国已知种 仅 *Pseudoloris erenensis* 一种。

分布与时代（中国） 内蒙古，晚始新世乌兰戈楚期。

评注 除二连假懒猴之外的假懒猴均发现于欧洲（Szalay et Delson, 1979; Gunnell et Rose, 2002）。

二连假懒猴 *Pseudoloris erenensis* Wang, 2008

（图 197）

正模 IVPP V 15531，一枚左 m2。发现于内蒙古二连，二连火车站东侧 IVPP Loc.198801 地点，始新统呼尔井组。

鉴别特征 齿冠明显比其他假懒猴的低，下后尖的位置偏于近中侧，下三角座谷相对较窄，下次小尖偏于舌侧，颊侧无明显齿带。

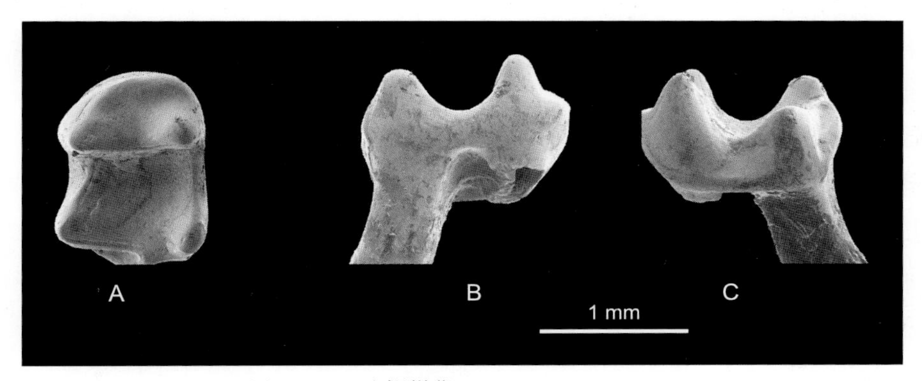

图 197 二连假懒猴 *Pseudoloris erenensis*

A–C. 左 m2（IVPP V 15531，正模）：A. 冠面视，B. 舌侧视，C. 颊侧视

跗猴科 Family Tarsiidae Gray, 1825

模式属 跗猴 *Tarsius* Storr, 1780

定义与分类 是一类小型的夜行性的简鼻猴类灵长类，与类人猿的亲缘关系近于与狐猴形灵长类的亲缘关系。现生跗猴科动物仅包括跗猴属（*Tarsius*）一个属，化石跗猴科动物还包括黄河跗猴属（*Xanthorhysis*）和非洲跗猴属（*Afrotarsius*）。

鉴别特征 小型灵长类。眼睛极度增大，每只眼睛的大小超过脑的大小；双目明显汇集，之间以单层的眶间骨板相隔；眶后存在不完整的眶后板，颧骨不与蝶骨相连，或仅有很窄的连接。岩骨发育出很大且延长的鼓泡，存在前副鼓室，与鼓室本身以横隔板相分隔，二者之间以小孔相联通；颈内动脉的岬支明显增大，穿过鼓泡的腹面进入颅腔，是脑部供血的主要动脉；外侧翼骨板连接鼓泡；基枕骨在两个鼓泡间的部分很窄。枕骨大孔明显移向头骨腹面。下颌水平支和上升支均较低，冠状突较小，下颌关节面呈前后向较长的椭球状；下颌联合不愈合；下颌角突较高，但很短。齿式：2•1•3•3/1•1•3•3。左右上齿列排列成钟形，左右下齿列排列成 V 形。I1 增大，呈凿子状，左右 I1 间无齿隙；I2 很小。上犬齿较大。P2 仅具有单尖，P3 原尖较小，P4 原尖相对较大。上臼齿前尖和后尖较尖锐，前尖和后尖的前后脊发达；原尖较钝，前原脊和后原脊呈 U 形连接；

无前小尖和后小尖，或均很小；无次尖。M3 略小于 M1。上前臼齿和臼齿颊侧、近中侧和远中侧齿带发达，上臼齿舌侧齿带通常亦发达。i1 明显呈匍匐状，相对较小；无 i2。下犬齿较大，明显前倾，具齿带。p2–3 近具单尖；p4 下前尖和下后尖都很小。下臼齿下前尖明显，下前尖与下后尖之间无齿脊相连，下三角座谷舌侧开放。m3 后跟较长。下前臼齿和下臼齿颊侧齿带发达。m3 近中 - 远中向长大于 m1、m2。后肢长度明显大于前肢。肱骨头呈半椭球状。股骨直而长，股骨头呈圆柱状，大转子明显向前扩展，股骨髁前后向很深。胫骨与腓骨远端愈合。跟骨很窄，腓侧结节很小，远端急剧增长；距骨头远端关节面的胫侧明显高于腓侧；舟骨亦急剧增长；中间楔骨与舟骨以韧带相连接；第二蹠骨近端呈楔状，与内侧楔骨、中间楔骨和外侧楔骨相关节；后足具两个梳毛爪。尾细而直。

中国已知属 *Tarsius*，*Xanthorhysis*，共两属。

分布与时代 亚洲、非洲，中始新世至现代。

评注 非洲跗猴属是否应归入跗猴科尚有争议，一些学者认为非洲跗猴与类人猿相似，可能属于早期类人猿（Fleagle et Kay, 1987; Kay et Williams, 1994; Kay et al., 1997; Ross et al., 1998; Beard, 2002）。

跗猴属 Genus *Tarsius* Storr, 1780

模式种 菲律宾跗猴 *Tarsius tarsier*（Erxleben, 1777）

鉴别特征 同科。

中国已知种 仅 *Tarsius eocaenus* 一种。

分布与时代（中国） 江苏，中始新世伊尔丁曼哈期。

始新跗猴 *Tarsius eocaenus* Beard, Qi, Dawson, Wang et Li, 1994

（图 198）

正模 IVPP V 11030，一枚右 m1。江苏溧阳上黄镇水母山裂隙 C，中始新统上黄裂隙堆积。

副模 IVPP V 11029，左 P3 和 IVPP V 11031，右 m3；与正模产于同一裂隙（C）。

鉴别特征 个体比所有其他跗猴都小。

评注 一块产自上黄裂隙 D 保存有完整的 P3、P4 近中侧齿根、I2 和 C1 部分齿槽及 P2 完整齿槽的左前颌骨和上颌骨片段（IVPP V 14563）和两枚产自水母山裂隙 A 的牙齿（左 m1，IVPP V 11026 和左 m3，IVPP V 11027），两者也被归入同一种。

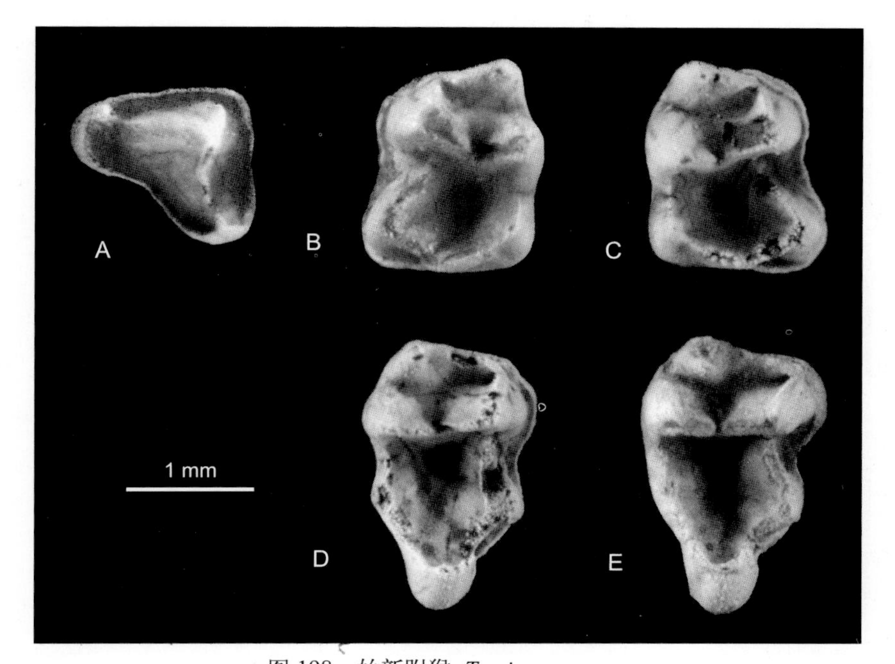

图 198　始新跗猴 *Tarsius eocaenus*

A. 左 P3 （IVPP V 11029，副模），B. 左 m1 （IVPP V 11026），C. 右 m1 （IVPP V 11030，正模），D. 右 m3 （IVPP V 11031，副模），E. 右 m3 （IVPP V 11027）：冠面视（均引自 Beard et al., 1994）

黄河跗猴属 Genus *Xanthorhysis* Beard, 1998

模式种　泰氏黄河跗猴 *Xanthorhysis tabrumi* Beard, 1998

鉴别特征　小型灵长类，与现生跗猴大小相近。齿式：?•?•?•?/?•1•3•3。下犬齿很大，齿根粗壮，倾斜。p2 单根；p3–4 相对较长，齿根明显分开，下原尖高而尖，其远中颊侧壁形成明显的棱，下前脊发达；p4 下后尖较大。下臼齿齿冠相对较低，颊舌向相对较窄；下前尖较大，较为靠近舌侧，颊侧齿带发达，下原尖和下次尖的远中颊侧壁形成明显的棱；m3 具有较为明显的后跟，长与宽均略小于 m1 和 m2。

中国已知种　仅 *Xanthorhysis tabrumi* 一种。

分布与时代　山西，中始新世沙拉木伦期。

泰氏黄河跗猴 *Xanthorhysis tabrumi* Beard, 1998

（图 199）

正模　IVPP V 12063，左下颌水平支，保存 p3–4、m1–3，以及下犬齿和 p2 的齿槽。发现于山西垣曲王茅乡柳沟沟口，始新统河堤组任村段。

鉴别特征　同属。

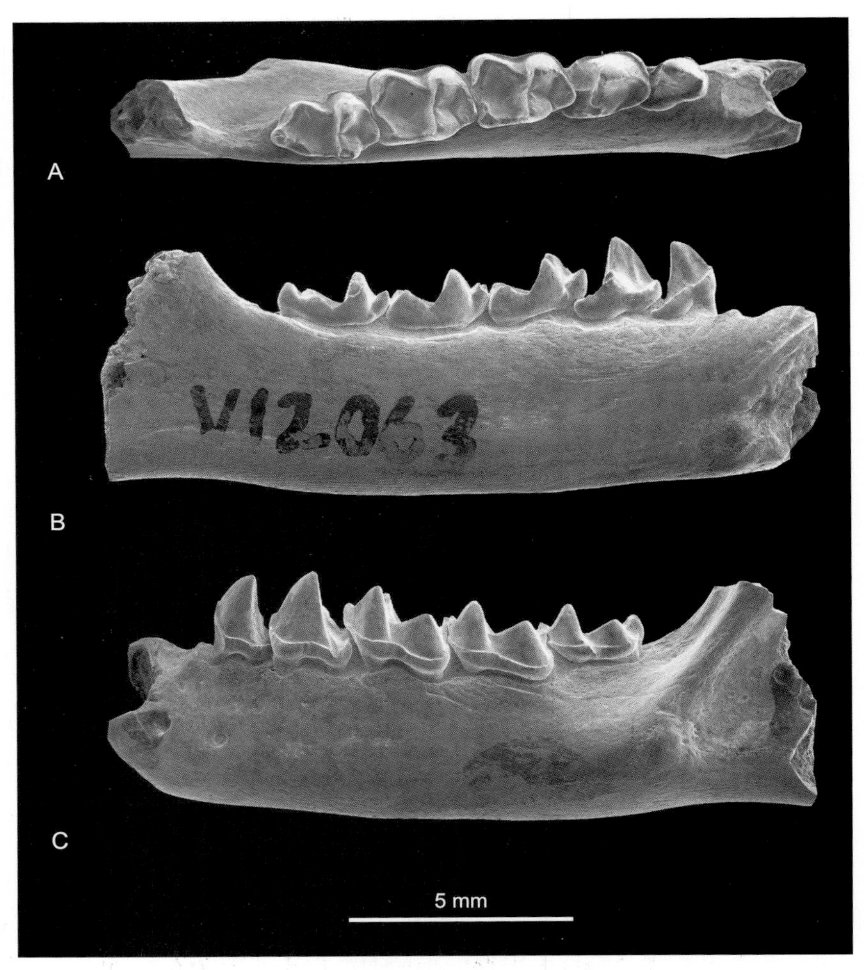

图 199　泰氏黄河跗猴 *Xanthorhysis tabrumi*

A–C. 左下颌支片段（IVPP V 12063，正模）：A. 上面视，B. 内侧视，C. 外侧视

曙猿科 Family Eosimiidae Beard, Qi, Dawson, Wang et Li, 1994

模式属　曙猿 *Eosimias* Beard, Qi, Dawson, Wang et Li, 1994

定义与分类　是一类小型的已灭绝的简鼻猴类灵长类，与类人猿冠群的亲缘关系比鼩猴和跗猴类与类人猿冠群的关系更近。包括曙猿（*Eosimias*）、巴黑猿（*Bahinia*）和假猿（*Phenacopithecus*）三个属。

鉴别特征　吻部较短，上颌骨较高，眼眶较小。下颌联合不愈合，下颌前端较陡，下颌角突宽大。上门齿呈铲形，下门齿很小，i1 小于 i2。上下犬齿均发达，上犬齿具有发达的远中侧脊，下犬齿具有明显的舌侧齿带。上下颌都具有三枚前臼齿，p2 和 P2 单根，p3–4 和 P3–4 的臼齿化程度不高，p3–4 的近中侧齿根相对于远中侧齿根更靠近颊侧。上下臼齿的齿尖尖锐，齿脊发达；上臼齿的颊侧、近中侧、远中侧齿带均发达，通常具有发达的舌侧齿带，前小尖和后小尖消失或非常小；下臼齿的下前尖明显，不与下后尖愈合，通常具有颊侧齿带，m3 的后跟较短而窄。

中国已知属 *Eosimias*，*Phenacopithecus*，共两属。

分布与时代 亚洲，中始新世至晚始新世。

评注 本书将巴基斯坦的盟曙猿属（*Phileosimias* Marivaux et al., 2005）和印度的煤猴属（*Anthrasimias* Bajpai et al., 2008）排除在曙猿科之外。

曙猿属 Genus *Eosimias* Beard, Qi, Dawson, Wang et Li, 1994

模式种 中华曙猿 *Eosimias sinensis* Beard, Qi, Dawson, Wang et Li, 1994

鉴别特征 小型灵长类。齿式：2•1•3•3/2•1•3•3。上犬齿发达，齿根粗壮，远中侧脊锐利。P3 原尖小但明显；上前臼齿与上臼齿颊侧齿带发达。上臼齿前附尖与后附尖较大，近中 - 远中向较短而颊舌向较宽；前原脊与后原脊较高，两者在原尖处的连接略呈圆弧状；前小尖很小，后小尖消失；近中侧齿带与远中侧齿带较发达，并延伸成舌侧齿带；次尖较小。下门齿很小，近垂直生长，i1 薄片状，较 i2 更小。下犬齿发达，垂直生长，舌侧齿带显著，齿冠横断面的长轴倾斜，与齿骨近中 - 远中向轴交叉。p2 较小；p3–4 相对于齿骨近中 - 远中向轴倾斜生长；p4 下前尖与下后尖较大，下跟座较大；下前臼齿与下臼齿颊侧齿带发达。下臼齿下原尖、下前尖和下后尖尖锐，下前尖与下后尖以深谷相分隔，下原尖与下后尖之间的 V 形谷很深，下三角座宽阔，下次褶较深；m3 后跟很短。一些被归入曙猿属的头后骨骼显示，曙猿的距骨具有较长的颈部，距骨头较宽，距骨颈夹角中等，距骨体较窄但较高，距骨滑车很浅，距骨体外侧的腓骨关节面垂直而不是斜面状，距骨体内侧胫骨关节面相对较小，不延伸至距骨体底部，距骨后架较小，距骨后架上的拇长屈肌肌腱沟位于距骨体底面而不是侧面。可能属于曙猿的跟骨中等宽度，跟骨远端具有中等的相对长度，较宽，后关节面较短而宽，其底部边缘的界线不明显，跟骨远端的跟骨 - 骰骨关节面的中下部具有缺刻，枢状凹（pivot）偏向内侧。

中国已知种 *Eosimias sinensis*, *E. centennicus*, *E. dawsonae*, *E.* cf. *E. centennicus*，共四种。

分布与时代 江苏、山西、内蒙古，中始新世伊尔丁曼哈期至晚始新世乌兰戈楚期。

评注 在缅甸保康（Paukkaung）始新统邦当组（Pondaung Formation）上段中发现有保康近似曙猿（cf. *Eosimias paukkaungensis* Takai et al., 2005）。王伴月（2008a）报道了一枚曙猿右 M2（IVPP V 15529），发现于内蒙古二连浩特火车站东侧 IVPP Loc.198801 地点始新统呼尔井组。这枚标本与克氏假猿（*Phenacopithecus krishtalkai*）的 M2 大小几乎一致，但其三角座谷较短宽，前尖与后尖不向舌侧倾斜，原尖略向近中侧倾斜，前原脊与后原脊较钝，夹角较小，舌侧齿带较弱，故而与假猿相区别，但符合曙猿属的典型特征，属于后者体型较大的种类。王伴月（2008a）同时指出，其大小可能介于道森曙猿（*E. dawsonae*）和保康曙猿（*E. paukkaungensis*）之间，但是，由于这两个已定种仅保存有下臼齿，无法直接对比，因此不能确定内蒙古的这枚标本是否代表一个新的种。在同一篇文章中，王伴月（2008a）还报道了一枚曙猿右 m1/2（IVPP V 15530），发现于内蒙古乌兰察布市四子王旗额尔登敖包 IVPP Loc. 199104 地点始新统乌兰戈楚组下白层。仅有的这枚标本下前尖较明显，下三角座与下跟座谷宽阔，具有曙猿属的特征。其个体大小相当于中华曙猿，但齿冠较低，齿尖较纤弱，颊侧齿带较弱。这些特征也可能是由于保存原因所致。其下次小尖略显发达，与其他曙猿有所不同。由于仅此一枚标本，所保存的形态特征十分有限，其系统归属很难确定。

中华曙猿 *Eosimias sinensis* Beard, Qi, Dawson, Wang et Li, 1994

（图 200）

正模 IVPP V 10591，右下颌水平支，保存 p4–m2，以及 c1、p2–3 和 m3 的齿槽。

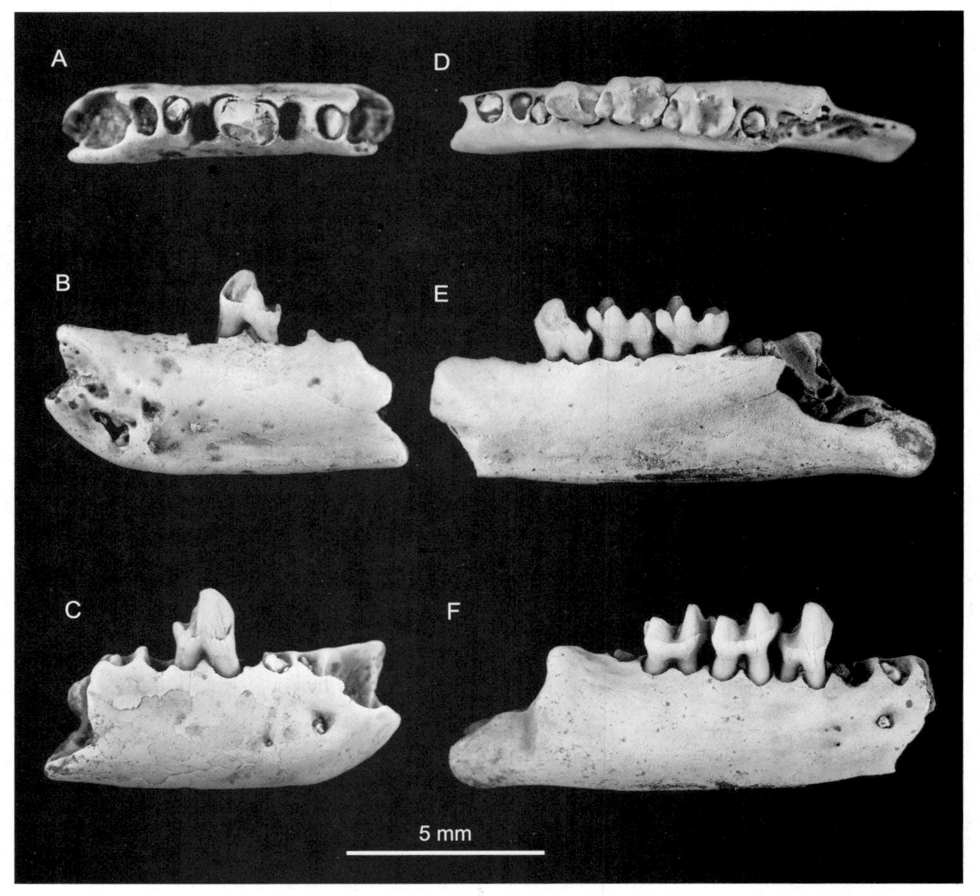

图 200 中华曙猿 *Eosimias sinensis*

A–C. 右下颌支片段（IVPP V 10592），D–F. 右下颌支片段（IVPP V 10591，正模）：A, D. 上面视，B, E. 内侧视，C, F. 外侧视（均引自 Beard et al., 1994）

发现于江苏溧阳上黄镇水母山裂隙 B，中始新统上黄裂隙堆积。

鉴别特征 个体较其他种小；齿骨相对较浅；p4 下前尖和下后尖较小。

评注 原作者同时描述了一件右下颌水平支片段（IVPP V 10592），保存 p4 及若干齿槽，产自同一地点裂隙 A。后续工作中在水母山各裂隙还发现一些上下颌骨片段和零散牙齿，均未正式编号。

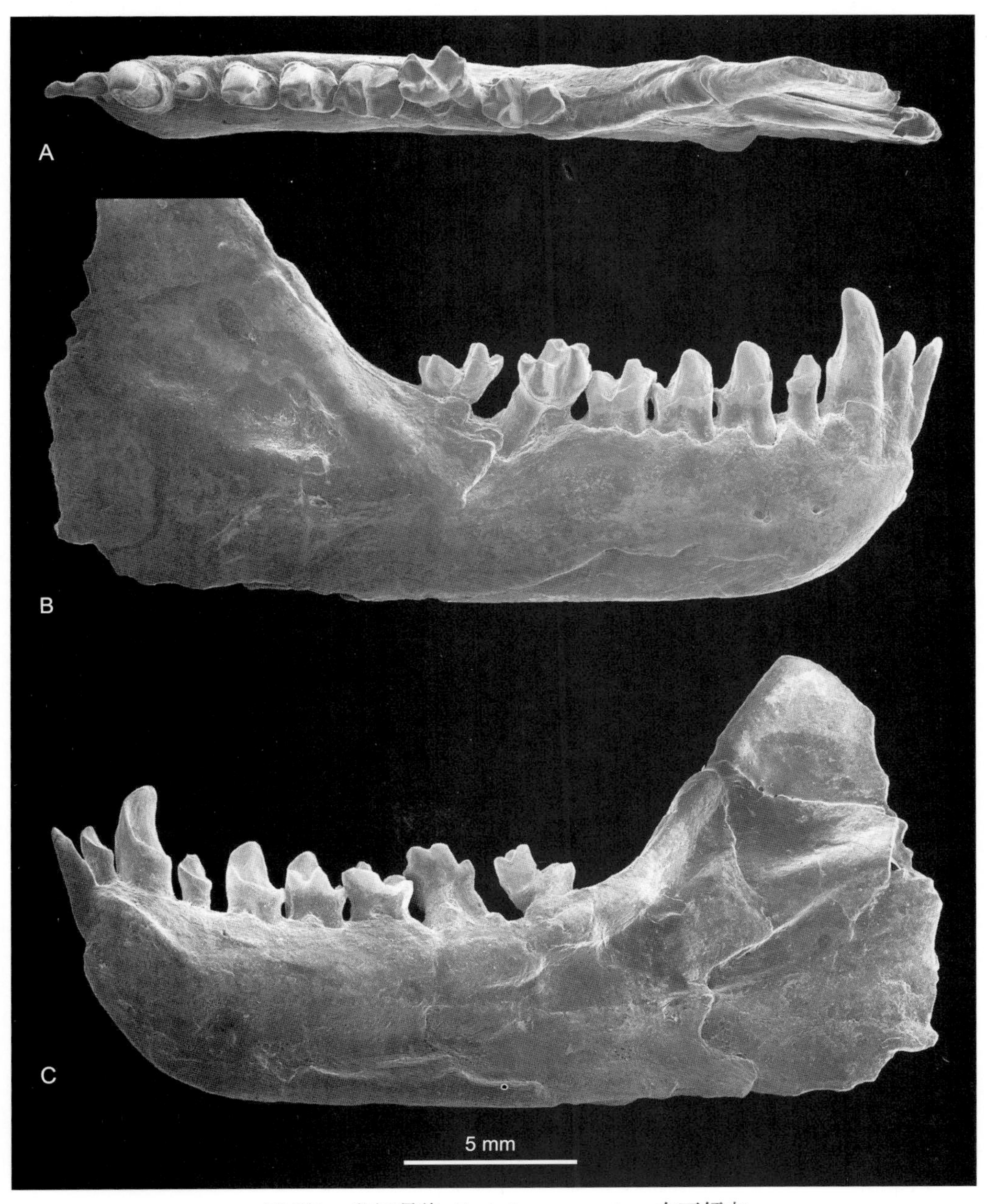

图 201 世纪曙猿 *Eosimias centennicus* 右下颌支

A–C. 右下颌支片段（IVPP V 11000，正模）：A. 上面视，B. 外侧视，C. 内侧视

世纪曙猿 *Eosimias centennicus* Beard, Tong, Dawson, Wang et Huang, 1996

（图 201，图 202）

正模 IVPP V 11000，属于同一个体的左、右下颌支，左侧保存 c1–m3，下颌关节突、冠状突及角突近乎完整，右下颌保存 i1–m3。发现于山西垣曲寨里土桥沟（Zdansky Loc. 1），中始新统河堤组寨里段。

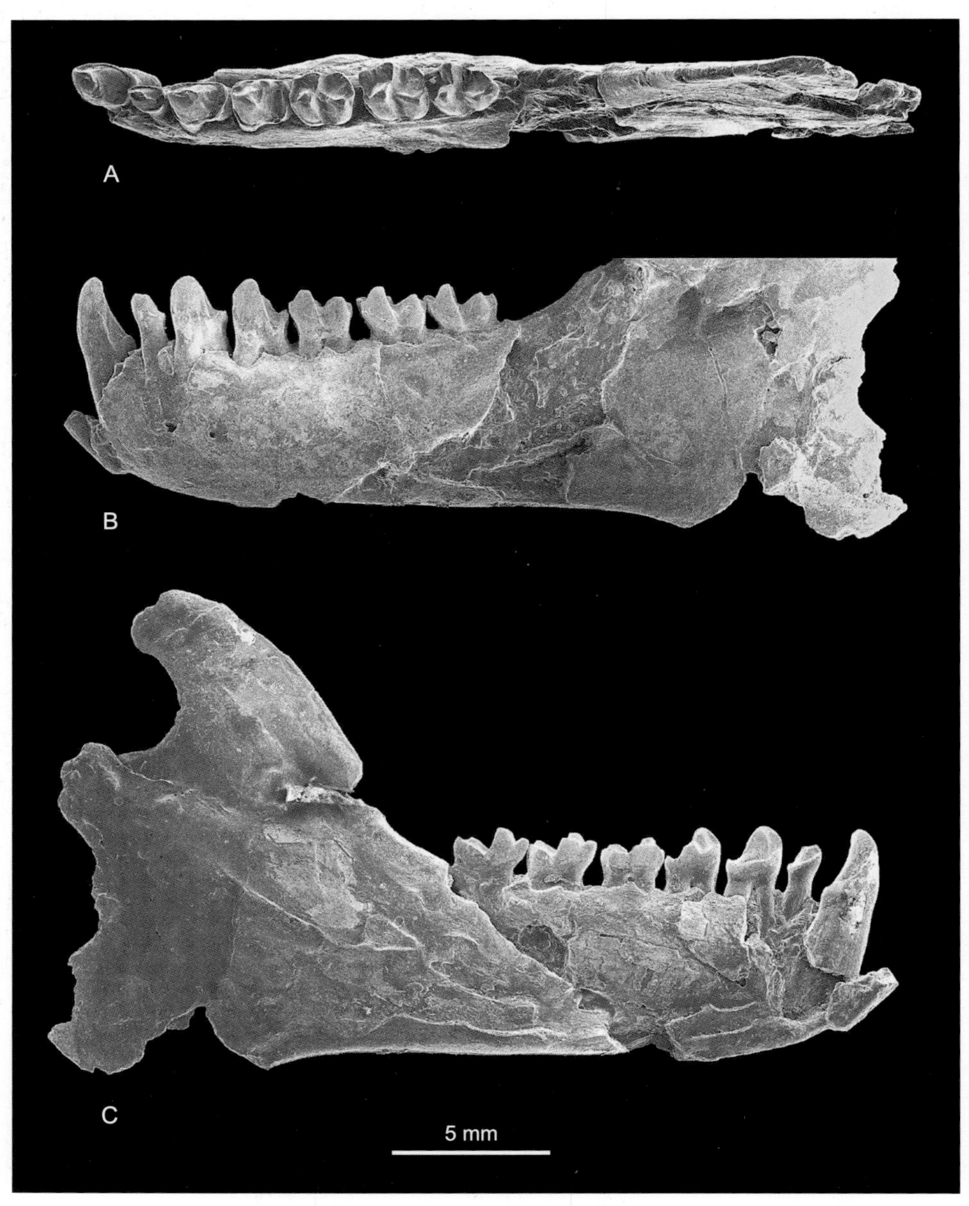

图 202 世纪曙猿 *Eosimias centennicus* 左下颌支

A–C. 左下颌支片段（IVPP V 11000，正模）：A. 上面视，B. 外侧视，C. 内侧视

副模 IVPP V 10218.1–7, V 10219.1–5, V 11001.1–2, V 11993, V 11994, V 11995, V 11996.1–3，上下颌骨片段及离散牙齿，与正模出自同一地点和层位。

鉴别特征 个体较中华曙猿略大；齿骨相对较深；p4 下前尖和下后尖较发达，下斜脊指向下三角座后壁下原尖与下后尖之间。

评注 Beard 和 Wang 后来（2004）进行了更为细致的研究，将 IVPP V 10218.1–7, V 10219.1–5, V 11001.1–2, V 11993, V 11994, V 11995, V 11996.1–3 归为分类材料整汇。

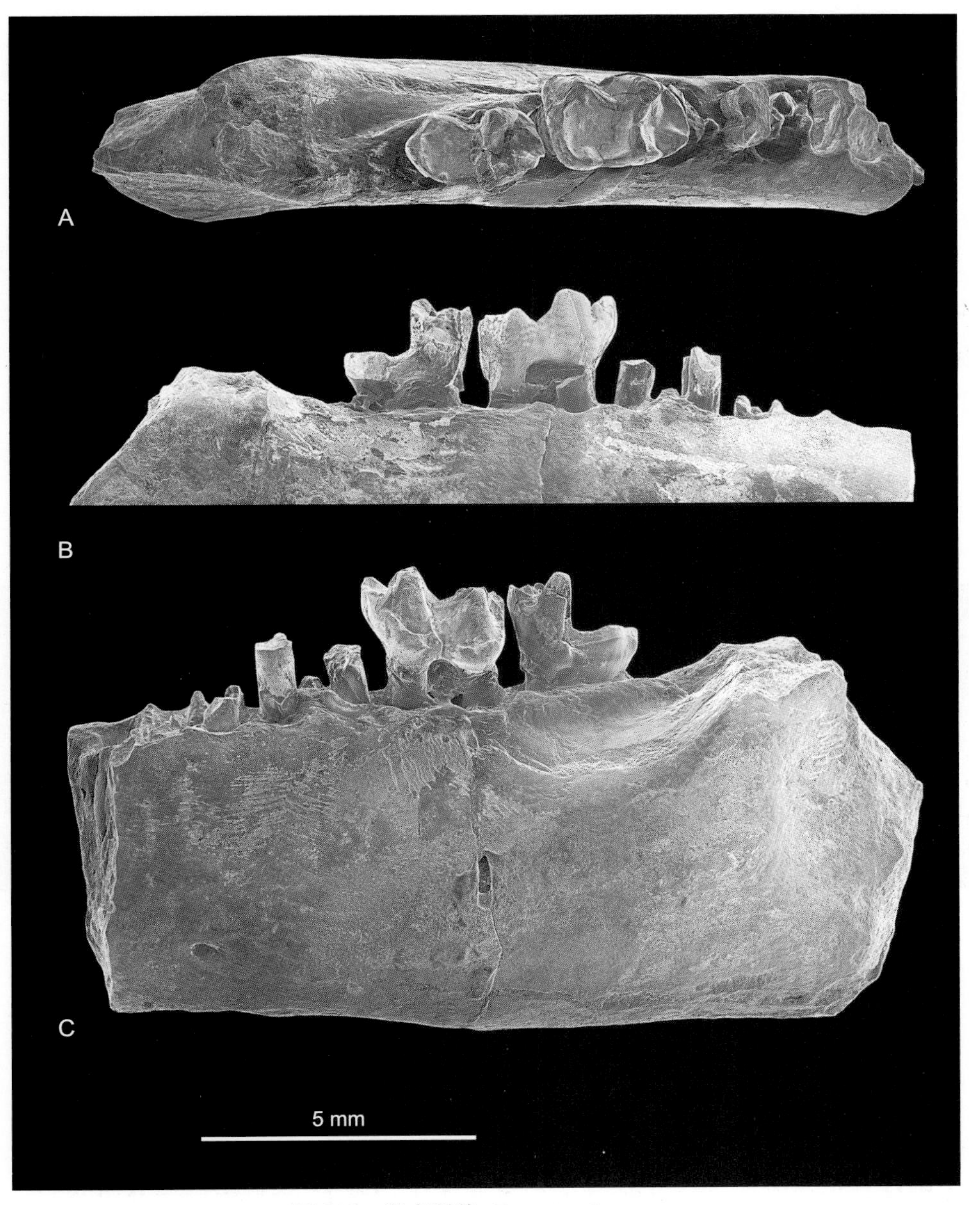

图 203 道森曙猿 *Eosimias dawsonae*

A–C. 左下颌支片段（IVPP V 11999，正模）：A. 上面视，B. 内侧视，C. 外侧视

道森曙猿 *Eosimias dawsonae* Beard et Wang, 2004

（图 203）

正模 IVPP V 11999，左下颌水平支片段，保存 m2、m3 及 p3–m1 的齿根或齿槽。发现于山西垣曲前坪村，中始新统河堤组任村段。

鉴别特征 个体较大的曙猿；m2 下前尖明显靠近舌侧，下三角座谷和下跟座谷均较宽阔；m3 下跟座明显更窄，后跟更短。

世纪曙猿（相似种） *Eosimias* cf. *E. centennicus* Beard, Tong, Dawson, Wang et Huang, 1996

（图 204）

童永生（1997）报道了三枚零散的曙猿牙齿，分别为 p3、p4 和 m3（IVPP V 10221.1–3），产自河南省渑池县上河村附近的河堤组任村段的下化石层，在层位上比世纪曙猿模式产地的层位低。三枚标本的大小与世纪曙猿的模式标本相当，但是有一些细微的形态差别。鉴于层位的差别及有限的标本，故此将其作为世纪曙猿的相似种。这些标本的产地与道森曙猿的产地仅一河之隔，层位也较为接近，但形态上与道森曙猿的差异似乎更大。

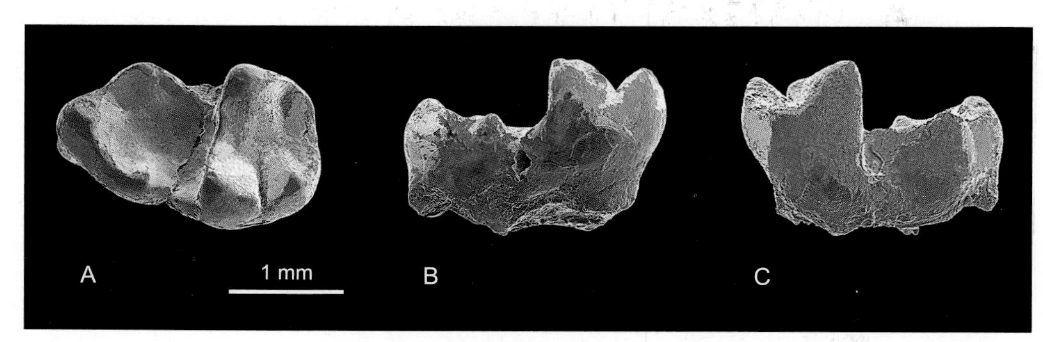

图 204 世纪曙猿（相似种）*Eosimias* cf. *E. centennicus*

A–C. 左 m3（IVPP V 10221.1）：A. 冠面视，B. 舌侧视，C. 颊侧视

假猿属 Genus *Phenacopithecus* Beard et Wang 2004

模式种 学诗假猿 *Phenacopithecus xueshii* Beard et Wang, 2004

鉴别特征 体型中等大小的曙猿科动物。上颌骨面部较深。P4 前附尖很大，原尖舌远中侧存在齿带状次尖。上臼齿前尖与后尖很尖锐，呈锥状，原尖颊舌向较宽，

前原脊与后原脊的连接弧近 U 形，前附尖较大，位于前尖的近中 - 颊侧，后附尖呈翼状，向远中 - 颊侧延伸，颊侧、舌侧、近中侧及远中侧齿带很强，舌侧齿带向舌侧的扩展尤其显著；M1–2 存在低的齿带状的次尖，M3 明显较小，舌侧较尖。i2 铲形，冠面舌侧弧度较大，远中侧较圆。p4 下三角座较简单，下原尖陡直，下前尖缺失，下后尖明显后于下原尖，下原尖舌侧存在明显的齿带，下跟座较其他种类更长，下跟座谷较大。下臼齿下三角座高于下跟座，但高差不及曙猿属的大，下跟座谷较浅且很宽阔；颊侧齿带较强，但在下次尖颊侧不存在或非常弱；m2–3 下前尖较小，略靠近颊侧。

中国已知种 *Phenacopithecus xueshii* 和 *P. krishtalkai*，共两种。

分布与时代 山西，中始新世沙拉木伦期。

学诗假猿 *Phenacopithecus xueshii* Beard et Wang, 2004

（图 205）

正模 IVPP V 11998.4，一枚右 p4。发现于山西垣曲南堡头，中始新统河堤组寨里段。

副模 IVPP V 11998.1–3, 5–16，均为单个牙齿，与正模一起采集自同一地点和层位。

鉴别特征 M1 的舌侧齿带较弱。

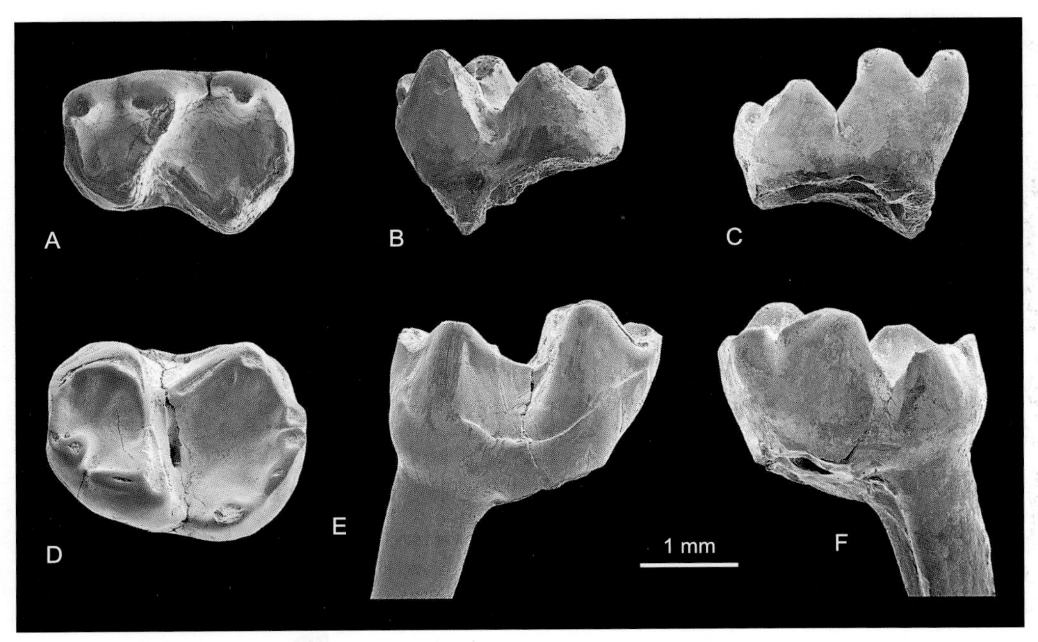

图 205 学诗假猿 *Phenacopithecus xueshii*

A–C. 左 m1（IVPP V 11998.2，副模），D–F. 右 m2（IVPP V 11998.1，副模）：A, D. 冠面视，B, E. 颊侧视，C, F. 舌侧视

克氏假猿 *Phenacopithecus krishtalkai* Beard et Wang, 2004

（图 206）

正模 IVPP V 11997，右上颌骨片段，保存有 P4 和 M1、M2。发现于河南渑池任村南（Zdansky Loc. 7），中始新统河堤组任村段。

鉴别特征 M1 的舌侧齿带很强。

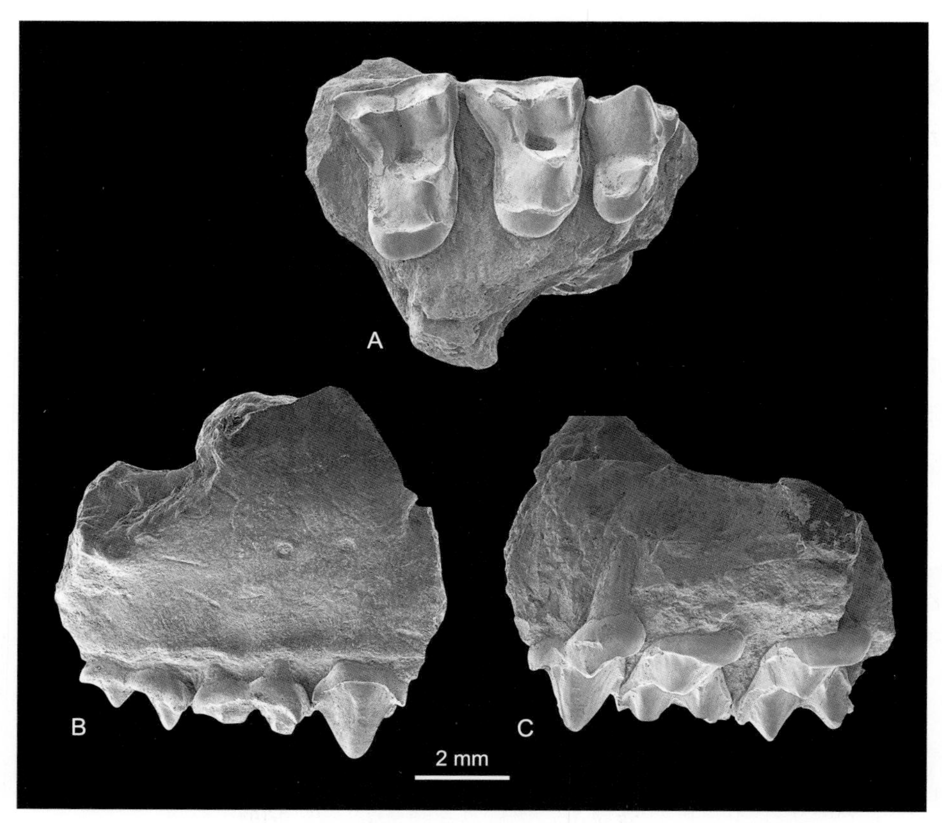

图 206 克氏假猿 *Phenacopithecus krishtalkai*

A–C. 右上颌骨片段（IVPP V 11997，正模）：A. 下面视，B. 外侧视，C. 内侧视

上猿科 Family Pliopithecidae Zapfe, 1960

模式属 上猿 *Pliopithecus* Gervais, 1848

定义与分类 是一类中型的已灭绝的狭鼻猴类类人猿。包括上猿属（*Pliopithecus*）、池猿属（*Laccopithecus*）、醉猿属（*Dionysopithecus*）等 9 个属。

鉴别特征 齿式：2•1•2•3/2•1•2•3。具有短而浅的吻部，腭部较窄，左右齿列向前聚拢，吻端较尖；脸部较宽；眼眶较圆，眼眶下缘较突出，上缘具明显的枕，左右眼眶明显向前会聚；颞线发达，并向颅顶会聚，但是不形成矢状脊；耳区原始，外耳骨围成的外耳道管很短且不完整。上门齿呈铲状，i1明显比i2大。上臼齿颊侧无齿带或很弱，舌侧齿带宽而厚；M2–3比M1大。下门齿近中-远中向较短，但齿冠较高。p4明显臼齿化，下跟座很长。下臼齿自m1向m3逐渐增大；通常具有上猿三角和远中侧凹；颊侧齿带发达；下三角座和下跟座舌侧均封闭，下前尖消失，下后尖相对于下原尖明显更靠远中侧；下次小尖发达。肱骨远端具有内上髁孔，第一掌骨与腕骨的关节呈枢状。

中国已知属 *Dionysopithecus*, *Platodontopithecus*, *Pliopithecus*, *Laccopithecus*，共四属。

分布与时代 亚洲、欧洲，中新世至上新世。

评注 本书认为上猿科不应包括发现于德国的童猿属（*Paidopithex* Pohlig, 1895）、发现于乌干达的仙猿属（*Lomorupithecus* Rossie et MacLatchy, 2006）及Bohlin（1946）发现于甘肃但未正式命名的“甘肃猿”（*Kansupithecus*）。

醉猿属 Genus *Dionysopithecus* Li, 1978

模式种 双沟醉猿 *Dionysopithecus shuangouensis* Li, 1978

鉴别特征 I1铲形，不对称，切缘近中侧较尖，远中侧较圆，舌侧齿带强壮。上犬齿粗壮，横截面近三角形。上前臼齿颊舌向相对较窄。上臼齿长与宽相近，M2最大，M1次之，M3最小；牙齿冠面强烈皱褶，舌侧齿带非常发达，颊侧齿带较弱，相对于牙齿咬合面三角座谷较窄；M1–2次尖发达，但小于原尖，次尖前脊较强，后尖次脊发达，中附尖较大；M3后尖和次尖均很小，舌侧齿带与远中侧齿带相连接。下门齿中等冠高，齿冠基部轻微缢缩。p3近中-远中向较短，近颊侧缘陡直，牙齿釉质略扩展到近中侧齿根上；p4下后尖较低。下臼齿相对窄长；下三角座明显高于下跟座，下三角座谷与下跟座谷较深；下后尖相对于下原尖更靠远中侧，下原脊倾斜，存在小的下后附尖；下次小尖位于牙齿近中线，与下内尖近等大，远中侧凹明显，但是远中侧凹后缘的脊较低，呈齿带状；上猿三角存在，但发育不甚完全；颊侧齿带非常发达。

中国已知种 仅模式种。

分布与时代 江苏省，中新世。

评注 发现于泰国北部班三克朗（Ban San Klang）的东方树猿（*Dendropithecus orentalis* Suteethorn et al., 1990）或可归入醉猿属（Harrison et Gu, 1999）。

双沟醉猿 *Dionysopithecus shuangouensis* Li, 1978

（图207）

Pliopithecus wangi：雷次玉，1985，17页

Hylobates tianganhuensis：雷次玉，1985，17页

Pliopithecus wongi：Etler, 1989, p. 113

正模 IVPP V 5597，一块残破的左侧上颌骨，保存有M1–3。发现于江苏泗洪天岗湖乡松林庄东南，中新统下草湾组。

鉴别特征 同属。

评注 Harrison和Gu (1999) 把采自松林庄附近的40件和郑集附近的4件零散牙齿和下颌片段归入该种，作为分类材料整汇。其中，雷次玉发表的两件标本收藏于南京地质博物馆。

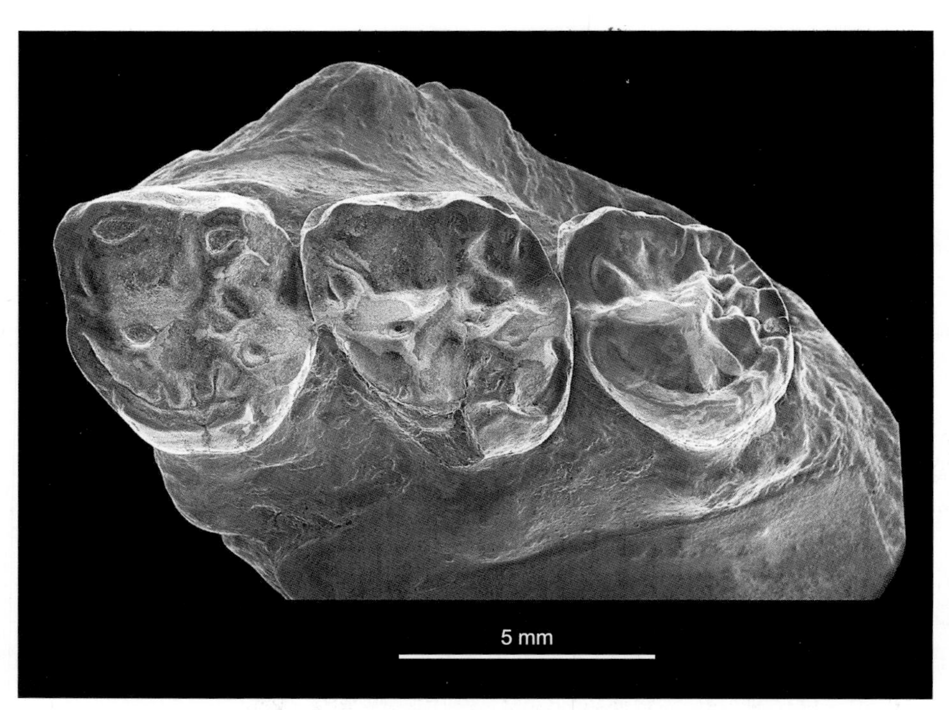

图207 双沟醉猿 *Dionysopithecus shuangouensis*
左上颌骨片段保存M1–3（IVPP V 5597，正模）：冠面视

宽齿猿属 Genus *Platodontopithecus* Gu et Lin, 1983

模式种 江淮宽齿猿 *Platodontopithecus jianghuaiensis* Gu et Lin, 1983

鉴别特征 上犬齿中等冠高，颊舌向强烈侧扁。上前臼齿较宽。上臼齿冠面近方形，齿冠较低，齿尖较圆，冠面褶皱强烈，颊侧齿带较强，舌侧齿带非常宽；M2最大，M3次之，M1最小；M1–2次尖发达，中附尖较大；M3后尖和次尖明显缩小，舌侧齿带后延，与远中侧齿带融合，致使牙齿舌侧轮廓很圆。下颌骨较低，但是很强壮。p4萌出晚于m2。

p4 近中 - 远中向较短，近中侧脊陡直，牙冠釉质向齿根略扩展。下臼齿齿尖较圆，齿尖间连接脊较弱；下三角座较浅，封闭不完全，下后尖的位置相对于下原尖明显更靠近远中侧，下原尖与下后尖之间的下原脊很弱，下后附尖很大；上猿三角存在，但是不甚显著，在不同个体间变化较大；颊侧齿带发达；m1–2 下次小尖很大，略小于下次尖，较为靠近颊侧，远中侧凹较宽；m3 下次小尖也很大，明显靠近颊侧。跟骨远端跟骨 - 骰骨关节面的楔形凹较浅，前关节面较窄，后关节面弧度较小且不明显倾斜，跟骨后关节面前的长度中等，跟骨近端较高，跟骨结节和掌面的前结节较弱。近端拇指指骨较长，中等粗细，表明拇指发育较好。

中国已知种 仅模式种。

分布与时代 江苏省，中新世。

江淮宽齿猿 *Platodontopithecus jianghuaiensis* Gu et Lin, 1983

（图 208）

Dryopithecus sihongensis：雷次玉，1985，17页

选模 IVPP PA 870，一枚左 m3。发现于江苏泗洪天岗湖乡松林庄东南，下中新统下草湾组。

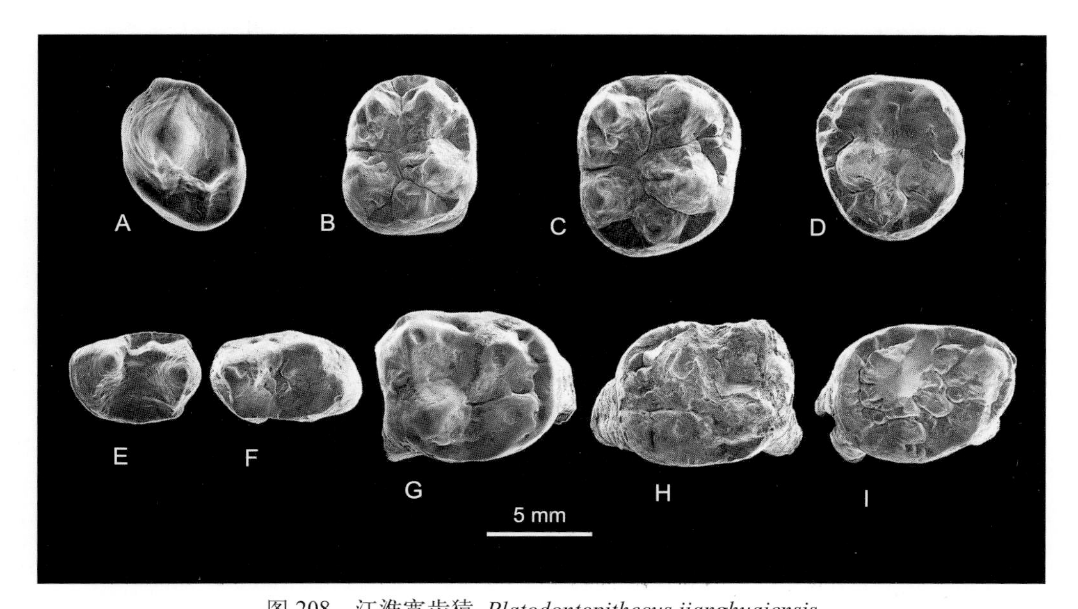

图 208 江淮宽齿猿 *Platodontopithecus jianghuaiensis*

A. 左 p3 （IVPP PA 1229），B. 右 m1 （IVPP PA 1225），C. 右 m2 （IVPP PA 1223），D. 左 m3 （IVPP PA 870，选模），E. 左 P3 （IVPP PA 1227），F. 右 P4 （IVPP PA 1214），G. 右 M1 （IVPP PA 1250），H. 左 M2 （IVPP PA 1260），I. 左 M3 （IVPP PA 1215）：冠面视

鉴别特征 同属。

评注 顾玉珉和林一璞（1983）指定了四件标本作为正模，一件作为副模。被指定作为正模的四件标本显然不属于同一个体，Harrison 等（1991）对此做了修正，指定 IVPP PA 870 为选模。Harrison 和 Gu（1999）把产自松林村附近的 25 枚牙齿和郑集附近的 7 枚牙齿、一件破损的右侧跟骨、一件破损的近端趾骨和一件左侧近端拇指骨也归入该种。其中，雷次玉发表的一枚牙齿现收藏于南京地质博物馆。

上猿属 Genus *Pliopithecus* Gervais, 1848

模式种 远古上猿 *Pliopithecus antiquus*（de Blainville, 1839）

鉴别特征 个体大小与长臂猿相似。牙齿表面发育有明显的皱褶。上门齿铲形，I2 具单尖，近中 - 远中向不对称。上前臼齿近中 - 远中向较短而颊舌向较宽。上臼齿舌侧齿带非常发达，次尖很大，通过次尖前脊与原尖相连，颊侧齿带较弱；M3 较 M1 大。下门齿齿冠高而窄，齿冠近根部存在缢缩。p3 齿冠较高，近中侧齿缘较陡直，齿冠釉质向近中侧齿根的颊侧略扩展，但不形成明显的裂脊；p4 下后尖发达，下跟座谷前凹状。下臼齿颊舌向较窄，下后尖的位置相对于下原尖更靠近远中侧，下原脊显著倾斜，下后尖后脊发达；存在上猿三角和远中侧凹；颊侧齿带强壮。

中国已知种 *Pliopithecus zhanxiangi* 和 *P. bii*，共两种。

分布与时代（中国） 宁夏、甘肃，新疆，中中新世。

评注 现在可以归入上猿属的种类包括 *Pliopithecus antiquus*, *P. piveteaui*, *P. platyodon*, *P. canmatensis*, *P. zhanxiangi*, *P. bii*。其中前四种发现于欧洲，出现时代从 MN5 至 MN9。本书在上猿属中不包括发现于印度北部纳格瑞组（Nagri Formation）的“*Pliopithecus*” *krishnaii*（Chopra et Kaul, 1979）和 Schlosser（1924a）命名的出自内蒙古二登图的“*Pliopithecus*” *posthumus*。吴文裕等（2003）在命名毕氏上猿的同时，还报道了一枚左 P4（IVPP V 13325），该标本与毕氏上猿都出自同一地点（XJ 98017）中中新统哈拉玛盖组。在形态上这件标本具备上猿属灵长类的典型特征，但其个体明显较小，不能与毕氏上猿相匹配，因标本数量有限，暂作为上猿属的一个未定种。

占祥上猿 *Pliopithecus zhanxiangi* Harrison, Delson et Guan, 1991

（图 209，图 210）

正模 BMNH-BPV-1021，一块破碎的挤压变形的面颅，保存有近乎完整的腭骨、上颌骨、左侧颧骨以及部分眶后骨骼，左侧保存 P3、P4 和 M1–3，右侧保存 P4 和 M1–3，门齿、犬齿及右侧 P3 的齿槽保存较好。发现于宁夏同心丁家二沟村西南马二嘴子沟，中新统丁家二沟组。

副模 BMNH-BPV-1022，头骨中部，带右P4–M3和左M2–M3；BMNH-BPV-1023，左上颌带C–P4。与正模一起发现。

鉴别特征 体型最大的上猿。吻部很短，面部较低，眼眶较圆；前颌骨较窄，门齿孔较大；上颚穹窿浅而平；上颌骨后端的结节缺失或发育很弱，上颌骨面部的前端较平，犬齿轭显著，犬齿凹较浅，上颌窦向颊侧扩展，但不侵入齿根间隙；颧弓较高，但较单薄；卵圆孔完全位于蝶骨上。两侧上颊齿齿列近平行。I2的位置显著后于I1。上犬齿齿冠较低，但较粗壮。上前臼齿和臼齿颊舌向较宽，牙齿冠面褶皱明显，齿脊强壮。上臼齿次尖很大，通过发达的次尖前脊连接原尖，跟座谷较宽，前原脊与后原脊发达，颊侧齿带中等发育；M1 舌侧齿带不甚完整；M2–3 舌侧齿带非常发达。下臼齿较窄；m1 至 m3 逐渐增大；下后尖的位置相对于下原尖略靠远中侧，下次小尖很大，较为孤立，下三角座谷较深且大；远中侧凹较浅，下斜脊完整且较强壮，上猿三角发达。

图 209 占祥上猿 *Pliopithecus zhanxiangi* 面颅
破损的面颅（BMNH-BPV-1021，正模）：下面视

评注 Harrison 等（1991）还记述了另外三件标本，其中就包括上颊齿列保存较好的 BMNH-BPV-1024（见图 210B），但这些标本都是从当地居民手中收集到的。

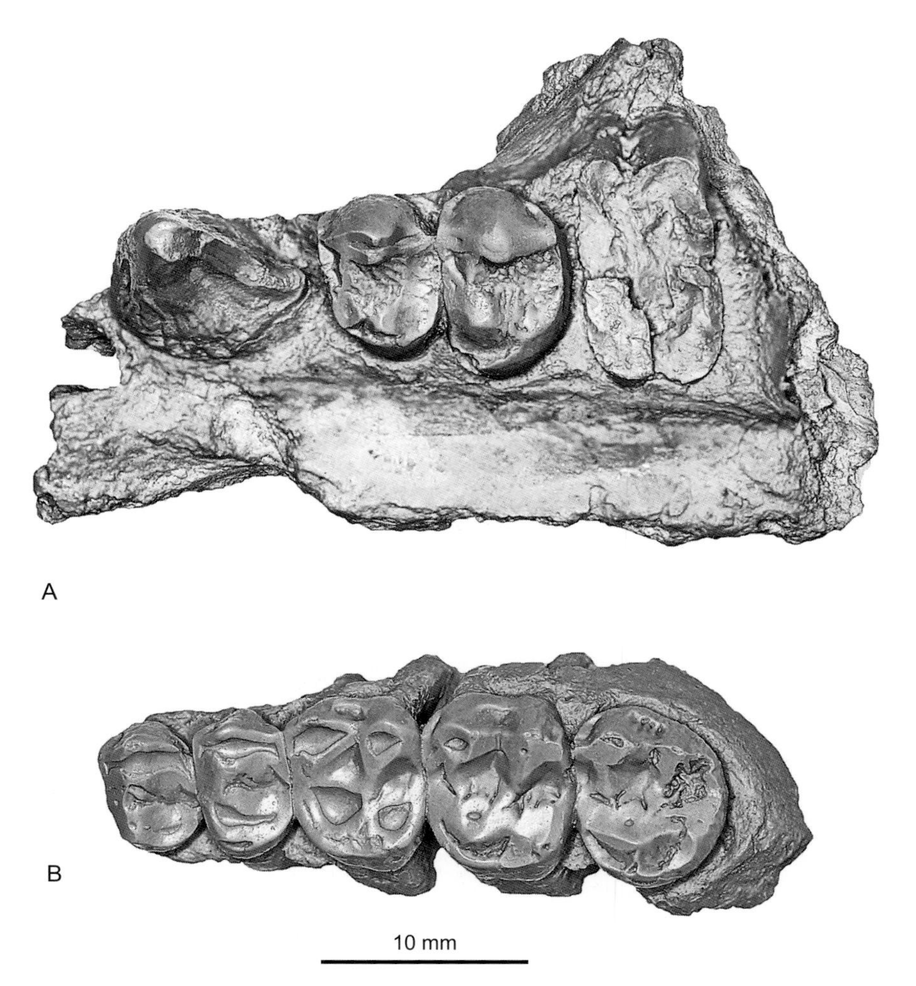

图 210 占祥上猿 *Pliopithecus zhanxiangi* 上颌骨
A. 左上颌骨片段（BMNH-BPV-1023，副模），B. 左上颌骨片段（BMNH-BPV-1024）：下面视

毕氏上猿 *Pliopithecus bii* Wu, Meng et Ye, 2003

（图 211）

正模 IVPP V 13323.1–2，属于同一个体的左 m2 和 m3。发现于新疆福海哈拉玛盖乡铁尔斯哈巴合，XJ 98017 地点，中中新统哈拉玛盖组，从下向上第二砂子层。

鉴别特征 臼齿齿尖较低且较为纤细，齿脊锐利，冠面釉质褶皱非常发达，下次褶深，存在由小脊包围的深凹；m3 略小于 m2。

评注 建名人还将一枚右下第一门齿（IVPP V 13324）也归入到该种。这件标本采

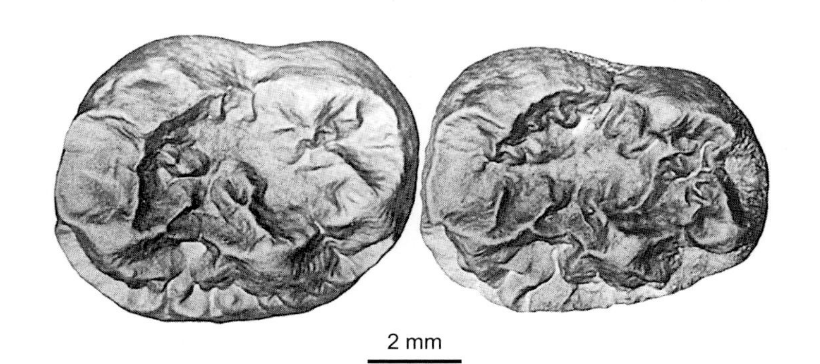

图 211　毕氏上猿 *Pliopithecus bii*
左 m2 和 m3（IVPP V 13323.1–2，正模）：冠面视

自离模式地点不远处的同一层位中。吴文裕等（2003）还描述了一枚发现于 XJ 98017 地点附近同一层位的左上前臼齿，吴等认为这件标本是 P4，其个体大小明显较小，因此将其作为上猿属的一个未定种。经重新对比，志书本节撰写人认为该标本应该是 P3。考虑到上猿的 P3 本来就较小，且雌雄个体差异也很大，加之该标本具有釉质褶皱非常发达的特点，因此将其也归入毕氏上猿。

池猿属 Genus *Laccopithecus* Wu et Pan, 1984

模式种 粗壮池猿 *Laccopithecus robustus* Wu et Pan, 1984

鉴别特征 大型上猿类动物。眼眶相对较方，眼眶边缘不明显突出；眶间较平，眶间距较大；眉弓很弱；梨状孔较小，相对较高而窄；梨状孔上缘高于眼眶下缘；颧骨粗壮，颧骨与上颌骨间的颧骨凹很显著；下颌骨较高，下颌联合延伸到 p3 后部的下方；下颌骨上圆枕和下圆枕发达。上下犬齿都具有性二型，上犬齿近中侧纵沟不伸达齿根。P3–4 原尖后脊很弱。上臼齿较宽，冠面近方形，三角座谷较宽；M3 跟座谷扩大，舌侧齿带不及上猿属的发达。p4 高度臼齿化。下臼齿颊侧齿带较弱，上猿三角不显著；m1 远中侧小凹不明显，m2 远中侧小凹较小。

中国已知种 仅模式种。

分布与时代 云南，晚中新世。

粗壮池猿 *Laccopithecus robustus* Wu et Pan, 1984

（图 212，图 213）

选模 IVPP PA 880，属于同一个体的下颌齿列，保存左右下门齿、左下犬齿、左右下前臼齿和下臼齿，保存有部分齿骨，发现于云南禄丰石灰坝村庙山坡，上中新统石灰坝组。

副选模 IVPP PA 876，属于同一个体的上颌片段，保存有左 I2，破损的左上犬齿，左上前臼齿和左 M1、M2，右上门齿，右 P3、M1 和破损的右 P4、M2。IVPP PA 877，属于同一个体的上颌齿列，保存左侧 M2、M3 和破损的上犬齿、M1 以及右侧的 I2、上犬齿和 M3；IVPP PA 878，左侧上颌片段，保存有上前臼齿和 M1；IVPP PA 879，右下颌片段，保存有 i2、下犬齿、下前臼齿和下臼齿；IVPP PA 881，左侧下颌片段，保存有下犬齿、下前臼齿和 m1、m2；IVPP PA 860，破损的头骨面颅，除右 I2 外，保存其他全部牙齿，但左侧 P4 和 M1、M2 冠面破损严重。与选模发现于同一处。

鉴别特征 同属。

评注 吴汝康和潘悦容（1984）在命名粗壮池猿时指定了两件出于不同层位的标本（IVPP PA 876 和 IVPP PA 880）作为正型标本，Begun（2002b）建议把 IVPP PA 880 作为选模。这符合《国际动物命名法规》的规定。吴汝康和潘悦容（1984）还指定了一些标本作为副模，虽然提及了一件头骨标本，但是没有列出该标本的标本号。考虑到仅有这一件头骨标本，不会混淆，故而在此明确列出 IVPP PA 860。这些都作为副选模处理。吴汝康和潘悦容（1984）所说的"上、下颌 10 件，单个牙齿约 60 枚，齿列 8 件"，因为过于笼统，无法与具体的标本相对应，故此不再列入副选模中。

图 212 粗壮池猿 *Laccopithecus robustus* 下颌

下颌齿列（IVPP PA 880，选模）：冠面视

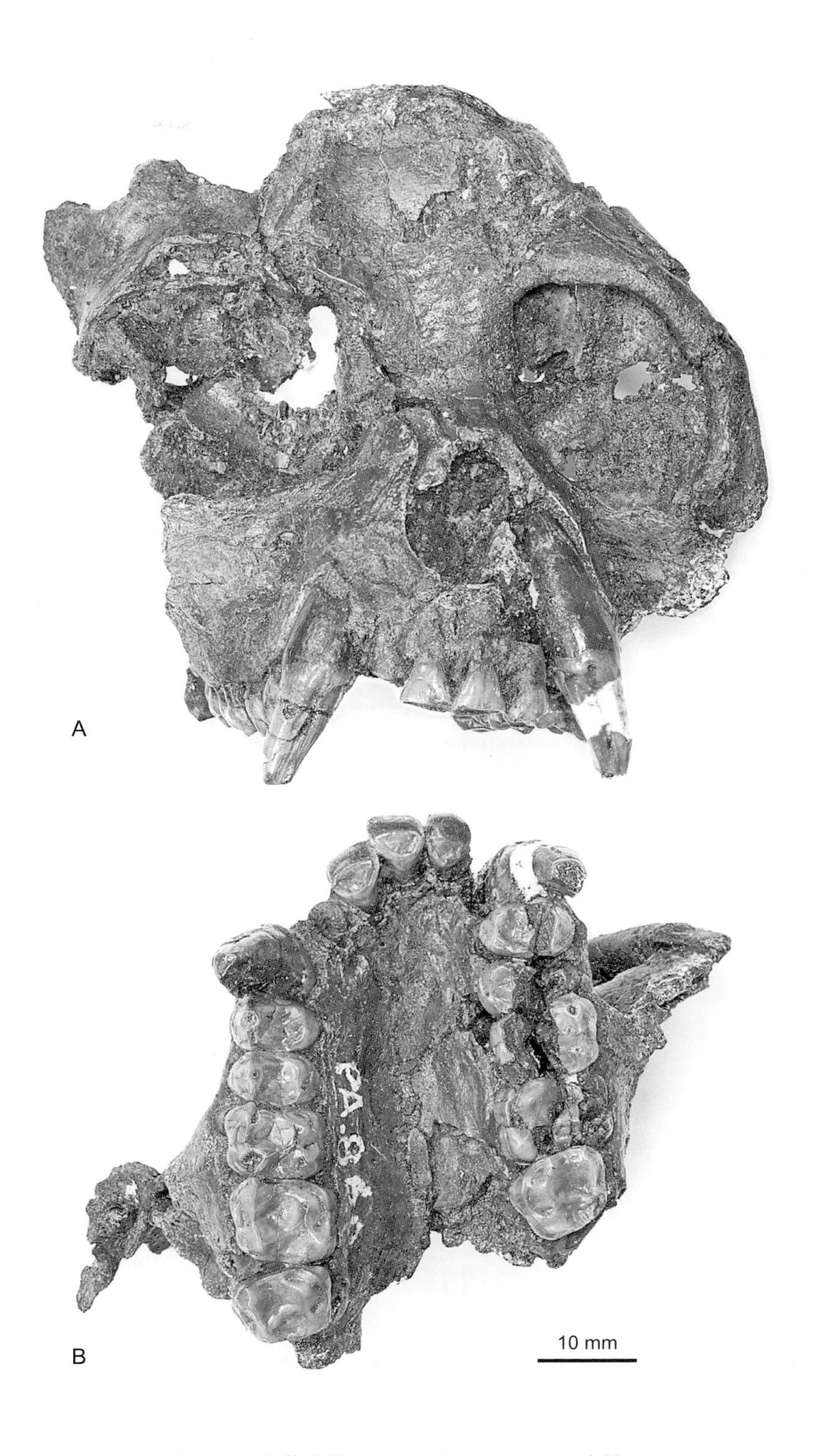

图 213　粗壮池猿 *Laccopithecus robustus* 头骨

A, B. 头骨前部（IVPP PA 860，副选模）：A. 前面视，B. 下面视

猴科 Family Cercopithecidae Gray, 1821

模式属 长尾猴 *Cercopithecus* Linnaeus, 1758

定义与分类 是一类中型狭鼻猴类类人猿，常常被称为旧大陆猴子，是人总科（Hominoidea）动物的姊妹群。猴科包括猴亚科（Cercopithecinae）、疣猴亚科（Colobinae）和维多利亚猴亚科（Victoriapithecinae）三个亚科，共计 27 个现生与化石属。

鉴别特征 齿式：2•1•2•3/2•1•2•3。门齿为非常典型的铲形齿。上下犬齿的近中侧通常具有延伸至齿根的深沟，上犬齿远中侧具有锋利的刃状切脊。p3 的近中侧发育成刃状，并且延伸到近中侧齿根上，致使在下犬齿和 p3 之间形成一个明显的 V 形缺刻，这一缺刻与上犬齿相咬合，呈剪刀状。上下臼齿几乎都近中 - 远中向增长，冠面呈长方形，齿尖排列成横脊，自齿尖向齿根，齿冠逐渐向颊侧和舌侧扩展；上臼齿的次尖和原尖近等大；下臼齿的下后尖和下内尖等大，m1–2 不具有下次小尖，上下臼齿近乎呈镜像。除少数种类（如猕猴属和副长吻猴属）外，没有上颌窦。下颌颏窝位置较高。与长臂猿科动物和人科动物相比，猴科动物的胸廓明显更窄；四肢体现出更适应于在地面上活动的特征，通常相对较短，前肢短于后肢，尺骨的肘突相对较长，肘关节的伸展范围不及长臂猿和人科动物的大，脚部跟骨与距骨形成很稳固的关节，跟骨的后关节面很宽，前关节面分成两半，跗蹠关节也非常稳固，足拇趾与蹠骨的关节面较平，足拇趾的活动范围相对较小；髂骨较窄，坐骨具有发达的板状坐骨粗隆；具有臀垫；通常具有长尾。

中国已知属 *Macaca*, *Procynocephalus*, *Paradolichopithecus*, *Rhinopithecus*, *Pygathrix*, *Trachypithecus*，共六属。

分布与时代 非洲、欧洲、亚洲，中中新世至现代。

猕猴属 Genus *Macaca* Lacépède, 1799

模式种 叟猴 *Macaca sylvanus*（Linnaeus, 1758）

鉴别特征 中等体型的具有颊囊的狭鼻猴类。吻部通常中等长度，吻端较圆；眶间距很窄；眉弓发达，形成明显的眶上枕；具有上颌窦，通常不具有上颌凹和下颌凹，不具有上颌脊；通常不具有矢状脊。门齿明显高冠，上门齿舌侧无齿带，具有 V 形凹；牙齿边缘中等扩展；上下臼齿都发育有明显的横脊；无附尖；m3 发育有明显的后跟。

中国已知种 *Macaca mulatta*, *M. leonina*, *M. assamensis*, *M. arctoides*, *M. thibetana*, *M. anderssoni*, *M. robusta*, *M. jiangchuanensis*, *Macaca* sp. cf. *M. anderssoni*, *Macaca* sp. cf. *M. robusta*, *Macaca* sp. cf. *M. assamensis*，共十一种。

分布与时代（中国） 黄河以南的大部分地区以及山西、河北、北京、辽宁的部分地区，上新世至现代。

评注 最早的猕猴属化石记录出现于晚中新世，发现于非洲阿尔及利亚 Menacer、利比亚 Sahabi 和埃及的 Wadi Natrun 的晚中新世（晚 Turolian）地层（Arambourg, 1959; Delson, 1974, 1975, 1980; Geraads, 1987; Meikle, 1987; Szalay et Delson, 1979; Thomas et Petter, 1986; Benefit et al., 2008）。几乎同时，在地中海西北岸西班牙的 Almenara-M 地点的晚中新世（MN13）地层中也发现有猕猴化石（Köhler et al., 2000; Moyà-Solà et al., 1990）。上新世与更新世欧洲的猕猴化石记录非常多，在西班牙、法国、德国、东欧许多国家、甚至英国，都发现有猕猴（Delson, 1974, 1980; Szalay et Delson, 1979; Tesakov et Mashchenko, 1992; Rook et al., 2001; Maschenko, 2005）。Delson（1974）指出，北非与欧洲发现的曾被命名的猕猴多达 12 种以上，其中多数都可能是叟猴（*M. sylvanus*）的种下类群，只有早期的少数种类或许可以与叟猴相区别。

在亚洲最早出现的猕猴属化石发现于山西榆社盆地马会组，仅包括两枚上臼齿，其出现时代与欧洲和北非早期猕猴的出现时代相当，目前这两枚牙齿尚未正式命名（Delson, 1996）。亚洲另外一个较早的猕猴化石记录是古印度猕猴（*M. palaeindica*），发现于印度北部西瓦利克的晚上新世地层，该种最初被归入长尾叶猴属（*Semnopithecus*）（Lydekker, 1884, 1886），Delson（1975）首次提出，该种更有可能属于猕猴属。进入更新世以后，亚洲的猕猴属化石开始大量出现，特别是在我国及东南亚的洞穴堆积中，零散的猕猴属动物的牙齿化石十分常见(Pan et Jablonski, 1987)。由于猕猴属动物的牙齿特征变化很小，可以单独用作种一级鉴别的特征几乎不存在，因此无法把这些猕猴属动物的牙齿化石归入具体的种，故而本书亦不对这些化石做单独记述。

现生猕猴属包括 21 个种（Fooden, 1976; Groves, 2001, 2005），除了叟猴分布于非洲之外，其余种类都分布于亚洲。

顾玉珉（1980）把采自湖北钟祥石碑乡肖店村附近的一枚牙齿标本鉴定为一个新种，命名为“杨氏猕猴（*Macaca youngi*）”，但是这枚标本事实上并不属于灵长类，而是猪一类动物的臼齿（Pickford, 1987）。

安氏猕猴 *Macaca anderssoni* Schlosser, 1924

（图 214）

正模 MEUU M 3651，一个近乎完整的面颅骨，保存有完整的齿列。发现于河南渑池张飞窑，更新统。

鉴别特征 个体比现生猕猴和硕猕猴大。鼻骨不明显上翘，颚大神经孔的位置相对靠后；眼眶高大于宽。上门齿舌侧具明显的齿带，臼齿相对短宽。

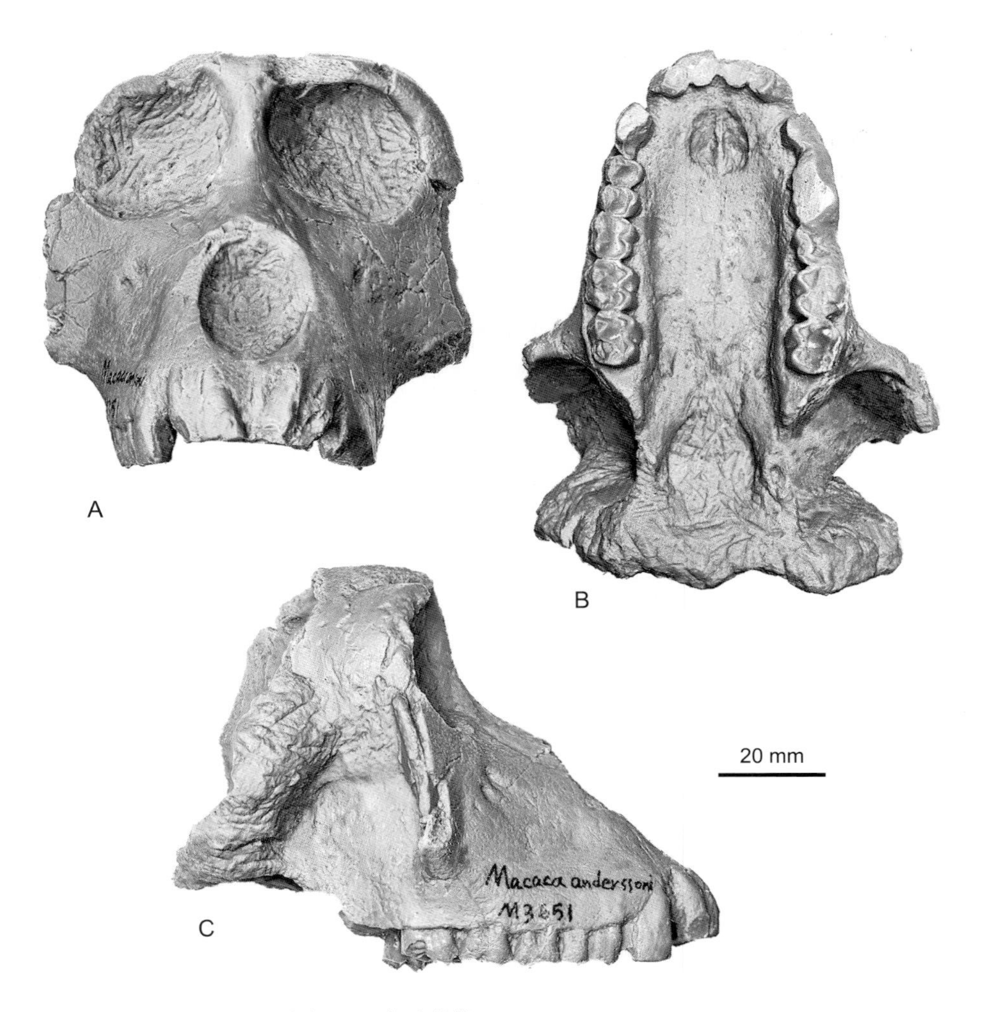

图 214　安氏猕猴 *Macaca anderssoni*

A–C. 头骨前部（MEUU M 3651，正模）：A. 前面视，B. 下面视，C. 外侧视

硕猕猴 *Macaca robusta* Young, 1934

（图 215）

选模　IVPP C/C. 1817，一块带有部分颧骨和颚骨的左上颌，保存有上前臼齿和上臼齿。发现于北京周口店第一地点，中更新统。

鉴别特征　比现生猕猴个体略大。颧弓较窄而直，鼻骨明显上翘，颚大神经孔的位置相对靠前，下颌联合颊侧缘较为陡直，水平支外侧中下方有一隆起。臼齿相对窄长。

产地与层位　北京周口店第一地点、第二地点、第三地点、第十三地点，陕西蓝田公王岭，重庆歌乐山，山东沂源骑子鞍山，辽宁本溪庙后山，辽宁营口金牛山，安徽和县汪家山龙潭洞等地；中更新统。

评注 Young（1934）在建立该种时依据了大量标本（IVPP C/C. 1817–1841），包括两个上颌、两个下颌、若干上下颌片段和单个的上下牙齿；其中也包括几件第二和第三地点的化石。我们选取了保存较好的 C/C. 1817 作为选模，但由于其他材料中还有非第一地点的材料，因此不能全都作为副选模处理，有待将来对这批材料作系统整理后再决定。Young（1934）在发表硕猕猴时将其种名拼作 *Macaca robustus*，但属名 *Macaca* 为阴性词，*robustus* 为形容词的阳性形式，作为种名其性别应与属名保持一致。

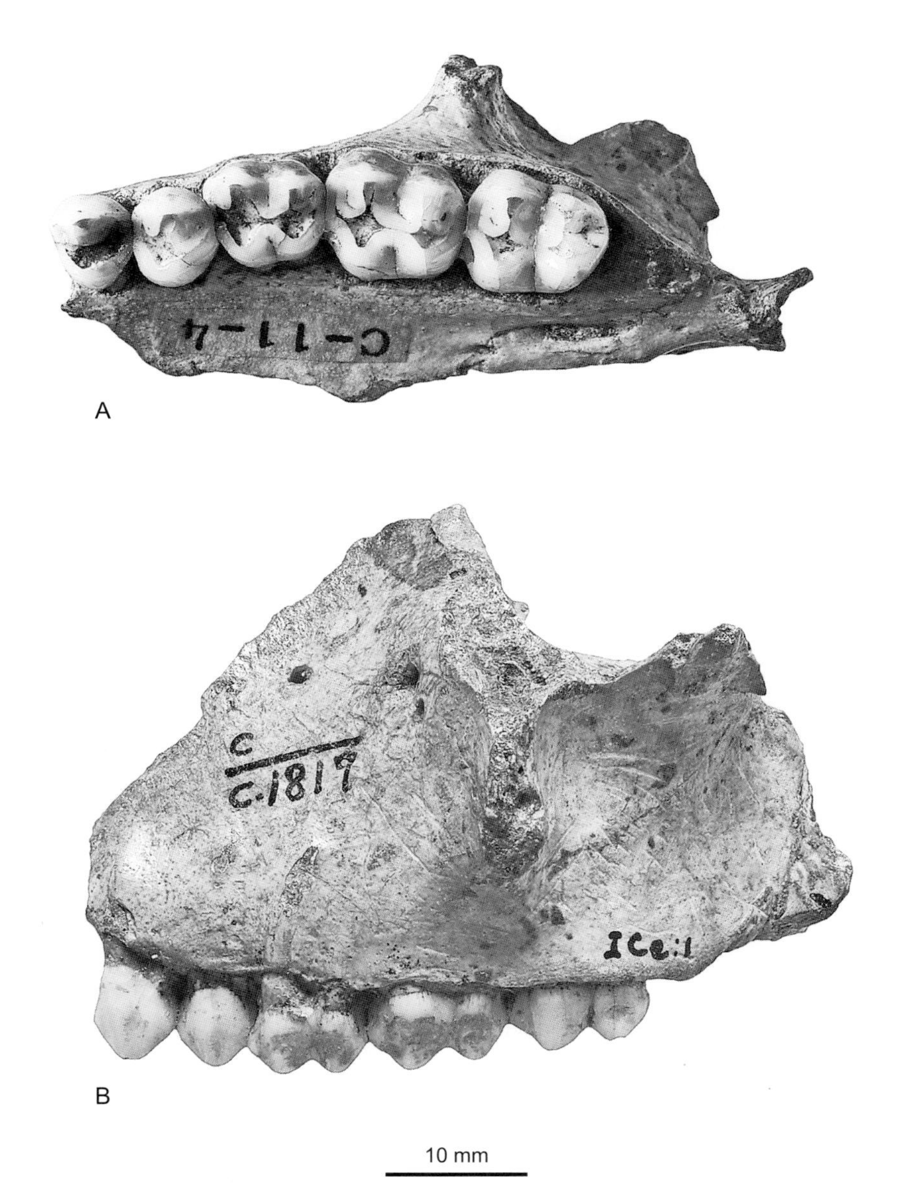

图 215 硕猕猴 *Macaca robusta*

A, B. 左上颌骨片段（IVPP C/C. 1817，选模）：A. 下面视，B. 外侧视

江川猕猴 *Macaca jiangchuanensis* Pan, Peng, Zhang et Pan, 1992

（图 216）

正模 YICRA-YV 3000，一块属于老年个体的右下颌骨，保存有下臼齿 p3–m3。发现于云南江川甘棠箐，下更新统。

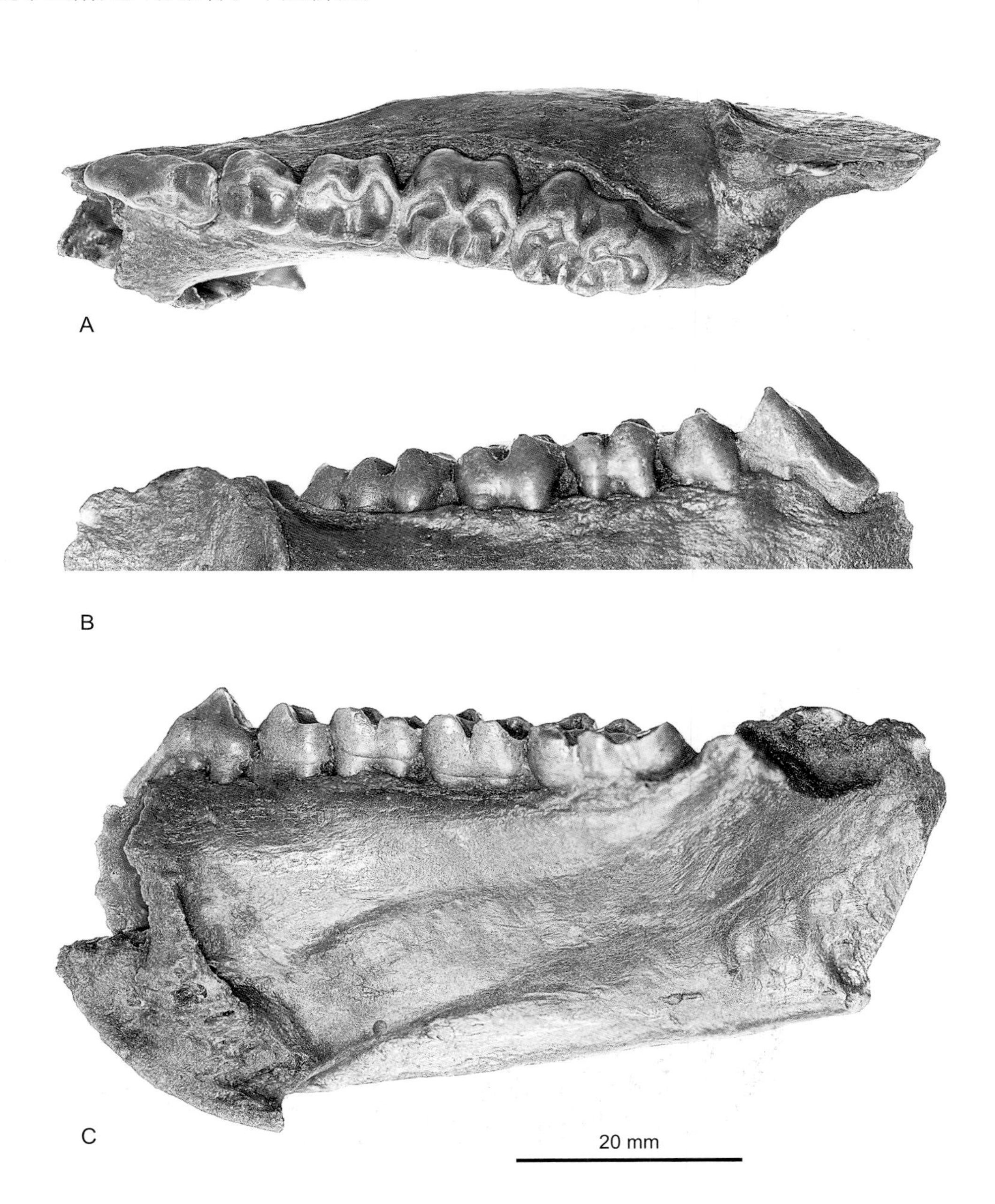

图 216 江川猕猴 *Macaca jiangchuanensis*

A–C. 下颌骨右半段（YICRA-YV 3000，正模）：A. 上面视，B. 外侧视，C. 内侧视

鉴别特征 一种大型猕猴。下颌骨非常高，十分粗壮，舌下线和颌舌线很明显。牙齿釉质很厚，p4 下跟座较低，下臼齿前后齿脊间距离较小。

评注 潘悦容等（1992）认为，江川猕猴可能是处于南亚西瓦利克和中国华北早期猕猴类动物之间的一个种。Jablonski 等一些学者则认为江川猕猴与短尾猴有许多相似之处，其牙齿与维氏原狒也很相近（Jablonski, 1993; Jablonski et al., 1994）。邱占祥和郑龙亭（2009）认为江川猕猴可能是安氏猕猴。

藏酋猴 *Macaca thibetana* (Milne-Edwards, 1870)

藏酋猴是现生猕猴，现生种仅分布于中国，发现于西至西藏昌都地区、四川西部、东至浙江、福建等地，最近在藏南林芝地区也有发现（Kumar et al., 2005）。顾玉珉等（1996）将广东罗定下山洞和山背岩中更新世末期洞穴堆积中发现的一些零散的牙齿归入藏酋猴。归入的牙齿较大，齿冠较高，臼齿近中侧与远中侧齿脊间距离较大，这些特征有别于猕猴和熊猴等，而与藏酋猴最为相似。

猕猴 *Macaca mulatta* (Zimmermann, 1780)

猕猴又称恒河猴、普通猕猴，是除人类之外在亚洲最为常见的一种灵长类，分布于南亚与东亚的广大地区。在中国境内发现的零散的更新世猕猴属牙齿中，估计有许多可以归入猕猴，但是目前尚无详细的形态学研究结果可以作为依据。顾玉珉等（1996）把广东罗定下山洞和山背岩中更新世末期洞穴堆积中发现的一些零散的牙齿归入猕猴，但是他们列出的一些形态特征基本上都是猕猴属所具有的一般特征，也许牙齿大小才是他们这样归类的主要依据。尤玉柱和蔡保全（1996）把福建省明溪县城关北剪刀墘山上更新统剪刀墘组洞穴裂隙型堆积中的一些猕猴属化石也归入猕猴种，但未给出具体描述。

短尾猴 *Macaca arctoides* (I. Geoffroy Saint-Hilaire, 1831)

短尾猴是个体较大的猕猴，其吻部相对短、宽且圆；颧骨明显向两侧突出，颧弓粗壮；眉弓较粗而圆；面部侧视轮廓线明显后凹，眶前形成明显的陡坎；雄性具有低的矢状脊；牙齿釉质较厚，齿冠明显向舌侧和颊侧扩张，齿尖较圆；尾椎十枚以下。现生短尾猴分布于孟加拉东部、缅甸北部、柬埔寨、印度东部、老挝、泰国、马来西亚最北部和中国西南部。李文明等（1982）报道了一个不完整且变形的短尾猴头骨（NBV 00101.1–2），发现于江苏丹徒莲花洞的晚更新世堆积。该标本可能属于一个雌性个体，保存了右侧的 I2–M2 和左侧的 I2–M3。李文明等（1982）最初将莲花洞标本归入红面猴（*M. speciosa*），

而 *M. speciosa* 已经被认定是短尾猴的同物异名（Fooden, 1990）。李文明等（1982）这样鉴定的主要依据是牙齿的大小，莲花洞头骨标本的其他形态是否也符合短尾猴的特征，尚有待于进一步的研究。在云南保山塘子沟的全新世早期的阶地堆积中，曾发现一些可能属于短尾猴的上、下颌片段（张兴永等，1992；潘悦容等，1992）。在贵州盘县大洞的晚更新世洞穴堆积中也发现有短尾猴零散牙齿化石（潘悦容、袁成武，1997）。

安氏猕猴（相似种） ***Macaca* sp. cf. *M. anderssoni* Schlosser, 1924**

（图 217）

邱占祥和郑龙亭（2009）描述了发现于安徽繁昌人字洞早更新世堆积物中的猕猴属动物化石，标本包括一件保存有 m2、m3 的老年个体的下颌右半段（IVPP RV 2009006-PDFL 980005，图 217），还有一些零散的牙齿。这些标本的大小以及牙齿的长宽比例都与安氏猕猴相接近，其下颌上升支较为宽大，与水平支近垂直，水平支中部外侧无隆起。邱占祥等（2004）报道了一件发现于甘肃省临夏市东乡县龙担村附近下更新统午城黄土中的猕猴属动物下颌骨，将这件标本归为安氏猕猴的相似种。

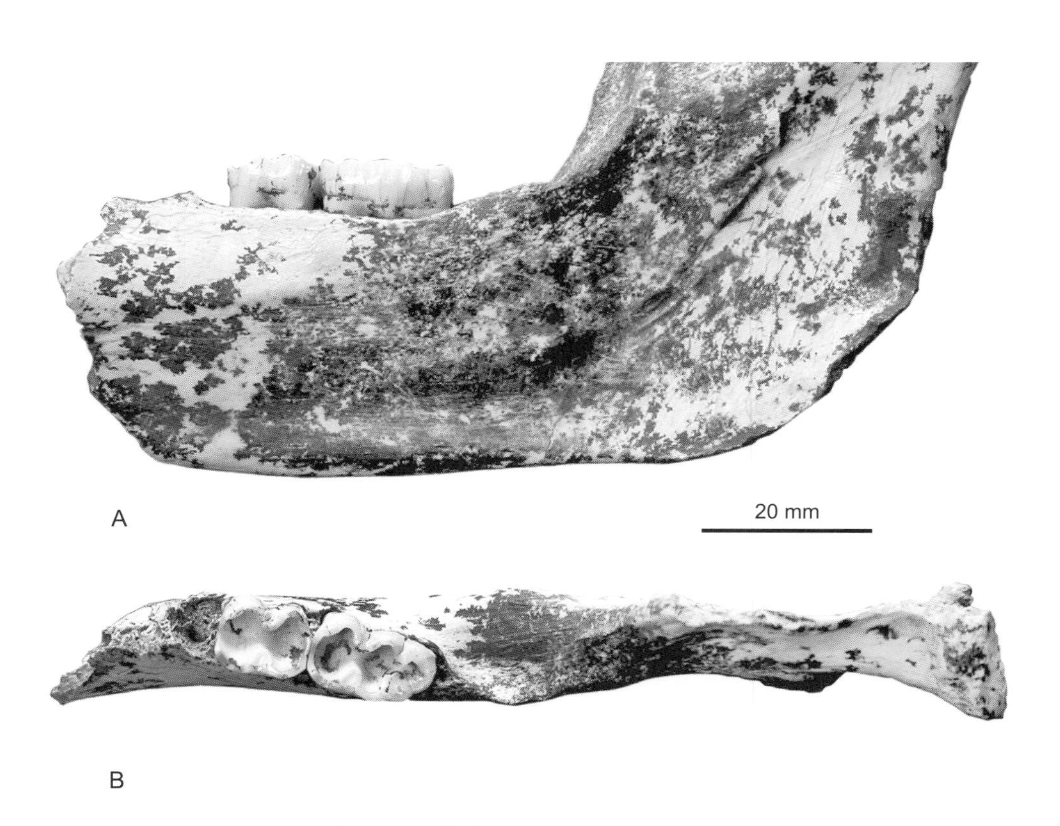

图 217　安氏猕猴（相似种）*Macaca* sp. cf. *M. anderssoni*

A, B. 右下颌支（IVPP RV 2009006-PDFL 980005）：A. 内侧视，B. 上面视（引自邱占祥、郑龙亭，2009）

硕猕猴（相似种） *Macaca* sp. cf. *M. robusta* Young, 1934

尤玉柱和蔡保全（1996）把福建省永安市寨岩山上更新统剪刀墘组洞穴裂隙型堆积中的一些猕猴属化石归入硕猕猴相似种，但未给出具体描述。

熊猴（相似种） *Macaca* cf. *M. assamensis* (McClelland, 1839)

熊猴又称阿萨姆猴，英文中有时将短尾猴（*M. arctoides*）称为熊猴（Fooden, 1990）。现生熊猴分布于尼泊尔、不丹、印度东北部、缅甸北部和东部、老挝北部、泰国西北部、越南北部、中国的云南和广西。顾玉珉等（1996）把在广东罗定下山洞和山背岩中更新世末期洞穴堆积中发现的一些零散的猕猴类牙齿归入熊猴的相似种，这些标本比现生熊猴略大，形态上也有一些差异，但是顾玉珉等（1996）认为罗定的这些标本整体上与现生熊猴最为相近。潘悦容和袁成武（1997）把在贵州盘县大洞的晚更新世洞穴堆积中发现的一些零散猕猴类牙齿化石归为熊猴相似种。

原狒属 Genus *Procynocephalus* Schlosser, 1924

模式种 维氏原狒 *Procynocephalus wimani* Schlosser, 1924

鉴别特征 形似猕猴，但明显较大。吻部较长，侧面轮廓线自眼眶向吻端平缓倾斜；上颌骨侧面无上颌窝；上颚较宽。下颌骨侧面无凹窝。前部牙齿较大，臼齿齿冠较低，具有较明显的侧向膨胀，齿尖较圆，齿脊不甚发达。m3 下次小尖较宽且具明显凹窝。

中国已知种 *Procynocephalus wimani* 和 *Procynocephalus* sp. cf. *P. wimani*，共两种。

分布与时代（中国） 河南、山西、北京、河北、重庆、云南、安徽，上新世至更新世。

评注 在印度西北部台拉登（Dehra Dun）附近西瓦利克山和邦噶（Bunga）附近的晚上新世品哲尔层（Pinjor Beds）中发现有次喜马拉雅原狒（*P. subhimalayanus*）(Barry, 1987; Szalay et Delson, 1979)。

维氏原狒 *Procynocephalus wimani* Schlosser, 1924

（图 218，图 219）

正模 MEUU M 3513, 3652，不完整下颌和上颌骨片段，保存有左 C、P3、M1–3，右 M2–3，左 i1–2、cp3–4、m1–2、i1–2、c、p3–4 和 m1–3。发现于河南新安，上新统。

鉴别特征 同属。

产地与层位 河南新安、山西榆社、北京周口店第十二地点、河北省井陉县石岭洞

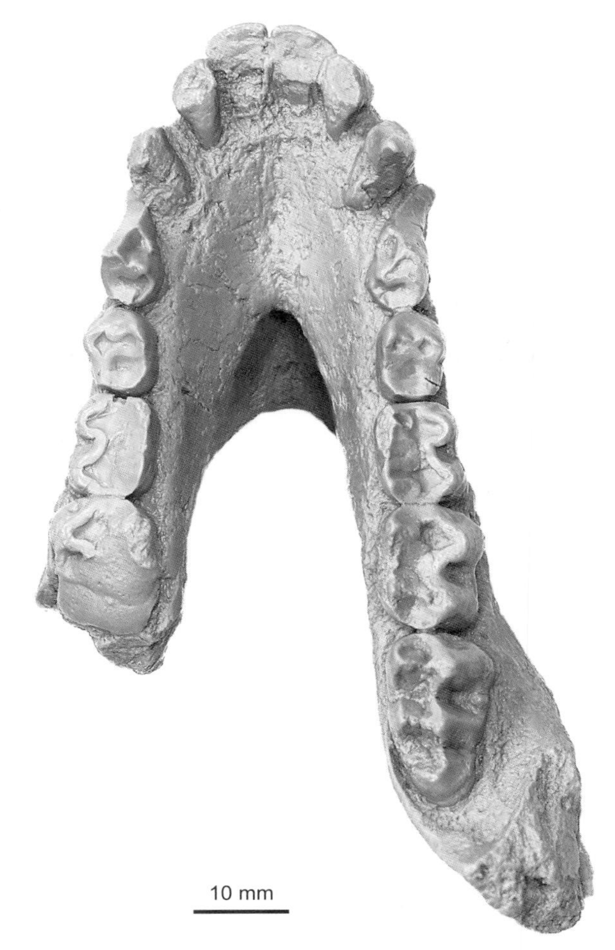

图 218　维氏原狒 *Procynocephalus wimani* 下颌
不完整下颌（MEUU M 3513，正模）：上面视

穴堆积、重庆巫山龙骨坡，上新统至更新统。

评注　正模在原文中认为属于同一个雌性个体，但是博物馆编号为两个。中国科学院古脊椎动物与古人类研究所收藏的模型编号为 IVPP RV 24023 和 IVPP RV 24024。

维氏原狒（相似种）　*Procynocephalus* sp. cf. *P. wimani* Schlosser, 1924

（图 220）

Macaca peii：房迎三等，2002

马学平等（2004）报道了发现于中甸县城南约 6 km 处原吉红砖厂窑址的下更新统灰白色粉砂质黏土中的维氏原狒相似种。邱占祥和郑龙亭（2009）把安徽省繁昌县人字

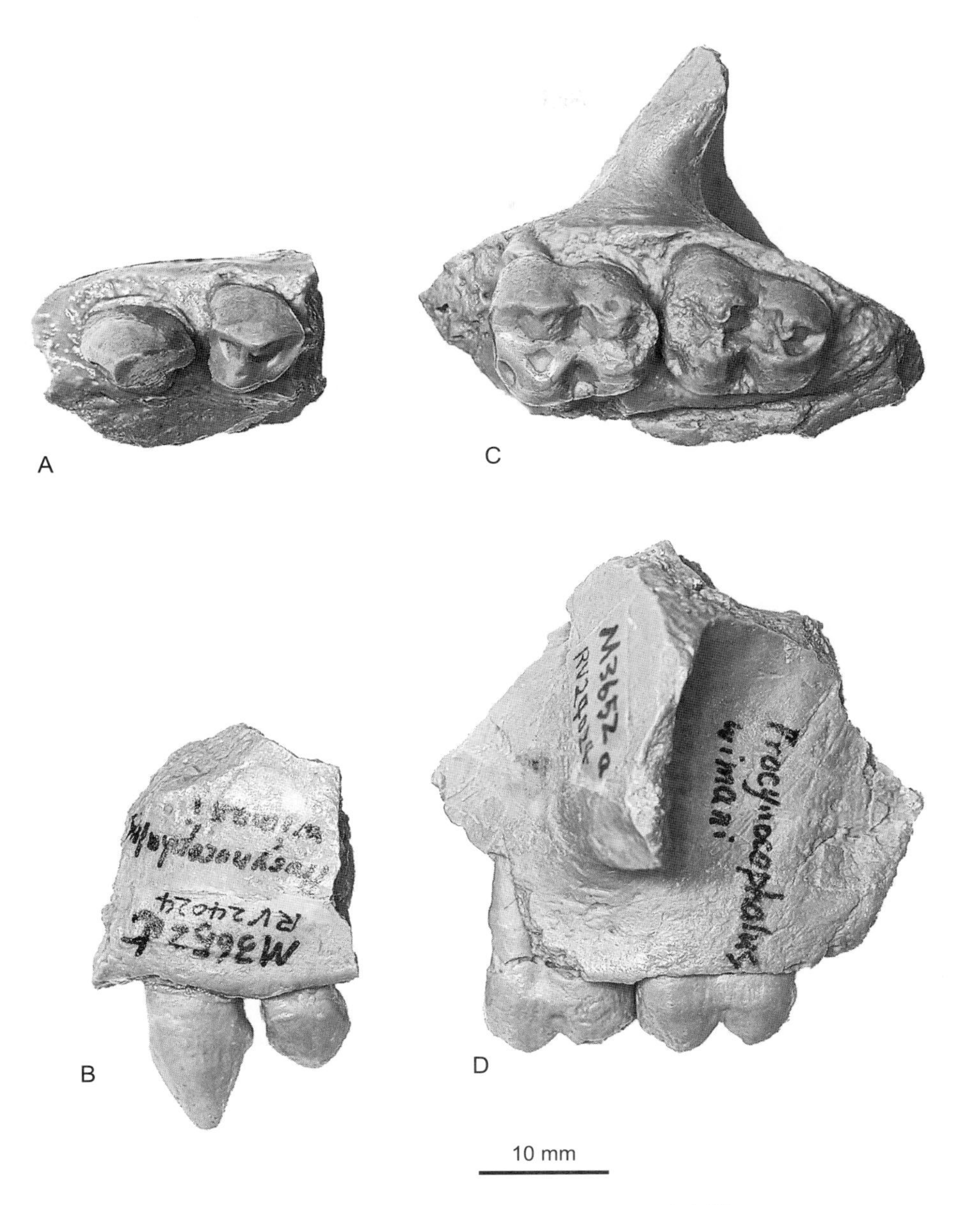

图 219　维氏原狒 *Procynocephalus wimani* 上颌骨

A, B. 左上颌骨片段 （MEUU M3652c，正模）； C, D. 左上颌骨片段（MEUU M3652a，正模）：A, C. 下面视，B, D. 外侧视

洞下更新统裂隙堆积中的一些大型猴科动物化石也归入维氏原狒相似种（图 220)。房迎三等（2002）发表的发现于南京汤山镇驼子洞早更新世动物群中的“裴氏猕猴（*Macaca peii*)”个体比维氏原狒略大，臼齿的齿尖较圆，具有明显侧向膨胀，m3 下次小尖宽阔且具有明显凹窝，这些特征都符合维氏原狒的特点，因此将其归入维氏原狒相似种。房迎三和顾玉珉（2007）提及的 6 件犬齿是否属于该种尚不能确定，其中一件标注为右下

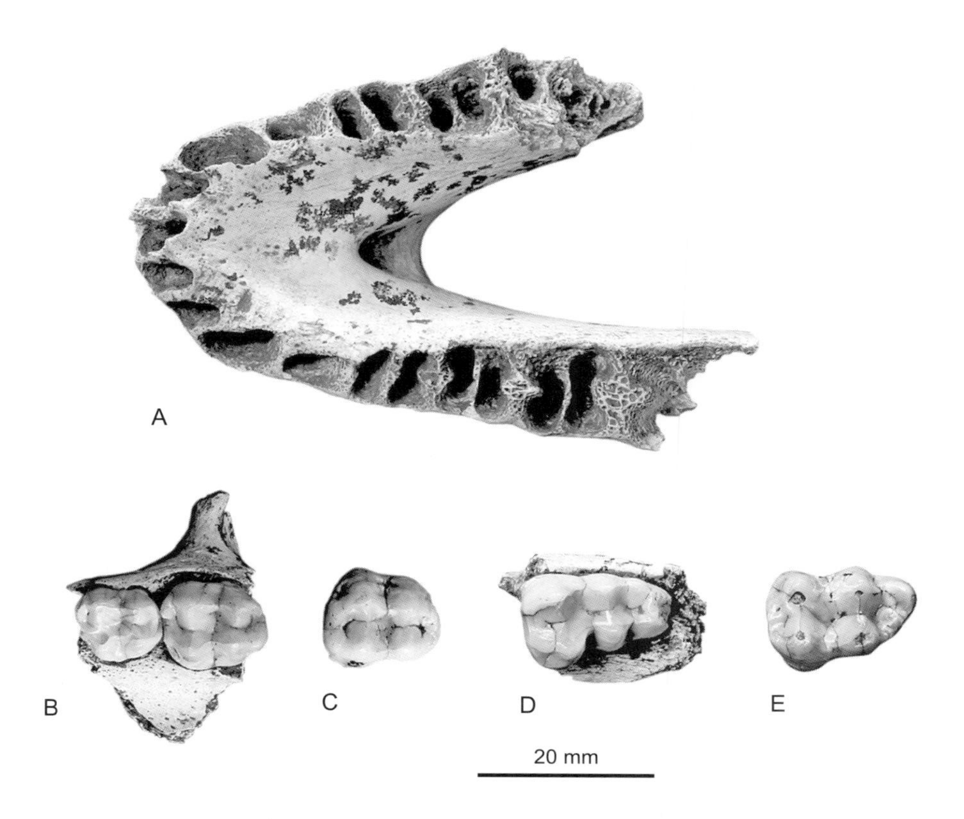

图 220 维氏原狒（相似种） *Procynocephalus* cf. *P. wimani*
A. 残破下颌骨（IVPP RV 2009029-PDFL 980193）, B. 左上颌骨片段（IVPP RV 2009013-PDFL 980244）, C. 右M3（IVPP RV 2009016-0763）, D. 左m3（IVPP RV 2009030-PDFL 980256）, E. 右m3（IVPP RV 2009019-0772）：A. 上面视，B. 下面视，C–E. 冠面视（均引自邱占祥、郑龙亭，2009）

犬齿的标本（JNTZ 12195）应为雌性右上犬齿。上述三处（中甸、繁昌、南京）发现的标本是否与维氏原狒同属一种尚有待深入研究。

副长吻猴属 Genus *Paradolichopithecus* Necrasov, Samson et Radulesco, 1961

模式种 阿维尔耐副长吻猴 *Paradolichopithecus arvernensis*（Dépéret, 1929）

鉴别特征 大型猴科动物，与猕猴属动物相似，但体型更大。吻部中等长度，前端渐尖，截面近方形；上颌骨和下颌侧面无凹窝或仅具很浅的凹窝；具上颌窦。下颌水平支前部比后部略高，上升支向后倾斜；牙齿低冠，牙齿釉质层较厚。头后骨骼与狒狒相似，具有明显的适应于地栖生活的特点。

中国已知种 仅 *Paradolichopithecus gansuensis* 一种。

分布与时代（中国） 甘肃，早更新世。

评注 副长吻猴模式种发现于法国和罗马尼亚晚上新世地层，在塔吉克斯坦晚上新世地层发现有 *P. suskini*。

甘肃副长吻猴 *Paradolichopithecus gansuensis* Qiu, Deng et Wang, 2004

（图 221，图 222）

正模 HZPM-HMV 1142，属于同一个体的上下颌，右 i1–2 破损，右 m3 缺失。发现于甘肃东乡龙担村附近，下更新统午城黄土底部。

鉴别特征 上颌骨侧面凹窝明显，颧弓起始于 M3 中部之上，腭孔位于 M3 中部之后。下颌侧面凹窝明显，下颌联合舌面呈弧形。上臼齿颊侧陡直，M2 大于 M3，M3 后部明显缩窄；p3 近中侧增长，形成明显的剪切脊，近中侧齿根明显后弯。

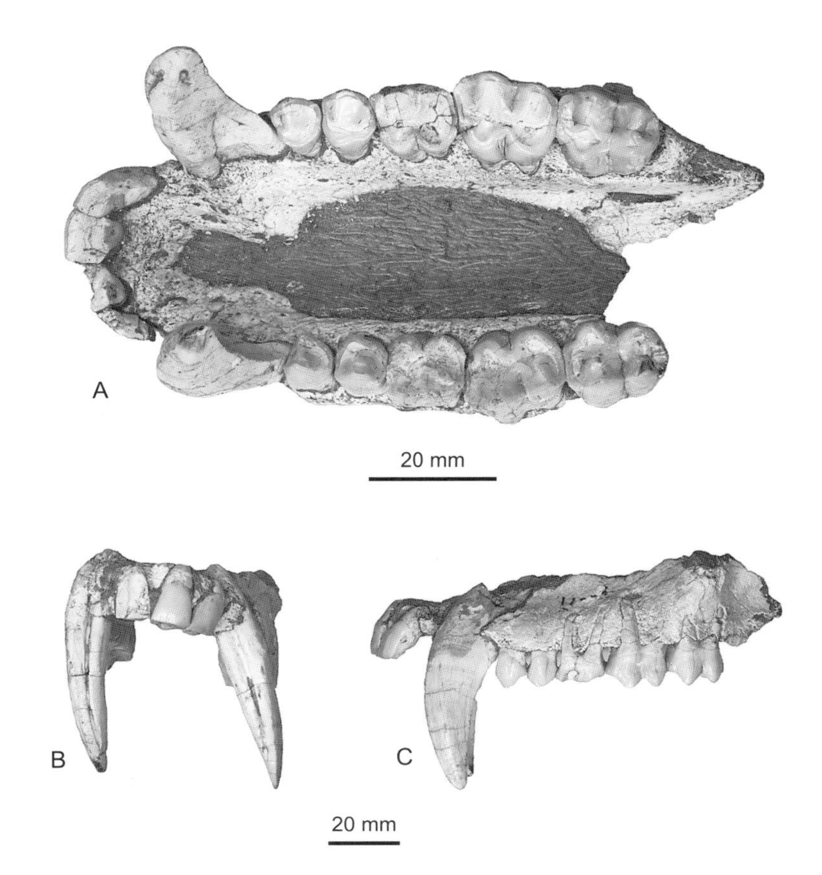

图 221 甘肃副长吻猴 *Paradolichopithecus gansuensis* 上颌骨

A–C. 破损的上颌骨（HZPM-HMV 1142，正模）：A. 下面视，B. 前面视，C. 侧面视

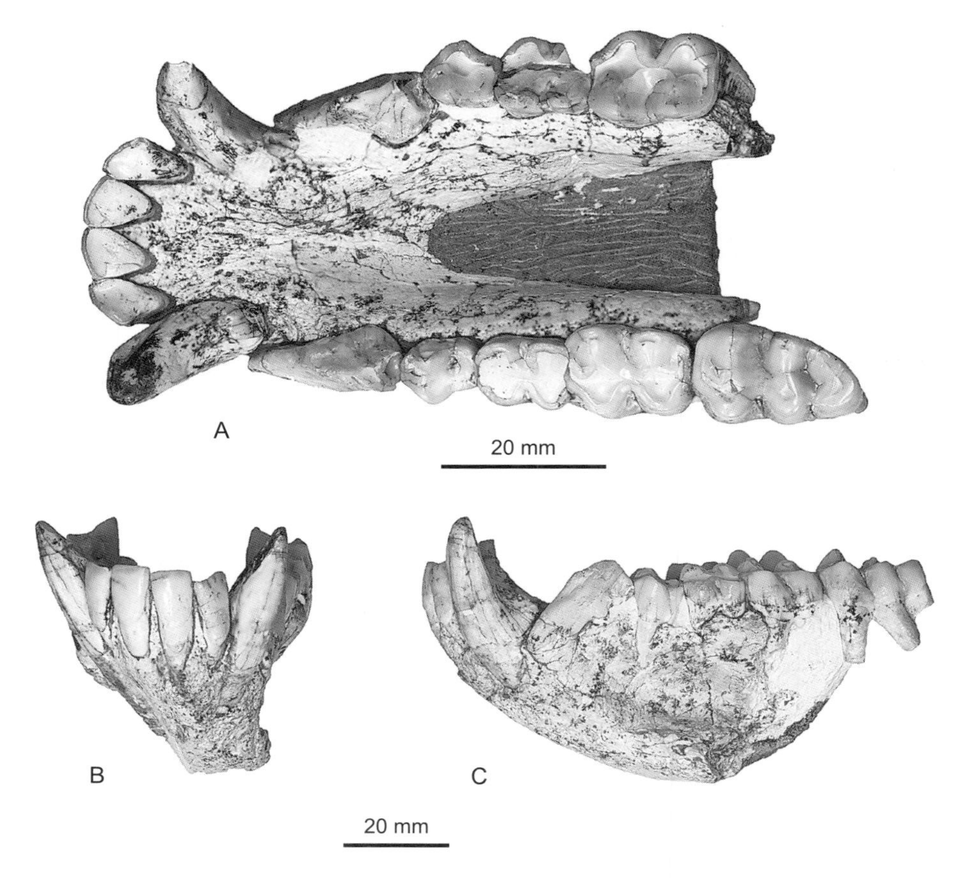

图 222　甘肃副长吻猴 *Paradolichopithecus gansuensis* 下颌骨

A–C. 破损的下颌骨（HZPM-HMV 1142，正模）：A. 上面视，B. 前面视，C. 侧面视

金丝猴属 Genus *Rhinopithecus* Milne-Edwards, 1872

Megamacaca：Hu et Qi, 1978

模式种　川金丝猴 *Rhinopithecus roxellana*（Milne-Edwards, 1870）

鉴别特征　中等体型的不具有颊囊的狭鼻猴类。吻部短而宽，吻端较圆；面部侧视轮廓线明显后凹，鼻子显著上翘，鼻骨明显缩小，外鼻孔很大；眶间距较宽且平，眼眶上缘很直，眉弓也很直，强壮且突出，左右眉弓在眉间相连，形成明显的隆突；脑颅圆且光滑，通常不具有矢状脊。下颌水平支很高，下颌联合较陡直。牙齿较宽，牙齿边缘扩展较小；上下臼齿都发育有明显的横脊，齿脊较锐利，无附尖；m3 发育有明显的后跟。

中国已知种　*Rhinopithecus lantianensis*, *R. roxellana*, *R. bieti*, *R. brelichi*，共四种。

分布与时代（中国）　四川、甘肃、陕西、湖北、云南、西藏、贵州、河南、广西、广东、福建等，更新世至现代。

评注 在越南西北部分布有现生越南金丝猴（*R. avunculus* Dollman, 1912）。在贵州桐梓，广西都安、大新，广东曲江、封开、罗定，福建将乐等地发现了许多金丝猴零散牙齿化石，但是这些标本都不能鉴定到种。

蓝田金丝猴 *Rhinopithecus lantianensis* (Hu et Qi, 1978)

（图 223，图 224）

正模 IVPP V 2934.1，一块不完整的下颌，左侧保存有下颌水平支和上升支的大部

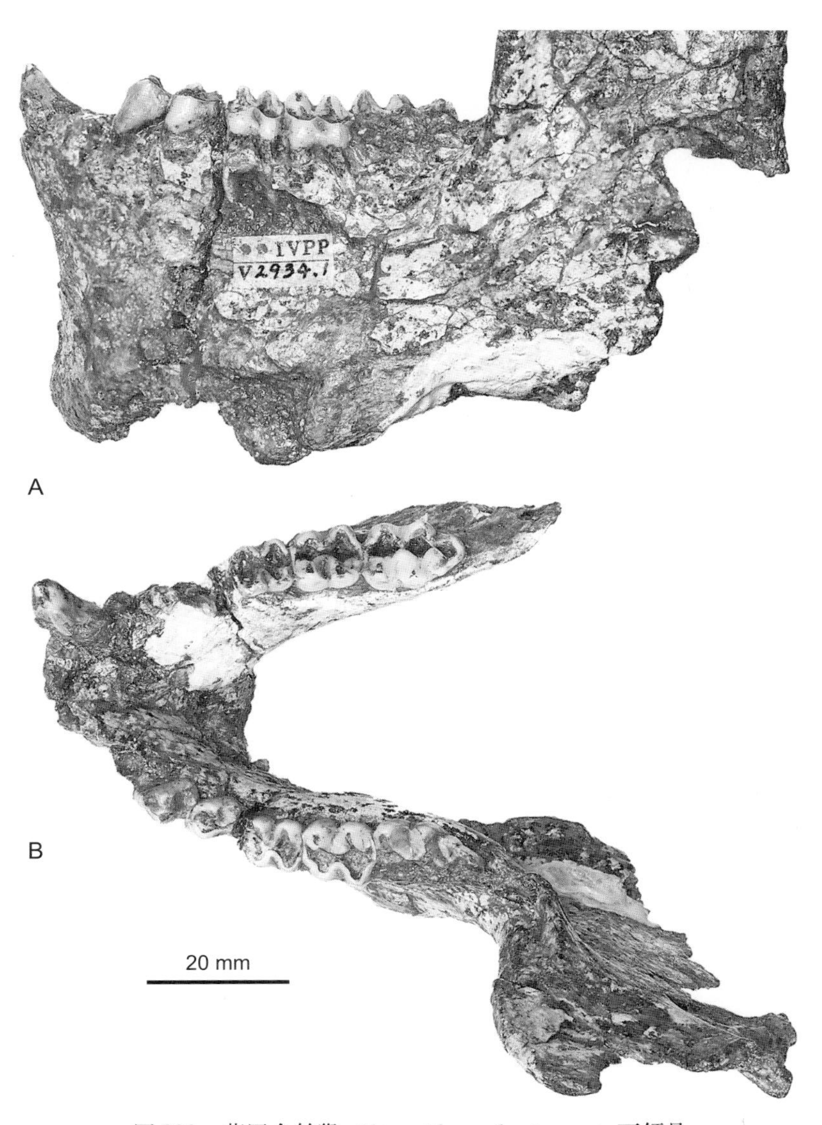

图 223 蓝田金丝猴 *Rhinopithecus lantianensis* 下颌骨

A, B. 破损的下颌骨（IVPP V 2934.1，正模）：A. 外侧视，B. 上面视

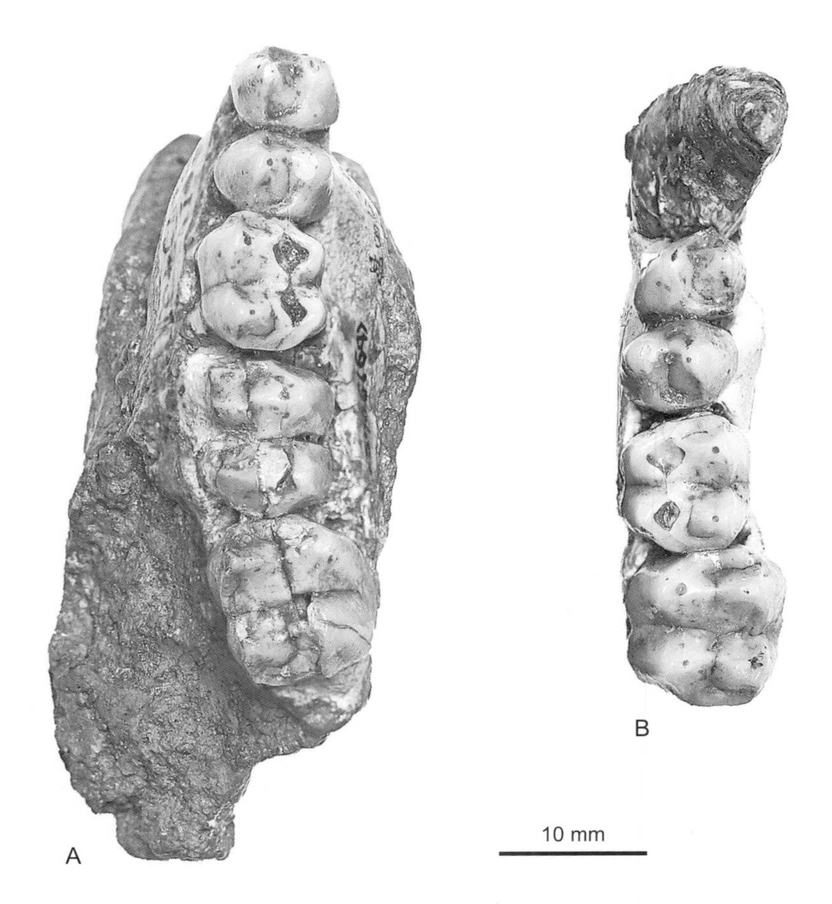

图 224　蓝田金丝猴 *Rhinopithecus lantianensis* 上颌骨
A. 上颌骨片段（IVPP V 2934.2，副模），B. 上颌骨片段（IVPP V 2934.3，副模）：下面视

分，冠状突完整，牙齿保存有下前臼齿和下臼齿；右侧保存有水平支的大部分，牙齿保存有下犬齿和下臼齿。发现于陕西蓝田公王岭，下更新统。

副模　IVPP V 2934.2，残破右上颌，带 P3–M3；IVPP V 2934.3，左上颌，带 C–M2；IVPP V 2934.4，一右 M1，一左 m1。与正模一起发现。

鉴别特征　与现生金丝猴各种相比，个体明显较大且粗壮。

产地与层位　陕西蓝田公王岭；湖北郧县曲远河口、梅铺龙骨洞，郧西县羊尾镇流湖村汉水四级阶地堆积，建始县高坪镇金塘村龙骨洞。更新统。

川金丝猴 *Rhinopithecus roxellana* (Milne-Edwards, 1870)

尤玉柱和蔡保全（1996）把在福建省明溪县剪刀墘山和将乐县岩仔洞发现的金丝猴标本鉴定为川金丝猴。

川金丝猴丁氏亚种 *Rhinopithecus roxellana tingianus* Matthew et Granger, 1923

（图 225）

正模 AMNH 18466，一个近乎完整的亚成年头骨，保存有左右 DP3–4 和 M1–2。发现于重庆万州区盐井沟，中更新统。

鉴别特征 与现生滇金丝猴个体大小相当，较为粗壮，牙齿相对略小。

产地与层位 重庆万州区盐井沟、河南新安游沟村八陡山地，更新统。

评注 川金丝猴丁氏亚种最初被作为一个独立的种（Matthew et Granger, 1923），Colbert 和 Hooijer（1953）把它归为川金丝猴的一个亚种。金丝猴类化石在中国中晚更新世沉积或堆积物中是比较常见的，其中的很多标本都被归入川金丝猴丁氏亚种（Pan et Jablonski, 1987；潘悦容，2001），但实际上与其他猴科动物化石一样，金丝猴零散的牙齿很难鉴定到种一级，更难以到亚种一级。

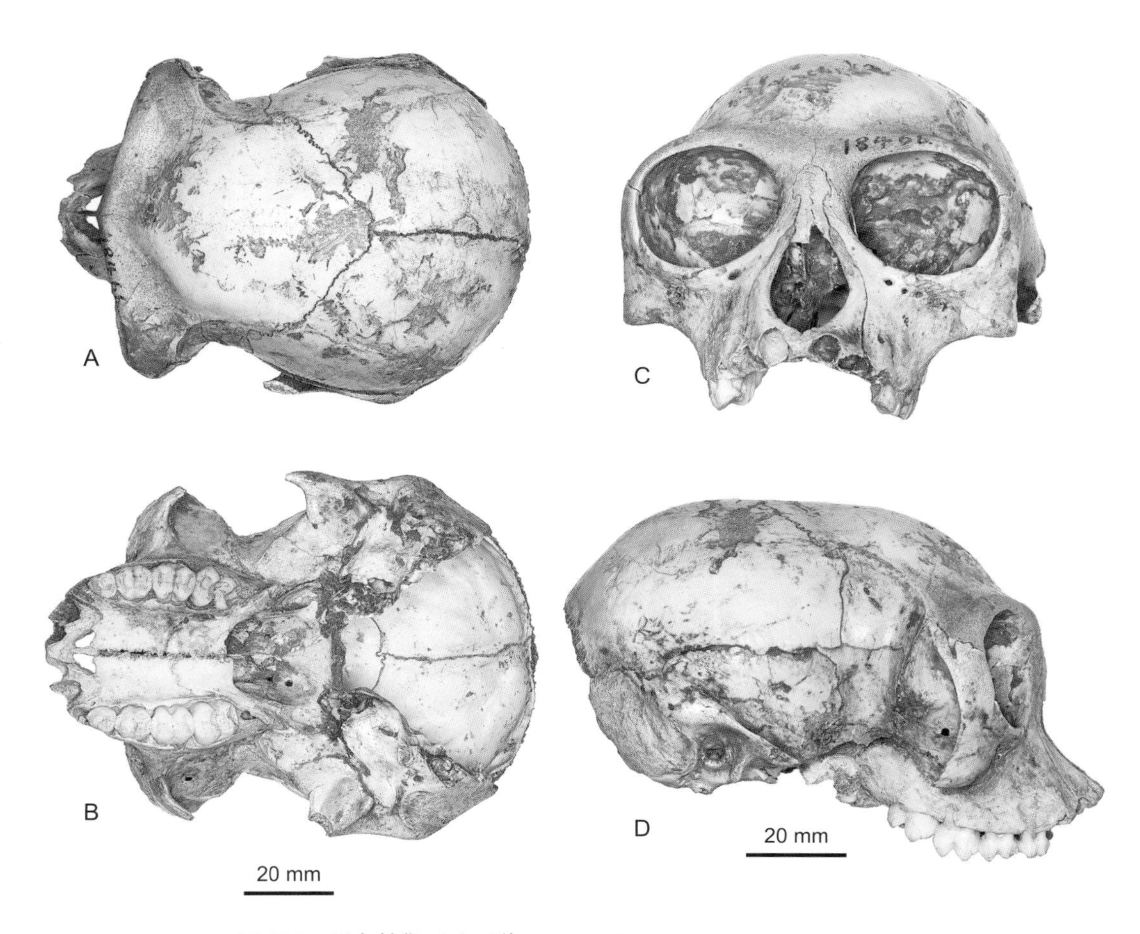

图 225 川金丝猴丁氏亚种 *Rhinopithecus roxellana tingianus*
A–D. 破损的颅骨（AMNH 18466，正模）：A. 上面视，B. 下面视，C. 前面视，D. 外侧视

白臀叶猴属 Genus *Pygathrix* É. Geoffroy Saint-Hilaire, 1812

模式种 白臀叶猴 *Pygathrix nemaeus*（Linnaeus, 1771）

鉴别特征 中等体型的不具有颊囊的狭鼻猴类。个体较为纤细，具有长尾。吻部短，吻端较圆，与金丝猴属相比，面部相对更窄；眶间距较大，但与金丝猴相比更窄；眉弓较弱，不形成明显的眶上枕；鼻骨中等长度，鼻骨间缝和鼻骨 - 上颌骨间缝简单。牙齿冠高，侧壁较陡。

中国已知种 仅 *Pygathrix* sp. cf. *P. nemaeus* 一种。

分布与时代（中国） 广东、海南，更新世至近代。

评注 现生白臀叶猴属动物包括 3 个种，即灰胫白臀叶猴（*P. cinerea* Nadler, 1997）、白臀叶猴 [*P. nemaeus* (Linnaeus, 1771)] 和黑胫白臀叶猴 [*P. nigripes* (Milne-Edwards, 1871)]，分布于柬埔寨、老挝和越南。中国海南岛曾有白臀叶猴分布，但现已绝迹（王应祥，2003）。

白臀叶猴（相似种） *Pygathrix* cf. *P. nemaeus* (Linnaeus, 1771)

白臀叶猴又称海南叶猴，顾玉珉等（1996）将该种称为豚尾叶猴。化石种类仅发现于广东罗定苹塘区下山洞和山背岩两处，所有标本仅包括一些零散的牙齿化石，其时代为中更新世末期。

乌叶猴属 Genus *Trachypithecus* Reichenbach, 1862

模式种 爪哇叶猴 *Trachypithecus auratus*（É. Geoffroy Saint-Hilaire, 1812）

鉴别特征 不具有颊囊的狭鼻猴类。个体纤细，具有长尾。吻部较长，上颚亦较长；眶间距较大，眉弓较发达，但较窄；眶后缢缩明显。下颌上升支较高。牙齿冠高，侧壁较陡；犬齿的性二型性十分显著。

中国已知种 *Trachypithecus pileatus*, *T. phayrei*, *T. francoisi*, *Trachypithecus* sp. cf. *T. phayrei*，共四种。

分布与时代（中国） 云南、广西、贵州、重庆、广东等，更新世至现代。

评注 现生乌叶猴属动物包括 17 个种，分布于印度、斯里兰卡、中国南部、缅甸、泰国、印度尼西亚等。在中国境内分布的现生乌叶猴仅包括 3 个种（王应祥，2003）。

黑叶猴 *Trachypithecus francoisi* (de Pousargues, 1898)

顾玉珉等（1996）把发现于广东罗定苹塘区下山洞中更新世末期洞穴堆积物中的一

些零散的叶猴类牙齿鉴定为黑叶猴。

灰叶猴（相似种） *Trachypithecus* cf. *T. phayrei* (Blyth, 1847)

灰叶猴又译作菲氏叶猴或法氏叶猴，在云南保山塘子沟全新世早期地层中曾发现一块保存有左右上前臼齿和臼齿的上颌骨及一块保存有下臼齿的右侧下颌骨片段，潘悦容等（1992）将这些标本归入灰叶猴的相似种。顾玉珉等（1996）报道了发现于广东罗定苹塘区下山洞和山背岩中更新世末期洞穴堆积物中的一些零散的叶猴类牙齿，也被归为灰叶猴的相似种。

长臂猿科 Family Hylobatidae Gray, 1870

模式属 长臂猿 *Hylobates* Illiger, 1811

定义与分类 是一类以现生类群为主的人总科动物，是人科动物的姊妹群。包括元谋猿、丘齿猿、白眉长臂猿等 2 个化石属和 4 个现生属。

鉴别特征 齿式：2•1•2•3/2•1•2•3。门齿为非常典型的铲形齿；雌雄个体都有较发达的犬齿，无性二型。臼齿都具有宽阔的齿谷，齿尖钝圆；上臼齿具有很大的孤立的次尖；下臼齿没有下前尖，下次小尖发达，与下内尖近等大。吻部非常缩短，眼眶很大，通常具有突出的眼眶缘，无矢状脊和枕脊。四肢修长，前肢远远超过后肢的长度；指、趾骨长而弯曲；如同猴科动物一样具有臀垫，如同大猿和人一样无尾。

中国已知属 *Yuanmoupithecus*, *Bunopithecus*, *Hoolock*, *Nomascus*, *Hylobates*, 共五属。

分布与时代（中国） 重庆、湖南、云南、贵州、广西、广东、海南，晚中新世至现代。

评注 长臂猿科包括 4 个现生属，分别是长臂猿属、白眉长臂猿属、黑长臂猿属和合趾长臂猿属（*Symphalangus* Gloger, 1841），主要分布于东南亚。在我国南方更新世洞穴堆积物中，长臂猿化石数量虽少，但时常存在。以往的研究中，基于旧的分类系统，多把这些化石作为长臂猿属的未定种。近年来，长臂猿科中属一级的分类发生了很大变化，我国南方的长臂猿化石的系统归属便成了问题，目前仅能把它们作为长臂猿科属种未定的动物来对待。

元谋猿属 Genus *Yuanmoupithecus* Pan, 2006

模式种 小元谋猿 *Yuanmoupithecus xiaoyuan* Pan, 2006

鉴别特征 P3 前尖尖锐，原尖较低，两尖与远中侧齿带围成宽阔的凹，前尖次脊（hypoparacrista）发达。M3 次尖发达，斜脊（次尖前脊）显著，跟座谷发达，舌侧齿带非常强，颊侧齿带较弱。p3 下原尖很高，无下前尖和下后尖，存在指向远中舌侧的下原脊，牙齿近中颊侧齿冠略扩展；p4 下后尖存在，低于下原尖，下跟座具明显的凹。下臼齿齿尖钝圆，各齿尖的位置均靠近齿冠边缘，齿脊很弱，下三角座很短，颊舌向较宽，下跟座谷较宽阔，呈近圆形的齿凹；下后尖远中侧存在钝的脊，此脊使得下跟座舌侧的开放口变窄，下斜脊不明显；m1–2 的下次小尖与下内尖近等大，两尖的远中舌侧存在低的齿带，该齿带与两尖围成一个小齿凹；m3 的下次小尖很大，明显大于下内尖，其位置更靠近下次尖；m1 小于 m2 或近等大，m3 最大。

中国已知种 仅模式种。

分布与时代 云南，晚中新世。

小元谋猿 *Yuanmoupithecus xiaoyuan* Pan, 2006

（图 226）

正模 YMM YML 234，一枚左 m2。发现于云南元谋雷老村附近，上中新统小河组。

鉴别特征 同属。

评注 建名人将产自雷老的另外 10 枚单个牙齿和产自小河村房背梁子的 3 枚单个的

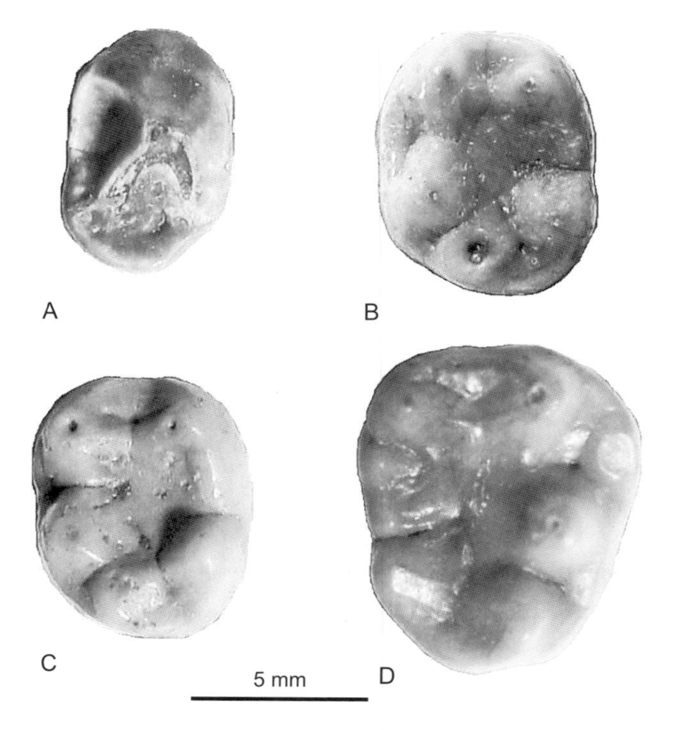

图 226 小元谋猿 *Yuanmoupithecus xiaoyuan*

A. 右 p3 （YMM YML 235）, B. 左 m1 （YMM YML 241）, C. 左 m2 （YMM YML 234，正模）, D. 右 m3 （YMM YML 112）：冠面视（均引自潘悦容，2006）

牙齿，作为归入标本一起归入了该新建种。正模产于雷老，而其他 10 个单个牙齿的确切产出层位在文中没有交代，目前很难把它们直接指定为副模。

丘齿猿属 Genus *Bunopithecus* Matthew et Granger, 1923

模式种 丝丘齿猿 *Bunopithecus sericus* Matthew et Granger, 1923

鉴别特征 大型长臂猿。m2–3 齿冠较宽，齿尖呈丘形，较高；下后尖的位置相对于下原尖略靠近远中侧，下原脊显著，略倾斜，下三角座谷较其他长臂猿的大；下跟座较

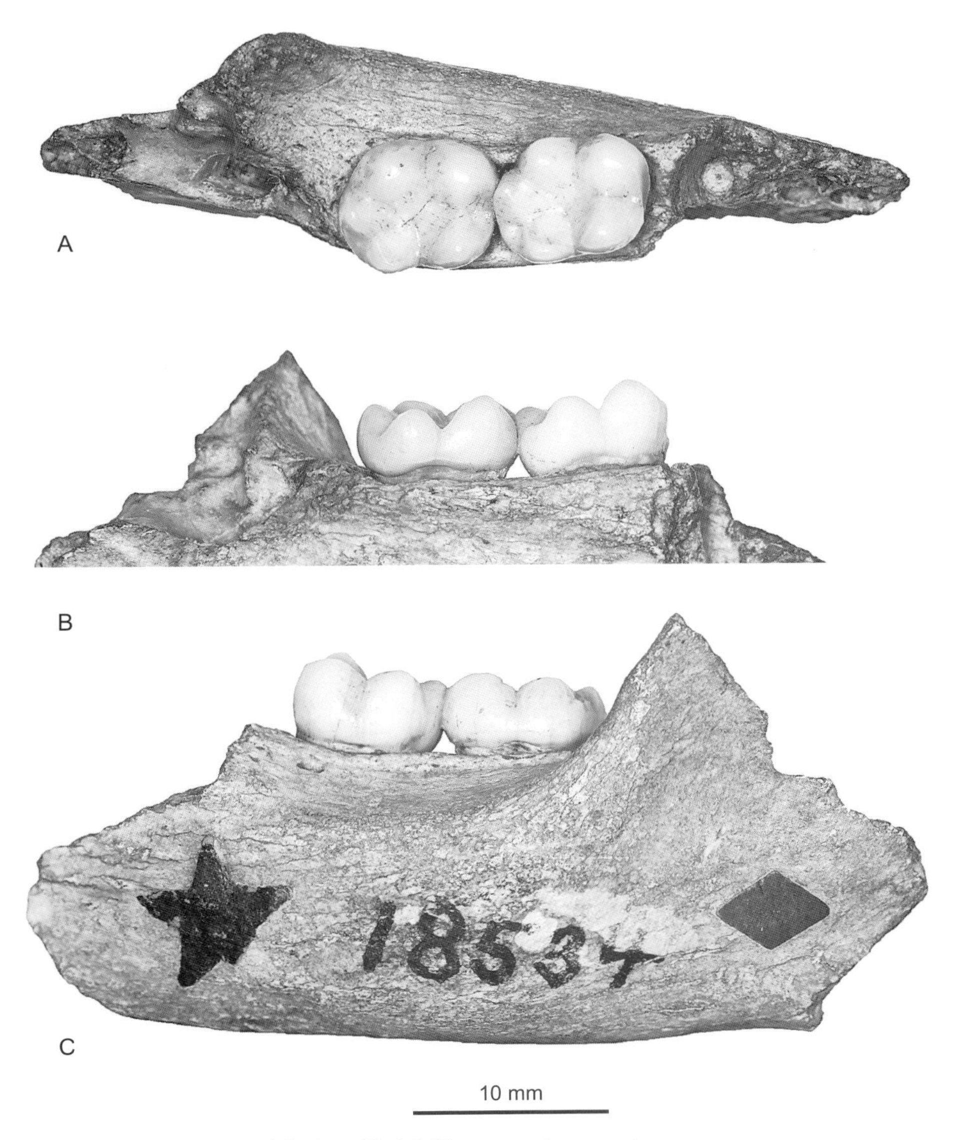

图 227 丝丘齿猿 *Bunopithecus sericus*

A–C. 左下颌支片段（AMNH 18534）：A. 上面视，B. 内侧视，C. 外侧视

下三角座略宽，下跟座谷较深，舌侧开放口较窄，下内尖较高，下次小尖很大，与下内尖大小接近，其位置接近下内尖，两尖呈孪生状，下内尖与下次小尖远舌侧存在低的齿带，齿带与两尖围成小而窄的远中侧凹。

中国已知种 仅模式种。

分布与时代 重庆，更新世。

丝丘齿猿 *Bunopithecus sericus* Matthew et Granger, 1923

（图 227）

正模 AMNH 18534，一块左下颌支片段，保存有 m2, m3。发现于重庆万州区盐井沟，更新统。

鉴别特征 同属。

白眉长臂猿属 Genus *Hoolock* Mootnick et Groves, 2005

模式种 白眉长臂猿 *Hylobates hoolock*（Harlan, 1834）

鉴别特征 大型长臂猿。具有 38 对染色体。牙齿较大，齿列较宽。鼻骨突出具尖的末端；鼻中隔延伸超出鼻翼。头骨穹窿低而平；额头毛发在雄性性成熟时增长；冠发后指。发声方式不同于其他种，包含喉音，雌雄的发声无性二型；雌雄都具有喉囊。胸围窄。肢间指数低于 136。尾椎骨数量较多，平均 4.5 个；坐骨胼胝发育较早。睾丸位于前或副阴茎囊中而不是位于悬垂的阴囊中；生殖毛簇较大；阴茎骨较长；阴蒂亦较长且具有阴蒂骨。性双色，雌雄在度过婴儿期后体色都转黑，雄性一直保持黑色，雌性性成熟时体色发生变化，有褐色或淡黄褐色。婴儿期与母体体色差异非常大，婴儿体色近白色（据 Mootnick et Groves, 2005）。

中国已知种 仅模式种。

分布与时代（中国） 云南、西藏、广西，更新世至现代。

评注 白眉长臂猿又称呼猿，现生类群分布在缅甸、孟加拉北部、印度东北部和中国西南部，栖息于具有连续林冠层的潮湿的阔叶落叶林、常绿 - 落叶混交林等热带、亚热带多种森林环境（Ma et al., 1988; Yang et al., 1987）。

白眉长臂猿 *Hoolock hoolock* (Harlan, 1834)

Hylobates sp.：韩德芬，1982，58页

顾玉珉（1986; Gu, 1989）重新研究了裴文中于1955–1957年在广西发掘和收集的化石长臂猿，将其中三枚上臼齿归入白眉长臂猿，主要是根据这三枚牙齿的舌侧无齿带，且个体大小与现生白眉长臂猿相当。依据顾玉珉（1986; Gu, 1989）的整理结果，这三枚标本实际上来源于不同地点，一枚来自于广西大新县黑洞，一枚来自于穿山乡，另一枚来自于荔浦的药材收购站。韩德芬（1982）认为大新黑洞哺乳动物群的时代为中更新世早期，另外两个地点的时代按照顾玉珉（1986）的判断属于晚更新世。

黑长臂猿属 Genus *Nomascus* Miller, 1933

模式种 黑长臂猿 *Nomascus concolor*（Harlan, 1826）

鉴别特征（依据 Groves, 1972 和 Prouty et al., 1983） 大型长臂猿。具有52对染色体。头骨中等长，穹窿较高，眼眶边缘较平，额骨亦较平；鼻骨平。成年雌性冠发在头两侧加长，年轻雌性个体和所有年龄段的雄性个体的冠发都位于头中部，冠发上指；眉间和两颊毛发生长强烈。耳廓与头部皮肤愈合。雌雄均没有明显的喉囊，如存在则很小。肢间指数较高，大于136，平均达到141。胸椎14枚；胸骨较窄，胸骨柄较长；胸廓窄。阴蒂长而细；阴囊存在，阴茎头延长，锥状，阴茎骨长。

中国已知种 *Nomascus concolor* 和 *N. leucogenys*，共两种。

分布与时代（中国） 云南、广西，更新世至现代。

评注 黑长臂猿又称黑冠长臂猿、冠长臂猿，现生类群分布于柬埔寨、越南、老挝，以及中国的云南和海南，栖息于阔叶混交林、常绿林、落叶林、半落叶林、山地森林。黑长臂猿属曾被作为长臂猿属的一个亚属，而黑长臂猿种下曾包括6个亚种（Groves, 1972）。现在黑长臂猿被确立为独立的属，其下种和亚种的分类也发生了很大的变化，共计包括4个种8个亚种（Brandon-Jones et al., 2004）。

黑长臂猿 *Nomascus concolor* (Harlan, 1826)

顾玉珉（1986; Gu, 1989）在重新研究裴文中于1955–1957年在广西发掘和收集的长臂猿化石时，将其中37枚牙齿中的34枚都归入了黑长臂猿，其主要依据是这些牙齿的舌侧有明显的齿带。裴文中采集的这些标本来自于广西境内的15个地点，其中有些是从药材收购站收集来的。较为确切的地点包括广西大新县正隆乡牛睡山黑洞、柳江木罗山硝泥岩洞、柳江成团区平头寨山中门岩洞、柳江木团乡穿山区白山岩洞、上林县三里区云洋村弄蓉洞、宜山县德胜镇屏风山飞鼠岩、柳江流山乡灵岩洞。除了大新牛睡山黑洞的时代属于中更新世外，其他各个地点都属于晚更新世。赵仲如等（1981）发现于广西都安县地苏乡东风村九楞山R5013洞的哺乳动物化石中包括一枚长臂猿的右

M2，被鉴定为黑长臂猿的相似种，其时代为晚更新世。林一璞等（1974）详细描述了一枚发现于广西宜山县德胜镇屏风山飞鼠岩的长臂猿左M1，将其鉴定为长臂猿未定种，他们同时也指出，该标本的大小和形态与现生的黑长臂猿非常相近，但是化石种的舌侧齿带更为强壮。陈德珍和祁国琴（1978）报道的云南省文山州西畴县仙人洞人类化石的伴生哺乳动物群中包括有一枚长臂猿左M1（IVPP V 5234-6），该动物群的时代可能略早于周口店山顶洞动物群，时代为晚更新世。顾玉珉（1986）认为西畴的长臂猿可能也是黑长臂猿。另外她还认为，属于晚更新世的广西灵川甲宅太平岩、隆林县祥播乡的长臂猿标本也是黑长臂猿。

人科 Family Hominidae Gray, 1825

模式属 人属 *Homo* Linnaeus, 1758

定义与分类 是一类大型狭鼻猴类灵长类动物，人类及其近亲所在的类群，长臂猿科动物的姊妹群。包括人属（*Homo*）、猩猩属（*Pongo*）、黑猩猩属（*Pan*）、大猩猩属（*Gorilla*）、南方古猿属（*Australopithecus*）、森林古猿属（*Dryopithecus*）等33个属。

鉴别特征 与长臂猿科动物相比体型不仅显著更大，而且也更为粗壮，雌雄性二型性非常显著。大体型和显著的雌雄二型性是人科动物区别于其他灵长类动物的最主要的特征。齿式：2•1•2•3/2•1•2•3。门齿为非常典型的铲形齿。不同于猴科动物，而与长臂猿科动物共有很多相似的特征，两者的前臼齿和臼齿都为丘型齿，不具有显著的横脊；上臼齿次尖发达；下臼齿无下前尖，下次小尖发达，与下内尖等大或更大；都具有宽的胸廓；尺骨肘突很短，肘关节可伸展的范围很大，尺骨茎突不与腕骨相关节；无尾，也不具有臀垫。与长臂猿不同之处在于人科动物的门齿相对于臼齿通常更大，齿尖更钝，齿谷通常较浅且窄，多数种类的牙齿釉质层很厚；所有已知的人科动物的髂骨都较宽，而长臂猿的较窄。不具有中央腕骨。

中国已知属 *Lufengpithecus*, *Dryopithecus*, *Gigantopithecus*, *Pongo*, *Homo*，共五属。

分布与时代 世界性分布，早中新世至现代。

禄丰古猿属 Genus *Lufengpithecus* Wu, 1987

Sinopithecus：张兴永等，1990，53页

Dianopithecus：潘悦容，1996，93页

模式种 禄丰古猿同名种 *Lufengpithecus lufengensis* (Xu, Lu, Pan, Qi, Zhang et Zheng, 1978)

鉴别特征 雌雄二型性明显。吻部相对较短；鼻槽斜面中等长度，较直；面部侧面轮廓线的中部略下凹，但前颌骨无明显的背向隆起；眼眶略呈方形，眼间距很大；眉弓明显，但不甚粗壮，眉间较平，略后凹，眉弓之上的额骨形成较明显的平台；可能存在额窦；颧骨侧向延展较宽，颧弓侧向突出显著；颞线明显，于颅顶汇合；上颌骨犬齿凹较大，但较浅。下颌骨很高，前端较陡直；下颌联合内侧的上圆枕较弱，下圆枕强烈后突，颏舌肌窝中等宽度，其底部平缓后伸。I1 切缘很直，远中侧较圆，舌侧具有发达的中部齿结节，近中侧脊和远中侧脊较弱；I2 明显比 I1 小，尖端明显。雄性上犬齿近中侧具有深的纵沟；雌性上犬齿具有发达的舌侧齿带，后跟突出；左右犬齿齿根向上、向矢状面中线靠拢，致使犬齿之前的吻端呈三角形。上前臼齿颊舌向宽明显大于近中 - 远中向长，原尖很大，低于前尖；M1–2 前原脊和后原脊分别与前尖次脊和后尖次脊（hypometacrista）连成一体，包围宽阔的三角座谷，次尖较大，与原尖不相连或仅有弱的连接，跟座谷较宽阔；M3 变化较大，后尖明显小于前尖，其位置更加靠近舌侧，有时具有大的次尖。下门齿齿冠很高，但近中 - 远中向很短，近乎垂直生长；i2 近中 - 远中向比 i1 略长。下犬齿舌侧齿带明显。p3 近中 - 远中向很长，下前脊和下原脊发达，存在非常弱的下后尖，舌侧齿带发达；p4 下原尖和下后尖连成横脊，下三角座谷较为明显，下跟座谷很大。下臼齿齿尖排布成 Y5 型；下三角座谷近中 - 远中向很短；下跟座谷较平坦而开阔，下次小尖较为靠近颊侧，与下内尖近等大，远中侧凹明显。上下颊齿，特别是臼齿的冠面，在未经磨蚀或磨蚀较浅的时候有明显的皱纹。

中国已知种 *Lufengpithecus lufengensis*, *L. keiyuanensis*, *L. hudienensis*，共三种。

分布与时代 云南，晚中新世。

禄丰古猿同名种 *Lufengpithecus lufengensis* (Xu, Lu, Pan, Qi, Zhang et Zheng, 1978)

（图 228—图 230）

Ramapithecus lufengensis：徐庆华等，1978，554页

Sivapithecus yunnanensis：徐庆华、陆庆五，1979，1页

Sivapithecus lufengensis：吴汝康等，1986，1页

"*Sivapithecus*" *lufengensis*：Kelley et Pilbeam, 1986, p. 361

Sinopithecus lufengensis：张兴永等，1990，53页

Sinopithecus yunnanensis：张兴永等，1993，65页

Sivapithecus yunnanensis lufengensis：周国兴，1998，18页

正模 IVPP PA 580，一个较为完整的下颌，保存有左右 i2、下犬齿、下前臼齿和下臼齿。发现于云南禄丰石灰坝村庙山坡，上中新统石灰坝组，D 剖面第五层。

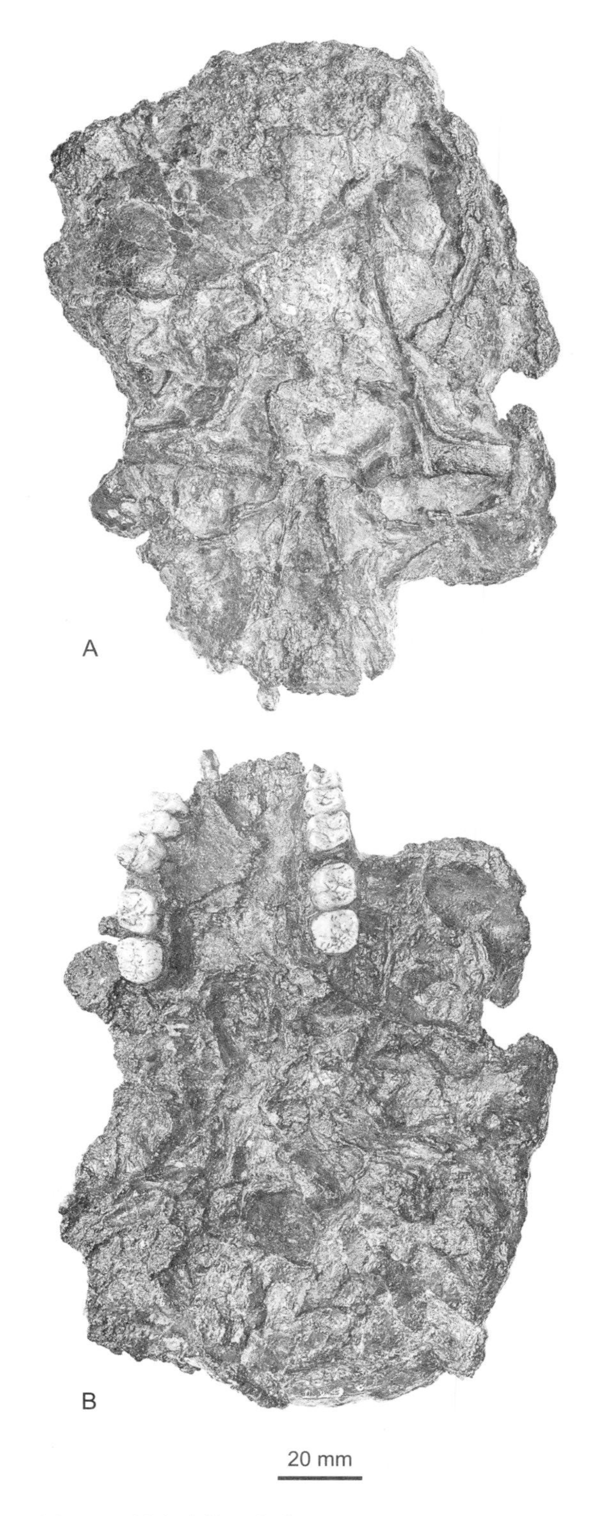

图 228　禄丰古猿同名种 *Lufengpithecus lufengensis*

A, B. 挤压变形的颅骨（IVPP PA 677）：A. 上面视，B. 下面视

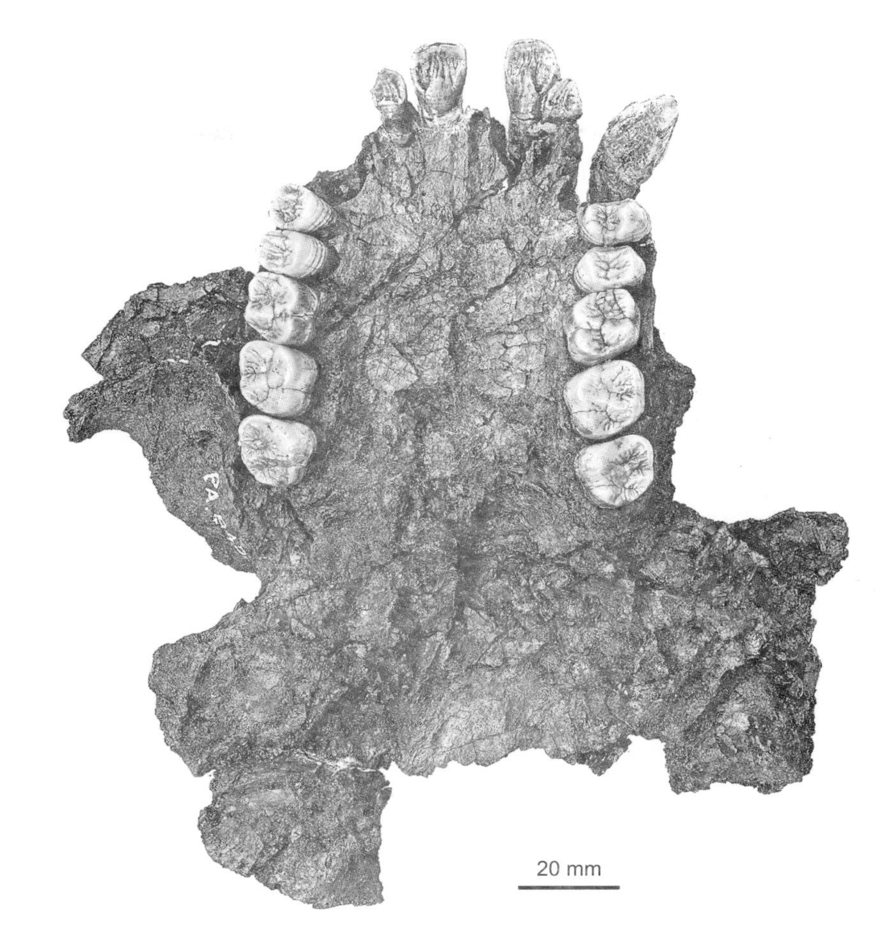

图 229　禄丰古猿同名种 *Lufengpithecus lufengensis* 颅骨
挤压变形的颅骨（IVPP PA 845）：下面视

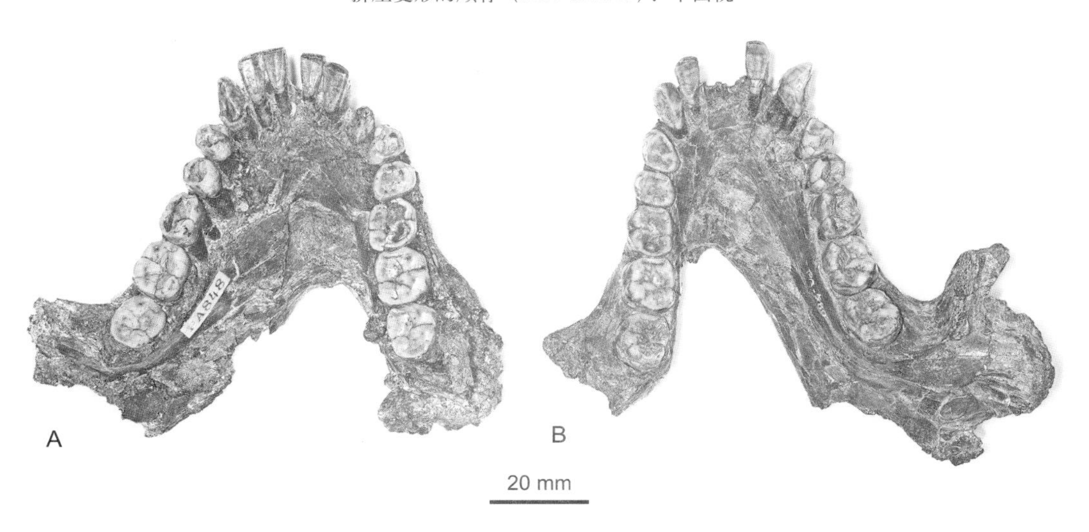

图 230　禄丰古猿同名种 *Lufengpithecus lufengensis* 下颌
A. 下颌（IVPP PA 848），B. 下颌 （IVPP PA 580，正模）：上面视

鉴别特征 同属。

评注 关于本种化石发现与研究的资料非常多。读者可以参考徐庆华和陆庆五（2008）关于该种的系统综述。徐庆华和陆庆五（2008）把 IVPP PA 644 重新指定为正模是无效的，同文中指定的副模 IVPP PA 677 产自 D 剖面第三层，而非产出正模的第五层，因此不能作为副模。

开远禄丰古猿 *Lufengpithecus keiyuanensis* (Woo, 1957)

（图 231）

Dryopithecus keiyuanensis：Woo, 1957, p. 25; 1958, p. 38

Ramapithecus sp.：Wu et Oxnard, 1983, p. 258

Sivapithecus sp.：Wu et Oxnard, 1983, p. 258

Ramapithecus keiyuanensis：张兴永等，1983，83页

Ramapithecus (*Dryopithecus*) *keiyuanensis*：张兴永，1987，81页

Sinopithecus keiyuanensis：张兴永等，1990，53页

Sinopithecus xiaolongtanensis：张兴永等，1993，65页

Sivapithecus (*Dryopithecus*) *keiyuanensis*：Pan, 1994, p. 285

Sivapithecus yunnanensis kaiyuanensis：周国兴，1998，18页

正模 IVPP PA 75，可能属于同一个体的 5 枚零散的牙齿，包括左侧 p4、m2 和右侧 p4、m2、m3。发现于云南开远市小龙潭，中中新统小龙潭组。

鉴别特征 前臼齿和臼齿比禄丰古猿同名种小。

评注 Woo（1957）在命名开远"森林古猿"时并没有注明标本号，在中国科学院古脊椎动物与古人类研究所的馆藏中，吴汝康所描述的标本被登记为 IVPP PA 75.1–5。Woo（1958）还报道了属于同一个体的右颊侧齿列（IVPP PA 82.1–5，p3–4、m1–3），标本采自小龙潭组，但是具体层位不清。张兴永（1987）报道了属于同一个体的 m1–3 和保存有 12 枚牙齿的前颌骨 - 上颌骨片段，标本采自开远市小龙潭布沼坝露天矿的小龙潭组。

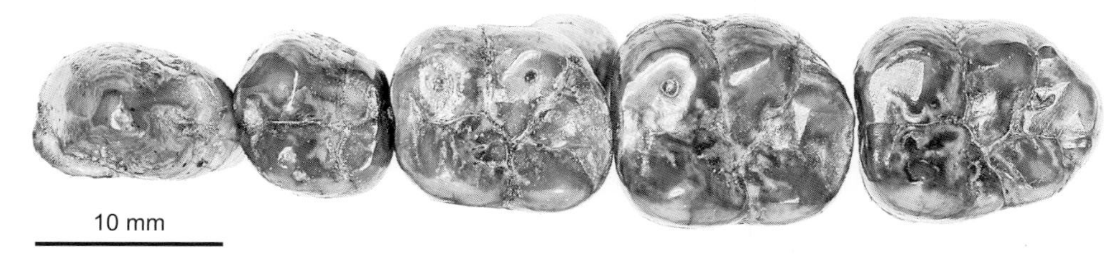

图 231 开远禄丰古猿 *Lufengpithecus keiyuanensis*
右侧 p3、p4、m1–3（IVPP PA 82.1–5）：冠面视

蝴蝶禄丰古猿 *Lufengpithecus hudienensis* (Zhang, 1987)

（图 232，图 233）

Homo habilis zhupengensis：江能人等，1987，157页

Ramapithecus hudienensis：张兴永等，1987b，54页

Homo orientalis：张兴永等，1987a，57页

Sinopithecus hudienensis：张兴永等，1990，53页

Homo erectus zhupengensis：宗冠福等，1991，155页

Sinopithecus xiaoheiensis：张兴永等，1993，65页

Sivapithecus sp.：姜础等，1993，97页

Lufengpithecus spp.：Pan, 1994, p. 285

Dianopithecus progressus：潘悦容，1996，93页

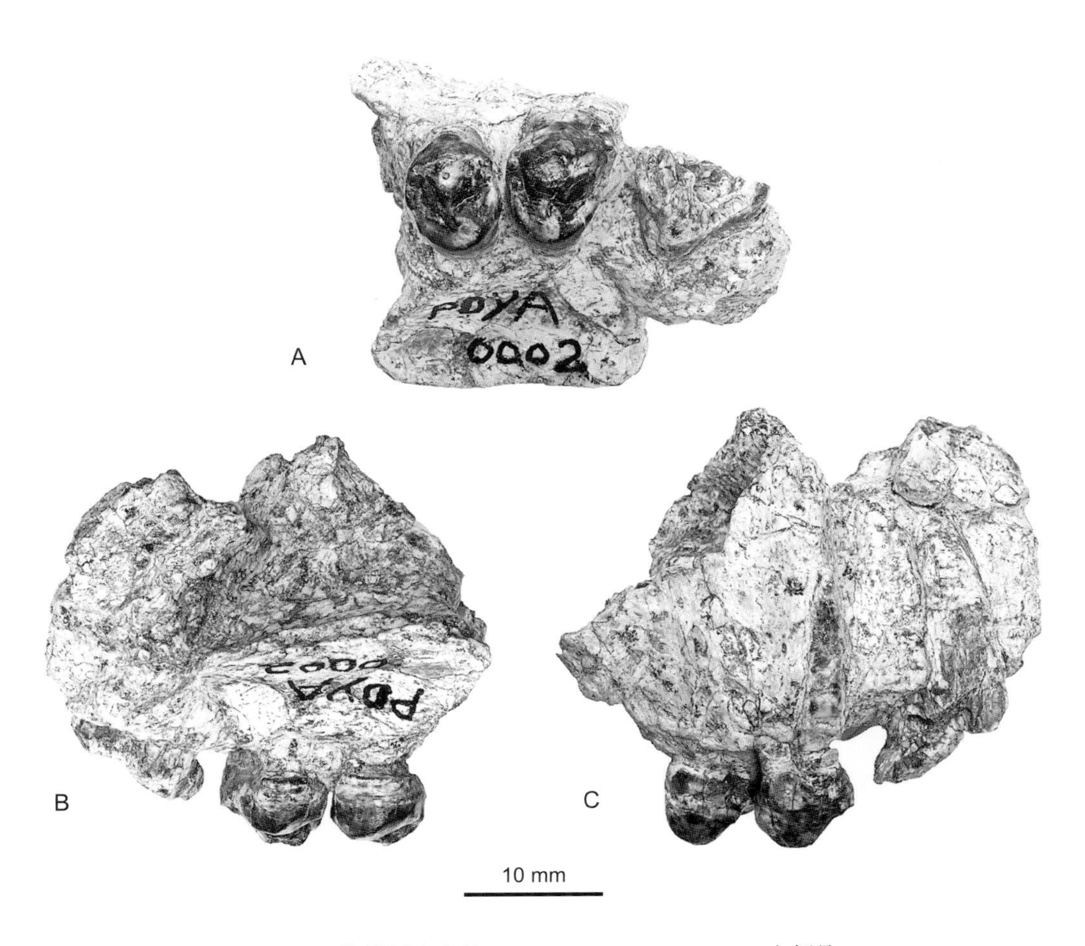

图 232　蝴蝶禄丰古猿 *Lufengpithecus hudienensis* 上颌骨

A–C. 右上颌骨片段（IVPP PA 1324）：A. 下面视，B. 内侧视，C. 外侧视

Lufengpithecus yuanmouensis：郑良、张兴永，1997，21页

Lufengpithecus keiyuanensis：高峰，1998，50页

Sivapithecus yunnanensis yuanmouensis：周国兴，1998，18页

正模 YV 916，一块左上颌骨，保存有P3、P4和M1–3。发现于云南元谋小河村附近，上中新统小河组。

鉴别特征 前臼齿和臼齿比禄丰古猿同名种小，牙齿釉质明显较薄。

评注 图232和图233中显示的IVPP PA 1324产自小河村旁的8802地点，IVPP PA 1369产自雷老9903地点。

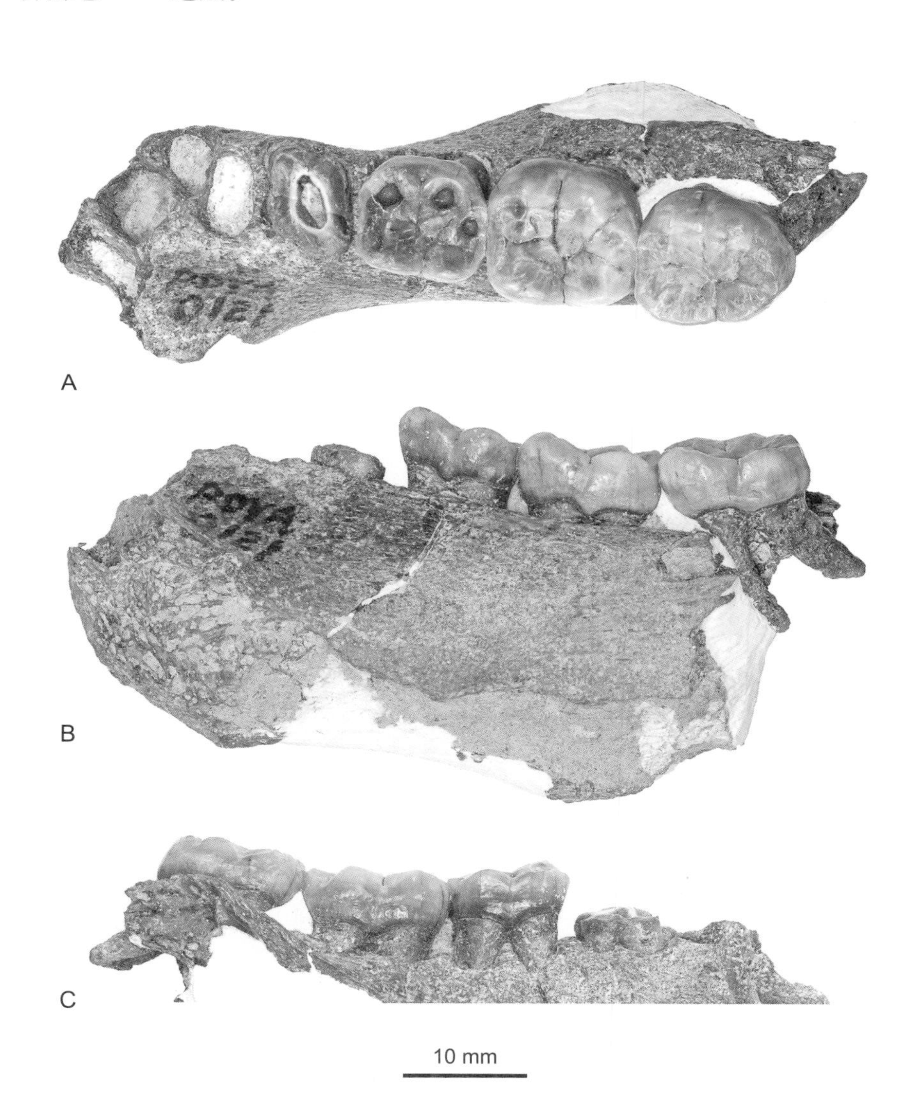

图 233 蝴蝶禄丰古猿 *Lufengpithecus hudienensis* 下颌

A–C. 右下颌支片段（IVPP PA 1369）：A. 上面视，B. 内侧视，C. 外侧视

森林古猿属 Genus *Dryopithecus* Lartet, 1856

模式种 枫丹森林古猿 *Dryopithecus fontani* Lartet, 1856

鉴别特征 雌雄二型性非常显著。上颌骨颧突的根部较高；下颌骨粗壮。牙齿釉质较薄，齿尖低而钝，较为靠近齿冠边缘，舌侧与颊侧均无齿带。上下门齿齿冠很高，但近中-远中向很短；I1 冠面不对称，远中侧明显较圆。上下犬齿颊舌向较扁。p3 近中颊侧-远中舌侧斜向伸长，下原尖尖锐且高，下前脊和下原脊发达；p4 下跟座谷较宽大，低于下三角座谷。上臼齿次尖大而较圆，三角座谷宽而浅。下臼齿呈 Y5 型，下次小尖较为靠近颊侧，下跟座谷较宽且浅。肢骨粗壮，类似于现生大猿。

中国已知种 仅 *Dryopithecus wuduensis* 一种。

分布与时代 甘肃，晚中新世。

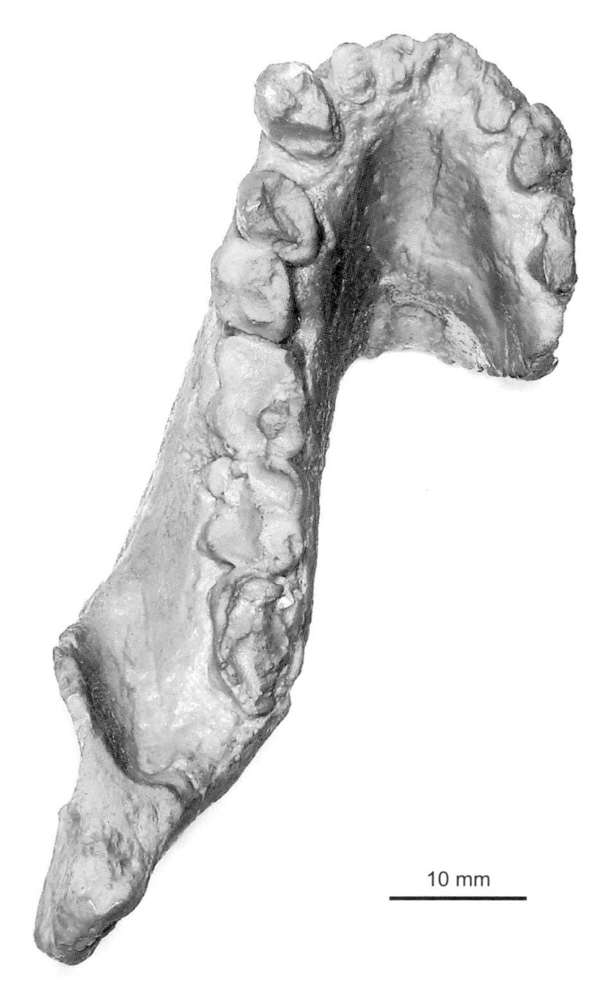

图 234 武都森林古猿 *Dryopithecus wuduensis*
下颌骨残段（NWU XD47Wd 001，正模）：上面视

评注 森林古猿属包括5个种：枫丹森林古猿（*D. fontani*）、布兰蔻森林古猿（*D. brancoi*）、库鲁萨枫森林古猿（*D. crusafonti*）、莱耶塔森林古猿（*D. laietanus*）和武都森林古猿。除了武都森林古猿以外，其余种类都发现于欧洲。枫丹森林古猿是出现最早的森林古猿，生存时代为MN7/8，相当于距今11–12Ma，而布兰蔻森林古猿最晚延伸到MN11（Begun, 2002a）。

武都森林古猿 *Dryopithecus wuduensis* Xue et Delson, 1988

（图234）

正模 NWU XD47Wd001，一个老年个体的不完整的下颌骨，保存下颌联合及左侧部分，牙齿大部分破损。发现于甘肃武都龙家沟，上中新统保德组。

鉴别特征 小型森林古猿。p3相对较短，具有横向的跟座；p4近中-远中向明显加长。m3长大于宽。

巨猿属 Genus *Gigantopithecus* von Koenigswald, 1935

模式种 步氏巨猿 *Gigantopithecus blacki* von Koenigswald, 1935

鉴别特征 大型类人猿。下颌骨极高且厚，近中侧略浅，下颌联合很长很厚，具枕。上下前臼齿、臼齿的齿冠都很高，但是齿尖的轮廓较低，齿尖间无明显的齿脊，牙齿冠面布满瘤状附尖。上犬齿粗壮，齿冠较低，齿根很长。上前臼齿强烈臼齿化，P3大于P4。下门齿很小，齿冠窄而低；下犬齿齿冠低而粗壮，磨蚀自尖端逐渐向根部，磨蚀方向与前臼齿和臼齿相当。下前臼齿亦臼齿化；p3冠面明显倾斜，略大于p4。m1小于m2，m2小于m3。

中国已知种 仅模式种。

分布与时代 广西、贵州、湖北、重庆，更新世。

评注 巨猿属包括步氏巨猿（*Gigantopithecus blacki* von Koenigswald, 1935）和大巨猿（*G. giganteus* Pilgrim, 1915）两个种，大巨猿发现于印度和巴基斯坦的西瓦利克山晚中新世地层。步氏巨猿主要发现于我国，在与我国广西邻近的越南北部谅山省参建洞（Tham Khuyen Cave）的中更新世洞穴堆积物中也发现有步氏巨猿（Ciochon et al., 1996）。

步氏巨猿 *Gigantopithecus blacki* von Koenigswald, 1935

（图235—图237）

正模 FS-CA733，一枚m3。地点不明。

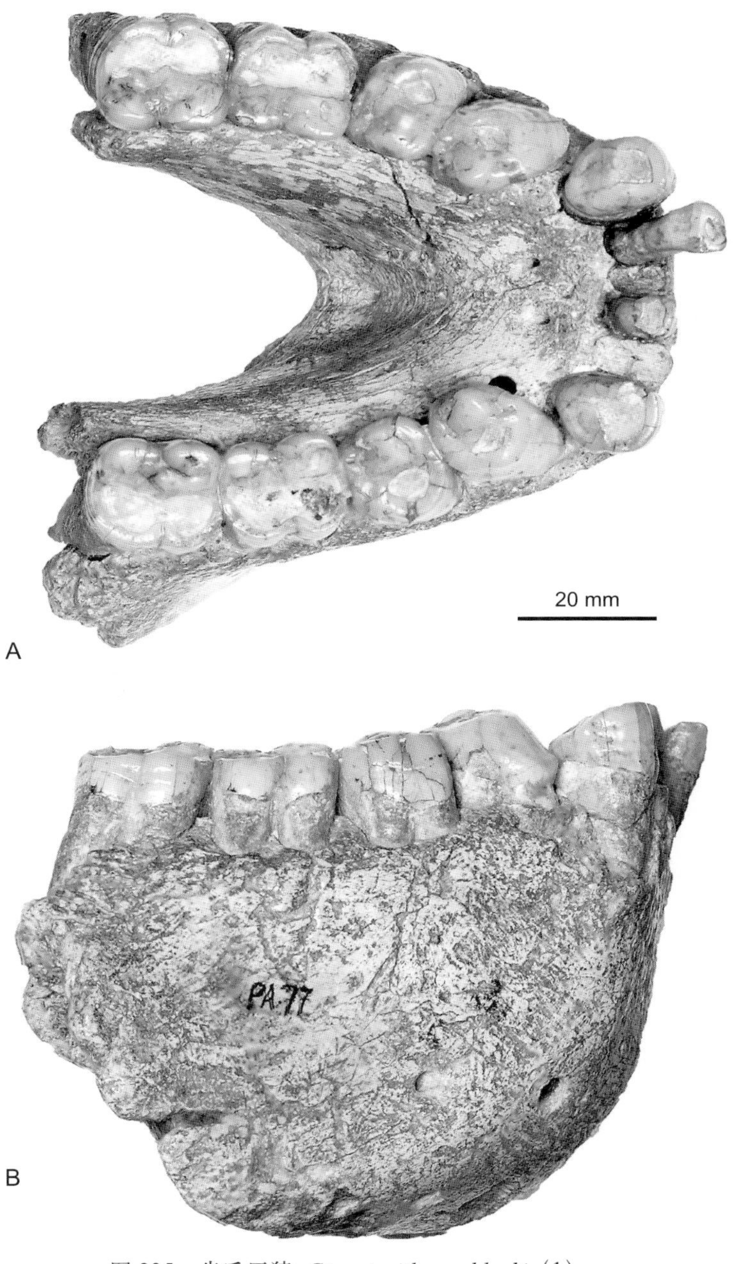

图 235　步氏巨猿 *Gigantopithecus blacki*（1）
A, B. 下颌（IVPP PA 77）：A. 上面视，B. 外侧视

鉴别特征　明显比大猿大，齿骨更高，牙齿齿冠更高，附属小尖更多。

产地与层位　广西大新牛睡山、黑洞，柳城愣寨山巨猿洞，武鸣甘圩布拉利山山洞，巴马所略乡莫弄山山洞，崇左江州泊岳山山洞、三合大洞、缺缺洞、木榄山山洞、弄巴山山洞，百色步兵盆地么会洞、吹风洞；贵州毕节扒耳岩山洞；湖北建始高坪金塘村龙骨坡龙骨洞；重庆巫山庙宇龙坪村龙骨坡。更新统。

评注 吴汝康（1962）对 1960 年前在广西所发现的步氏巨猿化石有系统的总结。此后该种化石虽在多地有许多发现，但已发表的材料的完整性没有超过吴者。

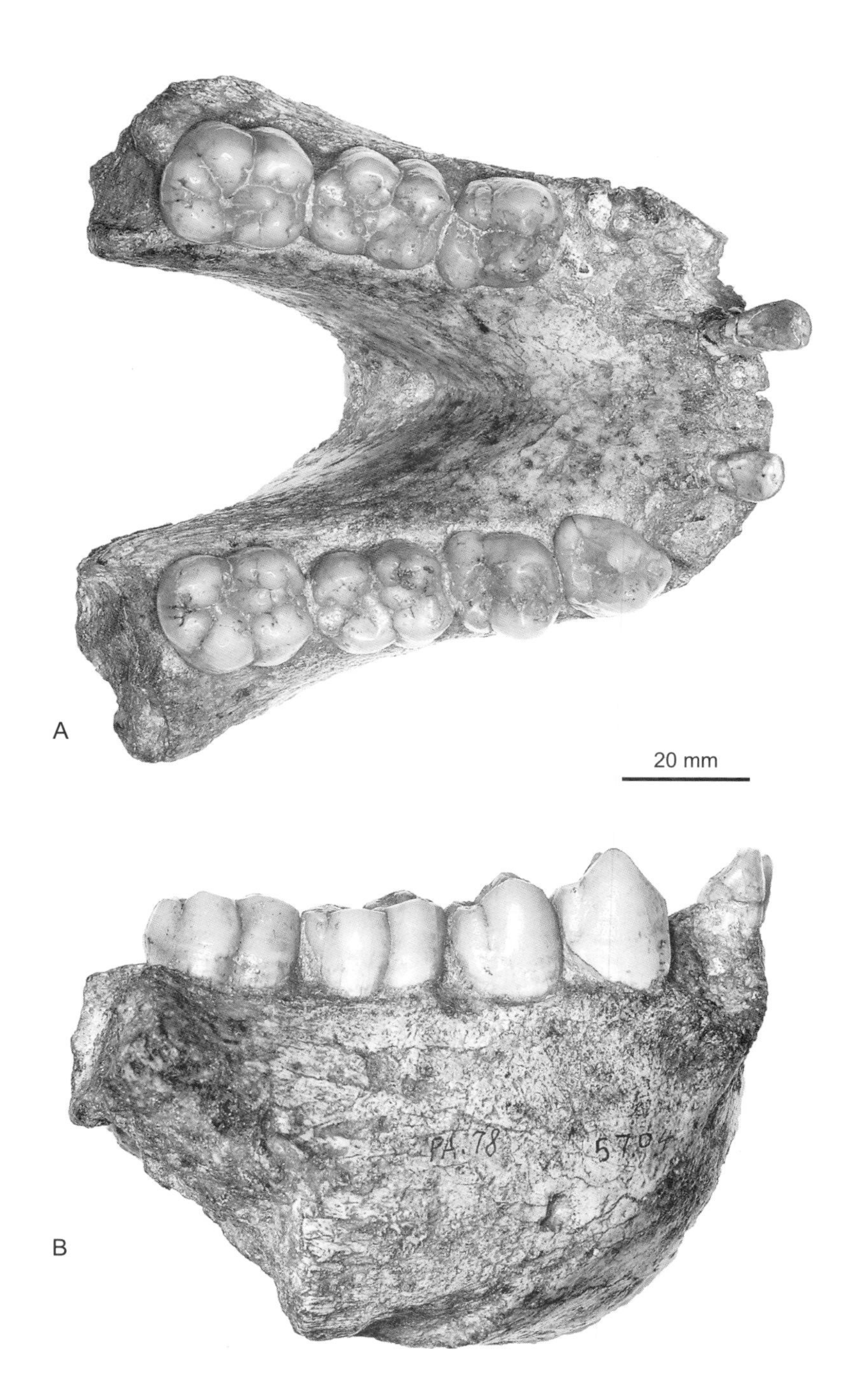

图 236 步氏巨猿 *Gigantopithecus blacki*（2）
A, B. 下颌（IVPP PA 78）：A. 上面视，B. 外侧视

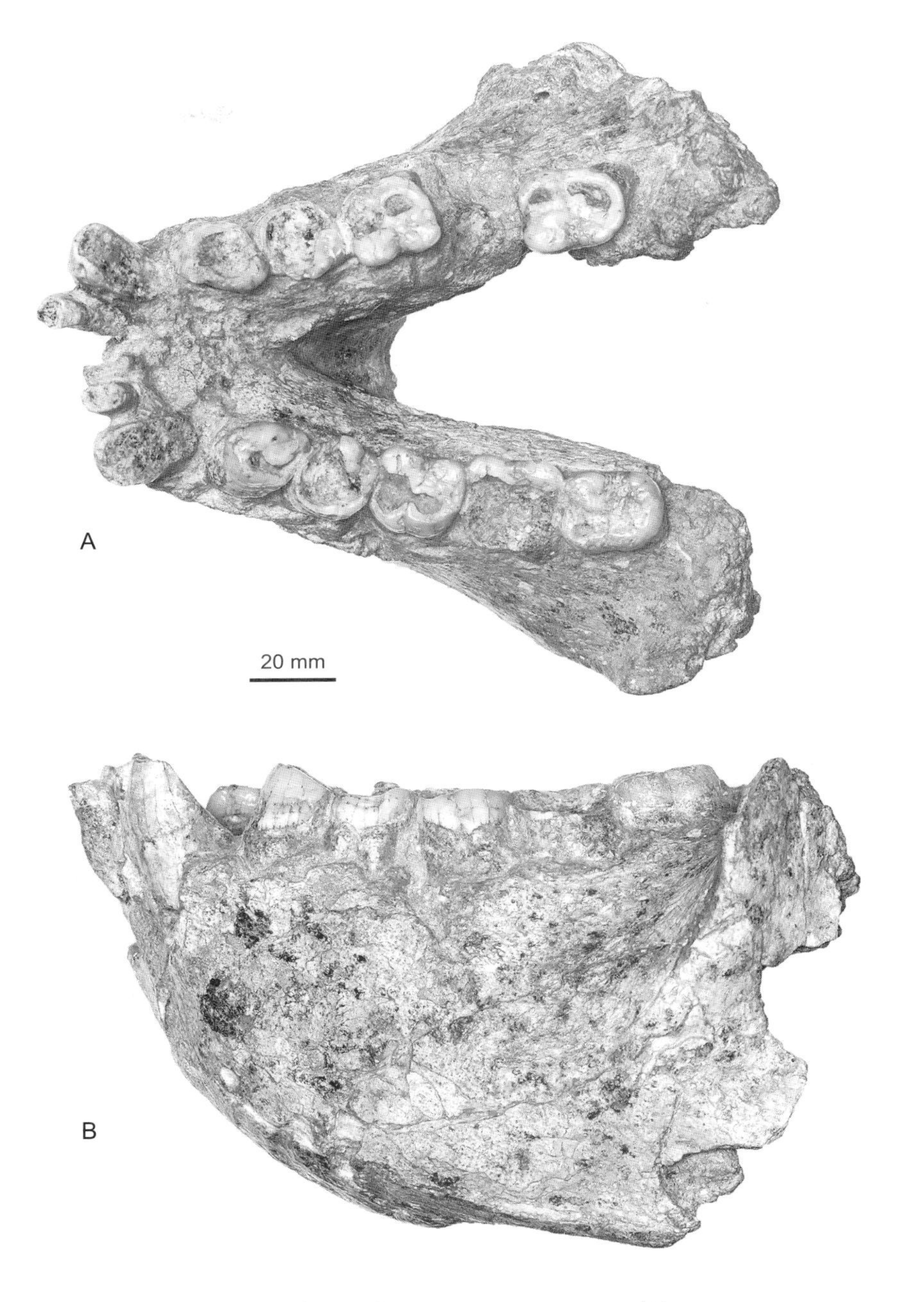

图 237　步氏巨猿 *Gigantopithecus blacki*（3）
A, B. 下颌（IVPP PA 83）：A. 上面视，B. 外侧视

猩猩属 Genus *Pongo* Lacépède, 1799

模式种　婆罗洲猩猩 *Pongo pygmaeus* Linnaeus, 1760

鉴别特征　存在现生类群的大型类人猿。现生种类体被红褐色长毛，雌雄体型大小

差异很大，雄性成年个体具有特殊的肉质颊垫，幼年生长期非常长。面部侧向轮廓明显下凹；眼眶呈高大于宽的椭圆形，眶间距很窄，眉弓很弱；鼻齿槽面近水平，但向背侧隆起；前颌骨后端与上颌骨颚支的前边缘融合，形成平的鼻底板；颧骨较为扩张，颧弓较厚，位置较低；枕骨平且近垂直。下颌骨粗壮。前臼齿和臼齿冠面有明显的褶皱。腕关节灵活，前肢显著增长。

中国已知种　仅 *Pongo pygmaeus weidenreichi* 一亚种。

分布与时代　东南亚及中国，更新世至现代。

评注　现生猩猩属包括婆罗洲猩猩和苏门答腊猩猩（*P. abelii* Lesson, 1827）两个种，现生婆罗洲猩猩又包括 *P. p. pygmaeus* (Linnaeus, 1760)、*P. p. wurmbii* (Tiedemann, 1808) 和 *P. p. morio* (Owen, 1837) 三个亚种。猩猩化石自更新世早期开始出现，在中国南方、越南、印度尼西亚等地分布很广，特别是在越南，许多洞穴堆积中都发现有猩猩零散牙齿的化石（Schwartz et al., 1994, 1995），与中国两广一带洞穴堆积中的情况相似。猩猩化石虽然丰富，但是几乎都是零散的牙齿标本，只有在越南曾发现有较为完整的晚更新世猩猩骨架（Bacon et Vu The Long, 2001）。Hooijer（1948）在研究苏门答腊、爪哇和中国南方猩猩化石时，建立了魏氏亚种和古苏门答腊亚种（*P. p. palaeosumatrensis*）两个亚种。Schwartz 等（1995）在研究越南更新世猩猩化石时，又建立了 *P. hooijeri* 一个新种和 *P. p. ciochoni*, *P. p. devosi*, *P. p. kahlkei*, *P. p. fromageti* 四个婆罗洲猩猩的新亚种。

婆罗洲猩猩魏氏亚种 *Pongo pygmaeus weidenreichi* Hooijer, 1948

模式标本　正模：无号标本，一枚雌性个体的右下犬齿。采自云南富民河上洞，中更新统洞穴堆积。

鉴别特征　在统计学上个体比现生种和其他化石亚种大。

产地与层位　云南、贵州、广东、广西、海南的多个地点，更新统洞穴堆积。

人属 Genus *Homo* Linnaeus, 1758

Sinanthropus：Black, 1927, p. 1

Meganthropus：Weidenreich, 1944, p. 479

模式种　智人 *Homo sapiens* Linnaeus, 1758

鉴别特征　绝对脑容量和相对脑容量比其他人亚科动物都大。颞肌不伸达头顶中央，无矢状脊。与南方古猿相比，顶骨的矢向曲度减小，枕骨角大，枕骨大孔位置更靠前，硬脑膜横窦更为发达，脑颅高度增加，眶后缩窄减小，面颅下部凸颌型（prognathism）减弱；齿弓呈明显的圆弧形；上下犬齿更为退化；前臼齿和臼齿相对大小较小，唇舌向更窄；臼齿齿列近中 - 远中向缩短，M3 和 m3 趋于退化。胸廓呈钟形；椎骨体相对较大；骶骨体、骶髂关节面相对较大；髂骨翼面更为面向侧向，髋臼较大；股骨颈相对较短；第一跗跖关节活动范围更小。

中国已知种 *Homo sapiens* 和 *H. erectus*，共两种。

分布与时代 世界性分布，约 250 万年前至今。

评注 不同学者对于人属应该包括多少个种这个问题仍有不同见解，但是多数人都倾向于认为人属应该包括能人（*H. habilis*）、鲁道夫湖人（*H. rudolfensis*）、直立人（*H. erectus*）、弗洛勒斯人（*H. floresiensis*）、尼安得特人（*H. neanderthalensis*）和智人（*H. sapiens*）。除此之外还包括先驱人（*H. antecessor*）、赛普拉诺人（*H. cepranensis*）、匠人（*H. ergaster*）、格鲁吉亚人（*H. georgicusi*）、海德堡人（*H. heidelbergensis*）、罗得西亚人（*H. rhodesiensis*）等。这些种类虽然没有被所有学者全数认可，但是有相当多的人认为它们是有效的种名。

关于同物异名，本书只列出与中国化石相关的晚出异名。

直立人 *Homo erectus* (Dubois, 1892)

（图 238—图 241）

Sinanthropus pekinensis：Black, 1927, p. 1

Australopithecus sp.：高建，1975，81页

Meganthropus paleojavanicus：张银运等，2004，26页

正模 Trinil 2，一个不完整的头盖骨。发现于印度尼西亚爪哇岛中部 Solo 河边的 Trinil 村附近。

鉴别特征 脑颅较低而长，骨壁比智人明显更厚，脑容量约 1000 ml（700–1300 ml），脑颅最宽处位于乳突上嵴附近；额骨低而平，眶上圆枕（眉脊）十分粗壮，且左右相连，具有发达的眶上圆枕侧翼，眶上凹明显，眶后缩窄比智人更为明显；额骨和顶骨前部具有矢状棱（sagittal keel）；枕骨枕面比项面短，枕骨圆枕非常发达，横向发育，枕骨大孔后缘较尖，位置较为靠后；颞骨上边缘直而较低，颞骨下颌关节窝前后向相对短而深，鳞骨鼓骨关节缝位于关节窝最深处，关节缝内外向较宽，无关节窝后突，无茎突，无鞘脊，乳突相对较小，乳突后沟较为明显，外耳道上脊发达；具有枕骨乳突脊；鼻骨较宽。下颌骨厚，无颏隆突，上升支宽大。上门齿为铲型齿。四肢及躯干的比例与智人相当。

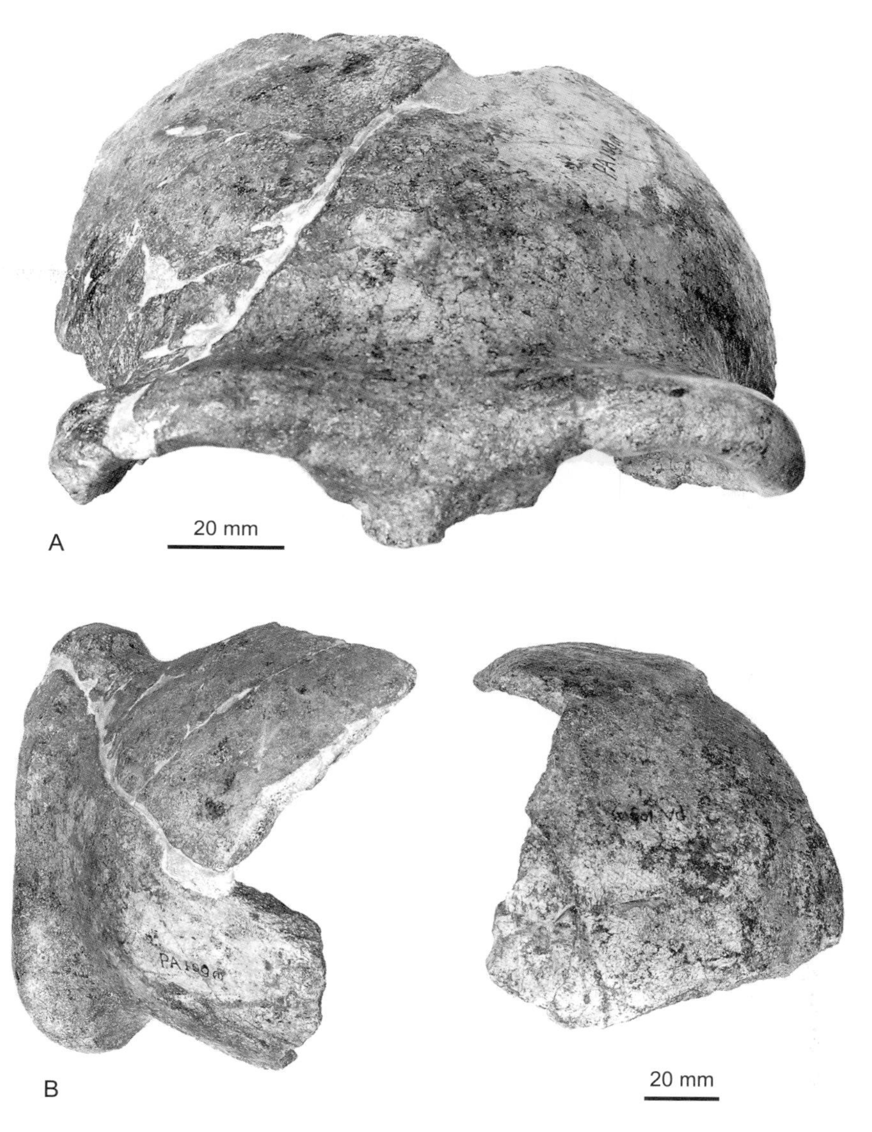

图 238　直立人 *Homo erectus*（1）
A, B. 北京直立人颅骨碎片（IVPP PA 109）：A. 前面视，B. 上面视

产地与层位　云南元谋，陕西蓝田、洛南，北京周口店，安徽和县，江苏南京，湖北郧县、郧西、建始，山东沂源，河南南召、淅川；更新统。

智人 ***Homo sapiens*** **Linnaeus, 1758**

（图 242—图 245）

模式标本　正模：无。

鉴别特征　脑颅前后向短而高，骨壁较薄，平均脑容量约 1300 ml；额鳞高而隆起，

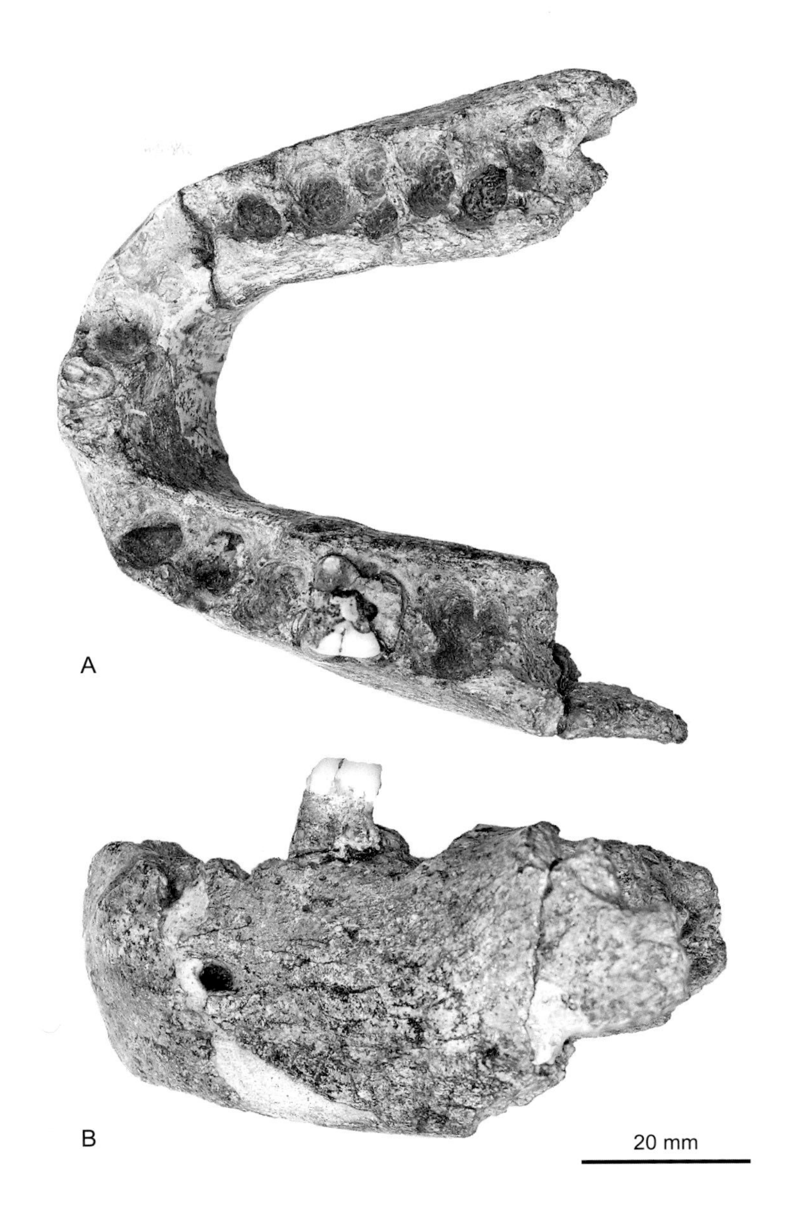

图 239　直立人 *Homo erectus*（2）
A, B. 北京直立人下颌骨（IVPP PA 86）：A. 上面视，B. 外侧视

眶上圆枕较低，眶后缩窄不明显；顶骨明显隆起；枕骨圆枕不发达，以上项线的形式存在；颞骨上缘呈圆弧形，颞骨下颌关节窝前后向较长，通常具有关节窝后突，具茎突，具鞘脊。下颌骨通常较薄，具有颏隆突。四肢骨相对细弱，骨壁相对较薄。

产地与层位　世界性分布，在中国出现于上更新统至现代。

评注　在陕西省大荔县，辽宁省营口市、本溪市，山西省阳高县、襄汾县，北京市周口店，广东省曲江县，安徽省巢县，贵州省桐梓县、盘县、黔西县，湖北省长阳县等地发现的

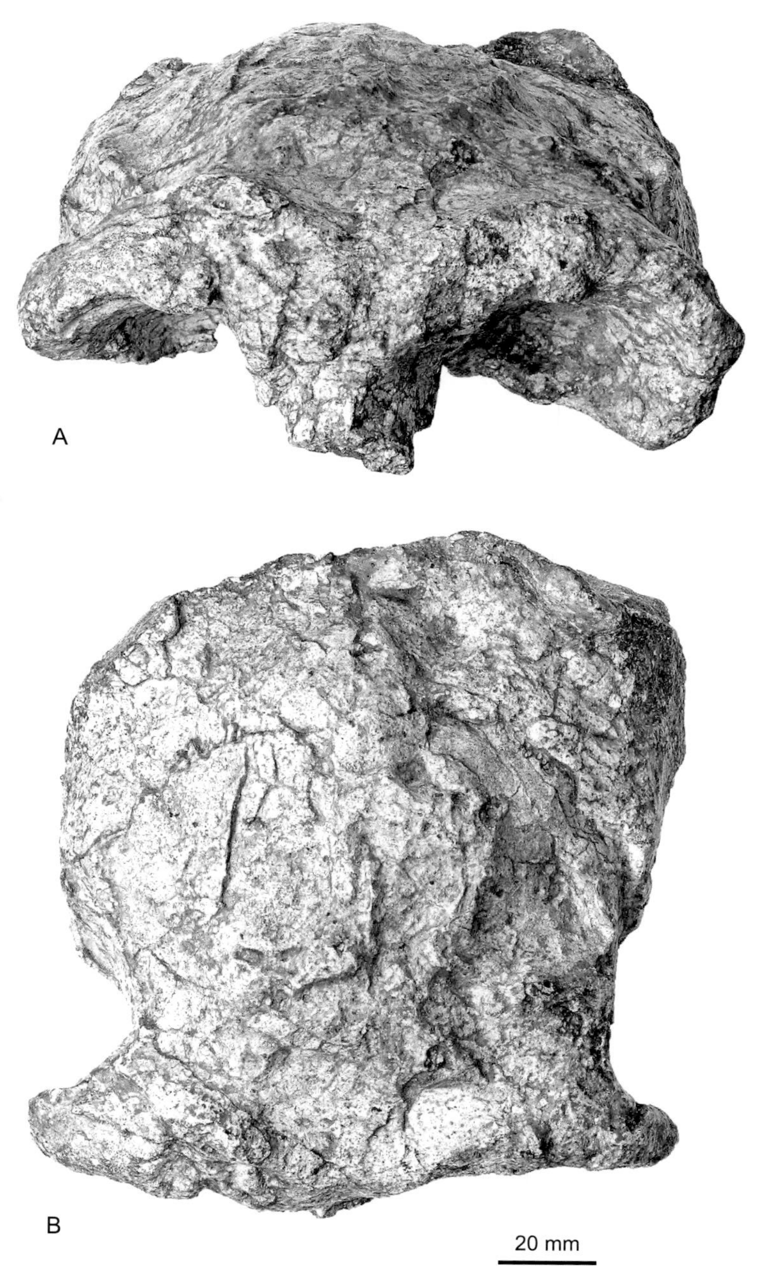

图 240　直立人 *Homo erectus*（3）
A, B. 蓝田直立人颅骨碎片（IVPP PA 105）：A. 前面视，B. 上面视

智人化石在中国一直被称为早期智人（archaic *Homo sapiens*）。所谓早期智人，是与晚期智人（modern *Homo sapiens*）相对应来使用的，两者都是比较含混的概念，并不是现代分类学意义上的分类单元。我国发现的早期智人在形态上与现代人有很大差别，完全有可能属于不同的种。

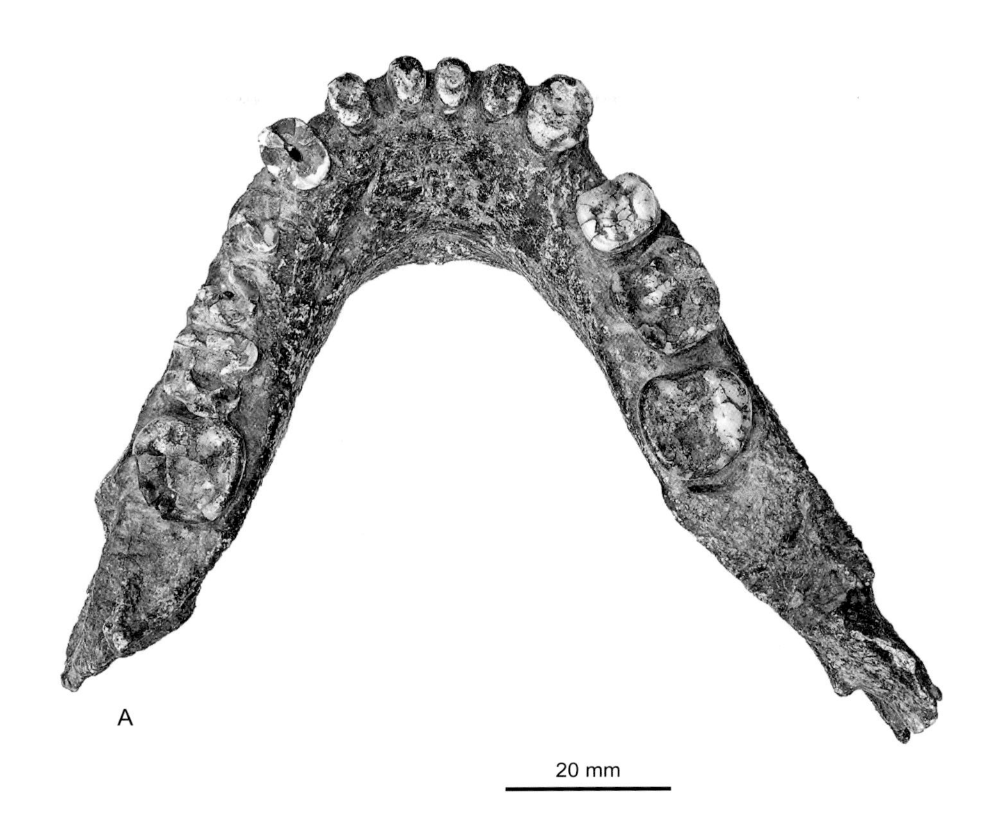

图 241　直立人 *Homo erectus*（4）

A, B. 蓝田直立人下颌骨（IVPP PA 102）：A. 上面视，B. 外侧视

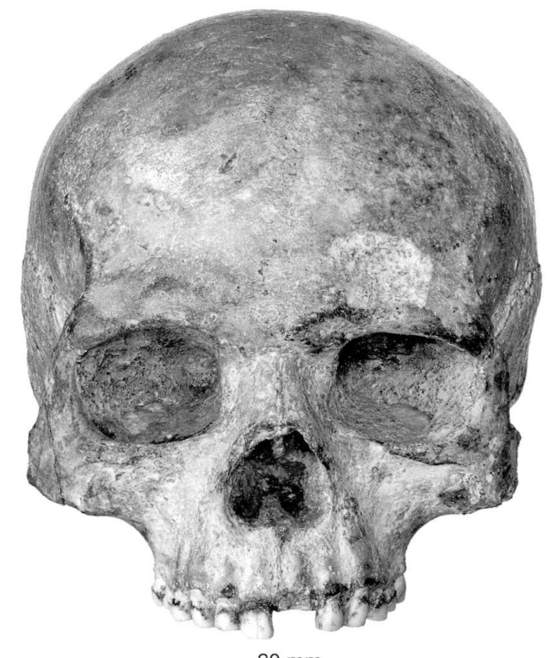

图 242　智人 *Homo sapiens*（1）

柳江智人颅骨（IVPP PA 89）：前面视

图 243　智人 *Homo sapiens*（2）

柳江智人颅骨（IVPP PA 89）：上面视

图 244　智人 *Homo sapiens*（3）
柳江智人颅骨（IVPP PA 89）：下面视

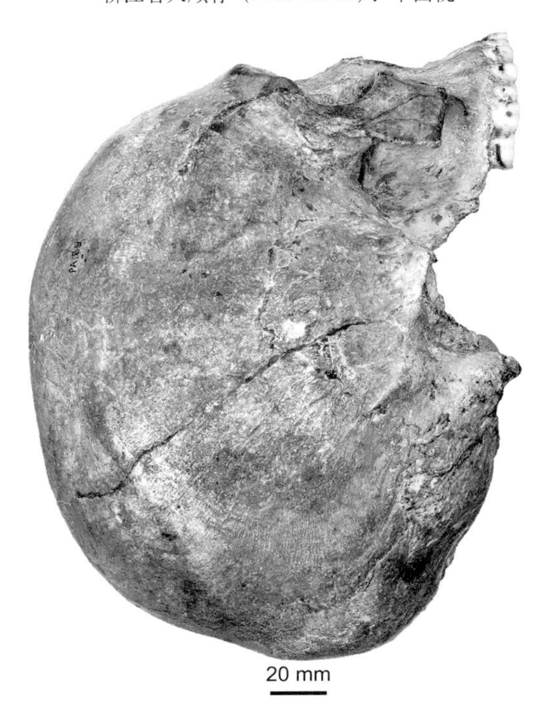

图 245　智人 *Homo sapiens*（4）
柳江智人颅骨（IVPP PA 89）：外侧视

狉兽目 Order ANAGALIDA Szalay et McKenna, 1971

概述 1931年辛普生（G. G. Simpson）记述了一件发现在内蒙古早渐新世（如今应为最晚始新世）乌兰戈楚地点的类似食虫类的头骨化石，取名*Anagale gobiensis*，并依此建立了一新科Anagalidae。属名*Anagale*的ana（希腊文）为类似之意，gale（希腊文）指伶鼬类动物，直译应为“似伶鼬”。20世纪70年代我国华南古新世地层中发现了众多的近于*Anagale*化石，在翻译属名时，因*Anagale*是亚洲土著类型的代表动物，周明镇建议用“亚洲之兽”来取代直译的“似伶鼬”或其他译名（如安格拉兽、古猬等），于是取名“亚兽”，又因兽名多取“犭”旁，故新创一字“狉”代表*Anagale*一类的化石动物，读音仍为yā。1971年，Szalay和McKenna在研究蒙古晚古新世格沙头动物群时，把四类晚白垩世至古近纪的亚洲土著动物，即重褶齿猬科（Zalambdalestidae Gregory et Simpson, 1926）、宽臼齿兽科（Eurymylidae Matthew et al., 1929）、假古猬科（Pseudictopidae Sulimski, 1968）和狉兽科（Anagalidae Simpson, 1931）合建一新目：狉兽目（Anagalida）。

定义与分类 Szalay和McKenna（1971）给出新目的特征是：后面的前臼齿臼齿化，下臼齿三角座前后向扁，上颊齿趋于棱柱形或单面高冠、冠面纹饰消逝早，门齿尽管有变异，但有平伏趋势，已知的颅后骨骼、特别是脚骨近于兔形类者（p. 301）。

1975年，McKenna将象鼻鼩目（Order Macroscelidea Bulter, 1956）归入Anagalida，并将后者提升为大目（grandorder），下设两目：Order Macroscelidea和Order Lagomorpha，把Anagalidae置于Macroscelidea之下，但把啮齿目（Order Rodentia）排除大目之外，认为啮齿目在哺乳动物中的地位难于确定。1997年McKenna和Bell又把狉兽科、兔形目、啮齿目和象鼻鼩目一并归入狉兽大目，其分类如下：

Superorder Preptotheria McKenna, 1975
- Grandorder Anagalida Szalay et McKenna, 1971, new rank
  - Family Zalambdalestidae Gregory et Simpson, 1926
  - Family Anagalidae Simpson, 1931
  - Family Pseudictopidae Sulimski, 1968
  - Mirorder Macroscelidea Butler, 1956
  - Mirorder Duplicidentata Illger, 1811
    - Order Mimotonida Li, Wilson, Dawson et Krishtalka, 1987
    - Order Lagomorpha Brandt, 1855
  - Mirorder Simplicidentata Weber, 1904
    - Order Mixodontia Sych, 1971
    - Order Rodentia Bowdich, 1821

2006 年 Rose 修正了 McKenna 和 Bell（1997）的分类，在狉兽超目之下设置了为多数学者采用的 Glires，用以包括鼠、兔类等啮型动物。其分类如下：

Cohort Placentalia Owen, 1837

Superorder Anagalida Szalay et McKenna, 1971

Zalambdalestidae Gregory et Simpson, 1926

Anagalidae Simpson, 1931

Pseudictopidae Sulimski, 1968

Order Macroscelidea Butler, 1956

Grandorder Glires Linnaeus, 1735

Mirorder Duplicidentata Illger, 1811

Mirorder Simplicidentata Weber, 1904

鉴别特征 个体中等偏小，如兔类；齿式完整：3–2•1•4•3/3–2•1•4•3；颊齿趋于单侧高冠，齿冠纹饰在磨蚀的早期消失；上臼齿外架窄或缺失，前尖和后尖基部愈合，前、后齿带显著，缺少明显的次尖，无前、后小尖（个别丽狉属种有不很显著的小尖）；下臼齿三角座前后向扁，下前尖和下后尖常呈愈合；M3/3 不退化；脚骨近于兔形类者。

评注 依据 McKenna 和 Bell（1997）及 Rose（2006）的分类，狉兽目包括了象鼻鼩、重褶齿兽、狉兽、假古猬和啮形类等多个分类阶元。象鼻鼩是非洲的土著小兽，化石也仅限于非洲，最早的记录发现于北非突尼斯的早始新世。McKenna（1975）在讨论狉兽与象鼻鼩的亲缘关系时提出的论据不多，只是认为“狉兽应当是胫、腓骨尚未愈合及上、下第三臼齿未极度退化或消失的亚洲近祖性状的象鼻鼩”（p. 35）。此后 Szalay（1977）、Novacek 和 Wyss（1986）、Butler（1995）、Meng 和 Wyss（2001）都不同程度的赞同这种观点。但分子生物学研究表明象鼻鼩与长鼻类、蹄兔、土豚等非洲土著种类构成一特有的非洲兽类（Superorder Afrotheria），与啮型动物等并无系统关系（Murphy et al., 2001a）。我国因无象鼻鼩类化石发现，当不在志书讨论范围之内。

Zalambdalestids 化石主要发现于亚洲晚白垩世，曾被认为与 Glires（包括鼠、兔、宽臼齿兽及模鼠兔等）在同一支系上（Archibald, 2001）。也有学者（Meng et al., 2003; Asher et al., 2005）认为 Zalambdalestids 与其他白垩纪原始哺乳动物的关系较 Glires 者还近。更有甚者，Wible 等（2007）索性把 Zalambdalestids 排除在有胎盘类之外。

至于 1971 年 Szalay 和 McKenna 归入狉兽目的宽臼齿兽（*Eurymylus laticeps* Matthew et Granger, 1925），1971 年 Sych 依据蒙古发现的该种新材料又建立了一新目：混齿目（Mixodontia）。以后在中国早古近纪的地层中发现大量的宽臼齿兽类的新属种，证明 Mixodontia 属于啮型动物（Glires），与啮齿类（Rodentia）共同构成单门齿类（Simplicidentata）下的姐妹群，也不在狉兽目的范畴（Li et al., 1987）。因之，无论 Szalay 和 McKenna（1971），抑是 McKenna 和 Bell（1997），还是 Rose（2006）中所提到的 Anagalida，在本志书中也只限于 Anagalidae 和 Pseudictopidae 两科。这两科或可称之为狭义的狉兽目（Order Anagalida Szalay et McKenna, 1971, *sensu stricto*）。另外张玉萍、童永生（1981）创建了一个丽狉科（Astigalidae），但 McKenna 和 Bell（1997, p. 359）把 Astigalidae 归诸于 Oxyclaenidae Scott, 1892。尽管 Astigalidae 在头骨、牙齿形态上与 Anagalidae 有所差异，但毕竟两者最为相近，本志书还是把 Astigalidae 置于 Anagalida 之内。

狉兽科 Family Anagalidae Simpson, 1931

模式属 狉兽 *Anagale* Simpson, 1931

定义与分类 自 Simpson（1931b）发表 *Anagale gobiensis* 后，迄今共报道有 13 属 19 种狉兽科化石，其中除 1951 年 Bohlin 记述甘肃渐新世（?）的 *Anagalopsis kansuensis* 外，其余均为 20 世纪七八十年代在华南红层考察时发现于我国古新世地层中（唯有 *Khashanagale zofiae* Szalay et McKenna, 1971 是发现于蒙古晚古新世）。红层中的材料多是不完整的、为数不多的上、下颌，有的磨蚀较重，不易体现动物的特征，这给生物地层相互间的对比和做分支分析带来困难，因之也引起科内分类的不同意见。丁素因、童永生（1979）曾提出按照釉质层深入齿槽的性状区分狉兽类为两类，深入齿槽的如 *Linnania*、*Hsiuannania* 和 *Anagalopsis*，不深入齿槽的如 *Anagale*、*Stenanagale* 和 *Huaiyangale*。但胡耀明（1993，168 页）则认为“依釉质层是否深入齿槽划分出的两个类群并不是自然类群”。胡耀明（1993）在做完狉兽科的分支系统分析后指出：“*Huaiyangale*、*Eosigale*、*Anagale*、*Linnania*、*Anagalopsis*、*Hsiuannania* 和 *Qipania* 无疑应归入狉兽科，而 *Chianshania*、*Anaptogale*、*Khashanagale*、*Wanogale*、*Diacronus*、*Stenanagale* 就不那么肯定了。”另外，一些属种在狉兽科的分类位置也引起研究者怀疑，甚至还有人认为有的狉兽是真灵长类（Szalay et Li, 1986）。

鉴别特征 头骨原始，听泡可能由内鼓骨和鼓骨两部分组成，齿式 3–2•1•4•3/3–2•1•4•3，门齿不特化，犬齿小到中等，后面的几个前臼齿不同程度地臼齿化，颊齿单面高冠显著，冠面纹饰浅，易消失，某些属种臼齿釉质层进入齿槽，上臼齿方形或稍显横宽，排列紧密无斗隙；原尖高大、成柱形、内缘浑圆，从原尖顶向前后尖伸出 U 形脊，前后齿带发育、位置高，靠近 U 形脊，磨蚀后，前后齿带连成汇通的磨蚀面，无外架，外齿带弱或无，无小尖或小尖微弱；M3 稍退化；下臼齿排列紧密，齿体近方形，内缘平直，外缘成双柱形，下前尖退化或消失，跟座稍窄短，略低于三角座，磨蚀后两者高差消失；前一齿的跟座与后一齿的三角座构成一平面，与相应的上臼齿内侧对咬；m3 下次小尖向后伸出。

中国已知属 *Linnania*, *Huaiyangale*, *Eosigale*, *Qipania*, *Hsiuannania*, *Anagale*, *Anagalopsis*, *Anaptogale*, *Chianshania*, *Diacronus*, *Interogale*, *Stenanagale*, *Wanogale*，共13

属（后6属存疑）。

分布与时代 中国广东、安徽、湖南、陕西、内蒙古，蒙古；古近纪。

评注 从已发表的獴兽材料观察，保存较完整的头骨仅有 *Anagale*、*Anagalopsis* 和 *Linnania* 三种，但具有分类意义的耳区结构在各种间的异同至今尚无定论（见下），加之颊齿深入齿槽与否又可区分出不同类型，此外个体的大小、前臼齿臼齿化的不同程度、颊齿结构及 M3/m3 是否退化等诸多差异，使獴兽科的分类还存在不少有待进一步深入研究的问题。近年在安徽潜山发现但尚未记述的古新世獴兽材料（包括 3 具头骨），待发表后或许能厘清一些问题。

岭南獴属 Genus *Linnania* Chow, Chang, Wang et Ting, 1973

模式种 罗佛寨岭南獴 *Linnania lofoensis* Chow, Chang, Wang et Ting, 1973

鉴别特征 个体较小（头长 52 mm）；头骨较短、较窄、低平，眶颞窝小；下颌纤细。齿式：?3•1•4•3/?3•1•4•3；上颊齿：犬齿弱小、简单，P1 和 P2 双根，P3 和 P4 趋于臼齿化，臼齿单面高冠，釉质层深入齿槽；下颊齿：p3 原尖之前有两个小尖、具雏形的跟座，p4 具三尖的三角座和清楚的跟座，其臼齿化程度远高于 P4，p4–m3 的三角座高出跟座一倍，下原尖扁长、下前尖发育。

中国已知种 *Linnania lofoensis*, *L. qinlingensis*, *L. progressus*，共三种。

分布与时代 广东、陕西，早古新世。

罗佛寨岭南獴 *Linnania lofoensis* Chow, Chang, Wang et Ting, 1973

（图 246）

正模 IVPP V 4234，一具较为完整、同一个体的颅骨及下颌。产自广东南雄湖口上湖洞，下古新统上湖段中部化石层。

特征鉴别 同属征。

评注 岭南獴属是我国 20 世纪 60 年代在华南红层中最先发现的古新世獴类头骨，只可惜头骨所有骨片均已挤压破碎，不易辨认。它保存的牙齿虽与 *Anagale* 相似，但头骨的形态与 *Anagale* 和 *Anagalopsis* 各不相同。*Linnania* 的头骨较短、较窄、低平，眶颞窝小是新属建立时已指出的鉴别特征。而如今稍加修理后，发现其鼻骨可后伸至眶颞窝的中部、达 M3 的位置，这远比渐新世两属的靠后。诸如此类差别，再加在安徽潜山发现多件古新世獴类头骨，表明獴兽科的形态特征及其间的系统关系远比已知的复杂。

图 246　罗佛寨岭南猔 *Linnania lofoensis*

A–E. 同一个体的头骨（A–C）和左下颌支（D, E）(IVPP V 4234，正模)：A. 顶面视，B. 冠面视，C. 侧面视，D. 冠面视，E. 颊面视

秦岭岭南猔 *Linnania qinlingensis* Xue, 1986

（图 247）

正模　NWU XD77sh005，一段右下颌支具 m1–3，产自陕西洛南石门樊沟，下古新

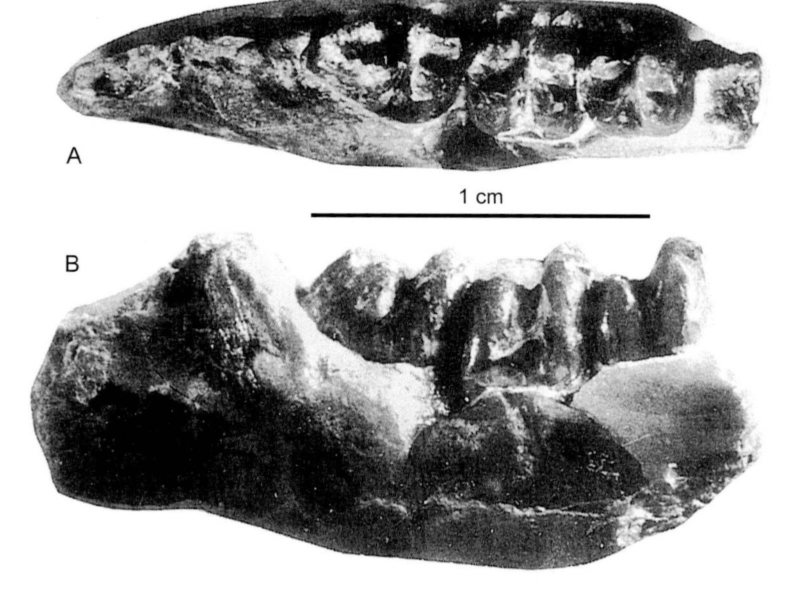

图 247　秦岭岭南猔 *Linnania qinlingensis*

右下颌支（NWU XD77sh005，正模）：A. 冠面视，B. 颊侧视（引自薛祥煦等，1996，图版 XIV）

统樊沟组。

鉴别特征 下颌骨粗壮厚实；下臼齿颊侧（呈）双柱形、单面高冠；下三角座舌侧齿冠呈柱状，仅在冠面以一细而浅的小沟分出下前尖和下后尖，前者比后者稍低小，下原尖呈 U 形脊，m1 至 m3 的跟座逐渐变大，跟凹变深，跟凹出口低且窄。

进步岭南猬 *Linnania progressus* Huang, 2006
（图 248）

正模 IVPP V 5676，一段左下颌支具 p3–m2 及残破的 m3，产自广东南雄增德凹，下古新统上湖组。

鉴别特征 下臼齿下前尖退化。三角座短宽，跟座相对窄长。下原尖前后向长并与下后尖（包括退化的下前尖）对峙使三角座呈横宽的长方形。

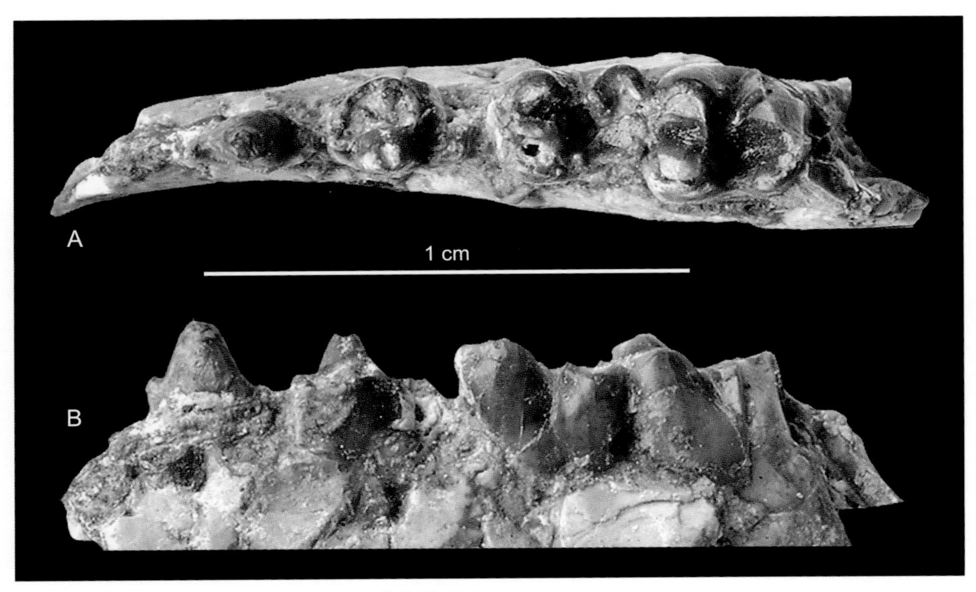

图 248 进步岭南猬 *Linnania progressus*
左下颌支（IVPP V 5676，正模）：A. 冠面视，B. 颊侧视

淮扬猬属 Genus *Huaiyangale* Xu, 1976

模式种 潜山淮扬猬 *Huaiyangale chianshanensis* Xu, 1976

鉴别特征 上下颊齿的釉质层均未深入齿槽，齿冠较低；上臼齿亚方形，较 *Hsiuannania* 的短宽，前后齿带形成的夹角较 *Hsiuannania* 和 *Anagale* 的小而尖锐。

中国已知种 *Huaiyangale chianshanensis*, *H.* cf. *Huaiyangale leura*，共两种。

分布与时代 安徽、广东，早—中古新世。

评注 徐钦琦（1976a，176 页）在记述 *Huaiyangale* 的特征时提到“M2 是上颊齿中最大的”，这在已知的猻兽中均如此；另外提及“p4 的三角座上共有三个主尖，但在下臼齿的三角座上未见下前尖”这一特点，在胡耀明（1993，166 页）的矩阵中 *Eosigale*、*Huaiyangale*、*Anagalopsis*、*Hsiuannania*、*Qipania* 的臼齿三角座上都缺失下前尖。故此两个特点未列入 *Huaiyangale* 的鉴别特征之内。

潜山淮扬猻 *Huaiyangale chianshanensis* Xu, 1976

（图 249）

正模 可能为同一个体的一段右上颌，具 M1–3 及残破 P3、P4（IVPP V 4269.3），一段右下颌支，具 p3–m3 及 p1、p2 的齿根（IVPP V 4269.2），一段左下颌支，具 p3–m3 及 p2 的齿根，（IVPP V 4269.1）。产自安徽潜山黄铺丁下屋。

归入标本 两件不全的右下颌支（IVPP V 4267，IVPP V 4268）

鉴别特征 同属征。

产地与层位 安徽潜山黄铺丁下屋、张家屋，下古新统，望虎墩组。

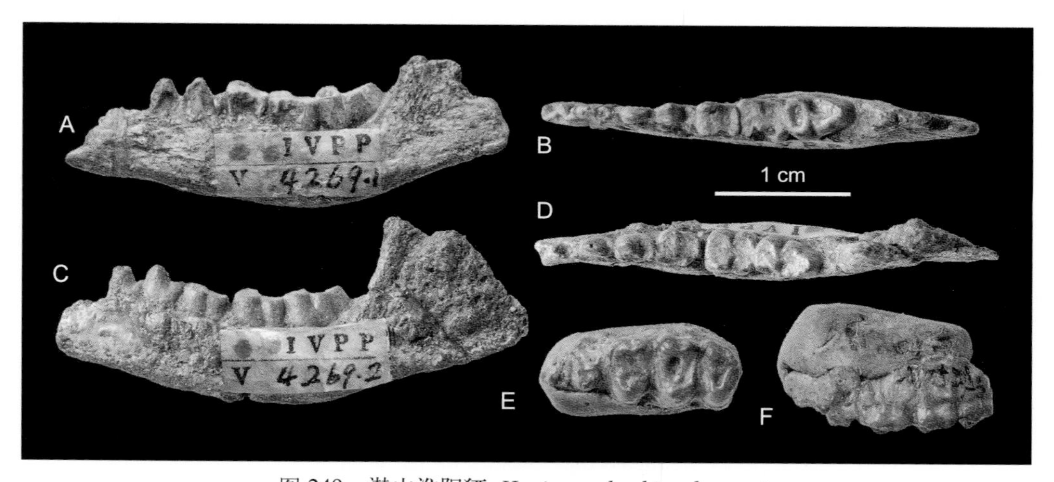

图 249 潜山淮阳猻 *Huaiyangale chianshanensis*

A, B. 左下颌支（IVPP V 4269.1，正模），C, D. 右下颌支（IVPP V 4269.2，正模），E, F. 右上颌骨（IVPP V 4269.3，正模）：A, F. 颊侧视，B, D, E. 冠面视，C. 颊侧视（翻转）

平齿淮扬猻（相似种） *Huaiyangale* cf. *H. leura* Ding et Tong, 1979

（图 250）

选模 IVPP V 5180，一段右下颌支，具 p4–m2。

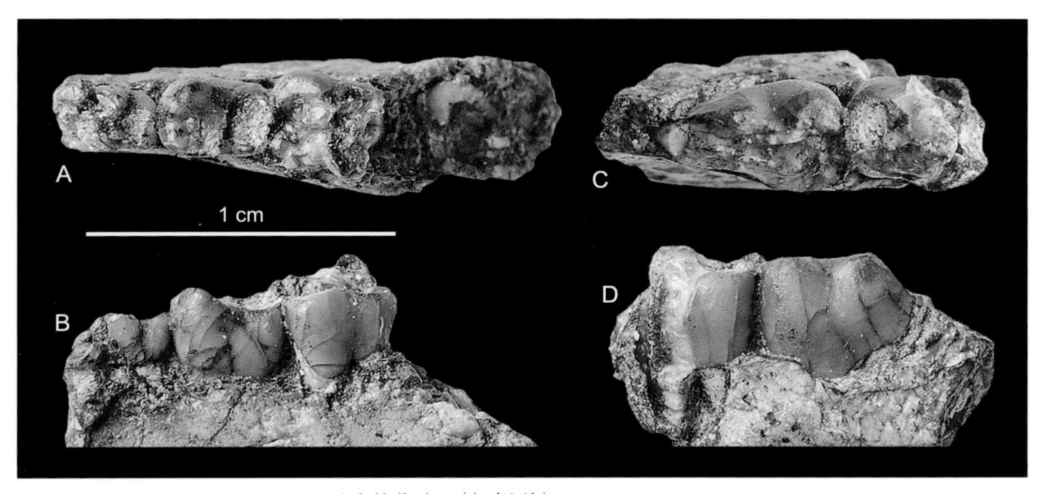

图 250 平齿淮阳猙（相似种）*Huaiyangale* cf. *H. leura*
A, B. 右下颌支（IVPP V 5180，选模）；C, D. 右下颌支（IVPP V 5180.1，副选模）：A, C. 冠面视，B, D. 颊侧视（翻转）

副选模 IVPP V 5180.1，一段右下颌支，具 m2、m3。

模式产地 广东南雄大塘圩，中古新统浓山组。

鉴别特征 个体较属型种稍大，颊齿单面高冠较显著，釉质层不深入齿槽，下臼齿外壁较平坦，m1、m2 长大于宽，跟座较窄短，m3 下次沟浅。

评注 该种材料极为破碎，除选型标本外，另有一段具 m2、m3 的右下颌支（IVPP V 5180.1），两者均磨蚀较深，不易观察到标本的真正特点。故著者在确定它是猙兽类后，对比了淮扬猙颊齿釉质层不深入齿槽等特点，将它归入 *Huaiyangale*，但仅作为相似种（conformis）来记述。1979 年，著者把两件标本统定为正型标本，但两件均为右下颌支，显然不是同一个体，因之取其较完整的 IVPP V 5180 下颌作为选型标本。

曙猙属 Genus *Eosigale* Hu, 1993

模式种 古井曙猙 *Eosigale gujingensis* Hu, 1993

鉴别特征 个体大小如 *Linnania*，头骨低窄；单泪孔，无泪结节；眶后突弱，眶下管短，眶前窝小而浅；下颌水平支纤细，上升支薄而高。齿式：3?•1•4•3/3•1•4•3。P1/p1 单根，P4 无后尖，p4 跟座单尖状；臼齿釉质层极薄，不入齿槽，单面高冠较弱。上臼齿横宽，前、后齿带细长，齿冠高度小于宽度，齿冠低平；m1、m2 下次尖比下原尖大，跟座比三角座宽，跟盆（凹）浅宽；m3 下内尖消失。

中国已知种 仅模式种。

分布与时代 安徽潜山，早古新世。

评注 在胡耀明（1993）记述 *Eosigale* 时，认为该属与 *Huaiyangale* 关系最密切，两者共享以下特征：P4 无后尖，下臼齿的下前尖消失和下次尖大于下原尖，可构成一个单系类群。“而 *Eosigale* 是迄今发现最原始的狉兽科分子”。

古井曙狉 *Eosigale gujingensis* Hu, 1993

（图 251）

正模 IVPP V 7425，前部较完整的颅骨及同一个体的左、右下颌支。产自安徽潜山古井傅老屋，下古新统望虎墩组上部。

鉴别特征 同属。

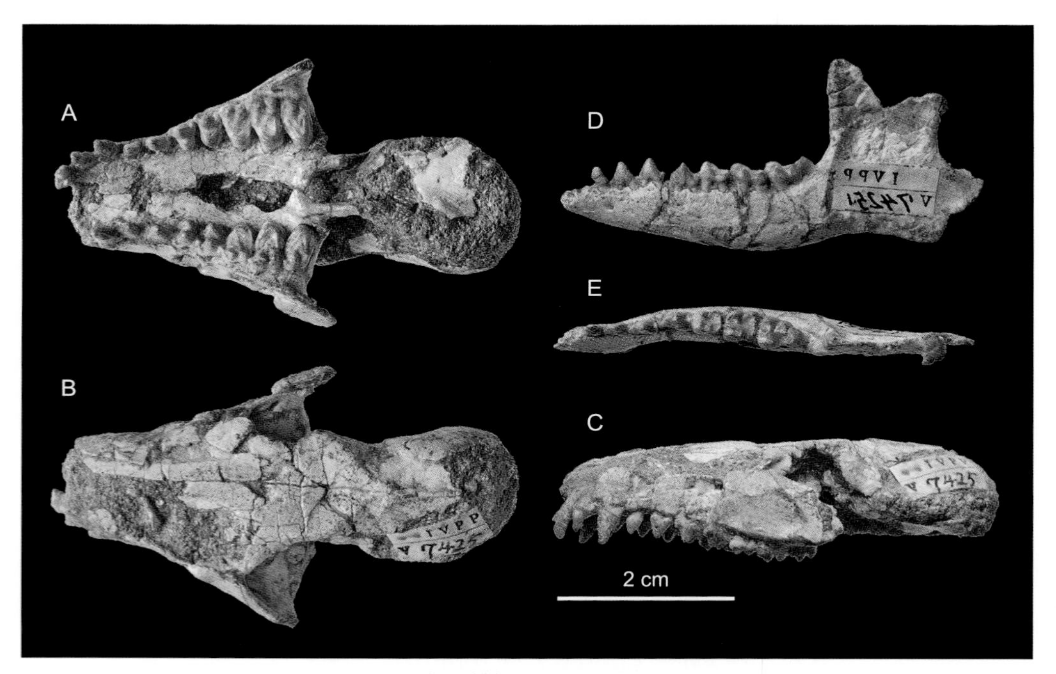

图 251 古井曙狉 *Eosigale gujingensis*

同一个体的颅骨（A–C） 和右下颌支（D, E）（IVPP V 7425，正模）：A. 腹面视，B. 顶面视，C. 侧面视，D. 侧面视（翻转），E 冠面视

棋盘狉属 Genus *Qipania* Hu, 1993

模式种 余氏棋盘狉 *Qipania yui* Hu, 1993

鉴别特征 齿式：2•1•4•3/2•1•4•3。门齿很小，上门齿直立、下门齿前倾，上下犬齿增大，P1 退化、双根，p1 退化、单根，P4 比 *Anagalopsis* 的更侧扁、而近于 *Hsiuannania* 者，上臼齿横宽、齿带细长、有小的前附尖、内侧釉质层刚达齿槽上缘，p4 保留小的下前尖，

下臼齿的跟座比三角座窄短、釉质层双面深入齿槽。

中国已知种 仅模式种。

分布与时代 安徽，早古新世。

评注 胡耀明（1993，163 页）提到有同行建议“把 *Qipania* 归入 *Hsiuannania* 中，鉴于后者标本残破，特别是齿式前半部，在 *Qipania* 是重要特征，而在后者残损，因此，笔者先建 *Qipania* 属，待有了更多材料后再做归与不归的决定”。在胡的支序分析图（167 页）上，这两属也是共享节点 J。另外，胡的属种特征中提到“有小的前小尖”，据编者观察此“小尖”在右 M1 上也许最为显著，但它过于靠近前齿带且为一后斜面，不成丘形，故此特征删除，这也符合狉类的总体特征。但 *Qipania* 确有清楚的前附尖，这与 *Hsiuannania* 相一致。

余氏棋盘狉 *Qipania yui* Hu, 1993

（图 252）

正模 IVPP V 7426，一成年个体的一对下颌支及不完整的左、右上颌骨，保留了绝大部分的牙齿，产自安徽潜山桃铺棋盘村，下古新统望虎墩组上部。

鉴别特征 同属征。

图 252 余氏棋盘狉 *Qipania yui*

同一个体的下颌（A, B）和上颌骨（C, D）（IVPP V 7426，正模）：A. 冠面视，B. 颊侧视，C. 颊侧视，D. 冠面视

宣南狉属 Genus *Hsiuannania* Xu, 1976

模式种 麻姑宣南狉 *Hsiuannania maguensis* Xu, 1976

鉴别特征 齿冠高，在上颊齿内侧及下颊齿的内外侧的釉质层都进入齿槽；下颊齿咀嚼面向外侧强烈倾斜。上臼齿有强的前附尖，下臼齿的跟座比三角座长，磨蚀后两者基本在同一平面上。

中国已知种 *Hsiuannania maguensis*, *H. tabiensis*, *H. minor*，共三种。

分布与时代 安徽、江西，中—晚古新世浓山期—格沙头期。

评注 McKenna（1982）在讨论兔类起源时，鉴于 *Hsiuannania* 的齿冠高，曾把它与 *Mimotona* 及 *Mimolagus* 归在一个支系上，认为它是与兔类起源有关的亚洲属种。以后随着 mimotonids 材料的增加，证实了 *Hsiuannania* 与兔类起源无关，也不再有学者提及宣南狉与兔类的系统关系了。

麻姑宣南狉 *Hsiuannania maguensis* Xu, 1976

（图 253）

正模 IVPP V 4276，一段左下颌支，具 p4–m3。

副模 IVPP V 4277，一段右下颌支，具 m2、m3；IVPP V 4278，一段右下颌，具 p3–m1。

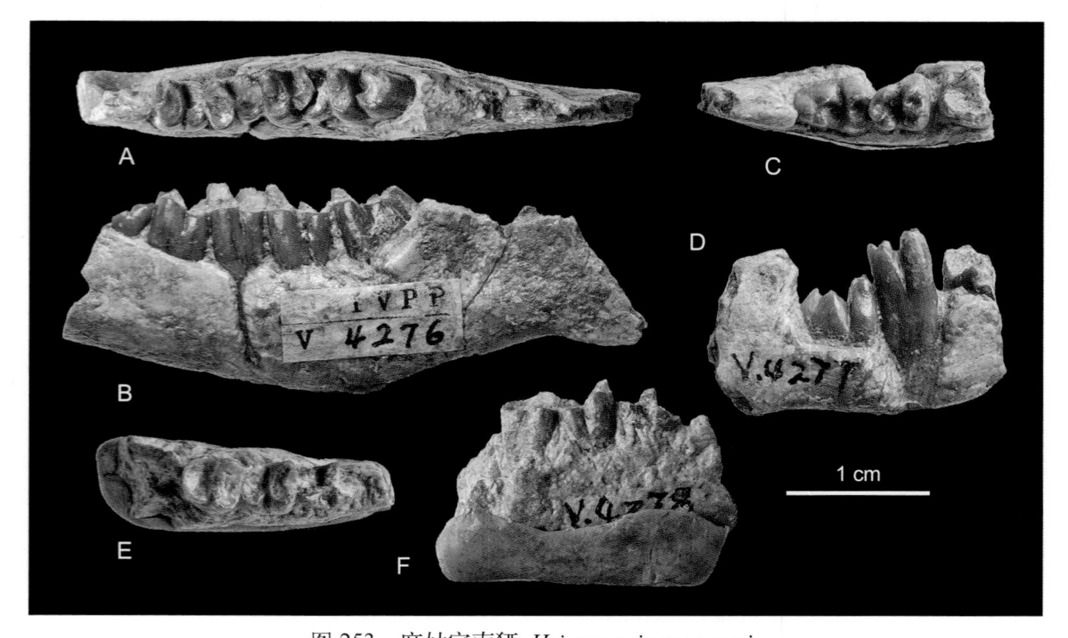

图 253 麻姑宣南狉 *Hsiuannania maguensis*

A, B. 左下颌支（IVPP V 4276，正模）；C, D. 右下颌支（IVPP V 4277，副模）；E, F. 右下颌支（IVPP V 4278，副模）：A, C, E. 冠面视，B, D, F. 颊侧视

鉴别特征 齿冠特别高，下臼齿内外两侧的釉质层都进入齿槽，外侧尤甚；下齿列咀嚼面向外侧强烈倾斜。

产地与层位 安徽宣城麻姑山螺丝岗、嘉山土金山，上古新统双塔寺组、土金山组。

评注 2003 年黄学诗记述了发现于安徽嘉山土金山的麻姑宣南狉补充材料，在仅保留的一颗左 M2 上显示出有很发育的前附尖，在大别种中前附尖也很显著，这一特点在已知的狉兽类中唯有 *Qipania* 具有。

大别宣南狉 *Hsiuannania tabiensis* Xu, 1976

（图 254）

正模 可能属于同一个体的一段右上颌骨，具 P4–M3（IVPP V 4274）和一段右下颌支，具 m2 和破碎的 m1（IVPP V 4275），产自安徽潜山韩花屋中古新统痘母组下段。

鉴别特征 上臼齿具有显著的前附尖，下臼齿仅外侧釉质层深入齿槽，咀嚼面的倾斜度较属型种为缓。

评注 在宣南狉两个不同时代的种中，早期的大别种下臼齿仅外侧釉质层深入齿槽，而稍晚的麻姑种则内外釉质层双向深入齿槽，可见釉质层深入齿槽是属内的进化趋向，而不能作为狉兽科支序分析时的节点。

图 254 大别宣南狉 *Hsiuannania tabiensis*

A. 右上颌骨（IVPP V 4274，正模）；B, C. 右下颌支（IVPP V 4275，正模）：A, B. 冠面视，C. 颊侧视（翻转）

小宣南狉 *Hsiuannania minor* Ting et Zhang, 1979

（图 255）

正模 IVPP V 5034，一段右下颌支，具 m1、m2。产自江西大余青龙乡牛厄垅，中

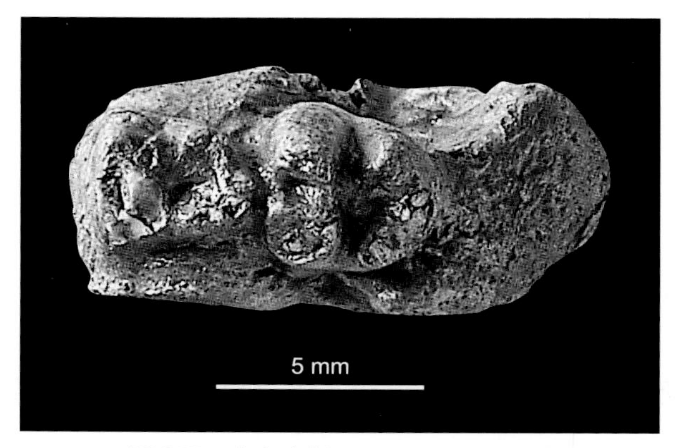

图 255　小宣南犰 *Hsiuannania minor*
右下颌支（IVPP V 5034，正模）：冠面视

古新统浓山组。

鉴别特征　个体较大别种小，臼齿咀嚼面角度较平缓，跟座较长。

犰兽属 Genus *Anagale* Simpson, 1931

模式种　戈壁犰兽 *Anagale gobiensis* Simpson, 1931

鉴别特征　头骨近树鼩（*Tupaia*）形，略大；眼眶开放，但有明显的眶后突，具翼蝶骨管，颧孔及眶上孔缺失，听泡由鼓骨和内鼓骨组合构成，并有一个大的环形开放耳道。齿式完整 [3?•1•4•3/3•1•4•3]，门齿未特化，犬齿小；P1/p1 双根，P2–3 三根；上前臼齿趋于臼齿化，但 P4 颊侧仅有一个单尖，M1–2 近方形、前尖靠近颊侧、后尖尤甚，无小尖和外架；颊齿趋于单面高冠。尺 - 挠骨、胫 - 腓骨分离，胫骨髁突出、腓骨脊高，距骨滑车沟浅、有距骨孔，具距骨 - 骰骨面，骰骨短，跖骨不伸长，前趾骨尖端分叉，后趾骨前端扁平。

中国已知种　仅模式种。

分布与时代　内蒙古，晚始新世。

评注　Simpson 在研究戈壁犰兽时，注意到犰兽的头骨形态，特别是耳区结构——听泡由内鼓骨和外沿的（外）鼓骨环两部分组成的特点，认为它不仅与原狐猴类的树鼩（Pro-lemuroid Tupaiidae）有亲缘关系，也对研究灵长类的起源有重要意义（直到 1945 年 Simpson 在他的《The principles of classification and a classification of the mammals》一书中仍把 Tupaiidae 和 Anagalidae 置于灵长目 Infraorder Lemuriformes 之下）。至 1972 年 Butler 才把树鼩从灵长目或食虫目中划出，单立一攀鼩目（Scandentia），表明它与灵长类并无系统关系。Bohlin（1951）在研究甘肃的犰形兽（*Anagalopsis kansuensis*）时，注意到 *Anagalopsis* 不仅在头骨、牙齿上与戈壁犰兽的相似，而且颅后骨骼，如肩胛骨、舟骨等也与后者一致，唯不同者是甘肃标本的听泡是由单一的（外）鼓骨组成，因之，Bohlin 怀疑 Simpson 所谓的鼓骨环仅是不完整的锤骨的一部分。在鼓骨结构没弄清之前，Bohlin 谨慎地把 *Anagalopsis* 置于 Mammalia *incertae sedis*，而没有放进 Simpson 的 Anagalidae 中。McKenna（1963）在用喷砂法重新修理了 *Anagale gobiensis* 的模式标本后，发现 Simpson 所谓的鼓骨环既不是（外）鼓骨形成的环，也不是 Bohlin 推想的锤骨，而是听泡腹部的一块隔壁。McKenna 同时确认 *Anagale* 的听泡由鼓骨和内鼓骨两骨组成，并观察到两骨之间的骨缝，从而进一步推断 *Anagalopsis* 的听泡也是由两骨构成，只是后者的年龄偏老，骨缝业已愈合而已。Meng 等（2003, p. 136）则采取了审慎态度，在未能实证 *Anagalopsis* 的听泡组成之前，仍维持 Bohlin 的意见。但无论如何就狉兽科已知的听泡结构而言，都与低等灵长类（Lemmuriform）者不同，后者主要是由岩骨扩展构成听泡的主要部分。

戈壁狉兽 *Anagale gobiensis* Simpson, 1931

（图 256）

正模 AMNH 26079，近于完整的颅骨和下颌及部分头后骨骼。产自内蒙古四子王

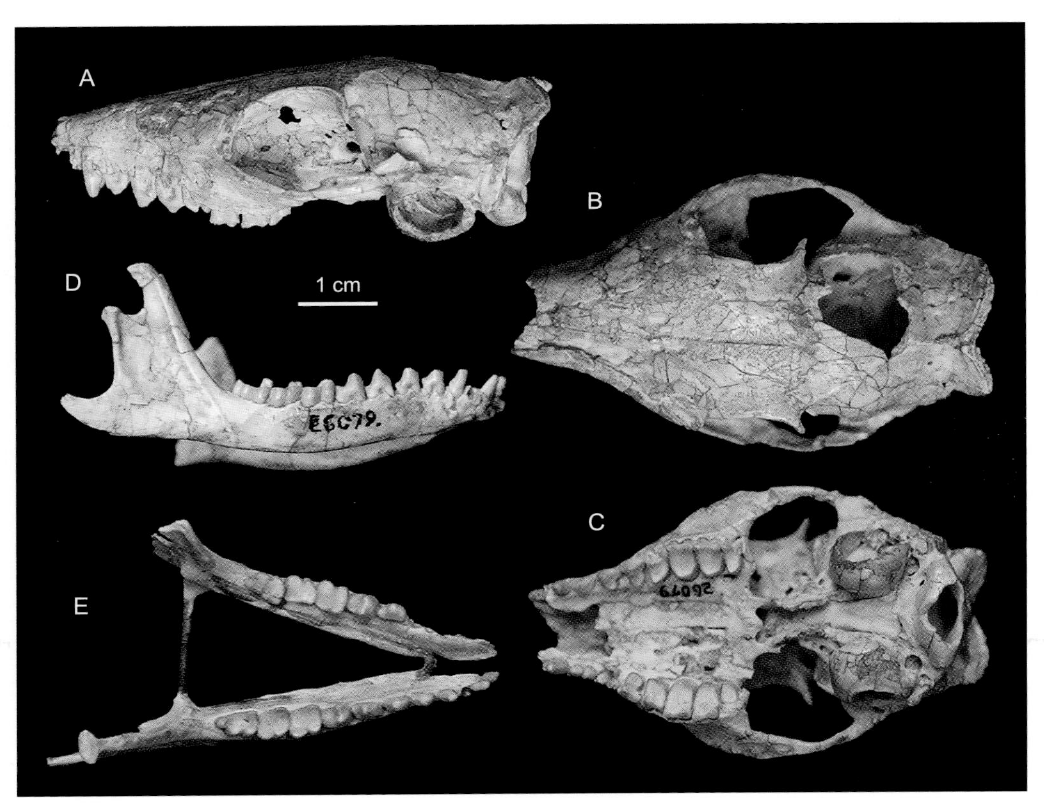

图 256 戈壁狉兽 *Anagale gobiensis*

同一个体的颅骨（A–C）和下颌（D, E）（AMNH 26079，正模）：A, D. 侧面视，B. 顶面视，C. 腹面视，E. 冠面视（孟津提供）

旗江岸苏木四方敖包（Twin Oboes），上始新统?“乌兰戈楚组”。

鉴别特征 同属征。

评注 除1931年Simpson记述的模式标本外，1963年McKenna又补充记述了中亚考察团于1928年在内蒙古根苏木东高地发现的另一件咬合着的上、下颌骨。因磨蚀较轻，作者对牙齿做了较详细的描述。另据王元青多年在内蒙古对古近纪地层的考察经验，结合他查证中亚考察团的原始资料，认为*Anagale gobiensis*的正模产出层位与乌兰戈楚组命名地点的层位并不相同。

狃形兽属 Genus *Anagalopsis* Bohlin, 1951

模式种 甘肃狃形兽 *Anagalopsis kansuensis* Bohlin, 1951

鉴别特征 个体大于*Anagale gobiensis*（头长比7.3 cm : 5.7 cm），头骨顶线呈弧形，无左右交汇于顶骨的颞脊，听泡大而窄、斜向，可能由单一的鼓骨构成，耳道顶部凸出，成后外向开口。齿式：3 (?) •1•4•3/3 (?) •1•4•3；犬齿大，P1/p1单根，P2/p2–3双根，P3–4三根，P4/p4臼齿化；P4–M3的舌侧和m1–3的颊侧釉质层伸入齿槽，形成单侧高冠，有别于*Anagale*。

中国已知种 仅模式种。

分布与时代 甘肃，渐新世（?）。

评注 在Bohlin（1951）记述*Anagalopsis*时，其形态与*Anagale*最为接近是不争的事实，但两者的区别也是显著的。*Anagalopsis*似显示出更多的进步特征，如颊齿的单面高冠、釉质层深入齿槽、P3更趋臼齿化等，另外*Anagalopsis*前臼齿的齿根又少于*Anagale*。至于两者听泡构成上的异同，对这一具有分类意义的性状，已如前述，诸家还未能取得一致的意见。在当时，Bohlin即表明“我不能过分强调两者的相似性用来表明*Anagalopsis*是从*Anagale*支系或与其密切相关的某些动物衍生出来的。在听泡构成的问题解决之前无明确结论可言。如果我的想法正确，那Anagalidae应从Lemuriformes中移出，包括*Anagalapsis*在内构成一类系统关系尚不清楚的科，但无论如何*Anagalopsis*与低等灵长类绝无近的关系”（p. 46）。

甘肃狃形兽 *Anagalopsis kansuensis* Bohlin, 1951

（图257）

正模 IVPP RV 51003，一近完整的头骨及左、右下颌支，产自甘肃玉门惠回堡十二马场（驿马城），始新统—渐新统白杨河组（?）。

鉴别特征 同属征。

产地与层位 甘肃玉门惠回堡十二马场（驿马城、骟马城），渐新统白杨河组（?）。

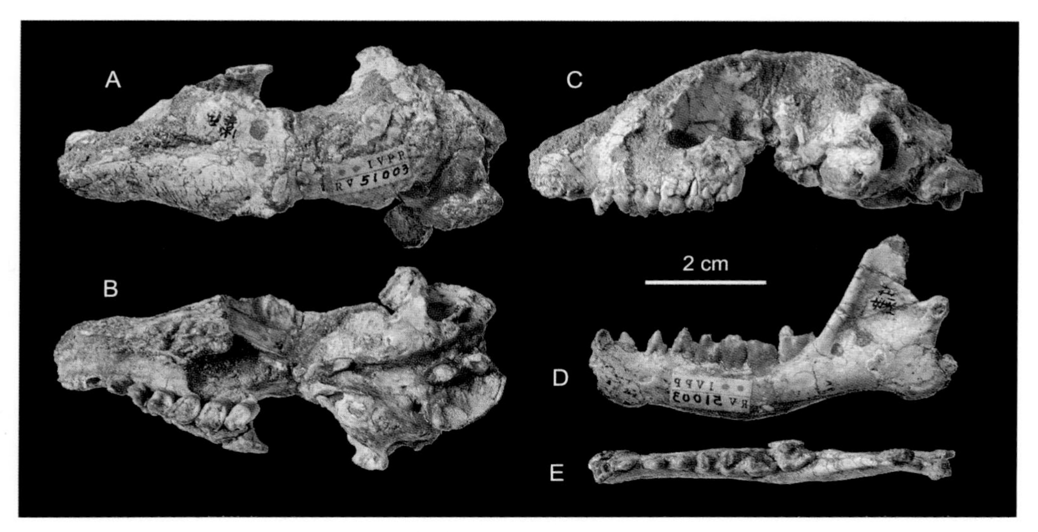

图 257　甘肃狃形兽 *Anagalopsis kansuensis*

同一个体的颅骨（A–C）和右下颌支（D, E）（IVPP RV 51003，正模）：A 顶面视，B. 腹面视，C. 侧面视，D. 颊侧视（翻转），E. 冠面视

评注　甘肃狃形兽的时代也是一个尚未定论的问题。与 *Anagalopsis* 采自同一地点只有 *Mimolagus rodens* Bohlin, 1951 和同层而相距不远的 *Kansuchelys chiayukuanensis* Heh, 1963 两种脊椎动物化石。1951 年 Bohlin 在记述前两种时，只提到"从哺乳动物整体面貌分析，含化石的地层的时代可能为第三纪的早半期"（p. 7）。1953 年 Bohlin 在记述该地点北部的龟类化石时，只给出 Testudinidae sp. F，既没命名，也没讨论时代。1963 年叶祥奎研究了 Bohlin 在该地点采集的龟类，命名为 *Kansuchelys chiayukuanensis*，认为时代可能是渐新世或晚始新世。同年，McKenna 在重新研究 *Anagale* 时，提出 *Anagalopsis* 的时代是 ?Oligocene。而在 1963 年由裴文中、周明镇和郑家坚编著的《中国的新生界》一书中根本没把这一地点及其化石收录在内。20 世纪 60 年代后的所有文献中几乎都标定 *Anagalopsis* 的时代是渐新世。但 2009 年 Meng 等（2009）在报道内蒙古伊尔丁曼哈组发现的舍氏索兔（*Gomphos shvyrevae*）时指出含 *Anagalopsis* 和 *Mimolagus* 的骗马城地层的时代可能比以往认定的早。至于 *Anagalopsis* 产出的层位也有两种不同意见，在甘肃省地矿局（1997）编著的《甘肃岩石地层》一书中认为产自白杨河组（217 页），而《中国地层典——第三系》则认为出自火烧沟组（58 页）。

狃兽科？ Family Anagalidae? Simpson, 1931

似悬猴狃属 Genus *Anaptogale* Xu, 1976

模式种　王河似悬猴狃 *Anaptogale wanghoensis* Xu, 1976

鉴别特征 小型的 anagalid；P3 和 P4 比臼齿横宽，两者的臼齿化程度相近，前尖高大，均无后尖，原尖高冠、呈柱形、U 形脊不很发育；臼齿破碎，但见 M2 有一雏形的次尖架、M3 退化。

中国已知种 仅模式种。

分布与时代 安徽，早古新世。

王河似悬猴狉 *Anaptogale wanghoensis* Xu, 1976

（图 258）

正模 IVPP V 4312，一左上颌骨，具 P3–M3，产自安徽潜山黄铺汪大屋，下古新统望虎墩组。

鉴别特征 同属征。

图 258 王河似悬猴狉 *Anaptogale wanghoensis*
左上颌骨（IVPP V 4312，正模）：冠面视

潜山狉属 Genus *Chianshania* Xu, 1976

模式种 江淮潜山狉 *Chianshania gianghuaiensis* Xu, 1976

鉴别特征 小型的 anagalid；上颊齿单面高冠不显著，上前臼齿外壁斜向内侧，P3 斜三角形，未臼齿化，P4 外壁单尖，其臼齿化程度与 *Anaptogale* 的 P3 相当。

中国已知种 仅模式种。

分布与时代 安徽，早古新世。

江淮潜山獂 *Chianshania gianghuaiensis* Xu, 1976

（图 259）

正模 IVPP V 4272，一段右上颌骨，具 P3–M2，安徽潜山黄铺汪大屋，下古新统望虎墩组。

鉴别特征 同属征。

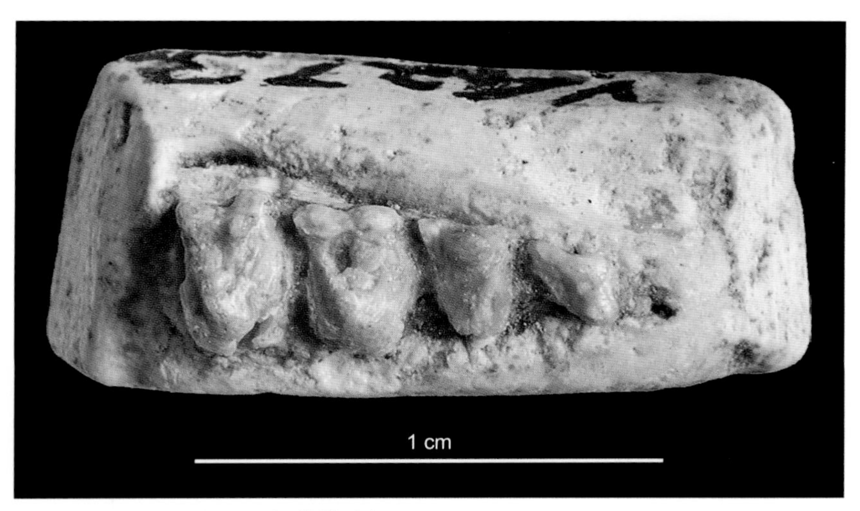

图 259 江淮潜山獂 *Chianshania gianghuaiensis*
右上颌骨（IVPP V 4272，正模）：冠面视

双峰獂属 Genus *Diacronus* Xu, 1976

模式种 望虎双峰獂 *Diacronus wanghuensis* Xu, 1976

鉴别特征 个体甚小，单面高冠显著，P4 已完全臼齿化、三根、前尖和后尖等大并完全分开。

中国已知种 *Diacronus wanghuensis*, *D. anhuiensis*，共两种。

分布与时代 安徽，早古新世。

望虎双峰獂 *Diacronus wanghuensis* Xu, 1976

（图 260）

正模 IVPP V 4313，一块带有颧弓的右上颌骨，具 P4–M3 及 P2、P3 齿槽。产自安徽潜山黄铺上下楼，下古新统望虎墩组。

鉴别特征 同属。

图 260　望虎双峰犸 *Diacronus wanghuensis*
右上颌骨（IVPP V 4313，正模）：冠面视

安徽双峰犸 *Diacronus anhuiensis* Xu, 1976

（图 261）

正模　IVPP V 4271，一段右上颌骨，具 P1–M2，安徽潜山黄铺张家屋，下古新统望虎墩组。

鉴别特征　与 *D. wanghuensis* 相似，但个体稍大。原尖的基部强烈内凸，前尖、后尖紧相毗邻。

图 261　安徽双峰犸 *Diacronus anhuiensis*
右上颌骨（IVPP V 4271，正模）：冠面视

评注 尽管原作者把安徽种归入双峰掘属，但它与模式种在齿列、齿尖形态上还是有相当差异。Szalay 和 Li（1986）认为 *Diacronus anhuiensis* 应该是一种原始的真灵长类。作者还把长形娇齿兽（*Decoredon elongetus* Xu, 1977）的模式标本，一件具 p4–m3 的右下颌支（IVPP V 4281-1），放在同一种内，构成 *Decoredon anhuiensis*（Xu, 1977）new combination，归诸于齣猴科（?Family Omomyidae Trouessart, 1879），并新建立娇齿猴亚科（Decoredontinae）。Szalay 和 Li 主要把安徽的标本与蒙古早始新世的阿尔泰猴（*Altanius*）对比，但由于归入的两件标本保存都不理想，著者强调的特点和结论并未被学者广泛接受，如今也少有人提及了。

中间掘属 Genus *Interogale* Huang et Zheng, 1983

模式种 大塘中间掘 *Interogale datangensis* Huang et Zheng, 1983

鉴别特征 一种下臼齿形态介于 Anagalidae 和 Pseudictopidae 之间的动物，但更接近于后者。下前尖稍高，偏位于舌侧。下臼齿除 p4 外臼齿化程度很低。齿式：/3•1•3•3。

中国已知种 仅模式种。

分布与时代 广东，中古新世。

评注 黄学诗和郑家坚（1983）仅把新属归入 Anagalida，而科未定。从新属的保存特征看，在齿式、前臼齿臼齿化的程度、臼齿三角座的形态等多方面都与 Anagalida 中的属种有所差别。暂归置于此，有待证实。

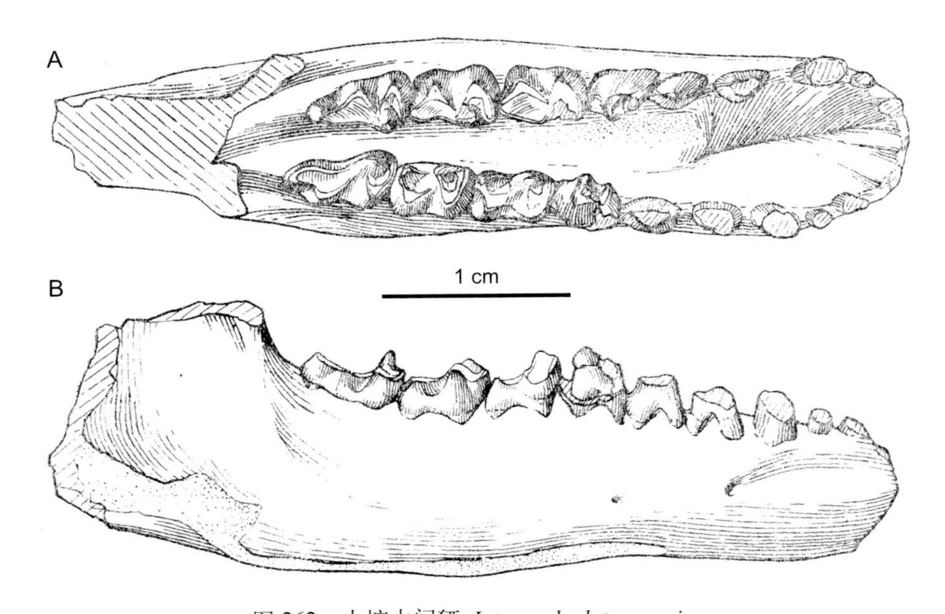

图 262 大塘中间掘 *Interogale datangensis*

同一个体的左、右下颌支（IVPP V 6861，正模）：A. 冠面视，B. 颊侧视（引自黄学诗、郑家坚，1983）

大塘中间狃 *Interogale datangensis* Huang et Zheng, 1983

（图 262）

正模 IVPP V 6861，同一个体的左、右下颌支，具 i1–m3（部分齿冠破碎），广东南雄大塘圩村西 1 km，中古新统浓山组。

鉴别特征 同属征。

窄狃属 Genus *Stenanagale* Wang, 1975

模式种 湘窄狃 *Stenanagale xiangensis* Wang, 1975

鉴别特征 下颌支侧扁、较高，下颊齿横向窄，齿冠釉质层不深入齿槽，跟座较高。

中国已知种 仅模式种。

分布与时代 湖南，早古新世。

湘窄狃 *Stenanagale xiangensis* Wang, 1975

（图 263）

正模 IVPP V 4860，一左下颌支具 p3–m2，产自湖南茶陵走石冲，下古新统枣市组。

鉴别特征 同属征。

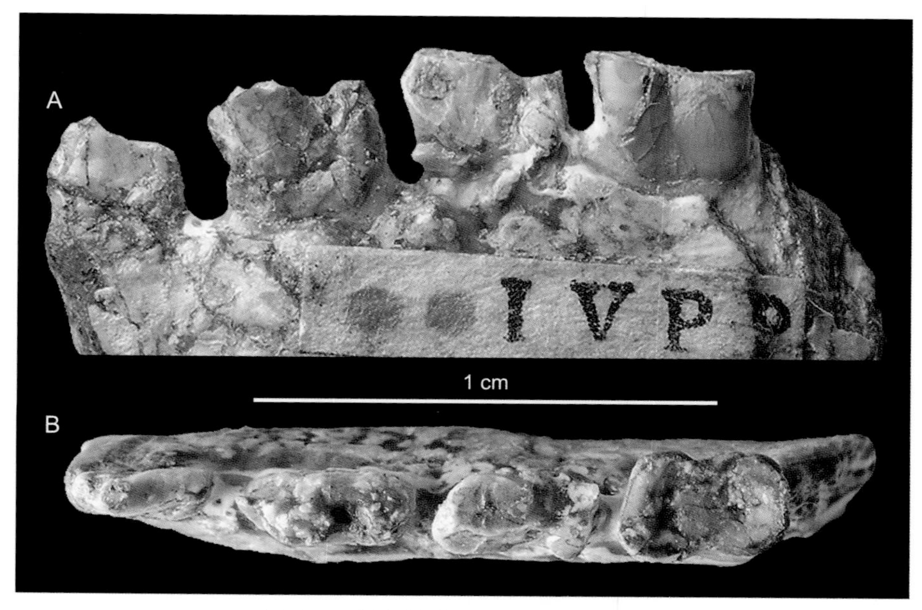

图 263 湘窄狃 *Stenanagale xiangensis*

左下颌支（IVPP V 4860，正模）：A. 颊侧视，B. 冠面视

皖狿属 Genus *Wanogale* Xu, 1976

模式种 河东皖狿 *Wanogale hodungensis* Xu, 1976

鉴别特征 大型 anagalid（m2 长 4.9 mm），下颌骨较厚、高，低冠；下臼齿外壁向内侧包斜，下三角座上无下前尖，只有发育的前齿带，下后尖大，跟座宽浅，下次尖极小，靠近下次小尖。

中国已知种 仅模式种。

分布与时代 安徽，早古新世。

河东皖狿 *Wanogale hodungensis* Xu, 1976

（图 264）

正模 IVPP V 4273，一段右下颌支，具 m2 及破碎的 m1，产自安徽潜山黄铺汪大屋，下古新统望虎墩组。

鉴别特征 同属征。

图 264 河东皖狿 *Wanogale hodungensis*

右下颌支（IVPP V 4273，正模）：A. 冠面视，B. 颊侧视（翻转）

假古猬科 Family Pseudictopidae Sulimshi, 1968

模式属 假古猬 *Pseudictops* Matthew, Granger et Simpson, 1929

定义与分类 1923年，中亚考察团在蒙古南戈壁省布尔干东25 km格沙头的晚古新世地层中采到一件具p3–m3左下颌支和一件带有两个臼齿的右上颌骨。这些材料经Matthew等（1929）研究后，定名为棱脊假古猬（*Pseudictops lophiodon*），归入食虫目（Insectivora）。作者建议把*Pseudictops*作为Leptictidae科中的一员，并与Zalambdalestes，甚至与恐角兽类中与其相似的牙齿形态属种做了比较。1945年在Simpson的分类中仍将*Pseudictops*归入?Insectivora，*genera incertae sedis*中。1948或1949年苏联科学院古生物考察团在格沙头同一地点发现一不完整的头骨前部标本，具双侧齿列（PIN No 476-7），1952年经Trofimov研究，认为应归入同一种（*P. lophiodon*）。新材料无疑增添了该类动物在齿式、颧弓和齿列等多方面的信息特征，Trofimov的研究结论是假古猬尽管个体显著偏大、齿列有所差异，但其臼齿化程度较高、吻部较短，牙齿形态，尤其是臼齿中有发育的V形横脊等特点与leptictids相似，*Pseudictops*应归属Leptictidae，它代表了亚洲古老猬类支系与美洲真正的leptictids平行进化中的一员。另外，1949年苏联考察团还在蒙古Nemegt盆地Naran Bulak地点发现了一件仅带有m2–3的左下颌支，Trofimov依据与属型种微弱的差别，建立了一个新种*Pseudictops arilophodon*。1963年，McKenna在重新研究*Anagale gobiensis*时曾有五处提到*Pseudictops*与*Anagale*在牙齿方面的相似性。而1964年Van Valen在讨论兔类的起源时得出的结论是兔形目可能起源于蒙古食虫类*Pseudictops*，而后者可试归入Anagalidae。1963–1965年波 - 蒙古生物考察团在蒙古开展大规模的中 - 新生代地层调查和化石发掘，于格沙头、Naran Bulak和Tsagan Khushu三个地点采集到50余件*Pseudictops*的标本，其中不乏完整的齿列和肢骨。Sulimski（1968）在研究这批材料时，与Leptictidae和Anagalidae的相关属种做了认真的对比，最后得出结论是"*Pseudictops*既不能归诸入leptictids，也不能归入anagalids。其根据是：① 这后两类都没有*Pseudictops*特征的上下门齿、犬齿和第一前臼齿；② *Pseudictops*后肢的第一、第五趾退化，而第三、第四趾伸长（第三趾最长）；③ *Pseudictops*跗骨结构不同，尤其是跟骨 - 距骨、胫骨 - 距骨的关节；④ *Pseudictops*上臼齿缺失或仅有一微弱的次尖。基于上述，作者认为新建一科，Pseudictopidae是正确的……"（p. 126）。20世纪70年代初中国科学院古脊椎动物与古人类研究所华南红层队在安徽潜山古新统地层中发现了多个层位不同种类众多的假古猬类化石，经邱占祥（1977）研究后建立了3个新属、4个新种及2个未定种，作者并对假古猬科进行了广泛深入的讨论。邱文首先论证、支持了Sulimski对Pseudictopidae科的建立，并从五个方面指出该科与Leptictidae的差别。其次，讨论了Pseudictopidae目的归属和Anagalida目的建立。指出Pseudictopidae

和 Anagalidae 在牙齿形态上的相同特征以及前者与兔形类在颅后骨骼上的相似性，“从形态差异上考虑，建立一个新目（Anagalida）是可行的。”至于 *Zalambdalestes*，其牙齿与假古猬和 leptictids 都有一定的相似性，“无论把它放在哪一目都带有很大的相对性”（142 页）。作者最后以相当大的篇幅讨论了 Pseudictopidae 的生态特点，指出假古猬类门齿、犬齿排列稀疏、具有次级小尖，可能是一种更有效的扑捉昆虫的特殊适应；其前足短，肩胛骨的喙突发育、尺骨粗壮、肘突扁长等特点说明具有一定的挖掘功能，但保留了相当的灵活性；后肢长于前肢，跖骨特长，膝关节与跗关节屈曲度很大，跗骨、跖骨之间的关节面无多少转动余地等特点和兔子一样与跳跃适应有关；pseudictops 具有髌骨滑车下窝，这与马的髌骨上窝相反，推测这类动物可能最习惯蹲坐式。“总之，Pseudictopidae 在运动特点上大概和现在的兔子比较接近：其习惯的运动方式是以后肢为主要推动力的跳跃，前肢保留有较大的灵活性，以作各种取食的动作，可能也具有一定的挖掘功能。其习惯的静止姿态则可能是蹲坐式。”（143 页）1979 年，丁素因、童永生又研究了在广东南雄古新世发现的假古猬化石，除增添了 2 新属 3 新种外，对已发现的 6 属 8 种假古猬类化石做了进一步的梳理。作者从下门齿、下犬齿的大小、排列，前臼齿臼齿化程度、下颌联合部及上颊齿的形状等特征，把 Pseudictopidae 分为两支，一支为 *Anictops* 和 *Allictops*；另一支有 *Cartictops*、*Paranictops*、*Haltictops* 和 *Pseudictops*。文中又对假古猬类的颅后骨骼重新做了研究，认为“假古猬类前后肢的比例，以及前后肢各段的比例，除与兔形类相近外，与古老的松鼠类，甚至现代树栖的 *Sciurus* 等等都是相近的。”

鉴别特征 身材如兔或稍小，头较大。头骨长头形，矢状脊低长，颧弓细弱，无明显的眶后突。下颌角发育，圆钝状，联合部不超过 p3 的前半部，双颏孔、位于 p3 之前。齿式完全，门齿及犬齿排列稀疏，近纵列，后期发育有次级小尖。P1 及 P2 间有一小齿隙，P3–4/p3–4 臼齿化程度较高。上臼齿原脊和后脊组成一 V 字形，无小尖，宽大于长，舌侧齿冠逐渐增高并向颊侧倾斜，亦即单面高冠现象；后期种类单面高冠现象更显著，后齿带舌侧急剧升高变宽，形成“次尖架”。下臼齿三角座扁宽，下前尖靠近下后尖，低而小，跟座低，尖为钝锥状，m3 最长。四肢修长，尤其是后肢。尺骨粗，不与挠骨愈合，前足四指（?），第五指短小，掌骨短，仅稍长于蹠骨之半；盆骨联合长，髂骨细，股骨第三转子很发育，髌骨滑车特别窄长，两嵴平行，腓骨细长，不与胫骨愈合，远端内、外踝皆很发育，腓骨与跟骨，甚至与距骨相关节，距骨原始类型，有贯通的距骨孔，后足四趾，第一趾退失，掌、蹠骨远端关节面横柱形，带中嵴，第三指节骨侧扁，有中缝。

中国已知属 *Cartictops*, *Anictops*, *Paranictops*, *Cartictops*, *Allictops*, *Haltictops*, *Pseudictops*, *Suyinia*, 共八属。

分布与时代 安徽、广东、内蒙古、新疆、山东，古新世 — 早始新世。

强假猬属 Genus *Cartictops* Ding et Tong, 1979

Paranictops：邱占祥，1977（部分）

模式种 犬齿强假猬 *Cartictops canina* Ding et Tong, 1979

鉴别特征 个体较大。下犬齿粗壮，无次级小尖；p1、p2 大，p3、p4 臼齿化程度较低；下臼齿齿冠低，三角座长，下前脊和下后脊夹角大，下前尖发育，靠近舌侧，下次尖前位，下内小尖低矮。

中国已知种 仅模式种。

分布与时代 安徽，早古新世。

犬齿强假猬 *Cartictops canina* Ding et Tong, 1979

（图 265）

Paranictops sp.：邱占祥，1977（部分）

Gen. et sp. indet.：邱占祥、李传夔，1977

正模 IVPP V 4307，一件左下颌支前段，具 i2–p4；产自安徽潜山黄铺万花屋西约 100 m，下古新统望虎墩组下段。

副模 IVPP V 4318，一个左 m1 或 m2。产自安徽潜山黄铺姜家屋北西约 150 m，下古新统望虎墩组下段。

鉴别特征 同属。

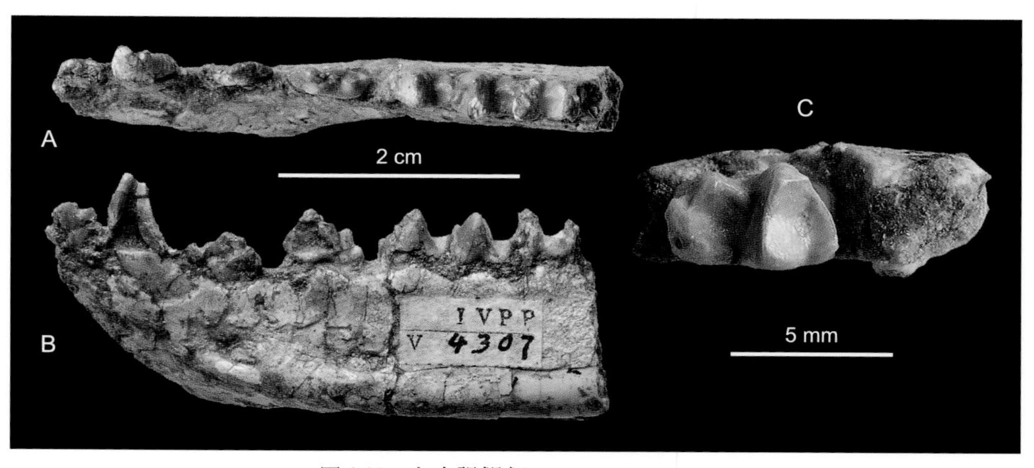

图 265 犬齿强假猬 *Cartictops canina*

A, B. 左下颌支（IVPP V 4307，正模），C. 左 m1/2（IVPP V 4318，副模）：A, C. 冠面视，B. 颊侧视

产地与层位 安徽潜山黄铺万花屋西、姜家屋，下古新统，望虎墩组下段。

评注 IVPP V 4307 标本原为邱占祥（1977，137–138 页）鉴定为 *Paranictops* sp.，作者在记述这件标本时已经指出“IVPP V 4307 标本性质比较特殊。下颌联合部仅达 p2 后缘，前、后颏孔分别位于 p2 之下和 p3 之后，……下犬齿相当粗壮……没有次级小尖的痕迹，p1 残破，与 c 和 p2 间皆有短齿隙。p2 双根，齿冠外侧破，自内侧看与 *Paranictops majuscula* 一样，也有四个小尖，p3、p4 已腐蚀，它们的下前尖与后脊相隔较远，亦即位置更靠前，这一点与一般的假古猬都不一样，也许应该另立一新属”。遗憾的是，邱占祥在原文中并没有提供绘图或照片。IVPP V 4318 为一左下颌支碎段，带一个保存较好的臼齿，原被邱占祥、李传夔（1977，99 页）作为目、科未定，属种待定记述。当时作者主要与北美白垩纪的 *Cimolestes* 做了对比，但也指出两者明显的差别在于“IVPP V 4318 的 ① 下后尖高于下原尖，② 下前脊无裂凹，③ 下次小尖后外方有一褶状棱，而这后一特点在 *Paranictops* 中也曾发现过，但两者的三角座差别较大”。丁素因和童永生（1979，139 页）认为，这两者“产自同一层位，相距仅两公里，有可能属同一种动物”。“在牙齿形态上与 *Haltictops* 相近，仍有明显的区别”。又由于其“下犬齿粗壮”为其建一新属、种，*Cartictops canina*（犬齿强假猬）。诚如邱、李所指出的，IVPP V 4318 的三角座与假古猬类的差别较大（如下前脊与下后脊夹角大、下前尖发育等），以此作为 *Cartictops* 属的特征之一还有待新材料的证实，因为在 IVPP V 4307 模式标本上仅保留了一个极破的 m1，无法证明它的三角座与 IVPP V 4318 者一致。

非猬属 Genus *Anictops* Qiu, 1977

模式种 大别非猬 *Anictops tabiepedis* Qiu, 1977

鉴别特征 在已知的假古猬中最小而原始的一类。下颌水平支低而薄，下缘平，下颌联合部仅达 p2 处；上犬齿锥状，下犬齿侧扁，前、后缘有次级小尖，颊齿齿冠较低，单面高冠现象不显；P2 较大，P3、P4 后尖微弱，前、后齿带差不多一样大小，上颊齿宽仅稍大于长；下门齿相对较小，排列紧密；下犬齿小，侧扁，门齿化；下颊齿窄长，三角座和跟座宽度接近，高度差别不十分悬殊，跟座齿尖明显，有一明显的下中尖；m3 跟座拉长。肢骨比 *Pseudictops* 者短约 1/4。

中国已知种 *Anictops tabiepedis*，*A. wanghudunensis*，共两种。

分布与时代 安徽，早古新世。

大别非猬 *Anictops tabiepedis* Qiu, 1977

（图 266）

正模 IVPP V 4282，一件左上颌骨，具 C–M3。产自安徽潜山黄铺张家屋西南约

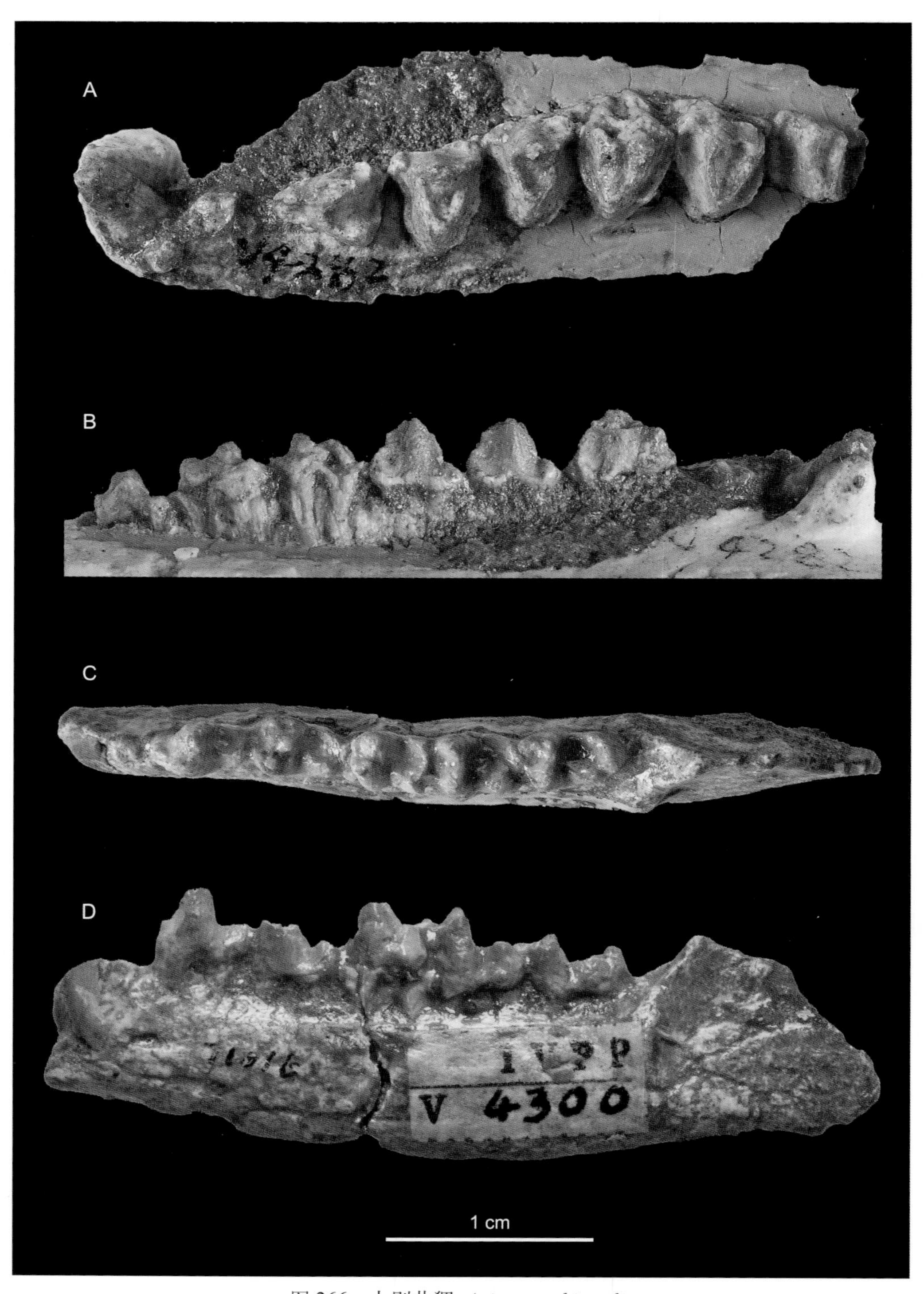

图 266　大别非猬 *Anictops tabiepedis*

A, B. 左上颌骨（IVPP V 4282，正模）；C, D. 左下颌支（IVPP V 4300）：A, C. 冠面视，B. 颊侧视（翻转），D. 颊侧视

200 m，下古新统望虎墩组上段。

副模 IVPP V 4289，4293–4297，若干上颌骨、下颌支和肢骨，与正模产于同一层位和地点。

鉴别特征 同属征。

产地与层位 安徽潜山黄铺一带，下古新统望虎墩组。

评注 建名人除正模外，还记述了许多“其他材料”。其中只有一件保存不太好的后足近端部分（IVPP V 4283）产自望虎墩组下段，其余都产自安徽潜山望虎墩组上段。

望虎墩非猬 *Anictops wanghudunensis* Zheng, Zheng et Huang, 1999

（图 267）

正模 IVPP V 11687.1，属于同一个体的左下颌支，具 p2–m3 和 IVPP V 11687.2，左上颌骨，具 P1–M3。产自安徽潜山望虎墩西南 1 km，下古新统望虎墩组上段。

图 267 望虎墩非猬 *Anictops wanghudunensis*

A. 左上颌骨（IVPP V 11687.2，正模）；B，C. 左下颌支（IVPP V 11687.1，正模）：A，B. 冠面视，C. 颊侧视

鉴别特征 下颌支体及颊齿较模式种粗壮、短宽；下颊齿的下前尖低小、且靠近下后尖，下次小尖不发育，p4 下后脊中间无缺口，m3 下次小尖不伸长，跟座圆形。上颊齿单面高冠较显著，相对横宽，前齿带不发育。

评注 建名人将正模的产出层位误写为“望虎墩组下部”，这里予以改正。除正模外，建名人还将产自望虎墩下段另一地点的一件下颌（IVPP V 11688）归入该新种。这件标本也可能应该被指定为副模。

副非猬属 Genus *Paranictops* Qiu, 1977

模式种 大副非猬 *Paranictops majuscule* Qiu, 1977

鉴别特征 构造与 *Anictops* 很接近，但稍大，长度约长 1/6。下颌水平支高而厚，至前端高度并不减少，下犬齿锥状，无次级小尖，p3 和 p4 跟座短，跟座中后脊长于斜脊，p3–m3 三角座显著地比跟座宽，m3 跟座更长。

中国已知种 仅模式种。

分布与时代 安徽，早古新世。

图 268 大副非猬 *Paranictops majuscule*
右下颌支（IVPP V 4302，正模）：A. 颊侧视，B. 冠面视

大副非猬 *Paranictops majuscule* Qiu, 1977

（图 268）

正模 IVPP V 4302，一件较完整的右下颌支，具犬齿齿根及 p2–m3。产自安徽潜山黄铺陶屋东北 300 m，下古新统望虎墩组上段。

副模 IVPP V 4303，两件左下颌水平支，与正模产自同一层位和地点。

鉴别特征 同属征。

产地与层位 安徽潜山黄铺一带，下古新统望虎墩组。

评注 正模（IVPP V 4302）原为一右下颌支，在邱文发表时，误印为左下颌支。此外，建名人还将产于同一层位但另一地点的若干下颌支及颅后骨骼（IVPP V 4304–4306）也归入到该新种。

异猬属 Genus *Allictops* Qiu, 1977

模式种 无锯齿异猬 *Allictops inserrata* Qiu, 1977

鉴别特征 上犬齿小，断面成扁锥圆形，无次级小尖；颊齿齿冠显著地高于 *Anictops* 和 *Paranictops*，但仍低于 *Pseudictops*。上颊齿前附尖较大，但 P2 相对较小，M2 和 M3 后齿带相对较低。

中国已知种 仅模式种。

分布与时代 安徽，中古新世。

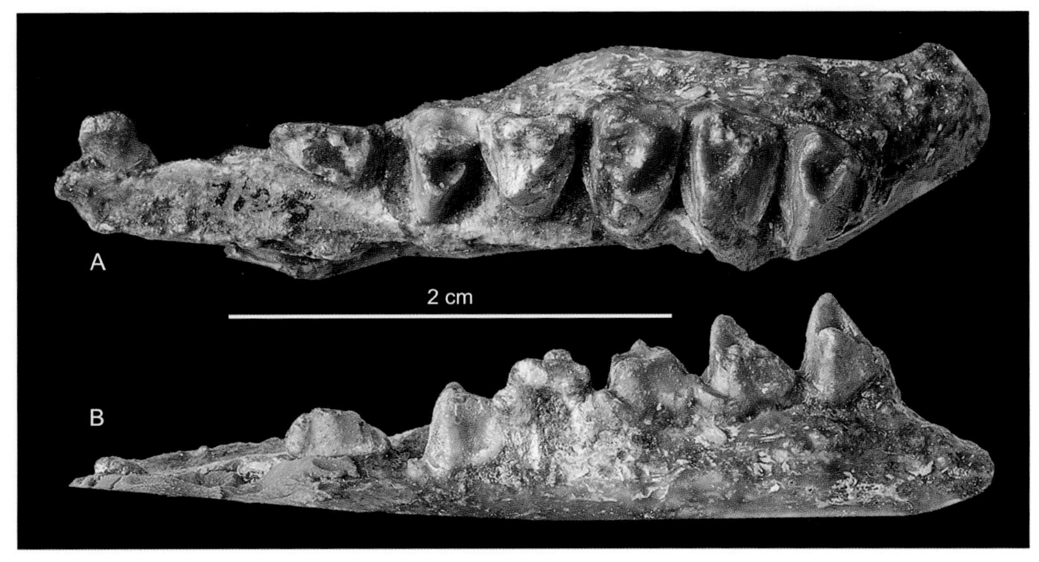

图 269 无锯齿异猬 *Allictops inserrata*

左上齿列（IVPP V 4310，正模）：A. 冠面视，B. 颊侧视（翻转）

无锯齿异猬 *Allictops inserrata* Qiu, 1977

（图 269）

正模 IVPP V 4310，一幼年个体的左上齿列（C–M3）。产自安徽潜山黄铺韩新屋，中古新统痘母组。

鉴别特征 同属。

跳猬属 Genus *Haltictops* Ding et Tong, 1979

模式种 殊跳猬 *Haltictops mirabilis* Ding et Tong, 1979

鉴别特征 上臼齿横宽，具外齿带，舌侧高冠，M3 后尖发育，前附尖弱，后齿带舌侧增强形成次尖架；p3–4 下原尖外壁尖锐，跟座长；下臼齿三角座与跟座高差悬殊；m1 三角座比 m2 的长，m1–2 具下内小尖和下内尖棱，m3 跟座窄长，下次小尖十分发育。

中国已知种 *Haltictops mirabilis*, *H. meilingensis*，共两种。

分布与时代 广东，古新世。

图 270 殊跳猬 *Haltictops mirabilis*

A, B. 右下颌支（IVPP V 5181，正模），C. 左 p1–2（IVPP V 5181.3，副模），D. 右 M2–3（IVPP V 5181.2，副模）：A. 舌侧视，B–D. 冠面视

殊跳猬 *Haltictops mirabilis* Ding et Tong, 1979

（图 270）

正模 IVPP V 5181，一件不完整的右下颌支，具 p4–m3。产自广东南雄大塘圩北西 1 km，中古新统浓山组。

副模 IVPP V 5181.1，一段左下颌支，具 m1–2；IVPP V 5181.2，一段右上颌骨，具 M2、M3；IVPP V 5181.3，左 p1–2；IVPP V 5181.4，破肢骨。上述标本与正模产自同一层位和地点。

鉴别特征 个体小（m1 长 3.5 mm）；m1–2 下内小尖明显，下内尖棱强，下内尖位置靠前。

产地与层位 同模式产地，中古新统浓山组。

梅岭跳猬 *Haltictops meilingensis* Ding et Tong, 1979

（图 271）

正模 IVPP V 5182，一段左下颌支，具 p3–m3。产自广东南雄大塘圩西，中古新统浓山组。

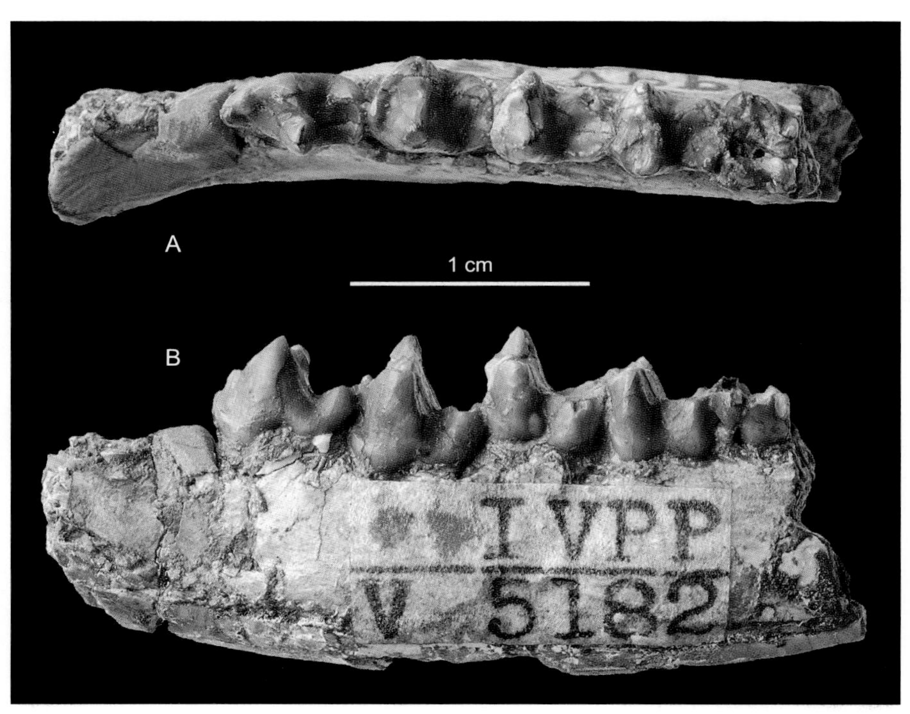

图 271 梅岭跳猬 *Haltictops meilingensis*
左下颌支（IVPP V 5182，正模）：A. 冠面视（翻转），B. 颊侧视

鉴别特征 个体较属型种大（m1 长 4.2–4.3 mm）；p3–4 增大特别明显，p4 臼齿化程度较高；m1–2 下内小尖很不明显，下内尖后位。

假古猬属 Genus *Pseudictops* Matthew, Granger et Simpson, 1929

模式种 棱脊假古猬 *Pseudictops lophiodon* Matthew, Granger et Simpson, 1929

鉴别特征 齿式：3•1•4•3/3•1•4•3，硬颚较短、前窄后宽，颧弓前根伸展从 P4–M1 间至 M3 中部，双颏孔，前者位于 P1 之下、后者在 P2 与 P3 之间。前臼齿自前向后臼齿化逐渐加强。臼齿上、下三角座的齿尖成三角形排列。I1–P1/i1–p1 单根，p2–m3 双根，P2–M3 三根。上颊齿原尖低于前尖和后尖，前、后尖陡峭但基部相连。P3 前齿带常退缩，具前附尖，后附尖弱，P4–M3 具前、后齿带，M1–2 的前尖高于后尖，M3 后外角退化、缺后附尖。p3–m3 无后齿带，下臼齿的下跟座呈半月形，无下后附尖，m3 的跟座长于三角座、跟座上三尖中以下次小尖最大。后肢第一、五趾缩短，股骨或许较短、厚，端部加宽。

中国已知种 *Pseudictops lophiodon*, *P. chaii*, *P. tenuis*，共三种。

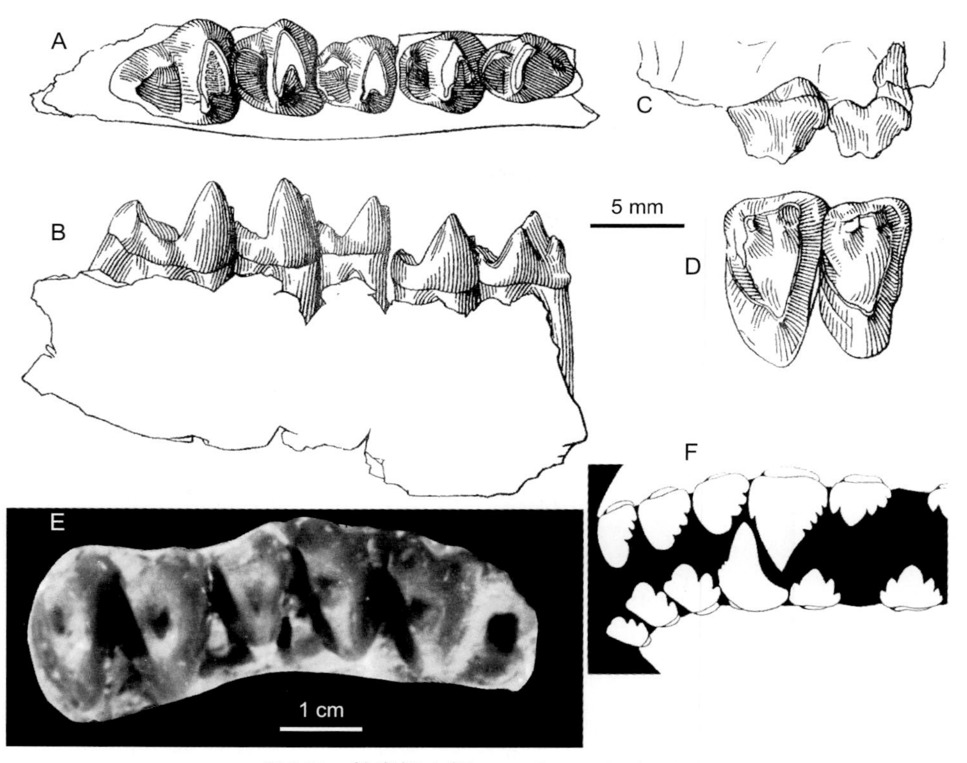

图 272 棱脊假古猬 *Pseudictops lophiodon*

A, B. 左下颌支（AMNH 21727，正模）；C, D. 右上颌带 M1–2 （AMNH 21712，副模）：A, D. 冠面视，B. 舌侧视（引自 Matthew et al., 1929）；E. 无编号，标本待寻，右上颌骨带 P3–M3（引自周明镇、齐陶，1978，图版 II，图 8）；F. 门齿、犬齿及部分前臼齿的示意图（依 Sulimski, 1968）

分布与时代（中国） 内蒙古、新疆、广东，晚古新世。

棱脊假古猬 *Pseudictops lophiodon* Matthew, Granger et Simpson, 1929

（图 272）

正模 AMNH 21727，一段左下颌支，具 p3–m3。产自蒙古南戈壁省布尔干东 25 km 格沙头。

副模 AMNH 21712，一段右上颌骨，具 M1–2。

鉴别特征 同属。

产地与层位（中国） 内蒙古巴彦乌兰、脑木根，上古新统脑木根组。

评注 尽管模式标本采自蒙古，在我国内蒙古境内多处地点也发现了棱脊假古猬化石，业已发表的有周明镇和齐陶（1978）、Meng 等（1998），但材料多是上下颌和零散牙齿。Trofimov（1952）创建的蒙古新种 *Pseudictops arilophodon* 于 1968 年被 Sulimski 也归入棱脊假古猬种内。

柴氏假古猬 *Pseudictops chaii* Tong, 1978

（图 273）

正模 IVPP V 4076，一段带有 m3 的左下颌支残段，产自新疆吐鲁番盆地连木沁，

图 273 柴氏假古猬 *Pseudictops chaii*

左下颌支（IVPP V 4076，正模）：A. 冠面视，B. 颊侧视

上古新统台子村组。

鉴别特征 个体大小近于属型种，但下颌支较浅而厚；m3 下三角座较宽短，下跟座较窄长，下斜脊伸至下后脊的中间，下次尖相对舌位。

细巧假古猬? *Pseudictops*? *tenuis* Ding et Zhang, 1979

（图 274）

正模 IVPP V 5033.2 和 IVPP V 5033.1，可能属于同一个体的左、右两不完整的下颌支，分别具右 p4–m2 和左 p3–m2，产自江西大余青龙老岭背南 200 m，中古新统池江组。

图 274 细巧假古猬? *Pseudictops*? *tenuis*

A, B. 右下颌支（IVPP V 5033.1，正模），C, D. 左下颌支（IVPP V 5033.2，正模）：A, C. 冠面视，B. 颊侧视，D. 颊侧视（翻转）

鉴别特征 下颌水平支薄；颊齿窄小，齿冠较低；p4 臼齿化程度不高，p4–m2 三角座前后向收缩，跟座相对较长，下内尖特别发育，跟座内缘突出，p4 略小于 m1。

评注 丁素因、张玉萍（1979）在讨论细巧假古猬的性质时，指出“cf. *P. tenuis* 的齿冠较低、p4 臼齿化程度低，说明它比 *P. lophiodon* 稍原始些。另外，细巧种的下颌支薄、齿冠低、p4 略小于 m1、p4 臼齿化程度较低、颊齿下内尖非常大、下后尖呈圆锥形等特征，说明它有可能不是 *Pseudictops* 属的成员”。因之，作者在种名前以“cf.”区别之。如果按照张永辂（1984，183 页）的意见，这种属存疑的情况应该写作 *Pseudictops*? *tenuis*。

素因非猬属 Genus *Suyinia* Tong et Wang, 2006

模式种 昌乐素因非猬 *Suyinia changleensis* Tong et Wang, 2006

鉴别特征 个体小，下臼齿形态接近 *Haltictops*, p4 下前尖较大，跟座窄小，无清楚的下内尖，下臼齿三角座和跟座长宽相近，下前尖相对舌位，m1–2 下内尖几乎与下次尖相对，无下内尖棱，跟凹向舌侧开放，m3 跟座较短，齿尖相对较弱。

中国已知种 仅模式种。

分布与时代 山东，早始新世。

昌乐素因非猬 *Suyinia changleensis* Tong et Wang, 2006

（图 275）

正模 IVPP V 10715，一件右下颌支，具 p4–m3，产自山东昌乐五图煤矿，下始新统五图组。

鉴别特征 同属征。

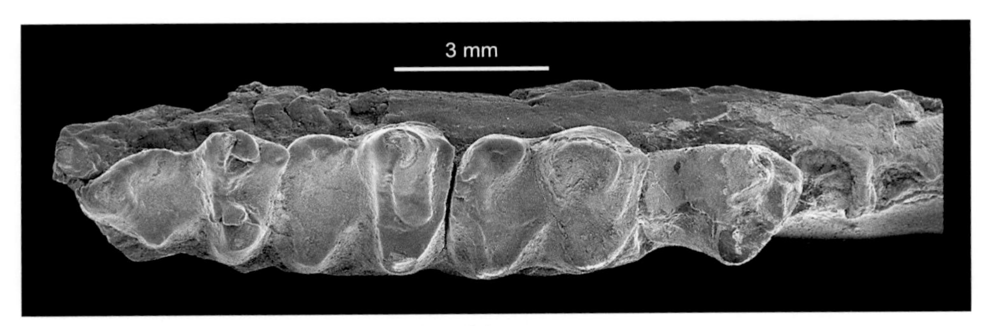

图 275 昌乐素因非猬 *Suyinia changleensis*
右下颌支（IVPP V 10715，正模）：冠面视

丽狉科 Family Astigalidae Zhang et Tong, 1981

模式属 丽狉 *Astigale* Zhang et Tong, 1981

定义与分类 丽狉科是张玉萍和童永生 1981 年主要根据广东南雄古新世的材料建立的一个新科，它包括两属 4 种。自 1981 年建科后，迄今除以一件右下颌建立了另一新属外，无更多化石报道。丽狉科在建立时，作者即强调该科与蒙古晚白垩世 *Kennalestes* 的相似性，并进一步推论后者可能是丽狉祖先，而 anagalids 和 pseudictopids 的起源也可能与 *Kennalestes* 有关。作者在讨论 *Zalambdalestes* 与狉兽类的差异后，认为“相反，*Kennalestes* 似乎与 anagalids 和 pseudictopids 更为相似一些，这两科动物与 *Astigale* 及

Kennalestes 一样，门齿小，上臼齿前、后尖基部相连，原尖居中，内侧陡，无明显的次尖，无内齿带，前、后齿带发育，P3、P4 无真正的后尖，下三角座比下跟座宽，下前尖和下后尖孪生，高位分叉，颊齿中 M2/m2 最大，M3/m3 不退化。”“相对来讲，Astigalidae 的形态更接近这种古老种类，或许可以认为是 *Kennalestes* 的古新世后裔。这样 *Kennalestes* 和丽狉一起归入狉目，或许是可取的。”（张玉萍、童永生，1981，141 页）在 1981 年作者建属时，*Kennalestes* 仅发表了一个初步报告（Kielan-Jaworowska, 1968），随着后期的深入研究（Kielan-Jaworowska, 1981; Kielan-Jaworowska et al., 2004）更清楚地显示出 *Kennalestes* 与 astigalids 及 anagalids 的差异，如在牙齿上，*Kennalestes* 的犬齿、第一前臼齿为双根，上臼齿颊侧更伸长、具有外架（stylar shelf）与深的外凹（ectoflexus）和发育的多个前附尖及后附尖，前、后小尖及小脊发育等特点，而在可以对比的头骨上也或有不同。因之，目前多数学者仅把 *Kennalestes* 视为 Asioryctitheria 超目中的一员，少有提及它与 anagalids 或 astigalids 关系的。McKenna 和 Bell（1997）认为 Astigalidae 是 Oxyclaenidae 的同义名，并把丽狉科的两属归入后者，但未能提出更多的理由和论据①。诚如童永生和王景文（2006）指出的“*Astigale* 和 *Zhujegale* 与北美的 Oxyclaenidae 差异相当明显：① 后者齿尖圆钝，前者尖瘦；② 后者前、后尖分离，而 *Astigale* 两尖基部愈合；③ 前者下臼齿齿座与跟座高差大，后者则相差不大；④ 前者下臼齿下前尖与下后尖孪生；⑤ 后者 M3/m3 明显退化。而这些差异点正是 astigalids 和 psudictopids 及 anagalids 的共同点，因此，这里仍将丽狉科归入狉兽目。我们很赞同胡耀明（1993）研究的结论：从分支图来看，假古猬科与狉科关系最近，丽狉科次之。”（p. 42）

鉴别特征 头骨吻部狭长，下颌水平支细长，齿式：?•1•4•3/?•1•4•3。上门齿小，犬齿强；P1–2/p1–2 简单，侧扁，仅有一主尖；P1/p1 单根，P2/p2 双根；P3–4 由原尖和主尖组成，主尖高；上臼齿横宽，前、后尖接近，基部相连，有明显的小尖，后小尖有前棱，前附尖成钩状，内齿带无，前、后齿带位置低，后齿带舌侧端形成次尖架；下臼齿下前尖和下后尖孪生，高位分叉，下后尖比下原尖高，下前尖不退化，m1–2 下次小尖和下内尖几乎等大；M3/m3 不退化。

中国已知属 *Astigale*, *Zhujigale*, *Yupingale*，共三属。

分布与时代 安徽、广东，古新世；山东，早始新世。

---

①见McKenna 的 notes: <*Astigale*: There is no particular reason to put these in any anagalid-like assemblage of genera. As Ting (personal comm., 1988) suggests, †Astigale is somewhat similar to †Protungulatum. It looks more plesiomorph than that to me, but not so plesiomorph as *Procerberus* or leptictids. It could be the key to an understanding of how a lot of “condylarths” arose.> MMcK 7/23/88.（孟津提供）

<*Zhujegale*: Transferred to †Oxyclaeninae on very weak subjective basis, mostly because it looks a bit like †*Astigale*.> MMcK 11/26/90 .（孟津提供）

丽狸属 Genus *Astigale* Zhang et Tong, 1981

模式种 南雄丽狸 *Astigale nanxiongensis* Zhang et Tong, 1981

鉴别特征 C–P3 的各齿之间有较长的齿隙，P3–4 具弱的或初始的后尖；P4 原尖前棱伸向主尖的内侧，后附尖显著；上臼齿前、后尖高耸，前小尖清楚，后小尖前棱明显；M1–2 具前、后附尖，前附尖成明显的钩状向前突出。p3–4 侧扁，p4 具简单的后跟脊。下颌角突稍有弯曲，在 p1 和 p3 之下有颏孔。

中国已知种 *Astigale nanxiongensis*, *A. wanensis*，共两种。

分布与时代 广东、安徽，早古新世。

南雄丽狸 *Astigale nanxiongensis* Zhang et Tong, 1981

（图 276）

正模 IVPP V 5215，一头骨前部及左下颌支，保存了大体完整的上、下颊齿列。产自广东南雄珠玑金堂北，下古新统上湖组。

鉴别特征 p4 具明显初始的下后尖，齿的后端另有一齿尖；m3 下内尖较发育，下次小尖高。

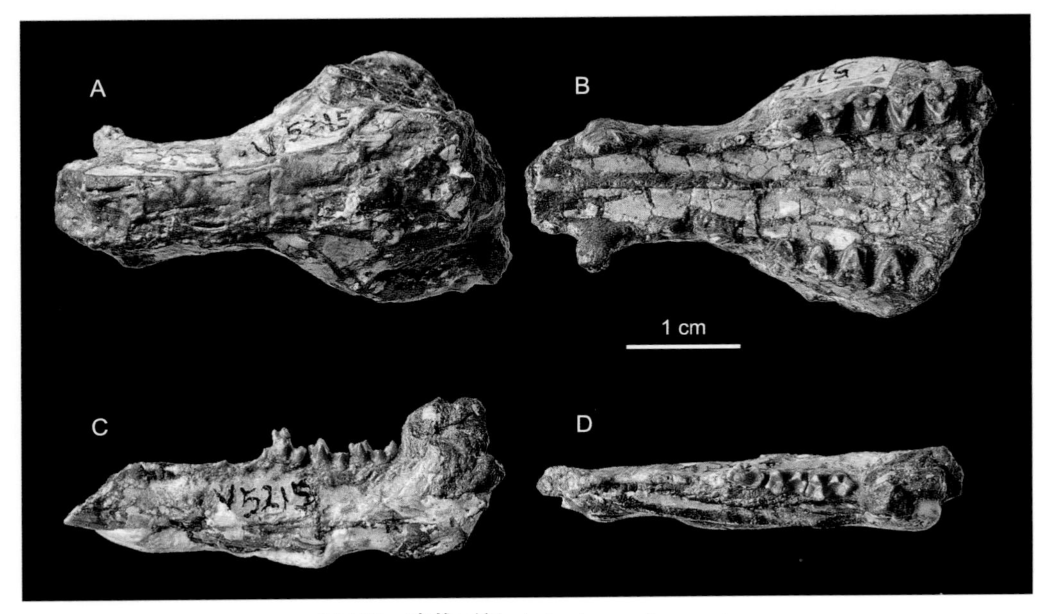

图 276 南雄丽狸 *Astigale nanxiongensis*

头骨（A, B）和左下颌支（C, D）（IVPP V 5215，正模）：A. 顶面视，B. 腹面视，C. 颊侧视，D. 冠面视

安徽丽狉 *Astigale wanensis* Zhang et Tong, 1981

（图 277）

正模 IVPP V 5216，一件右下颌支，具 p3–m3 及 c–p2 的齿槽，安徽潜山海形地东约 500 m，下古新统望虎墩组。

鉴别特征 下颌相当粗壮，p4 下后尖很弱，后跟仅一个小齿尖；下臼齿下前尖较退化，具弱的外齿带，m3 下内尖小，下次小尖强。

图 277 安徽丽狉 *Astigale wanensis*

右下颌支（IVPP V 5216，正模）：A. 冠面视，B. 颊侧视

珠玑狉属 Genus *Zhujigale* Zhang et Tong, 1981

模式种 里仁珠玑狉 *Zhujigale lirenensis* Zhang et Tong, 1981

鉴别特征 个体较小，P2 基部成三角形，C–P 间的齿隙短或缺失，P3–4 主尖较扁平，后小尖小或无，P4 的原尖前棱伸向前附尖。上臼齿的前、后尖较扁平、低矮，小尖较清晰、后小尖前棱伸达前、后尖之间，无前小尖后棱，前附尖不及 *Astigale* 的发育，无后附尖；p4 臼齿化程度高，有发育的下前尖和下后尖，在后跟脊的内侧有两个小齿尖。

中国已知种 *Zhujigale lirenensis*, *Z. jintangensis*，共两种。

分布与时代 广东，早古新世。

里仁珠玑狉 *Zhujigale lirenensis* Zhang et Tong, 1981

（图 278）

正模 IVPP V 6088，可能属于同一个体的右上颌具 P2–M3 和左下颌具 p2–m3。产自广东南雄珠玑里仁，下古新统上湖组。

鉴别特征 P4 具初始的后尖，前附尖强，原尖前、后棱低弱，前、后齿带弱；上臼齿长稍小于宽，前附尖低，成扁锥状，前齿带低弱，除 M2 外，没有形成明显的围尖，前小尖大，无后棱。

图 278 里仁珠玑狉 *Zhujigale lirenensis*

可能为同一个体的右上颌骨（A, B）和左下颌支（C, D）（IVPP V 6088，正模）：A. 冠面视，B. 颊侧视，C. 冠面视，D. 颊侧视（翻转）

金堂珠玑狉 *Zhujigale jintangensis* Zhang et Tong, 1981

（图 279）

正模 IVPP V 6089，一件左上颌骨，具 P4–M3。产自广东南雄珠玑塘东北东 1 km，下古新统上湖组。

副模 IVPP V 6090，一件残破上颌骨，具左 P4–M3 和右 P3–M3；IVPP V 6091，一件右上颌，具 P3–M3。

鉴别特征 个体较属型种小，P4 无初始的后尖，原尖前、后棱发育；上臼齿更横宽，前、后齿带较强，后齿带内侧端增大成明显的"次尖"，前附尖成圆锥状突出在前尖前棱的末端，M2 外齿带连续。

产地与层位 广东南雄珠玑增德凹、金堂，下古新统上湖组。

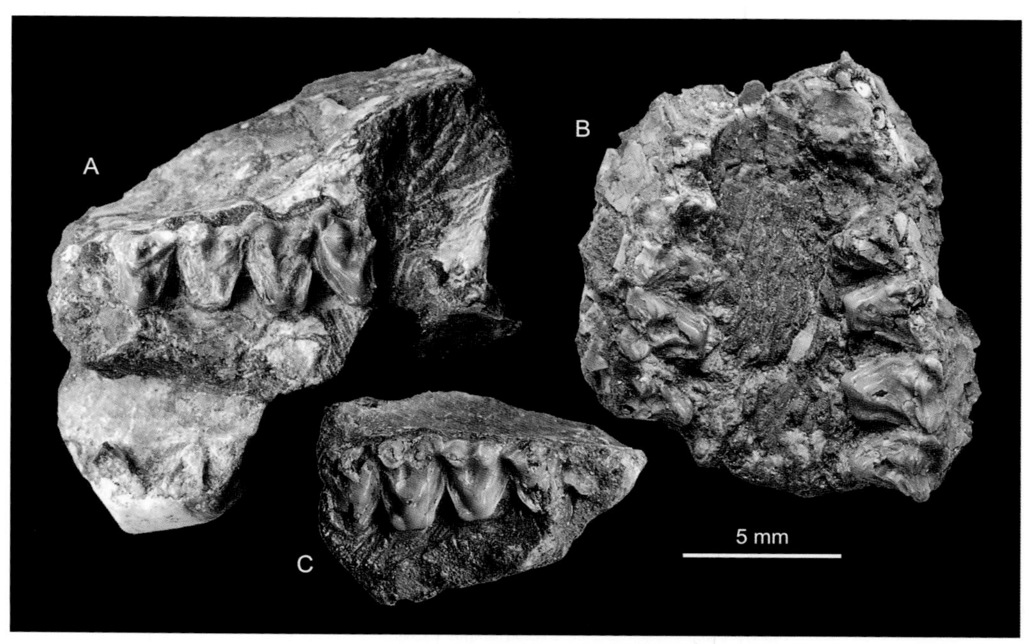

图 279　金堂珠玑� *Zhujigale jintangensis*
A. 左上颌骨（IVPP V 6089，正模），B. 左、右上颌骨（IVPP V 6090，副模），C. 右上颌骨（IVPP V 6091，副模）：冠面视

玉萍狉属 Genus *Yupingale* Tong et Wang, 2006

模式种　潍坊玉萍狉 *Yupingale weifangensis* Tong et Wang, 1996

鉴别特征　下颊齿颊侧高冠，齿带发育，几乎包围整个牙齿；p3、p4 前后延长，p3 主尖高，宽、长比为 0.4，p4 更加侧扁，宽、长比为 0.3，下原尖与下后尖愈合，纵脊强，下前尖低小，位于齿的前端，跟座伸长；下臼齿三角座显著地前后收缩，下前尖与下后尖高度愈合，臼齿纹饰磨蚀消失早。

中国已知种　仅模式种。

分布与时代　山东，早始新世。

潍坊玉萍狉 *Yupingale weifangensis* Tong et Wang, 1996

（图 280）

正模　IVPP V 10716，一件右下颌支，具 p3–m3，产自山东昌乐五图煤矿，下始新统五图组。

鉴别特征　同属。

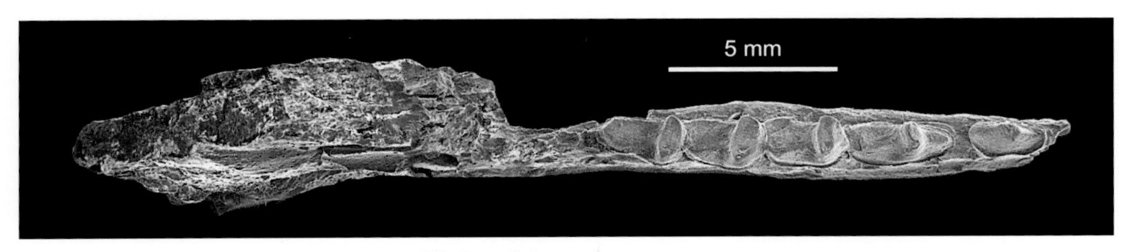

图 280　潍坊玉萍狉 *Yupingale weifangensis*

右下颌支（IVPP V 10716，正模）：冠面视

参 考 文 献

毕顺东 (Bi S D). 1999. 新疆准噶尔盆地北缘早中新世的*Metexallerix*一新种. 古脊椎动物学报, 37 (2): 140–155

毕顺东 (Bi S D). 2000. 新疆准噶尔盆地北缘早中新世的刺猬化石. 古脊椎动物学报, 38 (1): 43–51

毕顺东 (Bi S D), 吴文裕 (Wu W Y), 叶捷 (Ye J), 孟津 (Meng J) 等. 1999. 新疆准噶尔盆地北缘猬类化石. 见: 王元青 (Wang Y Q), 邓涛 (Deng T)主编. 第7届中国古脊椎动物学学术年会论文集. 海洋出版社. 157–165

蔡保全. 1987. 河北阳原-蔚县晚上新世小哺乳动物化石. 古脊椎动物学报, 31 (4): 267–293

曹忠祥 (Cao Z X), 杜恒检 (Du H J), 赵其强 (Zhao Q Q), 程捷 (Cheng J). 1990. 甘肃广河中中新世哺乳动物化石的发现及其地层学意义. 现代地质, 4 (2): 16–29

陈德珍 (Chen D Z), 祁国琴 (Qi G Q). 1978. 云南西畴人类化石及共生的哺乳动物化石. 古脊椎动物与古人类, 16 (1): 33–46

陈耿娇 (Chen G J), 王頠 (Wang W), 莫进尤 (Mo J Y), 黄志涛 (Huang Z T), 田锋 (Tian F), 黄慰文 (Huang W W). 2002. 广西田东雾云洞更新世脊椎动物群. 古脊椎动物学报, 40 (1): 42–51

陈卫 (Chen W), 高武 (Gao W), 傅必谦 (Fu B Q). 2002. 北京兽类志. 北京: 北京出版社. 1–304

程捷 (Cheng J), 田明中 (Tian M Z), 曹伯勋 (Cao B X), 李龙吟 (Li L Y). 1996. 周口店新发现的第四纪哺乳动物群及其环境变迁研究. 北京: 中国地质大学出版社. 1–114

丁素因 (Ding S Y), 李传夔 (Li C K). 1987. 湖南衡东早始新世软食中兽 (?非肉齿目，哺乳纲) 的头骨. 古脊椎动物学报, 25 (3): 161–186

丁素因 (Ding S Y), 童永生 (Tong Y S). 1979. 广东南雄上古新统狉类化石. 古脊椎动物与古人类, 17 (2): 137–145

丁素因 (Ding S Y), 张玉萍 (Zhang Y P). 1979. 江西池江盆地的食虫类和狉兽类化石. 见: 中国科学院古脊椎动物与古人类研究所, 南京地质古生物研究所编. 华南中新生代红层. 北京: 科学出版社. 351–354

房迎三 (Fang Y S), 顾玉珉 (Gu Y M). 2007. 第二章动物群分类记述,第一节灵长目. 见: 南京博物院, 江苏省考古研究所编. 南京驼子洞早更新世哺乳动物群. 北京: 科学出版社. 20–24

房迎三 (Fang Y S), 顾玉珉 (Gu Y M), 贾维勇 (Jia W Y). 2002. 南京汤山猴科化石一新种. 龙骨坡史前文化志, 4: 11–15

冯祚建 (Feng Z J), 蔡桂全 (Cai G Q), 郑昌琳 (Zheng C L). 1986. 西藏哺乳类. 北京: 科学出版社. 1–423

傅静芳 (Fu J F), 王景文 (Wang J W), 童永生 (Tong Y S). 2002. 山东五图早始新世更猴科 (Plesiadapidae, Mammalia) 化石. 古脊椎动物学报, 40 (3): 219–227

弗林 (Flynn L J), 吴文裕 (Wu W Y). 1994. 记山西榆社上新世鼢鼱科两新种. 古脊椎动物学报, 32 (2): 73–86

甘肃省地矿局. 1997. 甘肃岩石地层. 北京: 中国地质大学出版社. 1–314

高峰 (Gao F). 1998. 云南古猿的系统发育地位及其在人类起源研究中的意义. 见: “元谋人”发现三十周年纪念暨古人类国际学术研讨会文集编辑委员会主编. “元谋人”发现三十周年纪念暨古人类国际学术研讨会文集. 昆明: 云南科技出版社. 50–65

高建 (Gao J). 1975. 与鄂西巨猿共生的南方古猿牙齿化石. 古脊椎动物与古人类, 13 (2): 81–88

顾玉珉 (Gu Y M). 1978. 周口店新洞人及其生活环境. 见: 中国科学院古脊椎动物与古人类研究所编. 古人类论文集——纪念恩格斯《劳动在从猿到人转变过程中的作用》写作一百周年报告会论文汇集. 北京: 科学出版社. 158–174

顾玉珉 (Gu Y M). 1980. 湖北钟祥一上新世猕猴牙齿. 古脊椎动物与古人类, 18 (4): 324–326

顾玉珉 (Gu Y M). 1986. 我国更新世长臂猿化石的初步研究. 人类学学报, 5 (3): 208–219

顾玉珉 (Gu Y M), 林一璞 (Lin Y P). 1983. 记江苏泗洪首次发现森林古猿类化石. 人类学学报, 2 (4): 305–314

顾玉珉 (Gu Y M), 黄万波 (Huang W B), 陈大远 (Chen D Y), 郭兴富 (Guo X F), 江尼娜 (Jiang N N). 1996. 广东罗定更新世灵长类化石. 古脊椎动物学报, 34 (3): 235–250

韩德芬 (Han D F). 1982. 广西大新黑洞哺乳动物化石. 古脊椎动物与古人类, 20 (1): 58–64

郝思德 (Hao S D), 黄万波 (Huang W B). 1998. 三亚落笔洞遗址. 海口: 南方出版社. 1–164

胡长康 (Hu C K), 齐陶 (Qi T). 1978. 陕西蓝田公王岭更新世哺乳动物群. 中国古生物志, 新丙种第21号. 北京: 科学出版社. 1–62

胡耀明 (Hu Y M). 1993. 安徽潜山古新世狉兽科新材料及系统发育. 古脊椎动物与古人类, 31 (3): 153–182

黄万波 (Huang W B), 方其仁 (Fang Q R)等. 1991. 巫山猿人遗址. 北京: 海洋出版社. 1–198

黄万波 (Huang W B), 徐自强 (Xu Z Q), 郑绍华 (Zheng S H), 吕遵谔 (Lü Z E), 黄蕴平 (Huang Y P), 顾玉珉 (Gu Y M), 董为 (Dong W). 2000. 巫山迷宫洞旧石器时代洞穴遗址1999试掘报告. 龙骨坡史前文化志, 2. 北京: 中华书局. 7–63

黄万波 (Huang W B), 郑绍华 (Zheng S H), 高星 (Gao X), 徐自强 (Xu Z Q), 顾玉珉 (Gu Y M), 王宪曾 (Wang X Z), 马志帮 (Ma Z B), 赵贵林 (Zhao G L). 2002. 14万年前"奉节人"——天坑地缝地区发现古人类遗址. 北京: 中华书局. 1–83

黄学诗 (Huang X S). 1982. 内蒙古阿左旗乌兰塔塔尔地区渐新世地层剖面及动物群初步观察. 古脊椎动物与古人类, 20 (4): 337–349

黄学诗 (Huang X S). 1984. 内蒙古阿左旗乌兰塔塔尔中渐新世的食虫类. 古脊椎动物学报, 22 (4): 305–309

黄学诗 (Huang X S). 2003. 安徽嘉山晚古新世哺乳动物. 古脊椎动物学报, 41 (1): 41–54

黄学诗 (Huang X S). 2006. 广东南雄古新世岭南狉兽一新种. 古脊椎动物与古人类, 44 (3): 274–277

黄学诗 (Huang X S), 郑家坚 (Zheng J J). 1983. 广东南雄晚古新世狉目一新属. 古脊椎动物与古人类, 21 (1): 59–63

黄学诗 (Huang X S), 郑家坚 (Zheng J J). 1997. 安徽宣城早第三纪哺乳类及双塔寺组的地质时代. 古脊椎动物学报, 35 (4): 290–306

黄学诗 (Huang X S), 郑家坚 (Zheng J J). 2002. 安徽潜山晚古新世鼩鼱目 (哺乳纲)一新属. 古脊椎动物学报, 40 (2): 127–132

计宏祥 (Ji H X), 徐钦琦 (Xu Q Q), 黄万波 (Huang W B). 1980. 西藏吉隆沃马公社三趾马动物群. 见: 中国科学院青藏高原综合科学考察队编. 西藏古生物, 第一分册. 北京: 科学出版社. 18–32

江能人 (Jiang N R), 孙荣 (Sun R), 梁其中 (Liang Q Z). 1987. 元谋早期猿人 (牙齿化石)的发现及其意义. 云南地质, (6): 157–162

姜础 (Jiang C), 肖林 (Xiao L), 李建明 (Li J M). 1993. 云南元谋雷老发现的古猿牙齿化石. 人类学学报, 12 (2): 97–102

金昌柱 (Jin C Z). 2002. 第三章 哺乳动物: 第二节 翼手目和啮齿目. 见: 吴汝康 (Wu R K), 李星学 (Li X X)主编. 南京直立人. 南京: 江苏科学技术出版社. 91–95

金昌柱 (Jin C Z), 汪发志 (Wang F Z). 2009. 翼手目. 见: 金昌柱 (Jin C Z), 刘金毅 (Liu J Y)主编. 安徽繁昌人字洞——早期人类活动遗址. 北京: 科学出版社. 123–155

金昌柱 (Jin C Z), 孙承凯 (Sun C K), 张颖奇 (Zhang Y Q). 2007. 华北上新世大型鼩鼱化石*Lunanosorex*. 古脊椎动物学报, 45 (1): 74–88

金昌柱 (Jin C Z), 秦大公 (Qin D G), 潘文石 (Pan W S), 王元 (Wang Y), 张颖奇 (Zhang Y Q), 邓成龙 (Deng C L), 郑家坚 (Zheng J J). 2008. 广西崇左三合巨猿大洞早更新世小哺乳动物群. 第四纪研究, 28 (6): 1129–1137

金昌柱 (Jin C Z), 张颖奇 (Zhang Y Q), 孙承凯 (Sun C K), 郑龙亭 (Zheng L T). 2009a. 大型鼩鼱 *Beremendia* (食虫目, 鼩鼱)在江南的首次发现及其古气候学意义. 古脊椎动物学报, 47 (2): 153–163

金昌柱 (Jin C Z), 郑龙亭 (Zheng L T), 孙承凯 (Sun C K). 2009b. 食虫目. 见: 金昌柱 (Jin C Z), 刘金毅 (Liu J Y)主编. 安徽繁昌人字洞——早期人类活动遗址. 北京: 科学出版社. 93–122

科瓦尔斯基 K (Kowalski K), 李传夔 (Li C K). 1963a. 华北更新世的一大型鼩鼱化石. 古脊椎动物与古人类, 7 (2): 138–143

科瓦尔斯基 K (Kowalski K), 李传夔 (Li C K). 1963b. 周口店第一地点蝙蝠动物群的新材料. 古脊椎动物与古人类, 7 (2): 144–150

雷次玉 (Lei C Y). 1985. 对我国中中新世新发现的几种古猿的研究. 地质学报, 59 (1): 17–24

李传夔 (Li C K). 1978. 江苏泗洪中新世长臂猿类化石. 古脊椎动物与古人类, 16 (3): 187–192

李传夔 (Li C K), 邱占祥 (Qiu Z X), 阎德发 (Yan D F), 谢树华 (Xie S H). 1979. 湖南衡阳盆地早始新世哺乳动物化石. 古脊椎动物与古人类, 17 (1): 71–80

李传夔 (Li C K), 林一璞 (Lin Y P), 顾玉珉 (Gu Y M), 侯连海 (Hou L H), 吴文裕 (Wu W Y), 邱铸鼎 (Qiu Z D). 1983. 江苏泗洪下草湾中中新世脊椎动物群. 古脊椎动物与古人类, 21 (4): 313–327

李强 (Li Q), 王晓鸣 (Wang X M), 邱铸鼎 (Qiu Z D). 2003. 内蒙古高特格上新世哺乳动物群. 古脊椎动物学报, 41 (2): 104–114

李文明 (Li W M), 张祖方 (Zhang Z F), 顾玉珉 (Gu Y M), 林一璞 (Lin Y P), 严飞 (Yan F). 1982. 江苏丹徒莲花洞动物群. 人类学学报, 1 (2): 169–179

李炎贤 (Li Y X), 蔡回阳 (Cai H Y). 1986. 贵州普定白岩脚洞旧石器遗址. 人类学学报, 5 (2): 162–171

辽宁省博物馆, 本溪市博物馆. 1986. 庙后山——辽宁省本溪市旧石器文化遗址. 北京: 文物出版社. 1–102

林一璞 (Lin Y P), 顾玉珉 (Gu Y M), 何乃汉 (He N H). 1974. 广西宜山长臂猿牙齿化石. 古脊椎动物与古人类, 12 (3): 231–232

罗一宁 (Luo Y N). 1987. 我国兽类新记录——缺齿鼠耳蝠. 兽类学报, 7 (2): 159

马安成 (Ma A C), 汤虎良 (Tang H L). 1992. 浙江金华全新世大熊猫-剑齿象动物群的发现及其意义. 古脊椎动物学报, 30 (4): 295–312

马学平 (Ma X P), 李刚 (Li G), 高峰 (Gao F), 孙元林 (Sun Y L), 郑良 (Zheng L). 2004. 云南中甸新发现的早更新世哺乳动物. 古脊椎动物学报, 42 (3): 246–258

孟津 (Meng J). 1990. 双尖齿兽科 (Didymoconidae)一新种及有关地点地层问题. 古脊椎动物学报, 28 (3): 206–217

潘清华 (Pan Q H), 王应祥 (Wang Y X), 岩崑 (Yan K). 2007. 中国哺乳动物彩色图鉴. 北京: 中国林业出版社. 1–420

潘悦容 (Pan Y R). 1996. 云南元谋小河地区古猿地点的小型猿类化石. 人类学学报, 15 (2): 93–104

潘悦容 (Pan Y R). 2001. 湖北郧西蓝田金丝猴新材料及其时代意义. 人类学学报, 20 (2): 93–101

潘悦容 (Pan Y R). 2006. 灵长目 (除蝴蝶古猿外). 见: 祁国琴 (Qi G Q), 董为 (Dong W) 主编. 蝴蝶古猿产地研究. 北京: 科学出版社. 131–148

潘悦容 (Pan Y R), 吴汝康 (Wu R K). 1986. 禄丰古猿地点中国兔猴一新种. 人类学学报, 5 (1): 31–41

潘悦容 (Pan Y R), 袁成武 (Yuan C W). 1997. 贵州盘县大洞更新世灵长类化石. 人类学学报, 16 (3): 201–208

潘悦容 (Pan Y R), 彭燕章 (Peng Y Z), 张兴永 (Zhang X Y), 潘汝亮 (Pan R L). 1992. 云南发现的猴类化石及其地层意义——附一新种*Macaca jiangchuanensis* sp. nov. 记述. 人类学学报, 11 (4): 303–311

裴文中 (Pei W C), 周明镇 (Chow M C), 郑家坚 (Zheng J J). 1963. 中国的新生界. 见: 全国地层会议学术报告汇编. 北京: 科学出版社. 1–31

彭鸿绶 (Peng H S), 高耀亭 (Gao Y T), 陆长坤 (Lu C K), 冯祚建 (Feng Z J), 陈庆雄 (Chen Q X). 1962. 四川西南和云南西北部兽类的分类研究. 动物学报, 14 (增刊): 105–132

祁国琴 (Qi G Q), 倪喜军 (Ni X J). 2006. 蝴蝶古猿的地质时代及生存环境. 见: 祁国琴 (Qi G Q), 董为 (Dong W) 主编. 蝴蝶古猿产地研究. 北京: 科学出版社. 229–243

邱铸鼎 (Qiu Z D). 1986. 禄丰古猿地点的树鼩类化石. 古脊椎动物学报, 24 (4): 308–319

邱铸鼎 (Qiu Z D). 1996. 内蒙古通古尔中新世小哺乳动物群. 北京: 科学出版社. 1–216

邱铸鼎 (Qiu Z D), 李传夔 (Li C K), 王士阶 (Wang S J). 1981. 青海西宁盆地中新世哺乳动物. 古脊椎动物与古人类, 19 (2): 156–173

邱铸鼎 (Qiu Z D), 李传夔 (Li C K), 胡绍锦 (Hu S J). 1984. 云南呈贡三家村晚更新世小哺乳动物群. 古脊椎动物学报, 22 (4): 281–293

邱铸鼎 (Qiu Z D), 韩德芬 (Han D F), 祁国琴 (Qi G Q), 林玉芬 (Lin Y F). 1985. 禄丰古猿地点的小哺乳动物化石. 人类学学报, 4 (1): 13–32

邱占祥 (Qiu Z X). 1977. 安徽潜山古新统假古猬化石. 古生物学报, 16 (1): 128–147

邱占祥 (Qiu Z X), 谷祖刚 (Gu Z G). 1988. 甘肃兰州一第三纪中期哺乳动物化石地点. 古脊椎动物学报, 26 (3): 198–213

邱占祥 (Qiu Z X), 关键 (Guan J). 1986. 宁夏同心发现的一颗上猿牙齿. 人类学学报, 5 (3): 201–207

邱占祥 (Qiu Z X), 李传夔 (Li C K). 1977. 安徽潜山几种古新世哺乳动物化石. 古脊椎动物与古人类, 15 (2): 94–102

邱占祥 (Qiu Z X), 郑龙亭 (Zheng L T). 2009. 灵长目. 见: 金昌柱 (Jin C Z), 郑龙亭 (Zheng L T)主编. 安徽繁昌人字洞——早期人类活动遗址. 北京: 科学出版社. 156–162

邱占祥 (Qiu Z X), 阎德发 (Yan D F), 陈冠芳 (Chen G F), 邱铸鼎 (Qiu Z D). 1988. 内蒙古通古尔1986年古生物考察简报. 科学通报, 33 (5): 399–404

邱占祥 (Qiu Z X), 邓涛 (Deng T), 王伴月 (Wang B Y). 2004. 甘肃东乡龙担早更新世哺乳动物群. 中国古生物志, 新丙种第27号. 北京: 科学出版社. 1–198

孙玉峰 (Sun Y F), 王志彦 (Wang Z Y), 刘金远 (Liu J Y), 王辉 (Wang H), 徐钦琦 (Xu Q Q), 金昌柱 (Jin C Z), 李毅 (Li Y), 侯连海 (Hou L H). 1992. 大连海茂动物群. 大连: 大连理工大学出版社. 1–137

谭邦杰 (Tan B J). 1992. 哺乳动物分类名录. 北京: 中国医药科技出版社. 1–726

汤英俊 (Tang Y J), 阎德发 (Yan D F). 1976. 安徽潜山、宣城古新世哺乳动物化石. 古脊椎动物学报, 14 (2): 91–99

同号文 (Tong H W), 尚虹 (Shang H), 张双全 (Zhang S Q), 刘金毅 (Liu J Y), 陈福友 (Chen F Y), 吴小红 (Wu X H), 李青 (Li Q). 2006. 周口店田园洞古人类化石地点地层学研究及与山顶洞的对比. 人类学学报, 25 (1): 68–81

同号文 (Tong H W), 张双全 (Zhang S Q), 李青 (Li Q), 许治军 (Xu Z J). 2008. 北京房山十渡西太平洞晚更新世哺乳动物化石. 古脊椎动物学报, 46 (1): 51–70

童永生 (Tong Y S). 1978. 吐鲁番盆地晚古新世台子村动物群. 中国科学院古脊椎动物与古人类研究所甲种专刊, 13: 82–101

童永生 (Tong Y S). 1979. 华南一种晚古新世灵长类. 古脊椎动物与古人类, 17 (1): 65–70

童永生 (Tong Y S). 1988. 河南淅川始新世核桃园组树鼩化石. 古脊椎动物学报, 26 (3): 214–220

童永生 (Tong Y S). 1997. 河南李官桥和山西垣曲盆地始新世中期小哺乳动物. 中国古生物志, 新丙种第26号. 北京: 科学出版社: 1–256

童永生 (Tong Y S). 2003. 命名建议书——以*Nuryctes*代替*Neoryctes* Tong, 1997. 古脊椎动物学报, 41 (1): 88

童永生 (Tong Y S), 王景文 (Wang J W). 1993. 山东昌乐早始新世五图组鼩形类 (Soricomorpha, Insectivora, Mammalia). 古脊椎动物学报, 31 (1): 19–32

童永生 (Tong Y S), 王景文 (Wang J W). 2006. 山东昌乐五图盆地早始新世哺乳动物群. 中国古生物志, 新丙种第28号. 北京: 科学出版社. 1– 195

万幼楠 (Wan Y N). 1985. 赣南发现第四纪哺乳动物化石. 古脊椎动物学报, 23 (3): 244–245

王伴月 (Wang B Y). 1975. 湖南茶陵盆地“红层”中的哺乳动物化石. 古脊椎动物与古人类, 13 (3): 154–164

王伴月 (Wang B Y). 2008a. 灵长类化石在内蒙古二连地区上始新统的首次记录. 古脊椎动物学报, 46 (2): 81–89

王伴月 (Wang B Y). 2008b. 食虫类和翼手类化石在内蒙古上始新统首次发现. 古脊椎动物学报, 46 (4): 249–264

王伴月 (Wang B Y), 李春田 (Li C T). 1990. 我国东北地区第一个老第三纪哺乳动物群的研究. 古脊椎动物学报, 28 (3): 165–205

王伴月 (Wang B Y), 邱占祥 (Qiu Z X). 2000. 甘肃兰州盆地咸水河组下红泥岩中的小哺乳动物化石. 古脊椎动物学报, 38 (4): 255–273

王伴月 (Wang B Y), 王培玉 (Wang P Y). 1991. 内蒙古阿拉善左旗克克阿木中渐新世早期哺乳动物化石的发现. 古脊椎动物学报, 29 (1): 64–71

王伴月 (Wang B Y), 常江 (Chang J), 孟宪家 (Meng X J), 陈金荣 (Chen J R). 1981. 内蒙千里山地区中、上渐新统的发现及其意义. 古脊椎动物学报, 19 (1): 26–34

王辉 (Wang H), 金昌柱 (Jin C Z). 1992. 小哺乳动物化石研究. 见: 孙玉峰 (Sun Y F), 金昌柱 (Jin C Z)主编. 大连海茂动物群,第四章. 大连: 大连理工大学出版社. 28–75

王晓鸣 (Wang X M),王伴月 (Wang B Y), 邱占祥 (Qiu Z X). 2008. 步林在甘肃党河流域塔奔布鲁克地区的早期工作记录——经典脊椎动物化石地点与现代地层框架的解译. 古脊椎动物学报, 46 (1): 1–19

王晓鸣 (Wang X M), 邱铸鼎 (Qiu Z D), 李强 (Li Q), 富田幸光 (Tomida Y), 木村由莉 (Kimura Y), 曾志杰 (Zeng Z J), 王洪江 (Wang H J). 2009. 内蒙古中部敖尔班地区的岩石及生物地层. 古脊椎动物学报, 47 (2): 111–134

王应祥 (Wang Y X). 2003. 中国哺乳动物种和亚种分类名录与分布大全. 北京: 中国林业出版社. 1–394

王酉之 (Wang Y Z). 1984. 翼手目. 见: 《四川资源动物志》编辑委员会主编, 四川资源动物志, 第二卷 兽类. 成都: 四川科学技术出版社. 29–50

王酉之 (Wang Y Z), 胡锦矗 (Hu J C). 1999. 四川兽类原色图鉴. 北京: 中国林业出版社. 1–278

吴汝康 (Wu R K). 1962. 巨猿下颌骨和牙齿化石. 中国古生物志, 新丁种第11号. 北京: 科学出版社. 1–94

吴汝康 (Wu R K). 1987. 禄丰大猿化石分类的修订. 人类学学报, 6 (4): 265–271

吴汝康 (Wu R K), 潘悦容 (Pan Y R). 1984. 云南禄丰晚中新世的长臂猿类化石. 人类学学报, 3 (3): 185–194

吴汝康 (Wu R K), 潘悦容 (Pan Y R). 1985. 禄丰中新世兔猴类一新属. 人类学学报, 4 (1): 1–6

吴汝康 (Wu R K), 徐庆华 (Xu Q H), 陆庆五 (Lu Q W). 1986. 禄丰西瓦古猿和腊玛古猿的系统关系及其系统地位. 人类学学报, 5 (1): 1–30

吴文裕 (Wu W Y), 叶捷 (Ye J), 孟津 (Meng J), 王晓鸣 (Wang X M), 刘丽萍 (Liu L P), 毕顺东 (Bi S D), 董为 (Dong W). 1998. 新疆准噶尔盆地北缘第四纪地层及其生态学意义. 古脊椎动物学报, 36 (1): 24–31

吴文裕 (Wu W Y), 孟津 (Meng J), 叶捷 (Ye J). 2003. 新疆准噶尔盆地北缘*Pliopithecus*的发现. 古脊椎动物学报, 41 (1): 76–86

武仙竹 (Wu X Z). 2006. 郧西人——黄龙洞遗址发掘报告. 北京: 科学出版社. 1–271

徐钦琦 (Xu Q Q). 1976a. 安徽古新世犭狃兽科的新属种 (上). 古脊椎动物与古人类, 14 (3): 174–184

徐钦琦 (Xu Q Q). 1976b. 安徽古新世犭狃兽科的新属种 (下). 古脊椎动物与古人类, 14 (4): 242–251

徐钦琦 (Xu Q Q). 1977. 安徽潜山古新世古老有蹄类的两新属. 古脊椎动物与古人类, 15 (2): 119–125

徐庆华 (Xu Q H), 陆庆五 (Lu Q W). 1979. 云南禄丰发现的腊玛古猿和西瓦古猿的下颌骨. 古脊椎动物与古人类, 17 (1): 1–13

徐庆华 (Xu Q H), 陆庆五 (Lu Q W). 2008. 禄丰古猿——人科早期成员. 北京: 科学出版社. 1–224

徐庆华 (Xu Q H), 陆庆五 (Lu Q W), 潘悦容 (Pan Y R), 祁国琴 (Qi G Q), 张兴永 (Zhang X Y), 郑良 (Zheng L). 1978. 禄丰腊玛古猿下颌骨化石. 科学通报, 23 (9): 554–556

薛祥熙 (Xue X X), Delson E. 1988. 中国甘肃森林古猿一新种. 科学通报, 33 (6): 449–453

薛祥煦 (Xue X X), 张云翔 (Zhang Y X), 毕延 (Bi Y), 岳乐平 (Yue L P), 陈丹玲 (Chen D L). 1996. 秦岭东段山间盆地的发育及自然环境变迁. 北京: 地质出版社. 1–181

薛祥煦 (Xue X X), 李传令 (Li C L), 邓涛 (Deng T), 陈民权 (Chen M Q), 张学锋 (Zhang X F). 1999. 陕西洛南龙牙洞动物群的特点、时代及环境. 古脊椎动物学报, 37 (4): 309–325

叶捷 (Ye J), 吴文裕 (Wu W Y), 孟津 (Meng J), 毕顺东 (Bi S D), 伍少远 (Wu S Y). 2000. 新疆乌伦古河流域第三纪哺乳动物地层研究的新成果. 古脊椎动物学报, 38 (3): 192–202

叶捷 (Ye J), 吴文裕 (Wu W Y), 孟津 (Meng J). 2001. 新疆乌伦古河地区第三系简介. 地层学杂志, 25 (3): 193–200

叶捷 (Ye J), 孟津 (Meng J), 吴文裕 (Wu W Y), 倪喜军 (Ni X J). 2005. 新疆布尔津盆地晚始新世—早渐新世岩石及生物地层. 古脊椎动物学报, 43 (1): 49–60

尤玉柱 (You Y Z), 蔡保全 (Cai B Q). 1996. 福建更新世地层、哺乳动物与生态环境. 人类学学报, 15 (4): 335–346

杨钟健 (Young C C). 1977. 关于山东临朐山旺的蛙类和翼手类. 古脊椎动物与古人类, 15 (1): 76–78

翟人杰 (Zhai R J). 1977. 论长辛店组的地质时代. 古脊椎动物与古人类, 15 (3): 173–176

翟人杰 (Zhai R J). 1978. 吐鲁番盆地东部桃树园子群的哺乳动物化石. 中国科学院古脊椎动物与古人类研究所甲种专刊, 13: 126–131

张森水 (Zhang S S)等. 1993. 金牛山 (1978年发掘)旧石器遗址综合研究. 中国科学院古脊椎动物与古人类研究所集刊, 19: 1–164

张兴永 (Zhang X Y). 1987. 云南开远新发现的腊玛古猿化石. 人类学学报, 6 (2): 81–86

张兴永 (Zhang X Y), 郑良 (Zheng L), 肖明华 (Xiao M H). 1983. 从开远腊玛古猿的形态特征再论滇中高原与人类起源. 云南社会科学, 1983: 83–88

张兴永 (Zhang X Y), 林一璞 (Lin Y P), 姜础 (Jiang C), 肖林 (Xiao L). 1987a. 云南元谋发现人属一新种. 思想战线, 1987: 57–60

张兴永 (Zhang X Y), 林一璞 (Lin Y P), 姜础 (Jiang C), 肖林 (Xiao L). 1987b. 云南元谋腊玛古猿属一新种. 思想战线, 1987: 54–56

张兴永 (Zhang X Y), 耿德铭 (Geng D M), 刘晖 (Liu H). 1992. 塘子沟早全新世哺乳动物群. 见: 张兴永 (Zhang X Y)主编. 保山史前考古. 昆明: 云南科技出版社. 49–62

张兴永 (Zhang X Y), 郑良 (Zheng L), 高峰 (Gao F). 1990. 中国古猿新属的建立及其人类学意义. 思想战线, 1990: 53–58

张兴永 (Zhang X Y), 刘建辉 (Liu J H), 吉学平 (Ji X P). 1993. 云南化石灵长类及其生物考古学意义. 云南文物, (36): 65–73

张永辂 (Zhang Y L). 1984. 古生物命名拉丁语. 北京: 科学出版社. 1–429

张玉萍 (Zhang Y P). 1959. 广东肇庆更新世哺乳类化石. 古脊椎动物与古人类, 1 (3): 141–144

张玉萍 (Zhang Y P), 童永生 (Tong Y S). 1981. 华南古新世哺乳类一新科. 古脊椎动物与古人类, 19 (2): 133–144

张银运 (Zhang Y Y), 张振标 (Zhang Z B), 刘武 (Liu W). 2004. 古人类. 见: 郑绍华 (Zheng S H)主编. 建始人遗址. 北京: 科学出版社. 26–36

张镇洪 (Zhang Z H). 1985. 辽宁海城小孤山遗址发掘简报. 人类学学报, 4 (1): 70–79

张镇洪 (Zhang Z H), 魏海波 (Wei H B), 许振宏 (Xu Z H). 1986. 第四章 动物化石. 见: 辽宁省博物馆, 本溪市博物馆编. 庙后山——辽宁省本溪市旧石器文化遗址. 北京: 文物出版社. 35–66

张兆群 (Zhang Z Q). 2001. 山东宁阳早更新世哺乳动物化石. 古脊椎动物学报, 39 (2): 139–150

赵仲如 (Zhao Z R), 刘兴诗 (Liu X S), 王令红 (Wang L H). 1981. 广西都安九楞山人类化石与共生动物群及其在岩溶发育史上的意义. 古脊椎动物与古人类, 19 (1): 45–54

郑家坚 (Zheng J J). 1979. 江西古新世对锥齿兽科 (Didymoconidae)一新属. 见: 中国科学院古脊椎动物与古人类研究所, 中国科学院南京地质古生物研究所编. 华南中、新生代红层——广东南雄"华南白垩纪—早第三纪红层现场会议"论文选集. 北京: 科学出版社. 360–365

郑家坚 (Zheng J J), 黄学诗 (Huang X S). 1984. 湖南对锥齿兽科 (Didymoconidae)一新属及有关地层的讨论. 古脊椎动物学报, 22 (3): 198–207

郑家坚 (Zheng J J), 郑龙亭 (Zheng L T), 黄学诗 (Huang X S). 1999. 安徽潜山新发现的假古猬化石. 古脊椎动物学报, 37 (1): 9–17

郑良 (Zheng L), 张兴永 (Zhang X Y). 1997. 古猿化石. 见: 和志强 (He Z Q)主编. 元谋古猿. 昆明: 云南科技出版社. 21–59

郑绍华 (Zheng S H). 1981. 泥河湾地层中小哺乳动物的发现. 古脊椎动物与古人类, 19 (4): 348–358

郑绍华 (Zheng S H). 1983. 和县猿人地点小哺乳动物群. 古脊椎动物与古人类, 21 (3): 230–240

郑绍华 (Zheng S H). 1985. 贵州的短尾鼩 (*Anourosorex*)化石. 古脊椎动物学报, 23 (1): 39–51

郑绍华 (Zheng S H). 2004. 食虫目、翼手目. 见: 郑绍华 (Zheng S H)主编. 建始人遗址. 北京: 科学出版社. 80–118

郑绍华 (Zheng S H), 韩德芬 (Han D F). 1993. 七、哺乳类化石. 见: 张森水 (Zhang S S)主编. 金牛山 (1978年发掘) 旧石器遗址综合研究. 中国科学院古脊椎动物与古人类研究所集刊, 19: 43–128

郑绍华 (Zheng S H), 张兆群 (Zhang Z Q). 2001. 甘肃灵台晚中新世—早更新世生物地层划分及其意义. 古脊椎动物学报, 39 (3): 215–228

郑绍华 (Zheng S H), 张联敏 (Zhang L M). 1991. 食虫目、翼手目、啮齿目. 见: 黄万波 (Huang W B), 方其仁 (Fang Q R)等主编. 巫山猿人遗址. 北京: 海洋出版社. 29–85

郑绍华 (Zheng S H), 张兆群 (Zhang Z Q), 刘丽萍 (Liu L P). 1997. 山东淄博第四纪裂隙动物群. 古脊椎动物学报, 35 (3): 201–216

郑绍华 (Zheng S H), 张兆群 (Zhang Z Q), 董明星 (Dong M X), 常传玺 (Chang C X). 1998. 山东平邑第四纪裂隙中哺乳动物群及其生态学意义. 古脊椎动物学报, 36 (1): 32–46

中国地层典编委会. 1999. 中国地层典——第三系. 北京: 地质出版社. 1–163

中国科学院西北高原生物研究所. 1989. 青海经济动物志. 西宁: 青海人民出版社. 1–735

周国兴 (Zhou G X). 1998. 元谋盆地人类化石与文化遗存的研究. 见: "元谋人" 发现三十周年纪念暨古人类国际学术研讨会文集编辑委员会主编. "元谋人" 发现三十周年纪念暨古人类国际学术研讨会文集. 昆明: 云南科技出版社. 18–32

周明镇 (Chow M C). 1953. 长辛店砾石层的时代. 古生物学报, 1 (4): 201–205

周明镇 (Chow M C). 1961. 河南卢氏始新世灵长类一新属. 古脊椎动物与古人类, 5 (1): 1–5

周明镇 (Chow M C), 齐陶 (Qi T). 1978. 内蒙古四子王旗晚古新世哺乳类化石. 古脊椎动物与古人类, 16 (2): 77–85

周明镇 (Chow M C), 李传夔 (Li C K), 张玉萍 (Zhang Y P). 1973a. 河南、山西晚始新世哺乳类化石地点与化石层位. 古脊椎动物与古人类, 11 (2): 165–181

周明镇 (Chow M C), 张玉萍 (Zhang Y P), 王伴月 (Wang B Y), 丁素因 (Ding S Y). 1973b. 广东南雄古新世哺乳类新属、种. 古脊椎动物与古人类, 11 (1): 31–35

周明镇 (Chow M C), 张玉萍 (Zhang Y P), 王伴月 (Wang B Y), 丁素因 (Ding S Y). 1977. 广东南雄古新世哺乳动物群. 中国古生物志, 新丙种第20号. 北京: 科学出版社. 1–100

周信学 (Zhou X X), 孙玉峰 (Sun Y F), 王志彦 (Wang Z Y), 王辉 (Wang H). 1990. 大连古龙山遗址研究. 北京: 北京科学技术出版社. 1–94

宗冠福 (Zong G F), 潘悦容 (Pan Y R), 姜础 (Jiang C), 肖林 (Xiao L). 1991. 元谋盆地含古猿化石地层时代的初步划分. 人类学学报, 10 (2): 155–166

Adkins R M, Honeycutt R L. 1991. Molecular phylogeny of the superorder Archonta. Proc Natl Acad Sci USA, 88: 10317–10321

Allard M W, McNiff B E, Miyamoto M M. 1996. Support for interordinal eutherian relationships with an emphasis on Primates and their archontan relatives. Mol Phylogenet Evol, 5: 78–88

Allen G M. 1938. The Mammals of China and Mongolia. Nat Hist Central Asia, 11 (1): 1–620

Andersen K. 1912. Catalogue of the Chiroptera in the collection of the British Museum. London: Brit Mus (Nat Hist). 1–854

Arambourg C. 1959. Vertébrẽs Continentaux du Miocè Supérieur de l'Afrique du Nord. Publ Serv Carte Géol Algérie, N S Paléont, 4: 1–161

Archibald J D, Averianov A O, Ekdale E G. 2001. Late Cretaceous relatives of rabbits, rodents, and other extant eutherian mammals. Nature, 414: 62–65

Asher R, Helgen K. 2010. Nomenclature and placental mammal phylogeny. BMC Evol Biol,10: 102

Asher R J, Novacek M J, Geisler J H. 2003. Relationships of endemic African mammals and their fossil relatives based on morphological and molecular evidence. J Mammol Evol, 10 (1-2): 131–194

Asher R J, Meng J, Wible J R, McKenna M C, Rougier G W, Dashzeveg D, Novacek J. 2005. Stem Lagomorpha and the antiquity of Glires. Science, 307: 1091–1094

Averianov A. 1994. A new species of *Sarcodon* (Mammalia,Palaeoryctoidea) from the Lower Eocene of Kirgizia. Geobios, 27 (2): 255–258

Averianov A O, Godinot M. 1998. A report on the Eocene Andarak mammal fauna of Kyrgyzstan. Bull Carnegie Mus Nat Hist, 34: 210–219

Aymard A. 1850. Concernant les restes de mammifères fossils recueillis dans le calcaire miocène des environs du Puy. Ann Soc Agric Puy, 14: 104–114 (1849) (non vidi)

Bacon A-M, Vu The Long. 2001. The first discovery of a complete skeleton of a fossil orang-utan in a cave of the Hoa Binh Province, Vietnam. J Hum Evol, 41: 227–241

Bajpai S, Kay R F, Williams B A, Das D P, Kapur V V, Tiwari B N. 2008. The oldest Asian record of Anthropoidea. Proc Nat Acad Sci, 105: 11093–11098

Barry J C. 1987. The history and chronology of siwalik cercopithecids. J Hum Evol, 2: 47–58

Barry J C, Morgan M E, Flynn L J, Pilbeam D, Behrensmeyer A K, Raza S M, Khan I A, Badgley C, Hicks J, Kelley J. 2002. Faunal and environmental change in the Late Miocene Siwaliks of northern Pakistan. Paleobiol Mem, 3: 1–71

Baudelot S. 1972. Etude des Chiroptéres, Insectivores, Rongeurs du Miocene de Sansan (Gers). Ph. D. thése. Toulouse: Université Paul Sabatier. 1–364

Beard K C. 1998. A new genus of Tarsiidae (Mammalia: Primates) from the Middle Eocene of Shanxi Province, China, with notes on the historical biogeography of tarsiers. Bull Carnegie Mus Nat Hist, 34: 260–277

Beard K C. 2000. A new species of *Carpocristes* (Mammalia; Primatomorpha) from the middle Tiffanian of the Bison Basin, Wyoming, with notes on carpolestid phylogeny. Ann Carnegie Mus, 69: 195–208

Beard K C. 2002. Basal anthropoids. In: Hartwig W C ed. The Primate Fossil Record. Cambridge: Cambridge University

Press. 133–149

Beard K C. 2008. The oldest North American primate and mammalian biogeography during the Paleocene-Eocene Thermal Maximum. Proc Nat Acad Sci, 105: 3815–3818

Beard K C, Wang J W. 1995. The first Asian plesiadapoids (Mammalia: Primatomorpha). Ann Carnegie Mus, 64: 1–33

Beard K C, Wang J W. 2004. The eosimiid primates (Anthropoidea) of the Heti Formation, Yuanqu Basin, Shanxi and Henan provinces, People's Republic of China. J Hum Evol, 46: 401–432

Beard K C, Sigé B, Krishtalka L. 1992. A primitive vespertilionoid bat from the early Eocene of central Wyoming. C R Acad Sci, Paries, 314: 735–741

Beard K C, Qi T, Dawson M R, Wang B Y, Li C K. 1994. A diverse new primate fauna from middle Eocene fissure-fillings in southeastern China. Nature, 368: 604–609

Beard K C, Tong Y S, Dawson M R, Wang J W, Huang X S. 1996. Earliest complete dentition of an anthropoid primate from the late Middle Eocene of Shanxi Province, China. Science, 272: 82–85

Begun D R. 2002a. European hominoids. In: Hartwig W C ed. The Primate Fossil Record. Cambridge: Cambridge University Press. 339–368

Begun D R. 2002b. The Pliopithecoidea. In: Hartwig W C ed. The Primate Fossil Record. Cambridge: Cambridge University Press. 221–240

Benefit B R, McCrossin M L, Boaz N T, Pavlakis P. 2008. New fossil cercopithecoids from the late Miocene of As Sahabi, Libya. Garyounis Sci Bull, Spec Issue 5: 265–282

Bininda-Emonds O R P, Cardillo M, Jones K E, MacPhee R D E, Beck R M D, Grenyer R, Price S A, Vos R A, Gittleman J L, Purvis A. 2007. The delayed rise of present-day mammals. Nature, 446: 507–512

Black D. 1927. On a lower molar hominid tooth from the Chou Kou Tien deposit. Palaeont Sin, Ser D, 7 (1): 1–28

Black D, Teilhard de Chardin P, Young C C, Pei W C. 1933. Fossil man in China. Geol Mem, ser A, (11): 1–156

Bloch J I, Gingerich P D. 1998. *Carpolestes simpsoni*, new species (Mammalia, Proprimates) from the late Paleocene of the Clarks Fork Basin, Wyoming. Contrib Mus Paleont, Univ Mich, 30 (4): 131–162

Bloch J I, Silcox M T. 2006. Cranial anatomy of the Paleocene plesiadapiform *Carpolestes simpsoni* (Mammalia, Primates) using ultra high-resolution X-ray computed tomography, and the relationships of plesiadapiforms to Euprimates. J Hum Evol, 50: 1–35

Bloch J I, Fisher D C, Rose K D, Gingerich P D. 2001. Stratocladistic analysis of Paleocene Carpolestidae (Mammalia, Plesiadapiformes) with description of a new late Tiffanian genus. J Vert Paleont, 21 (1): 119–131

Bloch J I, Boyer D M, Gingerich P D, Gunnell G F. 2002. New primitive paromomyid from the Clarkforkian of Wyoming and dental eruption in Plesiadapiformes. J Vert Paleont, 22: 366–379

Bloch J I, Silcox M T, Boyer D M, Sargis E J. 2007. New Paleocene skeletons and the relationship of plesiadapiforms to crown-clade primates. Proc Nat Acad Sci, 104: 1159–1164

Blyth E. 1847. Supplementary report of the curator of the Zoological Department of the Asiatic Society of Bengal. J Asiatic Soc Bengal, 16: 728–737

Bohlin B. 1937. Oberoligozäne Säugetiere aus dem Shargaltein-Tal (western Kansu). Palaeont Sin, New Ser C, 3: 1–66

Bohlin B. 1942. The fossil mammals from the Tertiary deposit of Taben-Buluk, part 1, Insectivora and Lagomorpha. Palaeont Sin, New Ser C, 8a: 1–113

Bohlin B. 1946. The fossil mammals from the Tertiary deposit of Taben-Buluk, western Kansu, part 2, Simplicidentata,

Carnivora, Artiodactyla, Perissodactyla and Primates. Palaeont Sin, New Ser C, 8b: 1–259

Bohlin B. 1951. Some mammalian remains from Shih-her-ma-cheng, Hui-hui-pu area, western Kansu. Sino-Swedish Exped Publ, 35: 1–47

Bohlin B. 1953. Fossil reptiles from Mongolia and Kansu. Sino-Swedish Exped Publ, 37: 1–109

Boule M, Teilhard de Chardin P. 1928. Paléontologie. In: Boule M, Breuil H, Licent E, Teilhard P eds. Le Paléolithique de la Chine (Deuxième Partie). Arch Inst Paléontol Hum (Paris), Mém, 4: 1–138

Boule M, Breuil H, Licent E, Teilhard de Chardin P. 1928. Le Palaeolithique de la Chine. Arch Inst Palaeont Humaine, Mem, 4: 1–138

Bown T M, Schankler D M. 1982. A review of the Proteutheria and Insectivora of the Willwood Formation (Lower Eocene), Bighorn Basin, Wyoming. Bull US Geol Surv, 1523: 1–79

Brandon-Jones D, Eudey A A, Geissmann T, Groves C P, Melnick D J, Morales J C, Shekelle M, Stewart C B. 2004. Asian primate classification. Int J Primatol, 25: 97–164

Brown R W. 1954. Composition of Scientific Words. A Manual of Methods and Lexicon of Materials for the Practice of Logotechnics. Baltimore: Smithsonian Institution Press. 1–882

Buchmayer F, Wilson R W. 1970. Small mammals (Insectivora, Chiroptera, Lagomorpha, Rodentia) from the Kohfidisch Fissures of Burgenland, Austria. Ann Naturhist Mus Wien, 74: 533–587

Butler P M. 1948. On the evolution of the skull and teeth in the Erinaceidae, with special reference on fossil material in British Museum. Proc Zool Soc London, 118: 392–500

Butler P M. 1956. The skull of *Ictops* and the classification of the "Insectivora". Proc Zool Soc London, Ser B, 126 (2): 453–481

Butler P M. 1972. The problem of insectivore classification. In: Joysey K A, Kemp T S eds. Studies of Vertebrate Evolution. Edinburgh: Oliver and Boyd. 253–265

Butler P M. 1984. Macroscelidea, Insectivora and Chiroptera from the Miocene of East Africa. Palaeovertebrata 14: 117–200

Butler P M. 1988. Phylogeny of the insectivores. In: Benton M J ed. The Phylogeny and Classification of the Tetrapods, Vol 2: Mammals. Oxford: Clarendon Press. 117–141

Butler P M. 1995. Fossil Macroscelidea. Mamm Rev, 25 (1-2): 3–14

Cartmill M. 1974. Rethinking primate origins. Science, 184: 436–443

Chopra S R K, Kaul S. 1979. A new species of *Pliopithecus* from the Indian Siwaliks. J Hum Evol, 8: 475–477

Chopra S R K, Vasishat R N. 1979. Śivalik fossil tree shrew from Haritalyangar, India. Nature, 281: 214–215

Chopra S R K, Kaul S, Vasishat R N. 1979. Miocene tree shrews from the Indian Śivaliks. Nature, 281: 213–214

Cifelli R L, Schaff C R, McKenna M C. 1989. The relationship of the Arctostylopidae (Mammalia): new data and interpretation. Bull Mus Comp Zool, 152: 1–44

Ciochon R, Long V T, Larick R, González L, Grün R, de Vos J, Yonge C, Taylor L, Yoshida H, Reagan M. 1996. Dated co-occurrence of *Homo erectus* and *Gigantopithecus* from Tham Khuyen Cave, Vietnam. Proc Nat Acad Sci, 93: 3016–3020

Clark J. 1941. An anaptomorphid primate from the Oligocene of Montana. J Paleontol, 15: 562–563

Clemens W A. 1973. Fossil mammals of the type Lance Formation Wyoming. Part III: Eutheria and summary. Univ California Publs in Geol Sci, 94: 1–102

Colbert E H. 1958. Evolution of the Verebrates. New York: John Willy & Sons. 1–479

Colbert E H, Hooijer D A. 1953. Pleistocene mammals from the limestone fissures of Szechwan, China. Bull Am Mus Nat Hist, 102: 1–134

Corbet G B, Hill J E. 1991. A World List of Mammalian Species. 3rd ed. London: Oxford University Press. 1–243

Crompton A W. 1971. The origin of the tribosphenic molar. Linn Soc Zool J, 50: 65–87

Csorba G, Lee L L. 1999. A new species of vespertilionid bat from Taiwan and a revision of the taxonomic status of *Arielulus* and *Thianycteris* (Chiroptera: Vespertilionidae). J Zool, 248: 361–367

Czaplewski N J, Morgan G S, Mcleod S A. 2008. Chiroptera. In: Janis C M, Gunnell G F, Uhen M D eds. Evolution of Tertiary Mammals of North America, Vol. 2: Small Mammals, Xenarthrans, and Marine Mammals. Cambridge: Cambridge University Press. 174–197

Dashzeveg D, Russell D E. 1985. A new Middle Eocene insectivore from the Mongolian People's Republic. GéoBios, 18 (6): 871–875

de Bruijn H, Dawson M R, Mein P. 1970. Upper Pliocene Rodentia, Lagomorpha and Insectivora (Mammalia) from the isle of Rhodes (Greece). Proc K Ned Akad Wet, Ser B, 73 (5): 535–584

de Pousargues E. 1898. Note preliminaire sur un nouveau Semnopithèque des frontières du Tonkin et de la Chine. Bull Mus Natl Hist Nat, 4: 319–321

Delson E. 1974. Preliminary review of cercopithecid distribution in the circum-Mediterranean region. Mém Bureau Rech Géol Minières (France), 78: 131–135

Delson E. 1975. Evolutionary history of the Cercopithecidae. In: Szalay F S ed. Approaches to Primate Paleobiology. Basel: *S.* Karger. 167–217

Delson E. 1980. Fossil macaques, phyletic relationships and a scenario of deployment. In: Lindburg D G ed. The Macaques: Studies in Ecology, Behavior and Evolution. New York: Van Nostrand Reinhold. 10–30

Delson E. 1996. The oldest monkeys in Asia. In: Takenaka O ed. Abstracts, International Symposium: Evolution of Asian Primates. Inuyama, Japan: Primate Research Institute, Kyoto University 1–40

Denison R H. 1938. The broad-skulled Pseudocreodi. Ann New York Acad Sci, 37: 163–256

Dobson G E. 1875. Conspectus of the suborders, families and genera of Chiroptera arranged according to their natural affinities. Ann Mag Nat Hist, Ser 4, 16: 345–357

dos Reis M, Inoue J, Hasegawa M, Asher R J, Donoghue P C J, Yang Z. 2012. Phylogenomic datasets provide both precision and accuracy in estimating the timescale of placental mammal phylogeny. Proc R Soc B: Biol Sci, doi: 10.1098/rspb.2012.0683

Douady C J, Scally M, Springer M S, Stanhope M J. 2004. "Lipotyphlan" phylogeny based on the growth hormone receptor gene: a reanalysis. Mol Phylogenet Evol, 30 (3): 778–788

Dubois E. 1892. Palaeontologische onderzoekingen op Java. Extra bijvoegsel der Javasche Courant, Versl Mijnw, Batavia, 3: 12–14

Ellerman J R, Morrison-Scott T C S. 1951. Checklist of Palaearctic and Indian mammals 1758 to 1946. London: Brit Mus (Nat Hist). 1–810

Engesser B. 1972. Die Obermiozane Säugetierfauna von Anwil (Baselland). Tätigkeitsber Naturforsch Ges Baselland, 28: 35–363

Engesser B. 1980. Insectivfgora und Chiroptera (Mammalia) aus dem Neogen der Türkei. Schweiz Paläont Abhandl, 102: 47–149

Etler D A. 1989. Miocene hominoids from Sihong, Jiangsu Province, China. In: Sahni A, Gaur R eds. Perspectives in Human Evolution. Dehli: Renaissance Publishing House. 113–151

Fahlbusch V, Qiu Z D, Storch G. 1983. Neogene mammalian faunas of Ertemte and Harr Obo in Nei Monggol, China. —1. Report on field work in 1980 and preliminary results. Sci Sin, Ser B, 26 (2): 205–224

Filhol H. 1888. Sur un nouveau genre d'insectivore. Bull Sci Soc Philomat Paris, 12: 24–50

Fleagle J G. 1999. Primate Adaptation and Evolution. 2nd ed. London: Academic Press. 1–596

Fleagle J G, Kay R F. 1987. The phyletic position of the Parapithecidae. J Hum Evol, 16: 483–532

Flower W H. 1883. On the arrangement of the orders and families of existing Mammalia. Proc Zool Soc London. 178–186

Flynn L J, Bernor R L. 1987. Late Teritiary mammals from the Mongolian People's Republic. Am Mus Novit, (2872): 1–16

Flynn L J, Tedford R H, Qiu Z X. 1991. Enrichment and stability in the Pliocene mammalian fauna of North China. Paleobiology, 17: 246–265

Fooden J. 1976. Provisional classification and key to living species of macaques. Folia Primatologia, 25: 225–236

Fooden J. 1990. The bear macaque, *Macaca arctoides*: a systematic review. J Hum Evol, 19: 607–686

Fox R C. 2002. The dentition and relationships of *Carpodaptes cygneus* (Russell) (Carpolestidae, Plesiadapiformes, Mammalia), from the late Paleocene of Alberta, Canada. J Paleontol, 76: 864–881

Franzen J L. 1987. Ein neuer Primate aus dem Mitteleozän der Grube Messel (Deutschland, S–Hessen). Cour Forschungsinst Senckenberg, 91: 151–187

Franzen J L. 1994. The Messel primates and anthropoid origins. In: Fleagle J G, Kay R F eds. Anthropoid Origins. New York and London: Plenum Press. 99–122

Franzen J L. 2004. First fossil primates from Eckfeld Maar, Middle Eocene (Eifel, Germany). Eclogae Geol Helv, 97: 213–220

Frost D R, Wozencraft W C, Hoffmann R S. 1991. Phylogenetic relationships of hedgehogs and gymnures (Mammalia: Insectivora: Erinaceidae). Smithson Contrib Zool, 518: 1–69

Geoffroy Saint-Hilaire É. 1812. Tabeau des Quadrumanes, Ou des Animaux composant le premier Ordre de la Classe de Mammifères. Ann Mus Natl Hist Nat, 19: 85–122

Geoffroy Saint-Hilaire É. 1831. Mammifères. In: Bélanger M C ed. Voyage aux Indes-Orientales, Zoologie. Paris: Arthus Bertrand. 1–160

Geraads D. 1987. Dating the northern African cercopithecid fossil record. J Hum Evol, 2: 19–27

Gervais M P. 1859. Zoologie et Paléontologie Françaises. Paris: Arthus Bertrand. 1–544

Gill T. 1872. Arrangement of the families of mammals (with analytical table). Smithson Misc Coll, 11 (1): 1–98

Gingerich P D. 1973. First Record of the Palaeocene Primate Chiromyoides from North America. Nature, 244: 517–518

Gingerich P D. 1981. Radiation of early Cenozoic Didymoconidae (Condylarthra, Mesonychia) in Asia, with a new genus from the Early Eocene of western North America. J Mammal, 62 (3): 526–538

Gingerich P D. 1982. *Aaptoryctes* (Palaeoryctidae) and *Thelysia* (Palaeoryctidae?): new insectivores from the Late Paleocene and Early Eocene of western North America. Contrib Mus Paleontol Univ Michigan, 26 (3): 37–47

Gingerich P D. 1986. Early Eocene *Cantius torresi* - oldest primate of modern aspect from North America. Nature, 319: 319–321

Gingerich P D, Gunnell G F. 2005. Brain of *Plesiadapis cookei* (Mammalia, Proprimates): surface morphology and encephalization compared to those of primates and dermoptera. Contrib Mus Paleontol Univ Michigan, 31: 185–195

Gingerich P D, Holroyd P A, Ciochon R L. 1994. *Rencunius zhoui*, new primate from the late Middle Eocene of Henan, China, and a comparison with some early anthropoidea. In: Fleagle J G, Kay R F eds. Anthropoid Origins. New York: Plenum Press. 163–201

Grassé P-P. 1955. Traitéde de Zoologie. Tome XVII (2), Mammaifères. Paris: Masson et Cie. 1173–2300

Gray J E. 1821. On the natural arrangement of vertebrates animals. London Med Reposit, 15: 296–310

Gray J E. 1825. Outline of an attempt at the disposition of the Mammalia into tribes and families with a list of the genera apparently appertaining to each tribe. Ann Philos, ns, Ser 2, 10: 337–344

Gray J E. 1866. A revision of the genera of Rhinolophidae or horseshoe bats. Proc Zool Soc, London, 81–83

Gray J E. 1870. Catalogue of Monkeys, Lemurs, and Fruit-eating Bats in the Colletion of the British Museum. London: British Museum.1–137

Gregory W K. 1910. The orders of mammals. Bull Am Mus Nat Hist, 27: 1–524

Gromova V I. 1960. On a new family (Tshelkariidae) of primitive predators (Creodonta). Tr Paleontol Inst Akad Nauk SSSR, 77 (4): 41–74 (in Russia)

Gromova V I. 1962. Insectivora. In: Gromova V I ed. Fundmentals of Paleontology. Vol. 13: Mammals. Moscow: Natl Sci Tech Press. 91–111 (in Russia)

Groves C P. 1972. Systematics and phylogeny of the gibbons. In: Rambaugh D M ed. Gibbon and Siamang, Vol. 1. Basel: Karger. 1–89

Groves C P. 1989. A Theory of Human and Primate Evolution. New York: Oxford University Press. 1–375

Groves C P. 2001. Primate Taxonomy. Smithsonian Inst Press, Washingrton, DC. 350 pp

Groves C P. 2005. Order Primates. In: Wilson D E, Reeder D M eds. Mammal Species of the World. A Taxonomic and Geographic Reference. 3rd ed. Baltimore: The Johns Hopkins University Press. 111–184

Gu Y M. 1989. Preliminary research on the fossil gibb.ons of the Chinese Pleistocene and recent. J Hum Evol, 4: 509–514

Gunnell G F, Rose K D. 2002. Tarsiiformes: evolutionary history and adaptation. In: Hartwig W C ed. The Primate Fossil Record. Cambridge: Cambridge University Press. 45–82

Gunnell G F, Bown T M, Bloch J I. 2008a. "Proteutheria". In: Janis C M, Gunnell G F, Uhen M D eds. Evolution of Tertiary Mammals of North America, Vol. 2: Small Mammals, Xenarthrans, and Marine Mammals. Cambridge: Cambridge University Press. 63–88

Gunnell G F, Bown T M, Hutchison H, Bloch J I. 2008b. Lipotyphla. In: Janis C M, Gunnell G F, Uhen M D eds. Evolution of Tertiary Mammals of North America. Vol. 2: Small Mammals, Xenarthrans, and Marine Mammals. Cambridge: Cambridge University Press. 89–126

Haeckel E. 1866. Generelle Morphologie der Organismen: allgemeine Grundzüge der organischen Formen-Wissenschaft, mechanisch begründet durch die von Charles Darwin reformirte Descendenz-Theorie. 2. Bd. Allgemeine Entwickelungsgeschichte der Organismen. Berlin: Georg Reimer. 1–462.

Hand S J, Novacek M, Godthelp H, Archer M. 1994. First Eocene bat from Australia. J Vert Paleontol. 14: 375–381

Harlan R. 1834. Description of a species of orang, from the northeastern province of British East India, laterly the kingdom of Assam. Trans Am Philo Soc, 4: 52–59

Harlan R. 1926. Description of an Hermaphrodite Orang Outang, lately living in Philadelphia. J Acad Nat Sci Phila, 5: 229–236

Harrison T, Gu Y M. 1999. Taxonomy and phylogenetic relationships of early Miocene catarrhines from Sihong, China. J Hum Evol, 37: 225–277

Harrison T, Delson E, Guan J. 1991. A new species of *Pliopithecus* from the middle Miocene of China and its implications for early catarrhine zoogeography. J Hum Evol, 21: 329–361

Helgen K M. 2005. Order Scandentia. In: Wilson D E, Reeder D M eds. Mammal Species of the World. A Taxonomic and Geographic Reference. 3rd ed. Baltimore: The Johns Hopkins University Press. 104–109

Heller F. 1935. Fledermäuse aus der eozän Braunkohl des Geiseltales bei Halle a. S. Nov. Acta Leopold. Neue Folge, 2: 301–314

Hill J E. 1974. A new family, genus and species of bat (Mammalia: Chiroptera) from Thailand. Bull Brit Mus Nat Hist, Zool Ser, 27: 301–336

Hill J E, Francis C M. 1984. New bats (Mammalia: Chiroptera) and new records of bats from Borneo and Malaya. Bull Brit Mus Nat Hist, Zool Ser, 47: 303–329

Hill J E, Smith J D. 1984. Bats: A Natural History. Austin: University of Texas Press. 1–243

Hollister N. 1913. A review of the Philippine land mammals in the United States National Museum. Proc Unit Stat Nat Mus, 46: 299–341

Hooijer D A. 1948. Prehistoric teeth of man and the orangutan from central Sumatra, with notes on the fossil orang-utan from Java and southern China. Zool Verhandel, 29: 175–301

Hooker J J. 1996. A primitive emballonurid bat (Chiroptera, Mammalia) from the earliest Eocene of England. Palaeovertebrata, 25 (2–4): 287–300

Hooker J J, Russell D E, Phélizon A. 1999. A new family of Plesiadapiformes (Mammalia) from the old world lower Paleogene. Palaeontology, 42: 377–407

Hough J R. 1956. A new insectivore from the Oligocene of the Wind River basin, Wyoming, with notes on the taxonomy of the Oligocene Tenrecoidea. J Paleont, 30: 531–541

Jablonski N G. 1993. Quaternary environments and the evolution of primates in East Asia, with notes on two new specimens of fossil Cercopithecidae from China. Folia Primatol, 60: 118–132

Jablonski N G, Pan Y R, Zhang X Y. 1994. New cercopithecid fossils from Yunnan Province, People's Republic of China. In: Thierry B, Anderson J R, Roeder J J, Herrenschmidt N eds. Current Primatology, Volume I. Ecology & Evolution. Strasbourg: Universite Louis Pasteur. 303–311

Jepsen G L. 1966. Early Eocene bat from Wyoming. Science, 154: 1333–1339

Jepsen G L. 1970. Bat origins and evolution. In: Wimsatt W A ed. Biology of the Bats 2. New York: Academic Press. 1–65

Jin C Z, Kawamura Y. 1996a. The first reliable record of *Beremendia* (Insectivora, Mammalia) in East Asia and a revision of "*Peisorex*" Kowalski and Li, 1963. Trans Proc Palaeont Soc Japan, N S, 182: 432–447

Jin C Z, Kawamura Y. 1996b. A new genus of shrew from the Pliocene of Yinan, Shandong province, northern China. Trans Proc Palaeont Soc Japan, N S, 182: 478–483

Jin C Z, Kawamura Y. 1996c. Late Pleistocene mammal fauna in northeast China: mammal fauna including woolly mammoth and woolly rhinoceros in association with Paleolithic tools. Earth Sci (Chikyu Kagaku), 50: 315–330

Jin C Z, Kawamura Y. 1997. A new species of the extinct shrew *Paenelimnoecus* from the Pliocene of Yinan, Shandong province, northern China. Paleont Res, 1 (1): 67–75

Jin C Z, Kawamura Y, Hiroyuki T. 1999. Pliocene and Early Pleistocene insectivore and rodent faunas from Dajushan, Qipanshan and Haimao in North China and the reconstruction of the faunal succession from the Late Miocene to Middle Pleistocene. J Geosci Osaka City Univ, 42: 1–19

Kay R F, Williams B A. 1994. Dental evidence for anthropoid origins. In: Fleagle J G, Kay R F eds. Anthropoid Origins. New York: Plenum Press. 361–445

Kay R F, Ross C F, Williams B A. 1997. Anthropoid origins. Science, 275: 797–804

Kelley J, Pilbeam D. 1986. The dryopithecines: taxonomy, anatomy and phylogeny of Miocene large hominoids. In: Swindler D R, Erwin J eds. Comparative Primate Biology, Volume 1: Systematics, Evolution and Anatomy. New York: Alan

R. Liss. 361–411

Kellner A W, McKenna M C. 1996. A leptictid mammal from the Hsanda Gol Formation (Oligocene), Central Mongolia, with comments on some Palaeoryctidae. Am Mus Novit, (3168): 1–13

Kielan-Jaworowska Z. 1968. Prelimimary data of the Upper Cretaceous eutherian mammals from Bayn Dzak, Gobi desert. Acta Palaeontol Pol, 19: 171–191

Kielan-Jaworowska Z. 1981. Evolution of the therian mammals in the Late Cretaceous of Asia: Part 4. Skull structure in *Kennalestes* and *Asioryctes*. Acta Palaeontol Pol, 42: 25–78

Kielan-Jaworowska Z, Cifelli R, Luo Z X. 2004. Mammals from the Age of Dinosaurs: Origins, Evolution, and Structure. New York: Columbia University Press. 1–630

Koerner H E. 1940. The geology and vertebrate palaeontology of the Fort Logan and Deep River formations of Montana. Part I: New vertebrates. Am J Sci, 238 (12): 837–862

Köhler M, Moyà-Solà S, Alba D M. 2000. *Macaca* (Primates: Cercopithecidae) from the Late Miocene of Spain. J Hum Evol, 38: 447–452

Kormos T. 1934. Felsöpliocénkori új rovarevök denevérek, és rágcsálók Villány környékéröl (Neus Insektenfresser, Fledermäuse und Nager aus dem Oberpliozän der Villányer Gegend). Földt Közl, 64: 296–321

Kowalski K, Li C K. 1963. A new form of the Soricidae (Insectivora) from the Pleistocene of North China. Vert Palasiat, 7 (2): 138–143

Kretzoi M. 1943. *Kochictis centennii* n. g. n. sp. Ein Altertumlicher Creodonte aus dem Oberoligozan Sie benburgens. Földt Közl, 73: 190–195

Kretzoi M. 1956. Die altpleistozanen Wirbeltierfaunen des Villanyer Gebirges. Geol Hung, Ser Palaeont, 27: 1–264

Kriegs J O, Churakov G, Jurka J, Brosius J, Schmitz J. 2007. Evolutionary history of 7SL RNA-derived SINEs in Supraprimates. Trends Genet, 23: 158–161

Krishtalka L. 1976a. Early Tertiary Adapisoricidae and Erinaceide (Mammalia: Insectivora) of North America. Bull Carnegie Mus Nat Hist, 1: 1–40

Krishtalka L. 1976b. North American Nyctitheriidae (Mammalia: Insectivora). Ann Carnegie Mus Nat Hist, 46: 7–28

Krishtalka L. 1977. Early Eocene EurAmerican Insectivora. GéoBios, Mem Spec, 1: 135–139

Krishtalka L, Setoguchi T. 1977. Paleontology and geology of the Badwater Creek area, central Wyoming. Part 13: The late Eocene Insectivora and Dermoptera. Ann Carnegie Mus Nat Hist, 46: 71–99

Kumar S, Hedges S B. 1998. A molecular timescale for vertebrate evolution. Nature, 392: 917–920

Kumar R S, Mishra C, Sinha A. 2005. Discovery of the Tibetan macaque *Macaca thibetana* in Arunachal. Curr Sci India, 88: 1387–1388

Lacépède B G E. 1799. Tableau des divisions sousdivisions, ordres et genres des mammifères. In: de Buffon G L F ed. Histoire Naturelle. Vol. 14. Paris: P. Didot L'Aine et Firmin Dido. 144–195

Lartet É. 1856. Note sur un grand singe fossile qui se rattache au groupe des singes supérieures. C R Acad Sci, 43: 219–223

Leidy J. 1869. Notice of some extinct vertebrates from Wyoming and Dakota. Proc Acad Nat Sci Phila, 21: 63–67

Lewis E G. 1933. Preliminary notice of a new genus of lemuroid from the Siwaliks. Am J Sci, 26: 134–138

Li C K, Ting S Y. 1983. The Paleogene mammals of China. Bull Carnegie Mus Nat Hist, 21: 1–93

Li C K, Wilson R W, Dawson M R, Krishtalka L. 1987. The origin of rodents and lagomorphs. In: Genoways H H ed. Current Mammalogy. Vol. 1 Plenum Publ Corp. New York. 97–108

Lindsay E H, Flynn L J, Cheema I U, Barry J C, Downing K, Rajpar A R, Raza S M. 2005. Will Downs and the Zinda Pir Dome. Palaeontol Electron, 8: 1–18

Linnaeus C. 1758. Systema Naturæ per Regna tria Naturæ, secundum Classes, Ordines, Genera, Species, cum characteribus, Differentiis, Synonymis, Locis. Editio Decima. Holmiæ: Impensis direct. Laurentii Salvii. 1–824

Linnaeus C. 1771. Matissa Plantarum, Altera Generus editionis VI. & Specierum editionis II. Holmiæ: Impensis direct. Laurentii Salvii. 1–587

Lopatin A V. 1997. New Oligocene Didymoconidae (Mesonychia, Mammalia) from Mongolia and Kazakhstan. Paleontol Zh, (1): 111–120

Lopatin A V. 2001. The skull structure of *Archaeoryctes euryalis* sp. nov. (Didymoconidae, Mammalia) from the Paleocene of Mongolia and the taxonomic position of the family. Paleontol Zh, (3): 97–107

Lopatin A V. 2002a. An Oligocene mole (Talpidae, Insectivora, Mammalia) from Mongolia. Paleontol Zh, (5): 89–92

Lopatin A V. 2002b. The earliest shrew (Soricidae, Mammalia) from the Middle Eocene of Mongolia. Paleontol Zh, (6): 78–87

Lopatin A V. 2002c. The largest Asian *Amphechinus* (Erinaceidae, Insectivora, Mammalia) from the Oligocene of Mongolia. Paleontol Zh, (3): 75–80

Lopatin A V. 2003a. A new species of *Ardynictis* (Didymoconidae, Mammalia) from the Middle Eocene of Mongolia. Paleontol Zh, (3): 81–89

Lopatin A V. 2003b. A zalambdodont insectivore of the family Apternodontidae (Insectivora, Mammalia) from the Middle Eocene of Mongolia. Paleontol Zh, (2): 82–91

Lopatin A V. 2003c. A new genus of the Erinaceidae (Insectivora, Mammalia) from the Oligocene of Mongolia. Paleontol Zh, (6): 94–104

Lopatin A V. 2004a. A new genus of the Galericinae (Erinaceidae, Insectivora, Mammalia) from the Middle Eocene of Mongolia. Paleontol Zh, (3): 84–90

Lopatin A V. 2004b. Characteristic features of the development of Asian small mammal fauna in the Early Paleogene. In: Ecosystem Rearrangement and Biosphere Evolution. Paleontol Inst Ross Akad Nauk, Moscow, No. 6, pp. 87–96 [in Russian]

Lopatin A V. 2005. Late Paleogene Erinaceidae (Insectivora, Mammalia) from the Ergilin Dzo Locality, Mongolia. Paleontol Zh, (1): 89–95

Lopatin A V. 2006. Early Paleogene insectivore mammals of Asia. Paleontol J, 40 (Suppl 3): 205–405

Lopatin A V, Averianov A O. 2004. New Palaeoryctidae (Mammalia) from the Eocene of Kyrgyzstan and Mongolia. Paleontol Zh, (5): 87–93

Lopatin A V, Kondrashov P E. 2004. Sarcodontinae, a new subfamily of micropternodontid insectivores from the Early Paleocene-Middle Eocene of Asia. New Mexico Mus Nat Hist Sci Bull, (26): 177–184

Luckett W P, Jacobs L L. 1980. Proposed fossil tree shrew genus *Palaeotupaia*. Nature, 288: 104

Luo Z X. 2007. Transformation and diversification in early mammal evolution. Nature, 450: 1011–1019.

Lydekker R. 1886. Silwalik Mammalia-supplement I. Mem Geol Surv India, Palaeont Indica, Ser X, 4: 1–21

Ma S L, Wang Y X, Poirier F. 1988. Taxonomy, distribution, and status of gibbons (*Hylobates*) in southern China and adjacent areas. Primates, 29: 277–286

MacPhee R D E. 1993. Primates and Their Relatives in Phylogenetic Perspective. New York: Plenum Press. 1–383

MacPhee R D E, Novacek M J. 1993. Definition and relationships of Lipotyphla. In: Szalay F S, Novacek M J, McKenna M C eds. Mammal Phylogeny: Placentals. New York: Springer-Verlag. 13–52

Madsen O, Scally M, Douady C J, Kao D J, DeBry R W, Adkins R, Amrine H M, Stanhope M J, de Jong W W, Springer M S. 2001. Parallel adaptive radiations in two major clades of placental mammals. Nature, 409: 610–614

Marivaux L, Welcomme J-L, Ducrocq S, Jaeger J-J. 2002. Oligocene sivaladapid primate from the Bugti Hills (Balochistan, Pakistan) bridges the gap between Eocene and Miocene adapiform communities in Southern Asia. J Hum Evol, 42: 379–388

Marivaux L, Antoine P-O, Baqri S R H, Benammi M, Chaimanee Y, Crochet J-Y, de Franceschi D, Iqbal N, Jaeger J-J, Metais G, Roohi G, Welcomme J-L. 2005. Anthropoid primates from the Oligocene of Pakistan (Bugti Hills): data on early anthropoid evolution and biogeography. Proc Nat Acad Sci, 102: 8436–8441

Martin J E. 1978. A new and unusual shrew (Soricidae) from the Miocene of Colorado and South Dakota. J Paleont, 52 (3): 636–641

Martin R D. 1990. Primate Origins and Evolution: a Phylogenetic Reconstruction. London: Chapman and Hall Ltd. 1–804

Maschenko E N. 2005. Cenozoic primates of eastern Eurasia (Russia and adjacent areas). Anthropol Sci, 113: 103–115

Matthew W D. 1913. A zalambdodont insectivore from the Basal Eocene. Bull Am Mus Nat Hist, 32 (17): 307–314

Matthew W D, Granger W. 1923. New fossil mammals from the Pliocene of Sze-Chuan, China. Bull Am Mus Nat Hist, 48: 563–598

Matthew W D, Granger W. 1924a. New Carnivora from the Tertiary of Mongolia. Am Mus Novit, (104): 1–9

Matthew W D, Granger W. 1924b. New insectivores and ruminants from the Tertiary of Mongolia, with remarks on the correlation. Am Mus Novit, (105): 1–5

Matthew W D, Granger W. 1925a. Fauna and correlation of the Gashato Formation of Mongolia. Am Mus Novit, (189): 1–12

Matthew W D, Granger W. 1925b. New mammals from the Irdin Manha Eocene of Mongolia. Am Mus Novit, (198): 1–10

Matthew W D, Granger W, Simpson G G. 1929. Additions to the fauna of the Gashato Formation of Mongolia. Am Mus Novit, (376): 1–12

McClelland J. 1839. List of mammalia and birds collected in Assam. Proc Zool Soc London, 7: 146–167

McDowell S B. 1958. The greater Antillean insectivores. Bull Am Mus Nat Hist, 115: 113–214

McKenna M C. 1960. Fossil mammalia from the early Wasatchian Four Mile Fauna, Eocene of northwest Colorado. Univ Calif Pub Geol Sci, 37: 1–130

McKenna M C. 1963. New evidence against tupaioid affinities of the Mammalian Family Anagalidae. Am Mus Novit, (2158): 1–16

McKenna M C. 1975. Toward a phylogenetic classification of the mammalia. In: Luckett W P, Szalay F S eds. Phylogeny of the Primates: a Multidisciplinary Approach. New York: Plenum Press. 21–46

McKenna M C. 1982. Lagomorpha interrelationships. Gèobios Mémoire Spècial 6: 213–224

McKenna M C, Bell S K. 1997. Classification of Mammals above the Species Level. New York: Columbia University Press. 1–631

McKenna M C, Holton C P. 1967. A new insectivore from the Oligocene of Mongolia and a new subfamily of hedgehogs. Am Mus Novit, (2311): 1–11

McKenna M C, Xue X X, Zhou M Z. 1984. *Prosarcodon lonanensis*, a new Paleocene micropternodontid palaeoryctoid insectivore from Asia. Am Mus Novit, (2780): 1–17

Meikle W E. 1987. Fossil cercopithecidae from the Sahabi Formation. In: Boaz N T, El-Arnauti A, Gaziry A W, de Heinzelin J,

Boaz D D eds. Neogene Paleontology and Geology of Sahabi. New York: Alan R. Liss. 119–127

Mein P, Ginsburg L. 1997. Les mammifères du gisement miocène inférieur de Li Mae Long, Thaïlande: systématique, biostratigraphie et paléoenvironnement. Geodiversitas, 19 (4): 783–844

Mein P, Tupinier Y. 1977. Formule dentaire et position systématique du Miniopterèe (Mammalia, Chiroptera). Mammalia, 41: 207–211

Mellett J S. 1968. The Oligocene Hsanda Gol Formation of Mongolia: a revised faunal list. Am Mus Novit, (2318): 1–16

Mellett J S, Szalay F S. 1968. *Kennatherium shirensis* (Mammalia, Palaeoryctoidea), a new didymoconid from the Eocene of Asia. Am Mus Novit, (2342): 1–7

Meng J, Ting S Y, Schiebout J A. 1995. The cranial morphology of the Early Eocene didymoconid (Mammalia, Insectivora). J Vert Paleont, 14 (4): 534–551

Meng J, Zhai R J, Wyss A R. 1998. The Late Paleocene Bayan Ulan Fauna of Inner Mongolia, China. Bull Carnegie Mus Nat Hist, 34: 148–185

Meng J, Hu Y M, Li C K. 2003.The osteology of *Rhombomylus* (Mammalia, Glires): implications for phylogeny and evolution of Glires. Bull Am Mus Nat, 275: 247

Meng J, Kraatz B P, Wang Y Q, Ni X J, Gebo D L, Beard K. 2009. A new species of *Gomphos* (Glires, Mammalia) from the Eocene of the Erlian basin, Neei Mongol, China. Amer Mus Novitates, 3670: 1–11

Menu H. 1985. Morphotypes dentaires actuels et fossils des chiroptères vespertilioninés. Premiére partie: Etude des morphologies dentaires. Palaeovertebrata, 15: 71–128

Meschinelli L. 1903. Un nuovo chiropterro fossile (*Archaeopteropus transiens* Mesch.) delle lignite de Monteviale. Atti Ist Venteto Sci, 62: 1329–1344

Miller G S. 1907. The families and genera of bats. Bull US Nat Mus, 57: 1–282

Miller G S. 1912. Catalogue of the Mammals of Western Europe (Europe Exclusive of Russia) in the Collection of the British Museum. London: Brit Mus (Nat Hist). 1–1019

Miller G S. 1927. Revised determinations of some Tertiary mammals from Mongolia. Paleont Sin, Ser C, 5 (2): 5–20

Miller G S. 1933. The classification of the gibbons. J Mammol, 14: 158–159

Milne-Edwards A. 1868–1874. Memoire sur la Faune mammalogique du Tibet Oriental et principalement de la principauté de Moupin. In: Milne-Edwards H, Milne-Edwards A eds. Recherches pour Servir à l'Histoire Naturelle des mammifères. vol. I, II. Paris: G. Masson. 1–394

Milne-Edwards A. 1870. Note sur quelques Mammifères du Tibet oriental. C R Acad Sci, 70: 341–342

Missiaen P, Smith T. 2005. A new Paleocene nyctitheriid insectivore from Inner Mongolia (China) and the origin of Asian nyctitheriids. Acta Palaeontol Pol, 50 (3): 513–522

Missiaen P, Smith T. 2008. The Gashatan (Late Paleocene) mammal fauna from Subeng, Inner Mongolia, China. Acta Palaeontol Pol, 53 (3): 357–378

Mootnick A, Groves C. 2005. A new generic name for the hoolock gibbon (Hylobatidae). Int J Primatol, 26: 971–976

Morlo M, Nagel D. 2002. New Didymoconidae (Mammalia) from the Oligocene of Central Mongolia and first information on the tooth eruption sequence of the family. Neues Jahrb Geol Paläontol Abh, 223 (1): 123–144

Mouchaty S K, Gullberg A, Janke A, Arnason U. 2000. The phylogenetic position of the Talpidae within Eutheria based on analysis of complete mitochondrial sequences. Mol Biol Evol, 17 (1): 60–67

Moyà-Solà S, Pons-Moyà J, Köhler M. 1990. Primates catarrinos (Mammalia) del Neógeno de la península Ibérica. Paleontol

Evol, 23: 41–45

Murphy W J, Ezirik E, Johnson W E, Zhang Y P, Ryder O A, O'Brien S J. 2001a. Molecular phylogenetics and the origins of placental mammals. Nature, 409: 614–618

Murphy W J, Eizirik E, O'Brien S J, Ole Madsen, Mark S, Christophe J, Douady C J, Emma Teeling E, Ryder O A, Michael J, Stanhope M J, de Jong W W, Mark S, Springer M S. 2001b. Resolution of the early placental mammal radiation using Bayesian phylogenetics. Nature, 294: 2348–2351

Necrasov O, Samson P, Radulesco C. 1961. Sur un nouveau singe catarrhinien fossile, decouvert dans un nid fossilifère d'Oltenie (R. P. R.). An stiintif ale Univ "Al I Cuza" din Iasi, Sect 2, 7: 401–416

Ni X J, Qiu Z D. 2002. The micromammalian fauna from the Leilao, Yuanmou hominoid locality: implications for biochronology and paleoecology. J Hum Evol, 42: 535–546

Ni X J, Qiu Z D. 2012. Tupaiine tree shrews (Scandentia, Mammalia) from the Yuanmou *Lufengpithecus* locality of Yunnan, China. Swiss J Palaeont, 131: 51–60

Ni X J, Wang Y Q, Hu Y M, Li C K. 2004. A euprimate skull from the early Eocene of China. Nature, 427: 65–68

Ni X J, Hu Y M, Wang Y Q, Li C K, 2005. A clue to the Asian origin of euprimates. Anthrop Sci, 113: 3–9

Ni X J, Beard K C, Meng J, Wang Y Q, Gebo D L. 2007. Discovery of the first early Cenozoic euprimate (Mammalia) from Inner Monogolia. Am Mus Novit, (3571): 1–11

Ni X J, Meng J, Beard K C, Gebo D L, Wang Y Q, Li C K. 2010. A new tarkadectine primate from the Eocene of Inner Mongolia, China: phylogenetic and biogeographic implications. Proc R Soc B: Biol Sci, 277: 247–256

Novacek M J. 1976. Insectivora and Proteutheria of the later Eocene (Uintan) of San Diego County, California. Contrib Sci Nat Hist Mus Los Angeles County, 283: 1–52

Novacek M J. 1977. A review of Paleocene and Eocene Leptictidae (Eutheria: Mammalia) from North America. PaleBios. 24: 1–42

Novacek M J. 1986. The skull of leptictid insectivorans and the higher-level classification of eutherian mammals. Bull Am Mus Nat Hist, 183 (1): 1–112

Novacek M J, Wyss A R. 1986. Higher-level relationships of the recent eutherian orders: morphological evidence. Cladistics, 2: 257–287

Novacek M J, Bown T M, Schankler D. 1985. On the classification of the Early Tertiary Erinaceomorpha (Insectivora, Mammalia). Am Mus Novit, (2813): 1–22

Novacek M J, Ferrusquía-V. I, Flynn J J, Wyss A R, Norell M, 1991. Wasatchian (Early Eocene) mammals and other vertebrates from Baja California, Mexico: the Lomas las Tetas de Cabra fauna. Bull Am Mus Nat Hist, 208: 1–88

Nowak R M. 1999. Walker's Mammals of the World. 6th ed. Baltimore: The John Hopkins University Press. 1–1936

Nowak R M, Paradiso J L. 1983. Walker's Mammals of the World. 4th ed. Vols. I–II. The Johns Hopkins University Press. 1–1307

Olson E C. 1971. Vertebrate Paleozoology. London: Wiley-Interscience. 1–839

Osborn H F. 1907. Evolution of Mammalian Molar Teeth. New York: Macmillian Comp. 1–250

Palmer T S. 1904. Index Generum Mammalium: A List of the Genera and Families of Mammals, North American Fauna. Washington: Government Printing Office. 1–984

Pan Y R. 1994. Recent discoveries of fossil non-human hominoids in China. In: Thierry B, Anderson J R, Roeder J J, Herrenschmidt N eds. Current Primatology, Vol. 1: Ecology & Evolution. Strasbourg: Université Louis Pasteur. 285–294

Pan Y R, Jablonski N. 1987. The age and geographical distribution of fossil cercopithecids in China. Hum Evol, 2: 59–69

Pei W C. 1931. On the mammalian remains from Locality 5 at Choukoutien. Palaeont Sin, Ser C, 7 (2): 6–18

Pei W C. 1936. On the mammalian remains from Locality 3 at Choukoutien. Palaeont Sin, Ser C, 7 (5): 1–108

Pei W C. 1939a. A preliminary study on a new palaeolithic station known as Locality 15 within the Choukoutien region. Bull Geol Soc China, 19: 147–188

Pei W C. 1939b. New fossil material and artifacts collected from the Choukoutien region during the years 1937–39. Bull Geol Soc China, 19: 207–234

Pei W C. 1940. The Upper Cave fauna of Choukoutien. Palaeont Sin, New Ser C, 10: 1–100

Pickford M. 1987. Révision les Suiformes (Arrtiodactyla, Mammalia) de Bugti, Pakistan. Ann Paléont, 73: 289–350

Piveteau J. 1958. Traité de Paléontologie. Tome 6. L'origine des Mammifères et les Aspects Fondamentaux de leur Evolution, Vol 2. Paris: Masson et Cie. 1–962

Pohlig H. 1895. *Paidopithecus rhenanus* n. g., n. sp., le singe anthropomorphe du Pliocène rhénan. Bull Soc belge Géol, Paléont Hydrol Procès-Verbaux, 9: 149–151

Prouty L A, Buchanan P D, Pollitzer W S, Mootnick A R. 1983. Taxonomic note: *Bunopithecus*: a genus-level taxon for the hoolock gibbon (*Hylobates hoolock*). Am J Primatol, 5: 83–87

Qi T. 1987. The Middle Eocene Arshanto fauna (Mammalia) of Inner Mongolia. Ann Carnegie Mus, 56 (1): 1–73

Qi T, Beard K C. 1998. Late Eocene sivaladapid primate from Guangxi Zhuang Autonomous Region, People's Republic of China. J Hum Evol, 35: 211–220

Qiu Z D. 1988. Neogene micromammals of China. In: Chen E K J ed. The Palaeoenvironment of East Asia from the Mid-Tertiary, 2. Hongkong:Centre Asia Studies, Univ Hong Kong, 34–848

Qiu Z D, Storch G. 2000. The Early Pliocene micromammalian fauna of Bilike, Inner Mongolia, China (Mammalia: Lipotyphla, Chiroptera, Rodentia, Lagomorpha). Senckenbergiana lethaea, 80 (1): 173–229

Qiu Z D, Wang X M, Li Q. 2013.Neogene faunal succession and biochronology of Central Nei Mongol (Inner Mongolia). In: Wang X M, Flynn L J, Fortelius Meds. Fossil Mammals of Asia. Columbia Univ Press, New York. 155–188

Quinet G E. 1965. *Myotis misonnei* n. sp. Chiroptere de l'Oligocene de Hoogbtsel. Bull Inst R Sci Nat Belg, 41 (20): 1–11

Rasmussen D T. 2002. The origin of primates. In: Hartwig W C ed. The Primate Fossil Record. Cambridge: Cambridge University Press. 1–530

Reichenbach H G L. 1862. Die vollständigste Naturgeschichte der Affen. Dresden und Leipzig: Expedition der Vollständigsten Naturgeschichte. 1–204

Repenning C A. 1967. Subfamilies and genera of the Soricidae. Prof Pap US Geol Surv, 565: 1–74

Reumer J W F. 1984. Reuscinian and early Pleistocene Soricidae (Insectivora, Mammalia) from Tegelen (the Netherlands) and Hungary. Scripta Geol, 73: 1–173

Reumer J W F. 1998. A classification of the fossil and recent shrews. In: Wójcik J M, Wolsan M eds. Evolution of Shrews. Biatowieza/Poland:Animal Research Inst Polish Acad Sci. 5–22

Revilliod P. 1917. Contribution a l'etute des Chiropteres des terrains tertiares 1, Mwn. Soc Paleont Suisse, 44: 1–56

Rich T H V, Rasmussen D L. 1973. New North American erinaceine hedgehogs (Mammalia: Insectivora). Occas Pap Mus Nat Hist Univ Kansas, 21: 1–54

Rich T H V, Zhang Y P, Hand S J. 1983. Insectivores and a bat from the Early Oligocene Caijiachong Formation of Yunnan, China. Aust Mammal, 6 (2): 61–75

Romer A S. 1945. Vertebrate Paleontology. Chicago: University of Chicago Press. 1–687

Romer A S. 1966. Vertebrate Paleontology. Chicago: University of Chicago Press. 1–468

Romer A S. 1968. Notes and Comments on Vertebrate Paleontology. Chicago: University of Chicago Press. 1–304

Rook L, Mottura A, Gentili S. 2001. Fossil *Macaca* remains from RDB quarry (Villafranca d'Asti, Italy): new data and overview. J Hum Evol, 40: 187–202

Rose K D. 1995. The earliest primates. Evol Anthropol, 3: 159–173

Rose K D. 2006. The Beginning of the Age of Mammals. Baltimore: John Hopkins University Press. 1–428

Rose K D, Chester S G B, Dunn R H, Boyer D M, Bloch J I. 2011. New fossils of the oldest North American euprimate *Teilhardina brandti* (Omomyidae) from the Paleocene-Eocene thermal maximum. Am J Phys Anthrop, 146: 281–305

Ross C F, Williams B A, Kay R F. 1998. Phylogenetic analysis of anthropoid relationships. J Hum Evol, 35: 221–306

Rossie J B, MacLatchy L. 2006. A new pliopithecoid genus from the early Miocene of Uganda. J Hum Evol, 50: 568–586

Rossie J B, Ni X J, Beard K C. 2006. Cranial remains of an Eocene tarsier. Proc Nat Acad Sci, 103: 4381–4385

Russell D E, Dashzeveh D. 1986. Early Eocene insectivores (Mammalian) from the People's Republic of Mongolia. Palaeontology, 29 (2): 269–291

Russell D E, Zhai R J. 1987. The Paleogene of Asia: mammals and stratigraphy. Mém Mus Natl Hist Nat, sci terre, 52: 1–488

Russell D E, Louis P, Savage D E. 1973. Chiroptera and Dermoptera of the French Early Eocene. Univ Calif Publ Geol Sci, 95: 1–55

Russell D E, Louis P, Savage D E. 1975. Les Adapisoricidae de l'Eocène inférieur de France: réévaluation des formes considérées affines. Bull Mus Natl Hist Nat, 3e sér, 327: 129–194

Rzebik-Kowalska B. 1989. Pliocene and Pleistocene Insectivora (Mammalia) of Poland V Soricidae: *Petenyia* Kormos, 1934 and *Blarinella* Thomas, 1911. Acta Zool Cracov, 32 (11): 521–546

Rzebik-Kowalska B. 1990a. Pliocene and Pleistocene Insectivora (Mammalia) of Poland VI Soricidae: *Deinsdorfia* Heller, 1963, and *Zelceina* Sulimski, 1962. Acta Zool Cracov, 33 (4): 45–77

Rzebik-Kowalska B. 1990b. Pliocene and Pleistocene Insectivora (Mammalia) of Poland VII Soricidae: *Mafia* Reumer, 1984, *Sulimskia* Reumer, 1984, *Paenelimnoecus* Baudelot, 1972. Acta Zool Cracov, 33 (14): 303–327

Rzebik-Kowalska B. 1991. Pliocene and Pleistocene Insectivora (Mammalia) of Poland VIII Soricidae: *Sorex* Linnaeus, 1758, *Neomys* Kaup, 1829, *Macroneomys* Feifar, 1966, *Paenelimnoecus* Baudelot, 1972 and Soricidae indeterminate. Acta Zool Cracov, 34 (2): 323–424

Rzebik-Kowalska B. 1994. Pliocene and Quaternary Insectivora (Mammalia) of Poland. Acta Zool Cracov, 37 (1): 77–136

Schlosser M. 1924a. Fossil primates from China. Palaeont Sin, Ser C, 1 (2): 1–14

Schlosser M. 1924b. Tertiary vertebrates from Mongolia. Palaeont Sin, Ser C, 1 (1): 1–119

Schmidt-Kittler N. 1973. *Dimyloides*—Neufunde aus der oberoligozänen Spaltenfüllung 'Ehrenstein 4' (Süddeutschland) und die systematische Stellung der Dimyliden (Insectivora, Mammalia). Mitt. Bayer. Staatssamml Paläontol Hist Geol, 13: 115–139

Schwartz J H, Long V T, Cuong N L, Kha L T, Tattersall I. 1994. A diverse hominoid fauna from the late Middle Pleistocene breccia cave of Tham Khuyen, Socialist Republic of Vietnam. Anthropol Pap Am Mus Nat Hist, 73: 1–11

Schwartz J H, Long V T, Cuong N L, Kha L T, Tattersall I. 1995. A review of the Pleistocene hominoid fauna of the Socialist Republic of Vietnam (excluding Hylobatidae). Anthropol Pap Am Mus Nat Hist, 76: 1–24

Seiffert E R, Simons E L, Clyde W C, Rossie J B, Attia Y, Bown T M, Chatrath P, Mathison M E. 2005. Basal anthropoids from Egypt and the antiquity of Africa's higher primate radiation. Science, 310: 300–304

Shevyreva N S, Chkhikvdze V N, Zhegallo V I. 1975. New data on the vertebrate fauna of the Gashato locality (Mongolian People's Republic). Bull Acad Sci Georgian SSR, 77 (1): 225–228 (in Russian)

Shoshani J, McKenna M C. 1998. Higher taxonomic relationships among extant mammals based on morphology, with selected comparisons of results from molecular data. Mol Phylogenet Evol, 9: 1–572

Sigé B B. 1976. Insectivores primitifs de l'Éocène supérieur et Oligocene inférieur d'Europe occidentale, Nyctithériidés. Mém Mus Natl Hist Nat, n s, sér C, 34: 1–140

Sigé B B. 1990. Nouveaux chiroptères de l'Oligocène moyen des phosphorites du Quercy, France. C R Acad Sci, Paris, 310: 1131–1137

Sigé B. B. 1991. Rhinolophoidea et Vespertilionoidea (Chiroptera) du Chambi (Eocène inférieur de Tunisie): aspects biostratigraphique, biogéographique et paléoécologique de l'origine des chiroptèrs modernes. Neues jahrb Geol Paläont, Abh, 182: 355–376

Sigé B, Russell D E. 1980. Compléments sur les chiroptères de l'Eocene moyen d'Europe. Les genres *Palaeochiropteryx* et *Ceilionycteris*. Palaeovertebrata Men Jubil R Lavocat, 1980: 91–126

Silcox M T. 2001. A phylogenetic analysis of Plesiadapiformes and their relationship to euprimates and other archontans. Baltimore: Johns Hopkins University Press. 1–729

Silcox M T. 2008. The biogeographic origins of primates and euprimates: east, west, north, or south of Eden? In: Sargis E J, Dagosto M J eds. Mammalian Evolutionary Morphology. Dordrecht: Springer. 199–231

Silcox M T, Gunnell G F. 2007. Plesiadapiformes. In: Janis C M, Gunnell G F, Uhen M D eds. Evolution of Tertiary Mammals of North America. Cambridge: Cambridge University Press. 207–238

Silcox M T, Krause D W, Maas M C, Fox R C. 2001. New specimens of *Elphidotarsius russelli* (Mammalia, ?Primates, Carpolestidae) and a revision of plesiadapoid relationships. J Vert Paleont, 21: 132–152

Silcox M T, Dalmyn C K, Bloch J I. 2009. Virtual endocast of *Ignacius graybullianus* (Paromomyidae, Primates) and brain evolution in early primates. Proc Nat Acad Sci, 106: 10987–10992

Simmons N B. 2005. Order Chiroptera. In: Wilson D E, Reeder D M eds. Mammal Species of the World—A Taxonomic and Geographic Reference. 3rd ed. Vol. 1. Baltimore: The Johns Hopkins University Press. 312–529

Simmons N B, Geisler J H. 1998. Phylogenetic relationships of *Icaronycteris*, *Archaeonycteris*, *Hassianycteris*, and *Palaeochiropteryx* to extant bat lineages, with comments on the evolution of echolocation and foraging strategies in Microchiroptera. Bull Am Mus Nat Hist, 235: 1–182

Simons E L, Tattersall I. 1972. Infraorder Plesiadapiformes. In: Simons E L ed. Primate Evolution: an Introduction to Man's Place in Nature. New York: Macmillan Publishing Co., Inc. 1–284

Simpson G G. 1928. A new mammalian fauna from the Fort Union of southern Montana. Am Mus Novit, (297): 1–15

Simpson G G. 1931a. A new classification of mammals. Bull Am Mus Nat Hist, 59 (6): 259–293

Simpson G G. 1931b. A new insectivore from the Oligocene, Ulan Gochu Horizon of Mongolia. Am Mus Novit, (505): 1–22

Simpson G G. 1935. The Tiffany fauna, upper Paleocene. III.- Primates, Carnivora, Condylarthra and Amblypoda. Am Mus Novit, (817): 1–28

Simpson G G. 1940. Studies on the earliest primates. Bull Am Mus Nat Hist, 77: 185–212

Simpson G G. 1945. The principles of classification and a classification of the mammals. Bull Am Mus Nat Hist, 85: 1–350

Smith J D, Storch G. 1981. New Middle Eocene bats from the "Grube Messel" near Darmstadt, W-Germany (Mammalian:

Chiroptera). Senckenberg Biol, 61: 153–168

Smith T, Smith R. 1995. Le genre *Dormaalius* Quinet, 1964 de l'Eocène inférieur de Belgique, synonyme du genre Macrocranion Weitzel, 1949 (Mammalia, Lipotyphla). Serv Geol Belg Prof Pap, 274: 1–20

Smith T, Bloch J I, Strait S G, Gingerich P D. 2002. New species of *Macrocranion* (Mammalia, Lipotyphla) from the earliest Eocene of North America and its biogeographic implication. Contrib Mus Paleont Univ Mich, 30 (14): 373–384

Smith T, Van Itterbeeck J, Missiaen P. 2004. Oldest Plesiadapiform (Mammalia, Proprimates) from Asia and its palaeobiogeographical implications for faunal interchange with North America. C R Palevol, 3: 43–52

Smith T, Rose K D, Gingerich P D. 2006. Rapid Asia-Europe-North America geographic dispersal of earliest Eocene primate Teilhardina during the Paleocene-Eocene Thermal Maximum. Proc Nat Acad Sci, 103: 11223–11227

Springer M S, Burk A, Kavanagh J R, Waddell V G. Stanhope M J. 1997. The interphotoreceptor retinoid binding protein gene in therian mammals: Implications for higher level relationships and evidence for loss of function in the marsupial mole. PNAS (USA), 94 (2):13754–13759

Springer M S, Stanhope M J, Madsen O, de Jong W W. 2004. Molecules consolidate the placental mammal tree. Trends Ecol Evol, 19: 430–438

Stehlin H G. 1916. Die Säugetiere des schweizerischen Eocaens. Critischer Catalog der Materialien. Abh schweiz paläontol Gesell, 41: 1299–1552

Stirton R A, Rensberger J M. 1964. Occurrence of the insectivore genus *Micropternodus* in the John Day Formation of Central Oregon. Bull South Calif Acad Sci, 63 (2): 57–80

Storch G. 1993. Morphologie und Paläobiologie von *Macrocranion tenerum*, einem Erinaceomorphen aus dem Mittel-Eozän von Messel bei Darmstadt (Mammalia, Lipotyphla). Senckenbergiana lethaea, 73: 61–81

Storch G. 1995. The Neogene mammalian faunas of Ertemte and Harr Obo in Inner Mongolia (Nei Mongol), China. -11. Soricidae (Insectivora). Senckenbergiana lethaea, 75 (1/2): 221–251

Storch G. 1996. Paleobiology of Messel Erinaceomorphs. Palaeovertebrata, 25 (2–4): 215–224

Storch G, Dashzeveg D. 1997. *Zaraalestes russelli*, a new tupaiodontine erinaceid (Mammalia, Lipotyphla) from the middle Eocene of Mongolia. GéoBios, 30 (3): 437–445

Storch G, Qiu Z D. 1983. The Neogene mammalian faunas of Ertemte and Harr Obo in Inner Mongolia (Nei Mongol), China. -2. Moles. Senckenbergiana lethaea, 64 (2/4): 89–127

Storch G, Qiu Z D. 1991. Insectivores (Mammalia: Erinaceidae, Soricidae, Talpidae) from the Lufeng hominoid locality, late Miocene of China. Geobios, 24 (5): 601–621

Storch G, Qiu Z D. 1995. Miocene/Pliocene insectivores from China and their relation to European insectivores. Acta Zool Cracov, 39 (1): 507–512

Storch G, Qiu Z D. 2004. First complete heterosoricine shrew: a new genus and species from the Miocene of China. Acta Paleontol Pol, 49 (3): 346–358

Storch G, Zazhigin V S. 1996. Taxonomy and phylogeny of the *Paranourosorex* lineage, Neogene of Eurasia (Mammalia: Soricidae: Anourosoricini). Paleontol Zh, 70 (1/2): 275–268

Storr G K C. 1780. Prodromus methodi mammalium. Tubingae: Litteris Reissianis. 1–43

Sulimski A. 1962. Supplementary studies on the insectivores from Węzé I (Poland). Study on the Tertiary bone breccia fauna from Węzé near Dialoszyn in Poland. Part XVII. Acta Palaeont Polonica, 7: 441–488

Sulimski A. 1968. Paleocene genus *Pseudictops* Matthew, Granger and Simpson, 1929 (Mammalia) and its revision. Acta

Palaeontol Pol, 19: 101–129

Sulimski A. 1970. On some Oligocene insectivore remains from Mongolia. Acta Palaeontol Pol, 21: 53–70

Suteethorn V, Buffetaut E, Buffetaut-Tong H, Ducrocq S, Helmcke-Ingavat R, Jaeger J-J, Jongkanjanasoontorn Y. 1990. A hominoid locality in the Middle Miocene of Thailand. C R Acad sci Sér II, sci terre, 311: 1449–1454

Szalay F S. 1977. Phylogenetic relationships and a classification of the Eutherian mammalia. In: Hecht M K, Goody P C, Hecht B M eds. Major patterns of vertebrate Evolution. New York: Plenum Press. 315–374

Szalay F S. 1982. A critique of some recently proposed paleogene primate taxa and suggested relationships. Folia Primatol, 37: 153–162

Szalay F S. 2000. Archonta. in: Delson E, Tattersall I, Van Couvering J A eds. Encyclopidia of Human Evolution and Prehistory. 2nd ed. New York and London: Garland Publishing, Inc. 82

Szalay F S, Delson E. 1979. Evolutionary History of the Primates. London: Academic Press. 1–580

Szalay F S, Li C K. 1986. Middle Paleocene euprimate from southern China and the distribution of primates in the Paleogene. J Hum Evol, 15 (5): 387–397

Szalay F S, McKenna M C. 1971. Beginning of the age of mammals in Asia: the Late Paleocene Gashato fauna, Mongolia. Bull Am Mus Nat Hist, 144 (4): 273–317

Szalay F S, Li C K, Wang B Y. 1986. Middle Paleocene omomyid primate from Anhui Province, China: *Decoredon anhuiensis* (Xu, 1976), new combination Szalay and Li, and the significance of *Petrolemur*. Am J Phys Anthropol, 69: 1–269

Szalay F S, Rosenberger A L, Dagosto M. 1987. Diagnosis and differentiation of the Order Primates. Year Phys Anthropol, 30: 75–105

Tabuce R, Antunes M T, Sigé B. 2009. A new primitive bat from the earliest Eocene of Europe. J Vert Paleont, 29 (2): 627–630

Tabuce R, Mahboubi M, Tafforeau P, Sudre J. 2004. Discovery of a highly-specialized plesiadapiform primate in the early-middle Eocene of northwestern Africa. J Hum Evol, 47: 305–321

Takai M, Sein C, Tsubamoto T, Egi N, Maung M, Shigehara N. 2005. A new eosimiid from the latest middle Eocene in Pondaung, central Myanmar. Anthropol Sci, 113: 17–25

Tate G H H. 1941a. Results of the Archbold expeditions. A review of the genus *Hipposideros* with special reference to Indo-Australian species. Bull Am Mus Nat Hist, 78, Art 5: 353–393

Tate G H H. 1941b. Results of the Archbold expeditions. No. 39. Review of *Myotis* of Eurasia. Bull Am Mus Nat Hist, 78, Art 8: 537–565

Tate G H H. 1941c. Results of the Archbold expeditions. No. 40. Notes on vespertilionid bats of the subfamilies Miniopterinae, Murinae, Kerivoulinae, and Nyctophilinae. Bull Am Mus Nat Hist, 78, Art 9: 567–597

Tate G H H. 1942a. Results of the Archbold expeditions, No. 47. Review of the vespertilionine bats, with special attention to genera and species of the Archbold collections. Bull Am Mus Nat Hist, 80, Art 7: 221–297

Tate G H H. 1942b. Results of the Archbold expeditions. No. 48. Pteropodidae (Chiroptera) of the Archbold collections. Bull Am Mus Nat Hist, 80, Art 9: 331–347

Tavaré S, Marshall C R, Will O, Soligo C, Martin R D. 2002. Using the fossil record to estimate the age of the last common ancestor of extant primates. Nature, 416: 726–729

Teilhard de Chardin P. 1926. Description de Mammifères Tertiares de Chine et de Mongolie. Ann Paléontol, 15: 1–52

Teilhard de Chardin P. 1938. The fossils from Locality 12 of Choukoutien. Palaeont Sin, New Ser C, 5: 1–50

Teilhard de Chardin P. 1940. The fossils from locality 18 near Peking. Palaeont Sin, New Ser C, 9: 1–94

Teilhard de Chardin P. 1942. New rodents of the Pliocene and Lower Pleistocene of North China. Inst Géo-Biol Pékin, 9: 1–101

Teilhard de Chardin P, Leroy P. 1942. Chinese fossil mammals. Inst Géo-Biologie, Pèkin, no. 8: 142

Teilhard de Chardin P, Piveteau J. 1930. Les Mammifères Fossiles de Nihowan (Chine). Ann Paléontol: 1–134

Teilhard de Chardin P, Young C C. 1931. Fossil mammals from northern China. Palaeont Sin, Ser C, 9 (1): 1–67

Tesakov A S, Mashchenko Y N. 1992. The first reliably identified macaque (Cercopithecidae, Primates) from the Pliocene of Ukraine. Paleontol J, 26: 55–61

Thalmann U. 1994. Die Primaten aus dem eozanen Geiseltal bei Halle/Saale (Deutschland). Courier Forsch inst Senckenberg, 175: 1–161

Thewissen J G M, Gingerich P D. 1989. Skull and endocranial cast of *Eoryctes melanus*, a new palaeoryctid (Mammalia: Insectivora) from the Early Eocene of western North America. J Vert Paleont, 9 (4): 459–470

Thomas H, Petter G. 1986. Révision de la faune de mammifères du Miocène Supérieur de Menacer (ex-Marceau), Algérie: discussion sur l'âge du gisement. Geobios, 19: 357–373

Thomas H, Verma S N. 1979. Découverte d'un Primate Adapiforme (Sivaladapinae subfam. nov.) dans le Miocène moyen des Siwaliks de la région de Ramnager (Jamnu et Cachemire, Inde). C R Acad Sci Paris, 289: 833–836

Ting S Y. 1998. Paleocene and Early Eocene land mammal ages of Asia. Bull Carnegie Mus Nat Hist, 34: 124–147

Tong Y S, Wang J W. 1998. A preliminary report on the Early Eocene mammals of the Wutu fauna, Shandong, China. Bull Carnegie Mus Nat Hist, 34: 186–193

Trofimov B A. 1952. *Pseudictops*. Tr Acad Sci CCCP, 41: 7–12 (in Russian)

Trouessart E L. 1879. Catalogue des mammifères vivants et fossiles. Rev Mag Zool, 7: 219–285

Van Valen L. 1966. Deltatheridia, a new order of mammals. Bull Am Mus Nat Hist, 132: 1–126

Van Valen L. 1967. New Paleocene insectivores and insectivore classification. Bull Am Mus Nat Hist, 135 (5): 221–284

Villalta Comella J P de, Crusafont Pairó M. 1944. Nuevos insectévoros del Mioceno continental de Vallés-Panadés. Notas Comun Inst Geol Miner Esp, 12: 41–65

von Koenigswald G H R. 1935. Eine fossile Säugetierfauna mit Simia aus Südchine. Proc K Ned Akad Wet, 38: 872–879

Waddell P J, Okada N, Hasegawa M. 1999. Towards resolving the interordinal relationships of placental mammals. Syst Biol, 48: 1–5

Wagner J A. 1855. Die Säugthiere in Abbildungen nach der Natur, mit Beschreibungen. fünfte Abtheilung: Die Affen, Zahnlücker, Beutelthiere, Hufthiere, Insektenfresser und Handflüger. Leipzig: Berlag von L. D. Weigel. 1–810

Wang B Y. 1992. The Chinese Oligocene: a preliminary review of mammalian localities and local faunas. In: Prothero D R, Berggren W A eds. Eocene-Oligocene Climatic and Biotic Evolution. New York: Priceton University Press. 529–547

Wang X M, Zhai R J. 1995. *Carnilestes*, a new primitive Lipotyphlan (Insectivora: Mammalia) from the Early and Middle Paleocene, Nanxiong Basin, China. J Vert Paleont, 15 (1): 131–145

Wang X M, Downs W, Xie J Y, Xie G P. 2001. *Didymoconus* (Mammalia: Didymoconidae) from Lanzhou Basin, China and its stratigraphic and ecological significance. J Vert Paleont, 21 (3): 555–564

Wang Y Q, Hu Y M, Chow M C, Li C K. 1998. Chinese Paleocene mammal faunas and their correlation. Bull Carnegie Mus Natur Hist, 34: 89–123

Wang Y Q, Meng J, Ni X J, Li C K. 2007. Major events of Paleogene mammal radiation in China. Geol J, 42: 415–430

Wang Y Q, Meng J, Beard C K, Li Q, Ni X J, Gebo D L, Bai B, Jin X, Li P. 2010. Early Paleogene stratigraphic sequences, mammalian evolution and its response to environmental changes in Erlian Basin, Inner Mongolia, China. Sci China Earth

Sci, 53 (12): 1918–1926

Weber M. 1904. Die Säugetiere. Einführing in die Anatomie und Systematik der recenten und fossilen Mammalia. Verlag: Jena Gustav Fischer. 1–866

Weidenreich F. 1944. Giant early man from Java and South China. Science, 99: 479–482

Weigelt J. 1933. Neue Primaten aus mitteleozänen (oberlutetischen) Braunkhole des Geiseltals. Nova Acta Leopoldi, 1: 97–156

Wible J R, Novacek M J, Rougier G W. 2004. New data on the skull and dentition in the Mongolian Late Cretaceous Eutherian mammal *Zalambdalestes*. Bull Am Mus Nat Hist, 281: 1–144

Wible J R, Novacek M J. 1988. Cranial evidence for the monophyletic origin of bats. Am Mus Novit, (2911): 1–19

Wible J R, Rougier G W, Novacek M J, Asher R J. 2007. Cretaceous eutherians and Laurasian origin for placental mammals near the K/T boundary. Nature, 447: 1003–1006

Wilson D E, Reeder D M. 2005. Mammal Species of the World. Vols. I–II. Baltimore: The Johns Hopkins University Press. 1–1307

Winge H. 1917. Udsigt over insectaedernes indbyrdes Siaegtskab. Vidensk Meddel Naturhist Foren Copenhagen, 68: 83–203

Woloszyn B W. 1987. Pliocene and Pleistocene bats of Poland. Acta Palaeontol Pol, 32 (3-4): 207–325

Woo J-K. 1957. *Dryopithecus* teeth from Keiyuan, Yunnan Province. Vert PalAsiat, 1 (1): 25–31

Woo J-K. 1958. New materials of *Dryopithecus* from Keiyuan, Yunnan. Vert PalAsiat, 2 (1): 38–43

Woo J-K, Chow M C. 1957. New material of the earliest primate known in China-*Hoanghonius stehlini*. Vert PalAsiat, 1 (4): 267–272

Wu R K, Oxnard C E. 1983. Ramapithecines from China: evidence from tooth dimensions. Nature, 306: 258–260

Xu Q Q, Jin C Z. 1992. Discovery of Dalian fauna and its significance. Chinese Sci Bull, 37 (16): 1376–1379

Xue X X, Delson E. 1988. A new species of *Dryopithecus* from Gansu, China. Chinese Sci Bull, 33: 449–453

Yang D, Zhang J, Li C K. 1987. Preliminary survey on the population and distribution of gibbons in Yunnan Province. Primates, 28: 547–549

Young C C. 1932. On the fossil vertebrate remains from Localities 2, 7 and 8 at Choukoutien. Palaeont Sin, Ser C, 7 (3): 1–24

Young C C.1934. On the Insectivora, Chiroptera, Rodentia, and Primates other than *Sinanthropus* from Locality 1 at Choukoutien. Palaeont Sin, Ser C, 8 (3): 1–160

Young C C. 1935. Note on a mammalian microfauna from Yenchingkou near Wanhsien, Szechuan. Bull Geol Soc China, 14: 247–248

Young C C, Bian M N. 1936. Some new observation on the Cenozoic geology near Peiping. Bull Geol Soc China, 16: 221–245

Young C C, Liu P T. 1950. On the mammalian fauna of Koloshan near Chungking, Szechuan. Bull Geol Soc China, 30: 413–490

Zach S P. 2004. Skull and partial skeleton of the rare early Eocene mammal *Wyolestes* (Mammalia, Eutheria) from the Bighorn Basin, Wyoming. J Vert Paleont, 24 (suppl to 3): 1–133A

Zapfe H. 1960. Die Primatenfaude aus der miozänen Spaltenfüllung von Neudorf an der March (Děvínská Nová Ves) Tschechoslovakei. Mit anhang: Der Primatenfund aus dem Miozä von Klein Hadersdorf in Niederosterreich. Abh schweiz paläontol Gesell, 78: 1–293

Zdansky O. 1923. Fundorte der *Hipparion*-Fauna um Pao-Te-Hsien in NW Shansi. Bull Geol Surv China, 5: 69–82

Zdansky O. 1928. Die Säugetiere der Quartärfauna von Choukoutien. Palaeont Sin, Ser C, 5 (4): 1–146 (in German)

Zdansky O. 1930. Die alttertiären Säugetiere Chinas nebst stratigraphischen Bemerkungen. Palaeont Sin, Ser C, 6: 1–87

Ziegler R. 1999. Order Insectivora. In: Roessner G E, Heissig K eds. The Miocene Land Mammals of Europe. Muenchen: Thomas. 53–74

Ziegler R, Dahlmann T, Storch G. 2007. 4: Marsupialia, Erinaceomorpha and Soricomopha (Mammalia). In: Daxner-Höck G ed. Oligocene-Miocene Vertebrates from the Valley of Lakes (Central Mongolia): Morphology, Phylogenetic and Stratigraphic Implications. Ann Nat Mus Wien, 108A: 53–164

Zimmerman J L. 1780. Geographische Geschichte des Menschen und der vierfüßigen Thiere. Leipzig: Weygandschen Buchhandl. 1–432

汉-拉学名索引

D

E

F

G

H

J

K

L

M

N

O

P

Q

R

S

T

W

X

Y

Z

拉-汉学名索引

C

D

E

G

H

I

J

K

L

M

N

O

P

Q

R

S

T

U

V

W

X

Y

Z

附表一 中国古近纪含哺乳动物化石层位对比表（台湾资料暂缺）

国际标准古地磁柱	世		期	哺乳动物期	内蒙古 二连盆地	内蒙古 杭锦旗	内蒙古 阿左旗	宁夏	甘肃 陇西	甘肃 兰州	甘肃 临夏	新疆 准噶尔	新疆 吐鲁番
25 C7, C7A, C8, C9, C10	渐新世	晚	夏特期	塔奔布鲁克期		伊克布拉格组			狍牛泉组	咸水河组下段	椒子沟组	索索泉组 铁尔斯哈巴合组	桃树园子群
30 C11, C12, C13	渐新世	早	吕珀尔期	乌兰塔塔尔期	上脑岗代组	乌兰布拉格组	乌兰塔塔尔组	清水营组	白杨河组			克孜勒托尕依组	
35 C15, C16, C17	始新世	晚	普利亚本期	乌兰戈楚期	巴润绍组 乌兰戈楚组 额尔登敖包组 呼尔井组		查干布拉格组			野狐城组			
40 C18, C19	始新世	中	巴顿期	沙拉木伦期	沙拉木伦组								
45 C20, C21	始新世	中	卢泰特期	伊尔丁曼哈期	土克木组 乌兰希热组 伊尔丁曼哈组								连坎组
50 C22, C23, C24	始新世	早	伊普里斯期	阿山头期	阿山头期							依希白拉组	
55	始新世	早	伊普里斯期	岭茶期	脑木根期								十三间房组
C25, C26	古新世	晚	坦尼特期	格沙头期									大步组 台子村组
60 C27	古新世	中	塞兰特期	农山期									
65 C28, C29	古新世	早	丹麦期	上湖期									

期	陕西	吉林	北京	山西	河南 豫西	河南 信阳-桐柏	湖北 淅川	湖北 丹江口	湖北 宜昌、房县	山东
夏特期										
吕珀尔期										
普利亚本期										
巴顿期	白鹿塬组	桦甸组	长辛店组		锄沟峪组	五里墩组 李士沟组				黄庄组
卢泰特期	红河塬组			河堤组	卢氏组 济源群	李庄组	核桃园组	核桃园组		官庄组
伊普里斯期（阿山头期）							大仓房组	大仓房组	牌楼口组	
伊普里斯期（岭茶期）							玉皇顶组	玉皇顶组	洋溪组 油坪组	五图组
坦尼特期					潭头组					
塞兰特期					大章组					
丹麦期	樊沟组 鹏岭组				高峪沟组					

期	安徽	江苏	江西	湖南	广东	广西	贵州	云南 滇东	云南 丽江
夏特期									
吕珀尔期									
普利亚本期						公康组 邕宁组	石脑组	蔡家冲组 小屯组	
巴顿期					油柑窝组	那读组 洞均组			象山组 格木寺组
卢泰特期		上黄裂隙堆积						路美邑组	
伊普里斯期（阿山头期）									
伊普里斯期（岭茶期）	张山集组		新余组	岭茶组					
坦尼特期	双塔寺组 土金山组		坪湖里组	栗木坪组	古城村组				
塞兰特期	痘姆组		池江组		农山组				
丹麦期	望虎墩组		狮子口组	枣市组	上湖组 布心组				

附图一　中国古近纪哺乳动物化石地点分布图（台湾资料暂缺）

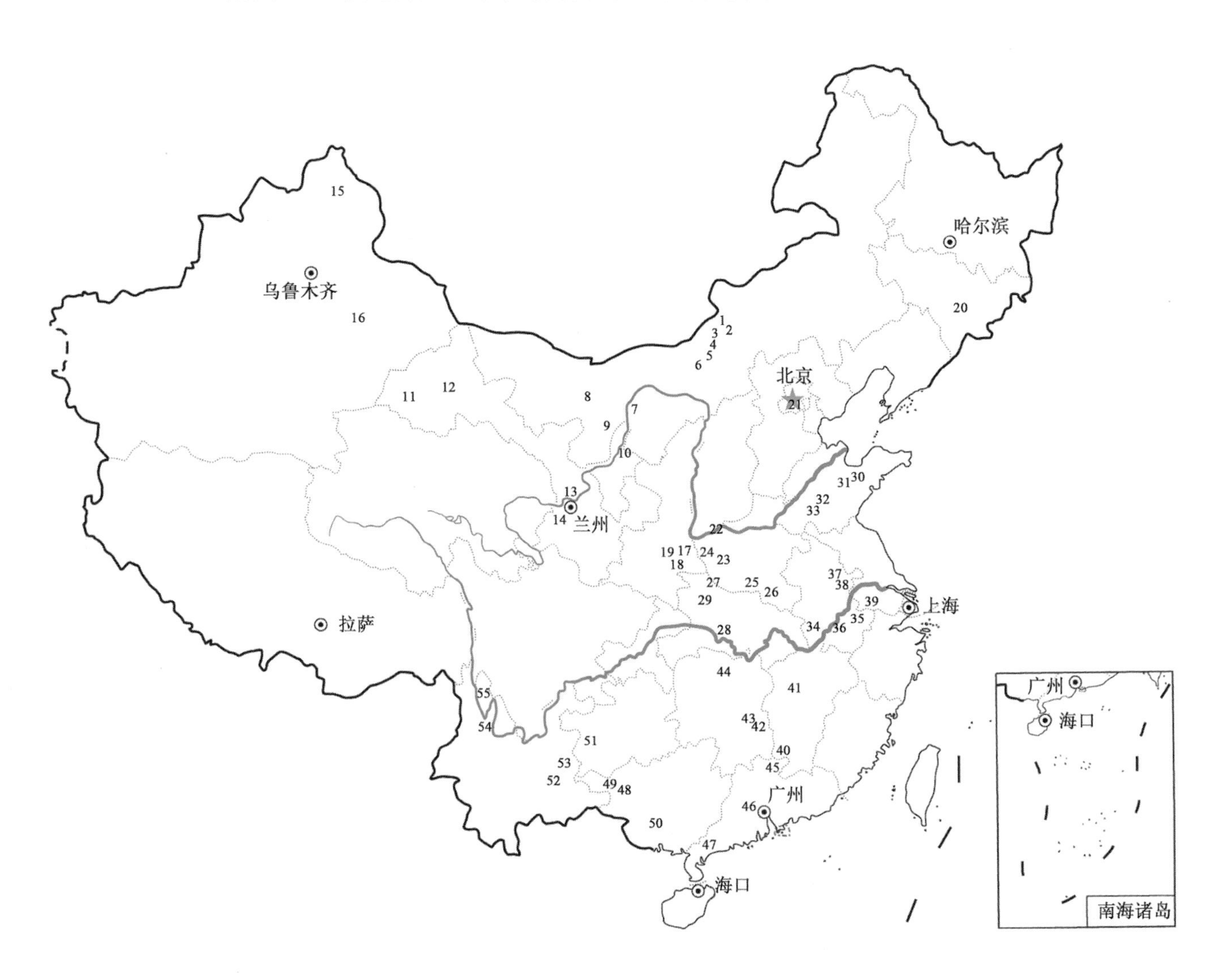

附图一之中国古近纪哺乳动物化石地点说明

内蒙古

1. 二连呼儿井：**呼儿井组**，晚始新世。

2. 二连伊尔丁曼哈：**阿山头组**，早始新世—中始新世早期；**伊尔丁曼哈组**，中始新世。

3. 二连呼和勃尔和地区：**脑木根组**，晚古新世—早始新世早期；**阿山头组**，早始新世—中始新世早期；**伊尔丁曼哈组**，中始新世。

4. 苏尼特右旗脑木更平台：**脑木根组**，晚古新世—早始新世早期；**阿山头组**，早始新世—中始新世早期；**伊尔丁曼哈组**，中始新世；**沙拉木伦组**，中始新世晚期；**额尔登敖包组**，晚始新世；**上脑岗代组**，早渐新世。

5. 四子王旗额尔登敖包地区：**脑木根组**，晚古新世—早始新世早期；**乌兰希热组**，中始新世；**伊尔丁曼哈组**，中始新世；**沙拉木伦组**，中始新世晚期；**额尔登敖包组**，晚始新世；**上脑岗代组**，早渐新世。

6. 四子王旗沙拉木伦河流域：**乌兰希热组**，中始新世；**土克木组**，中始新世；**沙拉木伦组**，中始新世晚期；**乌兰戈楚组**，晚始新世；**巴润绍组**，晚始新世。

7. 杭锦旗千里山地区：**乌兰布拉格组**，早渐新世；**伊克布拉格组**，晚渐新世。

8. 阿拉善左旗豪斯布尔都盆地：**查干布拉格组**，晚始新世。

9. 阿拉善左旗乌兰塔塔尔：**乌兰塔塔尔组**，早渐新世。

宁夏

10. 灵武：**清水营组**，早渐新世。

甘肃

11. 党河地区：**狍牛泉组**，渐新世。

12. 玉门地区：**白杨河组**，晚始新世—渐新世。

13. 兰州盆地：**野狐城组**，晚始新世；**咸水河组下段**，渐新世。

14. 临夏盆地：**椒子沟组**，晚渐新世。

新疆

15. 准噶尔盆地北缘：**依希白拉组**，早始新世—中始新世；**克孜勒托尕伊组**，晚始新世—早渐新世；**铁尔斯哈巴合组**，晚渐新世；**索索泉组**，晚渐新世—早中新世。

16. 吐鲁番盆地：**台子村组/大步组**，晚古新世；**十三间房组**，早始新世早期；**连坎组**，中始新世；**桃树园子群**，晚始新世—渐新世。

陕西

17. 洛南石门盆地：**樊沟组**，早古新世。

18. 山阳盆地：**鹃岭组**，早古新世。

19. 蓝田地区：**红河组**，中始新世；**白鹿塬组**，中始新世晚期。

吉林

20. 桦甸盆地：**桦甸组**，中始新世晚期。

北京

21. 长辛店：**长辛店组**，中始新世晚期。

山西 + 河南

22. 垣曲盆地：**河堤组**，中始新世。

河南

23. 潭头盆地：**高峪沟组**，早古新世；**大章组**，中古新世；**潭头组**，晚古新世。

24. 卢氏盆地：**卢氏组**，早—中始新世；**锄沟峪组**，中始新世晚期。

25. 桐柏吴城盆地：**李士沟组/五里墩组**，中始新世晚期。

26. 信阳平昌关盆地：**李庄组**，中始新世。

河南 + 河北

27. 鄂豫李官桥盆地：**玉皇顶组**，早始新世早期；**大仓房组/核桃园组**，早—中始新世。

湖北

28. 宜昌：**洋溪组**，早始新世早期；**牌楼口组**，早始新世。

29. 房县：**油坪组**，早始新世早期。

山东

30. 昌乐五图：**五图组**，早始新世早期。

31. 临朐牛山：**牛山组**，早始新世早期。

32. 新泰：**官庄组**，早始新世晚期—中始新世。

33. 泗水：**黄庄组**，中始新世晚期。

安徽

34. 潜山盆地：**望虎墩组**，早古新世；**痘姆组**，中古新世。

35. 宣城：**双塔寺组**，晚古新世。

36. 贵池：**双塔寺组**，晚古新世。

37. 明光：**土金山组**，晚古新世。

38. 来安：**张山集组**，早始新世早期。

江苏

39. 溧阳：**上黄裂隙堆积**，中始新世。

江西

40. 池江盆地：**狮子口组**，早古新世；**池江组**，中古新世；**坪湖里组**，晚古新世。

41. 袁水盆地：**新余组**，早始新世早期。

湖南

42. 茶陵盆地：**枣市组**，早古新世。

43. 衡阳盆地：**栗木坪组**，晚古新世；**岭茶组**，早始新世早期。

44. 常桃盆地：**剪家溪组**，早始新世早期。

广东

45. 南雄盆地：**上湖组**，早古新世；**浓山组**，中古新世；**古城村组**，晚古新世。

46. 三水盆地：**㘵心组**，早古新世。

47. 茂名盆地：**油柑窝组**，中始新世晚期。

广西

48. 百色盆地：**洞均组/那读组**，中始新世晚期；**公康组**，晚始新世。

49. 永乐盆地：**那读组**，中始新世晚期；**公康组**，晚始新世。

50. 南宁盆地：**邕宁组**，晚始新世。

贵州

51. 盘县石脑盆地：**石脑组**，晚始新世。

云南

52. 路南盆地：**路美邑组**，中始新世；**小屯组**，晚始新世。

53. 曲靖盆地：**蔡家冲组**，晚始新世。

54. 丽江盆地：**象山组**，中始新世晚期。

55. 理塘格木寺盆地：**格木寺组**，中始新世晚期。

附表二 中国新近纪含哺乳动物化石层位对比表（台湾资料暂缺）

栏目	地区	层位（自上而下）
国际标准古地磁柱		3, 4, 5, 6, 7, 8, 9, 10, 11, 12, 13, 14, 15, 16, 17, 18, 19, 20, 21, 22, 23；新近纪
世		上新世（晚、早）；中新世（晚、中、早）
期		皮亚琴察期、赞克勒期、墨西拿期、托尔托纳期、塞尔瓦莱期、兰盖期、波尔多期、阿基坦期
浦乳动物期		泥河湾期、麻则沟期、高庄期、保德期、灞河期、通古尔期、山旺期、谢家期
新疆（准噶尔）		顶山盐池组、哈拉玛盖组、索索泉组
西藏		羌塘组、札达组、沃马组、布隆组、丁青组
青海/甘肃/宁夏	柴达木	狮子沟组、上油砂山组、下油砂山组
	党河	铁匠沟组
	贵德 西宁	上滩组、下东山组、查让组、咸水河组、车头沟组、谢家组
	兰州	咸水河组
	临夏	午城黄土、积石组、何王家组、柳树组、虎家梁组、东乡组、上庄组
	灵台	午城黄土、雷家河组、干河沟组、彰恩堡组/红柳沟组
内蒙古	阿拉善	乌尔图组
	中部	比例克层、二登图组、宝格达乌拉组、通古尔组、敖尔班组
蓝田		午城黄土、九老坡组、灞河组、寇家村组、冷水沟组
陕西/山西	渭南 临潼	游河组、杨家湾组
	静乐 保德	静乐组、保德组
	榆社	海眼组、麻则沟组、高庄组、马会组
河北/河南		泥河湾组、稻地组、汉诺坝组、九龙口组；潞王坟组、大营组、东沙坡组
山东/江苏		宿迁组、黄岗组、六合组（-?-）、下草湾组/洞玄观组；巴漏河组、尧山组、山旺组
湖北/四川		盐源组、汪布顶组；掇刀石组、沙坪组
云南		元谋组、沙沟组、石灰坝组/小河组、小龙潭组；昭通组

附图二　中国新近纪哺乳动物化石地点分布图（台湾资料暂缺）

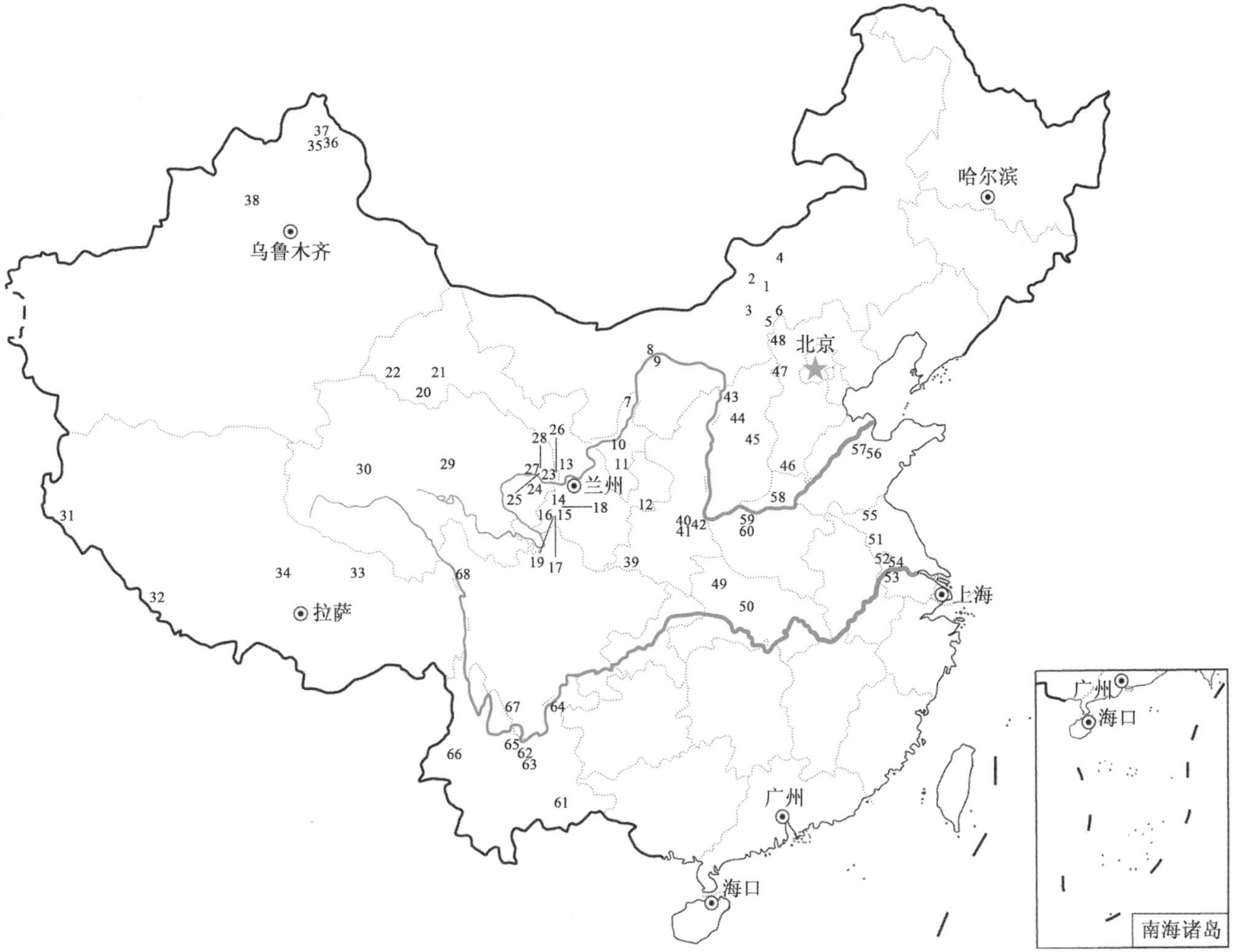

附图二之中国新近纪哺乳动物化石地点说明

（鉴于附图之空间所限，加之下面所列各层、组由于化石过少其时代不易确切定位，故附图与其说明无法一一对应）

内蒙古

1. 苏尼特左旗敖尔班：**敖尔班组**，早中新世。
2. 苏尼特左旗通古尔：**通古尔组**，中中新世。
3. 苏尼特右旗阿木乌苏：**阿木乌苏层**，晚中新世早期。
4. 阿巴嘎旗宝格达乌拉：**宝格达乌拉组**，晚中新世。
5. 化德二登图：**二登图组**，晚中新世晚期。
6. 化德比例克：**比例克层**，早上新世。
7. 阿拉善左旗乌尔图：**乌尔图组**，早中新世。
8. 临河：**乌兰图克组**，晚中新世。
9. 临河：**五原组**，中中新世。

宁夏

10. 中宁牛首山、固原寺口子等：**干河沟组**，晚中新世早期。
11. 中宁红柳沟、同心地区等：**彰恩堡组/红柳沟组**，中中新世。

甘肃

12. 灵台雷家河：**雷家河组**，晚中新世—上新世。
13. 兰州盆地（永登）：**咸水河组**，渐新世—中中新世。
14. 临夏盆地（东乡）龙担：**午城黄土**，早更新世。
15. 临夏盆地（广河）十里墩：**何王家组**，早上新世。
16. 临夏盆地（东乡）郭泥沟、和政大深沟、杨家山：**柳树组**，晚中新世。
17. 临夏盆地（广河）虎家梁、和政老沟：**虎家梁组**，中中新世。
18. 临夏盆地（广河）石那奴：**东乡组**，中中新世。
19. 临夏盆地（广河）大浪沟：**上庄组**，早中新世。
20. 阿克塞大哈尔腾河：**红崖组**，晚中新世。
21. 玉门（老君庙）石油沟：**疏勒河组**，晚中新世。
22. 党河地区（肃北）铁匠沟：**铁匠沟组**，早中新世—晚中新世。

青海

23. 化隆上滩：**上滩组**，上新世。
24. 贵德贺尔加：**下东山组**，晚中新世晚期。
25. 化隆查让沟：**查让组**，晚中新世早期。
26. 民和李二堡：**咸水河组**，中中新世。

27. 湟中车头沟：**车头沟组**，早中新世晚期—中中新世。

28. 湟中谢家：**谢家组**，早中新世。

29. 柴达木盆地（德令哈）深沟：**上油砂山组**，晚中新世。

30. 格尔木昆仑山垭口：**羌塘组**，晚上新世。

西藏

31. 札达：**札达组**，上新世。

32. 吉隆沃马：**沃马组**，晚中新世。

33. 比如布隆：**布隆组**，晚中新世较早期。

34. 班戈伦坡拉：**丁青组**，渐新世—早中新世晚期。

新疆

35. 福海顶山盐池：**顶山盐池组**，中中新世—晚中新世。

36. 福海哈拉玛盖：**哈拉玛盖组**，早中新世—中中新世。

37. 福海索索泉：**索索泉组**，渐新世—早中新世。

38. 乌苏县独山子：**独山子组**，晚中新世？。

陕西／山西

39. 勉县：**杨家湾组**，上新世。

40. 临潼：**冷水沟组**，早中新世—中中新世早期。

41. 蓝田地区：**寇家村组**，中中新世晚期；灞河组，晚中新世早期；九老坡组，晚中新世—上新世。

42. 渭南游河：**游河组**，上新世晚期。

43. 保德冀家沟、戴家沟，**保德组**，晚中新世晚期。

44. 静乐贺丰：**静乐组**，上新世晚期。

45. 榆社盆地：**马会组**，晚中新世；**高庄组**，早上新世；**麻则沟组**，晚上新世；**海眼组**，更新世早期。

河北

46. 磁县九龙口：**九龙口组**，早中新世晚期—中中新世早期。

47. 阳原泥河湾盆地：**稻地组**，上新世晚期；**泥河湾组**，更新世。

48. 张北汉诺坝：**汉诺坝组**，中中新世。

湖北

49. 房县二郎岗：**沙坪组**，中中新世。

50. 荆门掇刀石：**掇刀石组**，晚中新世。

江苏

51. 泗洪松林庄、双沟、下草湾：**下草湾组**，早中新世—中中新世。

52. 六合黄岗：**黄岗组**，晚中新世晚期。

53. 南京方山：**洞玄观组**（=**浦镇组**），早中新世—中中新世。

54. 六合灵岩山：**六合组**，中中新世。

55. 新沂西五花顶：**宿迁组**，上新世。

山东

56. 临朐解家河（山旺）：**山旺组**，早中新世—中中新世；**尧山组**，中中新世。

57. 章丘枣园：**巴漏河组**，晚中新世。

河南

58. 新乡潞王坟：**潞王坟组**，晚中新世。

59. 洛阳东沙坡：**东沙坡组**，中中新世。

60. 汝阳马坡：**大营组**，晚中新世。

云南

61. 开远小龙潭：**小龙潭组**，中中新世—晚中新世。

62. 元谋盆地：**小河组**，晚中新世；**沙沟组**，上新世；**元谋组**，更新世。

63. 禄丰石灰坝：**石灰坝组**，晚中新世。

64. 昭通沙坝、后海子：**昭通组**，上新世/晚中新世。

65. 永仁坛罐窑：**坛罐窑组**，上新世。

66. 保山羊邑：**羊邑组**，上新世。

四川

67. 盐源柴沟头：**盐源组**，上新世晚期。

68. 德格汪布顶：**汪布顶组**，上新世晚期。

附件

《中国古脊椎动物志》总目录

（共三卷二十三册，计划 2015 – 2020 年出版）

第一卷　鱼类　主编：张弥曼，副主编：朱敏

第一册（总第一册）**无颌类**　朱敏等 编著　（2015 年出版）

第二册（总第二册）**盾皮鱼类**　朱敏、赵文金等 编著

第三册（总第三册）**辐鳍鱼类**　张弥曼、金帆等 编著

第四册（总第四册）**软骨鱼类 棘鱼类 肉鳍鱼类**

张弥曼、朱敏等 编著

第二卷　两栖类 爬行类 鸟类　主编：李锦玲，副主编：周忠和

第一册（总第五册）**两栖类**　王原等 编著　（2015 年出版）

第二册（总第六册）**基干无孔类 龟鳖类 大鼻龙类**　李锦玲、佟海燕 编著

第三册（总第七册）**鱼龙类 海龙类 鳞龙型类**　高克勤、李淳、尚庆华 编著

第四册（总第八册）**基干主龙型类 鳄型类 翼龙类**

吴肖春、李锦玲、汪筱林等 编著

第五册（总第九册）**鸟臀类恐龙**　董枝明、尤海鲁、彭光照 编著

第六册（总第十册）**蜥臀类恐龙**　徐星、尤海鲁等 编著

第七册（总第十一册）**恐龙蛋类**　赵资奎、王强、张蜀康 编著　（2015 年出版）

第八册（总第十二册）**中生代爬行类和鸟类足迹**　李建军 编著

第九册（总第十三册）**鸟类**　周忠和、张福成等 编著

第三卷 基干下孔类 哺乳类 主编：邱占祥，副主编：李传夔

第一册（总第十四册）**基干下孔类** 李锦玲、刘俊 编著 （2015年出版）

第二册（总第十五册）**原始哺乳类** 孟津、王元青、李传夔 编著

第三册（总第十六册）**劳亚食虫类 原真兽类 翼手类 真魁兽类 狃兽类** 李传夔、邱铸鼎等 编著 （2015年出版）

第四册（总第十七册）**啮型类Ⅰ** 李传夔、邱铸鼎等 编著

第五册（总第十八册）**啮型类Ⅱ** 邱铸鼎、李传夔等 编著

第六册（总第十九册）**古老有蹄类** 王元青等 编著

第七册（总第二十册）**肉齿类 食肉类** 邱占祥、王晓鸣等 编著

第八册（总第二十一册）**奇蹄类** 邓涛、邱占祥等 编著

第九册（总第二十二册）**偶蹄类 鲸类** 张兆群等 编著

第十册（总第二十三册）**蹄兔类 长鼻类等** 陈冠芳 编著

PALAEOVERTEBRATA SINICA

(3 volumes 23 fascicles, planned to be published in 2015–2020)

Volume I Fishes

Editor-in-Chief: **Zhang Miman**, Associate Editor-in-Chief: **Zhu Min**

Fascicle 1 (Serial no. 1) Agnathans **Zhu Min et al.** (2015)

Fascicle 2 (Serial no. 2) Placoderms **Zhu Min, Zhao Wenjin et al.**

Fascicle 3 (Serial no. 3) Actinopterygians **Zhang Miman, Jin Fan et al.**

Fascicle 4 (Serial no. 4) Chondrichthyes, Acanthodians, and Sarcopterygians **Zhang Miman, Zhu Min et al.**

Volume II Amphibians, Reptilians, and Avians

Editor-in-Chief: **Li Jinling**, Associate Editor-in-Chief: **Zhou Zhonghe**

Fascicle 1 (Serial no. 5) Amphibians **Wang Yuan et al.** (2015)

Fascicle 2 (Serial no. 6) Basal Anapsids, Chelonians, and Captorhines **Li Jinling and Tong Haiyan**

Fascicle 3 (Serial no. 7) Ichthyosaurs, Thalattosaurs, and Lepidosauromorphs **Gao Keqin, Li Chun, and Shang Qinghua**

Fascicle 4 (Serial no. 8) Basal Archosauromorphs, Crocodylomorphs, and Pterosaurs **Wu Xiaochun, Li Jinling, Wang Xiaolin et al.**

Fascicle 5 (Serial no. 9) Ornithischian Dinosaurs **Dong Zhiming, You Hailu, and Peng Guangzhao**

Fascicle 6 (Serial no. 10) Saurischian Dinosaurs **Xu Xing, You Hailu et al.**

Fascicle 7 (Serial no. 11) Dinosaur Eggs **Zhao Zikui, Wang Qiang, and Zhang Shukang** (2015)

Fascicle 8 (Serial no. 12) Footprints of Mesozoic Reptilians and Avians **Li Jianjun**

Fascicle 9 (Serial no. 13) Avians **Zhou Zhonghe, Zhang Fucheng et al.**

Volume III Basal Synapsids and Mammals

Editor-in-Chief: **Qiu Zhanxiang**, Associate Editor-in-Chief: **Li Chuankui**

Fascicle 1 (Serial no. 14) Basal Synapsids **Li Jinling and Liu Jun** (2015)

Fascicle 2 (Serial no. 15) Primitive Mammals **Meng Jin, Wang Yuanqing, and Li Chuankui**

Fascicle 3 (Serial no. 16) Eulipotyphlans, Proteutheres, Chiropterans, Euarchontans, and Anagalids **Li Chuankui, Qiu Zhuding et al.** (2015)

Fascicle 4 (Serial no. 17) Glires I **Li Chuankui, Qiu Zhuding et al.**

Fascicle 5 (Serial no. 18) Glires II **Qiu Zhuding, Li Chuankui et al.**

Fascicle 6 (Serial no. 19) Archaic Ungulates **Wang Yuanqing et al.**

Fascicle 7 (Serial no. 20) Creodonts and Carnivores **Qiu Zhanxiang, Wang Xiaoming et al.**

Fascicle 8 (Serial no. 21) Perissodactyls **Deng Tao, Qiu Zhanxiang et al.**

Fascicle 9 (Serial no. 22) Artiodactyls and Cetaceans **Zhang Zhaoqun et al.**

Fascicle 10 (Serial no. 23) Hyracoids, Proboscideans etc. **Chen Guanfang**

(Q–3416.01)

www.sciencep.com

定 价：298.00元